高等院校计算机精品教材系列

无线移动互联网

原理、技术与应用

崔 勇 张 鹏 编著

机 械 工 业 出 版 社

本书是一本介绍无线移动互联网基本原理和最新研究进展的教材。本书第 1 章介绍了无线移动互联网的基础知识；第 2 章分析了无线接入网络技术；第 3 ~5 章讨论了无线移动互联网的三种重要组网方式：移动自组织网络、无线传感器网络和无线 Mesh 网络；第 6、7 章介绍了网络层和传输层的重要技术：移动 IP 和无线 TCP 技术；第 8 ~10 章探讨了服务质量控制技术、安全机制和异构网络互联技术；第 11 章介绍了这些技术的综合应用。本书基本上涵盖了无线移动互联网的主要内容。书中每章均附有习题，便于教学。

本书可作为高等院校研究生、高年级本科生学习移动计算课程的教材，也可供相关专业技术人员和教育工作者参考使用。

图书在版编目（CIP）数据

无线移动互联网：原理、技术与应用/ 崔勇，张鹏编著．—北京：机械工业出版社，2011. 11（2016. 1 重印）
高等院校计算机精品教材系列
ISBN 978-7-111-36023-0

Ⅰ. ① 无… Ⅱ. ① 崔… ② 张… Ⅲ. ① 移动通信 - 无线网：互联网络 - 高等学校 - 教材 Ⅳ. ① TN929. 5

中国版本图书馆 CIP 数据核字（2011）第 202080 号

机械工业出版社（北京市百万庄大街 22 号　邮政编码 100037）
责任编辑：郝建伟
责任印制：乔　宇
三河市国英印务有限公司印刷

2016 年 1 月第 1 版 · 第 3 次印刷
184mm × 260mm · 26. 25 印张 · 647 千字
4501-6000 册
标准书号：ISBN 978-7-111-36023-0
定价：52. 00 元

凡购本书，如有缺页、倒页、脱页，由本社发行部调换

电话服务	网络服务
社服务中心：（010）88361066	教 材 网：http：//www. cmpedu. com
销 售 一 部：（010）68326294	机工官网：http：//www. cmpbook. com
销 售 二 部：（010）88379649	机工官博：http：//weibo. com/cmp1952
读者购书热线：（010）88379203	**封面无防伪标均为盗版**

前　言

2005 年 2 月 16 日，国际计算机协会（Association for Computing Machinery ACM）将图灵奖授予 Vinton G. Cerf 和 Robert E. Kahn，以表彰他们发明了 TCP/IP 参考模型和其协议簇以及他们在计算机网络领域的其他成就。与此同时，这项图灵奖也表明了计算机网络技术在信息技术领域的重要学术地位。可以说，计算机网络彻底改变了人类的知识获取方式和思维方式，使人类摆脱了信息交流的地域限制。近年来，无线通信技术的高速发展成为固定宽带之后计算机网络技术发展的重要推动力，构架于其上的无线移动互联网代表了未来网络技术乃至信息技术的发展趋势。不可否认，21 世纪已经成为无线移动互联网的时代，在不久的将来人们将能够随时随地获得广泛的信息服务。

无线移动互联网具有无线链路传输、分布式计算、终端能量有限以及网络拓扑动态变化等特点，这使得无线移动互联网与传统互联网之间具有很大差异。同时，无线移动互联网不仅是计算机、微电子和无线通信等多个学科交叉融合的结果，也是信息技术发展的重要基础，因此对无线移动互联网技术的学习和研究已经成为业界当务之急。为了使信息领域研究生和本科高年级学生能够尽快掌握无线移动互联网的研究现状，了解目前学术界和产业界的最新技术进展，很多高等院校都开设了移动计算、无线移动互联网等专业课。笔者对国内外大学的相关课程进行了广泛调研，发现目前国内外还没有一本全面阐述无线移动互联网最新进展的教材，因此笔者决定撰写此书。

写书的过程非常艰苦，尤其是编写一本覆盖面广而前沿性强的教材。本书涉及的内容多数是新兴的研究热点，而且发展迅速，具有丰富的研究成果，需要从大量论文中查阅学术研究成果，并从大量发明专利和技术报告中查阅业界最新技术进展。虽然本书的成稿花费了作者大量的时间和精力，但如果本书能够为我国移动互联网领域的教学科研和技术工作起到一些推动作用，那么作者的努力将是非常值得的。

本书向读者全面、系统、深入地介绍了无线移动互联网的相关知识，并力图培养读者的独立研究能力，使得读者能够在较短时间内掌握无线移动互联网的基本原理和关键技术，了解学术界和产业界的最新研究进展。本书通过大量应用实例来为读者增强感性认识，从而达到学以致用的目的。本书的每一章都从基本原理出发，结合实例介绍基本协议原理及其运行机制和关键技术，然后分析学术界在该问题上的最新研究进展以及产业界的最新应用，最后展望该技术的未来研究方向。下面具体介绍本书各章的内容安排。

第 1 章介绍了无线移动互联网的基础知识。无线移动互联网是指，使用微波、光波、红外线等电磁波作为信息传输载体，通信设备的相对位置或者网络节点互联的拓扑结构随时可能改变的计算机网络。本章首先概述了无线通信技术与通信网络的发展，随后对无线移动互联网的概念与特点进行了描述，接着列举并介绍了多个标准化组织，最后给出了无线移动互联网的设计要求。

第 2 章介绍了无线接入网络技术。当个人数字助理（PDA）、手机、笔记本计算机等移动设备需要进行无线连接的时候，首先要求各个设备按照一定的无线接入标准协议工作，与接入网络连接，进而访问互联网。本章覆盖了各种主流的无线网络接入技术，包括 IEEE 802.11 无线局域网技术、IEEE 802.15 短距离蓝牙技术、IEEE 802.16 宽带无线城域网标准、IEEE 802.20 移动宽带无线接入技术以及 3G 和 B3G 技术等。作为无线移动互联网的接入技术，这些协议标准成为无线移动互联网的重要基础。本章主要讨论这些接入技术的物理层和 MAC 层机制以及主要技术扩展。

第 3 章讨论了无线移动互联网的一种重要组网方式：移动自组织网络。一个移动自组织网络由一组移动节点组成，并且这些节点不需要借助基站等已建立好的基础设施就能相互通信，组成一个网络。本章主要关注于移动自组织网络的信道接入技术和动态路由技术。在无线接入技术的基础上，这两项技术是实现无线移动互联网数据高效传输的必要条件。本章首先介绍移动自组织网络的基本信道接入协议和基本路由协议，然后分析了信道接入技术中的退避算法以及路由技术中的路由选择算法等，并在此基础上进一步阐述了上述算法的最新研究进展，最后介绍了移动自组织网络的多种应用技术。

第 4 章介绍了无线移动互联网的第二种组网方式：无线传感器网络。作为移动自组织网络与传感器结合的一种组网形式，无线传感器网络在很多领域得到广泛的应用，成为一种特殊而具有良好前景的无线移动互联网。本章主要关注于无线传感器网络的链路层协议、路由协议、定位技术以及时钟同步技术，首先介绍了无线传感器网络的基本链路层协议和路由协议，然后分析了传感器定位以及时钟同步中所采用的关键技术，并进一步阐述了上述技术的最新研究进展，最后介绍了无线传感器网络的多种应用技术。

第 5 章给出了无线移动互联网的另一种组网方式：无线 Mesh 网络。作为移动自组织网络的集中式组网方式和分布式组网方式结合而得到的一种网络形式，无线 Mesh 网络充分利用了移动网络和固定网络二者的优势，在很多领域得到广泛应用，成为一种较为成熟的无线移动互联网，并作为业界所宣扬的“无线城市”的技术基础而得到较为广泛的应用。本章主要关注于无线 Mesh 网络的物理层、链路层实现技术和路由技术以及跨层技术。本章首先对无线 Mesh 网络的基本实现机制进行介绍，然后阐述了路由算法等关键技术及其最新研究进展，最后介绍了无线 Mesh 网络的应用技术。

第 6 章研究了互联网移动 IP 技术。移动 IP 技术作为互联网技术与无线移动通信技术结合的产物，使得人们能够借助于各种移动设备在任何地点、任何时间访问互联网并被其他用户所访问。本章首先介绍了移动 IPv4 和移动 IPv6 的基本工作原理，然后详细阐述了移动切换、微移动、网络移动 NEMO、代理移动 IP、移动 IP 组播等技术，并对其中关键技术的最新研究进展加以综述，最后给出了移动 IP 技术的应用。

第 7 章关注于无线移动互联网传输层的数据传输技术。TCP 协议是互联网中最为重要的传输层协议，然而无线移动互联网广泛存在的信道干扰、高误码率和时延等问题对 TCP 协议性能造成了重要影响。无线 TCP 技术及其相关研究致力于提高无线移动互联网中的传输层协议性能。本章不仅分析了最后一跳传输的性能优化技术，而且阐述了多跳无线链路传输的性能优化方法。

第 8 章探讨了无线移动互联网的服务质量保证机制。无线链路和节点移动导致无线移动互联网的服务质量难以控制，而无线移动互联网的很多应用对吞吐量、丢包率、延迟等有严格的要求，如视频会议等多媒体应用。本章分析了无线移动互联网中的链路层、网络层、传输层和跨层的服务质量控制机制，然后研究了资源分配等关键技术。

第 9 章研究了无线移动互联网的安全机制。无线电磁波在传输中容易被窃听，而无线节点又面临计算能力和能量消耗等方面的诸多限制，因此无线移动互联网需要在诸多限制条件下建立适合其特点的安全机制。本章首先介绍了无线移动互联网的安全标准，然后给出了适合无线移动互联网特点的入侵检测机制、安全路由机制和加密机制等，分析了主要关键技术及其最新研究进展，最后给出了安全机制的若干应用。

第 10 章介绍了异构网络互联技术。无线移动互联网、有线互联网、蜂窝移动通信网络等不同网络都逐渐走进了人们的生活，这些异构网络需要相互连接，从而为用户提供广泛而便捷的应用。本章主要介绍无线移动互联网与有线互联网之间、无线移动互联网与蜂窝移动通信网络之间以及不同结构的无线移动互联网之间的互联技术。

第 11 章举例分析了无线移动互联网技术的综合应用。本章主要结合产业界的工程实践，介绍了无线移动互联网技术的应用实例，以及以期实现上述技术的综合应用。

本书具有以下特点：第一，入门要求低，读者只需了解计算机网络的基本知识即可阅读本书，并且本书各个章节相对独立，难度错落有致；第二，内容涵盖广泛，全面介绍了学术界最新研究成果和产业界最新技术发明及产品，从原理、技术到应用几个角度向读者展示了无线移动互联网的最新成果；第三，内容实用性强，介绍分析了无线移动互联网各关键技术的应用，力图让读者学以致用，使得今后的学习、工作和研究更加得心应手。

古人云：知其然，知其所以然。所以在最后希望提醒读者，不仅要学习知识、掌握原理、了解应用，更要多些疑问，即每学习一个协议、一个算法，就多想想为什么要这样设计，为什么不能那样设计。进一步而言，如果说人类发明了互联网而不是发现了互联网的话，那么本书不仅希望读者学习无线移动互联网的基本知识和研究进展，更希望能够带领读者，针对无线移动互联网所面临的每一个问题，一起去“发明”每一个协议、每一个算法，哪怕是去“发明”一个十年前已经成熟的技术。虽然优秀的发明成果本身就是无价之宝，但发明的过程才是思维的凝练和学习的精髓。如果本书能够让读者思考问题的模式得到些许改变，那这本书对读者的价值就远远超过对无线移动互联网知识本身的学习了。

本书可作为计算机、电子工程、通信、自动化、软件工程等信息类相关专业的研究生和本科高年级教材，也可供信息领域的工程技术人员参考使用。

本书由崔勇和张鹏共同编写，由崔勇完成全书的统稿。本书是作者多年教学实践工作的总结。本书的出版，首先应该感谢近年来清华大学“无线网络与移动计算”课程的研究生们，他们对本书的期盼使得作者备受鼓舞并感到义不容辞。清华大学计算机系无线移动互联网研究小组的同学们参与了本书的资料收集和整理工作。清华大学吴建平教授，不仅审阅了全文，而且给出了许多宝贵建议，使本书增色不少。感谢国家基础研究发展计划和国家自然科学项目多年来对作者相关研究工作的支持（项目编号：2009CB320500，60911130511，60873252）。

希望读者在阅读过程中，对本书不足之处提出宝贵意见，以便作者对本书内容不断加以完善，更好地为读者服务。联系人：崔勇，电子邮件：cuiyong@ tsinghua. edu. cn。

崔　勇

[illegible]服务质量控制机制，[illegible]介绍了无线传感器网络技术。

第9章研究了[illegible]网络[illegible]安全[illegible]。

第10章介绍了[illegible]网络[illegible]技术，[illegible]互联网[illegible]。

第11章[illegible]。

本书具有以下特点：第一，[illegible]；第二，[illegible]；第三，[illegible]。

[illegible]

本书可作为计算机、电子工程、[illegible]等信息类[illegible]，也可供[illegible]工程技术人员参考使用。

在[illegible]。本书[illegible]（项目编号：2009CB320500、[illegible]）。

由于作者水平有限，对书中[illegible]，以便[illegible]不断加以完善。[illegible]联系人：[illegible]，电子邮件：[illegible]@tsinghua.edu.cn。

[illegible]

目　录

第1章 无线移动互联网基础

过去的3个世纪是人类历史长河中生产力飞跃的3个世纪。从1712年汤姆斯·钮考门发明蒸汽机和1781年詹姆斯·瓦特发明现代蒸汽机开始，第一次工业革命促使生产力大幅度提高，人类社会进入机械系统的时代。从1867年韦纳·冯·西门子发明发电机和1870年格拉姆发明电动机开始，第二次工业革命使得人类社会进入电气化时代。从1936年英国数学家阿兰·图灵发明图灵机以及1945年现代计算机之父冯·诺依曼第一次提出存储程序计算机开始，计算机日益成为人们生产生活不可或缺的重要组成部分，人类社会进入信息时代。信息时代的关键技术是信息收集、处理和分发，信息时代的重要特征在于，信息的广泛共享与高效处理[1]。

计算机技术和通信技术的融合，对信息时代的发展起到了重要的推动作用，尤其是二者融合所产生的计算机网络彻底改变了人们的生活方式和思维方式。Tanenbaum 教授在《计算机网络》中，将计算机网络定义为通过同一种技术相互连接起来的一组自主计算机的集合，所谓相互连接是指各台计算机之间能够交换信息。

随着无线通信技术的发展，行走在路上的人们已经可以随时随地通过个人数字助理PDA、手机、笔记本电脑等移动设备发送或者接收电子邮件、浏览网页，或者访问远程文件等。随着无线接入技术的进一步发展以及移动操作系统和移动浏览器的开发，无线移动互联网具有越来越多的网络应用，并且越来越多的使用者逐步接受无线移动互联网。据统计，2007年年底我国手机上网用户已经达到5000多万，其中一半同时是互联网用户，另外一半则只用手机上网。与此同时，“无线城市”不仅成为耳熟能详的新名词，而且通过 Wi－Fi、3G等无线网络技术组建的无线局域网、无线城域网已经走进千家万户。可以说，无线通信成为固定宽带之后互联网发展的重要推动力，无线移动互联网代表了未来计算机网络技术乃至未来计算机技术的发展趋势，21世纪成为无线移动互联网的时代。

本章1.1节是引言；1.2节、1.3节分别回顾了无线通信技术和通信网络的发展历程；1.4节给出了无线移动互联网的基本概念与特点；1.5节介绍了无线移动互联网中协议标准的基本概念和相关标准化组织；1.6节阐述了无线移动互联网的设计要求与关键技术；1.7节是本章小结。

1.1 引言

计算机网络的发展经历了几十年的历史，影响力最大的计算机网络是互联网[2]。互联网起源于20世纪60年代后期美国国防部国防高级研究计划署所建立的ARPANET。ARPANET是由一些被称为接口消息处理器（Interface Massage Processors，IMP）的小型机所构成的分组交换网络，每个节点具有接口消息处理器和主机，主机向接口消息处理器发送消息，接口消息处理器将该消息分组，接着向目的节点发送分组。ARPANET具备互联网的一些特点，并迅速成长。

虽然 ARPANET 成长迅速，但是各个网络的消息格式、接口等缺乏统一标准，多个网络之间的互联和通信成为亟待解决的问题。解决该问题的方案在于协议，只要各个网络采用相同的协议，那么相互之间的通信就能够实现[3]。这促进了有关协议的研究工作，最终研究者们提出了 TCP/IP 参考模型及其协议簇[4]，并被专门设计成用于处理网络互联的通信。随着越来越多的网络连接到 ARPANET，TCP/IP 成为互联网的核心协议簇。

20 世纪 70 年代后期，美国国家科学基金会在 ARPANET 的基础上，建立美国境内的骨干网络，并且将一些区域性网络连接到骨干网上，这些区域性网络和骨干网构成了 NSFNET。随着 NSFNET 规模不断扩大，美国国家科学基金会鼓励 MERIT、MCI 和 IBM 公司组成非营利性企业 ANS，该企业在 NSFNET 的基础上构建了 ANSNET。之后，ANS 公司被美国在线 AOL 公司收购，美国在线等公司成为 IP 服务的提供商。可见，计算机网络的发展经历了军用需求推动最初建立、政府资助推动扩大发展和商业运营推动广泛应用的过程，其演进过程如图 1-1 所示。随后，随着文件下载 FTP、远程访问 TELNET、电子邮件乃至万维网应用的发明，互联网走进了每个人的生活。

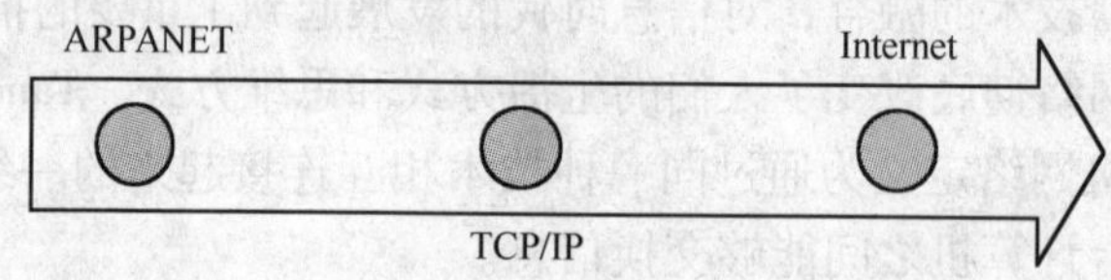

图 1-1　互联网的演进

除了帮助 ARPANET 成长之外，美国国防部国防高级研究计划署还资助了卫星网络和分组无线网络（PRNET），而该分组无线网络（PRNET）成为无线移动互联网的雏形，在此基础上发展出移动自组织网络，然后进一步提出无线传感器网络和无线 Mesh 网络等无线移动互联网，如图 1-2 所示，这一点在后面的相关章节详细阐述。人们对无线通信和无线移动互联网的需求日益明显，人们希望能够一边乘车旅行，一边保持他们的笔记本计算机连接到互联网上。从 20 世纪 90 年代开始，随着带有无线网卡的计算机以及各种便携式通信设备的广泛使用，无线通信和无线移动互联网成为学术界和产业界关注的热点。

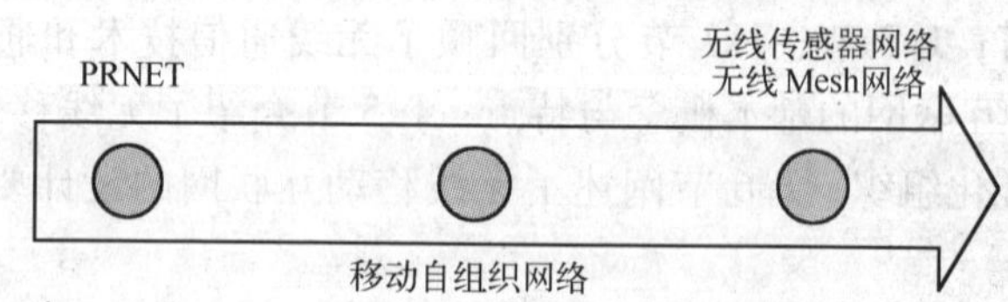

图 1-2　无线移动互联网的演进

纵观计算机网络技术的发展，可以看出其发展经历了从有线通信到无线通信、从固定结构互联网到无线移动互联网的发展历程。

1.2　无线通信技术的发展

数据通信是指通过某种传输介质在两台设备间进行数据交换。数据通信系统主要包括消息、发送方、接收方、传输介质和协议[5]。其中，消息，或者称为报文，是需要由计算机网络进行交换与传送的基本数据单元。发送方、接收方分别是发送、接收数据消息的设备，可以是计算机、移动节点、个人数字助理 PDA、笔记本电脑等。传输介质是将消息从发送方传送到接收方的物理通路，包括双绞线、光纤、同轴电缆，乃至无线电传输的空气或真空等。协议是控制数据传送的规则，进行通信的设备双方需要按照相同的约定进行消息传送，这种约定就是协议。协议的详细概念将在 1.5 节中进行介绍。如图 1-3 所示，数据通信过程从发送方开始，发送方按照一定协议将数据加工成为协议要求的消息格式，消息通过传输介质传送到接收方，接收方则按照协议的约定解析该数据消息以获得传送的信息。

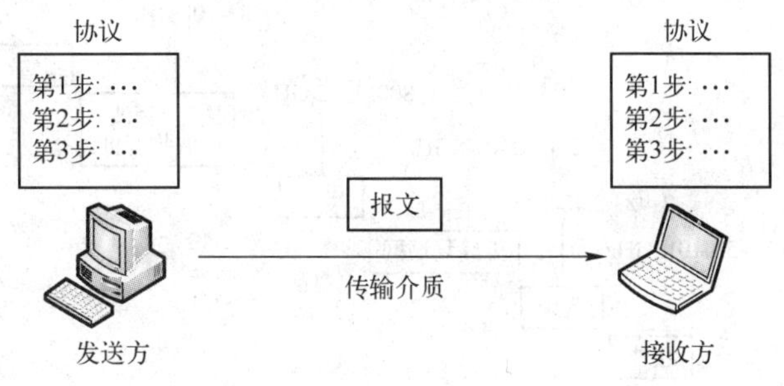

图 1-3　数据通信的基本原理

在无线通信中，通常使用电磁波作为信息传输的载体，而电磁波可以在空气、水乃至真空中传播，因此，无线通信与传统有线通信不同，其不需要通信传输介质。电磁波每秒振动的次数称为电磁波的频率，电磁波相邻两个波峰之间或者相邻两个波谷之间的距离称为波长。频率与波长的乘积为电磁波传播速度。电磁波在真空中传播速度约为 3×10^{8} m/s，为常量。通常来说，频率与波长成反比。整个电磁波谱按照频率从小到大的顺序，主要分为长波（LF）、中波（MF）、短波（HF）、超短波（VHF）、分米波（UHF）、厘米波（SHF）、毫米波（EHF）、红外线（IR）、可见光、紫外线（UV）、X 射线等，如图 1-4 所示。

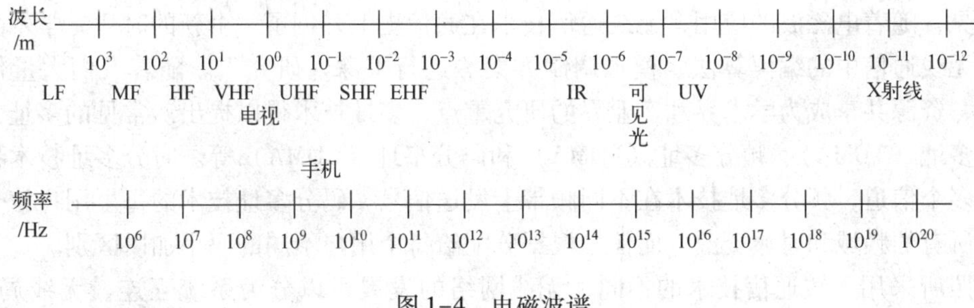

图 1-4　电磁波谱

在电磁波谱中，长波、中波、短波、超短波、分米波、厘米波、毫米波和红外线等都可以通过调节振幅、频率、相位等方式传输信息，常被应用于无线通信。其中，无线电广播和通信通常使用中波和短波；电视、雷达、手机使用微波；短距离室内通信如遥控器等常使用红外线。常见通信方式的频率和传输距离如图 1-5 所示。紫外线、X 射线和伽马射线粒子性较强且对人体有害，一般不应用于无线通信。

无线通信技术的发展经历了一个多世纪的时间。早在 1901 年，马可尼发明了越洋远距离无线电报通信。在 20 世纪 20 年代，美国等国家开始启用车载无线电等专用无线通信系统。1945 年，射频识别技术（Radio Frequency Identification，RFID）问世。20 世纪 60 年代，脉冲无线电（Ultra Wideband，UWB）超宽带技术问世。1971 年，美国夏威夷大学的研究人员创建了第一个基于报文传输技术的无线电通信网络，被称为 ALOHANET，成为最早的无线局域网络。1973 年，全球首个模拟移动电话系统原型建成。20 世纪 70 年代中期至 80 年代中期，模拟语音系统开始支持移动性。1983 年，全球第一个商用移动电话发布。20 世纪 80 年代中期，数字无线移动通信系统开始在世界各地迅速发展。

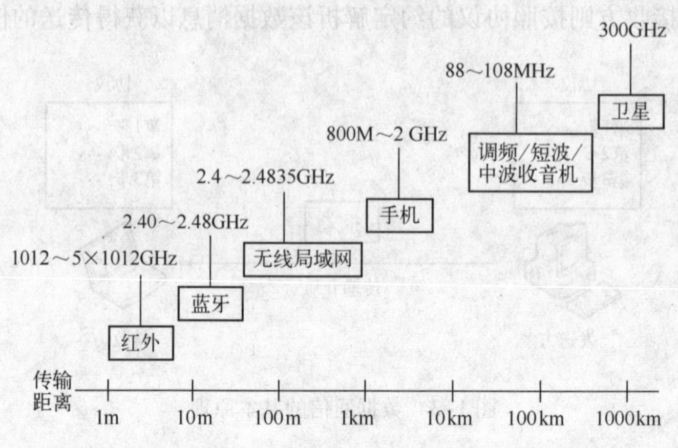

图 1-5　无线通信的距离与频率

我国无线通信技术同样经历了高速发展。1987 年 11 月 18 日，我国第一个 TACS 模拟蜂窝移动电话系统建成并投入使用。1991 年，全球首个 GSM 网络建成，1995 年，中国移动的 GSM 和中国联通的 GSM130 数字移动电话网开通。2000 年 5 月 5 日，在土耳其召开的国际电信联盟 2000 年世界无线大会上，中国提出的第三代移动通信制式 TD - SCDMA 被批准为 ITU 的正式标准。2001 年 3 月，3GPP 正式接纳了由中国提出的 TD - SCDMA 第三代移动通信标准全部技术方案，并包含在 3GPP 的 R4 版本中。

可见，随着电磁波的应用，无线通信技术在通信史上开创了一个新的时代。学术界和产业界对无线通信中的编码算法、模拟调制方案等进行了深入研究[6]。随着人们大量使用通信资源，资源共享成为学术界和产业界的研究重点，多址技术得以提出。常见的多址方案包括时分多址（TDMA）、频分多址（FDMA）和码分多址（CDMA）等。时分多址技术将时域划分为多个信道，频分多址技术在不同频带上发送信号，码分多址技术的每个用户信号则可以占用所有的频域和时域资源，而信号根据分配给每个用户不同的码字加以区别。

按照所采用无线通信技术的不同，无线网络的发展可以分为系统互连、无线局域网、无线城域网和无线移动互联网 4 个阶段。系统互连是通过短距离的无线电通信将计算机的各个部件之间或者计算机与移动设备之间连接，例如，无线鼠标与计算机之间的连接和蓝牙耳机与手机之间的连接。无线局域网是多台具有天线的移动设备之间连接而成的局域网，例如，在教学楼、办公楼以及家庭中，基于 IEEE 802.11 技术广泛使用的无线网络。无线城域网和无线移动互联网主要采用可以传送语音和数据的数字移动通信技术，允许用户通过无线形式高速接入互联网，在进行大范围漫游和高速移动切换的同时，获得丰富的互联网服务。

1.3　通信网络的发展与演进

人们最初使用的电话是固定电话，随着无线通信技术的发展，出现了移动电话（即手机）。固定电话通过电话线与固定的接口连接，移动电话则无需与固定的接口连接，在位置不断移动的过程中并不影响使用。随着移动电话使人们随时随地进行语音通信成为现实，人们对互联网数据通信的移动性提出了要求，人们希望行走在路上甚至坐在高速行驶的汽车中都可以随时随地通过个人数字助理 PDA、手机等移动设备发送或者接收传真和电子邮件、或者浏览网页、访问远程文件，希望实现移动办公室、移动管理等。在该需求的推动下，无线移动互联网技术应运而生，学术界和产业界对无线移动互联网展开了深入的研究。

早期，无线移动互联网的概念并非一开始就引起人们的极大热情，例如，以太网的发明者 Metcalfe 甚至认为“移动的无线计算机就像是移动的无管道卫生间——便携式便壶。”[7] Metcalfe 的观点让我们想到了早年 IBM 公司总裁 Watson 所声称的“全世界只需要四、五台计算机”的观点。虽然个别学者持上述观点，但目前学术界和产业界普遍认为，无线移动互联网是未来的发展潮流[8,9]。在无线移动互联网领域，国内外知名学术期刊上每年都发表大量学术论文，申请大量技术发明专利，也充分证明了这一点。

移动电话系统经历了三个发展阶段：第一代的模拟语音通信；第二代采用数字语音通信的移动电话系统（扩展为 2.5G 后可以支持低带宽数据通信）；第三代移动电话系统则同时支持数字语音与高速数据混合通信。其中，第二代移动电话系统主要采用全球移动通信系统（Global System for Mobile Communication，GSM）和码分多路访问系统（Code Division Multiple Access，CDMA）。第三代移动电话系统的提案主要包括 TD－SCDMA、WCDMA（Wideband CDMA）和 CDMA2000 等。

上述的移动电话系统和无线移动互联网都是在移动环境下对数字信号进行无线传输，并且都可以使用移动电话等作为终端设备。但是，二者存在很多不同之处。首先，无线移动互联网主要面向数据包传送，而移动电话系统侧重固定带宽的高质量语音传送。其次，无线移动互联网在不同情况下，其数据流量和服务质量要求均存在较大差异，而移动电话系统的语音传送则具有固定带宽和服务质量要求。比如，在无线移动互联网的网页浏览中，通常需要较低的数据流量，但是同时具有突发数据流的可能。在文件下载过程中，通常需要较高的数据流量，但也有可能由于传输完毕或者网络拥塞造成数据流量的突然降低。在流媒体传送中，则对延迟、带宽和丢失率有一定的服务质量要求。此外，无线移动互联网往往对带宽需求很大，而移动电话系统则没有这样的要求。

1.4　无线移动互联网的概念与特点

由于无线移动互联网与固定结构网络存在较大的差异，并且业界对无线移动互联网也存在多种理解方式，下面介绍本书所研究的无线移动互联网的基本概念和特点。

1.4.1　无线移动互联网的概念

根据上面对有线通信和无线通信的比较，可以得知“无线”是指消息的发送方和接收方使用微波、光波、红外线等电磁波作为信息载体的数据传输方式，而非使用双绞线、同轴电缆、光纤等连接线。根据上面对固定结构互联网和移动互联网的比较，可以得知“移动”是指消息的发送方和接收方的位置关系随时可以改变，进而网络节点互联的拓扑结构随时可以改变。

虽然“无线”和“移动”两个概念常常联系在一起，但是二者含义不同。“无线”所描述的是传输介质的属性，“移动”所描述的则是网络拓扑结构的变化。表 1-1 进一步说明了“无线”和“移动”两个概念的区别与联系。

从表 1-1 中可以看出，有些无线计算机并不是移动的，例如，某公司的办公楼以前没有布设网线，为了将计算机互连，安装了无线网络。但是，这些计算机的地理位置并不移动，因此并不属于移动网络。另外，有些时候也可以使用有线网络实现移动性，例如，在外出差时，使用笔记本电脑接入宾馆房间的 ADSL 网络插孔，这样虽然没有无线网络，其仍然可以同在办公室一样工作。接入办公室网络接口中的台式计算机组成的计算机网络，其通过连接线相互连接，并且相对位置关系一般不发生改变，则属于一般典型固定结构的有线网络。在行驶火车上使用个人数字助理 PDA 上网接收邮件，其通过电磁波进行数据传输，并且随着火车的行驶，该个人数字助理 PDA 接入互联网的位置关系随时发生改变，因此兼具“无线”和“移动”的特点。

表 1-1　举例说明无线与移动的关系

无　线	移　动	典 型 应 用
是	否	没有布线的老式建筑物中的无线网络
否	是	接入宾馆房间的 ADSL 网络插孔中的旅客笔记本电脑
否	否	接入办公室网络有线接口中的台式计算机
是	是	在行驶火车上使用个人数字助理 PDA 上网接收邮件

结合上述“无线”和“移动”两个概念的理解，无线移动互联网是指使用微波、光波、红外线等电磁波作为信息传输载体，通信设备的相对位置或者网络节点互联的拓扑结构随时可能改变的计算机网络。

1.4.2　无线移动互联网的特点

与固定结构互联网相比，无线移动互联网具有诸多特殊之处，其主要特点如下。

1. 移动性

无线移动互联网包含移动设备，各个移动设备的相对位置关系随时可能发生变化，节点随时可能以可变的速率移动。这是无线移动互联网与固定结构的互联网之间最大的区别，也是无线移动互联网在移动会议、移动搜索、移动电子商务等领域得到广泛应用的原因。

2. 无线性

无线移动互联网的各个移动设备之间使用无线电磁波作为信息传输载体，采用无线链路的传输方式。相对有线网络而言，无线信道带宽较小，容易受到无线干扰，移动设备可能采用单向传输信道，使得无线通信服务质量控制成为无线移动互联网所面临的重要挑战。由于物理层传输不需要任何传输媒介（如双绞线或光纤），导致无线信道容易受到干扰和监听，为无线移动互联网的安全保障机制带来了很大的挑战。

3. 能量和资源的有限性

无线移动互联网的部分移动设备甚至全部移动设备使用自带的电池作为能量供应来源，每个移动设备中的电池容量有限，而有限的电池容量不仅用于存储和处理节点本身的数据，并且需要用于接收和转发来自其他移动设备的数据。与此同时，由于受到体积和无线信道等限制，移动设备的计算和通信等资源有限，移动设备的数据处理能力和移动设备之间无线通信的带宽常常远低于一般的计算机。因此，无线移动互联网中的移动设备具有能量和资源的有限性，在路由选择、安全支持、服务质量保证等方面都需要考虑如何节省能量以及降低计算和通信负担。

4. 动态鲁棒性

无线移动互联网不仅要支持网络设备的移动，也要面对移动设备自身的电池耗尽、失效、毁损等情况，甚至移动设备还可能需要根据自身的需要随时打开或者关闭网络连接和设备本身。此外，由于网络采用无线通信，容易受到信道发射频率、信道间干扰以及天线覆盖范围等的影响，因此，无线移动互联网的拓扑结构动态变化。由于无线移动互联网所具有的动态性，其路由技术需要适应动态的需要。

5. 多跳干扰性

无线移动互联网设备的无线发射功率有限，每个设备所发送信号的覆盖范围也有限。当网络中的节点之间进行通信时，往往需要借助发送方和接收方之间的一个或者多个中间移动设备进行多跳转发来完成。也就是说，首先将信号发送到中间移动设备，然后由中间移动设备经过一次或者多次转发到达目的移动设备。无线移动互联网的多跳性对链路层、网络层和传输层的设计都带来了巨大挑战。例如，在无线信道中，这种多跳之间如果采用相同的信道通信，相互之间的干扰和冲突将造成多跳无线网络的性能锐减。

1.5　协议与标准化组织

在使用无线电磁波作为传输介质连接数据发送方和数据接收方的情况下，为了进行通信，数据发送方和接收方之间必须达成协议。协议是通信双方关于如何进行通信的一种约定，是用来控制数据通信的各个方面的规则。协议的关键因素包括语法、语义和时序。其中，语法是数据的结构或者格式，主要描述各个数据组成部分的顺序，语义主要规定每部分比特流的含义，时序则描述发送数据的时间以及速率。

目前，产业界有众多的网络设备生产商和供应商，一个单独的网络设备生产商容易保证自己的产品之间能够较好地协作，但是多家生产商所生产的同类网络设备要进行互联互通，就必须遵循相同的协议。对数据通信而言，标准就是指协议的文本定义和阐述。

数据通信标准包括事实标准和法定标准两种。事实标准是指业界广泛使用而非正式颁布的标准，例如，IBM PC 及其后继产品成为了个人计算机的事实标准。法定标准是权威的标准化组织所采纳的、正式颁布的标准。无线互联网的相关技术标准大部分都是由标准化组织制定并颁布的。鉴于标准的重要性，下面将介绍与无线互联网相关的主要国际、国内标准化组织。

1.5.1 国际标准化组织（ISO）

目前，国际标准领域中最具影响力的国际组织是国际标准化组织（International Standards Organization，ISO 或者 International Organization for Standardization，IOS）。国际标准化组织成立于 1946 年，是一个由 89 个成员国的国家标准组织组成的国际组织。ISO 为大量的学科制定标准，具有约 200 个处理专门主题的技术委员会（Technical Committee，TC），其中 TC97 负责计算机和信息处理技术，每个技术委员会具有一些分委员会，分委员会则通常由一些工作组组成。

1.5.2 电气和电子工程师协会（IEEE）

在标准领域的另外一个重要组织是电气和电子工程师协会（Institute of Electrical and Electronics Engineers，IEEE）。电气和电子工程师协会是世界上最大的信息领域专业组织，负责开发电气、电子和计算机领域的标准。电气和电子工程师协会由很多委员会（工作组）组成，802 委员会完成了大量计算机网络的标准制定工作，如表 1-2 所示。其中，IEEE 802.2、IEEE 802.4、IEEE 802.6、IEEE 802.7、IEEE 802.9、IEEE 802.10、IEEE 802.12、IEEE 802.14 的工作组已经停止工作；IEEE 802.8 的工作组已经自行解散；IEEE 802.3、IEEE 802.11、IEEE 802.15、IEEE 802.16 是目前非常重要的工作组，研发了很多的通信标准，他们的大量工作成果已经成为无线接入网络技术的基础。第 2 章将详细阐述这些无线接入网络技术的标准。

表 1-2 IEEE802 工作组[10]

序 号	主 题
802.1	局域网的总体介绍和体系结构
802.2	逻辑链路控制
802.3	以太网
802.4	令牌总线
802.5	令牌环网
802.6	双队列双总线
802.7	宽带技术
802.8	光纤技术
802.9	同步局域网
802.10	虚拟局域网和安全机制
802.11	无线局域网
802.12	需求的优先级
802.13	未使用
802.14	有线调制解调器
802.15	蓝牙
802.16	宽带无线

（续）

序　号	主　题
802.17	弹性的分组环
802.18	无线管制
802.19	共存
802.20	移动宽带无线访问
802.21	异构网络之间的无缝切换
802.22	基于认知无线电技术的无线区域网

1.5.3　互联网工程任务组（IETF）

当 ARPNET 刚刚建立起来的时候，美国国防部建立了专门的委员会对该项目加以监督。1983 年，该美国国防部的专门委员会被定名为互联网工作委员会（Internet Activities Board，IAB），后来该委员会更名为互联网体系结构研究委员会。1989 年，互联网体系结构研究委员会进行了重组成为互联网研究任务组（Internet Research Task Force，IRTF）和互联网工程任务组（Internet Engineering Task Force，IETF）。

互联网工程任务组涉足近 10 个领域，每个领域由领域主管（Area Director，AD）管理，互联网工程任务组 IETF 的主席和各个领域主管组成互联网工程指导小组（Internet Engineering Steering Group，IESG）。每个领域由若干个负责特定技术的工作组组成。互联网工程任务组是由主席、领域管理员和工作组成员构成的整体[10]。

在互联网工程任务组中，有关互联网工作的文档、新协议或者修改协议的建议都以技术报告的方式提出，这些报告被称为互联网 RFC（Internet Request For Comment）。所有 RFC 按照创建的时间顺序编号，现在已经有将近 6000 个 RFC 了，所有 RFC 以及 RFC 草案可以在网站 http://www.ietf.org/上访问。

互联网工程任务组已经成为互联网标准领域中最有影响力的组织，也是创建互联网的核心 TCP/IP 协议簇的组织。例如，IP 协议为 RFC 791，TCP 协议为 RFC 792。IETF 针对移动互联网专门成立了包括 Manet、Mip4、Mext 等近 10 个工作组。本书后续各章将不断介绍移动互联网相关的主要 RFC 和 RFC 草案。

1.5.4　国际电信联盟（ITU）

在电信标准领域最为权威的官方组织是国际电信联盟（International Telecommunication Union，ITU）。国际电信联盟是联合国专门机构之一，主管信息通信技术事务，由无线电通信部门（ITU－R）、电信标准化部门（ITU－T）和开发部门（ITU－D）3 大核心部门组成，包括 191 个成员国和 700 多个部门成员及部门准成员，其前身为根据 1865 年签订的《国际电报公约》成立的国际电报联盟。1906 年德、英、法、美和日本等 27 个国家在柏林签订了《国际无线电公约》。1932 年，70 多个国家的代表在马德里开会，决定把两个公约合并为《国际电信公约》并将国际电报联盟改名为国际电信联盟。1934 年 1 月 1 日新公约生效，该联盟正式成立。1947 年，国际电信联盟成为联合国的一个专门机构，总部从瑞士的伯尔尼迁到日内瓦。国际电信联盟的电信标准化部门负责对电话、电报和数据通信接口提供一些技术性的建议和标准。

1.5.5 中国的标准化组织

我国在无线互联网相关技术领域的主要组织包括工业和信息化部无线电管理局（国家无线电办公室）和中国通信标准化协会。无线电管理局负责无线电频率资源的指配和管理。中国通信标准化协会（China Communications Standards Association，CCSA）是国内企事业单位组成的自愿组织，把通信运营企业、制造企业、研究单位、大学等企事业单位组织起来制定通信标准并且推荐给政府。中国通信标准化协会由会员大会、理事会、技术专家咨询委员会、技术管理委员会、若干技术工作委员会和分会、秘书处构成，主要包括 IP 与多媒体通信、移动互联网应用协议、网络与交换、通信电源与通信局站工作环境、无线通信、传送网与接入网、网络管理与运营支撑、网络与信息安全、电磁环境与安全防护等技术工作委员会，并且设置家庭网络、通信产品环保标准等特设任务组。

1.5.6 其他标准化组织

美国国家标准协会（American National Standards Institute，ANSI）是由公司、政府和其他成员组成的自愿组织。它们协商与标准有关的活动，审议美国国家标准，并努力提高美国在国际标准化组织中的地位。ANSI 是国际标准化组织的成员之一。美国联邦通信委员会（Federal Communications Commission，FCC）负责授权和管理除联邦政府使用之外的射频传输装置和设备。

欧洲电信标准协会（European Telecommunications Standards Institutes，ETSI）是非赢利性的欧洲信息和通信技术标准化组织，其贯彻欧洲邮电管理委员会（CEPT）和欧盟委员会（CEC）确定的电信政策，并且负责电信、广播和相关领域的标准化工作。

日本无线工业及商贸联合会（Association of Radio Industries Business，ARIB）是由日本邮政省特设成立的，并从发展无线产业的角度去调查、研究、开发无线技术，对无线频率的使用提出建议，在电信和广播领域推动新的无线系统的实现和广泛应用。日本电信技术委员会（Telecommunication Technology Committee，TTC）是民间标准化组织，该组织通过制定电信网络之间、电信网与终端设备之间等互连的协议和标准，促进电信领域相关技术的标准化。

1.6 无线移动互联网的设计要求

基于无线移动互联网的特点及其与移动电话系统之间的差异，在无线移动互联网的设计过程中需要考虑的因素主要包括以下几点。

1. 总是在线

无线移动互联网的用户要求总是处于在线的状态，以便于随时随地获得无线移动互联网的服务，这就要求扩大网络信号覆盖范围，使得原来没有有线网络接入的地方能够实现无线网络覆盖。为了达到该目标，往往需要采用移动自组织网络、无线传感器网络和无线 Mesh 网络等组网方式，以及多种无线接入技术。

2. 支持突发流量

无线移动互联网着重提供数据传输业务。与语音业务相反，不同的数据业务所需要的带宽资源不同，即便是同一个数据业务在不同时间所需要的带宽也有很大差异。例如，网页浏览过程中，可能会同时开启多个 TCP 连接占用很大带宽来传输该页面上显示的大量信息，而这些信息传输完毕后则不再占用任何带宽。因此，无线移动互联网需要支持突发流量。

3. 提供无缝的移动性

无线移动互联网相对固定结构网络而言，最大的特点在于节点的移动性。移动用户不仅能够访问通信对端，也需要能够被别人随时随地访问，甚至节点在移动过程中也需要无缝连接。也就是说，移动节点的用户在使用无线移动互联网时，希望对节点的移动是无感知的，如同使用固定结构网络进行数据访问。为此，需要研究移动 IP 技术、无线 TCP 技术以及异构网络互联等关键技术。

4. 支持服务质量控制

无线移动互联网需要支持各种应用，包括多媒体业务和实时通信业务等。这就需要设计适合其特点的服务质量控制机制。可以说，服务质量控制机制是无线移动互联网得以广泛应用的必要条件。为此，需要在无线移动互联网各层协议中研究其服务质量控制方法，例如，如何在无线高误码率环境中提高 TCP 传输带宽或者控制传输丢失率和时延等。

5. 提供安全保障

由于无线网络传输不需要使用光纤、双绞线等媒介，无线电磁波在空间中传输容易被窃听，因此无线移动互联网需要建立适合其特点的安全机制，为各种上层应用提供安全可靠的传输。可以说，无线移动互联网的安全机制与服务质量保证机制一样，是无线移动互联网得以广泛应用的必要条件。

6. 提供灵活的组网方式

无线移动互联网应用场景具有很强的异构性，包括带宽需求、移动范围、移动速度和能耗需求等。因此，无线移动互联网强调，针对不同的场景需求采用不同的组网方式，例如，低能耗弱移动下可以采用无线传感器网络，高移动低带宽需求可以采用移动自组织网络，而弱移动的无线骨干网则可以采用无线 Mesh 网络等。

1.7 本章小结

本章主要介绍了无线移动互联网的基本情况。在回顾了无线通信技术和通信网络的发展与演进之后，介绍了无线移动互联网的基本概念和重要特点，然后给出了协议、标准的概念以及相关国际国内标准化组织的基本情况，最后总结了无线移动互联网的各项关键技术。

1.8 习题

1. Tanenbaum 教授在《计算机网络》中，将计算机网络定义为相互连接起来的一组自主计算机的集合，所谓相互连接是指各台计算机之间能够交换信息。结合上述定义，谈一下你对无线环境下的计算机网络的理解。

2. 互联网作为影响力最大的计算机网络，有着几十年的历史。简要介绍互联网的发展历程，总结互联网发展历程中的研究思路，并根据该研究思路对计算机网络的未来发展方向进行展望。

3. 数据通信是通过某种传输介质在两台设备间进行数据交换，数据通信系统主要包括消息、发送方、接收方、介质和协议。请结合图 1-3 阐述数据通信的基本原理以及消息、发送方、接收方、介质和协议的概念，列举一个数据通信的实例，并结合该实例阐述你对消息、发送方、接收方、通信介质和协议的理解。

4. 无线通信摆脱了以往通信依赖双绞线、光纤的限制，可以在水中、空气中甚至真空中进行。请列举三种无线通信所依赖的传输媒介，并分析无线传输的基本特点，以及该特点对无线移动互联网设计具有何种影响。

5. 随着无线通信用户增多，需要大量使用通信资源，多址技术作为资源共享的一种方式成为学术界和产业界的研究重点。请列举几种介绍常见的多址技术。

6. 根据传输介质的属性，可以将通信方式划分为有线通信和无线通信两种；根据通信设备之间的相对位置关系，可以将互联网划分为固定结构互联网和无线移动互联网。请谈一下你对有线通信和无线通信、固定结构互联网和无线移动互联网的理解，以及“无线”与“移动”两个概念之间的差别。请列举你身边的有线通信和无线通信、固定结构互联网和无线移动互联网的实例。

7. 请设想下述情况：在战场上参与战斗的士兵，需要及时地得到医疗服务，然而随着战争的推进，其所处的地理位置不断改变。请问，在这种情况下，是否能够通过一定形式的计算机网络使得士兵相互之间及时取得联系并能够及时地得到医疗服务，应当采用哪种形式的计算机网络？与互联网相比，该类型计算机网络具有哪些特点？

8. 移动电话系统经历了三个发展阶段，并且移动电话系统和无线移动互联网存在很多相同点和不同点，请列举二者之间的相同点。试想，使用移动电话进行通话和使用移动电话上网，这两类应用之间存在哪些差异？根据这些差异，讨论移动电话系统和无线移动互联网的不同点。

9. 最具有影响力的国际组织是国际标准化组织（ISO）。请访问网站 www. iso. org，了解国际标准化组织的基本情况，简要介绍国际标准化组织（ISO）的组织形式。

10. 电气和电子工程师协会（IEEE）负责开发电气、电子和计算机领域的标准，其中 802 工作组完成了很多种类的计算机网络的标准制定工作，请介绍 4 个较为重要的 IEEE 802 工作组，及其所制定通信标准的主题。

11. 互联网工程任务组（IETF）是互联网领域中最有影响力的标准化组织。请访问 IETF 网站 http：//www. ietf. org/，列举与无线移动互联网相关的 3 个 IETF 工作组并总结各工作组的主要工作内容。

12. 在互联网工程任务组（IETF）中，有关互联网技术的协议都以技术报告（即 RFC）的方式提出。请登录互联网工程任务组的网站，并且查看 4 个与无线移动互联网相关的 RFC，了解 RFC 的基本结构和功能，并简要说明这 4 个 RFC 所解决的主要技术问题。

参考文献

[1] Andrew S Tanenbaum. 计算机网络[M]. 4 版. 潘爱民，译. 北京：清华大学出版社，2004：1-2.

[2] Naughton John. A Brief History of the Future[M]. Overlook Press, 2000.
[3] Maufer T A. IP Fundamentals[M]. Prentice Hall, 1999.
[4] Cerf V, Kahn R. A Protocol for Packet Network Interconnection [J]. IEEE Transactions on Communications, 1974(22):637 - 648.
[5] Behrouz A Forouzan. 数据通信与网络[M]. 吴时霖,等译. 北京:机械工业出版社, 2002:2.
[6] Stallings William. Data and Computer Communications[M]. Prentice Hall,1997.
[7] Metcalfe R M. On Mobile Computing [J]. Byte, 1995(20):110.
[8] Leeper D G. A Long - term View of Short - range Wireless [J]. Computer, 2001(34):39 - 44.
[9] Varshney U, Vetter R. Emerging Mobile and Wireless Networks [J]. Communications of the ACM, 2002(45):89 - 96.
[10] Andrew S Tanenbaum. 计算机网络[M]. 4 版. 潘爱民,译. 北京:清华大学出版社, 2004:63 - 64.
[11] Douglas E Comer. 用 TCP/IP 进行网际互连——原理、协议与结构(第一卷)[M]. 5 版. 林瑶,等译. 北京:电子工业出版社,2007:5 - 6.

第2章　无线接入网络技术

近年来，无线技术发展迅速，无线设备逐渐走入了我们每个人的日常生活，与此同时，人们对无线接入网络技术的需求也在不断变化。现阶段，没有一种无线接入网络技术能够满足所有的需求，对于不同的应用场景，有不同的无线接入网络技术。1980 年 2 月，为了实现局域网技术的标准化，国际电气和电子工程师协会（IEEE）成立了 802 委员会。该委员会制定了很多介质接入的控制标准，包括很多无线接入标准。典型的无线接入标准有 IEEE 802. 11、IEEE 802. 15、IEEE 802. 16 等，在第一章已经给出了 IEEE 802 委员会的一些背景信息，本章进一步介绍 IEEE 制定的无线接入标准及相关技术。

本章共有 7 节，第一到五节分别介绍 IEEE 802. 11、IEEE 802. 15、IEEE 802. 16、IEEE 802. 20 和 IEEE 802. 22 的协议标准以及相关技术，第六节阐述 3G 和 B3G 的标准及相关技术，第七节进行总结。

2. 1　无线局域网与 IEEE 802. 11 标准

目前国际上无线局域网（Wireless Local Area Network，WLAN）有 3 大标准簇，所谓标准簇是指由一系列相关标准组成的一组标准：IEEE 802. 11、欧洲电信标准协会 ETSI 的高性能局域网（the High Performance Radio Local Area Network，HiperLAN）和日本无线工业及商贸联合会 ARIB 的移动多媒体接入通信（Multimedia Mobile Access Communication，MMAC）技术。其中 IEEE 802. 11 系列标准是无线局域网的主流标准[1]，为某一区域内的固定工作站或移动工作站之间的无线连接提供一种规范[2]，主要针对网络的物理层（Physical Layer，PHY）和媒体访问控制（Media Access Control，MAC）子层技术进行了标准化。无线局域网的速度几乎可与有线局域网（以太网）相当，而且比以太网具有更多的优点。

（1）灵活性

无线局域网的灵活性体现在快速部署上。在有线网络建设中，施工周期最长、受周边环境影响最大的就是布线工程。这是因为在布线过程中，经常会受到自然环境和地形的影响，或是需要破坏已有建筑进行布线。而无线局域网 WLAN 的最大优势就是可以免去或减少网络布线的工作量，一般只要安装一个或多个无线接入点（Access Point，AP）设备，就可建立覆盖整个建筑或地区的局域网。

（2）移动性

无线局域网覆盖范围较为广泛，其用户连接入网络后就可以在信号覆盖范围内自由移动。相反，在有线局域网中，两个站点的距离因所用传输介质而被限制在一定的范围内，甚至无法移动。

（3）易扩展

无线局域网可以在已有无线网络的基础上，通过增加 AP 及配置相应软件的方式对其进行扩展，而且无线局域网有多种配置方式，能够根据需要灵活选择。

（4）成本低

无线局域网没有布线要求，可以减少相关的时间和开支。由于有线网络缺少灵活性，在建设时对网络未来发展考虑不周时，需要花费较多费用进行网络改造，而无线局域网可以避免或减少以上情况的发生。

2.1.1　IEEE 802.11 标准的演进

1987 年，IEEE 802.4 工作组开始进行无线局域网的研究，最初的目标是开发无线令牌总线网的 MAC 协议。研究一段时间之后发现，令牌总线不适合无线信道的控制。为此，在 1990 年，IEEE 802 委员会成立 802.11 工作组，专门致力于制定无线局域网的 MAC 协议和物理介质标准[3]。1997 年，该工作组发布了 IEEE 802.11 基本标准，该标准主要用于办公室局域网和校园网中，无线接入速率最高能达到 2 Mbit/s。随着无线局域网市场价值的提升，这方面的研究成果越来越多，该标准不断得到完善。

1999 年，为了提高无线局域网的速度，IEEE 提出两项修正方案：IEEE 802.11a 和 IEEE 802.11b。作为第一个高速 WLAN，IEEE 802.11a 的工作频段为 5 GHz，利用正交频分多路复用（Orthogonal Frequency Division Multiplexing，OFDM）技术进行无线电传输，最高传输速率可以达到 54 Mbit/s。IEEE 802.11b 的工作频段为 2.4 GHz，利用高速直接序列扩频（High Rate Direct Sequence Spread Spectrum，HR－DSSS）技术进行无线电传输，传输速率为 11 Mbit/s。本章后续部分将详细介绍 OFDM 和 HR－DSSS。

IEEE 802.11a 和 IEEE 802.11b 各有优缺点，IEEE 802.11b 的优势在于价格低廉，但是数据传输速率低；IEEE 802.11a 与 IEEE 802.11b 则正好相反。为了综合两个标准的优点，IEEE 于 2003 年提出了 IEEE 802.11g 标准，该标准的工作频段为 2.4 GHz，使用 OFDM 技术并使得最高传输速率可达到 54 Mbit/s。近年来市场上的这类无线接入设备，已经普遍同时支持这 3 个标准。

随着无线电技术的发展、设备成本的降低，以及设备之间兼容性的增强，IEEE 802.11 工作组进一步制定了 IEEE 802.11e、IEEE 802.11i、IEEE 802.11s 和 IEEE 802.11n 等标准，形成了 IEEE 802.11 协议簇。

2.1.2　IEEE 802.11 协议簇

IEEE 802.11 协议簇已在无线局域网的应用中取得了很大成功，此系列标准已经经历了 20 多年的发展，目前仍在不断改进完善之中，以适应安全认证、漫游和 QoS 等方面的需要。IEEE 802.11 协议簇如表 2-1 所示。

表 2-1　IEEE 802.11 协议簇

标准编号	说　明
IEEE 802.11	第一个无线局域网标准，最高速率为 2 Mbit/s
IEEE 802.11a	高速 WLAN 协议，采用 OFDM 技术，可达 54 Mbit/s
IEEE 802.11b	2004 年前后最流行的 WLAN 协议，最高速率 11 Mbit/s
IEEE 802.11d	AP 中无线与有线网络之间的桥接协议
IEEE 802.11e	基于 WLAN 的 QoS 协议，通过该协议能够进行 VoIP

（续）

标准编号	说　明
IEEE 802.11f	实现不同厂商之间的互操作
IEEE 802.11g	目前广泛使用的 WLAN 协议，802.11b 的扩展，支持 54 Mbit/s
IEEE 802.11h	IEEE 802.11a 的扩展协议
IEEE 802.11i	无线数据网安全协议
IEEE 802.11j	使 IEEE 802.11a 和 HiperLAN2 网络能够互通
IEEE 802.11k	定义无线资源管理，向高层提供无线和网络测量接口
IEEE 802.11m	对 IEEE 802.11 家族规范进行维护、修正、改进，并为其提供解释
IEEE 802.11n	采用 MIMO 技术的高速 WLAN 协议，传输速度可达 300 Mbit/s
IEEE 802.11p	针对汽车通信的无线访问标准
IEEE 802.11r	研究 AP 之间快速切换的机制
IEEE 802.11s	研究 IEEE 802.11 分布式系统的自组网协议
IEEE 802.11t	衡量无线网络性能
IEEE 802.11u	研究和其他外部网络互联的机制
IEEE 802.11v	无线网络管理
IEEE 802.11w	通过保护无线网络的“管理帧”来改善无线网络的安全性
IEEE 802.11y	为物理层定义了新的频率

IEEE 802.11 工作组所制定的上述协议当中，有五个无线局域网的主要协议：IEEE 802.11、IEEE 802.11a、IEEE 802.11b、IEEE 802.11g、IEEE 802.11n。此外，IEEE 802.11 工作组还在不断完善这些协议，推出或即将推出一些新协议。

（1）IEEE 802.11

IEEE 802.11 标准于 1997 年 6 月公布，是第一代无线局域网标准。IEEE 802.11 工作在 2.4 GHz 免费频段，支持 1 Mbit/s 和 2 Mbit/s 的数据传输速率。它定义了三个物理层（两个 RF 及 1 个红外线技术）和媒体访问控制（MAC）层规范，允许无线局域网及无线设备制造商建立互操作网络设备。IEEE 802.11 主要用于解决办公室局域网和校园网中用户终端的无线接入问题。

（2）IEEE 802.11a

IEEE 802.11a 工作在 5 GHz 频段，在整个覆盖范围内可以提供高达 54 Mbit/s 的速度。IEEE 802.11a 的 MAC 层采用 CSMA/CA 机制，物理层采用正交频分复用 OFDM 调制的。IEEE 802.11a 速率虽高，但成本也比较高。

（3）IEEE 802.11b

1999 年 9 月通过的 IEEE 802.11b 工作在 2.4 GHz 频段，其数据传输速率可以为 11 Mbit/s、5.5 Mbit/s、2 Mbit/s、1 Mbit/s 或更低，可根据噪声状况自动调整。当工作站之间距离过远或干扰太大、信噪比低于某个门限时，传输速率能够从 11 Mbit/s 自动降到 5.5 Mbit/s，或者根据直接序列扩频技术调整到 2 Mbit/s 和 1 Mbit/s。IEEE 802.11b 与 IEEE 802.11a 一样采用 CSMA/CA，物理层调制方式为补码键控（Complementary Code Keying，CCK）的 DSSS，即 HR－DSSS。IEEE 802.11b 的成本较低，但是与 IEEE 802.11a 不兼容，并且数据传输速率较低。

（4）IEEE 802. 11g

2003 年，为了解决 IEEE 802. 11a 相关设备价格高和 IEEE 802. 11b 数据传输速率低的缺陷，IEEE 正式批准了具有高兼容性和高数据传输速度的 IEEE 802. 11g。IEEE 802. 11g 是对 IEEE 802. 11b 的一种高速物理层扩展，同 IEEE 802. 11b 一样，IEEE 802. 11g 工作于 2. 4 GHz 频段，采用的调制方式包括 IEEE 802. 11a 中的 OFDM 与 IEEE 802. 11b 中的 CCK。通过两种调制方式的结合，既达到了用 2. 4 GHz 频段实现 IEEE 802. 11a 54 Mbit/s 的数据传输速率，也确保了与 IEEE 802. 11b 产品的兼容。

（5）IEEE 802. 11d

IEEE 802. 11d 标准是 AP 中无线与有线网络之间的桥接协议，它定义了一些物理层方面的要求，例如，信道要求、跳频模式等，以适应一些国家在无线电管制上的特殊要求。

（6）IEEE 802. 11e

IEEE 802. 11e 是为满足服务质量（Quality of Service，QoS）方面的要求而制定的 WLAN 标准，IEEE 802. 11e 增强了 IEEE 802. 11 的 MAC 层，为 WLAN 应用提供了 QoS 支持能力。IEEE 802. 11e 对 MAC 层的增强与 IEEE 802. 11a、IEEE 802. 11b 中对物理层的改进结合起来，就增强了整个系统的性能，扩大了 IEEE 802. 11 系统的应用范围，使得 WLAN 也能够支持语音、视频等实时应用。

（7）IEEE 802. 11f

IEEE 802. 11f 标准定义了接入点间协议（Inter－Access Point Protocol，IAPP），规定了 AP 之间必须交换的信息，以实现不同供应商的 AP 间的互操作性。它的目的是改善 IEEE 802. 11 协议的切换机制，使用户能够在不同的接入设备间漫游。

（8）IEEE 802. 11h

IEEE 802. 11h 是 IEEE 802. 11a 的扩展协议，相比 IEEE 802. 11a，它能更好地控制发送功率和选择无线信道，与 IEEE 802. 11e 一起可以适应欧洲更严格的标准，是对欧洲标准的补充。

（9）IEEE 802. 11i

IEEE 802. 11i 是为了增强 WLAN 安全认证的功能而制定的标准，它引入了健壮安全网络（Robust Security Network，RSN）的概念，并针对 IEEE 802. 11x 加密机制的各种缺点做了多方面的改进，以提高 IEEE 802. 11 的安全性。

（10）IEEE 802. 11j

IEEE 802. 11j 是针对日本进行的标准补充，该标准的主要目的是在 4. 9 GHz 到 5. 0 GHz 之间的无线频率范围内增加信道。此外，该标准还提出了一些新的变化，使得无线传输的输出功率、操作模式、信道配置和发射标准等满足日本的法律要求。与 IEEE 802. 11a 标准一样，IEEE 802. 11j 采用的是 OFDM 技术，提供最高达 54 Mbit/s/s 的数据传输速率。

（11）IEEE 802. 11k

IEEE 802. 11k 是无线资源管理标准，该标准提供负载均衡机制。一般情况下站点自行搜索信号最强的 AP 接入，如果这个 AP 比较繁忙，该 AP 可以拒绝站点的接入并强制其接入不是很繁忙的 AP，达到负载均衡。可见在 IEEE 802. 11k 中，AP 的管理功能得到加强。AP 甚至可以命令工作站做当前位置环境的检测，从而根据这些信息来提高 WLAN 的运行和管理效能。

(12) IEEE 802.11m

IEEE 802.11m 中的 m 表示维护（Maintenance）。该标准主要是对 IEEE 802.11 家族的规范进行维护、修正和解释。

(13) IEEE 802.11n

为了实现高带宽、高质量的无线局域网服务，使无线局域网达到近乎以太网的性能水平，IEEE 802.11 工作组提出了 802.11n 标准。IEEE 802.11n 采用软件无线电技术和多输入多输出（Multiple Input Multiple Output，MIMO）技术，将数据传输速率提高到 300 Mbit/s，甚至理论值高达 600 Mbit/s。IEEE 802.11n 不仅增加了物理层的传输速率，还提高了 MAC 层的效率。此外，覆盖范围问题一直是 IEEE 802.11 无线接入技术的软肋，而 802.11n 草案采用智能天线技术，通过多组（一般为 3 根天线）独立天线组成的天线阵列，可以动态调整波束，保证让 WLAN 用户接收到稳定的信号，并减少其他信号的干扰。因此，如果说从 IEEE 802.11b 发展到 IEEE 802.11g 只不过是技术升级，那么到 IEEE 802.11n 则是技术换代。

(14) IEEE 802.11p

IEEE 802.11p 是针对汽车通信这个特殊应用环境而设计的标准。该标准工作于 5.9 GHz 的频段，并拥有 1000 ft 的传输距离和 6 Mbit/s 的数据传输速率。IEEE 802.11p 将能用于收费站交费、汽车安全业务、汽车电子商务等很多方面。从技术上来看，针对汽车的特殊环境，IEEE 802.11p 对 IEEE 802.11 进行了多项改进。

(15) IEEE 802.11r

IEEE 802.11r 标准是为 VoIP（Voice over IP）的应用而提出的，该标准加快了 WLAN 中站点在 AP 之间的切换速度，减小切换的延迟以达到传送语音数据的要求。

(16) IEEE 802.11s

鉴于无线 Mesh 网络的不断发展，IEEE 制定 IEEE 802.11s 标准以实现对无线 Mesh 组网方式的支持。IEEE 802.11s 主要研究支持无线分布式系统（Wireless Distribution Systems，WDS）的协议，WDS 是 IEEE 802.11 网络的一部分，实现中继桥接的功能，可以让无线 AP 之间通过无线进行桥接（中继），同时不影响其无线 AP 覆盖的功能。IEEE 802.11s 还定义了相应的媒体接入控制（MAC）层和物理层协议，以实现 WLAN 中多个 AP 之间通过自配置多跳的方式组网，突破了传统 AP 功能上的限制，使之具有无线路由器的功能。

(17) IEEE 802.11t

IEEE 802.11t 的主要目的在于，提供 802.11 设备及系统性能与稳定性的测试标准，包括数据应用、延迟敏感性和流媒体应用的测试。其中，数据应用的测试标准涉及吞吐量、AP 容量、传输距离等；延迟敏感性涉及延迟、抖动、数据包的丢失情况等；流媒体应用的测试标准涉及视频质量与传输距离、网络负载等。除此之外，IEEE 802.11t 还规定了路径损失、接收器敏感度以及 AP 容量等测试标准。

(18) IEEE 802.11u

在 IEEE 802.11 网络中，一个工作站可以连接到先前被授权过的 AP。IEEE 802.11u 标准致力于站点和接入点之间的空中授权，通过使用这种外部网络授权方法，AP 可以为先前不知道的站点提供服务[4]。

(19) IEEE 802.11v

IEEE 802.11v 是基于 IEEE 802.11k 的无线网络管理标准。IEEE 802.11v 主要面对运营

商，致力于增强由 Wi-Fi 网络提供的服务。

（20）IEEE 802.11w

为了改进 WLAN 所面临的安全问题，IEEE 802.11w 标准通过保护无线网络的“管理帧”来改善无线网络的安全性，主要是关注其中的敏感信息，如无线电源数据、定位标志符、快速遍历信息等。为了保护管理流量的机密性，IEEE 802.1w 提出了新的设想：在客户端与 AP 之间动态交换密钥。

（21）IEEE 802.11y

IEEE 802.11y 标准扩展了现有的物理层，使用了新的频率。由于之前的 2.4 GHz 和 5 GHz 频段已经都被现有的 WLANs 占用，IEEE 802.11y 定义了新的频段 3.65 ~ 3.7 GHz。

2.1.3　IEEE 802.11 协议框架

在 IEEE 802 系列标准中，将 OSI 模型中的链路层分为逻辑链路控制（Logic Link Control，LLC）子层和媒体访问控制（Media Access Control，MAC）子层两个子层。物理层分为汇聚（Physical Layer Convergence Protocol，PLCP）子层和介质依赖（Physical Medium Dependent，PMD）子层。如图 2-1 所示。

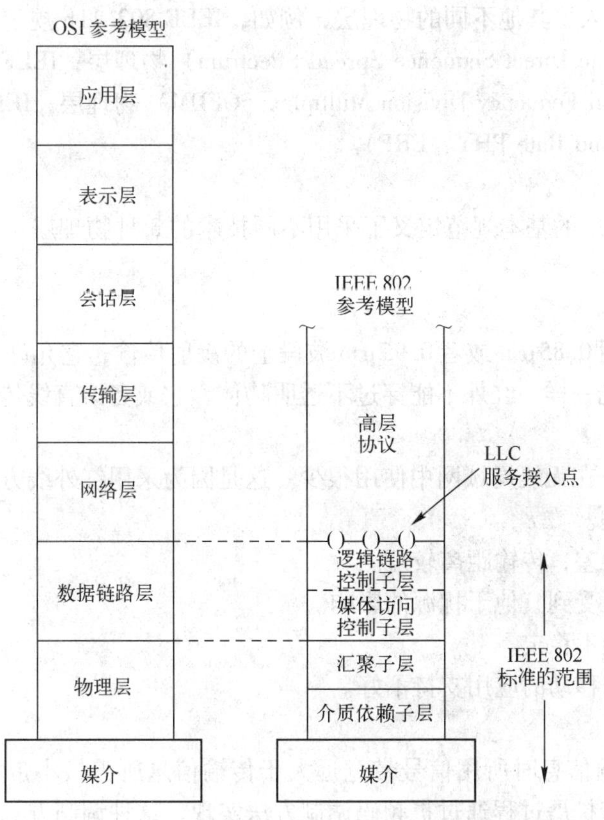

图 2-1　IEEE 802 协议层对比 OSI 模型

IEEE 802.11 标准位于物理层和 MAC 子层。MAC 子层决定访问媒介的机制与传送数据的规则，传送数据的规则包括 MAC 帧格式、数据帧的拆分和重组。至于传送与接收的细节则由物理层负责，不同的物理层使用不同的调制、编码技术，把 MAC 层协议数据单元（MAC Protocol Data Unit，MPDU）形成相应格式的帧。到目前为止，IEEE 802.11 协议簇定义了如图 2-2 所示的几种物理层。

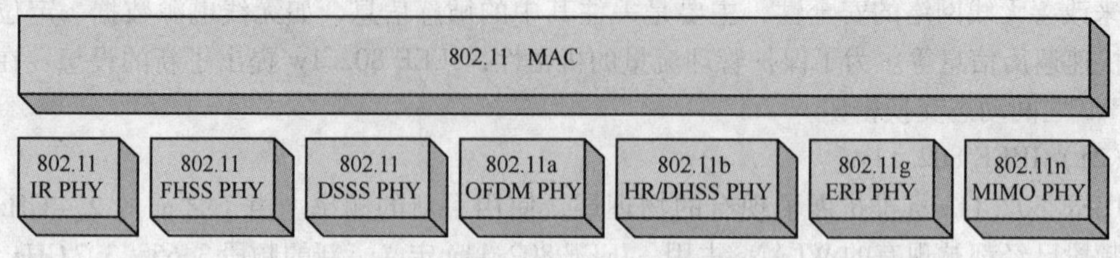

图 2-2　802.11 的协议簇

2.1.4　IEEE 802.11 物理层技术

IEEE 802.11 基本规范定义了三种物理层技术，包括了两个扩频技术和一个红外传播技术。其中采用扩频技术的物理层包括跳频扩频（Frequency - Hopping Spread - Spectrun，FHSS）物理层和直接序列扩频（Direct - Sequence Spread - Spectrun，DSSS）物理层。后来 IEEE 802.11 陆续加入了其他不同的物理层，例如，IEEE 802.11b 规定了高速直接序列扩频 HR - DSSS（High Rate Direct Sequence Spread SPectrum）物理层；IEEE 802.11a 规定了正交频分复用（Orthogonal Fequency Division Multiplex，OFDM）物理层；IEEE 802.11g 规定了增强速率物理层（Extend Rate PHY，ERP）。

1. 基本物理层

IEEE 802.11 标准的基本规范定义了采用不同技术的 3 种物理层：一个红外线技术和两个扩频技术。

（1）红外线技术

红外线技术使用 0.85 μm 或者 0.95 μm 波段上的漫射传输，它允许 1 Mbit/s 和 2 Mbit/s[5] 两种速率。与可见光一样，红外不能穿过不透明物体，它或者沿直线传播或者以衍射的方式传播。

目前红外线技术在无线局域网中使用很少。这是因为采用红外线方式进行传输的无线局域网存在以下的问题。

- 红外线穿透性差，传输距离较短。
- 红外线很容易受到其他干扰源的影响。
- 红外线的性能不稳定。
- 红外线对高速移动的应用支持不好。

（2）扩频技术

扩频技术是传输信息时所用信号带宽远大于传输信息所需最小带宽的一种信号处理技术，传输信号的频带扩展过程通过扩频码调制方法实现，这种调制方式基本上与所传信息的带宽无关，在接收端再通过用相同的扩频码进行解扩来恢复原来的信息。IEEE 802.11 使用 2.4 GHz 频带，速率为 1 ~ 2 Mbit/s。IEEE 802.11 采用两个不同方式的扩频技术：FHSS 和 DSSS，这两种技术在运行机制上是完全不同的。

第一种扩频技术是跳频扩频 FHSS。在采用定频通信的系统中，也就是说该系统在指定的频率上进行通信，发射机的载波频率是固定不变的，因此在受到干扰时将使通信质量下降，严重时甚至使通信中断。与定频通信相比，跳频通信中发射机的载波频率不是固定的，而是在一个预定的频率集合中随时跳变的。因此虽然在每一个瞬间来看是在单一载波上通信的，但从总体看它的载波可以在很宽的频率范围上跳变，具有很好的抗干扰能力，但是带宽仍然较低。

跳频扩频是最先得到广泛应用的物理层技术。这是因为支持跳频调制的电子零件相对较便宜，而且采用跳频的网络在相同区域内可以同时容纳多个网络。但是随着用户对带宽要求的提升，跳频系统的优势已经逐渐消逝，相关的产品也渐渐淡出市场。

另外一种扩频技术是直接序列扩频（DSSS）。DSSS 标准使用 11 位的 Chipping - Barker 序列将数据编码发送，数字信号中的每一个比特 1 或者 0 编码为一个 11 位 Barker 码，将这个序列转化成波形，称为一个符号 Symbol，然后在媒介中传播。该标准被限制在 1 或 2 Mbit/s 的速率上。Symbol 传送的基础速率是 1 Mbit/s，传送的机制称为二相相移键控（Binary Phase Shifting Keying，BPSK）。采用四相相移键控（Quandrature Phase Shifting Keying，QPSK）技术则能够达到 2 Mbit/s。DSSS 能够达到比 FHSS 更快的速度，美国 FCC 曾经要求所有的无线通信设备都使用扩频技术，但是由于新技术的出现，该规定于 2002 年 5 月被废除。

2. 高速直接序列扩频（HR - DSSS）物理层

IEEE 802. 11b 规范了高速直接序列扩频（HR - DSSS），增加了两个新的速度：5. 5 Mbit/s 和 11 Mbit/s。IEEE 802. 11b 采用了一种更先进的编码技术，抛弃了原有的 11 位 Barker 序列技术，而采用了补码键空（Complementary Code Keying，CCK）技术。CCK 的核心编码中有一个由 64 个 8 位编码组成的集合，在这个集合中的数据能够被正确地互相区分。5. 5 Mbit/s 使用 CCK 串来携带 4 位数字信息，而 11 Mbit/s 速率使用 CCK 串来携带 8 位数字信息。两个速率的传送都利用 QPSK 作为调制的手段，不过信号的调制速率为 1. 375 Mbit/s。这也是 IEEE 802. 11b 获得高速的机理。

为了在有噪声的环境下获得较好的传输速率，IEEE 802. 11b 采用了动态速率调节技术，允许用户在不同的环境下自动使用不同的连接速度。在理想状态下，用户以 11 Mbit/s 的全速运行，然而，当用户移出理想的 11 Mbit/s 速率传送的位置或者距离，或者受到干扰时则把速度自动按序降低为 5. 5 Mbit/s、2 Mbit/s、1 Mbit/s。同样，当用户回到理想环境的时候，连接速度也会增加到 11 Mbit/s。速率调节机制是由物理层自动实现，而不会对用户和其他上层协议产生任何影响。

3. 正交频分复用（OFDM）物理层

IEEE 802. 11a 是高速无线局域网协议，使用 5 GHz 的高频频段和正交频分复用 OFDM 来达到高速的要求，最大可到 54 Mbit/s。OFDM 技术将 20MHz 的高速数据传输信道分解成 52 个平行传输的低速子信道，其中的 48 个子信道用来传输数据，其余的 4 个保留信道用于差错控制。

OFDM 的基本原理是把高速的数据流分成许多速度较低的数据流，然后将它们同时在多个副载波频率上进行传输，从而提高数据传输速度并改进信号的质量，克服干扰。OFDM 技术已经被 IEEE 802. 11 工作组选择作为一种重要的 WLAN 传输调制方式。

4. 增强速率物理层（ERP）

为了在低频段提供高速传输，IEEE 802. 11g 使用了增强速率物理层（ERP），规定了五种调制方式，即 ERP - DSSS、ERP - CCK、ERP - OFDM、DSSS - OFDM 和 ERP - PBCC。IEEE 802.11g 使用2.4GHz 频带，可以提供相当于 IEEE 802.11a 的速率，相比使用5GHz 频带的 IEEE 802.11a，IEEE 802.11g 能够传输更远的距离。IEEE 802.11g 制定的物理层在现有的技术的基础上做了一些改动，主要是提供向下的兼容性。

IEEE 802.11g 能够与 IEEE 802.11a 和 IEEE 802.11b 保持兼容，能够同时支持 IEEE 802.11b 的 CCK 和 IEEE 802.11a 的 OFDM 技术。此外 IEEE 802.11g 还支持分组二进制卷积码（Packet Binary Convolutional Coding，PBCC）。

5. 多输入多输出（MIMO）物理层

新兴的 IEEE 802.11n 标准已经于2009 年9 月正式颁布。IEEE 802.11n 采用软件无线电技术和多输入多输出（Multiple Input Multiple Output，MIMO）技术，将数据传输速率提高到300 Mbit/s，甚至理论值高达600 Mbit/s，为无线移动局域网提供带宽和速度保证。之所以能在传输速率上有比较大的突破，是因为 802.11n 标准采用了 MIMO 技术，这是无线移动通信领域智能天线技术的重大突破。该技术能在不增加频谱带宽的情况下，成倍提高通信系统的容量和频谱利用率，是新一代移动通信系统的关键技术。

MIMO 系统在发射端和接收端采用两幅以上的天线（可以表示为 2X2，2X3，2X4 等）、采用双信道（20 MHz 和 40 MHz）和双频带（2.4 GHz 和 5 GHz），不仅可以得到很高的速率，同时又能与以前的 IEEE 802.11b/g 设备兼容。其中，2X3 和 2X4 的配置可以得到比 2X2 更高的速率和更好的质量。

采用多天线传输信息流 S（k），经过编码形成 N 个信息子流 Ci（k），（i = 1，…，N）。这 N 个子流由 N 个天线发射出去，在接收端由 N 个接收天线接收，多天线接收机采用相应的处理方法能够分开并解码这些数据子流。这样，MIMO 系统可以创造多个并行空间信道，解决了带宽共享的问题。常见的 3 个建议中，分别采用不同的调制和编码方式，WWiSE 和 MITMOT 采用 64 种状态 QAM（Quadrature Amplitude Modulation）、5/6 编码；而 TGn Sync 则采用 256 种状态 QAM、7/8 编码。

6. IEEE 802.11 各种物理层的比较

表 2-2 对 IEEE 802.11 各种物理层标准进行了比较。可以看出，采用 MIMO 物理层的 IEEE 802.11 标准具有最高的传送速率，应用前景良好。

表 2-2　IEEE 802.11 物理层标准

IEEE 标准	技　术	频　带	速　率
IEEE 802.11	IR	红外	1 Mbit/s 和 2 Mbit/s
	FHSS	2.4 GHz	
	DSSS	2.4 GHz	
IEEE 802.11a	OFDM	5 GHz	54 Mbit/s
IEEE 802.11b	HR - DSSS	2.4 GHz	5.5 and 11 Mbit/s
IEEE 802.11g	OFDM	2.4 GHz	54 Mbit/s
IEEE 802.11n	MIMO	2.4/5 GHz	300 Mbit/s

2.1.5　IEEE 802.11 MAC 层技术

IEEE 802.11 标准定义了媒体访问控制（MAC）子层。MAC 层位于物理层之上，规范了访问机制、控制数据的传输，还定义了 MAC 帧格式，负责帧的拆分与重组操作以及与骨干网络之间的交互等。

1. 载波监听多路访问/冲突避免（CSMA/CA）

在学习 IEEE 802.11 的 MAC 子层前，我们首先回顾一下有线以太网的 MAC 子层技术。在采用 IEEE 802.3 标准的有线以太网中，MAC 层使用载波监听多路访问/冲突检测机制（Carrier Sense Multiple Access with Collision Detection，CSMA/CD）来控制对传输媒介的访问。载波监听多路访问（Carrier Sense Multiple Access，CSMA）主要用来判断媒介是否处于可用状态[7]，它是一种“先侦听后会话”的协议，在发送数据之前，工作站先侦听传输媒体是否空闲，然后决定是否可以传输数据[6]。由于没有中心控制点，各个工作站都能独立地决定数据帧的发送与接收，当有超过 1 个工作站侦听到传输媒体空闲而同时发送数据时就会发生冲突，这使发送的数据帧都成为无效帧，浪费了发送数据帧的时间。

CSMA/CD 的工作原理可用“边听边说”4 个字来描述，即一边发送数据，一边检测是否产生冲突。工作站在发送数据时，一边发送一边继续监听，若监听到冲突，则立即停止发送数据。等待一段随机时间，再重新尝试发送数据。CSMA/CD 的优点是原理简单，易于实现，网络中各工作站处于平等地位，不需要集中控制以及优先级控制。但是在网络负载增大时，冲突增多，从而发送时间增长并且导致效率下降。

IEEE 802.11 的 MAC 子层和 IEEE 802.3 的 MAC 子层相似，都是采用载波监听多路访问 CSMA。但是，在无线局域网中的冲突检测机制存在一定问题，这是由于要在发送数据的同时检测冲突，设备必须能够一边传送数据信号，一边接收数据信号，而这在无线系统中是无法办到的。鉴于上述原因，IEEE 802.11 采用了载波监听多路访问/冲突避免机制（Carrier Sense Multiple Access with Collision Avoidance，CSMA/CA）。

IEEE 802.11 中 CSMA/CA 的基本工作过程是，工作站在发送数据前必须检测传输媒介是否处于空闲状态，如果是处于忙碌状态，工作站必须利用二进制指数后退算法（Binary Exponential Backoff，BEB）等待随机的时间，然后再尝试发送并重新检测传输媒介是否处于空闲状态等，从而减小信号冲突的发生概率。BEB 机制的原理会在后面详细说明。

此外，与 CSMA/CD 不同的是，CSMA/CA 还采用了两次握手模式的确认机制，接收站在接收到数据帧时，将等待一小段时间后，再向发送站发送 ACK 信息，从而对收到的数据帧进行确认。也就是说，所有传送出去的数据帧都必须得到 ACK 信号的响应后才能确认数据已经正确到达目的地（及链路层的下一跳节点）。如果发送站在一定时间内没有收到接收站的 ACK 信息，发送站将按 BEB 机制重新发送数据帧。通过上述等待和确认机制，CSMA/CA 保证了在不采用“边听边说”的情况下也能够完成数据的传输。

2. 隐藏站点和暴露站点问题

在无线网络中，存在着两个必须解决问题，即隐藏站点问题和暴露站点问题。在无线网络中，由于站点间距离太远或其他原因，而不能发现潜在竞争者的问题称为隐藏站点问题。如图 2-3 所示，站点 A 可以直接与站点 B 和 C 通信，而站点 B 与 C 由于某些因素（如距离过远）无法直接通信，甚至无法感知对方的存在。从站点 B 来看，站点 C 就是隐藏节点。这种情况下，站点 B 和 C 有可能在同一时间向站点 A 发送数据，这会造成站点 A 无法响应任何数据。此时只有站点 A 知道有冲突发生，而站点 B 和 C 则无从得知数据传送已发生错误。这就是隐藏站点问题。

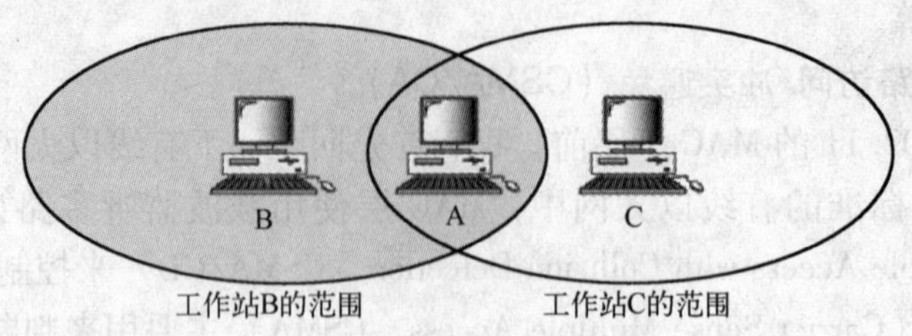

图 2-3 隐藏站点问题

暴露站点正好与隐藏站点相反，无线网络中由于非竞争站点距离发送站点太近，从而导致非竞争站点不能发送数据的问题称为暴露站点问题，如图 2-4 所示。站点 A 向 B 发送数据，站点 C 试图向站点 D 发送数据，但由于站点 C 在站点 A 的信号覆盖范围内，当它收到 A 正在发送数据的消息时，就错误地认定自己不能向站点 D 发送数据。这类问题被称为暴露站点问题。

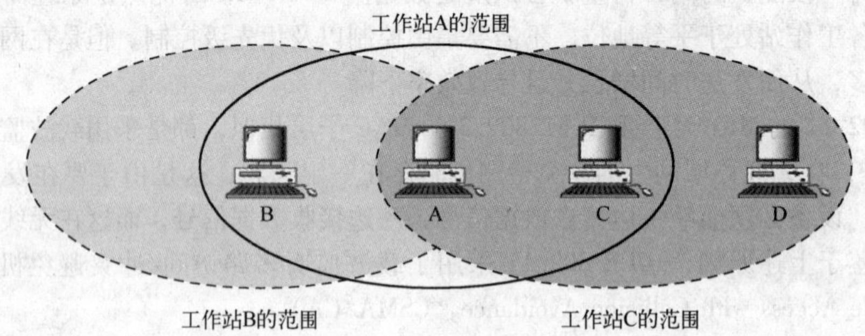

图 2-4 暴露站点问题

在无线网络中，由站点隐藏和站点暴露所导致的冲突问题相当难监测，因为设备无法同时收发数据。为了解决这个问题，IEEE 802.11 在 MAC 层上采用了 RTS/CTS（Request/Clear to Send）机制。RTS/CTS 采用两次握手机制，发送工作站先发送一个请求发送帧 RTS，接收工作站在收到 RTS 后，等待一定时间间隔后，向发送站发送确认帧 CTS。RTS 和 CTS 都能够让接收到这一信号的其他工作站停止传送数据，并根据 RTS 和 CTS 帧中所携带的信息进行相应的退避。等到 RTS/CTS 完成交换过程，发送工作站和接收工作站就可以开始正常的数据收发，从而避免冲突的发生。

RTS/CTS 机制有助于减轻隐藏站点和暴露站点问题。在图 2-5 所示的隐藏站点问题中，站点 B 向站点 A 发送数据前，需要先向站点 A 发送 RTS 进行请求，站点 A 回应 CTS，站点 B 在收到 CTS 后才向站点 A 发送数据。站点 C 也可以收到站点 A 发送的 CTS，可是站点 C 没有发送过 RTS，所以站点 C 知道自己处于隐藏站点的情况，就不会向站点 A 发送数据。

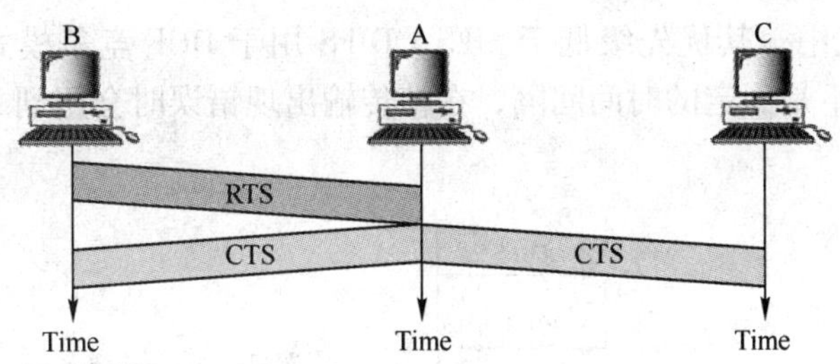

图 2-5　RTS/CTS 机制解决隐藏站点问题

在图 2-6 所示的暴露站点问题中，虽然站点 B 和站点 C 都可以收到站点 A 发送 RTS，但是只有站点 B 向站点 A 回复 CTS。此时，站点 C 可以向站点 D 发送 RTS 请求，站点 A 和 D 都可以收到，但是只有站点 D 向站点 C 回复 CTS，收到 CTS 后站点 C 就可以向站点 D 发送数据。

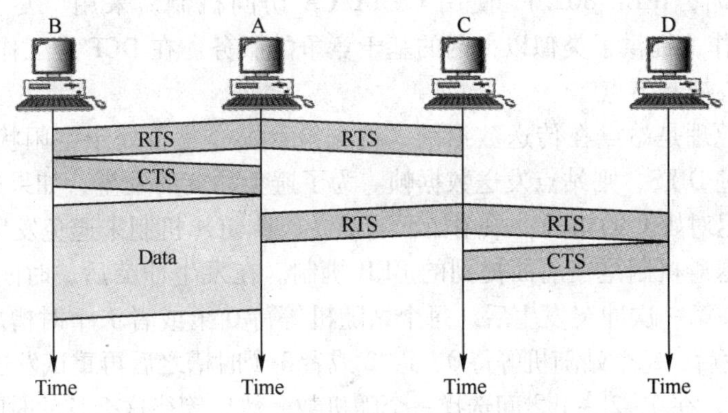

图 2-6　RTS/CTS 机制解决暴露站点问题

但是 RTS/CTS 机制不能完全解决站点隐藏和站点暴露问题，例如，站点 D 向站点 C 回复的 CTS 有可能被站点 A 向站点 B 发送的数据淹没。此外，由于整个 RTS/CTS 传输过程，占用了网络资源而增加了额外的网络负担，所以一般只是在需要时才采用。

3. MAC 层的协调功能

MAC 层的无线媒介访问是由特定的协调功能控制。IEEE 802.11 的 MAC 层定义了分布式协调功能（Distributed Coordination Function，DCF）、点协调功能（Point Coordination Function，PCF）和混合协调功能（Hybird Coordination Function，HCF）。DCF 用于竞争机制，PCF 用于非竞争机制，HCF 是 DCF 和 PCF 的混合机制。

帧间间隔（Inter Frame Space，IFS）在协调媒介的访问上有着重要的作用。在 CSMA/CA 机制中，IEEE 802.11 规定在连续发送的两个帧间必须有一段时间间隔，并定义了四种不同的帧间间隔：短帧间间隔（Short Interframe Space，SIFS）、DCF 帧间间隔（DIFS）、PCF 帧间间隔（PIFS）和扩展帧间间隔（EIFS）。在发送数据前所需等待的时间长短体现了该数据的优先级，也就是说，不同的帧间间隔提供不同的媒介访问优先级。当媒介空闲时，高优先级的数据比低优先级的数据在发送数据前所需等待的时间短。帧间间隔的关系如图 2-7 所示。SIFS 是最短的帧间间隔，拥有最高的优先级，可用于 RTS/CTS 帧和 ACK 帧；PIFS 主要用在 PCF 无竞争模式中，其优先级低于 SIFS；DIFS 用于 DCF 竞争模式中，优先级比 SIFS 和 PIFS 都低。EIFS 不是固定的时间间隔，在帧传输出现错误时会用到 EIFS，长度最长并且级别最低。

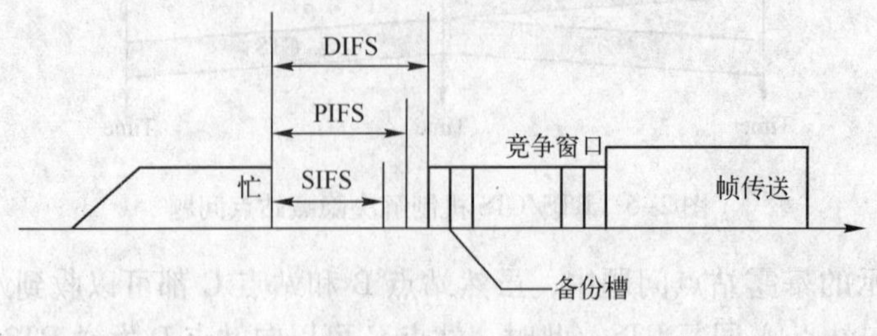

图 2-7　帧间间隔的关系

（1）分布式协调功能（DCF）

当使用 DCF 时，IEEE 802.11 使用 CSMA/CA 访问机制，采用“尽力而为”（Best Effort）的方式工作，提供了类似以太网的基于竞争的服务。在 DCF 中工作站之间可以直接通信，不需要中心控制节点。

DCF 的基本原理是站点在传送数据前，首先检查媒介是否处于空闲状态，如果媒介空闲且空闲时间超过 DIFS，则站点发送数据帧。为了避免冲突的发生，如果媒介正在被占用，工作站则必须延迟对媒介的访问，采用如下退避（Backoff）机制来避免发生冲突。

DCF 采用的退避机制是在前面提到的 BEB 机制。在发生冲突后，时间被分成离散的时隙。具体来说，在第一次冲突发生后，每个站随机等待 0 个或者 1 个时槽之后再重试发送。在第二次冲突发生后，每个站随机等待 0、1、2 或者 3 个时槽之后再重试发送。也就是说，在第 i 次冲突发生后，在 $0 \sim 2^i - 1$ 之间选择一个随机数，然后等待这么长的时间，其中 $2^i - 1$ 是竞争窗口（Contention Window，CW）的大小。

如图 2-8 所示，站点 B 和 C 都想发送数据，但是此时媒介被 A 占用。由于 ACK 确认帧所使用的短帧间间隔 SIFS 短于 DCF 帧间间隔 DIFS，因此在 A 发送完数据后，ACK 确认帧会优先在信道上传输。在媒介被 A 以及 ACK 确认帧占用过程中，站点 B 和 C 都不断地多次尝试发送数据，这里假设 B 和 C 都分别进行了三次尝试（也就是发生了三次冲突）。这时，B 随机选择了避退 7 个时隙，而 C 选择了 4 个时隙。因此，在完成 ACK 确认帧的传输后，经过等待一个 DCF 帧间间隔 DIFS 加上 4 个时隙，站点 C 获得了信道使用权，即 C 比 B 先传送数据。

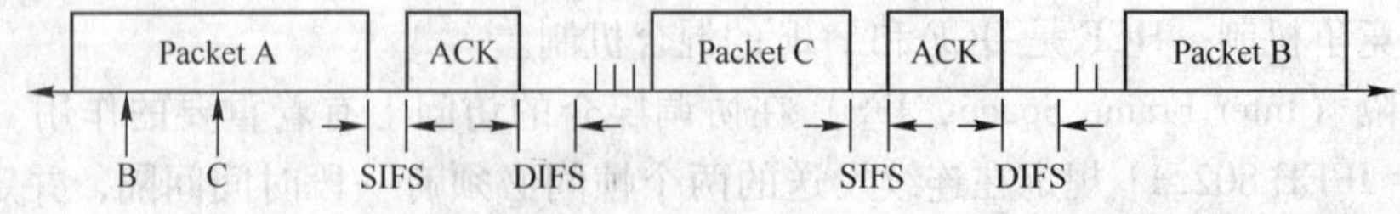

图 2-8　DCF 举例

（2）点协调功能（PCF）

PCF 提供的是无竞争服务（Contention - Free Service）。由于 DCF 不提供任何延迟或带宽的保证，所以难以满足一些对延迟和带宽敏感的服务的要求，这时可采用 PCF。在 PCF 中由称为点协调者（Point Coordinator，PC）的基站对其他工作站进行协调，决定哪一个工作站可以发送数据。在PCF模式中传输顺序完全由基站控制，所以不会出现冲突。但是，该机制需要具有管理功能的基站，该基站能够和所有工作站通信，并且能够承担较重的计算负担。

PCF采用轮询策略，AP在确认媒介空闲了PIFS（PCF InterFrame Spacing）时间间隔后给所有在基础型服务集合中的站点发送一个信标帧（Beason），信标帧的详细格式在后面MAC帧格式中会说明。信标帧包含着无竞争周期CFP（Contention Free Period）的最大时间、信标间隔和BSS标志[8]。所有在此BSS中的站点收到该信标帧后，必须停止一切发送行为，并在CFP期间保持沉默。AP中的PC维护着一个轮询表，并按照这个顺序对各站点进行轮询以检查该站点是否有数据传送。有数据要发送的站点必须在被轮询到时才可以发送数据，而其他站点必须处于等待状态，这样就避免了冲突的发生。

PCF允许工作站经过PIFS时间间隔后即可传送帧，PIFS比DIFS时间短，这样PCF就有比DCF高的优先级。所有的IEEE 802.11都必须支持DCF，而PCF则是可选的。

（3）混合协调功能（HCF）

有些应用需要提供比“尽力而为”更高一级的服务质量，却又不需要用到PCF那么严格的时机控制，此时可以采用混合协调功能HCF。HCF允许工作站维护多组服务队列，针对需要更高服务质量的应用提供更多的无线媒介访问机会。

4. MAC帧格式

IEEE 802.11 MAC层的帧由帧头（MAC Header）、帧实体（MAC Body）和帧校验组成。在帧头部分包括帧控制（Frame Control）字段、持续时间（Duration/ID）字段、4个地址（Address）字段和顺序控制（Sequence Control）字段，如图2-9所示。

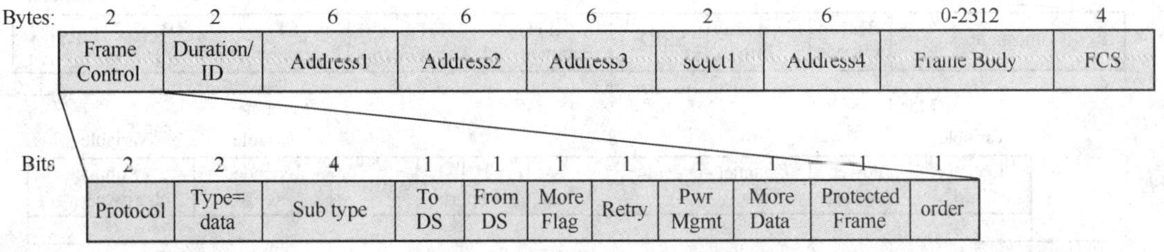

图2-9　IEEE 802.11 MAC帧格式

帧格式中主要字段的说明如下。

- 帧控制（Frame Control）：此字段含有工作站之间发送的控制信息，包括很多子字段，在此不再详述。
- 持续时间（Duration）：此字段有多种功能，有三种可能的形式，由第14、15位决定。当第15位为0时，表示Duration（Nav）；当第14、15位为01时，表示CFP帧；当第14、15位为11时，表示PS-poll帧。
- 地址字段（Address1-4）：1个IEEE 802.11 MAC层的帧最多可以有4个地址字段，以数字编号，随着帧类型的不同，这些字段的作用也有所差异。
- 顺序控制字段（Seqctl）：该字段由4位的片段编号子字段和12位的顺序编号子字段组成，用于重组帧片段以及丢弃重复帧。
- 帧实体字段（FrameBody）：承载在工作站之间传递的上层有效载荷，如带IP头的IP

分组，其长度为0～2312个字节。

- 帧校验字段（FCS）：采用CRC校验码。每一个在无线网络中传输的数据帧都被附加上了校验位以检验它在传送的时候是否出现错误。

IEEE 802.11MAC协议支持三种类型的帧，即管理帧、控制帧和数据帧。帧的类型在帧控制字段的Type位标志，在Sub Type位进一步标志。Type位的长度为2 bit，00表示管理帧、01表示控制帧、10表示数据帧。Sub Type位的长度为4 bit，表示3种帧类型内不同的子类型，具体值不一一列出。

（1）数据帧

数据帧将上层协议的数据置于帧实体中加以传递。

（2）控制帧

控制帧用于协助数据帧的传递，管理无线媒介的访问。控制帧没有Data域和Sequence域，关键的信息在于Sub Type域，通常为RTS、CTS或者ACK。

（3）管理帧

管理帧的作用十分重要，负责维护链路层的各种功能。在管理帧中有一种比较重要的帧——信标（Beacon）帧，在基础型结构的网络中由AP负责定期传送。该帧用来声明某个网络的存在，信标可以让移动的工作站知道该网络的存在，从而调整加入该网络的参数。Beacon帧的具体格式如图2-10所示。

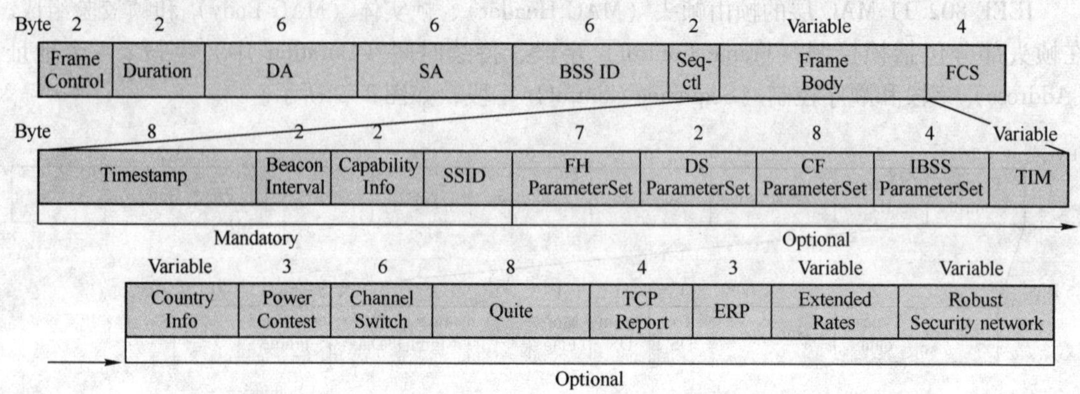

图2-10 Beacon帧格式

以上各个字段在信标中不一定会全部用到，选择性（Optional）的字段只有在需要时才会使用。例如，只有在使用跳频（Frequency Hopping，FH）或直接序列（Direct - Squence，DS）物理层技术时才会用到FH和DS参数集；CF参数集只用于支持PCF的AP所发送的帧等。

5. MAC帧的分段与重组

IEEE 802.11 MAC子层还提供帧的分段与重组功能。帧的分段功能是指超过特定大小的数据帧在传送时被拆分成几个较小的数据帧分批传送，这些数据帧有相同的帧序号和一个递增的帧片段编号以便在接收端重组。

将较大的帧分段为多个较小的帧，在网络十分拥挤或者存在干扰的情况下，是非常有用的特性，可以大大降低被干扰的数据量，减少数据帧被重传的概率，从而提高无线网络的整体性能。接收端的 MAC 子层负责将收到的被分段的大数据帧进行重组，因此对于上层协议来说这个过程是完全透明的。

2.2　无线个域网与 IEEE 802.15 标准

IEEE 802.15 工作组的主要专注方向是无线个域网（Wireless Personal Area Network，WPAN）。WPAN 的主要特点是无线传输的距离比较近，一般在 10m 以内。因为传输的距离短，所以无线发射功率比较小，因此 802.15 协议相对 802.11 等更为节能。

2.2.1　IEEE 802.15 标准的演进

IEEE 802.15 标准的先驱是蓝牙技术（Bluetooth）。1994 年，Ericsson 公司对"在无电缆的情况下，将移动电话和其他设备（如 PDA）连接起来"的问题产生浓厚的兴趣，并与 IBM、Intel、Nokia 和 Toshiba 等公司组成蓝牙特别兴趣小组（Special Interest Group，SIG），共同开发用于将计算机和通信设备或者附加部件通过短距离、低功耗、低成本的无线信道连接的无线标准，该项目被称为蓝牙[9]。

1998 年 3 月，IEEE 成立 802.15 工作组，致力于 WPAN 的物理层和数据链路层协议标准化。1999 年 7 月，蓝牙 SIG 发布了长达 1500 多页的蓝牙规范 1.0 版。此后不久，IEEE 802.15 工作组采用蓝牙的文档作为基础，并开始进行修订[5]。

2002 年，802.15 工作组提出第一个 IEEE 802.15 协议 802.15.1，该协议基于蓝牙协议 1.1 版本。由于 802.15.1 采用的频段是 2.4GHz，与 802.11b/g 协议的频段冲突，因此，出现了 802.15.2 工作组，制定相应的规则来解决两者的共存性问题。蓝牙并不能满足无线个域网的所有需求，蓝牙面向的典型应用场景是个人数字终端之间的连接，音频数据等近距离传输；对于长时间工作的传感器以及清晰的实时视频数据传输等，蓝牙技术则不能满足。

为了满足这些需求，IEEE 成立了 802.15.3 工作组和 802.15.4 工作组。802.15.3 工作组的目标是建立宽带个人无线网，提供个人设备间的高速无线数据传输。802.15.4 工作组是建立一个低速但实现简单且节能的个域网，802.15.4 的典型应用场景是无线传感器网，个人遥控装置等。随后又有了对于个人域的无线 Mesh 网络以及相对于个人域 10m 范围更小的身体域无线网的需求，于是 IEEE 又成立了 802.15.5 以及 802.15.6 工作组来制定相关有针对性的标准。

目前，802.15 工作组的主要工作方向是进一步完善 802.15.4 以及 802.15.3 协议，并且着力拓展身体域局域网以及无线 Mesh 网络的标准化这两个新兴的应用领域。此外，802.15 还成立了一些特别兴趣小组进行个域网领域的前沿性技术研究，比如可见光传输、TGHz 波段传输、下一代无线技术等。IEEE 802.15 现在也开始向射频识别（RFID）的应用领域进行拓展。

WPAN 逐渐受到人们的重视，市场规模也在不断扩大。相比目前发展比较成熟的无线局域网等技术，WPAN 还有广阔的市场发展空间。相信随着技术的进一步发展，802.15 协议将在 WPAN 的应用中占据重要的地位。随着 802.15 工作组以及产业界的共同努力，802.15 协议还将有很大发展空间。

2.2.2 IEEE 802.15 协议簇

历经了 10 多年的发展，IEEE 802.15 已在无线个域网的应用中取得较大成功。下面介绍 IEEE 802.15 协议簇的主要协议。

（1）IEEE 802.15.1

IEEEE 802.15.1 标准将 MAC 层与 PHY 层合起来划分为四个子层。

- RF 层（RF layer）：该无线接口基于天线能力，范围是 0 ~ 20 dBm。蓝牙技术运行在 2.4 GHz 波段，链路传输范围是 10 cm ~ 100 m。
- 基带层（Baseband Layer）：在设备之间形成微微网（Piconet），通过蓝牙技术将网络设备连接在一起。
- 链路管理层（Link Manager）：在蓝牙设备间建立和维护数据链路。链路管理层的其他功能还包括安全、基带数据包大小协商、电源模式、蓝牙设备的周期性控制以及蓝牙设备在微微网中的连接状态控制等。
- 逻辑链路控制和适配协议层（Logical Link Control and Adaptation Protocol，L2CAP）：为上层协议提供无连接和面向连接的服务。

在推出 IEEE 802.15.1 – 2002 协议之后，蓝牙标准继续向前发展，在 2005 年，IEEE 802.15 工作组发布了基于蓝牙 1.2 标准的 IEEE 802.15.1 – 2005 标准。这一标准与前一标准相比，主要的改进之处是在实际中有更高的传输速率、更快的建立网络连接的速度，该标准采用了新技术使得抗干扰能力更好。

从上面的介绍我们可以看出，推动 IEEE 802.15.1 协议发展的主要力量并不是 IEEE 组织，IEEE 802.15.1 协议都只是基于 Bluetooth 标准的。蓝牙特别兴趣组（SIG）才是推动蓝牙技术发展的主力。在推出了 IEEE 802.15.1 – 2005 之后，IEEE 投票通过了解除与 SIG 合作关系的议案。于是，802.15.1 – 2005 成为了蓝牙的最后一个 IEEE 标准，SIG 的后续蓝牙标准将与 IEEE 没有任何关系。

（2）IEEE 802.15.2

IEEE 802.15.2 标准不是为了定义新的通信协议，而是因为 Wi – Fi 的标准 IEEE 802.11b、IEEE 802.11g 都使用 2.4 GHz 频率，与 802.15 会产生干扰，IEEE 802.15.2 正是为了解决两者的相互干扰问题而提出的。

由于在该工作组开始工作时，802.15 协议簇中主要的应用是 802.15.1，因此在该协议中主要描述并解决了 802.15.1 与 802.11、802.11b 的互干扰问题，但相应的解决方案对解决 802.15 的其他协议与 802.11 协议簇的干扰问题也有很大帮助。

解决上述共存问题的机制主要有合作机制和非合作机制两种。在合作模式下，两种无线网络之间通过通信来解决共存问题；在非合作模式下两种无线网络之间不通信，通过适应性设备抑制、适应性数据包选择以及适应性的发包策略来解决共存问题[10]。

（3）IEEE 802.15.3

IEEE 802.15.3 – 2003 标准旨在为便携电子设备提供高速、低功耗、低成本、支持多媒体功能的无线连接。这个标准提供 11 ~ 55 Mbit/s 的数据传输速率，并在距离小于 70 m 时可以为数据流提供可靠的服务质量（QoS）。此外，这个标准使设备自动组成网络，不需要用户干预。在保护用户隐私和数据完整性方面，该标准提供数据和命令的 128 位 AES 加密方法。最后，该标准还提供了多种技术可以使 802.15.3 的微微网与其他的无线网络实现更好的共存。

此外，IEEE 又先后成立了一些工作组致力于该协议的性能优化，在后面将会简要介绍该协议以及相关的工作组[11]。

（4）IEEE 802.15.4

随着通信技术的飞速发展，人们对无线移动通信尤其是短距离无线与移动通信的需求也日益增多。为满足用户对低速率、低成本、低能耗的短距离无线通信的需求，2000 年 12 月 IEEE 成立了 802.15.4 工作组。经过 3 年的努力，2003 年 5 月正式发布了 IEEE 802.15.4 标准[12]。该标准针对低速率无线个人区域网（LR - WPAN）制定了物理层（PHY）和媒体接入控制（MAC）层规范。IEEE 802.15.4 标准的发布，弥补了短距离低速率通信领域标准的空白，并且由于其成本低、协议简单灵活等特点，已经在无线市场中赢得了一席之地。

基于 802.15.4 标准的低速率无线个人区域网络，网络节点间的通信距离通常为 10 m 左右，并且有 868 MHz、915 MHz 和 2.4 GHz 三个物理频段可供选择，其中，各频段所支持的数据传输速率分别为 20 kbit/s、40 kbit/s 和 250 kbit/s。

（5）IEEE 802.15.5 与 IEEE 802.15.6

IEEE 在 2006 年成立了 802.15.5 工作组，其目的是制定一套无线 Mesh 网络标准。IEEE 802.15.5 目前还在开发中，定位于无线 Mesh 网络的 MAC 层，不需要 ZigBee 或路由支持，它继承了 802.15.1 ~ 802.15.4 的一些基本思想，但完全支持 Mesh 结构。在 802.15.5 标准中，Mesh 网络被定义为一个个域网（PAN），有全网状拓扑和部分网状拓扑两种组网方式。在全网状拓扑结构中，每一个节点直接与其他任何一个节点相连；在部分网状拓扑结构中，只有部分节点与其他所有节点相连，而其他节点则只是与连通度较大的节点相连。802.15.5 标准主要涉及的问题包括碰撞避免的信标调度策略、路由算法、分布式安全问题、能效操作模式、对网状节点和网状 PAN 移动性的支持等[13]。

IEEE 在 2007 年 12 月初宣布成立 802.15.6 工作组。这个工作组的主要任务是研究“身体域网络”（Body Area Network，BAN）协议，如图 2-11 所示。其面向的需求主要是适中的带宽，很低的功耗，很近的传输距离。802.15.6 标准的一些典型应用场景包括医疗目的和运动学中身体数据监测以及个人娱乐等，例如，心跳速率的测试、游戏、视频娱乐等。

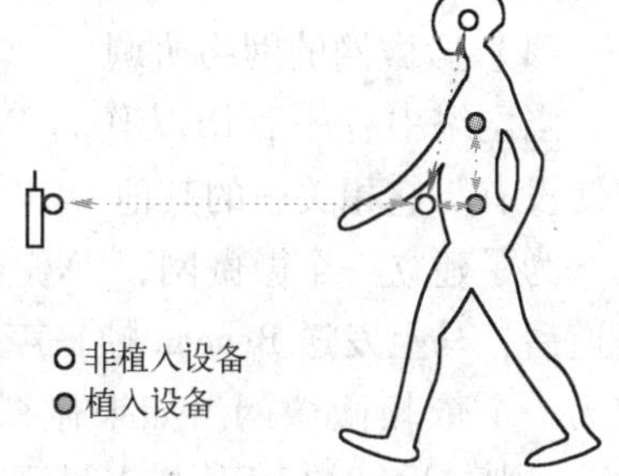

图 2-11　802.15.6 示例

2.2.3　IEEE 802.15.3 关键技术

IEEE 802.15.3 协议是为提供高速个人局域网而设计的，目的是提供针对多媒体的数据传输。在物理层和 MAC 层都存在概念上的管理实体，分别称为物理层管理实体（PHY Layer Management Entity，PLME）和 MAC 层管理实体。这些实体负责提供层间的管理服务接口。

在 802.15.3 协议提出后，为了适应更多的环境以及提供更好的性能，IEEE 相继成立了多个工作组进行该协议的进一步研究，包括 802.15.3a、802.15.3b、802.15.3c 等。其中有不少成功的经验，也有个别工作组因为种种原因而放弃了后续的研究。

1. 微微网

802.15.3 协议组成的网络一般称为微微网，通信范围一般在 10 m 左右。微微网由一系列的元素组成，最基本的元素是设备（DEV），如图 2-12 所示。其中一个 DEV 担任微微网协调者（PicoNet Coordinator，PNC）的角色。PNC 提供整个微微网的网络时隙协调功能，并负责管理整个微微网的 QoS 需求、节能模式和访问模式等。

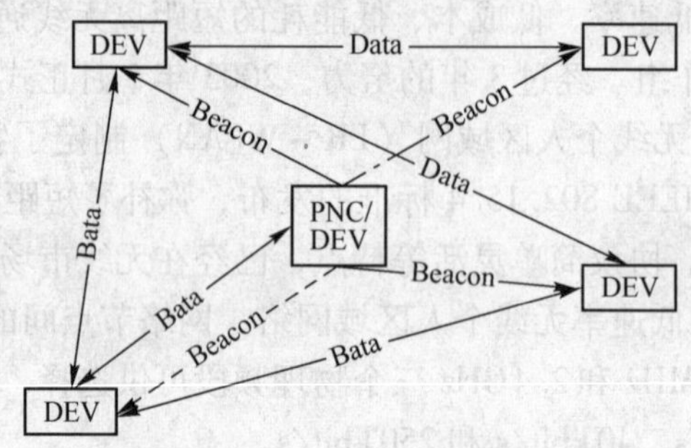

图 2-12　802.15.3 微微网的结构

微微网的 DEV 之间可以独立地相互通信。在微微网的基础上，允许 DEV 申请成为一个已有微微网的附属微微网，这种情况下，原微微网称为父微微网，新的 DEV 组建的微微网称为子微微网或邻居微微网。具体成为哪一种取决于 DEV 连入父微微网的 PNC 的方式。

IEEE 802.15.3MAC 层主要是针对个人局域网的高速数据传输设计的，特别是多媒体高速应用，该协议采取了一系列措施来组织网络，主要包括微微网的网络协调，DEV 的接入和脱离，DEV 的工作模式和微微网的结束过程等。

（1）微微网的网络协调

当网络中有一个 DEV 作为 PNC 开始发送信标（Beacon）帧时，一个微微网就建立了，即使没有与它相关联的其他 DEV。信标帧主要发送关于微微网的协调信息。

为了建立一个微微网，PNC 通过扫描所有可用信道来寻找一个空闲信道。找到这样的信道后，马上发送 Beacon 帧来声明该微微网的存在，如果没有空闲的信道，则该 DEV 尝试成为一个依赖微微网。如果微微网的建立过程并不能保证“最有能力”的 DEV 成为了 PNC，则在后续的 DEV 加入过程中允许更有能力的 DEV 成为新的 PNC。

当一个 DEV 连入一个已有微微网时，PNC 会根据一定的策略检查新加入的 DEV 是否更适合担任 PNC 的角色。如果适合，那么原有的 PNC 就会将 PNC 的角色移交给新加入的 DEV。在移交过程中，原 PNC 负责时间分配，不会造成数据丢失。当 PNC 断电或者需要离开现有的微微网时，也会将 PNC 的权力移交给网络中的一个 DEV。

子微微网是一个建立在已有微微网基础上的网络，已有的微微网称为父微微网。子微微网在功能上有助于扩展父微微网的覆盖范围和转移一些计算或存储要求。在该协议中允许一个父微微网有多个子微微网，同时允许子微微网有自己的子微微网。子微微网除了使用父微微网的信道时间分配（Channel Time Allocation，CTA）以外，完全是一个自治的微微网网络。子微微网的 PNC 同时作为两个微微网的成员，可以跟两个网络中的其他 DEV 进行数据交换。

邻居微微网同样是建立在已有的微微网基础上的，它实际上提供了一种在没有可用频段的情况下与已有微微网共享频段的方法，除了与父微微网共享一个 CTA 以外，邻居微微网完全是一个自治系统，并且邻居微微网和父微微网之间并不能进行数据通信。

(2) DEV 的接入和脱离

DEV 接入微微网过程中，微微网为每一个 DEV 分配一个唯一的 ID，作为该设备在微微网中的地址，称为 DEVID。当 DEV 接入微微网后，PNC 会向网络中的所有设备广播消息，告知其他设备有新设备接入，并且为该 DEV 分配 DEVID。当 DEV 主动脱离微微网或 PNC 将某一 DEV 从网络中移除时，分配给该 DEV 的 DEVID 就不再起作用了，但 PNC 仍会将该 DEVID 保留一段时间后才会将该 ID 分配给其他新加入的 DEV。

(3) DEV 的工作模式

为了适应多变的工作环境，以及提供不同层次的服务，802.15.3 协议为微微网和网络中的 DEV 提供了多种工作模式。

在安全方面，微微网可以工作在模式 0（开放模式）和模式 1（安全模式）两种模式下。在模式 0 下，在 MAC 层不提供对成员的检测和对数据的保护，同样也不提供数据完整性检验和数据加密。在模式 1 下，在 MAC 层提供对设备成员的检验和对负载的控制，DEV 在使用微微网的资源之前需要跟 PNC 建立信任机制。微微网中的数据传输要求进行数据完整性检验，并可以进行数据保护及数据加密。

802.15.3 的一个重要目的就是节能，可以使设备在干电池供电的情况下长时间地工作。延长电池寿命的最好办法就是在 DEV 不使用时关机或者减少能量损耗。在本标准中提供了 3 种技术可以达到这种效果，即设备同步节电模式（Device Synchronized Power Save，DSPS）；微微网同步节电模式（Piconet-Synchronized Power Save，PSPS）；异步节电模式（A-synchronous Power Save，APS）。这样，微微网中的 DEV 总共可以工作 ACTIVE 模式、DSPS 模式、PSPS 模式或 APS 模式在四种电源管理模式下。

ACTIVE 模式下，DEV 处于工作状态。PSPS 模式下，允许 DEV 在 PNC 定义的期间内睡眠，DEV 要进入 PSPS 模式时需给 PNC 发送请求。DSPS 模式下，一组 DEV 在多个超帧期间睡眠，但在同一超帧期间醒来，DEV 通过加入 DSPS 集合同步它们的睡眠模式，其中 DSPS 集合规定了 DEV 醒来的周期间隔和下次 DEV 清醒的时间。DSPS 集合除了允许 DEV 同时清醒和交换通信量外，还能使其他 DEV 更容易确定 DSPS 模式下的 DEV 何时可以接收信号。

APS 模式下，允许 DEV 为扩展的周期保存能量，直到选择侦听信标为止。APS 模式下 DEV 的唯一职责是在关联超时周期（Association Timeout Period，ATP）结束之前与 PNC 通信，以维持微微网内其成员关系。无论 DEV 采用何种功率管理模式，微微网中的每个 DEV 都可以在没有被分配收发数据的时候关闭电源。

(4) 微微网的结束

如果一个 PNC 停止工作时微微网中没有其他可供使用的 DEV 作为新的 PNC，PNC 会在 Beacon 帧中写入相应的信息通知网络中的其他 DEV。原有 PNC 在没有完成 PNC 交接的情况下突然退出微微网时，微微网会首先停止工作一段时间，经过一个连接超时时间段 ATP 后，原有微微网中可以作为 PNC 的设备会发出 Beacon 帧组建新的微微网。如果有依赖于当前网络的微微网存在，则微微网结束时会向依赖于它的微微网发送消息，从而顺利退出该依赖微微网。

2. IEEE 802.15.3 物理层技术

IEEE 定义了工作在 2.4 ~ 2.4835 GHz 频段的 802.15.3 物理层方案，共提供 5 个信道。在节点密度较高的情况下有 4 个可用信道，在与 802.11b 共存使用的情况下有 3 个可用信道，相应的信道中心频率及与 802.11b 的兼容情况如表 2-3 所示。

表 2-3　IEEE 802.15.3 信道列表

信道序号	中心频率	高密度	与 802.11b 兼容
1	2.412 GHz	X	X
2	2.428 GHz	X	
3	2.437 GHz		X
4	2.445 GHz	X	
5	2.462 GHz	X	X

802.15.3 物理层采用 QPSK（Quadrature Phase-Shift Keying）、DQPSK（Differential Quadrature Phase-Shift Keying）、16 - QAM（16 - Quadrature Amplitude Modulation）、32 - QAM、64 - QAM 几种调制方案，支持 11 Mbit/s、22 Mbit/s、33 Mbit/s、44 Mbit/s 和 55 Mbit/s 多种速率传输。其中 22 Mbit/s 是基本的传输速率，在该速率下并不需要额外编码，而在其他速率下则需要采用 TCM（trellis coded modulation）的编码方式。调制方式、编码及相应的传输速率的对应关系如表 2-4 所示。

表 2-4　调制方式、编码与相应的数据传输率的对应关系

调制类型	编码	数据传输率
QPSK	8 - state TCM	11 Mbit/s
DQPSK	无	22 Mbit/s
16 - QAM	8 - state TCM	33 Mbit/s
32 - QAM	8 - state TCM	44 Mbit/s
64 - QAM	8 - state TCM	55 Mbit/s

为了提高效率，802.15.3 的物理层在组帧时对 MAC 层的帧头和帧体进行了分别打包和传输。

3. IEEE 802.15.3 MAC 层技术

802.15.3 MAC 层帧结构为高速个人局域网而设计。每一个帧由帧头和帧体两部分组成，如图 2 - 13 所示，帧体又由可变长度的帧负载和一个帧校验序列（FCS）组成，帧头由 6 部分组成，其中流索引对微微网中传输的数据流进行唯一标记，分块控制部分记录帧分割和重组的相关信息，SrcID 和 DestID 分别用来记录数据的发送源和目的，PNID 是用来记录 Piconet 的唯一 ID，帧控制部分用来记录各种不同的帧类型。

1	3	1	1	2	2
流索引	分块控制部分	SrcID	DestID	PNID	帧控制
MAC帧头					

0或者4	Ln
帧校验序列	帧负载
MAC帧体	

图 2-13　802.15.3 帧格式

802.15.3 协议在 MAC 层定义了信标帧，确认帧，命令帧和数据帧 4 种帧。信标帧的数据负载单元由 n 个信息元素和 1 个微微网同步参数组成，在信息元素中包含了 PNC 设定时间分配和管理微微网的信息。确认帧分为立即确认帧（Immediate ACK）和延后确认帧（Delayed ACK）两种。立即确认帧仅包含一个 10 位的 MAC 帧头，其中定义了针对各种帧的确认。延后确认帧主要包含以下几部分：n 个 MAC 层协议数据单元 ID（MPDU ID），1 个记录已确认的协议数据单元数的字节，帧长，以及在一个脉冲中可以发送的最大帧数目。命令帧的负载由两字节的命令类型、两字节的用来记录命令长度的字段及命令体构成，从而完成组建微微网和管理设备等功能。数据帧用来传输上层发到 MAC 子层的数据，它的负载字段包含了上层需要传送的数据。

IEEE 802.15.3 标准提供 3 种不同的帧发送策略，即无确认策略，用于不需要确认帧的情况，这种情况主要是由于返回帧的时间太长或上层协议提供了确认策略；立即确认策略，通常用于需要对发送的每一帧都进行确认的情况；延后确认策略，源设备一次发送多个帧而不需要对每个帧单独确认，当源设备发送确认请求时，由目的设备一次性发送对所有帧的确认。当源设备没有收到确认帧时，它会重发或丢弃该帧，这取决于发送帧的类型、已尝试发送的次数、已尝试发送的时间以及其他现实因素等。

为了使得微微网高质量地运行，就要求 PNC 可以在不需要用户介入和保证微微网内服务质量的情况下实现信道的动态切换。为了估计评价当前使用的信道和其他信道的状态，协议为 PNC 设计了以下几种方法：通过命令从自身微微网的 DEV 中收集当前使用信道的状态信息；主动扫描所有可用的信道；发请求命令使微微网中的 DEV 去扫描某一特定信道，并将结果返回给 PNC。当 PNC 发现当前使用的信道不再合适了，PNC 就会控制整个微微网转换到新的信道，转换过程中并不会改变微微网注册信息以及时间分配等，因此不会影响微微网提供的服务。

2.2.4　IEEE 802.15.4/ZigBee 关键技术

IEEE 802.15.4 规范了 ZigBee 技术的下层协议。ZigBee 技术套件紧凑且简单，对硬件需求很低，8 位微处理器 80C51 即可满足要求，全功能协议软件需要 32 KB 的 ROM，最小功能协议软件需要大约 4 KB 的 ROM。Zigbee 技术的另一个突出特点是能耗较低，一个 Zigbee 设备依靠电池最长可以工作数年的时间。

IEEE 802.15.4/ZigBee 物理层和数据链路层基于 IEEE 802.15.4 标准协议；网络层和应用层则是基于 ZigBee 协议。IEEE 802.15.4/ZigBee 的各层关键技术如图 2-14 所示。其中，用户应用程序主要包括厂家预置的应用软件。同时，为了给用户提供更广泛的应用，该层还提供了面向仪器控制、信息电器和通信设备的嵌入式 API，从而可以广泛地实现设备与用户应用软件间的交互。应用层（Application Layer，APL）提供高级协议栈管理功能。用户应用程序使用此模块来管理协议栈功能。

图 2-14　ZigBee 各层关键技术

设备对象子层（ZigBee Device Objects，ZDO）通过打开和处理目标端点接口来响应接收和处理远程设备的不同请求。与其他的端点接口不同，目标端点接口总是在启动时就被打开并假设绑定到任何发往该端口的输入数据帧。设备配置子层（ZigBee Device Configuration，ZDC）提供标准的 ZigBee 配置服务，定义和处理描述符请求。远程设备可以通过 ZDO 子层请求任何标准的描述符信息。当接收到这些请求时，ZDO 会调用配置对象以获取相应的描述符值。APS 子层主要提供 ZigBee 端点接口。应用程序使用该层打开或关闭一个或多个端点，并且获取或发送数据。网络层的主要功能是负责建立和维护网络连接，它独立处理传入数据请求、关联、解除关联和孤立通知请求等。

1. IEEE 802.15.4 协议框架

（1）IEEE 802.15.4 拓扑结构

IEEE 802.15.4\ ZigBee 网络中的设备按照功能职责可以划分为网络协调点、协调点、终端设备三种。该标准的网络拓扑主要的形态有星形连接，对等结构连接两种。由这两种拓扑形式可以衍生出簇树状拓扑[14]。

星形网络如图 2-15 所示。精简功能设备或称有限功能设备（Reduced-Function Device，RFD）是能量、计算能力和通信能力有限的设备，而全功能设备（Full-Function Device，FFD）则是计算能力和通信能力较强的设备。网络协调点（PAN Coordinator）是整个网络的主控节点，在一个 PAN 网络中只能有一个网络协调点。网络协调点发送 Beacon 帧，还负责分配 GTS 时隙，分配 16 位短地址。网络协调点是整个网络的初始节点，它可以初始化一个网络，还可以结束一个网络。协调点（Coordinator）也可以发送 Beacon 帧，来对周围的终端设备和其他协调点进行同步。协调点还可以进行数据包的转发，一般出现在非星形结构的网络中，比如对等网等。终端设备（End Device）不能发送 Beacon 帧，只具有数据包的收发功能。

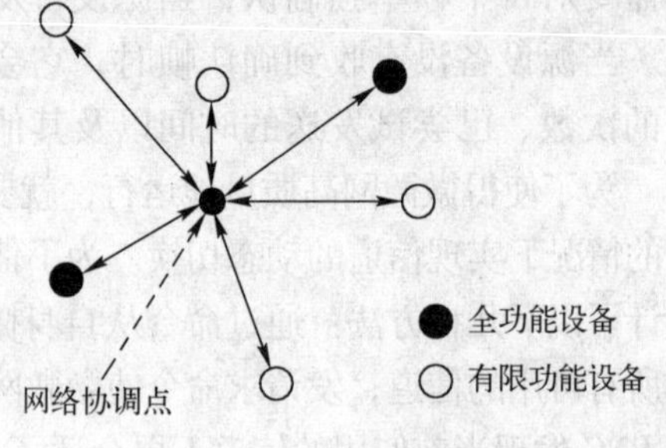

图 2-15　星形网络

星形网络以网络协调点为中心，所有设备只能与网络协调点进行通信，因此在星形网络的形成过程中，第一步就是选取网络协调点。任何一个全功能设备 FFD 都有成为网络协调点的可能。一个 FFD 设备在第一次被激活后，首先广播查询网络协调点的请求，如果接收到回应说明网络中已经存在网络协调点，设备通过认证可以选择加入这个网络。如果没有收到回应，或者认证过程不成功，这个 FFD 设备就可以建立自己的网络，并且成为这个网络的网络协调点。

网络协调点要为网络选择一个唯一的标志符，所有该星形网络中的设备都用这个标志符来规定自己的从属关系。不同星形网络之间的设备通过设置专门的网关完成相互通信。选择一个标志符后，网络协调点就允许其他设备加入自己的网络，并为这些设备转发数据分组。星形网络中的两个设备如果需要互相通信，都是先把各自的数据包发送给网络协调点，然后由网络协调点转发给对方。

如图 2-16 所示的对等网络中，任意两个设备只要能够彼此收到对方的无线信号，就可以直接进行通信，不需要其他设备的转发。但点对点网络中仍然需要一个网络协调点，不过该协调点的功能不再是为其他设备转发数据，而是完成设备注册和访问控制等基本的网络管理功能。网络协调点的产生由上层协议规定，比如把某个信道上第一个开始通信的设备作为

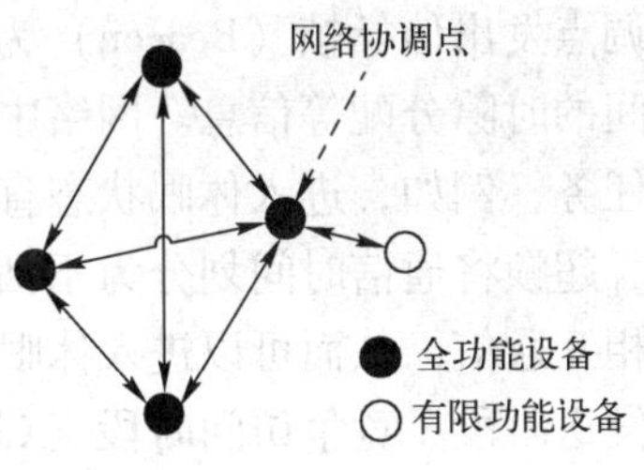

图 2-16　对等网络

该信道上的网络协调点。

如图 2-17 所示的簇树网络中，绝大多数设备是全功能设备 FFD，而 RFD 设备总是作为簇树的叶节点设备连接到网络中。任意一个 FFD 都可以充当协调点，为其他设备提供同步信息。在这些协调点中，只有一个可以充当整个网络的网络协调点。网络协调点可能和网络中其他设备一样，也可能拥有比其他设备更多的计算资源和能量资源。网络协调点首先将自己设为簇头（Cluster Header，CLH），并将簇标志符（Cluster Identifier，CID）设置为 0，同时为该簇选择一个未被使用的 PAN 网络标志符，形成网络中的第一个簇。

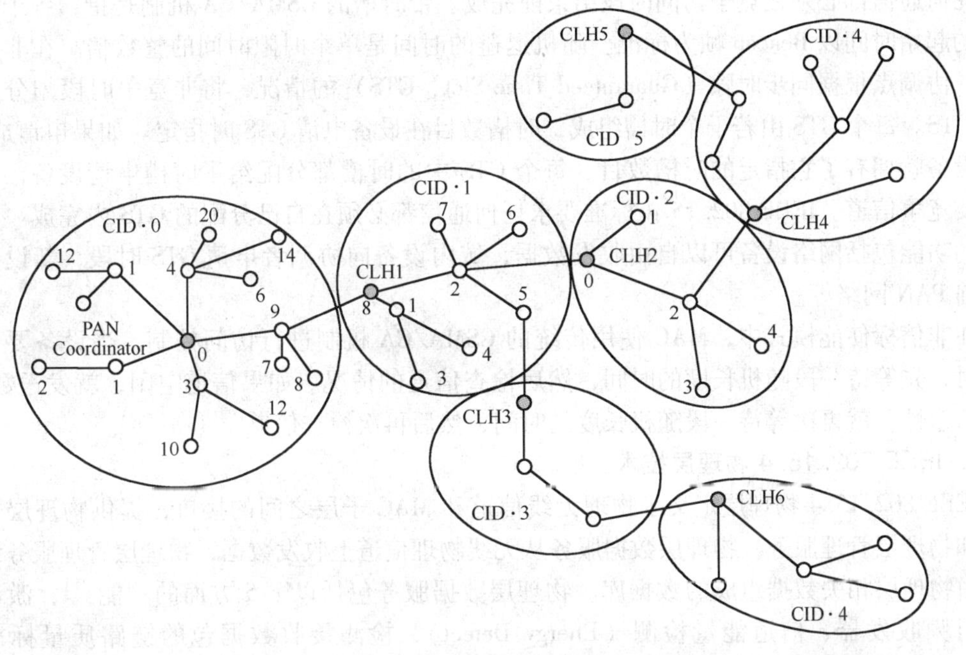

图 2-17　簇树网络

接着，网络协调点开始广播信标帧。邻近设备收到信标帧后，就可以申请加入该簇。由网络协调点决定设备可否成为簇成员。如果请求被允许，则该设备将作为簇的子设备加入网络协调点的邻居列表，新加入的设备会将簇头作为它的父设备加入到自己的邻居列表中，这样就形成了一个最简单的簇树。

网络协调点可以指定另一个设备成为邻接的新簇头，以此形成更多的簇。新簇头同样可以选择其他设备成为簇头，进一步扩大网络的覆盖范围。但是过多的簇头会增加簇间消息传递的延迟和通信开销。为了减少延迟和通信开销，簇头可以选择最远的通信设备作为相邻簇的簇头，这样可以最大限度地缩小不同簇间消息传递的跳数，达到减少延迟和开销的目的。

（2）IEEE 802. 15. 4 通信模式

802. 15. 4MAC 层的通信模式分为信标使能模式和非信标使能模式两种。

在信标使能模式中，802. 15. 4 设备使用超帧机制来进行同步传输。每个超帧都以网络协调点发出信标帧（Beacon）为始，在这个信标帧中包含了超帧将持续的时间以及对这段时间的时隙分配等信息。网络中普通设备接收到信标帧后，就可以根据其中的内容安排自己的任务，例如，进入休眠状态直到这个超帧结束。

超帧将通信时间划分为不活跃和活跃两个部分。在不活跃期间，PAN 网络中的设备不会相互通信，从而可以进入休眠状态以节省能量。活跃期间又可以划分为三个阶段，即信标帧发送时段、竞争访问时段（Contention Access Period，CAP）和非竞争访问时段（Contention-free Period，CEP）。超帧的活跃部分被划分为 16 个等长的时槽，每个时槽的长度、竞争访问时段包含的时槽数等参数，都由网络协调点设定，并通过超帧开始时发出的信标帧广播到整个网络。

在超帧的竞争访问时段，IEEE 802.15.4 网络设备使用带时槽的 CSMA/CA 访问机制，并且任何通信都必须在竞争访问时段结束前完成。带时槽的 CSMA/CA 机制是指，各个设备退避的起始时间以 Beacon 帧为标准。随机退避的时间是单个时隙时间的整数倍。在非竞争时段，协调点根据同步时隙（Guaranteed Time Slot，GTS）的情况，将非竞争时段划分成若干个 GTS。每个 GTS 由若干个时槽组成，时槽数目在设备申请 GTS 时指定。如果申请成功，申请设备就拥有了它指定的时槽数目。每个 GTS 中的时槽都分配给了时槽申请设备，因而不需要竞争信道。IEEE 802.15.4 标准要求任何通信都必须在自己分配的 GTS 内完成。竞争时段的功能包括网络设备可以自由收发数据，域内设备向协调者申请 GTS 时段，新设备加入当前 PAN 网络等。

在非信标使能模式中，MAC 使用传统的 CSMA/CA 机制进行访问控制。当设备要访问信道时，先等待一段随机长度的时间，然后检查信道的情况。如果信道空闲，就发送数据。如果信道忙，就再次等待一段随机长度的时间，然后再次检查信道。

2. IEEE 802.15.4 物理层技术

IEEE 802.15.4 物理层定义了物理无线信道和 MAC 子层之间的接口，提供物理层数据服务和物理层管理服务。物理层数据服务从无线物理信道上收发数据，物理层管理服务维护一个由物理层相关数据组成的数据库。物理层数据服务包括以下 5 方面的功能[15]：激活和关闭射频收发器、信道能量检测（Energy Detect）、检测接收数据包的链路质量标志符（Link Quality Indication，LQI）、空闲信道评估（Clear Channel Assessment，CCA）以及收发数据。

信道能量检测为网络层提供信道选择依据。它主要测量目标信道中接收信号的功率强度，由于这个检测本身不进行解码操作，所以检测结果是有效信号功率和噪声信号功率之和。链路质量标志符为网络层或应用层提供接收数据时无线信号的强度和质量信息，与信道能量检测不同的是，它要对信号进行解码，生成信噪比指标。这个信噪比指标和物理层数据单元一起提交给上层处理。

空闲信道用来评估判断信道是否空闲。IEEE 802.15.4 定义了 3 种空闲信道评估模式。第一种简单判断信道的信号能量，当信号能量低于某一门限值就认为信道空闲；第二种是通过判断无线信号的特征，这个特征主要包括两方面，即扩频信号特征和载波频率；第三种模式是前两种模式的综合，同时检测信号强度和信号特征，给出信道空闲判断。

物理帧第一个字段是四字节的前导码，收发器在接收前导码期间，会根据前导码序列的特征完成片同步和符号同步。帧起始分隔符（Start-of-Frame Delimiter，SFD）字段长度为 1

字节，其值固定为 0xA7，标志一个物理帧的开始。收发器接收完前导码后只能做到数据的位同步，通过搜索 SFD 字段的值 0xA7 才能同步到字节上。帧长度（Frame Length）由 1 字节的低 7 位表示，其值就是物理帧负载的长度，因此物理帧负载的长度不会超过 127 字节。物理帧的负载长度可变，称为物理服务数据单元（PHY Service Data Unit，PSDU），一般用来承载 MAC 帧。

在物理层的载波调制方面，PHY 层定义了 3 个载波频段用于收发数据。在这 3 个频段上，发送数据使用的速率、信号处理过程以及调制方式等方面存在一些差异。3 个频段总共提供了 27 个信道（Channel）：868 MHz 频段 1 个信道，915 MHz 频段 10 个信道，2450 MHz 频段 16 个信道。

868 MHz 频段和 915 MHz 频段的数据处理过程为，首先使用二进制数据差分编码处理物理层协议数据单元（PHY Protocol Data Unit，PPDU），然后再将差分编码后的每一位转换为长度为 15 的片序列（Chip Sequence），最后 BPSK 调制到信道上。2450 MHz 频段的处理过程为，首先将 PPDU 的二进制数据中每 4 位转换为一个符号（Symbol），然后将每个符号转换成长度为 32 的片序列，信号通过 O-QPSK 调制方式调制到载波上。

3. IEEE 802.15.4 MAC 层技术

IEEE 802.15.4 的 MAC 子层提供两种服务，即 MAC 层数据实体和 MAC 层管理实体（MAC Sublayer Management Entity，MLME）。前者保证 MAC 协议数据单元在物理层数据服务中的正确收发，后者维护一个存储 MAC 子层协议状态相关信息的数据库。

MAC 子层主要功能包括下面 6 个方面。

- 协调点产生并发送信标帧，普通设备根据协调点的信标帧与协调点同步。
- 支持 PAN 网络的关联（Association）和取消关联（Disassociation）操作。
- 支持无线信道通信安全。
- 使用 CSMA/CA 机制访问信道。
- 支持 GTS 机制。
- 支持不同设备的 MAC 层间可靠传输。

其中，关联操作是指一个设备在加入一个特定网络时，向协调点注册以及身份认证的过程。WPAN 网络中的设备有可能从一个网络切换到另一个网络，这时就需要进行关联和取消关联操作。

（1）数据传输模式

IEEE 802.15.4 标准中数据传输分为普通节点到协调点、协调点到普通节点以及对等节点间的数据传输 3 种模式。由于 802.15.4MAC 层的通信模式分为信标使能模式和非信标使能模式两种。所以针对每种数据传输模式，分别介绍两种通信模式下的数据传输方式。

在普通节点到协调点模式下，对于信标使能模式，普通节点首先侦听网络信标，接收到信标帧后完成与协调点的同步，而后在超帧竞争期中采用时隙 CSMA/CA 机制将数据帧发给协调点，协调点成功接收到该帧后回复相应的应答。对于无信标使能模式，普通节点将采用非时隙 CSMA/CA 机制向协调点传输 MAC 帧，协调点成功接收到该帧后回复相应的应答。

在协调点到普通节点模式下，对于信标使能模式，如果协调点有数据要发给普通节点，将把预发的信息存储到相应的缓存区中，在信标帧中指出有将要发给某节点的数据，并把该节点的地址封装到信标帧预发地址列表（Pending Address Field）中。普通节点周期性侦听网络信标，收到信标帧后，若发现信标帧的地址列表中有自身地址，则采用时隙 CSMA/CA 机制向协调点发送数据请求命令帧，协调点给予应答。此后，协调点可以紧随该应答帧将预传输的数据发给该普通节点，或者采用时隙 CSMA/CA 传输相应数据。普通节点成功接收到数据后也将回复应答帧，至此整个通信过程结束。对于非信标使能模式，普通节点将采用非时隙的 CSMA/CA 机制，以应用所定义的速率向协调点定期发出数据请求命令，协调点回复应答帧。

（2）MAC 层帧格式

MAC 层帧结构的设计目标是用最低复杂度实现在多噪声无线信道环境下的可靠数据传输。每个 MAC 子层的帧都由帧头（MHR）、负载（Payload）和帧尾（MFR）3 部分组成。帧头由帧控制信息、帧序列号和地址信息组成。MAC 子层负载具有可变长度，具体内容由帧类型决定。帧尾是帧头和负载数据的 16 位 CRC 校验序列。

在 MAC 子层中设备地址有 16 位（2 字节）的短地址和 64 位（8 字节）的扩展地址两种格式。16 位短地址是设备与 PAN 网络协调点关联时，由协调点分配的网内局部地址；64 位扩展地址是全球唯一地址，在设备进入网络之前就分配好了。16 位短地址只能保证在 PAN 网络内部是唯一的，所以在使用 16 位短地址进行网间通信时需要结合 16 位的 PAN 网络标志符才有意义。

两种地址类型的地址信息的长度是不同的，从而导致 MAC 帧头的长度也是可变的。一个数据帧使用哪种地址类型由帧控制字段的内容指示。在帧结构中没有表示帧长度的字段，这是因为在物理层的帧里面有表示 MAC 帧长度的字段，MAC 负载长度可以通过物理层帧长和 MAC 帧头的长度计算出来。

IEEE 802.15.4 网络共定义了信标帧，数据帧，确认帧和 MAC 命令帧 4 种类型的帧。信标帧的负载数据单元由超帧描述字段、GTS 分配字段、待转发数据目标地址字段和信标帧负载数据 4 部分组成。信标帧中的超帧描述字段规定了这个超帧的持续时间，活跃部分持续时间以及竞争访问时段持续时间等信息。GTS 分配字段将无竞争时段划分为若干个 GTS，并把每个 GTS 具体分配给了某个设备。转发数据目标地址列出了与协调者保存的数据相对应的设备地址。

一个设备如果发现自己的地址出现在待转发数据目标地址字段里，则意味着协调点存有属于它的数据，所以它就会向协调点发出请求传送数据的 MAC 命令帧。信标帧中的负载数据为上层协议提供数据传输接口。例如，在使用安全机制时，负载域将根据被通信设备设定的安全通信协议填入相应的信息。通常情况下，这个字段可以被忽略。在非信标使能模式下，协调点在其他设备的请求下也会发送信标帧。此时信标帧的功能是辅助协调点向设备传输数据，整个帧中只有待转发数据目标地址字段有意义。

数据帧用来传输上层发到 MAC 子层的数据，它的负载字段包含了上层需要传送的数据。数据负载传送至 MAC 子层时，被称为 MAC 服务数据单元。它的首尾被分别附加了 MHR 头信息和 MFR 尾信息后，就构成了 MAC 帧。

MAC 命令帧用于组建 PAN 网络，传输同步数据等。目前定义好的命令帧主要完成 3 方面的功能，即把设备关联到 PAN 网络，与协调点交换数据，分配 GTS。命令帧在格式上和其他类型的帧没有太多的区别，只是帧控制字段的帧类型位有所不同。帧头的帧控制字段的帧类型为 011B（B 表示二进制数据）表示这是一个命令帧。命令帧的具体功能由帧的负载数据表示。负载数据是一个变长结构，所有命令帧负载的第一个字节是命令类型字节，后面的数据针对不同的命令类型有不同的含义。

现阶段，802.15.4 工作组主要致力于 802.15.4c、802.15.4d、802.15.4e 标准。802.15.4c 小组的成立主要由中国公司推动，其目标是提供一个可选的物理层标准，使得 802.15.4 标准与中国的电磁管理规则相兼容。802.15.4d 的目标是提供与日本电磁管理规则相兼容的物理层。802.15.4e 的目标是修订 802.15.4－2006 标准的 MAC 层部分，使其能更符合产业界市场的需求，并更好地支持 802.15.4c 提出的 PHY 层相关修改。

2.2.5　其他近距离无线通信技术

与其他无线协议，如 802.11 等相比，802.15 在 WPAN 领域还无法占据统治地位。现阶段，在 WPAN 领域，众多的技术都在蓬勃地发展，802.15 并不是唯一的或者说是最优化的选择。下面介绍一些其他的近距离无线通信技术。

（1）UWB

UWB 即超宽带（Ultra-Wideband），美国联邦通信委员会（FCC）将其定义为基带带宽对载波频率的比值大于 0.25，或者带宽大于 500 MHz 的信号。在 FCC 制定的规范中，超宽带技术在短距离（小于 10 m）和低发射功率（平均 EIRP 为 －41.2 dBm/MHz）时有高达几个 Gbit/s 的巨大容量潜力。它只需要非常小的电量就可以正常工作，可工作在 3.1～10.6 GHz 的频带内。

802.15.3a 工作组实际上就是致力于建立一个基于 UWB 的 PHY 层标准，有两种技术在理论上都具备高速率、短距离、低功耗且实现简单的 UWB 特性。一种是传统的脉冲发射（Impulse Radio）方案，它采用脉冲幅度调制（Pulse Amplitude Modulation）或脉冲位置调制（Pulse Position Modulation）方式，发送持续时间极短、频带极宽的基带脉冲信号，超宽带（UWB）这个名字正由此技术而来。另一种是 MB-OFDM（Multibanded OFDM）技术，它将 FCC 划归给 UWB 的 3.1～10.6 GHz 频带分割成多个超过 500 MHz 的次频带，在每个次频带中应用 OFDM 调制方式。

MB-OFDM 虽然与 UWB 技术的传统定义有所不同，但其每个次频带的频宽仍符合 FCC 对 UWB 的定义。同时，通过 OFDM 技术将频带划分成多个窄带，能够更精确地控制各个频带的发射功率，有利于与现有的窄带通信系统共存，满足 FCC 的功率门限要求。由于有些大公司已掌握 OFDM 技术，所以 MB-OFDM 技术得到了许多大公司的支持。然而，脉冲发射技术也仍然有它的支持者，因为更宽频带的信号具有更好的多径特性。最终采用 MB-OFDM 技术的 WiMedia 联盟实际上胜出。

（2）Bluetooth2.0/2.1/Wibree

BlueTooth2.0＋增强的数据速率（Enhanced Data Rate，EDR）标准于 2004 年 10 月发布。BlueTooth2.0 与以前的蓝牙标准相比，主要的优点是具有 3 倍数据传输速度，通过减少工作负载降低电能消耗，以更大频宽简化多连接模式，向下兼容过去所有的蓝牙规格，进一步降低误码率。BlueTooth2.1＋EDR 标准于 2007 年 6 月发布，其主要改进在于采用了低功耗技术和近距离通信（Near Field Communication，NFC）技术。

超低功耗蓝牙无线技术（Wibree）是一种低能耗无线局域网接入技术，能够方便快捷地接入手机、PDA、无线计算机外围设备、娱乐设备和医疗设备等便携式设备。Wibree 技术最初由诺基亚公司率先提出，并与 Broadcom、CSR 等一些其他的半导体厂商一起联合推动该项技术的发展。该项技术类似于蓝牙技术，但是能耗仅相当于蓝牙技术的一小部分。Wibree 技术的信号能够在 2.4GHz 频段以最高 1 Mbit/s 的速率传输，覆盖范围为 5 ~ 10m。Wibree 技术可以很方便地和蓝牙技术一起部署到一块独立宿主芯片上或一块双模芯片上。

(3) IrDA

IrDA 是红外数据协会（Infrared Data Association）的缩写，相继制定了很多红外通信协议，有侧重于传输速率方面的，有侧重于低功耗方面的，也有二者兼顾的。IrDA 也是使用红外线为媒介的工业用无线传输标准。红外数据传输一般采用红外波段内的近红外线，波长在 0.75 ~ 25 μm 之间。红外数据协会成立后，为保证不同厂商的红外产品能获得最佳的通信效果，限定所用红外波长在 850 ~ 900 nm。

IrDA1.0 协议基于异步收发器（UART），最高通信速率为 115.2 kbit/s，简称串行红外协议（Serial Infrared，SIR），采用 3/16ENDEC 编解码机制。IrDA1.1 协议将通信速率提高到 4 Mbit/s，简称快速红外协议（Fast Infrared，FIR），采用 4 相位脉冲调制（Four-Position Pulse Position Modulation，4PPM）机制，同时在低速时保持 1.0 协议规定。之后，IrDA 又推出了最高通信速率在 16 Mbit/s 的协议，简称超高速红外协议（Very Fast Infrared，VFIR）。

IrDA 标准包括 3 个基本规范和协议，即红外物理层连接规范（Infrared Physical Layer Link Specification，IrPHY），红外连接访问协议（Infrared Link Access Protocol，IrLAP）和红外连接管理协议（Infrared Link Management Protocol，IrLMP）。IrPHY 规范制定了红外通信硬件设计上的目标和要求；IrLAP 和 IrLMP 为两个软件层，负责对连接进行设置、管理和维护。在 IrLAP 和 IrLMP 基础上，针对一些特定的红外通信应用领域，IrDA 还陆续发布了一些更高级别的红外协议，如 TinyTP、IrOBEX、IrCOMM、IrLAN、IrTran-P 等。

(4) NFC

NFC 是 Near Field Communication 的缩写，即近距离无线通信技术。NFC 由飞利浦公司和索尼公司共同开发，是一种非接触式识别和互联技术，可以在移动设备、消费类电子产品、PC 和智能控件工具间进行近距离无线通信。NFC 提供了一种简单、触控式的解决方案，可以让消费者简单直观地交换信息、访问内容与服务。

NFC 将非接触读卡器、非接触卡和点对点（Peer-to-Peer）功能整合进一块单芯片，是一个开放接口平台，可以对无线网络进行快速、主动设置，也可以用于连接蓝牙设备和无线 IEEE 802.11 设备。

2.3 IEEE 802.16 标准及相关技术

随着通信业务和宽带业务的不断发展，用户对带宽的需求不断增加，各种宽带接入技术也迅速发展。在目前的各种宽带接入技术中，宽带无线接入技术凭借其系统建设速度快、运营成本低、扩展能力强，灵活性高等特点，已日益受到广大运营商的青睐。其中，IEEE 802.11 无线局域网 WLAN 技术已经得到了广泛的应用。但是 WLAN 存在着一些不足，例如，覆盖范围有限而难以很好地应用于室外环境，因此 IEEE 制定了 IEEE 802.16 无线城域网技术（Wireless Metropolitan Area Networks，WMAN）。

IEEE 802.16㊀又称为 IEEE 无线城域网空中接口标准，可以解决“最后 1 km”宽带接入问题。它是针对 2 ~ 66 GHz 频段提出的一种空中接口标准，所规定的无线接入系统覆盖范围可达 50 km。

2.3.1 IEEE 802.16 标准的演进

20 世纪 90 年代，宽带无线接入技术得到了快速发展，但是相关市场一直没有扩大，一个很重要的原因就是没有统一的全球性标准。1999 年 7 月，IEEE 成立了 IEEE 802.16 工作组来专门研究宽带无线接入（Broadband Wireless Access，BWA）的空中接口，目标就是要建立一个全球统一的宽带无线接入标准。

根据使用频段高低的不同，IEEE 802.16 标准可分为应用于视距（Light Of Sight，LOS）和非视距（No Light Of Sight，NLOS）两种标准[16]，其中 10 ~ 66 GHz 频段的应用于视距，而 2 ~ 11 GHz 频段的应用于非视距。根据是否支持移动性，IEEE 802.16 标准系列又可分为固定宽带无线接入空中接口标准和移动宽带无线接入空中接口标准，IEEE 802.16、IEEE 802.16a、IEEE 802.16d 属于固定无线接入空中接口标准，而 IEEE 802.16e 属于移动宽带无线接入空中接口标准[17]。

2001 年，IEEE 802.16 工作组发布了 IEEE 802.16 基本标准，该标准对使用 10 ~ 66 GHz 频段的固定宽带无线接入系统的 PHY 和 MAC 层进行了规范，只能用于点到多点网络拓扑结构中的视距传输。2003 年发布的 IEEE 802.16a 是对 IEEE 802.16 的扩展，该标准使用 2 ~ 11 GHz的许可和免许可频段，而且增加了对无线 Mesh 网络的支持。同年还发布了 IEEE 802.16c，其是对使用 10 ~ 66 GHz 频段的 IEEE 802.16 系统的不同厂家产品的兼容性标准。

2004 年发布了 IEEE 802.16 的一个修订版本 IEEE 802.16 - 2004，也称为 IEEE 802.16d。这是一个相对成熟并最具实用性的版本，基本达到了 IEEE 802.16 工作组的要求[18]。IEEE 802.16d 对使用 2 ~ 66 GHz 频段的固定宽带无线接入系统的 PHY 层和 MAC 层进行了详细规范，是对 IEEE 802.16 基本标准和 IEEE 802.16a 的整合和修订。它保持了 IEEE 802.16 - 2001 和 IEEE 802.16a 等标准中的所有模式和主要特性，增加或修改的内容用来提高系统性能和简化部署，或者用来更正错误、补充不明确或不完整的描述。IEEE 802.16d 仍属于固定无线宽带接入标准，为了能够向后平滑过渡到支持移动性的 IEEE 802.16e 标准，IEEE 802.16d 还增加了部分支持用户移动性的功能。

IEEE 802.16 系列的早期标准都不支持移动性，2006 年正式发布 IEEE 802.16e 作为 IEEE 802.16d 的增强，主要是增加了对用户移动性的支持。随后，相继提出了 IEEE 802.16f、802.16g、802.16j、802.16k 等标准。

2.3.2 IEEE 802.16 协议簇

IEEE 802.16 工作组的出现大大地推动了宽带无线接入技术在全球的发展。为了推广其应用，几家世界知名企业还发起成立了 WiMAX 论坛，这很好地促进了 IEEE 802.16 标准在

㊀ 2007 年年底，国际电联（ITU）在日内瓦正式批准以 IEEE 802.16e 为基础的 WiMax 技术成为新的全球 3G 标准，而此前 3G 标准包括 W-CDMA、TD-SCDMA 和 CDMA2000。本书为方便起见，仍将 IEEE 802.16 作为单独一项讨论，而其他 3G 标准将在 2.6 节讨论。

全球范围的推广和发展。IEEE 802.16 协议簇如表2-5 所示。

表2-5 IEEE 802.16 协议簇

类别	IEEE 标准	说　明
空中接口	IEEE 802.16 - 2001	10 ~ 66 GHz 频段的固定宽带无线接入系统的空中接口的 PHY 和 MAC 层规范
	IEEE 802.16a	2 ~ 11 GHz 频段空中接口规范，对 PHY 层进行了补充，MAC 层进行了扩展和修改
	IEEE 802.16c	10 ~ 66 GHz 频段是对 IEEE 802.16 的修改和增补文件
	IEEE 802.16d	2 ~ 66 GHz 频段的固定宽带无线接入系统的空中接口的 PHY 层和 MAC 层详细规范，是对 IEEE 802.16 - 2001 和 IEEE 802.16a 的整合和修订
	IEEE 802.16e	2 ~ 6 GHz 频段修正标准，支持移动性
	IEEE 802.16f	固定宽带无线接入系统空中接口管理信息库
	IEEE 802.16g	固定和移动宽带无线接入系统空中接口管理流程和服务要求
	IEEE 802.16j	MRS 标准，工作在 PMP 模式下
	IEEE 802.16 k	MAC 网桥
共存问题标准	IEEE 802.16.2	10 ~ 66 GHz 频段固定宽带无线接入系统共存的操作建议
	IEEE 802.16.2a	2 ~ 11 GHz 频段的系统共存问题
一致性标准	IEEE 802.16.1 第一部分	10 ~ 66 GHz Wireless MAN-SC 空中接口的一致性说明 PICS
	IEEE 802.16.1 第二部分	10 ~ 66 GHz Wireless MAN-SC 空中接口的测试集结构和测试目的 TSS&TP
	IEEE 802.16.1 第三部分	10 ~ 66 GHz Wireless MAN-SC 空中接口的无线电一致性测试 RCT

IEEE 802.16a 是对 IEEE 802.16 的扩展，该标准使用 2 ~ 11 GHz 的许可和免许可频段，增加了对无线 Mesh 网络的支持。IEEE 802.16c 致力于 IEEE 802.16 系统的不同厂家产品的兼容性标准。

IEEE 802.16d 和 IEEE 802.16e 是目前 IEEE 802.16 中分别为固定和移动而设计的两个主流标准。IEEE 802.16d 对使用 2 ~ 66 GHz 频段的固定宽带无线接入系统的 PHY 层和 MAC 层进行了详细规范。IEEE 802.16e 标准定义在 2 ~ 6 GHz 频段，可以支持 60 km/h 的车辆移动速度，预期提供 30 Mbit/s 的传输速率。IEEE 802.16e 可同时支持固定和移动的宽带无线接入系统，在 PHY 和 MAC 层增强了对于移动业务的支持。这一标准是 IEEE 802.16 工作组的一个阶段性的里程碑。

除此之外，IEEE 802.16 工作组还研究制定了 IEEE 802.16f，该标准定义了 IEEE 802.16 固定宽带无线接入系统空中接口的管理信息库（MIB）。IEEE 802.16g 标准定义了固定和移动宽带无线接入系统空中接口的管理流程和服务要求。2007 年提出的 IEEE 802.16j 标准，是 WiMAX 的移动中继（Mobile Multihop Relay，MRS）标准，工作在点到多点模式下。此外，还有定义 MAC 网桥的 IEEE 802.16 k 标准。

同时，IEEE 802.16 工作组也制定发布了解决不同宽带无线系统共存问题的标准和空中接口的实现一致性标准。包括 IEEE 802.16.1、802.16.2 等。

2.3.3 IEEE 802.16 协议框架

IEEE 802.16 是宽带无线接入系统的空中接口的物理层和 MAC 层规范，其协议框架如图2-18 所示，其中包括数据/控制平面和管理平面两个平面。数据/控制平面定义了必要的传输机制和控制机制来保证数据的正确传输；管理平面中定义的管理实体分别与数据/控制平面的各协议层相对应。

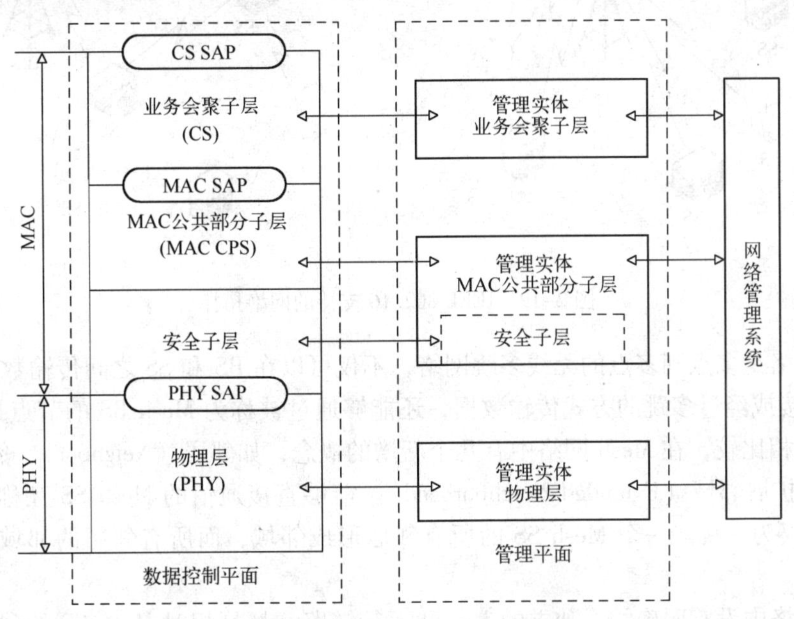

图 2-18　IEEE 802.16 协议框架

在数据/控制平面内，MAC 层又划分为业务会聚子层（Convergence Sublayer，SC）、MAC 公共部分子层（Common Part Sublayer，CPS）和安全子层（Security Sublayer，SS）3 个子层。物理层、MAC 公共部分子层和业务会聚子层都有服务接入点（Service Access Point，APSAP）对上层提供服务。

IEEE 802.16 标准使用的频带范围包括 3 个部分，多数标准运行在 10～66 GHz 频段，IEEE 802.16a 运行在 2～11 GHz 频段，IEEE 802.16b 运行在 5 GHz 的 ISM 频段。10～66 GHz 频段的波长较短，适合视距传播，典型的信道带宽是 25 MHz 和 28 MHz，采用单载波调制方式。11 GHz 以下的许可频段波长较长，能够支持非视距（NLOS）传播。但此时较强的多径干扰带来的影响不能忽视，需要采取一些技术来降低干扰，如物理层的正交频分复用（OFDM）、功率控制、多天线技术以及 MAC 层的自动请求重复（ARQ）技术。ISM 频段的无线传输特性与2～11 GHz频段相似，不同的是还受来自其他系统的较大干扰。为了解决这一问题，可采用动态频率选择机制，在使用某一频率发送数据时，要检测该频率是否已经被其他通信系统占用，从而避免来自其他系统的干扰。

IEEE 802.16 支持点到多点 PMP 网络和 Mesh 网络两种网络拓扑结构，如图 2-19 所示。网络中包含的实体有基站（Basic Station，BS）和用户站（Subscriber Station，SS）。

PMP 网络由一个中央 BS 和一组 SS 组成，即一个 BS 同时为多个 SS 提供服务。从 BS 到 SS 的链路称为下行链路；从 SS 到 BS 的链路称为上行链路，数据仅在 BS 和 SS 之间传递。BS 可以配置全向天线也可以配置扇区天线，使用扇区天线时，每个扇区相互之间是独立的。位于同一扇区内的所有 SS 可以同时接收到 BS 发出的信号，这样可以扩大系统的容量，降低成本。

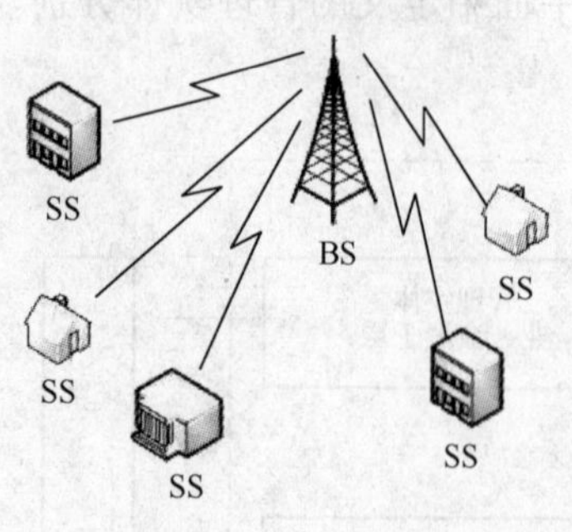

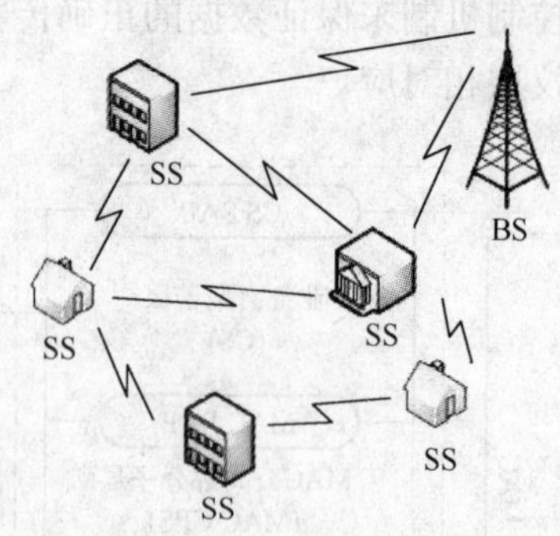

图 2-19　IEEE 802.16 支持的网络拓扑

Mesh 网络是多点到多点的无线多跳网络，不仅可以在 BS 和 SS 之间传输数据，两个 SS 之间也能直接或经过多跳的方式传输数据，还能够通过被称为 Mesh BS 的节点接入骨干网。与 PMP 网络相比较，在 Mesh 网络中有几个新增的概念，如邻居（Neighbor）、邻域（Neighborhood）和扩展邻域（Extended Neighborhood）。能够直接通信的 Mesh SS 互称为邻居，邻居间的距离仅为一跳。一个 Mesh SS 的所有邻居形成邻域，而所有邻居的邻域形成了扩展邻域。

Mesh 网络中没有明确的、独立的上行和下行链路，都是相对 Mesh SS 的父节点而定义的。Mesh SS 的父节点是其邻域中可以到达 Mesh BS 的跳数最少的 Mesh SS[19]。如果某个 Mesh SS 可以与 Mesh BS 直接连接，则 Mesh BS 就是其父节点。定义 Mesh SS 到其父节点为下行链路，则反方向就定义为上行链路。这与 PMP 网络中的定义既有相同点，又有不同点。

2.3.4　IEEE 802.16 物理层技术

IEEE 802.16 定义了 5 种工作在不同频段，采用不同调制、编码技术的物理层标准：WirelessMAN-SC、WirelessMAN-SCa、WirelessMAN-OFDM、WirelessMAN-OFDMA 和 WirelessMANHUMAN，见表 2-6。其中，WirelessMAN-SC 和 WirelessMAN-SCa 是基于单载波的物理层；WirelessMAN-OFDM 和 WirelessMAN-OFDMA 是基于多载波的物理层。WirelessMAN-SC 是 IEEE 802.16 基本标准中定义的唯一物理层，随后在 IEEE 802.16-2004 中增加了 WirelessMAN-SCa、WirelessMAN-OFDM 和 WirelessMAN-OFDMA。支持 Mesh 拓扑结构的仅有 WirelessMAN-OFDM 和 WirelessMANHUMAN 物理层。

表 2-6　IEEE 802.16 的物理层规范

规范名称	工作频段	适用环境	载波技术	双工方式
WirelessMAN-SC	10～66 GHz	视距（LOS）	单载波	TDD 和 FDD
WirelessMAN-SCa	11 GHz 以下许可频段	非视距（NLOS）		
WirelessMAN-OFDM			多载波	
WirelessMAN-OFDMA				
WirelessMANHUMAN	11 GHz 以下免许可频段			TDD

IEEE 802.16 使用突发脉冲（Burst）传输数据，每个突发脉冲都有自己的传输格式，即

调制方式和编码方式[19]，不同的物理层可以使用不同的调制技术。除了 WirelessMAN HUMAN 物理层，其他物理层都支持时分双工（Time Division Duplexing，TDD）和频分双工（frequency Division Duplexing，FDD）两种双工模式，Mesh 模式只支持 TDD。

在 IEEE 802.16 网络中，数据是按固定长度的数据帧传输的。TDD 方式下，上行链路和下行链路共用一个频率，但在不同时间使用，因此数据帧由上行子帧和下行子帧组成。FDD 方式下，上行链路和下行链路分别工作在不同的频率上，因此上行子帧和下行子帧在不同的频率上。一般 BS 为全双工，SS 可以为全双工或半双工，SS 不全部设计为支持全双工，这样可以节约成本。工作在半双工的 SS 在发送和接收之间存在一定的保护性转换时间（Transmit/receive Transition Gap，TTG），在这个时间段内 BS 和 SS 都不会发送数据。

（1）WirelessMAN-SC

WirelessMAN-SC 是定义在 10 ~ 66 GHz 频段的基于单载波调制的物理层规范，支持 TDD 和 FDD 两种方式。下行链路采用时分复用（TDM）方式，上行链路支持时分多址接入（TDMA）和按需分配多址接入相结合的多址方式。上行信道划分为许多时隙（Slot），由 BS 按照需求分配不同数目的时隙用于用户的注册、竞争接入和通信。

（2）WirelessMAN-SCa

WirelessMAN-SCa 也是基于单载波调制的物理层规范，它是 WirelessMAN-SC 的增强版本，与 WirelessMAN-SC 不同，WirelessMAN-SCa 工作在 11 GHz 以下的非视距传输环境。WirelessMAN-SCa 支持 TDD 和 FDD 两种方式，上行采用时分多址接入方式（TDMA），下行采用时分复用（TDM）或时分多址接入方式（TDMA），且上、下行都采用了前向纠错编码和自适应调制。此外，WirelessMAN-SCa 还采用了自适应天线系统 AAS 来提高系统的性能。

（3）WirelessMAN-OFDM

与 WirelessMAN-SC 和 WirelessMAN-SCa 不同，WirelessMAN-OFDM 是采用了 OFDM 技术的基于多载波调制的物理层规范，它工作在频率为 11 GHz 以下的非视距环境，支持 TDD 和 FDD 两种双工方式。正交频分复用（Orthogonal Frequency Division Multiplexing，OFDM）是一种多载波数字调制技术，在频域内将频带分成许多正交子载波。与传统的频分复用相比，OFDM 具有较高的频谱利用率，可以增加系统的容量，能更好地满足多媒体业务的通信要求。

（4）WirelessMAN-OFDMA

WirelessMAN-OFDMA 也是采用了 OFDM 技术的多载波物理层规范，工作频段为 11 GHz 以下。正交频分多址（OFDMA）是在 OFDM 基础上利用根据无线信道的特征，按照一定规则将子载波分为子信道，然后将子信道按一定规则分配给不同的用户。除 OFDMA 外，WirelessMAN-OFDMA 还支持混合 ARQ、增强 ASS、MIMO 等技术，使系统的容量和覆盖范围都有很大的提高。

（5）WirelessHUMAN

WirelessHUMAN 尚不成熟，其物理层基于 OFDM 技术，工作在 11 GHz 以下的免许可频段，支持动态频率选择，但是仅支持 TDD。

2.3.5 IEEE 802.16 MAC 层技术

IEEE 802.16 标准的 MAC 层主要定义了带宽分配机制和 MAC 的帧格式。MAC 层可以动态调整物理层的传输参数，如调制方式、编码方式、发射功率等。IEEE 802.16 标准的 MAC 层划分为业务汇聚子层、MAC 公共部分子层和安全子层 3 个子层。其中，业务汇聚子层实现与高层实体接口的功能，公共部分子层完成 MAC 层核心功能，安全子层提供认证、安全密钥交换和加密功能。

MAC 层所传送的业务包括话音、数据、IP 数据报等，因此 MAC 层需要既支持连续性业务，又支持突发性业务。MAC 层中与高层实体交互的业务汇聚子层，既支持 ATM 协议又支持分组协议的特点，满足了 802.16 系统传送多种数据业务的需求。

1. 业务汇聚子层

业务汇聚子层（Convergence Sublayer，CS）位于 MAC 层的最上部分，为高层协议数据单元 PDU 和 MAC 连接建立起映射。其主要功能如下。

- 通过 CS 服务接入点 SAP 接收来自高层的 PDU，并对 PDU 进行分类，打包成 CS SDU。
- 将 CS SDU 传递给正确的 MAC 服务接入点 SAP。
- 接收来自对等实体的 SC SDU。
- 进行净荷报头压缩（PHS）以提高空中链路效率（可选）。

其中，最重要的功能是对接收来自高层的 PDU 进行分类，并送到对应的连接上传输。不同的 CS 可以支持不同的高层协议。目前，IEEE 802.16 标准定义了 ATM 汇聚子层（ATM CS）和分组汇聚子层（Packet CS）两种 CS，可以进一步扩展。ATM 汇聚子层将从上层 ATM 网络接收的 ATM 信元与 MAC 连接建立映射，生成 ATM SC SDU。ATM SC SDU 由报头和净荷组成，如图 2-20 所示。ATM SC SDU 的净荷就是 ATM 信元的净荷。

图 2-20　ATM SC SDU 格式

一个 ATM 连接是由一对虚通道标志 VPI 和虚信道标志 VCI 来唯一标志的，并且 VPI 和 VCI 还指示了该连接是 VP 交换还是 VC 交换。在 VP 交换模式下，属于同一个 VPI 的所有 VCI 都会映射到同一个输出 VPI；在 VC 交换模式下 VPI/VCI 会独立地映射到不同的输出 VPI/VCI。用于对 SDU 进行分类的分类器实质上是一组映射规则的集合，进而用这组规则对输入的 ATM 信元进行匹配。如果一个 ATM 信元符合所定义的匹配准则，则该 ATM 信元将被分配到对应的连接，并传递给正确的 MAC 服务接入点 SAP。

分组汇聚子层支持包括 IP 协议、点对点协议（PPP）、以太网协议等在内的分组协议。来自上层的 PDU 完成分类并与某一 MAC 连接对应后，封装为 MAC SDU，格式如图 2-21 所示。如果采用了净荷报头压缩（PHS），则在 MAC SDU 中包含 8bit 的报头压缩指示(PHSI)。

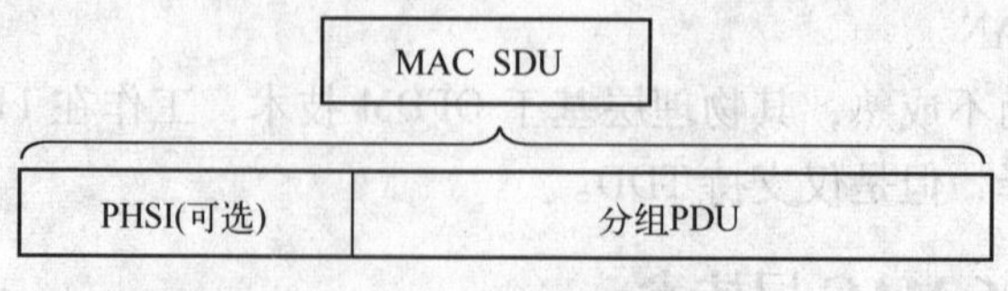

图 2-21　MAC SDU 封装

分组 CS 中，由分类器实现 MAC SDU 与 MAC 连接的映射，就是将 MAC SDU 与一个连接关联起来。分类器是一组匹配准则，这些匹配准则与协议相关，如目标 IP、分类器优先级、连接标志 CID 等。如果一个分组符合某个匹配准则，该分组就可以映射到指定的由该 CID 定义的连接上。

2. 公共部分子层

公共部分子层（Common Part Sublayer，CPS）是 IEEE 802.16 MAC 协议的核心部分，它通过 MAC SAP 接收来自上层各种 CS 层的 MAC SDU 然后打包为 MAC PDU，包括重组和分段。MAC PDU 是在 BS 与 SS 的 MAC 层之间传送的数据单元，格式如图 2-22 所示。MAC PDU 是由固定长度的 MAC 报头（48bit）、可变长度的净荷（0～2042B）和可选的 CRC 校验组成。

图 2-22　MAC PDU 格式

MAC 报头有通用报头和带宽请求报头两种。通用报头后净荷部分携带 MAC 层管理消息或携带汇聚子层传递过来的数据；带宽请求报头后没有净荷部分。这两种头格式可以根据 MAC 报头中的 Header Type（HT）位来区分：0 是通用报头，1 是带宽请求报头。

净荷中可能包含子报头，子报头有 Mesh 子报头、授权管理子报头、分段子报头、组包子报头、快速反馈分配子报头 5 种。如果这些子报头在同一个 MAC PDU 中出现，那么其顺序如下：Mesh 子报头/授权管理子报头/分段（组包）子报头/快速反馈分配子报头。其中，分段子报头和组包子报头不能同时出现在一个 MAC PDU 中。子报头紧跟在 MAC PDU 报头的后面，而且必须在 MAC PDU 的报头中标明子报头是否存在。

来自汇聚子层的 MAC SDU 可能被分段或者打包，构建成 MAC PDU。多个 MAC PDU 经过调制和编码连接成一个突发脉冲，在物理层成帧后送入无线信道传送。接收方将收到的 MAC PDU 还原为原来的 MAC SDU，以实现对等层间的透明传输。

CPS 子层负责系统接入、带宽分配、连接建立和连接维护等，同时，对物理层上传输和调度的数据实施服务质量控制。IEEE 802.16 的 MAC 层面向连接，所有业务都会映射到连接上，每个连接是由连接标志 CID 来标志，并且对应着一个服务流。服务流中包括一组 QoS 参数、服务流 ID 和 CID。IEEE 802.16 标准的 MAC 层支持点对多点 PMP 和 Mesh 两种网络结构。针对不同的网络结构，资源分配机制也有所不同。

(1) PMP 网络

在 PMP 网络中，上下行链路的资源由 BS 控制协调。对于下行链路，BS 是唯一的发射单元，它以时分复用 TDM 的方式将消息广播到各 SS，收到消息的 SS 会检查所收到的协议数据单元（Protocol Data Unit，PDU）中的标志信息，只接收发给自己的数据。对于上行链路，是由 SS 以时分多址接入 TDMA 方式共享的。BS 会在广播信道中为 SS 指定提出带宽请求的竞争信道，如果 SS 有数据要发送，需要先在竞争信道向 BS 提出带宽申请。BS 会根据 SS 提供的 QoS 参数，在信道带宽允许的情况下为 SS 分配一定的带宽，然后 SS 才能在 BS 指定的上行信道的位置内发送数据。

每个进入网络的用户站 SS 会分配 3 条管理连接。第一条为基本管理连接，用于传递交换时间短，实时性要求高的 MAC 和无线链路控制消息，如距离修正消息和 SS 基本性能消息；第二条为主管理连接，用于传递交换时间长一些，实时性要求不高的管理消息，如注册消息和动态服务消息；第三条为次要管理连接，用于传递基于标准的消息，如基于 DHCP、TFTP 和 SNMP 等协议的消息。除了 3 条管理连接外，SS 还会分配用于传输业务数据的传输连接，传输连接与服务流相关联。服务流定义了在连接上传输 PDU 的 QoS 参数，包括迟延、迟延抖动、速率限制及吞吐量等，SS 对上行宽带请求和 BS 如何对带宽调度都要依据这些参数。

（2）Mesh 网络

Mesh 网络架构中，MAC 层的信道资源分配调度的方法可以分为集中式和分布式。集中式调度机制与 PMP 网络相似，Mesh BS 在调度过程中处于中心位置，它根据 Mesh SS 的请求和相关的分配算法统一协调所有 SS 的带宽分配问题；由于 Mesh 模式下没有独立的上下行子帧，Mesh BS 和 Mesh SS 之间在通信过程中不必建立直接链路，可以通过中间 Mesh SS 中继来建立连接。

分布式调度机制中，网络要求所有 Mesh BS 和 Mesh SS 在发送数据前都必须向其邻居广播其参数信息，如可用带宽和请求的带宽等，使邻居了解到其资源的使用情况，并且使用三次握手的机制来分配带宽。分布式调度机制又分为协调分布式和非协调分布式，两种分布式之间的不同在于，协调分布式中可以避免冲突而在非协调分布式中有可能发生冲突。

在 Mesh 网络中，Mesh BS 和 Mesh SS 都有一个 48bit 的全局唯一 MAC 地址，作用与 PMP 网络中一样。但是，进入网络的每个 Mesh SS 还拥有一个由 Mesh BS 分配的节点标志 Node ID。此外，在 Mesh 网络中每个节点还为其与邻居建立的每条链路分配一个 8bit 的 Link ID。在认证数据和控制消息中，将成对地使用 Node ID 和 Link ID。

进入 Mesh 网络的 SS，在初始化时与在 PMP 网络也有比较大的区别。SS 进入网络后，首先需要寻找一个网络中已经存在的 SS 作为其负责 SS。这个负责 SS 要帮助进入网络的 SS 完成获得 ID、协商基本容量等。等进入网络的 SS 能够接受调度发送数据时，标志其接入成功，这时负责 SS 关闭为其开放的信道。

3. 安全子层

安全子层为 IEEE 802.16 系统的数据传输提供安全保障，采取的办法主要是加密连接中传输的数据包，使用安全密钥和使用节点认证机制。

2.4 IEEE 802.20 标准及相关技术

IEEE 802.11 系列标准能够支持较高的传输速率，但是其对切换、鉴权、QoS、覆盖范围等的支持不尽如人意。IEEE 802.15 实现了数据业务的高速传输，但是覆盖范围较小。而 IEEE 802.16 虽然能支持一定速率和大覆盖范围，但其主要支持的是固定无线接入或慢速移动接入，对于用户的移动性支持不是特别理想，因而使其应用范围受到了一定限制。

为了满足高移动性和高速的无线接入要求，需要一种在尽量保证 Wi-Fi 连接速度的同时，覆盖范围与移动电话相当的无线网络。IEEE 802.20 标准应运而生，专门研究移动宽带无线接入（Mobile Broadband Wireless Access，MBWA）空中接口的物理层和 MAC 层的标准。该标准支持在 3GHz 频带的高度可靠的高速无线数据传输，该标准还有望为以 250km/h 速度移动的用户提供高达 1 Mbit/s 的数据传输速率，这将允许高速列车上的用户使用视频会议等对带宽、延迟敏感的应用。

2.4.1　IEEE 802.20 标准的演进

IEEE 802.20 标准的前身是 802.16 中有关移动宽带无线接入空中接口的标准。2002 年 3 月，IEEE 802.16 工作组成立了针对移动宽带无线接入空中接口技术的研究组。其目标是为了实现在高速移动环境下的高速率数据传输，以弥补 IEEE 802.1x 协议族在移动性上的不足。随后，由于在目标市场定位上的分歧，该研究组脱离 IEEE 802.16 工作组，并于同年 9 月宣告成立 IEEE 802.20 工作组[20]。

2004 年 7 月，IEEE 802.20 工作组通过了系统需求永久文档。这份需求草案详细规定了 MBWA 的体系结构，各方面的性能需求，包括频谱、频谱复用、移动性、速率、QoS、延迟、多天线、网络安全、切换以及 PHY 和 MAC 等等需求的具体参数[21]，并于 2005 年 11 月至 2006 年 1 月开始了标准的起草工作。2005 年 9 月分别通过了相关技术选择流程和选择技术的标准两个文档，决定物理层技术的 FDD 模式和 TDD 模式分别采用高通公司的提案 MBFDD 和 MBTDD[22,23]。2006 年 6 月，IEEE 临时停止 802.20 标准化活动。2007 年，802.20 工作组发布关于信道模型的文档[24]。

从 IEEE 802.20 发展历程来看，这个标准的制定工作进展不是很顺利，主要因为该标准和一些已有标准在市场利益方面存在冲突。

2.4.2　IEEE 802.20 协议框架

IEEE 802.20 标准作为 IEEE 802 系列标准中的一员，其参考模型、分层方法及业务接入点（Service Access Point，SAP）的定义与 IEEE 802 系列其他标准相同。IEEE 802.20 秉承了 IEEE 802 协议族的纯 IP 架构。在 IEEE 802 参考模型的数据控制平面中，包括了物理层（PHY）和媒体接入控制层（MAC）两个主要功能层。

1. 纯 IP 架构

IEEE 802.20 秉承了 IEEE 802 协议族的纯 IP 架构。纯 IP 架构与 3GPP 和 3GPP2 所提出的全 IP 概念有所不同。纯 IP 架构的核心网和无线接入网都基于 IP 传输，而全 IP 仅仅实现了核心网的 IP 化。设计架构的差异使 802.20 与其他 3G 技术相比具有非常明显的优势[25]：

- 其物理层和 MAC 层都专为突发型分组数据业务而设计，并能够自适应无线信道环境，因此在处理突发性数据业务方面具有与生俱来的优越性。而 WCMDA 等 3G 技术虽然对语音业务提供很好的支持，但因为其设计初衷是要保持与 GSM 等 2.5G 技术的兼容，所以对数据业务的支撑力度显得较为单薄。
- 组网方式灵活简单，便于融合现有的 IP 网络。
- 可充分利用现有的基于 IP 的各种协议，易于实现灵活的业务部署。

2. 物理层

IEEE 802.20 物理层由汇聚协议子层、相关物理媒介子层和控制子层 3 部分组成。物理层汇聚协议子层主要负责把从 MAC 子层接收来的数据进行封装，使之转换为与无线传输相适应的数据类型，接收端的该层进行相应的解包；相关物理媒介子层负责发送和接收；控制子层负责提取物理层的监测参数以供网络管理使用。

IEEE 802.20 任务组还对物理层的一些其他特性参数做了规定，如信道带宽为 1.25 MHz、载波频率为 1.9 GHz、扇区个数、多普勒容限大于 400Hz 等。为了提高系统的健壮性，还应采用具有较高编码增益的前向纠错码。

为了达到此性能，可以采用 Turbo 码或者低密度奇偶校验（LDPC）码。Turbo 码将两个简单分量码通过伪随机交织器并行级联来构造具有伪随机特性的长码，并通过在两个软入/软出（SISO）译码器之间进行多次迭代实现了伪随机译码。LDPC 码是通过校验矩阵定义的一类线性码，为使译码可行，在码长较长时需要校验矩阵满足“稀疏性”，即校验矩阵中 1 的密度比较低，也就是要求校验矩阵中 1 的个数远小于 0 的个数，并且码长越长，密度就要越低。与 Turbo 码相比，LDPC 码的译码算法更加简单、易于硬件实现、性能更好，因而成为 802.20 的首选。

在 MBWA 系统中可采用基于 OFDM 的调制、多址接入及快速跳频扩频技术来消除小区间干扰，获得较高的频谱利用率。此外还可以采用自适应编码和调制技术，根据下行链路的信道情况和功率分配情况自适应调整突发的速率。为了减小频率复用因子，还可以采用自适应天线阵列技术。

3. MAC 层

IEEE 802.20 的 MAC 层可以细分为服务汇聚子层、公共部分子层和安全子层 3 个子层[26]。

MAC 服务汇聚子层把收到的任何外部数据转换、映射为 MAC SDU，然后通过 MAC SAP 将其送到 MAC 公共部分子层。MAC 服务汇聚子层能区分不同网络数据类型，并将其关联到相应的 MAC 业务流和连接标志，同时可以根据网络配置，通过协商决定压缩算法等对净荷进行头部压缩。IEEE 802.20 提供不同的汇聚子层规范和接口以支持不同的协议，其内部格式是唯一的，并且对于 MAC 公共部分子层来说，不需要知道 SDU 的格式，因此不会对其进行任何解析。

MAC 公共部分子层（Common Part Sub-layer，CPS）实现了 MAC 的核心功能，包括系统接入、带宽分配、连接建立以及连接管理、维护。MAC 公共部分子层给上层提供了统一的接口，对特定的 MAC 连接分类，然后根据特定 QoS 要求对要发送给 PHY 的数据进行排队、调度和传输。MAC 安全子层（Privacy Sub-layer，PS）提供包括认证、安全密钥交换和加密等安全措施。

为有效利用系统资源，MAC 层有多种协议状态与用户所处的状态相对应，并支持状态之间动态快速转移。IEEE 802.20 主要支持工作状态、保持状态和休眠状态，并采取了一种寻呼机制，将其从休眠状态唤醒而转移到工作状态。这种机制使得移动终端在非活动状态时节约能量，而在有数据分组到来时，支持诸如话音和即时消息等实时应用。

4. 网络层

IEEE 802.20 在网络层上能够支持 IPv4 和 IPv6。同时 802.20 的空中接口具有切换机制，可为移动用户提供持续的服务[26]。切换机制使移动终端在不同蜂窝、不同系统、不同频率、不同子网间移动时，能够维护连接的持续性。为了在全 IP 网络中支持高速移动性和快速切换，IEEE 802.20 空中接口标准在网络层将可以选择使用移动 IP 技术。

2.4.3 IEEE 802.20 物理层技术

IEEE 802.20 物理层的相关目标参数以及不同应用场景下的频谱效率等指标如表 2-7 所示[20,26]。

表 2-7 IEEI802.20 物理层的目标参数以及频谱效率

项 目	IEEE 802.20 系统预期技术指标			
工作频率	小于 3.5 GHz 的许可频段			
频带分配	分配给移动通信业务的 Licensed 频带			
双工方式	FDD 和 TDD			
移动速度	最高可达 250 km/h			
小区范围	约 15 km，即一般城域网范围，视具体情况而定			
安全模式	AES（高级加密标准）			
MAC 环路时延	小于 10 ms			
信道带宽	1.25 MHz		5 MHz	
小区峰值速率（上行）	大于 800 kbit/s		大于 3.2 Mbit/s	
用户峰值速率（上行）	大于 300 kbit/s		大于 1.2 Mbit/s	
小区峰值速率（下行）	大于 4 Mbit/s		大于 16 Mbit/s	
用户峰值速率（下行）	大于 1 Mbit/s		大于 4 Mbit/s	
移动终端速度	频谱效率			
	上行		下行	
	3 km/h	120 km/h	3 km/h	120 km/h
频谱效率	1.0	0.75	2.0	1.75

从性能指标中，我们可以看出：在移动性上，802.20 相比于 802.16 具有很大的优势——可支持的最高速率为 250 km/h，已经达到了传统移动通信技术（如 2G 和 3G）的性能。可见，它将是 IEEE 步入移动通信领域的基石。在频谱效率上，802.20 远远高于当前的主流移动技术。

对于非视距（NLOS）环境下的系统覆盖，802.20 的单小区覆盖半径为 15 km，属于广域网技术；而 802.16 的单小区覆盖半径小于 5 km，属于城域网技术。这说明 802.20 与 802.16 的目标市场不同，它们不存在直接的竞争。直接与 802.20 形成竞争的是 WCMDA 等 3G 技术和 HSDPA 等 3G 演进技术。IEEE 802.20 规定其 MAC 帧往返时延小于 10ms，加上无线链路控制层和应用层上产生的处理时延，足以满足 ITU-T 的 G.114 所规定的电话语音传输最大往返时延（不超过 300 ms）的要求，因而可以考虑基于 802.20 来提供优质的无线 VoIP 语音业务。在下行链路，802.20 可以提供大于 1 Mbit/s 的峰值速率，高于 3G 技术的性能指标——步行环境下 384 kbit/s，高速移动环境下 144 kbit/s。

2.4.4 IEEE 802.20 MAC 层技术

通信和计算机技术在不断地发展，作为一项新近提出来的标准，IEEE 802.20 将采用最近成熟的一些 MAC 层技术。同时为满足 MBWA 的特殊要求，IEEE 802.20 对这些技术做了一些改进。

1. Flash-OFDM 技术

目前，IEEE 802.20 标准采用作为 4G 关键技术的正交频分复用 OFDM 技术，实现其高速的移动数据服务。OFDM 技术将信道分成许多正交子信道，在每个子信道上进行窄带调制和传输，这样减少了子信道之间的相互干扰，同时又提高了频谱利用率。

Flarion 公司开发了一种基于 802.20 的 Flash-OFDM 技术。该技术提出并实现了 MAC 层和物理层结合起来设计的思想，从而很好地解决了传统的 OFDM 系统很难解决的高峰值平均功率问题[27]，并且能够在移动环境下获得移动宽带接入[28]。

Flash-OFDM 技术采用 FDD 双工方式，频带宽度为 1.25 MHz。此外，使用频率间隔为 12.5 KHz 的子载波，最大转输速度为 3.2 Mbit/s，平均数据传输速度达 1.5 Mbit/s。上下行链路是数百个子信道组成的宽带载波（扩频的 OFDM），传输数据时给每个用户分配子信道。每个子信道采用了自适应调制和先进的编码技术，具有较高的频谱利用效率。另外，它具有频率分集能力，减小了同一小区内的用户间的干扰。Flash-OFDM 在时间上以跳频方式使用 OFDM 的子载波，以实现信号扩频，这样同样提高了其频谱利用率。实际上 Flash-OFDM 频谱利用率比 CDMA2000 系统高 3 倍。为了解决小区间干扰的问题，Flash-OFDM 采用了功率控制，用户只发射能有效通信的功率[29]。

从全 IP 的观点看，Flash-OFDM 代表了理想的空中链路，支持移动性和基于 QoS 的业务。物理层和 MAC 层为移动宽带数据特殊设计，包括基站控制信道的分配，以一定的优先级传送不同业务，如基于 IP 的话音、视频会议等。空中链路使用户数据率和频谱利用率得到提高。它是基于 IP 的分布式网络，支持实时的交互式业务和端到端的 IP 连接，能满足业务提供商和运营商的需要，易于部署和网络演进。

2. MIMO 空间信道模型

IEEE 802.20 的无线信道模型采用多入多出（MIMO）空间信道模型。对于单入单出（SISO）空间信道模型，主要考虑接收信号的信号功率分布和多普勒频移信息。而对于面临多径衰落和多普勒频谱的多入多出空间信道模型，还需要考虑角扩展、功率方位谱、发送端和接收端的天线阵列相关性等因素。

移动宽带无线信道中，高移动性会导致时域特性的快速变化，多径时延会导致严重的频率选择性衰落，多径角扩展会导致严重的空间信道响应的改变。要获取好的性能，接收端和发送端所采用的算法必须准确地跟踪各维信道响应（空间、时间和频率）。因此，多入多出空间信道模型必须捕获所有信道特性，包括空间特性（如角扩展、功率方位谱、空间相关性）、时域特性（如功率迟延谱）和频域特性（如多普勒频谱）。描述 IEEE 802.20 无线信道的 MIMO 模型主要有相关模型、放射跟踪模型和散射模型 3 种。

相关模型通过在发射端和接收端合并信道矩阵来描述空间相关性。对于多径衰落的情况，使用国际电信联盟提出的信道模型来产生功率迟延谱和多普勒频谱，具有易于应用并与已有国际电信联盟信道特性描述相兼容的特点。射线跟踪模型通过使用特定信息，如建立结构库来提供准确的信息。但是，由于难以获取详细的地形和建筑物数据库，在室外环境下一般不使用这一复杂的模型。散射模型假定了散射物的特定统计分布，利用这种特定统计分布，通过仿真散射物间的相互作用平面波的方向产生信道模型。该模型需要大量参数。IEEE 802.20 的物理信道采用 MIMO + OFDM 的信道模式。3 种多入多出空间信道模型的选取需要根据具体情况而定。

2.4.5 IEEE 802.20 的其他技术

IEEE 802.20 标准中除了上述物理层技术和 MAC 层技术外，还包括移动性管理、切换技术、分布式安全模型和服务质量控制机制等。

1. 移动性管理及切换技术

对于一个移动网络来说，用户在不同小区间进行移动/漫游[30]是必不可免的。为了能对用户提供连续的服务，系统对切换的支持能力成为一个关键。与低移动性的 802.11 网络相比，在 802.20 系统中所能支持的切换将包括小区间切换、系统间切换、载频间切换以及更高层上 IP 子网间的切换。为了保证这些切换功能的实现，除了制定 802.20 使用的物理层和 MAC 层协议之外，IEEE 802.20 工作组还需要考虑上层所使用的协议与接口。一种可行的方法就是在 802.20 之上使用移动 IP 协议（移动 IP 技术将在第六章介绍）。

IEEE 802.20 中，移动节点 MS 收到相邻基站的广播信息后，会监测侦听范围内来自所有基站的无线信号并测量信号强度，以便寻找适合作为目的基站的相邻基站。当发现一个信号强度大于原基站的相邻基站，MS 通知原基站它在两个基站的重叠区内并希望切换，同时通知原基站有关目标基站的地址。当收到 MS 的信息，原基站通过骨干网向目标基站发送有关 MS 及切换的信息。此后，目标基站为 MS 选择接入资源，并通过原基站通知 MS 接入资源、定时信息及功率等级。MS 在不同基站间切换时，可采用先中断后切换和先切换后中断两种方式。

对于先中断后切换方式，原基站首先终止与 MS 的连接，之后 MS 开始切换，建立起与目标基站的连接。对于先切换后中断，MS 通过广播信息和接入信息获取转交地址 CoA，并向家乡代理登记新的 CoA，从而把业务转向目的基站，但此时 MS 还保持与原基站的连接，这种方式不会带来信息传递的时延和丢包。当 MS 登记消息到达家乡网络，家乡代理开始把包转交给新的 CoA。在一段时间后，MS 才关闭与原基站的连接，以确保原基站中不再有发往 MS 的包。对于切换技术及其基本原理的详细介绍，可以参见第六章移动 IP 技术。

由于在城域网环境下 802.20 所能支持的最高移动速度将达到 250 km/h，从而切换速度将是一个重要课题。

2. 分布式安全模型

IEEE 802.20 采用分布式安全模型来进行网络的安全管理。分布式安全模型是相对于集中式安全模型而言的。集中式安全模型使用一个安全管理器来识别其他设备，每个设备必须信任同一个安全管理器或子安全管理器。如需更改安全管理器，设备和安全管理器间重新建立密钥管理关系的代价是非常高的。而分布式安全模型中，各设备只需把自己当做安全管理器，不依赖其他设备来实现信任功能，某一设备状态的改变不会影响其他设备间的密钥关系。IEEE 802.20 的分布式安全机制包括公钥建立机制、密钥传输机制和数据传输机制几部分，从而完成密钥产生、传输与管理的整个过程。

3. 服务质量保证机制

MBWA 需要在高速移动环境下，提供数据业务尤其是实时业务（VoIP 和流媒体业务）的服务质量保证 QoS 机制。可以将 IEEE 802.20 标准看做一种基于 IP 分组的新型蜂窝网络。现有的蜂窝网络，即使是 3G 网络的空中接口部分也是采用电路交换的方式。它有利于话音信号的传输，但是数据传输的效率相当低，尤其是在高速移动环境下。802.20 标准的空中接口专门针对 IP 分组传输而设计，因此数据接入速率会大大提高。如果能够解决好 QoS 问题，它也能够利用 VoIP 技术提供话音业务。802.20 标准中规定空中接口应能提供链路级的 QoS，针对不同的数据流提供不同的 QoS 保障。802.20 系统是全 IP 网络，这一点顺应了下一代互联网的发展趋势。以上分析可以看出 IEEE 802.20 可能成为目前 3G 蜂窝网络最强有力的竞争对手。

2.4.6 IEEE 802.20 系统的建模和度量标准

IEEE 802.20 的空中接口和高层应用需求有其特殊性。底层的实现技术能否达到上文中提到的空中接口的性能要求，空中接口能否很好地支持高层应用都是需要解决的问题。

1. IEEE 802.20 系统的建模

通过建模仿真分析能够知道 PHY 层和 MAC 层采用哪项备选技术可以满足应用的要求。IEEE 802.20 工作组提出了一系列的模型，包括链路级建模、系统级建模和信道建模。

链路级建模是指，针对只有一个基站和一个移动台的理想情况进行建模。建模后进行仿真，可以得到很多有关空中接口的性能指标。链路级建模中针对不同的信道模型，采用不同的调制和编码方案。

系统级建模需要考虑不同的电磁波及交互环境、单个小区内分布式用户的数量。MBWA 系统的设计是为了给不同用户一个基于 IP 的无线接入。不同用户有不同的应用需求，不同应用需求的流量特点和性能需求大不一样，这样 MBWA 系统的性能很大程度上取决于具体应用和流量。系统级建模的目的是提供详细的流量模型，这个模型能够作为后续仿真实验的输入。

2. IEEE 802.20 的输出度量标准

为了在底层选择合适的技术，需要建立模型并仿真。上面针对建模做了一定的介绍。下面主要是仿真的输出度量参数。MBWA 的衡量指标主要有频谱利用率、每扇区可支持用户数、每用户的吞吐量和系统容量等。不过，最能反映系统性能的两个指标是能覆盖的处于最坏情况下的最多用户数和最坏情况下小区的总吞吐量。另外一个需要考虑的问题是基于有效载荷的评价准则。基于有效负载的评价准则有 MAC－调制－编码性能评价准则和时延性能估计评价准则两方面。

2.4.7 IEEE 802.20 的典型应用

目前，IEEE 802.20 还处于标准制定阶段。但是产业界和学术界对未来的应用早已展开了讨论，并提出了一些方案，包括如何利用 IEEE 802.20 和已有的 IEEE 802.16e 以及 3G 标准混合组网等。

在混合组网的应用中，IEEE 802.20 的任务是移动宽带无线接入。IEEE 802.20 其目标是让该标准在世界范围内广泛使用，从而实现始终在线并且能在不同运营商的接入网络中自由漫游。从以上所介绍的特性中可以看出，IEEE 802.20 标准符合移动无线通信的未来发展方向。不论是与现有的网络相比还是与第三代移动通信网络相比，该标准都具有其自身的优势。事实上，从该协议所研究的问题以及相应的组织机构来看，MBWA 已经非常类似于一个移动无线通信系统了。

目前讨论最多的是怎么利用 IEEE 802.20 和已有的 IEEE 802.16e、3G 等标准组建城域网。按照通信网络的基本结构，城域网主要由骨干网、汇聚网和边缘接入网组成。对于接入网，由于需要满足用户需求，实现业务提供的灵活性，可以考虑大量采用现有的多种无线接入技术。

产业界提出了基于 IEEE 802.20 标准构建未来无线城域网的方案[31]。在这种方案中使用本地多点分配服务（Local Multipoint Distribution Service，LMDS），由于 LMDS 具有高带宽特性，所以可以支持各类电信业务，全面满足城域网用户日益增加并不断丰富的各类电信业务需求。IEEE 802.20 主要针对的是高速移动的数据用户。由于 IEEE 802.20 支持高速移动性，这方面的要求完全可以满足。但是也要看到 IEEE 802.20 技术与其他技术有部分重合区域，其竞争力强弱主要取决于技术的完整性、设备的价格以及业务开展的有效性等。

其次，有学者提出了基于移动 IPv6 及 MWBA 结合的纯 IP 移动通信网络的实现技术[32]。该方案的最大优点是可以实现动态移动通信的纯 IP 化，即在 IP 移动节点与通信伙伴节点之间，不需要经过任何协议转换，不需要网关，数据分组就可以在 IP 动态节点与通信伙伴节点之间传输。因此实现简单，费用低。实际上，由于 IEEE 802.20 系统架构的纯 IP 化，在此基础上，和移动 IPv6 结合以实现移动通信的纯 IP 化是完全可能的。

另外，Zou 等学者提出了新的铁路通信系统（Railroad Communication System，RCS）[33]。该系统不仅能够解决基本的列车调度问题，还能够为乘客提供宽带无线接入，为铁路智能系统提供网络平台等应用。这方面，主要是利用了 MBWA 最高支持 250 km/h 的特性，这一点上是其他的协议（如 3G 和 IEEE 802.16）所难以达到的。

2.5 IEEE 802.22 标准及相关技术

随着无线移动互联网的迅速发展，人们对无线通信业务需求的增加，无线频谱资源日益紧缺。通常来说，3 GHz 以下的无线频段具有传输损耗小、频率选择性衰落小、发射机设计功率大等优点，适合远距离、大区域环境下的无线信号传输，成为大家争夺的对象。

为了解决无线频段紧张的问题，近年来提出了许多无线通信技术，如链路自适应、正交频分复用（OFDM）以及多输入多输出（MIMO）技术等。虽然这些技术在一定程度上提高了频谱利用率，但是仍然远远不能满足人们的通信需求。为了进一步解决频谱资源不足的问题，实现频谱动态管理及提高频谱利用率，学术界提出了认知无线电技术以及基于认知无线电技术的 IEEE 802.22 标准草案，该标准利用空闲的电视频段提供宽带无线接入。

2.5.1 IEEE 802.22 标准的演进

2005 年年初，基于认知无线电技术的 IEEE 802.22 标准的工作组成立，并且开展了相关的研究工作，其工作进展如表 2-8 所示[34]。

表 2-8 IEEE 802.22 工作组的工作进展

工作进展	时间
802.22 工作组成立	2005 年 1 月
基本要求的定义	2005 年 9 月

（续）

工 作 进 展	时　间
提议与投稿	2005 年 11 月到 2006 年 1 月
相关提议的合并与整理	2006 年 3 月
标准草案处理工作启动	2006 年 5 月
标准发起人的讨论、投票	2007 年 3 月
通过相关标准草案，并且提交工业界讨论	2008 年 1 月

在 IEEE 802.22 系列标准草案中，目前主要有 IEEE 802.22.1 和 IEEE 802.22.2 两个标准草案[35]，前者重点关注基于认知无线电技术的无线网络的频谱感知技术、数据传输技术等机制，后者主要关注认知无线电技术的工程实现。

2.5.2　IEEE 802.22 的基本概念

1999 年 Joseph MitolaⅢ博士首次提出认知无线电（Cognitive Ratio，CR）的概念，并且较为系统地阐述了认知无线电技术的基本原理[36,37]。2003 年美国联邦通信委员会（FCC）和 Simon Haykin 教授分别给出了两个具有代表性的认知无线电定义。美国联邦通信委员会认为[38]，认知无线电从狭义上讲是指能够通过与工作环境交互而改变发射机参数的无线电。Simon Haykin 教授认为[39]，认知无线电是一个智能无线通信系统，其能够感知外界环境，并使用人工智能技术从外界环境中学习，通过实时改变某些操作参数（比如传输功率、载波频率和调制技术等），使其内部状态适应接收到的无线信号的统计性变化，以达到提高通信可靠性和有效利用频谱资源的目的。

认知无线电技术能够监测到无线电环境中已存在的用户，同时监控频谱资源的使用情况，并能动态地调整各无线电用户的传输功率、载波频率和调制技术等传输参数，从而提高频谱资源的利用率。

基于认知无线电技术的 IEEE 802.22 标准工作在 54 ~ 862 MHz VHF/UHF（扩展频率范围为 47 ~ 910 MHz）频段中的电视信道上，它可自动检测空闲的频段资源并加以使用，因此可与电视、无线麦克风等设备共存。对于低人口密度的区域以及乡村区域而言，无需单独架设网络服务设备，就可以借助电视网等已有网络实现通信。因此，该标准可向低人口密度地区提供类似于城区所得到的宽带服务，适合于无线区域网络（Wireless Regional Area Network，WRAN）。

由于采用具有较低频率的电视频段作为传输介质，802.22 标准的基站覆盖范围比其他 IEEE 802 系列标准大得多。表 2-9 给出了 802.22 标准与其他标准之间的比较[40]。

表 2-9　802.22 标准与其他标准的比较

协　议	适用的网络	覆盖范围	速率
802.22	WRAN	<100 km	18 ~ 24 Mbit/s
802.20，GSM，GPRS，CDMA	WAN	<15 km	10 ~ 24 Mbit/s
802.16 a/d/e	MAN	<5 km	70 Mbit/s
802.11 a/b/e/g	LAN	<150 m	11 ~ 54 Mbit/s

（续）

协　议	适用的网络	覆盖范围	速率
802.11n	LAN	<150 m	>100 Mbit/s
802.15.1（蓝牙）	PAN	<10 m	1 Mbit/s
802.15.3a（超宽带）	PAN	<10 m	>20 Mbit/s
802.15.4（Zigbee）	PAN	<10 m	<250 kbit/s

2.5.3　IEEE 802.22 协议框架

Berkeley 大学提出的一种认知无线电网络层次结构如图 2-23 所示[41]。其中，认知无线电能感知周围无线环境，通过对环境的理解、主动学习等，以实现在特定的无线操作参数上（如功率、载波调制和编码等方案），实时改变和调整内部状态，从而适应外部无线环境的变化，达到通信系统性能最优化的目的。认知无线电具有在不影响其他授权用户的前提下智能地利用大量空闲频谱并且随时随地提高可靠性的通信潜能。信号处理、人工智能、软件无线电、频率捷变、功率控制等技术的迅猛发展，为认知无线电实现上述特殊性能提供了重要的先决条件。

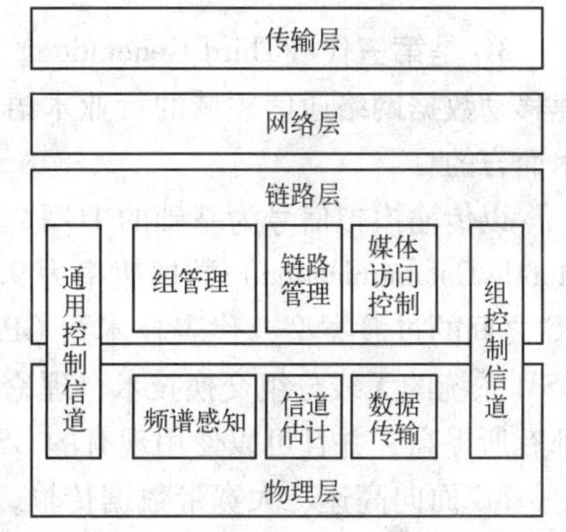

图 2-23　802.22 协议框架

在该协议框架中，物理层的频谱感知和数据传输模块需要感知可用的工作信道，并且在此基础上进行数据传输。这两项技术是 IEEE 802.22 标准最独特的技术，下面介绍这两项技术。

2.5.4　频谱感知技术

IEEE 802.22 标准在数据传输之前的一段期间内进行工作信道的感知[42]。也就是说，基站和用户都不发送数据，感知该特定区域内授权用户的信号，从而为频分复用打下基础。常用的信号检测方法包括周期图法、循环平稳检测法、特征值分解检测法等。周期图法根据傅里叶变换获得信号的功率谱密度进行感知，循环平稳检测法利用调制信号的相关函数的周期性进行感知，特征值分解检测法根据特征值将接收信号分解为信号和噪声的估计量，以获得信号的频率。

IEEE 802.22 标准规定了信道检测时间和授权用户感知门限。信道检测时间是指用于检测当前电视信道内是否存在授权用户感知门限的最大时间值，通常为 500 ms ~ 2 s。基站和用户终端设备利用全向天线在每个方向来感知授权用户的传输，如果探测到的授权信号高于预先假定的门限，基站将空出信道，以避免对授权用户的干扰。对于 6 MHz 的电视服务而言，授权用户感知门限是 -116 dBm。当存在多个用户终端的时候，可以相互联合进行感知，这就是联合感知技术。

IEEE 802.22 标准规定了信道感知的机制，即两段式感知机制：快速感知阶段和精确感知阶段。在快速感知阶段，采用单一的信号检测方法（如周期图法、循环平稳检测法等），迅速感知授权用户的存在。在精确感知阶段，进一步获取快速感知阶段获得的授权用户的详细信息。

2.5.5 数据传输技术

为了利用认知无线电技术实现频谱的复用，在 IEEE 802.22 标准草案中，上行和下行均采用正交频分多址（OFDMA）。为了提高吞吐量，IEEE 802.22 标准草案中，基站根据空闲信道的分布以及衰落情况等，动态分配子载波的位置和个数。IEEE 802.22 标准的正交频分多址采用自适应的编码技术和调制技术，根据信道的实际情况动态地调整带宽和编码方式等。

2.6 3G 和 B3G 技术

3G 是第三代（Third Generation）的缩写，即第三代移动通信系统（IMT-2000），它是高速移动数据网络通信领域的行业术语。3G 是相对于第一代（1G）和第二代（2G）通信技术而言的。

以传输模拟信号为基础的 1G 移动网现已淘汰。2G 的主流技术 GSM（Global System for Mobile Communication）数据速率为 9.6 kbit//s，核心为数字语音传输技术。2.5G 是 2G 和 3G 之间的过渡类型，代表技术为 GPRS（General Packet Radio Service）。GPRS 是一种基于 GSM 系统的无线分组交换技术，理论最高数据速率为 171.2 kbit/s，它比 2G 在速度和带宽上都有所提高，并且可以使用现有的 GSM 网络实现高速接入。

3G 面向高速、大宽带数据传输，国际电信联盟（ITU）称其为 IMT-2000（International Mobile Telecommunication），最高可以提供 2 Mbit/s 的数据传输速率。目前，3G 的主流技术为 CDMA，包括 4 大主流标准，即欧盟和日本提出的 WCDMA、美国提出的 CDMA2000、中国提出的 TD-SCDMA 和以 IEEE 802.16 为基础的 WiMax 技术（本书为方便起见，仍将 IEEE 802.16 作为单独一项讨论）。与前两代相比，3G 的最主要特征是可提供移动多媒体业务，不仅可以传送语音业务，还可以根据需要传送视频数据。因此无线网络必须要对多种数据速率提供灵活的支持，在室内、室外和行车的环境中分别提供至少 2 Mbit/s、384 kbit/s 以及 144 kbit/s的传输速度。

如果说在传统语音业务的基础上，短信、彩信、彩铃等增值业务主宰了 2G 的手机时代，那么，3G 数据传输速率为 2G 的 200 倍，语音业务成本仅为 2G 的 50%，因此，在 3G 环境下，手机游戏将迅速发展，而手机搜索将会成为无线移动互联网的重要应用。近年来 3G 和 B3G 技术飞速发展，成为无线通信领域关注的热点之一。

一般来说，3G 是一套自成体系且非常复杂的移动通信系统，如果想要讲清楚 3G 系统的工作机制，恐怕即便是几本专门的教材也难以全面描述。与 IEEE 802.11 等技术不同，3G 不仅能提供一定速率的数据通信，更重要的是提供良好的语音业务。因此，并不能简单地说 3G 是无线互联网的接入技术而将其与 IEEE 802.11 等技术相提并论。因为 3G 所提供的无线接入方式使用的日益广泛，本书从互联网无线 IP 接入的角度，简单介绍 3G 和 B3G 技术。

2.6.1 3G 技术的演进

1995 年问世的第一代模拟制式手机（1G）只能进行语音通话。在 1996 年、1997 年出现的第二代 GSM、TDMA 等数字制式手机（2G），增加了接收数据的功能，如接受电子邮件或网页。第三代移动通信系统 3G 与前两代的主要区别是数据传输有大幅度提升。它能够在全球范围内更好地实现无缝漫游，并传输图像、音乐、视频流等多种媒体形式，提供包括网页浏览、电话会议、电子商务等多种信息服务，同时也考虑了与 2G 的兼容性。

为了提供这种服务，无线网络必须能够支持不同的数据传输速率，也就是说在室内、室外和行车的环境中能够分别支持至少 2 Mbit/s、384 kbit/s 以及 144 kbit/s 的传输速度（此数值根据网络环境会发生变化）。

相对第一代模拟制式手机（1G）和第二代 GSM、TDMA 等数字手机（2G），3G 通信的名称繁多，国际电联规定为“IMT-2000（国际移动电话 2000）标准”，欧洲的电信业则称之为“通用移动通信系统（Universal Mobile Telecommunications System，UMTS）”。

前几年已经广泛进行商业应用的 2. 5G 移动通信技术是从 2G 迈向 3G 的过渡技术。由于 3G 是个相当浩大的工程，所牵扯的层面多且复杂，要从目前的 2G 迈向 3G 不可能一蹴而就，因此出现了介于 2G 和 3G 之间的 2. 5G。高速电路交换数据服务（High Speed Circuit Switched Data，HSCSD）、GPRS、无线应用通信协议（Wireless Application Protocol，WAP）等技术都被称为 2. 5G 技术，增强型数据速率 GSM 演进技术（Enhanced Data Rate for GSM Evolution，EDGE）则被称为 2. 75G 技术。这里所谓 2. 75G 技术，是指 2G 与 3G 之间的过渡技术中那些更加接近 3G 的技术。

（1）HSCSD

HSCSD 是 GSM 网络的升级版本，能够将传输速度大幅提升到平常的 2 ~ 3 倍。目前新加坡 M1 与新加坡电信的移动电话都采用 HSCSD 系统，其传输速度能够达到 57. 6 kbit/s。

（2）GPRS

GPRS 由于具备立即联机的特性，对于使用者而言，可保持随时在线的状态。GPRS 技术也让服务提供商能够依据数据传输量来收费，而不是单纯的以联机时间计费。这项技术与 GSM 网络配合，传输速度可以达到 115 kbit/s。

（3）EDGE

EDGE 以 GSM 标准为架构，可以通过目前的无线网络提供宽频多媒体服务。EDGE 的传输速度可以达到 384 kbit/s，可以应用在诸如无线多媒体、电子邮件、网络信息娱乐以及电视会议上。

（4）WAP

WAP 是移动通信与互联网结合的第一阶段的产物。这项技术让使用者可以用手机之类的无线装置浏览网页。而这些网页也必须以无线标记语言（Wireless Markup Language，WML）编写，相当于互联网上的超文件标记语言 HTML。

国际电信联盟在 2000 年 5 月将 W-CDMA、CDMA2000 和 TD-SCDMA 确定为 3 大主流无线接口标准，并写入了 3G 技术指导性文件《2000 年国际移动通信计划》（简称 IMT—2000）。码分多址（Code Division Multiple Access，CDMA）是第三代移动通信系统的技术基础。第一代移动通信系统采用频分多址（FDMA）的模拟调制方式，这种系统的主要缺点是频谱利用率低，信令干扰话音业务。第二代移动通信系统主要采用时分多址（TDMA）的调制方式，提高了系统容量，并采用独立信道传送信令，系统性能大为改善，但 TDMA 的系统容量仍然有限，切换性能仍不完善。CDMA 系统以其频率规划简单、系统容量大、频率复用系数高、抗多径能力强、通信质量好和软切换效率高等特点而显示出巨大的发展潜力。

3GPP（第三代伙伴计划）是积极倡导 UMTS 的第三代标准化组织，该组织提出了通用移动通信系统 UMTS 标准的 4 个版本：R99、R4、R5、R6，形成了一个庞大的标准体系[43]。3G 相关技术标准所支持传输速率的对比如表 2-10 所示。WCDMA 是其中最早，也是最完善的空中接口，并被欧洲、亚洲和美洲的 3G 运营商所广泛选用。

表 2-10　3G 相关技术标准所支持传输速率的对比

技术标准	支持速率	备注
WCDMA	384 Kbit/s	
HSDPA	1.8/3.6 Mbit/s	属于 WCDMA 系列的演进技术
HSUPA	1.4～5.8 Mbit/s	属于 WCDMA 系列的演进技术
HSPA +	下行 >40 Mbit/s 上行 >10 Mbit/s	属于 WCDMA 系列的演进技术
TD-HSDPA	2.8～8.4 Mbit/s	属于 TD-SCDMA 系列的演进技术
TD-HSUPA	2.2～6.6 Mbit/s	属于 TD-SCDMA 系列的演进技术
TD-HSPA +	下行 >25.2 Mbit/s 上行 >19.2 Mbit/s	属于 TD-SCDMA 系列的演进技术
CDMA2000 1x	153.6 Kbit/s	
EV-DO Rel. 0	下行 2.4 Mbit/s 上行 153.6 Kbit/s	属于 CDMA2000 系列的演进技术
DO Rel. A	下行 3.1 Mbit/s 上行 1.8 Mbit/s	属于 CDMA2000 系列的演进技术
DO Rev B	下行 46.5 Mbit/s 上行 27 Mbit/s	属于 CDMA2000 系列的演进技术
LTE FDD	下行 100 Mbit/s 上行 50 Mbit/s	2.9G 技术，由 WCDMA 演进而来
LTE TDD	下行 100 Mbit/s 上行 50 Mbit/s	2.9G 技术，由 TD-HSDPA 和 CDMA2000 演进而来
LTE +	100 M～1 Gbit/s	4G 技术

2.6.2　3G 与 IEEE 802.16e、802.22 的比较

2007 年底，国际电联（ITU）在日内瓦正式批准以 IEEE 802.16e 为基础的 WiMax 技术成为新的全球 3G 标准，而此前 3G 标准包括 W-CDMA、TD-SCDMA 和 CDMA2000。本书为方便起见，仍将 IEEE 802.16 作为单独一项讨论。

表 2-11 给出 802.16e、802.20 和 3G 的比较[24,25,27]。IEEE 802.16e 是 IEEE 802.16 的一个增强版，可以支持 120 km/s 的节点移动速度。802.16e 技术为移动性要求不高的用户提供高速、有效的对称数据传输。802.20 在保持较高数据传输速率的同时，能够满足用户更高的移动性要求。3G 的数据传输速率比较低，但能够满足用户的全球移动性要求。从技术上讲，802.20 是 3G 和 802.16e 的一个补充，前景并不明朗。

表 2-11　802.16e、802.20 和 3G 的主要技术比较

	802.16e	802.20	3G		
	FBWA	MBWA	W-CDMA	TD-SCDMA	CDMA2000
业务定位	宽带低速移动数据业务	高速移动数据业务	语音和各种速率数据业务	语音和各种速率数据业务	1X/DV：语音和各种速率数据业务 DO：数据业务
关键技术	OFDM，OFDMA，MIMO	Flash-OFDM SCDMA	扩频，码分多址等	智能天线，接力切换，软件无线电	码分多址

（续）

	802.16e	802.20	3G		
	FBWA	MBWA	W-CDMA	TD-SCDMA	CDMA2000
工作频率	2～6 GHz 许可频段	小于 3.5 GHz 许可频段	1920～1980 MHz 2110～2170 MHz 核心频段	1880～1920 MHz 2010～2025 MHz 核心频段	1920～1940 MHz, 2110～2130 MHz 核心频段
信道带宽	1.25/1.5/ 1.75×2^n MHz，n＝0，1，2，3，4. 一般大于 5 MHz	1.25 MHz 5 MHz	5 MHz	1.6 MHz	1.25 MHz
用户速率/下行	30 Mbit/s （10 MHz 带宽时）	1.25 MHz 时 1 Mbit/s； 5 MHz 时 4 Mbit/s.	目前支持 64/128/384 kbit/s HSDPA 最高 可达 10 Mbit/s	目前支持 64/128/384 kbit/s	1X：153/307 kbit/s DO：3.1 Mbit/s DV：3.1 Mbit/s
用户速率/上行	30 Mbit/s （10 MHz 带宽时）	1.25 MHz 时 300 kbit/s； 5 MHz 时 1.2 Mbit/s.	64 kbit/s	64 kbit/s	1X：最大 153 kbit/s， 平均 70 kbit/s DO：1.8 Mbit/s DV：1.8/1.2 Mbit/s
覆盖范围	数 km， 与频段有关	2～5 km	城区内约 1～3 km （2 GHz 频段）	城区内约 2～3 km （2 GHz 频段）	城区内约 2～3 km （2 GHz 频段）
移动性	最高 120 km/h	最高 250 km/h	较高移动速率	较高移动速率	较高移动速率

2.6.3　3G 技术标准

3G 标准分为核心网和空中接口两大部分。核心网主要有基于 MAP 演进的核心网和基于 IS-41 演进的核心网两种[44]。对于空中接口标准，2000 年 5 月 5 日在土耳其举行的国际电信联盟全会上通过了包括中国提案在内的 5 种无线传输技术的规范，其中有 3 种基于 CDMA 技术——IMT-2000 CDMA DS（WCDMA）、IMT-2000 CDMA MC（CDMA2000 DS）、IMT-2000 CDMA TDD（TD-SCDMA、UTRA TDD），有 2 种基于 TDMA 技术——IMT-2000 TDMA SC（UWC-136）、IMT-2000 FDMA/TDMA（DECT）。

TDMA 技术不是 3G 的主流技术，只作为区域性标准用于 IS-136 和 DECT 系统的升级。基于 CDMA 技术的 3 种 RTT 技术规范是 3G 的主流技术。CDMA DS 和 CDMA MC 是频分双工模式，CDMA TDD 是时分双工模式，ITU-R 为频分双工模式和时分双工模式划分了独立的频段。

1. FDD 模式和 TDD 模式

虽然 CDMA2000、WCDMA 和 TD-SCDMA 同属 3G 的主流技术标准，但是仍然可以将其分为两类。CDMA2000、WCDMA 是 FDD 标准；而 TD-SCDMA 则是一个 TDD 标准。

频分双工 FDD 模式的特点是在分离（上下行频率间隔 190 MHz）的两个对称的频率上分别进行接收和传送。FDD 模式采用包交换等技术，可突破二代发展的瓶颈，实现高速数据业务，提高频谱利用率，增加系统容量。但 FDD 必须采用成对的频率，即在每 2×5 MHz 的带宽内提供第三代业务。该方式在对称业务中能够充分利用上下行的频谱，但在非对称业务模式中，频谱利用率则大大降低，由于低上行负载，造成频谱利用率降低约 40%。在这点上，TDD 模式有着 FDD 无法比拟的优势。

TDD 模式的特点是在同一频率的不同时隙上，系统进行接收和发送，使用时间分离收发信道。TDD 模式不需要成对的频率，能使用各种频率资源，适用于不对称的上下行数据传输速率，特别适用于 IP 型的数据业务；上下行工作于同一频率，便于使用智能天线等新技术，以达到提高性能、降低成本的目的；设备成本较低，比 FDD 系统低 20% ~50%。

ITU 要求 TDD 系统支持 120 km/h 的移动速度，要求 FDD 系统支持 500 km/h 的移动速度。FDD 是连续控制的系统，TDD 是时分控制的系统。在高速移动时，多普勒效应会导致衰落，速度越高，衰落变换频率越高。在目前芯片处理速度和算法的基础上，当数据率为 144 kbit/s 时，TDD 支持的最大移动速度可达 250 km/h，与 FDD 系统相比，还有一定差距。

TDD 与 FDD 两种模式各具优点，FDD 适用于大区制的国际间和国家范围内的对称业务（如话音、交互式实时数据业务等）。TDD 适用于高密度用户地区（城市及近郊区）的各类数据业务，如话音、实时数据业务、特别是互联网方式的业务。与 FDD 相比，TDD 可大幅度节省频率资源，提供成本低廉的设备。

基于各标准设计的出发点及其技术特点，可以得出以下结论：在 3G 网络中，可依靠卫星通信实现全球覆盖，依靠 FDD 模式实现全国范围内或国际间的通信。而在广大的城镇、郊区等人口密集地区，CDMA-TDD 更容易发挥巨大作用。与此同时，为了实现全球漫游，必须为用户提供多模、多频的用户终端设备。

2. WCDMA

WCDMA 全称是 WidebandCDMA，也称为 CDMADirectSpread。WCDMA 可支持 384 Kbit/s ~ 2 Mbit/s 不等的数据传输速率，是无线的宽带通信。在同一传输通道中，它还可以提供电路交换和分组交换的服务，可以超越在同一时间只能做语音或数据传输的服务限制。

WCDMA 标准由 3GPP 组织制定，发起者主要是欧洲和日本的标准化组织和厂商。这套系统能够架设在现有的 GSM 网络上，对于系统提供商而言可以较轻易地完成过渡，在 GSM 系统相当普及的亚洲，该技术的接受度相当高。因此 W-CDMA 具有先天的市场优势。在费用方面，WCDMA 因为是借助分组交换的技术，所以网络使用的费用不是以接入的时间计算，而是以数据传输量确定。

WCDMA 主要特点如下[45]。

- 基站支持异步和同步的运行方式，组网方便、灵活。
- 上行调制方式为 BPSK，下行为 QPSK。
- 适应多种速率传输，对多速率的多媒体业务可通过改变扩频比和多码并行传送的方式来实现。
- 上、下行快速、高效的功率控制大大减少了系统的多址干扰，提高了系统容量，同时也降低了传输的功率。
- 核心网络基于 GSM/GPRS 网络的演进，并保持与 GSM/GPRS 网络的兼容性。
- 支持软切换和更软切换，切换方式包括 3 种，即扇区间软切换、小区间软切换和载频间硬切换等，软切换是指相同的 CDAM 频道中的切换，不需要变换收发频率而只需对引导 PN 码的相位逐一调整，更软切换则是来自同一基站的不同扇区之间的切换。

基于上述特点，WCDMA 的技术优势包括：支持多种业务；采用单小区复用、分层小区结构、自适应天线阵列和相干解调（双向）等技术，频谱效率高；容量和覆盖范围大，WCDMA 的容量差不多是窄带 CDMA 的两倍；双模终端将在 GSM 网络和 UMTS/IMT-2000 网络之间提供无缝的切换和漫游；WCDMA 手机所要求的信号处理大约是复合 TD/CDMA 技术的1/10，终端更经济简单。

3. CDMA2000

CDMA2000 全称为 Code Division Multiple Access 2000，也称为 CDMA Multi-Carrier，是由美国高通北美公司为主导提出的，之后摩托罗拉、Lucent 和后来加入的韩国三星都有参与，韩国现在成为该标准的主导者。这套系统是从窄频 CDMA One 数字标准衍生出来的，可以从原有的 CDMA One 结构直接升级到3G，建设成本低廉。但目前使用 CDMA One 的地区只有日本、韩国和北美，所以 CDMA2000 的支持者较少。不过 CDMA2000 的研发和应用却是目前各标准中进度最快的。

按照使用的带宽来区分，CDMA2000 可以分为 1x 系统和 3x 系统。其中 1x 系统使用 1.25 MHz 的带宽，提供的数据业务速率最高只能达到 307 kbit/s。在 1x 系统以后，国际上比较公认的发展方向是 1x EV-DO 和 1x EV-DV 系统。其中 1x EV-DO 系统重点提高了数据业务的性能，将用户的最大数据业务传送速率提高到 2.4 Mbit/s；1x EV-DV 系统在将数据业务最大速率提高到 3.1 Mbit/s 的同时，又进一步提高了语音业务的容量。

CDMA2000 的主要特点如下[46]。

- 具有多种信道带宽，当采用多载波方式时，能支持多种射频，即射频带宽可为 N × 1.25 MHz（N = 1、3、5、9 或 12），目前的技术支持前两种，即 1.25 MHz（CDMA2000-1x）和 3.75 MHz（CDMA2000 - 3x）。
- 可以更加有效地使用无线资源，在基站中有一个调度程序决定下一个时隙给哪一个用户使用，调度程序向某一用户分配时隙是根据移动终端请求的速率与其平均吞吐量之比最高的原则，从而增加了网络的容量，提高了资源的利用率。
- 可实现 CDMA one 向 CDMA2000 系统平滑过渡。

4. TD-SCDMA

TD-SCDMA（Time Division-Synchronous Code Division Multiple Access）标准是由中国内地独自制定的3G 标准，由原邮电部电信科学技术研究院（大唐电信）于 1999 年 6 月 29 日向 ITU 提出。TD-SCDMA 得到了 CWTS 及 3GPP 的全面支持，是中国电信行业近百年来第一个完整的通信技术标准，集 CDMA、TDMA、FDMA 的技术优势于一体，系统容量大、频谱利用率高、抗干扰能力强，采用了智能天线、联合检测、接力切换、同步 CDMA、软件无线电、低码片速率、多时隙、可变扩频系、自适应功率调整等技术[47]。因此该标准在频谱利用率和成本上具有独特优势。另外，由于该标准基于中国的庞大市场，因此受到各大主要电信设备厂商的重视，全球一半以上的设备厂商都宣布可以支持 TD-SCDMA 标准。

TD-SCDMA 的主要特点如下。

- 频谱灵活性和支持蜂窝网的能力高。TD-SCDMA 仅需要 1.6 MHz 的最小带宽。若带宽为 5 MHz 则支持 3 个载波，在一个地区可组成蜂窝网，支持移动业务，并提供不对称数据业务。
- 频谱利用率高。TD-SCDMA 为对称话音业务和不对称数据业务提供的频谱利用率高。
- 设备成本低。在天线和基站方面，TD-SCDMA 的设备成本低。
- 多种业务的支持。TD-SCDMA 可支持速率从 8 kbit/s 到 2 Mbit/s 的语音、互联网等所有的 3G 业务。

- 系统兼容性强。由于 TD-SCDMA 能同时满足多种接口的要求，所以 TD-SCDMA 的基站子系统既可作为2G 和2.5G GSM 基站的扩容，又可作为3G 网中的基站子系统，能同时兼顾现在的需求和未来的发展。

TD-SCDMA 的无线传输方案综合了 FDMA、TDMA 和 CDMA 等基本传输方法，并且引进智能天线，性能和容量较高。智能天线凭借其定向性降低了小区间频率复用所产生的干扰，并通过更高的频率复用率来提供更高的话务量。TD-SCDMA 无线网络可以通过无线网络控制器（RNC）连接到交换网络，而 TD-SCDMA 的终极目标是与互联网直接相连。

2.6.4 三种典型的3G 标准比较

WCDMA、CDMA2000 与 TD-SCDMA 都属于宽带 CDMA 技术。宽带 CDMA 进一步拓展了标准的 CDMA 概念，在一个相对更宽的频带上扩展信号，从而减少由多径和衰减带来的问题，具有更大的容量，可以根据不同的需要使用不同的带宽，具有较强的抗衰落能力与抗干扰能力，支持多路同步数据传输，且兼容现有设备。WCDMA、CDMA2000 与 TD-SCDMA 都能在静止状态下提供2 Mbit/s 的数据传输速率，但三者的一些关键技术仍存在着较大的差别，性能上也有所不同。下面从双工模式、码片速率与载波带宽、智能天线技术、越区切换技术以及与第二代系统的兼容性等5 个方面对3 种技术标准做比较和分析。

1. 双工模式

WCDMA 与 CDMA2000 都采用频分数字双工 FDD 模式，TD-SCDMA 采用 TDD（时分数字双工）模式。TDD 的频谱利用率高，而且成本低廉，但由于采用多时隙的不连续传输方式，基站发射峰值功率与平均功率的比值较高，造成基站功耗较大，基站覆盖半径较小，同时也造成抗衰落和抗多普勒频移的性能较差，当手机处于高速移动的状态下时通信能力较差。WCDMA 与 CDMA2000 能够支持移动终端在时速500km 左右时的正常通信，而 TD-SCDMA 只能支持移动终端在时速120km 左右时的正常通信。TD-SCDMA 在高速公路及铁路等高速移动的环境中处于劣势。

2. 码片速率与载波带宽

码片（Chip）是 CDMA 编码序列中的二进制单元，码片速率即每秒发送的码片序列的位数。WCDMA（FDD-DS）采用直接序列扩频方式，其码片速率为3.84 Mchip/s，也就是说，1 秒钟传送3.84 兆个码元。CDMA 2000 - 1x 与 CDMA 2000 - 3x 的区别在于载波数量不同，CDMA2000 - 1x 为单载波，码片速率为1.2288 Mchip/s；CDMA 2000 - 3x 为三载波，其码片速率为1.2288 ×3Mchip/s = 3.6864 Mchip/s。TD-SCDMA 的码片速率为1.28 Mchip/s。码片速率高能有效地利用频率选择性分集以及空间的接收和发射分集，可以有效地解决多径和衰落问题，WCDMA 在这方面最具优势。

载波带宽方面，WCDMA 具有5 MHz 的载波带宽。CDMA2000 - 1x 采用了1.25 MHz 的载波带宽，CDMA 2000 - 3x 利用3 个1.25 MHz 载波的合并形成3.75 MHz 的载波带宽。TD-SCDMA 采用三载波设计，每载波具有1.6 MHz 的带宽。载波带宽越高，支持的用户数就越多，在通信时发生网塞的可能性就越小。在这方面 WCDMA 具有比较明显的优势。

TD-SCDMA 采用 TDD 双工模式，因此只需占用单一的1.6 MHz 带宽，就可传送2 Mbit/s 的数据业务。而 WCDMA 与 CDMA2000 要传送2 Mbit/s 的数据业务，均需要两个对称的带宽，分别作为上、下行频段，因而 TD-SCDMA 对频率资源的利用率是最高的。

3. 智能天线技术

智能天线技术是 TD-SCDMA 采用的关键技术，大唐电信在该领域拥有多项专利，目前 WCDMA 与 CDMA2000 都还没有采用这项技术。智能天线是一种安装在基站的双向天线，通过一组带有可编程电子相位关系的固定天线单元设定收发方向，并可以同时获取基站和移动台之间各个链路的方向特性。

TD-SCDMA 的智能天线可以基于上行链路和下行链路的对称性（无线环境和传输条件相同）获得高效率，并且可以减少小区间及小区内的干扰，从而显著地提高移动通信系统的频谱效率。

4. 越区切换技术

WCDMA 与 CDMA2000 都采用了越区“软切换”技术。“软切换”是相对于“硬切换”而言的，指当手机发生移动时，或者当目前与手机通信的基站话务繁忙从而需要手机与另外一个基站通信的时候，并不先中断手机与原基站的联系，而是先让手机与新的基站连接，再中断与原基站的联系。软切换在瞬间同时连接两个基站，对信道资源占用较大。FDMA 和 TDMA 系统都采用“硬切换”技术，即先中断与原基站的联系，再与新的基站进行连接，因而容易产生通话的中断。

TD-SCDMA 则是采用了越区“接力切换”技术。由于智能天线可大致定位用户的方位和距离，所以基站和基站控制器可根据用户的方位和距离信息，判断用户是否移动到另一基站的临近区域，如果进入切换区，便由基站控制器通知另一基站做好切换准备，达到接力切换目的。接力切换是一种改进的硬切换技术，与传统硬切换相比，可提高切换成功率，与软切换相比可以减少切换时对邻近基站信道资源的占用时间。

在切换的过程中，需要两个基站间的协调操作。WCDMA 无需基站间的同步，通过两个基站间的定时差别报告来完成软切换。CDMA2000 与 TD-SCDMA 都需要基站间的严格同步，因而必须借助 GPS 等设备来确定手机的位置并计算出到达两个基站的距离。由于 GPS 依赖于卫星，CDMA2000 与 TD-SCDMA 的网络部署将会受到一些限制，而 WCDMA 的网络在许多环境下更易于部署，即使在地铁等 GPS 信号无法到达的地方也能安装基站，实现真正的无缝覆盖。此外，GPS 信号的可用性还可能受到政府政策等的影响。

5. 与第二代系统的兼容性

WCDMA 由 GSM 网络过渡而来，虽然可以保留 GSM 核心网络，但必须重新建立 WCDMA 的接入网，并且无法重用 GSM 基站。CDMA2000-3x 从 CDMA IS95、CDMA2000-1x 过渡而来，可以保留原有设备。TD-SCDMA 系统的建设只需在已有的 GSM 网络上增加 TD-SCDMA 设备即可。3 种技术标准中，WCDMA 在升级的过程中耗资最大。

从以上分析可以看出，3 种技术各有优缺点，并没有完美的方案。另外，以上分析都基于现阶段的情况，有些因素会随时间推移而改变，尤其是设备的成熟度问题。所以，新运营商应根据网络建设开始的时间综合考虑各种影响因素来选择具体技术。由于 3G 在标准上并没有实现全球的统一，因此现在已经被 3GPP 承认的几个标准如何在业界推广就成为较为关键的问题。

2.6.5 B3G 与 4G 技术

3G 技术也在不断地演进和发展。B3G（Beyond 3G）对 3G 技术做了进一步的改进，在此基础上，又出现了以 IMT Advanced 为代表的4G 标准。下面将简单介绍3G 的改进技术。

1. 3G 技术的增强

从2001年10月 NTTDoCoMo 开始提供3G 商用业务以来，一些国家也陆续部署3G 网络。与此同时，世界各国也已经开始或者计划开始新一代移动通信技术的研究，争取在未来移动通信领域内占有一席之地。

这里所提到的新一代移动通信是指后3G 或者4G 技术。目前普遍认为后3G 的最高传输速率将达到100 Mbit/s（10～100 Mbit/s）；能够实现全球无缝漫游；具有非常高的灵活性，能自适应地进行资源分配；支持下一代 Internet（IPv6），支持全 IP 网络；服务成本低等。

通常来说，3G 技术与 IEEE 802.11（Wi－Fi）技术之间是互补关系，而非竞争关系，因为 IEEE 802.11 所提供的传输速率（IEEE 802.11n 已达到300～600 Mbit/s）远远高于3G 技术，而 IEEE 802.11 覆盖范围却仅有150m。图2-24 显示了从1G 到4G 的演进过程中的各种标准，以及它们各自在数据传输速率和移动性上的优劣。3G 技术的增强和演进，衍生了 E3G（Enhanced 3G，又被称为3.9G）技术。E3G 技术仍然属于 IMT-2000 的范畴，但它采用了部分4G 技术。它改进了频谱效率并降低了传输延迟，适合对数据速率和 QoS 要求较高的应用。E3G 技术具有高达50 Mbit/s 的数据速率，可以改善使用者的带宽竞争状况。

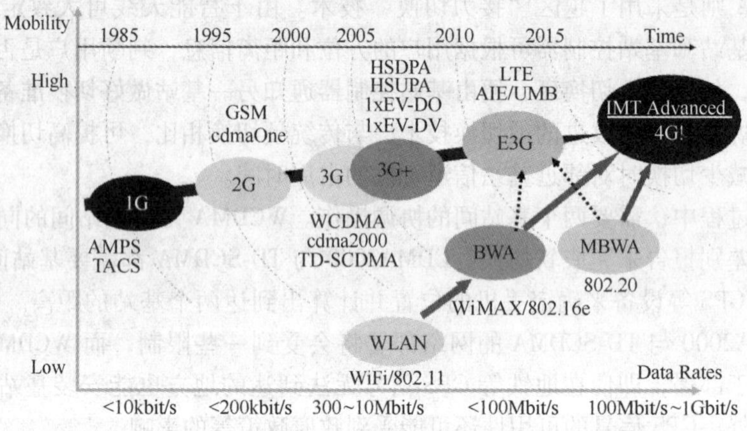

图2-24 从1G 到4G 的演进

3G 在增强和演进中产生的相关技术和标准，属于对3G 短期改进的有3GPP 和3GPP2[48]。3GPP 系列的标准主要包括 R5：HSDPA、IP RAN；R6：HSUPA、MBMS、IMS、3GPP-WiFi；R7：HSPA＋、MIMO、OFDM。3GPP2 系列的主要标准包括 EV-DO Release A 和 EV-DO Release B 3X、6X、9X。对 E3G 技术具有长期意义的有3GPP LTE 和3GPP2 UMB。

两种短期标准3GPP 和3GPP2 属于对3G 的演进和增强，而3GPP LTE 和3GPP2 UMB 对3G 技术有革命性的改进和突破。3GPP LTE 是未来十年对3GPP 演进的研究方向，其目标是改善3G 的数据传输速率，降低网络延迟，改进适用性和覆盖范围。它采用扁平网络结构，其关键技术包括多接入、多天线和增强的 MBMS。3GPP2 UMB 是未来对 CDMA2000 标准的研究和改进方向，它提供宽松的向后兼容性，包括对 CDMA2000 的兼容。3GPP2 UMB 的物理层关键技术是 MIMO 和 OFDM。该技术也可以大大改进数据速率和覆盖性。

2. 4G 技术概述

目前的 4G 技术以 ITU 的新型移动系统 IMT Advanced 为代表，该系统能够提供基于 IP 数据包传输的移动业务。IMT-Advanced 系统提供 QoS 支持以满足高质量多媒体应用的要求。IMT-Advanced 的关键特性在于，在保持成本效率的前提下，在支持灵活广泛服务和应用的基础上，达到世界范围内的高度通用性，支持 IMT 业务和固定网络业务的能力，提供高质量的移动服务和世界范围内的漫游能力，提供增强的峰值速率以支持新的业务和应用，如多媒体[49]。

在 WRC07 会议上，确定了 4G 的频谱占用情况。包括以下几个频段：3.4 ~ 3.6 GHz，2.3 ~ 2.4 GHz，698 ~ 806 MHz 以及 450 ~ 470 MHz。4G 技术在低速和高速移动情况下可分别提供 100 Mbit/s 和 1Gbit/s 的数据传输速率。同时，4G 可以提供无缝的切换服务，可升级的宽带支持和完全自由的无线接入。这无疑具有巨大的吸引力，使得 4G 技术有巨大的需求和市场。

近两年来 4G 的研究取得了相当大的进展，4G 也许在不远的将来就会到来。从技术上讲，4G 是对 3G 的演进和革命，是从 3GPP LTE/3GPP2 UMB 到 IMT-advanced；是从 WiMAX/IEEE 802.20 到 IMT-advanced。中国目前也积极地参与到了 3GPP LTE、3GPP2 UMB 和 ITU IMT Advanced 的标准制订工作中，并且具备相当的竞争力。4G 研究的进一步工作重点是关注技术的革新以及世界范围内 4G 标准的制定，同时需要加强国际协作。

3. 智能天线技术

智能天线技术是后 3G 和 4G 的一项关键技术，该技术基于自适应天线原理，利用天线阵的波束赋形产生多个独立的波束，并自适应地调整波束方向来跟踪每一个用户，达到提高信号干扰噪声比（Signal-to Interference and Noise Ratio，SINR）并且增加系统容量的目的。

在 3G 标准中的 TD-SCDMA RTT 中已经使用了智能天线。现在所研究的是如何将它使用在 UTRA TDD 及两种 FDD 系统中。所面临的将是如下两方面的问题：基带数字信号处理能力的问题；是否要修改物理层标准的问题。由于以前的两种系统设计时，没有考虑智能天线的应用，可能要修改其物理层设计[50]。

4. 软件无线电技术

软件无线电的基本思路是研制出一种基本的可编程硬件平台，只要在这个硬件平台上改变相应软件即可形成不同标准的通信设施（如基站和终端）。这样无线通信新体制、新系统、新产品的研制开发将逐步由硬件为主转变为以软件为主。软件无线电的关键思想是尽可能在靠近天线的部位（中频，甚至射频），进行宽带 A/D 和 D/A 变换，然后用高速数字信号处理器（DSP）进行处理，以实现尽可能多的无线通信功能[51]。

软件无线电技术受到各界高度重视，如何用 DSP 和软件在公共硬件平台上解决各种不同制式的无线接口，已成为很多公司的主要研究课题。在未来几年内，依靠传统的专用芯片来制造移动通信无线设备的概念，将受到重大冲击。特别是最近几年内，第三代移动通信技术和标准都还在不断更新，使用软件无线电技术，才可能使产品的开发跟上技术的发展。

5. 下行高速分组交换数据传输技术

3G 业务在上下行将会呈现出很大的不对称性。最近刚刚写入 3GPP 技术规范的高速下行分组接入（HSDPA）技术可以实现 10.8 Mbit/s 的高速下行数据，其中有很多令人瞩目的技术很可能就在未来 4G 的系统中得到应用。

HSDPA 技术便是一种对多用户提供高速下行数据业务的技术，适合于信息下载量较大的业务。在传输较高速率的业务数据时，通过在特定时隙中使用较高调制方式（8PSK、16QAM 甚至 64QAM）来进行传输。在 TD-SCDMA RTT 中，已经使用 8PSK 来传输 2 Mbit/s 的业务。高通公司提出 HDR 技术，在 CDMA 2000-1x 中的某些时隙使用 16QAM 传输高速数据，在 1.25 MHz 的带宽下可传输 2 Mbit/s 的数据。

大量研究表明，采用若干新技术可使空中下行速率达到 8 Mbit/s 以上，若成功采用 MIMO 等技术还可达到 20 Mbit/s 以上。目前国际上对 HSDPA 技术的研究正在进行中，它是 3GPP WG1 组的一个研究热点。

6. 正交频分复用技术

未来的移动通信业务将从话音扩展到数据、图像、视频等多媒体业务，对服务质量和传输速率的要求越来越高，这对移动通信系统的性能提出了更高的要求。因此，必须采用先进的技术有效地利用宝贵的频率资源，以满足高速率、大容量的业务需求；同时克服高速数据在无线信道下的多径衰落，降低噪声和多径干扰，达到改善系统性能的目的。正交频分复用（OFDM）在众多技术中显示出优越的性能[52]。

OFDM 在频域把信道分成许多正交子信道，频谱相互重叠，这样减少了子信道间的干扰，提高了频谱利用率。在每个子信道上，信号带宽小于信道带宽。虽然整个信道的频率选择性是非平坦的，但是每个子信道是平坦的，大大减少了符号间的干扰。此外，通过在 OFDM 中添加循环前缀，可增加其抗多径衰落的能力。由于 OFDM 把整个信道分成相互正交的子信道，因此抗窄带干扰能力很强，因为这些干扰仅仅影响到一部分子信道。

目前，OFDM 技术良好的性能使其在很多领域得到了广泛的应用，如 HDSL、ADSL、VDSL、DAB 和 DVB，无线局域网 IEEE 802.11a 和 HIPERLAN2，以及无线城域网 IEEE 802.16 等系统中。正是由于 OFDM 具有抗多径能力强，频谱利用率高的优点，因此受到广泛关注，人们不但认为在宽带无线接入领域采用 OFDM 是发展的趋势，而且它将成为未来移动通信系统的关键技术。

7. 自适应调制和编码技术

实际的无线信道具有两大特点，即时变特性和衰落特性。时变特性是由终端、反射体、散射体之间的相对运动或者仅仅是由于传输媒介的细微变化引起的。因此，无线信道的信道容量也是一个时变的随机变量，要最大限度地利用信道容量，只有使发送速率也是一个随信道容量变化的量，也就是使编码调制方式具有自适应特性。自适应调制和编码（AMC），将根据信道的情况确定当前信道的容量，根据容量确定合适的编码调制方式等，以便最大限度地发送信息，实现比较高的速率。

AMC 能提供可变化的调制编码方案（共七级调制方案），以适应每一个用户的信道质量要求，可提供高速率传输和高频谱利用率。解调高次调制和需要的测量报告功能，对 UE（用户终端）提出了更高的要求。高阶调制另需一些如干扰消除器、更高的调制平衡器等新技术。

8. 多入多出天线

要提高系统的吞吐量，一个很好的方法是提高信道的容量。MIMO 可以成倍地提高衰落信道的信道容量。根据信息论最新成果，假定发送天线数是 m，接收天线数是 n，在每个天线发送信号能够被分离的情况下，有如下信道容量公式：

$$c = m\log_2 (n/m \cdot SNR),\ n \geqslant m$$

其中 SNR 是每个接收天线的信噪比。

根据这个公式，对于采用多天线阵发送和接收技术的系统，理想情况下信道容量将随着 m 线型增加，从而提供了目前其他技术无法达到的容量潜力。由于多天线阵发送和接收技术，本质上是空间分集与时间分集技术的结合，具有很好的抗干扰能力。此外，将多天线发送和接收技术进一步结合信道编码技术，可以极大地提高通信系统的性能。这样，空时编码技术应运而生，空时编码技术真正实现了空分多址，是将来无线通信中的重要技术之一。

MIMO 天线阵列，是一种开环的 MIMO 技术，它有 M 个发送天线，使用编码重用（Code Re-Use）技术将同样码集的每个码重复使用 M 次，每个码用来调制不同的数据子流，这样在不增加码资源的基础上提高了原始数据的传输速率。为了分辨 M 个数据子流，在接收端也要使用多天线和空间信号处理。MIMO 是一种能使 HSDPA 增加容量和提高峰值速率的技术，但受限于物理信道模型，会增加射频的复杂性，是需要进一步研究的重要技术。

2.7　本章小结

随着各种便携式消费电子产品如手机、个人数字助理 PDA 、笔记本电脑的普及，用户迫切地要求通过移动通信设备能够无线接入互联网。本章着重介绍了典型的无线接入技术，包括 802.11 标准、802.15 标准、802.16 标准、802.20 标准、802.22 标准、3G 以及 B3G 等。

目前，无线局域网已经得到了普遍的应用，在这个领域中 802.11 占了统治地位。IEEE 802.11 标准的基本规范定义了 3 种基本物理层技术，即 1 个红外线技术和两个扩频技术，802.11 协议簇的其他标准还规定了高速直接序列扩频物理层、正交频分复用物理层、增强速率物理层、MIMO 物理层等。新兴的 IEEE 802.11n 标准中所采用 MIMO 物理层，具有最少 100 Mbit/s 的速率，可以为无线移动局域网提供速度保证，具有良好的应用前景。IEEE 802.11 标准中的基本 MAC 层技术是 CSMA/CA，但是存在的站点隐藏和站点暴露的问题值得深入研究。

无线个域网技术的发展十分迅猛，该技术可以用无线的方式将短距离的无线设备加以连接。与无线城域网 802.16 协议、无线局域网 802.11 协议和局域网 802.3 协议占据主流地位不同，在无线个域网领域的竞争及其激烈。802.15 协议族在无线个域网的主流协议的竞争中，并不具有绝对优势。在个人近距数据传输领域，蓝牙已经取得了先发优势。现在人们也在逐渐将 802.11 协议的应用范围逐渐向个域网扩展。802.15 仅仅依靠 802.15.4 在低功耗的无线传感器领域占据优势。802.15 工作组现在的主要工作方向是进一步完善 802.15.4 以及 802.15.3 协议，并且着力拓展身体域局域网以及 Mesh 个域网的标准化这两个新兴的应用领域。随着 802.15 工作组以及产业界的共同努力，802.15 协议还将有很大发展空间。

无线城域网也正在兴起，IEEE 802.16 关注于无线城域网使用的宽带接入问题。IEEE 802.16 将标准的 MAC 层划分为业务汇聚子层、公共部分子层和安全子层 3 个子层。其中，业务汇聚子层实现与高层实体接口的功能，公共部分子层完成 MAC 层核心功能，安全子层提供认证、安全密钥交换和加密功能。

IEEE 802.20 标准的覆盖范围同现在的移动电话系统一样，而传输速度却达到了早期 Wi-

Fi 水平，与现在的移动通信网络相比具有明显的优势，具有良好的应用前景。IEEE 802.20 规范制定小组主席 Mard Klerer 指出：在未来的发展中，IEEE 802.20 标准在频谱利用率方面将是现今无线通信系统的两倍，并能提供更高的 QoS 保障，以此实现更低的延时，带来高速数据应用。到目前为止，802.20 标准还只是一个概念，实现商用还有很长的路要走。IEEE 802.20 符合 3G 核心的发展策略，必以其经济灵活实用等技术特点，对 3G 甚至 4G 通信时代的早日到来起催化作用。

为了实现频谱动态管理及提高频谱利用率，IEEE 802.22 采用了认知无线电技术，通过频谱感知的方式动态管理频谱。频谱感知技术还需要进一步深入研究。

3G 技术目前发展得越来越成熟，与前两代通信技术相比，3G 的最主要特征是可提供移动多媒体业务，不仅可以传送语音数据，还可以根据需要传送视频数据。欧盟和日本提出的 WCDMA、美国提出的 CDMA2000 和中国提出的 TD-SCDMA，是 3 种主流的 3G 标准。3G 技术与互联网的融合将给无线移动互联网带来发展的良机。3G 与 B3G 技术中，智能天线技术、软件无线电技术等值得进一步研究。

2.8 习题

1. 1980 年 2 月，电气和电子工程师协会（IEEE）成立 802 委员会，该委员会制定了很多介质接入的控制标准，包括很多无线接入标准。请问 IEEE 802 委员会制定了哪些无线接入相关的技术标准？

2. IEEE 802.11 标准簇的研究可以追溯到 1987 年 IEEE 802.4 工作组对于无线局域网的研究。请从互联网上查找 IEEE 802.11 标准演进的相关资料，并且简要介绍 IEEE 802.11 标准的演进。

3. 目前国际上无线局域网（Wireless Local Area Network，WLAN）有 3 大标准簇，即 IEEE 802.11、欧洲电信标准协会 ETSI 的高性能局域网 HiperLAN 和日本无线工业及商贸联合会 ARIB 的移动多媒体接入通信 NMAC，其中 IEEE 802.11 系列标准是无线局域网的主流标准。请介绍 IEEE 802.11 标准簇中的主要标准。

4. IEEE 802.11 标准的基本规范定义了 3 种基本物理层技术，即 1 个红外线技术和两个扩频技术，802.11 协议簇的其他标准还规定了高速直接序列扩频物理层、正交频分复用物理层、增强速率物理层、MIMO 物理层等。请简要介绍上述物理层技术各自的主要特点。

5. 在采用 IEEE 802.11 标准的无线局域网中，采用的是载波监听多路访问/冲突避免（CSMA/CA）来控制对传输媒介的访问。请介绍该机制的基本原理，并与 CSMA/CD 机制进行对比。

6. 站点隐藏和站点暴露问题是无线通信中所面临的重要挑战。IEEE 802.11 设计实现了 RTS/CTS 机制来解决上述问题带来的通信性能下降问题。请简述 RTS/CTS 机制。

7. 802.15.3 协议组成的网络一般称为微微网，通信范围一般在 10m 左右。微微网由一系列的元素组成，该元素被称为设备 DEV。请介绍微微网的网络协调机制，DEV 的接入、脱离与工作模式，以及微微网的结束机制。

8. 802.15.3 MAC 层帧结构为高速个人局域网而设计，802.15.3 协议在 MAC 层定义了 4 种帧，每一个帧由帧头和帧体两部分组成。请结合图 2-13 介绍这 4 种帧的基本含义，以及帧的基本结构。

9. IEEE 802.15.4/ZigBee 物理层和数据链路层基于 IEEE 802.15.4 标准协议；网络层和应用层则是基于 ZigBee 协议。其拓扑结构包括星形连接、对等结构连接和簇树状拓扑 3 种，请介绍这 3 种拓扑结构的基本含义。

10. IEEE 802.15.4 物理层定义了物理无线信道和 MAC 子层之间的接口，提供物理层数据服务和物理层管理服务。物理层数据服务从无线物理信道上收发数据，物理层管理服务维护一个由物理层相关数据组成的数据库。请具体介绍物理层数据服务所具备的 5 个方面的功能。

11. IEEE 802.15.4 的 MAC 子层提供两种服务，即 MAC 层数据服务和 MAC 层管理服务。前者保证 MAC 协议数据单元在物理层数据服务中的正确收发，后者维护一个存储 MAC 子层协议状态相关信息的数据库。请介绍 IEEE 802.15.4 MAC 子层的数据传输模式和帧结构。

12. 蓝牙标准正在迅速发展的过程中。蓝牙 2.0 与以前的蓝牙标准相比，主要的特点是：具有 3 倍数据传输速度，通过减少工作负载循环降低电源消耗，以更大频宽简化多连接模式，向下相容过去所有的蓝牙规格，进一步降低位错率。请从互联网上查找蓝牙标准的演进的相关资料，以及 BlueTooth2.1 + EDR 标准最新研究进展的相关资料。

13. 随着通信业务和宽带业务的不断发展，用户对带宽的需求不断增加，各种宽带接入技术也迅速发展。在这种背景下，IEEE 制定了无线城域网技术的标准 IEEE 802.16。请从互联网上查找 IEEE 802.16 标准的演进的相关资料，并且简要介绍 IEEE 802.16 标准的演进。

14. IEEE 802.16 是宽带无线接入系统的空中接口的物理层和 MAC 层规范，IEEE 802.16 工作组的出现大大地推动了宽带无线接入技术在全球的发展，形成了较为庞大的 IEEE 802.16 协议簇。请介绍 IEEE 802.16 协议簇的基本内容，以及 IEEE 802.16 协议框架。

15. IEEE 802.16 定义了 5 种工作在不同频段，采用不同调制、编码技术的物理层：WirelessMAN-SC、WirelessMAN-SCa、WirelessMAN-OFDM、WirelessMAN-OFDMA 和 WirelessMANHUMAN。请简要介绍这 5 种物理层技术的基本原理。

16. IEEE 802.16 标准的 MAC 层主要定义了带宽分配机制和 MAC 的帧格式。MAC 层可以动态调整物理层中突发格式的传输参数，如调制方式、编码方式、发射功率等。IEEE 802.16 标准的 MAC 层划分为 3 个子层，即业务汇聚子层、MAC 公共部分子层和安全子层。请介绍这 3 个子层的功能和基本运行机制。

17. IEEE 802.20 标准支持在 3 GHz 频带高可靠地进行高速无线数据传输，该标准还有望为以 250 km/h 速度移动的移动用户提供高达 1 Mbit/s 的高带宽数据传输，这将允许高速列车上的用户使用视频会议等对时间敏感的应用。请从互联网上查找 IEEE 802.20 标准的演进的相关资料，并且简要介绍 IEEE 802.20 标准的演进。

18. IEEE 802.20 秉承了 IEEE 802 协议族的纯 IP 架构，在 IEEE 802 参考模型的数据控制平面中，包括了物理层 PHY 和媒体接入控制层 MAC 两个主要功能层。请简要介绍 IEEE 802.20 标准的纯 IP 架构、物理层机制和 MAC 层机制。

19. IEEE 802.20 标准采用作为 4G 的关键技术正交频分复用（OFDM）技术，实现其高速的移动数据服务。OFDM 技术将信道分成许多正交子信道，在每个子信道上进行窄带调制和传输，这样减少了子信道之间的相互干扰，同时又提高了频谱利用率。典型的 OFDM 技术如 Flarion 公司开发的 Flash-OFDM 技术，请介绍 Flash-OFDM 技术的基本机制。

20. 通过建模仿真分析能够知道 PHY 层和 MAC 层采用哪项备选技术可以满足应用的要求。IEEE 802.20 工作组提出了一系列的模型，包括链路级建模、系统级建模和信道建模。请介绍 IEEE 802.20 工作组的典型模型以及度量标准。

21. IEEE 802.20 还停留在标准制定阶段，但是产业界和学术界对未来的应用展开了讨论，并提出了有益的方案。这些讨论主要集中在如何利用 IEEE 802.20 和已有的 IEEE 802.16e、3G 等标准混合组网方面。请介绍 IEEE 802.20 的相关应用。

22. 为了进一步解决频谱资源不足的问题，实现频谱动态管理及提高频谱利用率，学术界提出了认知无线电技术以及基于认知无线电技术的 IEEE 802.22 标准草案。请从互联网上查找 IEEE 802.22 标准的演进的相关资料，并且简要介绍 IEEE 802.22 标准的演进。

23. 认知无线电技术是 IEEE 802.22 的关键性技术，该技术能够监测到无线电环境中已存在的用户，同时监控频谱资源的使用情况，并能动态地调整各无线电用户的传输功率、载波频率和调制技术等传输参数，从而提高频谱资源的利用率。请介绍认知无线电技术的概念。

24. IEEE 802.22 标准在数据传输之前的一段期间内进行工作信道的感知。也就是说，基站和用户都不发送数据，感知该特定区域内授权用户的信号，从而为频分复用打下基础。请介绍 IEEE 802.22 标准的频谱感知技术。

25. 无线通信技术经历了以下阶段：以模拟移动网为代表的第一代通信技术、以 GSM 为代表核心为数字语音传输技术的第二代通信技术、以 GPRS 为代表的第 2.5 代通信技术以及以 CDMA 为代表的第三代通信技术。请从互联网上查找 3G 演进的相关资料，并且简要介绍 3G 的演进。

26. 2000 年 5 月 5 日，国际电信联盟全会上通过了 5 种无线传输技术的规范，其中包括 WCDMA、CDMA-2000 和 TD-SCDMA。请从互联网上查找 WCDMA、CDMA-2000 和 TD-SCDMA 的相关资料，阐述 3 种技术的基本运行机制并加以比较。

参考文献

[1] 崔鸿雁，蔡云龙，刘宝玲．宽带无线通信技术[M]．北京：人民邮电出版社，2007.

[2] 王顺满，陶然，陈朔鹰，等．无线局域网络技术与安全[M]．北京：机械工业出版社，2005.

[3] 吴功宜．计算机网络高级教程[M]．北京：清华大学出版社，2007.

[4] Mehment S Kuran, Tuna Tugcu. A Survey on Emerging Broadband Wireless Access Technologies[EB/OL]. http://www.sciencedirect.com/science?_ob=ArticleURL&_udi=B6VRG-4MV0MDS-1&_user=1553430&_rdoc=1&_fmt=&_orig=search&_sort=d&view=c&_acct=C000053663&_version=1&_urlVersion=0&_userid=1553430&md5=11fc16481039b48505f91a36d8ffc9c3. 2007.

[5] Andrew S Tanenbaum. 计算机网络[M]. 4 版．潘爱民，译．北京：清华大学出版社，2004.

[6] Matthew S Gast. IEEE 802.11 Wireless NetWorks: The Definitive Guide[M]. 2nd ed. O'

Reily Media, Inc. ,2005.
[7] 张兴,吕召彪,秦焱,等. 下一代无线系统与网络[M]. 北京:机械工业出版社,2008.
[8] 张勇,郭达. 无线网状网原理与技术[M]. 北京:电子工业出版社,2007.
[9] Miller B A, Bisdikian C. Bluetooth revealed[M]. Prentice-Hall PTR, 2001.
[10] IEEE Standard for Part 15. 2: Coexistence of Wireless Personal Area Networks with Other Wireless Devices Operating in Unlicensed Frequency Bands[S]. 2003.
[11] IEEE Standard for Part 802. 15. 3: Wireless Medium Access Control(MAC) and Physical Layer (PHY) Specifications for High Rate Wireless Personal Area Networks (WPANs) [S]. 2003.
[12] IEEE Standard for part 802. 15. 4: Wireless Medium Access Control(MAC) and Physical Layer(PHY) specifications for low Rate Wireless Personal Area Networks(LR - WPAN) [S]. 2003.
[13] IEEE Standard for part 802. 15. 4: Wireless Medium Access Control(MAC) and Physical Layer(PHY) specifications for low Rate Wireless Personal Area Networks(LR - WPAN) [S]. 2006.
[14] IEEE 802. 15. 4 网络拓扑结构及形成过程[EB/OL]. http://www. armsky. net/articles/zigbee/96208. html.
[15] 吴慧敏,成谦,张毅. 基于 802. 15. 4/ZigBee 无线传感器网络节点的物理层设计[J]. 电子产品世界,2006(15).
[16] 张金文,等. 802. 16 宽带无线城域网技术[M]. 北京:电子工业出版社,2006.
[17] 曾春亮,张宁,王旭莹,等. WiMAX/802. 16 原理与应用[M]. 北京:机械工业出版社,2006.
[18] 张智江,李正茂,王兵,等. 宽带无线接入系统 WiMAX 及工程建设[M]. 北京:人民邮电出版社,2007.
[19] 彭木根,王文博,等. 下一代宽带无线通信系统 OFDM&WiMAX[M]. 北京:机械工业出版社,2007.
[20] IEEE 802. 20 PD - 02. Mobile Broadband Wireless Access Systems: Approved PAR[S]. 2002.
[21] IEEE 802. 20 PD - 03. Mobile Broadband Wireless Access Systems: Five Criteria(Final) [S]. 2002.
[22] IEEE 802. 20 PD - 04. Introduction to IEEE 802. 20: Technical and Procedural Orientation [S]. 2003.
[23] IEEE 802. 20 PD - 09. 802. 20 Evaluation Criteria (V 1. 0)[S]. 2005.
[24] IEEE 802. 20 PD - 08r1. IEEE 802. 20 Channel Models (V 2. 0)[S]. 2007.
[25] 常永宇,万屹. 移动宽带无线接入新技术——IEEE 802. 20[J]. 现代电信科技,2006(6).
[26] IEEE 802. 20 PD - 06r1. IEEE 802. 20 System Requirement Document (V 1. 0)[S]. 2004.
[27] 窦笠,李松林. 移动宽带无线接入技术. 北京电信工程技术与标准化,2003(5).
[28] 张涌,朱祥华. 802. 20 移动宽带无线接入技术[J]. 当代通信,2005(7).
[29] Young-Ho Jung, Lee Y H. Base Station Identification for FH - OFDMA Systems[C]//

IEEE 59th Vehicular Technology Conference, 2004,5(17~19):2452-2455.

[30] Chow J, Garcia G. Macro- and Micro-mobility Handoffs in Mobile IP Based MBWA Networks[C]//IEEE Global Telecommunications Conference (GLOBECOM '04), 2004,6(6):3921-3925.

[31] 张力,王允宽. 基于 IEEE 80220 标准构建无线城域网[J]. 中兴通讯技术,2004(3).

[32] 蔡茂国,王小民. 基于移动 IPv6 及 MBWA 的纯 IP 移动网络实现技术[J]. 计算机系统应用,2005(5).

[33] Fumin Zou, Xinhua Jiang, Zhangxi Lin. IEEE 802.20 Based Broadband Railroad Digital Network-The Infrastructure for M-Commerce on the Train[C]//Proc. of 4th International Conference on Electronic Business (ICEB2004),2004.

[34] Carl R Stevenson, Gerald Chouinard, Winston Caldwell. Tutorial on the P802.22.2 PAR for: Recommended Practice for the Installation and Deployment of IEEE 802.22 Systems [EB/OL].
http://www.IEEE 802.org/802_tutorials/july06/Rec-Practice_802.22_Tutorial.ppt.

[35] IEEE 802.22Working Group on Wireless Regional Area Networks[EB/OL]. http://www.IEEE 802.org/22.

[36] Mitola Ⅲ J, Maguire G Q. Congnitive Radio: Making Software Radios More Personal[J]. IEEE personal Communications, 1996,6(4):13-18.

[37] Mitola Ⅲ J. Cognitive Radio: An Integrated Agent Architecture for Software Defined Radios [J]. Sweden: Royal Institute Technology (KTH), 2000.

[38] Notice of Proposed Rule Making and Order[S]. FCC Et Docket No. 03-322, 2003.

[39] 许成谦,李刚,练秋生. 2007 年通信理论与信号处理学术年会论文集[C]. 北京:电子工业出版社,2007.

[40] Carlos Cordeiro, Kiran Challapali, Dagnachew Birru, Sai Shankar N. IEEE 802.22: The First Worldwide Wireless Standard based on Cognitive Radios[J]. IEEE Communications Magzine, 2005:328-337.

[41] 田峰,程世伦,杨震. 无线区域网和认知无线电技术[EB/OL]. http://www.cww.net.cn/article/article.asp? id=59874&bid=2799.

[42] IEEE P802.22/D0.1Draft Standard for Wireless Regional Area Networks Part 22: Cognitive Wireless RAN Medium Access Control (MAC) and Physical Layer (PHY) specifications: Policies and procedures for operation in the TV Bands[EB/OL]. http://www.IEEE 802.org/22.

[43] 莫伊.3G 无线网络和无线局域网的设计与性能[M]. 北京:科学出版社,2007.

[44] 张智江,朱士钧,等.3G 核心网技术[M]. 北京:国防工业出版社,2006.

[45] Rudolf Tanner, Jason Woodard. WCDMA 原理与开发设计[M]. 北京:机械工业出版社,2007.

[46] 常永宇,桑林,张欣. CDMA2000-1X 网络技术[M]. 北京:电子工业出版社,2005.

[47] 彭木根,王文博. TD-SCDMA 移动通信系统[M]. 北京:机械工业出版社,2005.

[48] 田辉.3GPP 核心网技术[M]. 北京:人民邮电出版社,2007.

[49] Frattasi S, Fathi H, Fitzek F H P, Prasad R, Katz M D. Defining 4G Technology from The Users Perspective[J]. IEEE Network, 2006,20(1):35－41.

[50] 金荣洪,耿军平,范瑜. 无线通信中的智能天线[M]. 北京:北京邮电大学出版社,2006.

[51] 姜宇柏,游思晴. 软件无线电原理与工程应用. 北京:机械工业出版社. 2007.

[52] 汪裕民. OFDM关键技术与应用[M]. 北京:机械工业出版社. 2007.

[53] 米施亚. 蜂窝网络规划与优化基础:2G/2.5G/3G以及向4G的演进中的网络规划与优化[M]. 北京:机械工业出版社,2005.

[54] 刘宝玲,付长东,等. 3G移动通信系统概述(信息产业部3G移动通信培训指定教材)[M]:北京:人民邮电出版社,2008.

第 3 章　移动自组织网络

20 世纪 80 年代，美国国防部国防高级研究计划署研制了分组无线网络（Packet Radio Network，PRNET），该网络利用 ALOHA 和 CSMA 技术进行链路控制，采用距离向量路由算法[1]。20 世纪 90 年代早期，随着带有无线网卡的计算机以及各种便携式通信设备的广泛使用，学者在 PRNET 的基础上，提出了移动自组织网络[2]。20 世纪 90 年代末期，移动自组织网络的相关技术日臻成熟，微电子和传感器技术也得到快速发展，学者将移动自组织网络技术与传感器技术结合起来，提出无线传感器网络[3]。21 世纪之初，为了进一步提高无线移动互联网的性能，学者结合移动自组织网络的高速无线通信技术与互联网的固定拓扑结构，提出了无线 Mesh 网络[4]。3 种无线移动互联网技术的演进关系如图 3-1 所示。

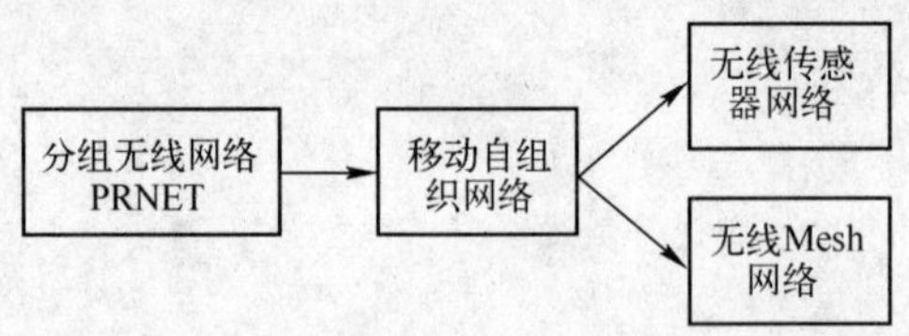

图 3-1　无线移动互联网技术的演进关系

本章主要介绍移动自组织网络及其相关技术，其中 3.1 节概述了移动自组织网络的基本概念、特点、体系结构以及相关标准等；3.2 节介绍了移动自组织网络的 MAC 协议及相关技术；3.3 节介绍了网络层的主要协议及相关技术，在阐述基本路由机制与分类后，分别介绍了表驱动、按需驱动和混合路由协议，然后深入分析了主要的路由选择算法；3.4 节介绍移动自组织网络的应用；3.5 节总结并展望未来研究方向。

3.1　移动自组织网络概述

随着移动通信技术的迅猛发展，移动自组织网络技术作为一种重要的无线网络形式应运而生。由于具有无需基础设施支持、高度动态、支持移动通信等优点，移动自组织网络在军事[5]、移动会议、灾难援助、智能办公环境等领域具有广泛的应用前景[6]。本节将介绍移动自组织网络的基本概念、特点、体系结构和关键技术。

3.1.1　移动自组织网络的基本概念

移动自组织网络（Mobile Ad Hoc Network，MANET），是不依赖于任何固定基础设施的移动节点的联合体[7]，是一种自组织、无线、多跳、对等式、动态的移动网络。一个移动自组织网络由一组移动节点组成，不需要借助基站等已建立好的基础设施进行集中控制。各个移动节点处于移动状态。移动节点通过无线传输技术与一跳邻居节点直接进行数据通信，再由该邻居节点决定如何将数据传送到下一跳，直至目的节点。也就是说，在移动自组织网络中，每个移动节点同时承担了主机和路由器的功能，在作为主机收发上层应用业务数据的同时，也作为路由器为其他主机进行数据转发。

在移动自组织网络中，每个移动节点需要同时拥有通信装置和计算装置，能够参与移动自组织网络的信息传输和计算，如带有无线网卡的计算机、手机、PDA 等。在移动自组织网络的数据传送中，源节点是指数据传送的起始节点，也就是形成数据的节点。目的节点是数据传送的结束节点，通常也就是数据传送的最终目标。中间节点是位于源节点和目的节点之间并且参与数据传送的节点。

移动节点通过相互通信，联合构成移动自组织网络，如图 3-2 所示，其中 a 图为实际网络，b 图为根据每个节点的无线信号覆盖范围而构成的逻辑拓扑图。该网络没有任何用于集中控制的固定基础设施，并且这些移动节点的位置动态变化。这些移动节点与一跳邻居节点进行数据通信，如图 3-2 中，标号为 H 的 PDA 与手机 F、相邻的带有无线网卡的计算机 E 的距离为一跳，因此移动节点 H 与这两个一跳邻居节点进行数据通信。由于节点能量和无线信号覆盖范围有限，移动节点很难与距离太远的节点进行数据通信。例如，该图中的标号为 H 的 PDA 难以与手机 B 进行直接通信，只能通过节点 F 进行多跳通信。在这次通信中，节点 H 是源节点，节点 B 是目的节点，而节点 F 则相当于路径上的路由器为 H 和 B 进行数据转发。

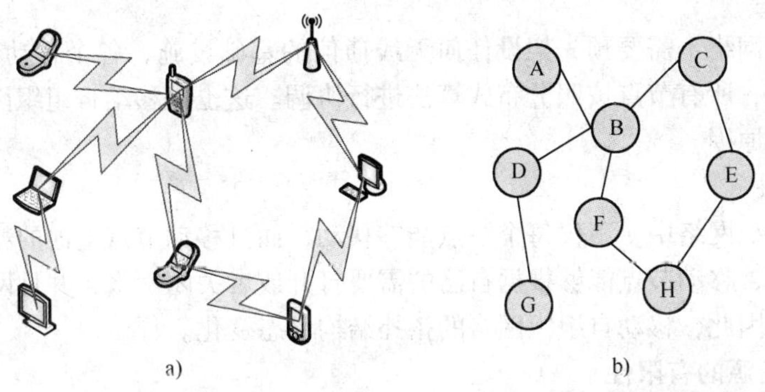

图 3-2　移动自组织网络结构示例
a）物理结构　b）拓扑结构

3.1.2　移动自组织网络的特点

与互联网等固定结构网络相比，移动自组织网络具有如下所述的诸多特殊之处。

1. 移动性

移动自组织网络由移动节点构成，不仅各个节点的地理位置随时可能发生变化，而且节点能够以可变的速率移动。节点的不断移动可能导致网络拓扑结构的不断变化，但不应当影响整体网络的运行，这为移动自组织网络的路由技术带来了很大的挑战。实际上，这也是移动自组织网络与固定结构网络之间最大的区别，是其能够适用于快速部署等移动性应用的基本原因。

2. 无线性

因为移动自组织网络所具有的节点移动性，所以各个移动节点之间必须采用无线传输方式。相对于有线网络而言，无线信道不稳定，无线传输具有信道发射频率有限、容易受干扰、误码率高等特点，为服务质量控制带来很大挑战。此外，无线信道容易受到干扰和监听，安全性成为一个重要研究课题。

3. 多跳性

因为移动自组织网络节点的无线发射功率以及信号覆盖范围有限，当需要与信号覆盖范围之外的其他节点进行通信时，必须借助中间节点进行多跳转发来完成。这种无线多跳传输特性，使得每个节点要充当路由器，因此移动自组织网络的路由技术尤为重要。另外，这种多跳的无线传输使得移动自组织网络具有较长的延迟和较高的丢包率。

4. 节点对等性

移动自组织网络是移动节点的联合体，各个移动节点同时充当主机和路由器，移动节点之间具有对等性。移动自组织网络中不存在具有管理其他节点职能的超级节点，不存在专门用于路由和转发消息的路由器。

5. 分布性

由于移动自组织网络所具有的节点对等性，各个移动节点同时充当主机和路由器，因此网络中的路由选择等操作所涉及的计算多采用分布式计算方式。也就是说，无线网络连接起来的多个节点互相共享信息，将需要较大计算能力才能解决的问题分成许多小的部分，然后把这些分配给多个节点进行处理。

6. 自组织性

移动自组织网络不需要预先架设任何无线通信的基础设施，各个移动节点快速、自主、独立地组成网络，所有节点按照分布式算法进行协调。这也是移动自组织网络具有良好应用前景的一个重要原因。

7. 高动态性

在移动自组织网络中，不仅每个节点能够移动，而且移动节点电池的耗尽、失效、毁损等情况普遍发生，移动节点能够根据自己的需要打开或者关闭网络，并且网络受到天线覆盖范围等的影响。因此，移动自组织网络的拓扑结构动态变化。

8. 能量和资源的有限性

移动自组织网络中的移动节点通常使用自带电池作为能量供应源，每个移动节点中的电池容量有限，而有限的电池容量不仅用于存储和处理节点本身的数据，并且需要用于接收、路由和转发来自其他节点的数据。由于受到体积、无线通信等限制，移动节点的存储资源、通信资源有限，移动节点的数据处理能力常常远低于通常的计算机，移动节点之间无线通信的带宽常常远低于有线网络的带宽。因此，移动自组织网络中的移动节点具有能量和资源有限性，在路由选择、安全支持、服务质量保证等方面都需要考虑节省能量以及降低计算和通信负担。

3.1.3 移动自组织网络的体系结构

移动自组织网络使用简化的 OSI 参考模型作为体系结构，该体系结构包括物理层、数据链路层、网络层、传输层和应用层 5 层。由于移动自组织网络具有节点对等性，因此各个节点都具有相同的体系结构。

1. 物理层

物理层主要对无线信道的传输特性做出规定。为了保证数据的高速传输，防止出现通信瓶颈，要求移动自组织网络的物理层能够提供高带宽、低干扰的传输，且具有高效的频谱利用率。在物理层中，超带宽 UWB 利用极窄脉冲传输数据，可以在近距离范围内提供高达 500 Mbit/s 的数据传输速率。近年来，物理层的相关研究主要集中在超带宽的脉冲信号[8]、调制信号[9]、快速捕获信号[10]、同步与检测[11]和天线技术等方面。

2. 数据链路层

数据链路层主要负责链路控制和信道接入，可以分为链路控制子层和信道接入子层。链路控制子层主要负责链路连接控制，信道接入子层（又称 MAC 子层）负责为链路控制子层提供快速、可靠的帧传送，并控制接入无线信道的时机。近年来的相关研究集中在高效的信道接入协议，特别是多信道优化控制方法等。

3. 网络层

网络层主要负责将消息分组沿着网络上的特定路径从源节点传送到目的节点，也就是路由选择和分组转发。由于多跳性、节点对等性、分布式以及高度动态性等特点，移动自组织网络的路由协议以及路由选择算法与传统互联网有很大区别，需要深入研究。

4. 传输层

传输层主要负责在源节点和目的节点之间提供尽量可靠的、性价比合理的数据传送功能，为应用层提供服务。传统的 TCP 协议用于不可靠的网络上提供可靠的端对端数据传输。由于 TCP 协议最初是为有线网络设计的，因而无线链路上运行 TCP 协议存在较大缺陷。这是因为，现有 TCP 协议认为分组丢失是由网络拥塞造成的，而在移动自组网络中，移动产生的路由失效或无线信道高误码率，都会频繁导致分组丢失。原本应该在移动自组网络中进行加速重传，结果 TCP 却减小拥塞窗口而降低发送速率，造成 TCP 性能急剧下降[12]。针对上述问题，学者们提出了一些无线 TCP 技术[13]。本书第七章详细介绍无线 TCP 技术。

5. 应用层

应用层主要由应用程序提供不同的服务，例如，电子邮件服务、文件共享服务等。移动自组织网络的应用层相关技术与互联网的应用层相关技术差别不大，不再详细讨论。

3.1.4　移动自组织网络的关键技术研究

由于移动自组织网络的上述特点，其数据链路层、网络层、传输层存在很多问题需要研究，主要包括链路控制、信道接入、路由选择算法、无线环境下的 TCP 技术、服务质量保证机制以及安全保障机制 6 个方面。图 3-3 给出了移动自组织网络关键技术的主要研究内容。

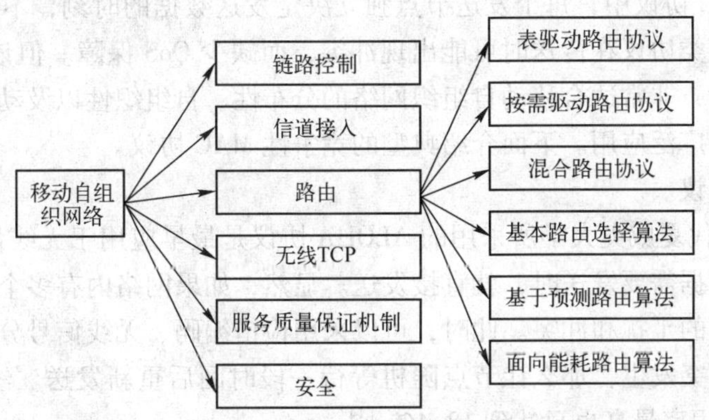

图 3-3　移动自组织网络关键技术的主要研究内容

无线 TCP、服务质量保证机制、安全机制分别在本书第 7 ~ 9 章介绍，本章则主要介绍移动自组织网络的链路层、网络层的主要协议及相关技术，特别是路由协议的扩展。

3.2 移动自组织网络的 MAC 协议

链路层的 MAC 协议是移动自组织网络协议栈中的重要组成部分。它既要对无线信道进行信道划分、分配和能量控制，又要负责向网络层提供统一的服务，屏蔽底层不同的信道控制方法，实现拥塞控制、优先级排队、分组发送、确认、差错控制和流量控制等功能。因此，移动自组织网络的 MAC 协议是数据消息在无线信道上发送和接收的直接控制者，它能否高效、公平地利用有限的无线信道资源，对移动自组织网络的性能起决定性的作用。

在移动自组织网络中，移动节点的通信距离受到限制，源节点发出的信号，其他节点不一定都能收到，从而会出现隐藏终端和暴露终端问题，造成时隙资源的无序争用或浪费，增加数据碰撞的概率，严重影响吞吐量、网络容量和数据传输时延。因此 MAC 协议的设计必须考虑隐藏终端和暴露终端的问题。

根据所使用的无线信道数量，本节将移动自组织网络的 MAC 协议划分为单信道 MAC 协议和多信道 MAC 协议。在分别介绍这两类协议的基础上，本节进一步阐述基于功率控制和基于定向天线的特殊 MAC 协议。

3.2.1 单信道 MAC 协议

传统的移动自组织网络节点间只有一个共享信道，因此早期学术界对于单信道 MAC 协议进行了深入研究。根据节点获取信道的方式，可以将移动自组织网络的单信道 MAC 协议分为非竞争性（Contention-free）和竞争性（Contention-based）MAC 协议两类。在非竞争性 MAC 协议（如 TDMA、FDMA、CDMA 等）中，节点之间通过一定的资源分配机制来避免竞争，如分配 TDMA 中的时间片、FDMA 中的频谱空间和 CDMA 中的编码空间等。该类协议需要某种形式的集中协调机制，这种机制在分布式多跳的移动自组织网络中具有较大的管理开销，难以实现。因此尽管出现了很多相关研究，但是很少应用到移动自组织网络中。

在竞争性 MAC 协议中，每个发送节点独立决定发送数据的时刻，不需要和其他节点协调同步。因此，该类协议在传送时可能出现冲突，而缺少 QoS 保障。但该类协议易于实现，具有良好的鲁棒性，非常适合移动自组织网络的分布性、自组织性以及动态性的特点，因此得到了深入研究和广泛应用。下面介绍典型的竞争性 MAC 协议。

1. ALOHA 协议

20 世纪 60 年代夏威夷大学所采用的 ALOHA 协议是最早应用于无线信道的竞争性 MAC 协议。当节点有数据需要发送时，就直接发送。显然，如果网络内有多个节点同时有数据发送，就会导致严重的干扰和冲突。此时，可以采用检错编码、无线信号分析等方法来检测冲突的发生。如果冲突发生，那么让节点随机等待一段时间后重新发送。经过分析，纯 ALOHA 协议的信道利用率最高也只达到 18.4% [14]。

为了改善 ALOHA 协议的性能，Abramson 等学者提出了时隙（Slotted ALOHA，ALOHA）

协议[15]。该协议首先将信道划分为多个等长的时隙，节点有数据需要发送时，必须在时隙的起始处发送。如果发生冲突，节点将随机等待若干个时隙，然后再在时隙的起始处重新发送。与纯ALOHA协议相比，时隙ALOHA协议可以将信道利用率提高一倍，代价是需要一定的时间作为同步开销。

2. 载波侦听多路访问协议（CSMA）

ALOHA协议及时隙ALOHA协议不管其他节点是否正在发送数据，节点随时开始数据的发送，因而容易出现冲突并且信道利用率低。移动自组织网络的信道空间是由相邻的节点共享的，所以在这些节点之间引入一定的协调机制可以提高资源利用效率。为此，Kleinrock等学者提出了载波侦听多路访问协议（Carrier Sense Multiple Access，CSMA）[16]。节点在发送数据前首先侦听信道，根据信道的忙闲状态判断其他节点是否正在发送数据。只有在没有其他节点正在发送的前提下，节点才开始自己的数据发送。

CSMA协议可以分为坚持的和非坚持的两类。坚持的CSMA协议是指节点在侦听到信道为忙时继续侦听信道。在坚持的CSMA协议中，如果节点侦听到信道空闲后就立即发送，则该协议是1坚持的CSMA协议；如果节点侦听到信道空闲后以概率p发送，则该协议是p坚持的CSMA协议。非坚持的CSMA协议是指节点在侦听到信道为忙后，不再坚持侦听信道，而是根据协议的具体算法延迟一段时间（随机回退）后再次侦听。在后面的描述中，我们用术语回退表示节点在发现信道不空闲后所采取的等待这个动作。随机回退则是指节点在回退时所等待的时间是随机选取的。

坚持的CSMA协议因为过于“贪婪”的缘故，在多个节点同时有数据需要发送的情况下必然导致冲突。非坚持的CSMA协议则可以通过随机回退等待机制，有效地降低冲突概率。由于回退时间过长会浪费宝贵的无线信道，时间过短又达不到缓解冲突的目的，因此回退时长的选择，对非坚持的CSMA协议性能有决定性的影响。此外，CSMA协议所采用的物理侦听，不能有效地解决隐藏终端和暴露终端等问题，所以还需要引入其他机制进一步提高信道利用率。

3. 多址接入冲突避免协议（MACA）

为了解决物理侦听存在的问题，产生了虚拟侦听的概念。虚拟侦听机制通常是在发送实际的数据消息之前，在发送节点和接收节点之间进行一次控制消息握手。多址接入冲突避免协议MACA[17]是第一个采用RTS/CTS握手机制来解决无线自组网中隐藏终端和暴露终端问题的MAC协议。

发送节点在发送数据消息前，先向接收节点发送请求发送消息RTS，该消息包含发送数据消息所需时间等参数。当接收节点收到RTS消息后，回送给发送节点清除发送消息CTS，该消息包含接收数据消息所需时间。发送节点接收到CTS消息后，就发送DATA消息。侦听到CTS消息的其他所有邻近节点将推迟自己的发送，直到CTS消息中声明的时间结束。收到RTS消息的其他节点也要延迟一段时间，以保证发送节点能够接收并响应CTS消息。如果一个节点监听到了CTS信号（发送RTS者除外），就暂时禁止发送数据，从而实现信道的复用。但是仅接收到RTS消息而没有接收到CTS消息的节点仍然可能发送，所以MACA只是部分解决了隐藏终端问题。

4. 无线多址接入冲突避免协议（MACAW）

Bhargavan等学者提出了针对无线环境的MACA协议，即无线多址接入冲突避免协议

（MACA for Wireless，MACAW）[18]。MACAW 的改进主要体现在基本消息交互过程和回退机制两个方面。首先，出于协议可靠性的考虑，MACAW 增加了 MAC 层的确认机制，即由接收节点在成功接收 DATA 消息后回复 ACK 消息。其次，对于暴露终端不能准确掌握竞争期开始时间的问题，提出由发送节点发送 DS（Data Sending）消息通知暴露节点。

MACAW 采用 RTS-CTS-DS-DATA-ACK 机制，并采用新的回退算法。该协议利用 ACK 消息在 MAC 层发现错误消息并及时启动重传，提供了快速恢复机制。该协议采用了一种倍数增加线性减少退避算法（Multiplicative Increase and Linear Decrease，MILD）。计数器值以现有值的 1.5 倍的比例增加，以 1 的步长减少。在发送数据分组时，分组中携带本节点的退避计数器值，收到此分组的节点可将此值进行复制，从而使双方获得相同的退避计数器值。当传输完成后，所有的退避计数器恢复到最小值。

MACAW 协议的主要缺点是通信中控制信息的交互次数太多。如果考虑无线设备发送和接收的转换时间，这种方法的效率并不高，并且它也不能完全解决暴露终端问题。所以，尽管 MACAW 提高了网络的吞吐量，但是网络开销和传输时延比 MACA 大。另外，MACAW 协议也不适合于组播环境。

5. FAMA 协议

为了解决单物理侦听或者单虚拟侦听机制存在的问题，Fullmer 等学者提出结合使用两种侦听机制的 FAMA（Floor Acquisition Multiple Access）协议[19]。该协议保证节点在发送之前首先获得信道的使用权，从而实现无冲突的数据消息发送。因此，节点在发送数据前需要对信道进行动态预约，但该协议中的预约不要求独立的控制信道，而是和数据消息共用同一个信道。在 FAMA 协议中，控制消息可能会发生冲突，但可以保证数据消息的无冲突发送。

在 FAMA 中，节点预约信道主要有两种方式，即采用 RTS/CTS 握手而不采用载波侦听；或者采用 RTS/CTS 握手及非坚持的载波侦听。根据信道预约方式的不同，就形成了 FAMA 协议簇中的不同协议。FAMA-NPS（Non-persistent Packet Sensing）协议在节点发送之前并不侦听信道，而只是在侦听到完整的 RTS 或者 CTS 消息后才进行回退，否则就按照非坚持的方式占用信道。FAMA-NCS（Non-persistent Carrier Sensing）则采用非坚持的载波侦听技术，节点在发送 RTS 消息前首先进行载波侦听，如果信道上无信号就发送，否则就进行回退。FAMA-NCS 采用 RTS-CTS-DATA 三次握手机制完成一次数据发送过程，并要求 CTS 消息的长度大于 RTS 消息，将其当做忙音信号，迫使其他节点进行回退。

Acevesm 等学者对 FAMA 协议进一步扩充[20]，提出了 FAMA-NTR（FAMA Non-persistent Transmit Request）协议，它通过增加 RTS 控制消息的长度来降低控制消息发生冲突的概率。同时，该协议允许一次成功的 RTS/CTS 消息握手后，节点串行传输多个数据消息，从而增加了网络的吞吐量。

3.2.2 多信道 MAC 协议

由于冲突和退避造成了信道带宽的浪费，所以在网络负载比较重时单信道 MAC 协议的效率很低。信道冲突主要包括控制分组之间的冲突，以及由此导致的数据分组和控制分组的冲突。因此，可以考虑采用信道分割技术，把可供使用的信道分成多个子信道。其中一种方法是将信道分为数据信道和控制信道，分别传输数据信息和控制信息，以避免数据信息和控制信息之间的冲突。由于控制分组的长度很小，所以冲突发生的概率将大大减少，并且可以更好地解决隐藏终端和暴露终端问题。此外，也可以使用其中一个信道作为公共控制信道，其余信道用来传递数据信息；还可以将控制分组和数据分组在同一个信道上混合传送。

多信道 MAC 协议主要关注信道分配和接入控制两个问题。信道分配负责为不同的通信节点分配相应的信道，消除数据分组的冲突，使尽量多的节点可以同时进行通信。接入控制负责确定节点接入信道的时机、避免冲突等问题。

1. 双忙音多址接入协议（DBTMA）

前面介绍的 MAC 协议大多假设所有的移动节点都可以收到 RTS/CTS 帧，但是在无线移动互联网中这种假设并不总能成立。此外，当网络负载很重时，RTS/CTS 帧冲突的概率很大。为了解决这些问题，Deng 等学者提出了双忙音多址接入协议（DBTMA）[21]。把信道分割成两个信道，即分别传输控制信息和数据信息的控制信道和数据信道。另外，增加了需要额外硬件的支持两个频率不同的带外忙音信号，一个指示发送忙，一个指示接收忙。

当节点要发送数据时，先检测接收忙音信号。若没有检测到接收忙音，该节点就在控制信道上发送 RTS 分组，并发送持续的发送忙音；否则，延迟发送。在节点发送 RTS 分组期间，仍要检测接收忙音，一旦检测到接收忙音，就延迟发送。接收节点收到 RTS 分组后，先检测发送忙音信号。若无发送忙音，则在控制信道上返回 CTS 分组，并发送接收忙音；否则不能接收数据，仍保持空闲状态。

DBTMA 协议优于纯 RTS/CTS 系列的 MAC 协议。与 MACA 协议和 MACAW 协议相比，DBTMA 协议的效率有很大提高，由于忙音信号在通信期间一直存在，可以避免用户数据帧之间的冲突。但是，两个带外忙音信号的发送和检测需要额外的硬件支持，产生了额外的网络负担。此外，该协议假设忙音所占的带宽可以忽略不计，然而该假设在高负载的情况下并不满足。

2. 跳数保留多路访问协议（HRMA）

为了避免上述方案所需要额外硬件的支持，Tang 等学者提出跳数保留多路访问协议（Hop-Reservation Multiple Access，HRMA）[22]。该协议利用频率跳变时的时间同步特性，实现了一种基于半双工慢调频扩频的多信道协议。

该协议使用统一的跳频方案，允许收发双方预留一个跳变频率进行数据的无干扰传输。跳变频率的预留采用基于 RTS/CTS 握手信号的竞争模式。握手信号成功交换后，接收方发送一个预留数据包给发送方，使得其他可能会引起冲突的节点禁止使用该频率进行数据传输。在预留跳变频率的驻留时间里，数据可在该频率上无干扰传输。但 HRMA 协议只能用在慢跳变的系统中，并且与使用不同跳频方案的设备兼容性不好。此外，由于数据传输需要的驻留时间比较长，所以数据冲突的概率会增加。

3. 收方驱动跳频协议（RICH）

与 HRMA 协议的原理相似，收方驱动跳频协议（Receiver-Initiated Channel-Hopping，RICH）是由接收方发起的多信道 MAC 协议[23]。网络中所有节点按照一个共用的跳频序列改变传输信道，通过分组握手后，停留在当前的跳隙上进行数据分组的传输，其他的节点继续跳频。RICH 协议无需载波侦听和分配单独的码字，却能够有效减轻隐藏终端问题。RICH 协议和 HRMA 协议类似，只能应用于跳频网络中，对于采用 DSSS 等机制的系统却不适用。

4. 多信道 CSMA 协议（MCSMA）

多信道 CSMA 协议（Multi-Channel CSMA，MCSMA）协议是在单信道的 CSMA/CA 协议基础上做了改进[24]。它把可用带宽分割成互不重叠的 N 个子信道，其中 N 远小于网络中的节点数。子信道可以在频域（采用 FDMA）中产生，也可以在码域（采用 CDMA）中产生，但不提倡在时域（采用 TDMA）中产生，因为移动自组织网络中缺乏网络范围内的时钟同步。

该协议中每个节点需要 N 个无线收发器，可以同时侦听 N 个信道。只要有空闲信道，节点就可以在任何一个空闲信道上工作。它采用了"软"预留机制，也就是说，一个节点尽量选择上次成功发送数据的信道进行本次数据传输。如果该预留信道忙，或者最近使用的信道发送数据失败，则选择另外的空闲信道进行数据传输。在网络负载较重的情况下，信道个数不足以提供无冲突传输，但是由于每个节点为自己持续的预留了信道，冲突可以大为减少。这种基于预留的多信道机制比纯粹的随机选择空闲信道机制的性能要好，即使在每个子信道的带宽非常小时，采用预留机制的优势依然存在，然而传输时延会增大。

5. 动态私有信道协议

为了实现网络的负载平衡，动态私有信道协议（Dynamic Private Channel，DPC）采用一个广播控制信道 CCH 和多个单播数据信道 DCH 进行通信[25]。其中 CCH 可以被所有的节点共享，接入该信道是基于竞争模式的。DPC 是面向连接的，只要某个 DPC 是空闲的，每个节点都可以使用该信道进行单播数据传输。

如果节点 A 有数据要发送给节点 B，A 将在 CCH 上发送 RTS 信号给 B，同时 A 会预留一个数据端口以备和 B 通信。在发送 RTS 信号前，节点 A 选择一个空闲的 DCH 信道并把信道码包含在 RTS 包头中。当节点 B 接收到 RTS 信号后，它将会检测 A 选择的信道是否可用。如果可用，节点 B 就发送 RRTS（Reply To RTS）信号给 A，RRTS 的包头中包含相同的信道码；如果不可用，节点 B 会选择一个新的信道码，并把该码放入 RRTS 包头中，进一步征求 A 的同意。A、B 双方相互协商，直到找到可用的信道，或者一方放弃协商。如果信道选择完毕，节点 B 发送 CTS 信号给节点 A，然后双方开始交换数据，直到通信结束或者预留时间满释放信道。

DPC 协议采用了动态信道分配机制，很好地解决了多跳移动自组织网络中多个子信道间的连接性和负载平衡问题。但由于控制信道的竞争接入，网络的吞吐量会受到数据信道数量的影响。

6. MMAC 协议

为了提高网络吞吐量，So 等学者提出 MMAC 协议[26]。该协议支持节点动态切换信道，在节点覆盖范围内多对节点能同时通信。MMAC 利用信标（Beacon）将时间划分为固定的时间间隔，收发节点在数据分组传输前在 ATIM（Ad Hoc Traffic Indication Messages）窗口中进行信道协商。每个节点维护一个优选信道列表（Preferable Channel List，PCL），表示在本节点传输范围内可优先使用的信道。

当节点 A 有数据要发送到节点 B 时，A 首先在 ATIM 窗口中发送 ATIM 分组，其中包含了自己的 PCL。节点 B 接收到 ATIM 后，基于节点 A 和自己的 PCL 选择信道，并把选择信息包含在 ATIM-ACK 分组中返回给节点 A。节点 A 收到 ATIM-ACK 后，判断其中的收方选择信道是否可用。如果节点 B 选择的信道与发送节点 A 选择的信道一致，节点 A 发送 ATIM-RES（ATIM-Reservation）给节点 B，并在 ATIM-RES 中包含约定的信道。如果节点 A 不能选择与节点B相同的信道时，必须等待下一个信标间隔重新进行信道协商。

MMAC协议无需专门的控制信道，提高了网络吞吐量，并且每个节点仅需要一个无线收发器。但是，该协议需要节点间的时间同步。

3.2.3 基于功率控制的MAC协议

功率控制技术是提高移动自组织网络MAC协议性能的有效途径。由于节点在接收消息时，只需要到达功率的强度满足信号干扰噪声比的要求即可，因而为了降低节点的能耗和提高无线信道空间利用率，发送节点可以有条件地降低自己的发射功率。

1. 功率控制信号MAC协议（PAMAS）

功率控制信号MAC协议（Power Aware Medium Access Control With Signaling，PAMAS）是基于MACA的多信道MAC协议[27]。RTS/CTS握手信号在控制信道上交互，数据在数据信道上传输，在数据传输过程中，控制信道上发送忙音。

PAMAS协议考虑了能量控制问题，它有选择地关闭某些不需要接收和发送的节点，以节省能量。当节点监听到不是发送给它们的数据时，可以关闭无线收发器，以节省能量。节点独立地决定是否关闭收发器，例如，以下情况中节点就关闭收发器：如果节点无数据要传输，并且其邻节点正在发送数据；或是节点有数据要传输，但是其邻节点中至少一个在发一个在收。

节点在无线收发器关闭期间既不能发送也不能接收信号，这可能会严重影响网络时延和吞吐量，所以其关闭时间需要严格控制。可以考虑在适当的时候采用探测帧唤醒关闭的节点，但这需要额外开销。一种有效的措施是有选择地关闭数据信道，保持控制信道处于激活状态。另一种改进措施是节点一旦获得信道，可以发送多个数据包，从而提高信道利用率。

2. 能量控制MAC协议（PCM）

在MACA中描述的基本功率控制算法下，节点以最大可用功率发送RTS/CTS控制消息。与此同时，节点通过控制消息的协商，用可靠接收的最小功率发送数据消息。但是，在能量控制MAC协议（Power Control Medium Access Control，PCM）中，Jung等学者发现这种简单的功率控制技术在最佳情况下也只能获得与IEEE 802.11类似的性能[28]。针对该缺陷，PCM协议在节点发送数据消息的过程中，周期性地将发射功率提高至最高，从而阻止了邻近节点因无法感知数据消息的发送而可能导致的冲突，有效提高了系统的吞吐量。

3. 能量节省MAC协议（PCMA）

与PAMAS类似，能量节省MAC协议（Power Controlled Multiple Access，PCMA）也采用多信道，其中一个专门用于忙音信号，另一个用于其他控制消息和数据消息[29]。PCMA的目标是在节能的同时提高信道利用率，因而节点在发送数据前，首先交换RPTS（Request Power To Send）和APTS（Accept Power To Send）消息，确定接收节点在存在噪声和干扰的情况下正确接收消息所需的最小发射功率。

RPTS/APTS消息类似于RTS/CTS消息，但不同的是并不使邻近节点立即推迟发送。为了确保传输成功进行，接收节点在忙音信道广播自己可容忍的干扰，以免其他节点与自己冲突。邻近节点通过侦听忙音信道上的忙音信号，可以判断出自己的发送是否会与别的节点冲突，从而做出是否发送的决定。

3.2.4 基于定向天线的MAC协议

定向天线利用数字信号处理技术，协同采用波束切换和自适应空间数字处理技术，来判断有用信号的到达方向，然后通过选择适当的合并权值，在此方向上形成天线主波束，同时降低增益旁瓣。在发射时，定向天线能使期望用户的接收信号功率最大化，同时使窄波束照射范围外的非期望用户受到的干扰最小，甚至为零。定向天线具有抗信号衰落、抗同频干扰和信道干扰、系统容量大、传输功率小等优点。早期基于定向天线的MAC协议多数选用较简单的波束转换天线和波束跟踪天线，自适应阵列天线的研究刚刚起步。

1. 定向DBTMA协议（DBTMA/DA）

定向DBTMA协议（DBTMA Protocol Using Directional Antenna，DBTMA/DA）较DBTMA的改进在于用定向天线（波束转换天线）来传输RTS/CTS、数据帧和双忙音[30]，这需要多部收发机。在定向位置信息的获取上，它没有采用GPS辅助或信标，而是通过相邻节点发送全向RTS，返回定向的CTS而知晓各自的位置信息。

当发送节点要发送时，先侦听控制信道并启动竞争计时器，在规定时限内，看是否有接收忙音（Receive Busy tone，BTr）以确认目的节点是否在接收其他隐藏终端的发送。如果有，则等待；如果没有，则发送一个包含接收节点标志的ORTS（全向RTS）分组并启动RTS计数器。接收节点收到ORTS分组后，如果检测当前没有传输忙音（Transmit Busy tone，BTt），就返回一个定向DCTS（Directional CTS）并启动CTS计数器，开始发送接收忙音BTr直到数据传输结束或CTS计数器停止。发送节点在收到DCTS后，开始发送传输忙音BTt，并在数据信道上传输数据分组，发送传输忙音BTt直到数据传输结束。当发送节点在RTS计数器时限未收到DCTS，取消该次发送等待重发。

采用8个阵元的波束转换天线、4种天线模式、CBR数据流和AODV路由的仿真实验显示，定向传输扩大了信道的利用率，同一时间可以有多对通信节点通信，时延和吞吐量均有较大改善。

2. 定向MAC协议（DMAC）

定向MAC协议（Directional MAC，DMAC）采用了DRTS（Directional RTS）和DCTS（Directional CTS）对话机制[31]。每个节点空闲时均以全向模式侦听信道，信道预约过程是通过定向发送的DRTS/DCTS握手完成。当从某一方向收到信号，它便锁定该方向并接收。当一个节点以全向接收信号时，它受来自任何方向的干扰，但当天线聚波束于某一方向时，可避免其他方向的干扰。

在DRTS的传输过程中，源节点S的MAC层收到来自上层的包，其中包括收发机的参数P，DMAC请求物理层按此参数P聚波束B指向目的节点R。为了检查所聚波束是否安全，节点S用波束B执行物理载波侦听。如果信道空闲，DMAC检查它的定向NAV表（DNAV）来计算在节点R的方向上是否延迟发送，DNAV保持虚拟载波侦听每个包的到达方向（DOA）。当节点发现用波束B传输不安全，则进入退避环节。

在DRTS的接收和DCTS的发送过程中，当节点R全向侦听信道发现信号，节点便锁定信号并接收它。这里假设系统模块有能力捕捉到接收信号的DOA。对于非目的节点X收到此信号时，则更新各自的DNAV，阻止节点X在该DOA的反向B上发送任何信号。节点R计算DOA，当节点R的DNAV表允许在R→S方向使用波束B发送时，其物理层将波束B

汇聚在该方向上，并以此波束侦听信道。若信道在 SIFS 时隙空闲便回送 DCTS，如忙，则取消该发送。

在 DCTS 接收和 DATA/ACK 交换过程中，节点 S 用原定向波束 B 等待 DCTS，如在 DCTS_timeout 间未收到，节点 S 便重发 DRTS。如 S 收到 DCTS，定向链路搭成，它便使用原定向波束 B 传送 DATA；节点 R 收到 DATA 便以波束 B 回送 ACK。其他节点（除 R 和 S 外）收到 DCTS/DOTO/ACK，便主动更新其 DNAV 表。该协议吞吐量较高，但是具有较高的定向干扰，并且由于天线不对称增益或是未听到 DRTS/DCTS 会出现新的隐藏终端问题。

3.3　移动自组织网络的路由协议

由于移动自组织网络 MANET 的高度动态性和能量有限性，互联网现有路由技术难以适用于移动自组织网络，必须开发适合其特点的移动自组织网络路由技术。由于 MANET 路由协议设计需要考虑众多的问题，包括分布式计算、高效及时、自适应性、安全以及能耗等，这使得路由成为移动自组织网络的研究难点。在移动自组织网络的概念被提出之后，路由选择算法一直是该领域的研究重点。尤其在最近几年，学术界对于路由选择算法的预测模型、能量模型、位置信息、服务质量控制和安全支持等关键问题进行了广泛而深入的研究。

本节首先介绍基本路由机制、路由优化原则和分类方法。由于根据路由计算的产生时间进行分类是路由协议最为基础的一种分类方式，本节采用该分类为主线介绍了表驱动路由协议、按需驱动路由协议和混合路由协议。在上述基本路由协议的基础上，本节详细分析了路由选择算法及其在预测模型、能量模型、位置信息模型等方面的最新研究进展。

3.3.1　基本路由机制及其分类

通常来说，由网络节点（即路由器）组成的通信子网的最重要的功能是路由和转发，而其中路由则是数据转发的基础。由于移动自组织网络中的节点移动性较强，使得网络拓扑和路由维护具有很大困难，为此，人们针对这种移动性强的自组织网络设计了很多其特有的路由机制。下面首先介绍基本路由机制，并分析移动自组织网络的路由优化原则和各种路由分类方法。

1. 基本路由机制

计算机网络的数据传送过程将消息从源节点通过网络传送到目的节点，数据传送过程包含两个操作，即路由和转发[32]。路由操作用于确定消息传送操作应该采用的路径；当一个分组到达节点时进行转发，即将数据转送到其他节点。借助于这两个操作，数据消息可以得知传送的路径并且沿着该路径转发，从而该数据消息从源主机发出，经过一个或者多个中间节点的路由转发，最终传送到目的主机。移动自组织网络具有多跳性，通常分组需要经过多跳才能传送到目的节点。

通常来说，广义上的“路由”包括“路由协议交互”和“本地路由计算”两个部分。其中路由协议交互主要负责网络路由信息的传送和在不同节点之间的交互。如图 3-4 所示，节点借助于路由算法，确定数据消息传送的路径为：主机 E——路由器 R5——路由器 R3——路由器 R2——主机 B。为了实现上述的路由选择，整个路由过程包含两个步骤，首先，路由器之间交互网络的距离向量、路径向量或者链路状态等信息，例如，路由器 R3 和 R5 交互各自所了解的距离向量信息；其次，每个路由器根据上述操作中获得的信息，计算下一跳信息或者具体路径。路由器 R5 根据协议交互过程中所了解到的路由器 R4、R3 各自的距离向量信息，计算分别经过路由器 R4、R3 到达目的主机所需要的代价，最终根据该计算结果选择合适的路由进行数据消息的传送。

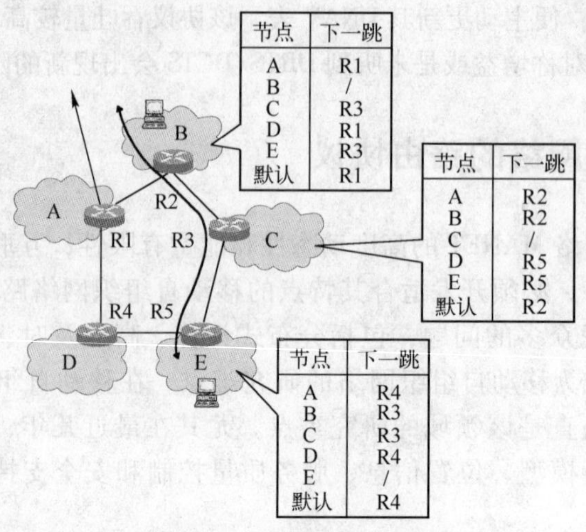

图 3-4 基本路由机制

在网络各个节点之间由路由协议交互传送的路由信息，可以分为距离向量、路径向量和链路状态等类别。距离向量可以理解为到达网络各个节点的距离和相应的下一跳节点；路径向量在距离向量的基础上，增加了端到端路径所经过的具体节点；链路状态则为网络节点之间的邻接关系和链路代价。路由选择算法是指为了实现路由功能而设计的算法，负责确定分组应当传送的路径，是网络层的核心部分。

移动自组织网络路由机制的基本原理与互联网相同，但移动自组织网络所具有的特点对其路由协议设计提出了特殊要求。在移动自组织网络中，由于动态变化的拓扑结构和节点位置、有限的资源和能量、节点间的无线通信等，使得 OSPF、RIP 协议等传统的互联网路由协议并不适用于移动自组织网络。

2. 路由机制优化原则

在介绍具体路由协议之前，我们首先根据移动自组织网络的特点，给出移动自组织网络路由协议的优化原则。移动自组织网络的路由协议和互联网的路由协议一样，都是为了实现数据包的高效、快速、准确传送。根据移动组织网络所具有的特点，其路由机制具有如下特殊优要求。

（1）动态适应性

因为移动自组织网络具有高度动态性，所以移动自组织网络的路由机制必须能够适应网络拓扑结构的动态变化，具有快速应变的能力。当网络拓扑结构变化导致某些路由不可用时，路由机制能够迅速找到可以使用的路由，自行恢复数据的传送。互联网路由器的位置以及拓扑结构相对固定，而对于移动自组织网络来说，每个移动节点又要充当网络的路由器，所以与互联网的路由机制相比，移动组织网络的路由机制要求具有动态适应性，以适应节点移动所带来的网络拓扑结构的动态变化。

（2）节能性

因为移动自组织网络的节点能量有限，所以路由机制必须在节能的前提下实现快速路由。互联网的路由器通常具有较高的计算资源和通信资源，CPU 运算能力较强，具有较高的带宽，具有稳定的能量供应。移动自组织网络的移动节点执行路由转发功能，能量供应由自身携带的电池提供。所以，移动自组织网络的路由机制需要具有节能性。例如，在移动自组织网络中，需要降低控制信息与数据信息的比率，高效利用有限的带宽资源，尽量减少消息传送的接转次数，减少数据传送时间以及数据量等。

（3）安全性

因为移动自组织网络采用无线通信并具有高度动态性，节点在不安全的环境中使用共享的无线介质传输，节点的物理保护有限，所以容易受到各种网络攻击[33]。因此，在保障高效、快速、准确路由的前提下，需要尽可能地提高路由机制的安全性，降低路由过程中遭受攻击的可能性。

3. 路由机制分类

由于移动自组织网络的路由与应用密切相关，单一的路由机制无法满足各种应用需求，因此学者研究和设计了多种路由机制。为了方便进一步的分析研究，下面根据路由协议交互和路由计算的时机、逻辑组织结构、协议的功能等分类原则，给出路由机制的主要分类方法。

（1）表驱动路由、按需路由和混合路由

根据路由表项的产生时间，可以分为表驱动路由、按需路由和混合路由[34]。表驱动路由也称为预计算路由、先应式路由。表驱动路由事先维护网络中从一个节点到其他节点的所有路由信息，在数据传输之前计算得到路由表项，然后根据该路由表项进行数据传输。表驱动路由的优点在于节点可以直接根据路由表中的信息进行数据传输，不需要额外的路由建立等待时间；缺点在于建立和维护路由表的负担较大。因此，表驱动路由适用于拓扑结构动态性不强且需要高速数据转发的网络。

按需路由也称为在线路由、反应式路由。按需路由仅在有数据需要传输时，根据所需要传输的具体目的地计算相应的路由。节点无需事先维护路由信息表，而仅仅在数据传输过程中形成所需要的路由表项。按需路由在一定程度上降低了协议交互的开销，但是路由建立的时延较大，适用于动态性较强的网络。

混合路由则综合上述两种技术的优点，将二者相互结合实现网络的路由。例如，在规模较大的网络中，采用层次结构的路由技术，不同层次分别采用上述一种路由方案。因此，混合路由往往适用于节点计算能力较强并且规模较大的移动自组织网络。

在当今互联网特别是骨干网的路由体系中，由于网络拓扑结构相对固定，而且需要低延迟的高速转发，因此多采用表驱动路由。相反，移动自组织网络动态性高，路由表的维护代价较高，而传输速率和延迟方面要求却不高，因此多采用按需路由和混合路由。

（2）基于拓扑的路由和基于位置的路由

根据是否使用地理位置信息，可以分为基于拓扑的路由和基于位置的路由。在移动自组织网络中，多数路由机制基于所认知的拓扑结构进行路由选择，被称为基于拓扑的路由。有些应用需要确定节点的地理位置，进而基于该地理位置信息进行路由选择，被称为基于位置的路由。互联网中位置与网络的互联关系之间不具有紧密的联系，所以互联网多采用基于拓扑的路由。移动自组织网络普遍采用无线信道传输，在理想情况下很容易根据地理位置信息来确定节点之间的互联关系。虽然这类方案需要 GPS 或者其他定位装置获知节点的位置信息，但由于移动自组织网络拓扑结构动态变化，因此基于位置的路由仍然具有广泛的应用前景。

(3) 距离向量路由、路径向量路由和链路状态路由

根据协议交互信息的类型，可以分为距离向量路由、路径向量路由和链路状态路由。在距离向量路由中，每个节点维护一张表，该表列出了到当前已知的到每个目标节点的最佳距离，以及所使用的下一跳节点。每个节点通过与邻居交换上述信息，移动节点不断更新自己的路由表并实现路由选择。因此，距离向量路由可以称为“将整个世界告诉我的邻居”。路径向量路由以距离向量路由为基础，每个节点不仅记录到达目标节点的最佳距离和下一跳节点，而且记录整条路径依次所经过的节点（即路径向量），从而防止在路由计算过程中产生路由回路。

在链路状态路由中，使用反映网络拓扑结构的邻接表来描述网络的链路状态，该邻接表记录了所有节点间的邻接关系和链路代价。在该机制下，当移动节点发现新的邻居节点出现时，测量与邻居节点的延迟等信息，并且使用路由公告将上述信息传送到其他节点，其他节点则利用该链路状态信息重新计算最短路径。因此，可以将链路状态路由称为“将我的邻居告诉整个世界”。

(4) 源路由和分布式路由

根据路由信息存储的位置，可以分为源路由和分布式路由。源路由由源节点决定完整路径，在发出的每个消息的消息头中携带路径所经过的节点信息，因而中间节点无需建立和维护路由信息。源路由的路由计算较为简单，减少了通信开销，但是消息头过长。分布式路由则由每个中间节点独立选择传输的下一跳节点，能够避免消息头过长，但是中间节点计算负担较大。此外，分布式路由中，如果各个节点对网络拓扑认知不一致，可能会导致路由回路。

(5) 单径路由和多径路由

根据数据传输使用路径的数量，可以分为单径路由和多径路由。单路径路由中，源节点发送的数据分组沿着一条路径从源节点到达目的节点。其优点在于路由方案简单，能够较好地避免数据传输乱序；缺点在于路由容错性较差，路径的传送负担不均衡。多径路由中，源节点发送的数据通过多条路径到达目的节点。该技术容错性较强，能够均衡网络负载，但是路由方案复杂，而且难以避免多条路径传输引入的乱序。目前互联网普遍采用单径路由。

(6) 平面路由和层次路由

根据节点的组织是否存在层次结构，可以分为平面路由和层次路由。平面路由中，所有移动节点地位平等，路由协议设计简单，健壮性好，但是路由维护的代价较大。层次路由[35]中，节点地位不平等，整个网络划分为不同的簇（或区域），每个簇由簇头和成员组成，簇头负责管理簇内网络和维护簇内路由。由于簇头参与网络管理，所以层次路由扩展性好，易于管理，但是簇头的计算代价较大。由于可扩展性是互联网所面临的一个重要问题，因此互联网的路由采用层次路由。移动自组织网络通常具有较强的动态性，因而在可扩展性要求不高的情况下，可以考虑采用平面路由。

(7) 单播路由、广播路由和多播路由

根据消息发送的对象，可以分为单播路由、广播路由和多播（组播）路由。单播路由是节点将消息发送给特定节点的机制。虽然单播路由实现简单，但如果多个节点需要接收数据，那么网络将需要将同样的信息重复传送多次。广播路由是节点将消息广播给在一个子网内所有节点的机制。由于不感兴趣的节点同样接收到广播的消息，因此广播路由浪费了带宽并且加重了节点的计算负担。多播路由能够将消息发送给属于某个特定节点集合。相比而言，多播路由的特定组通常具有明确的定义，组内节点的数量比整个网络的规模小很多，因此其路由效率较高，但其实现机制非常复杂。

(8) 其他分类

路由作为网络层的重要功能，除了上述分类方法以外，根据路由所具有的特定功能，还可以进一步做出如下分类。根据路由是否支持服务质量控制，可以分为服务质量感知路由和非服务质量感知路由；根据路由是否提供网络安全保障，可以分为安全路由和非安全路由等。由于移动自组织网络所具有的动态性和能量有限性，所以对服务质量感知路由和安全路由需要进一步研究。

3.3.2 表驱动路由协议

表驱动路由协议，也称为预计算路由协议，其事先维护网络中从一个节点到其他节点的所有路由信息，在数据传输之前形成路由表项，然后根据该数据表项进行数据传输，从而实现快速路由。移动自组织网络的基本表驱动路由协议包括 DSDV、WRP、CGSR、OLSR 等。

由于移动自组织网络具有高度动态性，网络的拓扑结构动态改变，消息传送具有一定困难。最简单的消息传送方法是采用洪泛的方式，也就是说，源节点在发送消息时，将目的节点的地址加载在消息头部，向邻居节点进行广播，中间节点收到消息后进一步向其所有的邻居节点广播该消息，直到该消息抵达目的节点。洪泛的方式不仅易于实现，而且在拓扑结构不断动态改变的情况下，能够有效地将消息传送给目的地；然而很多节点不必要地参加了消息的转发，增加了节点的计算负担以及网络的传送负担。为了解决上述问题，人们提出根据路由表进行数据转发的思想。也就是说，通过路由表的建立与维护，来减少洪泛给移动自组织网络带来的影响，这就是表驱动路由协议的核心思想。

1. 基于目的序号的距离向量协议（DSDV）

DSDV（Destination-Sequenced Distance Vector）协议是一种采用传统的 Bellman-Ford 路由算法的基于距离向量的分布式表驱动路由技术[36]。该技术于 1994 年提出，是最早为移动网络专门设计的路由协议之一。

每个节点都要维护路由表，该路由表包含能到达的目的节点、到达目的节点的度量值以及该路由表项所对应的序号。其中，度量值一般采用跳数，而序号是这个协议引入的重点。每个路由表项的序号并非由存储这个路由表项的节点所分配，而是由这个路由表项所对应的目的节点分配的。每个节点定期向所有邻居转发自己当前的路由表，同时将序号值增加 1。中间节点将收到的每个目的节点的序号与自己路由表中所存储的该节点序号进行比较。

路由序号的大小说明了该路由表项的新旧（即产生的时间），路由序号越大，说明该路由表项越新。如果收到的路由表项比原有对应表项新，则删除原有的旧路由表项。具体来说，如果收到的路由序号大于所存储的序号，则说明收到的信息为最新路由信息，所以选择发送该信息的节点作为下一跳节点，并且将所存储的路由序号更新为所收到的序号；如果收到的路由序号等于所存储的序号，但度量值较少，则该中间节点同样更新自己的路由表。

例如，节点 A 从节点 B 接收到路由信息，该路由信息涉及到达节点 C 的路由；假设 S(A)代表存储在节点 A 中的节点 C 的目的序号，而 S(B)代表由节点 B 发送到节点 A 的节点 C 的目的序号。DSDV 协议的主要思想就是，如果 S(A) > S(B)，那么节点 A 放弃从节点 B 接收到的路由信息；如果 S(A) = S(B)，并且通过节点 B 的度量值低于节点 A 所存储的路由的度量值，那么节点 A 将节点 B 设为到达节点 C 的下一跳节点；如果 S(A) < S(B)，那么节点 A 将节点 B 设为到达节点 C 的下一跳节点，并且将 S(A)更新为 S(B)。

在移动自组织网络拓扑结构动态变化的情况下，为了使路由表的记载与实际网络状况相符，每个节点定期向邻居节点传送更新消息。每个节点经过固定的时间间隔后，或者当拓扑结构发生改变时，通过广播或者多播的方式向网络上的其他节点发布路由信息。

节点保存每个特定目的节点最早路由到达时间和最优路由到达时间之间的时间差 t，从而将路由信息的广播时间延迟长度为 t 的一段时间，避免路由表的频繁更新。另外，DSDV 协议给出两种更新消息的格式，一种是完全更新格式，用于传输节点当前路由表的所有表项，仅在节点频繁移动的情况下使用；一种是增量更新格式，用于传输上一次完全更新消息传送之后发生了变化的表项。

本地计算用于在协议交互的基础上选择合适的路径，因此需要建立选择的标准。本地计算的基本参数选择包括序号较大（表示该路由信息的有效性高）以及量度值较小（表示路由优化好）。因此，本地计算可以优先选择具有序号较大的路由进行数据转发，当多个路径具有相同序号时，则选择其中具有最低量度值的路径。当协议交互过程探测到链路中断时，该中断链路的度量值被定义为∞。当通往下一跳的链路中断时，通过该下一跳的任何路由的度量值被定义为∞，并且被指定一个更新的序号。度量值为∞的表项变化会立即触发增量更新格式的更新消息。

每个节点在完成上述本地计算后，需要将自己所获得的路由信息转发给其他邻居节点。因为各个节点的路由信息广播并不同步，所以可能出现路由表项频繁波动的情况。为了解决该问题，本协议维护两张表：转发表和广播表。广播表具有“平均广播时间间隔”的表项，该表项的值是过去广播时间间隔的加权平均。当需要向邻居节点发送网络信息广播时，节点首先查询广播表的“平均广播时间间隔”表项，如果超过了该表项所对应的时间间隔，则进行转发。

DSDV 协议的优点在于节点通过所维护的路由表，能够高效地转发数据。此外，DSDV 协议在原有距离向量协议的基础上，引入了路由序号，较好地避免了分布式路由中节点不同步而导致的路由回路问题。DSDV 协议的缺点在于，算法收敛速度慢，不适应快速动态变化的移动自组织网络，并且效率较低。

2. 无线路由协议（WRP）

由于 DSDV 协议可能产生循环路由并且效率较低，Shree 等学者提出无线路由协议（Wireless Routing Protocol，WRP）[37]，这是一种基于距离向量的分布式表驱动路由技术。每个移动节点维护距离表、路由表、链路成本表和消息重发表 4 个表。移动节点使用更新消息 UPDATE 在相邻节点之间通知链路状态，该节点通过接收应答消息或者其他消息判断其邻居节点是否存在。如果没有更新消息需要发送，则需要定期发送 HELLO 消息。在通过上述方式得知链路状态之后，移动节点根据邻居节点的最短路径生成树，生成自己的最短路径生成树，再向邻居节点发送更新信息，从而实现路由选择。WRP 在计算路径时，规定每一节点检查所有相邻节点所发送的路由信息，从而避免无穷计算（Count-to-Infinity）问题并减少路由环路。

如果在一定时间间隔内没有接收到邻居节点的任何消息，则可以确定发送消息的节点与该邻居节点之间的链路出现故障，或者两节点的移动导致其间的链路不可用。如果在一定时间间隔内收到新的邻居节点发送的消息，则可以确定该节点可以与该邻居节点建立链路，并且该节点需要将自己的路由表通知该邻居节点，该邻居节点据此更新自己的路由表。

3. 簇头网关交换路由协议（CGSR）

DSDV 协议和 WRP 协议的缺陷在于仅仅适用于平面网络，并且网络传送负担和节点计算负担较大。为了解决该问题，Chiang 等学者进一步提出基于距离向量的层次路由协议[38]（Cluster-head Gateway Switch Routing，CGSR）。

在平面化的表驱动路由协议中，网络中每个节点的路由功能完全相同。随着网络规模扩大、节点数量增加和节点移动性增强，路由维护过程中需要发送的消息越来越多，增加了各个节点的计算负担和存储负担。

为了解决大规模移动自组织网络中出现的上述问题，CGSR 提出了分簇的思想，将移动节点划分为多个簇，在每个簇内选出簇头节点。由簇头节点负责簇内节点的管理，这些簇头节点组成更高层次的虚拟骨干网，实现网络的层次化管理。需要指出的是，该思想与互联网的骨干网思想不同，因为互联网的骨干网是静态的，而移动自组织网络的骨干网随着拓扑结构的变化而动态改变，其层次结构不固定。也就是说，移动自组织网络的层次路由需要实现动态分簇和簇头选择，动态地确定连接各个簇的网关节点，并且需要建立适宜的簇头更换机制以避免节点担任簇头的时间过长而导致能量耗尽。

基于上述思想，CGSR 协议在 DSDV 协议的基础上，增加了分层机制。CGSR 协议的协议交互和本地计算操作与 DSDV 协议的相应操作基本相同，下面主要对 CSGR 协议的特殊之处进行介绍。

节点维护分层成员表和路由表，其路由表的结构与 DSDV 协议路由表的结构基本相同。分层成员表描述了所有移动节点所在层次的簇头。移动节点使用与 DSDV 协议交互机制周期性地与邻居节点交换分层成员表，并且更新分层成员表的内容。

当一个节点需要将消息传送到目的节点时，源节点首先将该消息传送到其所在簇的簇头，簇头将该消息传送到相应的网关节点，该网关节点将该簇头与其他簇头连接，并且将消息传送到下一个簇头，直到将该消息传送到目的节点所在的簇头，该簇头将消息传送到目的节点。当两个簇头节点距离较近时，只需要一个簇头节点就可以管理该区域的移动节点；或者当一个节点移动到无法与所有簇头节点通信时，则重新选择簇头。当节点的移动使得分簇结构破坏时，使用分层维护算法重新构造分层结构。该算法将邻居数较多的节点以及该节点的邻居保留在当前簇内，同时对其他节点进行调整。

如图 3-5 所示，当源节点 S 需要向目的节点 D 发送数据包时，其首先将路由消息传送到簇头 A。簇头 A 查找簇成员列表，如果目的节点 D 不在簇成员列表中，则将该消息转送给网关 C，由网关 C 转送给另一个簇头 B，直到传送到目的节点 D 为止。可见，CGSR 协议采用了分层查找机制，在网络规模较大时能够防止大量路由消息的洪泛。但是，该协议设计实现较为复杂，需要动态地进行簇划分和簇头选取，移动节点也需要定期向簇头发送位置信息。

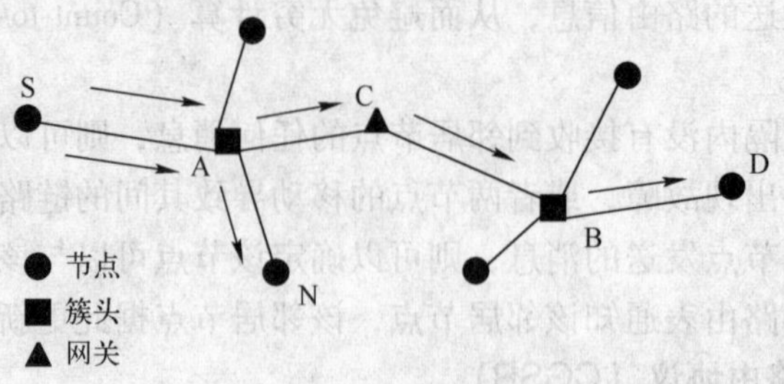

图 3-5　CGSR 协议示例

4. 最优化链路状态路由协议（OLSR）

为了降低节点之间的通信负担，Clausen 等学者基于多点中继站的思想提出了优化的链路状态路由协议（Optimized Link State Routing，OLSR）[39]。与基于距离向量的 DSDV 或 CGSR 不同，OLSR 是一种基于链路状态的表驱动协议。该协议建立在链路状态路由协议 LSR 的基础上。在链路状态路由协议中，每个节点定期洪泛链路状态，向全网广播自己与邻居节点之间的链路状态信息。与此同时，每个节点跟踪从其他节点获得的链路状态信息，并基于这些信息采用预计算的方法事先计算出到每个目的节点的下一跳节点。链路状态协议能够较好地实现路由选择，但是所采用的洪泛机制增加了节点的计算负担和网络的通信负担。在移动自组网中，链路状态的不断变化造成的洪泛则进一步加剧了上述问题。为此，最优化链路状态路由协议得以提出[40]。

为了避免链路状态在网络中大规模洪泛，特别是相同的链路状态信息被多个节点冗余重复传输的情况，OLSR 首先在网络上选取少量的特殊节点（称为多点中继站）。在链路状态洪泛时，OLSR 规定只有选择出的多点中继站向邻居节点洪泛链路状态信息，其他节点不参与链路状态信息的洪泛，从而大幅度减少了将一条消息洪泛到整个网络所需要的转发次数，减轻了传统洪泛机制中所有节点参与消息转发所带来的负担。

节点通过周期性地发送 HELLO 消息实现链路状态的探测，并且从链路探测所交换的消息中获得邻居节点的信息。节点基于从 HELLO 消息中获取的信息选择多点中继站，该多点中继站在网络中广播和转发拓扑控制信息。也就是说，协议交互过程借助于 HELLO 消息实现：探测链路、探测相邻节点以及选择多点中继站等功能。

链路探测过程中，每个节点从两个方向探测各个相邻节点之间的各条链路，确定该链路属于对称状态还是非对称状态。对称状态是指该相邻节点之间的链路是双向链路，可以从两个方向发送数据。非对称状态是指相邻节点能够接收到该节点发送的数据，但是无法确定该节点是否接收到相邻节点发送的数据。多点中继站的选择过程中，每个节点在自己的对称一跳相邻区域确定多点中继站集合。

下面以图 3-6 为例进一步说明 OLSR 协议。该示例中节点 C 和节点 E 是节点 A 的多点中继站。当节点 A 的链路状态信息发生变化时，节点 C、D、E、B、F 均收到了节点 A 产生的链路状态信息，但只有节点 C 和节点 E 作为多点中继站转发从节点 A 接收到的链路状态信息，避免了节点 A 的其他邻居节点 B、F、D 进行广播所造成的节点计算负担和网络传送负担。

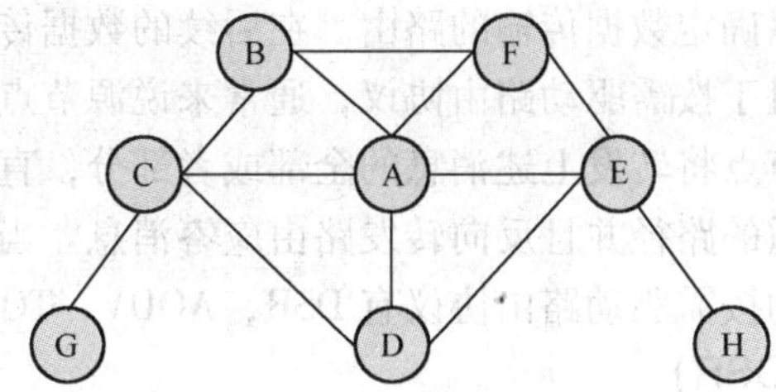

图 3-6　OLSR 协议示例

为了减轻所有节点的计算负担，Ying 等学者进一步提出了分层次的优化链路状态路由协议（HOLSR）[41]。该协议充分利用各个节点的不同能力，动态地将节点组织到簇中，并且将簇以层次化的方式组织起来，从而减少需要交换的拓扑控制信息。在簇间使用 OLSR 协议进行路由选择。但是，与 OLSR 协议一样，该协议需要定期更新。

该协议采用优化的洪泛机制作为消息的传送机制。并且，该协议将所有数据采用统一的分组消息格式封装成一条或者多条消息。多点中继站将消息在网络中的重传次数降低到最低程度。由于 OLSR 协议中只有多点中继站节点参与路由计算，减轻了其他节点的计算负担，因此适合规模较大、节点密度较高的移动自组织网络。

5. 多信道表驱动路由协议

为了充分利用无线传输的特性来提高 MANET 的吞吐量，Unghee 等学者提出了多信道的 DSDV 路由协议（DSDV-MC）[42]和多信道的 OLSR 路由协议（OLSR-MC）[43]。其中，信道是指两个系统间发送数据的管道，是不同系统的应用程序和过程之间的逻辑链接。DSDV-MC 和 OLSR-MC 将网络层划分为控制平面和数据平面，节点使用一个控制频道传送路由更新信息，使用一个或者多个数据频道传送数据包。该协议实现了多个消息传送操作同步进行，降低了网络负担，但是频道资源的管理和协调难度较大，并且节点的计算负担较大。

3.3.3　按需驱动路由协议

上述表驱动路由技术使用路由表维护网络中从一个节点到其他节点的所有路由信息，因此能够实现快速路由。但是维护路由表不仅增加了节点的存储负担，而且在移动性强的网络中需要不断地交互路由信息，大大增加了节点的路由信息交互负担和计算负担。因此，学者们提出按需驱动路由协议。该类协议在数据分组要发送时再进行具有针对性的路由交互或路由计算。由于节点无需事先维护全局路由信息表，因此这类路由协议也被称为在线计算路由协议。

由于移动自组织网络具有高度动态性，网络的拓扑结构不断改变，消息传送具有一定困难。最简单的消息传送方法是洪泛，即源节点在发送消息时，将目的节点的地址加载在消息头部，并向邻居节点进行广播。中间节点收到消息后，根据消息头部的目的节点地址进行判断，是接收该消息还是进一步转发并洪泛该消息。洪泛的方式易于实现，而且在拓扑结构不断动态改变的情况下，能够有效地将消息传送到目的节点。然而洪泛过程中，很多节点不必要地参加了消息的转发，增加了节点的计算负担以及网络的传送负担。特别是对于由大量分组组成的长时间数据流，每个分组都采用洪泛的方式传输，导致网络传输效率很低。

为了解决上述问题，人们提出了控制消息（路由）与数据传输相分离的思想，仅对控制消息采用洪泛的方式，以确定数据传输的路由。在后续的数据传输过程中，则根据已经确定的路由进行数据转发。对于按需驱动路由协议，通常来说源节点采用洪泛操作向相邻节点发送路由请求消息，中间节点将转发上述消息的全部或者部分，直到目的节点收到该请求消息。然后目的节点选择合适的路径并且反向转发路由应答消息。当源节点接收到应答消息之后，路由得以建立。常见的按需驱动路由协议有 DSR，AODV，TORA，ABR 等。

1. 动态源路由协议（DSR）

DSR（Dynamic Source Routing）协议作为一种源路由技术，是最早设计的按需路由协议之一[44]。当一个移动节点需要发送新的数据流时，该节点为该数据流的目的地寻找相应的路径。基于路由过程所找到的路径，在数据分组流传送过程中，每个分组的分组头中都包含从源节点到目的节点的完整路由信息，以便路径当中每个节点根据分组所携带的路由信息转发分组。由于在 DSR 中，由源节点获知完整的路径信息并将该信息记录在每个分组的分组头上，网络中间节点不需要维护任何路由信息，因此该协议被称为源路由协议。

该路由过程包括洪泛路由请求（RREQ）报文和回传路由响应（RREP）报文两部分。当节点需要发送数据消息时，首先动态地广播路由请求 RREQ 消息。该消息包含目的节点、发送节点地址、消息 ID 和路由记录。其中，发送节点地址和消息 ID 共同用以标志 RREQ 消息。当某节点接收到该消息后，需要判断该消息是否存储在历史 RREQ 消息列表中，如果存储在其中，则丢弃该消息；如果未存储在其中，需要判断自己是否为目的节点。如果自己并非目的节点，将本节点添加到路由记录中，并且将该消息向自己的邻居进行广播。

由于路由请求报文 RREQ 在网络中洪泛时，每个节点都将自己的地址增加到数据报文的路由记录中并继续转发该数据报文，因此当路由请求到达目的节点时，目的节点根据该路由请求报文中的节点列表，就知道了从源到达该目的节点的路径。于是，目的节点产生路由响应消息 RREP，并将该消息回送到源节点，从而源节点得到完整的路由信息。

DSR 协议在节点之间的可达性维护上，不再使用周期性广播这种耗费资源的方式，而是通过节点动态监测可用路由的方式实现路由维护。该协议路由维护的方式包括逐跳验证方式、非逐跳验证方式和端到端验证方式 3 种。逐跳验证方式是指借助于相邻节点之间的 MAC 层验证机制，当链路发生故障时由 MAC 层发出通告，该节点向前一跳节点发送路由错误消息 RERR，收到该消息的节点从路由表中将该路由删除；非逐跳验证方式就是当节点 A 将消息转发到下一跳节点 B 时，节点 B 到其邻居节点 C 的消息转发可以被节点 A 监听到，节点 A 根据该监听到的消息进行验证；端对端验证方式如 TCP 协议下的确认机制等。

为了提高该协议的效率，学术界提出了路由缓冲机制。由于移动自组织网络节点处于监听状态，节点可以监听邻居节点发出的消息，根据这些消息中记载的路由信息，可以尽量减少每次发送新消息时都启动协议交互过程，从而提高网络的性能。

下面以图 3-7 中节点 S 到节点 D 的路由为例，说明 DSR 协议工作过程。首先，节点 S 以广播风暴的形式，向邻居节点广播路由请求消息 RREQ。该消息包含目的节点、请求发送该消息的节点地址、消息 ID 和路由记录。

节点 S 首先向邻居节点 A、C、F 广播消息，节点在接收到 RREQ 消息时，需要判断该消息是否存储在历史 RREQ 消息列表中，如果存储在其中，则丢弃该消息；如果未存储在其中并且不是目的节点，则进行消息转发。例如，节点 A 向节点 J、E 转发该消息，而节点 C 发现该消息已经存储在历史 RREQ 消息列表中，所以丢弃该消息，如图 3-8 所示。节点 E

接收到该消息后，进一步以广播的形式进行转发。重复上述操作，直到目的节点收到该消息。接着，目的节点 D 生成路由应答消息 RREP，并且将该消息向自己的邻居进行广播。当 RREP 消息被传送到源节点 S 时，路由得以建立。

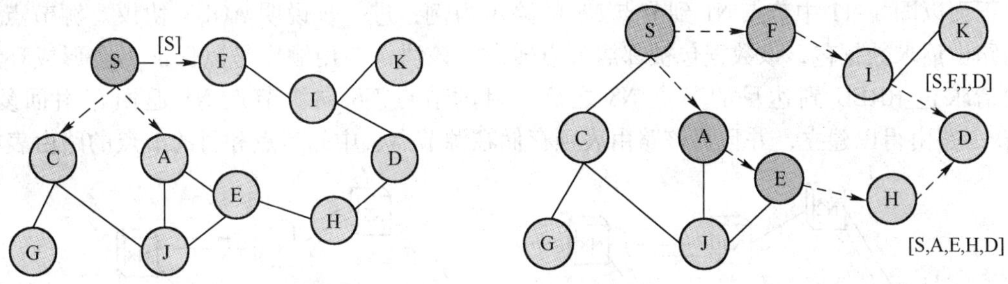

图 3-7　DSR 协议示例　　　　图 3-8　DSR 协议示例（续）

该协议作为最早提出的按需路由协议之一，与表驱动路由协议相比，能够较好地适应节点的移动性和网络拓扑结构的动态变化，不需要维护路由表而不断交互路由更新消息，节省了网络资源。然而，DSR 协议使用源路由方式，在网络规模较大时，分组头中所携带的路径信息将引入较大的传输开销。

2. 按需距离向量路由协议（AODV）

为了解决 DSR 协议存在的源路由分组头携带路径信息而开销较大的问题，Perkins 等学者在 DSR 协议和 DSDV 协议的基础上提出了 AODV（Ad Hoc On-demand Distance-Vector routing）协议[45]。AODV 协议采用了 DSR 协议的协议交互机制，保持了 DSDV 协议的逐跳路由、顺序号和周期性更新等机制。

每个节点维护路由表，该表以目标节点作为关键字，每个表项给出将消息传送到哪个下一跳节点能够到达目标节点。与表驱动路由协议不同，AODV 中每个节点仅维护当前使用的路由表项。当源节点需要向目的节点发送数据时，如果源节点发现其路由表中没有到达目的节点的路由，则通过路由协议交互机制建立路径；反之，则按照路由表中记载的路由进行数据传输。因此，该协议是节点维护路由表的按需路由协议。

源节点广播 RREQ 消息，该消息的格式如图 3-9 所示。当 RREQ 消息到达中间节点时，中间节点在本地的历史表中查找（源地址，请求 ID），以确定是否处理过该请求。如果处理过该请求，则丢弃该消息。如果没有处理过该请求，则将其写入历史表，并且在接收节点的路由表中查找通向目的节点的路由。

源节点	请求ID	目的地	源序号	目标序	跳数

图 3-9　RREQ 报文的结构

如果查到较新的通向目的节点的路径，也就是说查到路由表中的目标序号大于或者等于 RREQ 消息中目标节点的序号，则给源节点返回 RREP 消息；如果没有查到较新的通向目的节点的路径，则增加跳数并且广播 RREQ 消息。目的节点接收到该消息后给源节点返回 RREP 消息。上述 RREP 消息的格式如图 3-10 所示。该协议路由表项的结构与 DSDV 协议类似，主要包括源地址、目的地址、目的序号、跳数和生命周期等信息。

源地址	目的地址	目的序号	跳数	生命周期

图 3-10　RREP 报文的结构

下面以图 3-11 中节点 N1 到节点 N8 的路由为例，进一步说明 AODV 协议。源节点 N1 广播路由请求数据包，该数据包被邻居节点转发，该协议使用顺序号以保证不会形成环路。路由请求包 RREQ 到达目的节点 N8 之后，目的节点 N8 向源节点 N1 返回路由回复包 RREP，路由得以建立，并且将该路由表项存储在源节点、中间节点和目的节点的路由表中。

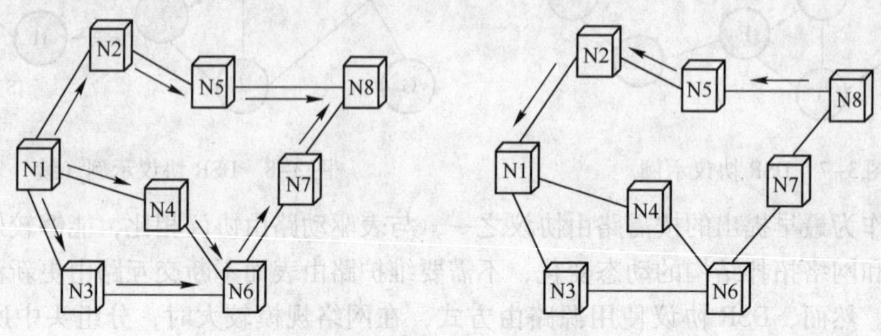

图 3-11　AODV 协议示例

该协议结合了表驱动路由协议和按需驱动路由协议二者的优点，不仅路由维护信息少，而且实现了较高的转发效率。

3. 临时排序路由协议（TORA）

为了提高路由效率，Park 等学者在有向无环图算法的基础上提出了 TORA（Temporally Ordered Routing Algorithm）协议[46]。该协议采用势能值确定朝向目的节点的有向无环图，在路由应答消息回到源节点的过程中使用势能值确定路由。

首先，源节点在网络中广播路由请求消息。然后，每个节点具有一个相对于源节点的“势能值”，源节点的势能值最高，目的节点的势能值最低。接着，根据相邻节点之间的势能值的大小，形成一条或者多条有向路径，方向是从势能大的节点指向势能小的节点。也就是说，当节点需要查找到达特定目的节点的路径时，广播含有目的节点地址的消息路由请求。接收到该消息的节点进一步广播该消息，并且列出其到目的节点的势能值。接收节点将消息传送到势能值更低的节点，从而形成方向性路由。当节点发现链路不可用时，则将其势能值调整为比邻居节点大的值，并发送更新消息。

如图 3-12 所示，节点被设定势能值，图中以节点的纵轴高度标志其势能值，在协议交互过程中，数据消息从高势能的源节点向低势能的目的节点移动。

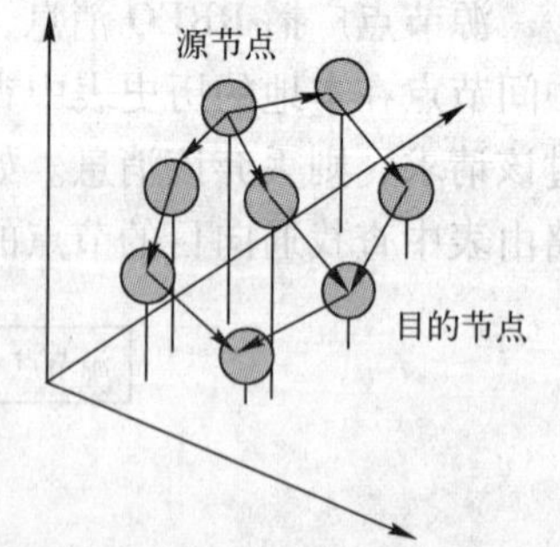

图 3-12　TORA 协议示例

该协议能够发现到达目的节点的多个可用链路，并且网络的通信负担较小，无需时刻维护节点之间的链路状态。但是，该协议中节点的计算负担较重。

4. 基于联合度的路由协议（ABR）

上述路由协议普遍采用跳数作为本地计算的依据，以最短跳数路径作为路由选择的标准。但是，并非最短路径就是消息传送的最优路径。在无线网络中，节点间的通信都采用无线信道，稳定性是选择路由的重要考虑因素，特别是移动自组织网络具有高度动态性，路由的稳定性情况经常变化，甚至最短路径经常变化。为此，Toh 等学者提出了基于关联稳定性的路由协议（Associativity-Based Routing，ABR）[47]。该协议的特点在于，路由选择标准与其他协议不同，其以路由的生命周期作为路由选择的标准。

该协议引入“联合度”的概念，用于描述移动节点与邻居节点之间空间和时间上的连接关系。所有节点定期发送 BEACON 信标消息，以广播该节点的存在性以及该节点的相关信息。所有节点根据邻居节点发送来的 BEACON 信标消息，衡量邻居节点与自己的联合度。当联合度较小时，表明该邻居节点具有较高的移动性；当联合度较大时，表明该邻居节点具有较低的移动性。联合度较大的节点所在的路由稳定性较高。ABR 协议采用路由的生命周期、中间节点的计算负担和通信负担、链路容量作为路由选择的标准，能够选择适宜的路由。

3.3.4 混合路由协议

表驱动路由技术通过维护路由表实现快速路由，但它增加了节点的路由交互和计算负担。按需驱动路由技术仅仅在源节点需要的时候才进行协议交互，节点无需维护路由信息表，但是路由建立的时延较大。可见，在移动 Ad Hoc 网络中单纯采用表驱动路由协议或按需路由协议都难以实现高效且高速的路由。因此，许多学者结合上述两种协议的优点，提出了混合式路由协议。

1. 区域路由协议（ZRP）

首先提出的混合式路由协议是区域路由协议（Zone Routing Protocol，ZRP）[48]。所有节点都有一个以自己为中心的重叠虚拟区域，该协议设定以跳数为单位的区域半径，所有距离不超过该区域半径的节点都属于该区域。区域内的节点数与设定的区域半径有关，在区域内使用表驱动路由算法，在区域间则使用按需驱动路由算法进行路由选择。

协议交互过程包括两部分，即区域内协议交互和区域间协议交互。区域内协议交互可以采用基于距离向量的路由或者基于链路状态的路由。不管采用何种路由协议，要求各个节点知道到达区域内部其他节点的路由。区域间协议交互是指某区域的节点与区域外的节点之间的协议交互，类似于 DSR 协议的广播机制，主要采用广播路由请求消息的方式实现。

具体来说，源节点首先检测目的节点是否在自己所在的区域内。如果在该区域内，那么直接获取到达目的节点的路由。如果不在该区域内，那么源节点将路由请求消息传送到其位于该区域边界的边界节点。边界节点检测目的节点是否在该节点的区域范围内，重复上述过程，直到最终找到目的节点，并且回复路由响应消息。

基于相同的思想，Dai 等学者提出先应式路由维护机制[49]，该机制将按需路由协议的协议交互技术和表驱动路由协议的路由维护技术结合，从而实现高速路由。由于该类协议中拓扑结构的更新一般在较小的区域范围内进行，所以有效地减少了网络的传送负担和节点的计算负担，同时加快了路由选择的计算速度。但是，该协议的性能取决于区域半径。在区域半径过大的情况下，路由表维护的代价较高；在区域半径过小的情况下，路由选择的速度较慢。目前，该协议采用预先设定的固定区域半径，效率较低。如何选择合适的区域半径是值得深入研究的问题。

2. 路标路由协议（LANMAR）

为了解决 ZRP 协议预设区域半径所导致的效率低下的问题，Pei 等学者提出了基于链路状态和距离向量的混合路由协议（Landmark Routing，LANMAR）[50]。该协议按照移动节点的功能和需要，将移动自组织网络划分为多个逻辑子网。由于具有相同功能和需要的节点通常一起移动，所以往往将这些节点划分在一个逻辑子网中。比如在战场的移动自组织网络中，将一个班的战士划分为一个逻辑子网。在每个逻辑子网中，选出一个用于全网范围内进行路由的路标节点。

每个节点维护两个路由，即逻辑子网内的链路状态路由和到达所有路标节点的距离向量路由。当源节点向目的节点发送消息时，如果该源节点和目的节点同属于相同的逻辑子网，则根据链路状态信息进行数据转发。如果该源节点和目的节点同属于不同的逻辑子网，则根据该源节点所存储的距离向量发送消息。

如图 3–13 所示，节点 A、B、C 属于路标为节点 B 的逻辑子网，节点 D、E、F、G 属于路标为节点 G 的逻辑子网。每个节点维护着所有路标节点的距离向量路由。如果节点 A 要向节点 C 发送数据消息，则由于节点 A 和节点 C 属于相同的逻辑子网，所以节点 A 只需要根据可用的链路状态信息确定到达节点 C 的路由。

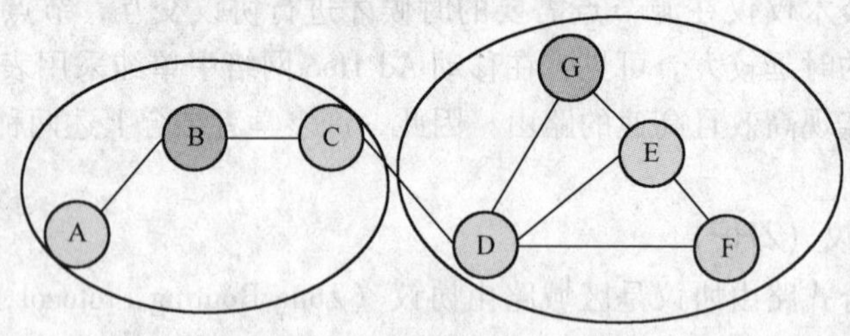

图 3–13　LANMAR 协议示例

如果节点 A 要向节点 F 发送数据消息，由于节点 A 和节点 F 属于不同的逻辑子网，所以节点 A 根据其维护的到达路标节点 G 的距离向量路由进行消息传送。当消息到达节点 D 时，由于节点 D 和节点 F 属于相同的逻辑子网，所以节点 D 只需要根据可用的链路状态信息确定到达节点 F 的路由。可见，从源节点 A 到目的节点 F 的路由过程中，开始时，源节点 A 朝着路标节点 G 进行消息转发，最终该消息可能并不通过路标节点 G 就能达到目标 F 节点。

LANMAR 协议按照移动节点的功能和需要将移动自组织网络划分为多个逻辑子网，一定程度上解决了 ZRP 协议预设区域半径所导致的效率低下问题。但是，该协议需要进一步研究路标节点的选择算法以及孤立节点的处理算法，因此该协议适用于节点比较密集的移动自组织网络。

3.3.5　基本路由选择算法

路由选择算法是为了实现上述路由功能而设计的计算方法，负责确定所收到的消息分组应当传送的路径。也就是说，路由选择算法是在路由协议交互的基础上，进行本地路由计算选择出最好的路径。路由选择算法是网络层的核心部分，该算法的任务在于确定可用路由，然后根据一定的路由选择标准，采用适宜的选择策略选择最优路由。

路由选择算法的输入为网络的拓扑结构，输出为最优路由。移动自组织网络路由选择算法的基本功能与互联网路由选择算法相同。但是，由于移动自组织网络的拓扑结构和节点位置动态变化，节点能量有限，不存在路由器等设备，使得其路由选择算法具有特殊性。近年来，国内外学者在这方面进行了深入研究并取得了大量研究成果。

在DSDV、AODV等路由协议中，协议交互均采用洪泛机制，往往需要将路由消息无谓地多次复制传输，需要付出较高的时间和带宽代价。为此，Yuval等学者提出基于随机最短路径路由技术的流言机制[51]。该技术根据扩散理论，源节点以概率1广播一个消息。当一个中间节点第一次接收到该消息，它以概率p将该消息广播到邻居节点，以概率1－p丢弃该消息；若中间节点接收到重复的消息，它丢弃重复的消息。Yuval等认为通过邻居节点的流言，节点能够获知动态网络的状态信息，从而选择到达目的节点的最短路径。该机制降低了由洪泛机制导致的数据传送负担，但是滞后性较强。

为了降低流言机制的滞后性，Christopher等提出了随机路由技术[52]，使用基于概率的本地广播传送模型传送消息，并且基于中间节点的反馈进行路由选择。该技术有利于降低流言机制的滞后性，但是路由查找的效率较低。

为了提高路由查找的效率，Haas等学者进一步优化了基于流言的Ad Hoc路由技术[53]。在对网络动态性要求较低的操作中，流言很快注销从而很少的节点能够接收到该消息；在对网络动态性要求较高的操作中，流言所涉及的关键节点接收该消息。上述操作的区分依赖于流言可能性和网络的拓扑结构。该技术降低了洪泛机制所造成的时间和带宽代价，但是由于消息的转发是以一定概率进行的，所以其可能出现转发失效的情况。

在路由选择标准和选择策略方面，DSR和AODV协议中的路由选择均采用跳数作为路由选择的标准，还有学者对其他路由选择的标准进行了研究。如TORA协议采用势能值作为路由选择的标准，但是该协议主要考虑转送节点的能量，没有考虑路由本身的稳定程度。ABR协议采用联合度的概念来标志节点以及相应链路在时间和空间上的稳定程度，借助联合稳定度的比较进行路由选择，能够较为准确地反映路由的稳定性。此外，Baruch等学者提出了基于吞吐量的路由选择算法[54]，该算法将吞吐量作为路由选择的标准，以期实现网络的负载平衡。该算法能够为服务质量保证提供支持，但是时间代价较高。

为了降低时间代价，三菱电子研究所提出了简化的路由选择标准[55]。当源节点广播RREQ包时，接收到该包的邻居节点首先向源节点发送PING数据包，借助该数据报，可以验证两个节点之间通信信道的完整性。如果该通信信道的完整性较差，则不选择该路由。该方法实现简便，但是加重了节点的通信负担。

在选择策略方面，DSDV和AODV协议等选择策略过于简单。为了解决该问题，Zhong等学者提出了无线Ad Hoc网络的协作优化路由转发协议（Corsac）[56]。该协议采用VCG（Vickrey-Clark-Groves）算法，在加密技术的基础上使得链路的成本由两个节点共同确定，从而加强路由的选择。该协议提供了使用两个节点描述链路成本的思路。

为了进一步描述链路的成本，Du等学者提出了多类别路由[57]。首先选择能量较高的节点作为骨干节点（B-node），能量较低的节点作为普通节点（G-node），由骨干节点承担较多的路由负担。该技术能够实现快速路由，但是各个节点的负载不平衡。为了综合实现负载平衡，并且降低节点的移动距离，Wu等学者提出了基于对数的存储－承载－转发路由技术[58]，首先设计节点运动的轨迹和集节点，然后调度消息的传送方式，并且在移动过程中进行节点的重新区分。该技术仍然存在对链路的情况描述不精确的问题。

为了更精确地描述链路状态，日立公司提出了基于链路状态源路由的稳定路由选择算法[59]。该算法根据物理层测定的电波强度、信噪比、误比特率确定链路状态值，然后判断该链路状态值是否超过设定的阈值，从而进行路由选择。西门子公司等则提出采用路由向量作为路由选择标准的思想[60]，由节点计算路由向量，当路由向量在阈值范围之外时，放弃该待选路由。上述技术能够较为精确地描述链路状态，但是节点间的计算负担较重，并且路由操作需要使用大量物理层获得的信息。

上述选择策略没有考虑不同移动自组织网络的不同特性。为此，Du 等学者提出了适应性单元延迟路由协议[61]，该协议包括针对稠密网络的单元延迟路由机制 CR，针对稀疏网络的大单元路由机制 LC，以及节点稠密程度的变化检测，与路由策略更改机制三个部分。CR 机制采用面向能耗的按需路由选择算法，使用能量较高的节点执行路由和包转发操作，并且在选中的单元内以洪泛的形式进行路由选择。在稀疏网络的 LC 机制中，主要考虑如何保障数据包的传送，其次才需要考虑降低路由负担的问题。当活动节点的数目或者当路由的区域改变时，稠密度改变的消息传送到适应性簇头 AH 中，从而适应地改变路由策略。该方案充分考虑移动自组织网络的不同特性，并且区分了稠密网络和稀疏网络，但是稠密度的计算时间代价较高，并且需要大量洪泛操作。

在 Du 的研究基础上，为降低时间复杂度，Zhao 等学者针对稀疏 Ad Hoc 网络提出了基于 Hop ID 的虚拟协作路由技术[62]，从而基于 Hop ID 平均值的大小选择路由。Hop ID 是标志节点与预定路标节点之间相对位置的距离向量，例如，图 3-14 中某节点的 Hop ID xyz 是指该节点分别与路标节点 L_1、L_2 和 L_3 之间的距离。该技术仅适用于稀疏网络，时间复杂度相对较低。

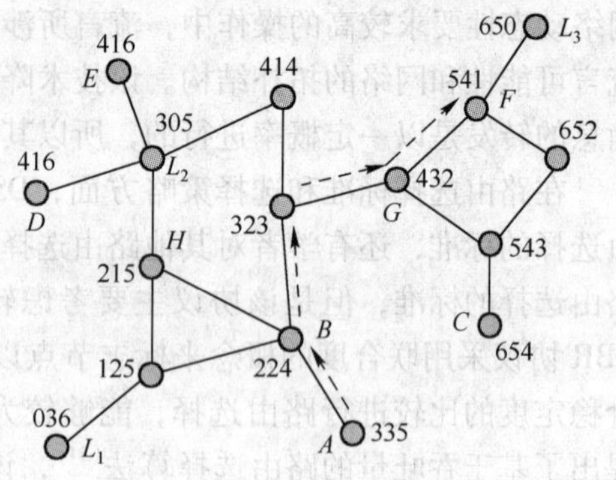

图 3-14 Hop ID 示例

由于 Hop ID 技术主要是针对小规模的稀疏网络，Luke 等学者则针对大规模移动自组织网络提出了簇覆盖广播技术[63]。当源节点传送数据时，首先与簇头交互，簇头将路由请求在所有簇头构成的覆盖网络上广播。该请求首先向一跳邻居节点广播，如果没有收到回复消息，依次向二跳、三跳邻居节点等广播。该技术虽然降低了计算的时间复杂度以及广播负担，但簇头节点的计算负担和转送负担较大，同时大大增加了路由失败时的延迟。

为了降低大规模移动自组织网络的路由计算负担，Jakob 等学者提出了对节点动态编址的方法[64]。该方法基于节点的位置关系对节点动态编码，根据该编码进行下一跳节点的查找。该技术虽然降低了洪泛造成的负担，但是需要占用节点的存储空间并带来一定的传送延迟。有些特定应用需要尽量降低传送延迟并且提供并发性支持，为此 Mao 等学者针对并发视频会话的要求提出了基于遗传算法的路由技术[65]。该技术针对每条路径进行基因编码，然后进行遗传和变异操作，最终获得适宜的路由。在该方法中节点的计算负担较重。

上述技术没有充分考虑拥塞控制的问题，Duc 等学者提出拥塞适应性路由技术[66]。当节点探测到将要发生拥塞时，该节点通知前一个节点，前一个节点使用其他路由绕过拥塞区域。如图 3-15 所示，在 a 中当节点 C 探测到拥塞时，则通知其在先节点 B，由该节点选择通过节点 W 的另外一条路径，分别以概率 p 和 1 - p 在上述两条路径传送数据。当节点 B 发生拥塞时，如 c 所示，选择通过节点 x 的路径，分别以概率 q 和 1 - q 在两条路径传送。可见，该技术不仅在于判断网络的拥塞状态，而且基于网络的拥塞状态可自适应进行改变。该技术适用于具有较重传送负担的大规模传送移动自组织网络，如传送多媒体数据的移动自组织网络，能够降低包丢失率和延迟。但是需要节点具有拥塞探测能力，计算负担较重。

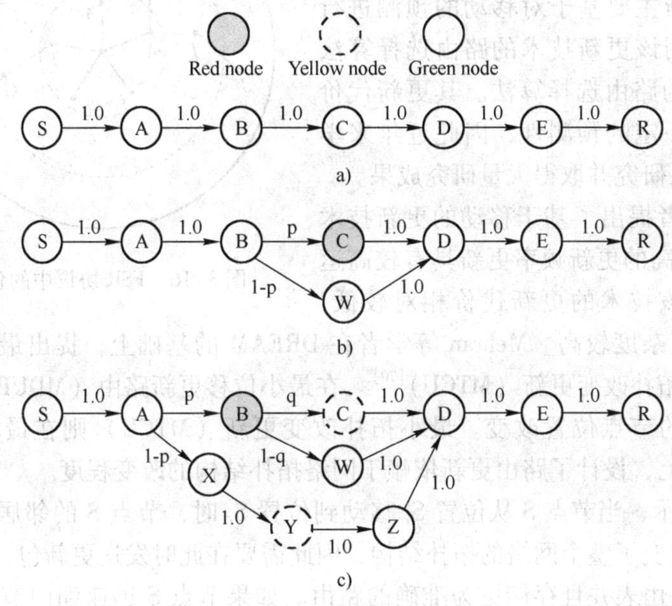

图 3-15 CRP 协议示例

a）示例 1 b）示例 2 c）示例 3

综上所述，在移动自组织网络的基本路由选择算法中，协议交互中的洪泛操作带来了较重的数据传送负担和节点计算负担，并且仅仅以跳数作为路由选择的标准无法选择最优路由。因此，如何降低洪泛操作带来的负担以及如何设计更为全面的路由选择标准，是研究最为集中的领域。此外，区分稀疏网络和稠密网络并且分别设计路由选择策略也是一个很好的思路。在洪泛操作的优化方面，流言机制与概率模型的结合提供了很好的研究思路，在此基础上，学者提出了基于预测的路由选择算法。

3.3.6 路由更新与预测技术

由于移动自组织网络的动态性很高，路由失效和路由更新非常频繁。因此，路由选择算法的重要问题在于如何提高路由更新性能。学者对于路由算法中的路由更新技术做了很多的研究，主要可以分为全局更新、局部更新、事件驱动更新、基于移动的更新和移动预测更新等。

全局更新中，每个节点定期与其他节点交换路由表，如 DSDV 采用了定期更新技术。显然，全局更新的更新代价非常高。局部更新技术将路由更新信息的传播局限在一定区域内。

如在 Jacquet 等学者提出的 FSR 协议[67]中，以较高的频率更新较近区域中节点的路由表。FSR 协议采用如图 3-16 所示的“鱼眼范围”定义较近区域。其中，鱼眼范围是覆盖从中心节点经过特定数目的跳数能够达到的节点范围。该技术的更新代价相对较低，但是准确性不高。

事件驱动更新技术[68]的主要思想在于，如果特定事件发生，那么节点传送更新消息，该技术的更新代价非常低，但是具有一定的滞后性。移动预测更新主要基于对移动的预测进行路由更新，而采用该更新技术的路由选择算法被称为基于预测的路由选择算法。其更新代价较低，并且具有一定的预测性，因此近年来学者对其进行了深入研究并取得大量研究成果。

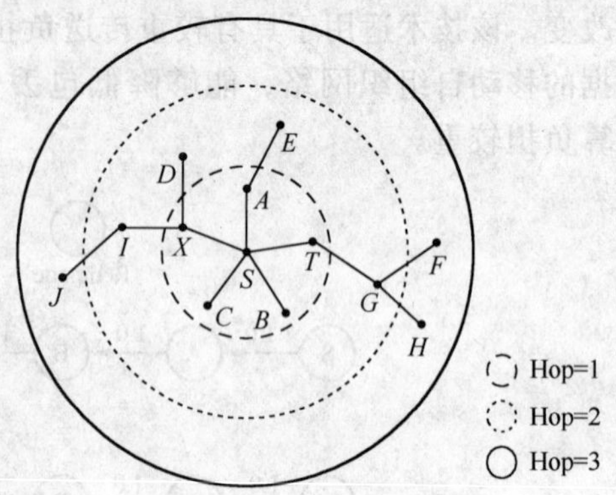

图 3-16　FSR 协议中的鱼眼范围示例

Basagni 等学者提出了基于移动的更新技术 DREAM[69]，以较高的更新频率更新具有较高运动速度的节点，该技术的更新代价相对较低，但是计算的时间复杂度较高。Mehran 等学者在 DREAM 的基础上，提出最小位移更新路由（MDUR）和最小拓扑改变更新（MTCU）[70]。在最小位移更新路由（MDUR）中，路由更新依赖于超过阈值的节点位置改变。最小拓扑改变更新（MTCU）则在最小位移更新路由（MDUR）的基础上，设计了路由更新依赖于网络拓扑结构的改变程度。

如图 3-17 所示，当节点 S 从位置 S_i 移动到位置 S_f 时，节点 S 的邻居拓扑结构发生改变，从而显著地改变了整个网络的拓扑结构，因此需要在此时发送更新包，从而网络中的每个节点能够重建路由表并且存储更为准确的路由。如果节点 S 迅速朝向节点 A 移动，但是仍然能够保持与节点 B 和 D 之间的连接，那么节点 S 的拓扑结构没有改变，网络中无需进行任何更新。上述方法中，根据拓扑结构改变的情况决定是否更新路由，较大地减少了更新代价。

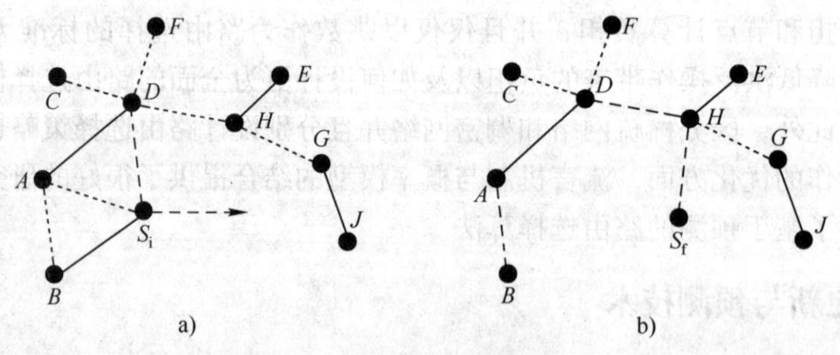

图 3-17　MDUR 中的节点位移示例

为了通过更新预测而减小不必要的路由更新并提供更新的准确性，Jiang 等学者提出基于对链路可用性进行预测的可靠路由选择算法[71]。首先根据在 T_p 期间节点保持当前速度不变的情况，预测链路可用的时间。接着，通过分析 t_0 和 t_0+T_p 之间可能的变化，预测该链路保持到时间 t_0+T_p 的概率 $L(T_p)$，其计算公式为：

$$L(T_p) \approx (1-e^{-2\lambda T_p})\left(\frac{1}{2\lambda T_p}+\varepsilon\right)+\frac{\lambda T_p e^{-2\lambda T_p}}{2} \tag{3-1}$$

其中，参数 p 难以确定。为了简化可以将 p 设定为 0.5，然后确定 ε 和 λ 的值。ε 的值由环境因素决定，如节点稠密度，信号范围和空间大小。上述可靠路由选择算法基于节点速度的变化预测链路的可用时间，能够显著地降低路由选择算法带来的更新代价。但是，节点的计算代价和存储代价较高，并且该算法仅仅考虑了链路的可用性，没有考虑延迟以及能耗等因素。

为了进一步提高预测更新的准确度，充分考虑延迟以及能耗等因素，Guo 等学者提出，使用双指数平滑方法和基于链路生存期的启发式算法预测延迟和能耗[72]。在每个节点中，路由表基于 Dijkstra 算法作修改，集成地评估预测值。双指数平滑方法的主要公式为：

$$\begin{cases} X_{t+1} \approx S_t = A_t + D_t, t = 1,2,3,\cdots,N \\ A_t = \alpha X_t + (1-\alpha)S_{t-1}, 0 < \alpha \leqslant 1; \\ D_t = \beta(A_t - A_{t-1}) + (1-\beta)D_{t-1}, 0 < \beta \leqslant 1 \end{cases} \tag{3-2}$$

其中，S_t 是在时间 $t+1$ 处的评估值，X_t 是在时间 t 处的实际值，α 和 β 是参数。α 和 β 的确定采用 Levenberg-Marquardt 算法实现。上述方法中更新代价较低，但是节点计算的时间复杂度较高。

为了进一步提高路由更新的效率，Vinh 等学者经过实验分析得出，路由更新的时间代价主要集中在链路层的队列长度和重新连接的限制上，因此提出了适应性重新连接限制以加速队列管理[73]。如果由于重新连接的次数达到重新连接限制，导致具有相同目的 MAC 地址的数据包被丢弃，那么重新连接的限制被增加 1 次，直到每个包被重新传送 1 次。该方法降低了节点计算的时间复杂度，但是需要链路层支持，并且会导致资源分配的不公平。

综上所述，学者对于基于预测的路由选择算法进行了深入的研究，如何降低时间代价并且及时进行路由更新，具有较好的研究前景。该问题的关键是建立较好的预测模型，基于节点的历史行为来预测可能的路由变化。移动自组织网络所具有的高动态性使得预测模型的建立存在一定困难。另外，由于移动自组织网络节点能量有限，需要充分考虑预测模型的时间代价和空间代价。

3.3.7　面向能耗的路由选择算法

由于移动自组织网络中节点能量有限，不仅路由洪泛和路由迂回都会导致不必要的能量消耗，而且基于路由选择的数据转发也会耗费节点的能量。为了避免节点能量耗尽而导致网络分割，学者对面向能耗的路由选择算法进行了深入研究并且取得了大量研究成果。

Rodoplu 等学者首先提出面向能耗的路由选择算法[74]，在路由计算中结合能耗的情况来考虑节点生命周期，选择生命周期较长的节点作为下一跳。该算法提高了节点生命周期并且节省了能量，但是没有具体指出如何提高生命周期。在此基础上，Chang 等学者提出基于节点当前的存留能量来最大化网络生命周期，其中考虑了贪婪路由技术的规模和效率对于能量消耗的影响[75]。Lin 等学者则提出将链路成本定义为节点存留能量的指数函数[76]。可见，上述研究关注于数据包传送所造成的能耗最小化和能量负担均衡化之间的折中，在一定程度上降低了能量消耗。

为了进一步降低大规模移动自组织网络的能耗，Ahmed 提出了移动自组织网络节能事务路由技术（TRANSFER）[77]。该协议中，每个节点使用按需链路状态协议获取 R 跳区域内的节点位置信息，其在无需得知本地信息的情况下按需进行路由选择。如图 3-18 所示，节点 Q 通过许多边界节点发送查询请求。每个边界节点 B_i 选择一个边界 C_i 作为在 r 跳内进一步传送查询请求的方向，直到达到联络点，联络点与节点 Q 之间最多为（R+r）跳，该图中接触节点的数目、R 和 r 均为 3。该技术降低大规模移动自组织网络的能耗，但是节点的计算负担相对较大。

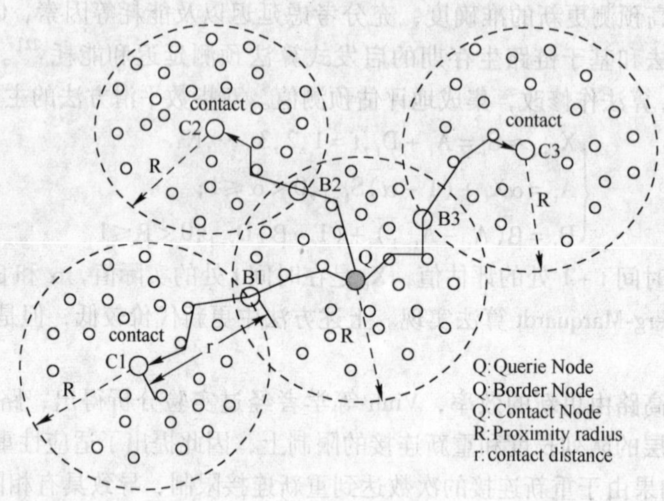

图 3-18　TRANSFER 示例

为了降低节点的计算负担，Liang 等学者提出虚拟骨干网路由选择算法[78]。该技术借鉴 ZRP 技术的基本思路，使用虚拟骨干网络降低协议交互产生的能耗和传送负担。通过分布的启发式覆盖数据库 DDCH 实现骨干网络中节点的选择和维护。该技术减轻了多数节点的计算负担，但是存在骨干节点计算负担较重的问题。

为了降低骨干节点的计算负担，Zhao 等学者提出面向能耗的适应性路由技术（EAGER）[79]。该技术根据流量情况将网络划分为单元，单元内的节点预计算地维护单元的拓扑结构，单元间的节点实时地维护单元间的拓扑结构，并且将常用节点和常用路由周围的临近单元形成邻居单元，网络的其他部分则保持节能状态。如图 3-19 所示，阴影部分的单元形成邻居单元，其他单元则处于节能状态。该方法不仅节省能量，而且能够实现高速路由，但是节点的计算负担较大，并且上述研究没有关注移动自组织网络的空间特性。

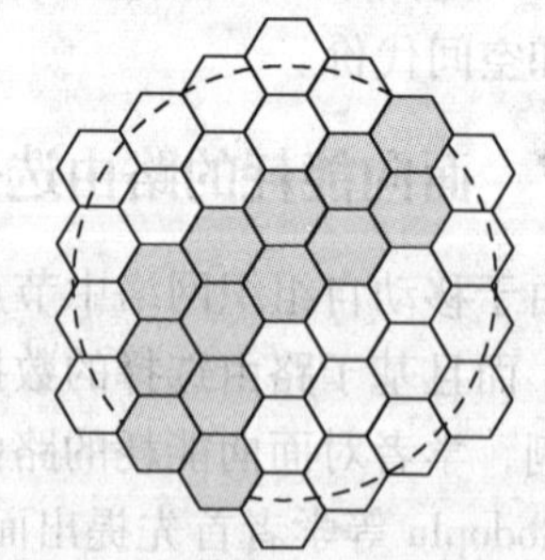

图 3-19　EAGER 协议下的单元合并

为了进一步考虑空间特性，Seung 等学者提出基于节点空间关系的多路径路由技术（PBM）[80]，路由通过空间聚簇的会话完成，同一聚簇中的节点集合被称为“空间足迹”。图 3-20 显示了节点 S 到节点 D 的 3 条不同路由的创建，每个路由以实线形式显示，并且阴影区域是路由中的节点单元，其中箭头标志的节点是簇头。随着延伸程度的提高，阴影单元中的节点对应于会话的空间足迹，从而网络中的通行模式被看做空间足迹的动态集合。该技术基于节点空间关系实现能耗最小化与能量负担均衡之间的权衡，但是计算的时间复杂度较高。

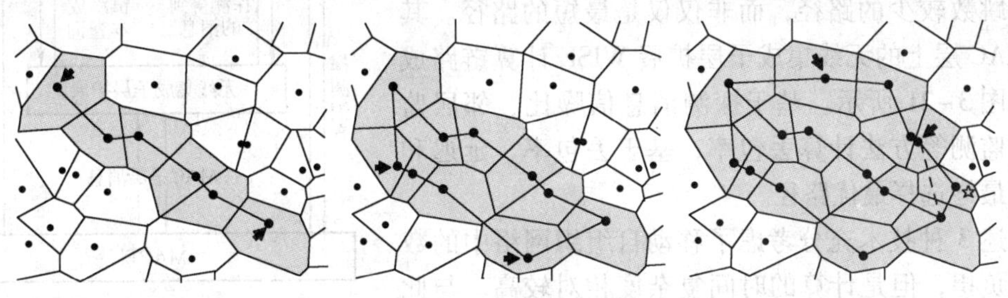

图 3-20 PBM 协议中的路由建立机制示例

综上所述，由于移动自组织网络节点使用自身带有的电池或者其他易损耗的能源，能量非常有限，因此对于面向能耗的路由选择算法具有良好的研究前景。该问题的研究重点在于提高节点的生存时间。为此，不仅要考虑路由协议和路由计算本身的能耗，还要重点考虑所选择路径上节点的剩余能量，以及节点在传送单位信息时能量的消耗等因素。

3.3.8 基于位置的路由选择算法

由于移动自组织网络中的节点不断地移动，相互的位置关系不断变化，因此获取每个节点的实时位置信息，将对了解网络拓扑结构和路由计算提供便利条件。基于位置的路由选择算法通常需要通过全球定位系统（GPS）或者其他定位服务装置获得的节点物理位置信息[81]，然后通过上述节点物理位置信息或者节点相对位置关系进行路由计算。每个节点的路由选择根据数据包中包含的目的节点位置和转发节点的邻居节点位置来决定。该算法无需存储路由表，也无需发送消息保持路由表的更新，并且支持特定地理区域的数据包传送。

基于位置的路由选择算法主要需要解决以下两个问题。第一，在数据包传送之前目的节点位置的确定机制，这主要通过位置服务实现。第二，数据包转发机制，主要基于数据包的目的节点位置和下一跳邻居节点位置确定，其中下一跳邻居节点位置通常通过一跳广播的方式获得。具体转发方式主要包括流言转发、严格方向性洪泛和等级化转发 3 种。基于位置的路由选择算法的研究主要集中在数据包转发机制上。

为了解决协议交互中的高速转发问题，Fabian 等学者提出了基于位置的路由选择算法(GOAFR +)[82]。每个节点使用流言机制向邻居节点转发数据包。如果该节点没有适宜的邻居节点，或者是数据包达到了网络边缘，流言机制难以进一步传播，该算法则使用反馈技术尽快恢复。该机制具有较高的路由效率。

为了降低网络中的传送负担，Johnson 等学者提出将成功接收数据包的概率定义为两个节点之间距离的对数函数和概率函数[83]，在路由计算中计算该概率并且用于路由选择。该方法降低了网络传送负担，但节点计算负担较重，尤其是在大规模移动自组织网络中更为明显。为了降低大规模移动自组织网络的计算负担，Taejoon 等将位置更新机制与分布式位置服务相结合[84]，将优化配置定义为基于位置或者基于时间的位置更新阈值，从而将总体路由代价定义为该阈值的凸函数。该方法一定程度上降低了节点的计算负担，但是没有考虑丢包率、延迟和能耗等因素。

此外，Lee 等提出了高效的位置路由选择算法[85]。该算法使用链路矩阵 NADV 选择邻居，并选择负担较轻并且跳数较少的路径，而非仅仅是最短的路径。其使用 MAC 层上的无线集成子层扩展 WISE 计算链路成本，如图 3-21 所示。基于探测消息信噪比、邻居监测、自监测等方法计算丢包率；基于丢包率、延迟和能耗，最终选择最优路径。

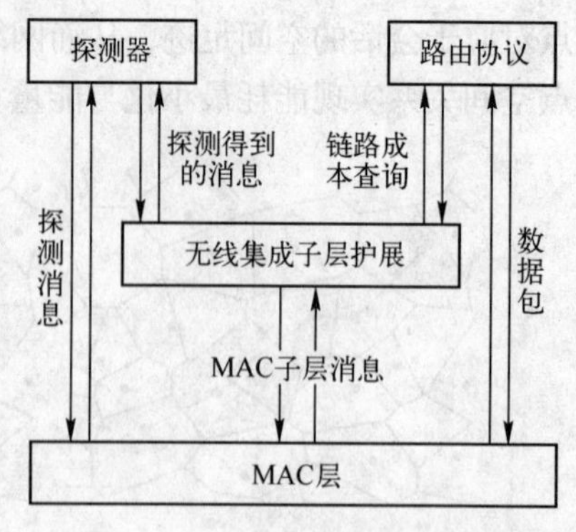

图 3-21　无线集成子层扩展

上述 3 种技术充分考虑了移动自组织网络中的数据传送负担，但是计算的时间复杂度相对较高。与此同时，这些技术需要有类似 GPS 等设备的定位信息。为此，也有学者提出不使用位置信息，而使用节点之间的相对位置关系[86]。

综上所述，基于位置的路由选择算法根据数据包中包含的目的节点位置和转发节点的邻居节点位置进行路由选择，节点通常需要装配 GPS 或者其他定位服务装置。该技术的研究重点集中在高速转发和路由选取机制的实现上，尤其是选用时间复杂度较低的数学模型描述路由，然后根据该数学模型的描述进行路由选择。

3.4　移动自组织网络的应用

移动自组织网络所具有的特点使其在很多特定场合通信应用中具有独特的优势。美国国防部一直是移动自组织网络的主要开发者，移动自组织网络在军事领域具有较为广泛的应用。随着技术的发展，移动自组织网络逐步走向商业领域。短短十几年的时间，移动自组织网络的应用研究已经取得了长足的进步。人们对于普适计算和物联网等新型网络的需求越来越高，希望能够随时随地进行移动计算和通信，移动自组织网络正是能够满足这种需求的重要技术。可以说，由于需求的驱动，移动自组织网络有着良好的应用前景。

3.4.1　相关标准

移动自组织网络在工业和商业上具有广泛应用，具有动态拓扑结构、带宽受限并且链路容量可变、能量受限和物理安全性有限等特点。为此，国际互联网标准化组织 IETF 为移动自组织网络定义了多个 RFC，涉及了移动自组织网络可能使用的多种路由协议，如表 3-1 所示[87]。

表 3-1　移动自组织网络的主要协议标准

RFC 2501	移动自组织网络：路由协议性能与评估
RFC 3561	按需距离向量路由协议
RFC 3626	最优化链路状态路由协议
RFC 3684	基于反向链路转发的拓扑分发协议
RFC 4728	移动自组织网络 IPv4 环境下的动态源路由协议
RFC 5148	移动自组织网络的抖动问题

RFC 2501 的主要内容包括移动自组织网络的基本介绍，还包括 IETF 移动自组织网络工作组的工作目标，以及 IP 层移动路由机制和路由协议的性能等问题。IETF 移动自组织网络

工作组的主要目标是提出点对点的移动路由协议，近期目标则集中在能够适应拓扑结构动态变化的域内单播路由协议上。

RFC 3561、RFC 3626、RFC 3684 和 RFC 4728 的主要内容分别是 AODV 协议、OLSR 协议、TBRPF 协议和 DSR 协议等路由协议，其中 AODV、OLSR 和 DSR 协议在本章第 3.3 节给出了详细介绍。基于反向链路转发的拓扑分发协议（Topology Dissemination Based on Reverse-Path Forwarding，TBRPF）的主要思想是，在本地计算中，每个节点使用改进的 Dijkstra 算法根据拓扑表中存储的部分拓扑信息计算源节点树；在协议交互中，每个节点只将源节点树的一部分通知给相邻节点。

除了上述路由协议外，为了防止移动自组织网络中的多个节点同时发送数据而产生无线通信冲突，RFC 5148 规定了节点等待随机时间再发送数据包的抖动机制。该抖动机制主要包括定期消息生成、外部触发消息生成和消息转发。其中，定期消息生成机制是指每隔一定的时间间隔，节点生成消息；外部触发消息生成机制是指外部条件或者事件触发节点生成消息，该消息用于初始化新的定期消息调度；消息转发机制是指当节点转发消息时，节点将该消息延迟一个随机时间之后发送。

除了上述已经被接受的协议标准外，IETF 移动自组织网络工作组还提出了一些相关标准草案，如表 3-2 所示。这些草案主要涉及两种新的路由协议，有关邻居发现、消息转发和 IP 地址的协议，以及协议交互过程中的数据格式、特定类型数据长度的规定等。

表 3-2　移动自组织网络的 RFC 草案

1	动态移动自组织网络按需路由协议
2	移动自组织网络的简化组播转发技术
3	最优化链路状态路由协议（第 2 版）
4	一般移动自组织网络的数据包/消息格式
5	移动自组织网络邻居发现协议
6	移动自组织网络的互联网地址指派机构分配协议
7	时间类型长度值

动态移动自组织网络按需路由协议（Dynamic MANET On-demand Routing，DYMO）是由多个 DYMO 路由器参加的反应式多跳单播协议。数据发送节点的 DYMO 路由器初始化路由请求消息，并且发现目的节点的 DYMO 路由器。中间节点的 DYMO 路由器记录其到数据发送节点的路由。目的节点接收到路由请求消息后，向数据发送的节点返回路由恢复消息。每个中间节点的 DYMO 路由器记录其到目的节点的路由。

移动自组织网络的简化组播转发技术主要在于提供适合于无线 Mesh 网络和移动自组织网络的基本 IP 组播转发技术。最优化链路状态路由协议（第 2 版）进一步结合了多点延迟，从而提供链路状态的网络级广播机制，并且每个节点维护所有目的节点的信息和一部分链路信息。

“一般移动自组织网络的数据包/消息格式”的 IETF 草案，主要规定了路由中的数据包格式、消息格式、消息头格式、消息体格式、地址块格式和类型长度值格式等。移动自组织网络邻居发现协议（Neighborhood Discovery Protocol，NHDP）主要使用 HELLO 消息，使得节点能够确定一跳和两跳邻居节点的状态。移动自组织网络的互联网地址指派机构分配协议，主要规定了地址分配机制。时间类型长度值的标准草案主要是指借助类型长度值机制表达数据包、消息或者地址的属性。

3.4.2 移动设备组网

在日常生活中，常常会遇到这样的问题：在没有访问点的情况下，如何连接多台计算机，构建资源共享的无线局域网或者参与局域网游戏。根据本章的介绍，移动自组织网络能够满足上述应用的要求。其中参与组网的计算机要求具有 wi-Fi 网卡并且预装 MS Windows 操作系统。

首先，打开无线网卡，单击“开始”→“控制面板”→“网络连接”，右键单击“无线网络连接”，选择“属性”。显示结果如图 3-22 所示。然后，单击网卡右侧的“配置”按钮。

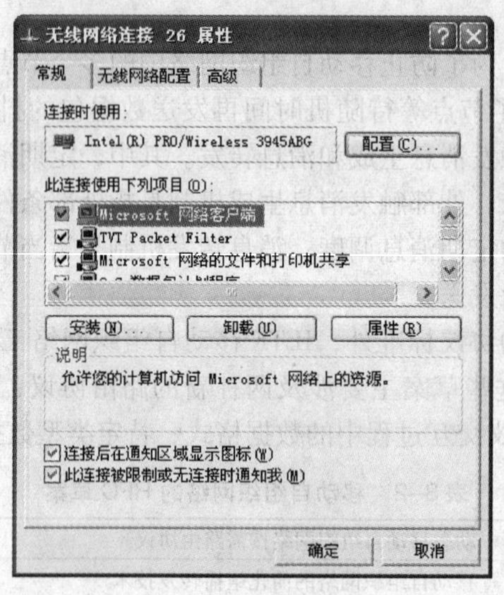

图 3-22 无线网络属性配置

接着需要设置网卡以 Ad Hoc 模式工作，并且设置所有的网卡都使用相同的信道。具体来说，首先选择“高级”选项卡，如图 3-23 所示。在该无线网卡的“属性”栏选择 Ad Hoc 信道，在右侧的“值”栏将所有计算机的该值都设为 1～13 中的同一数值，如都设为 2。配置完这些选项之后，即可单击“确定”以保存所做的更改。

图 3-23 Ad Hoc 信道设置

然后，在列表框“此连接选择使用下述项目”中，选择“Internet 协议（TCP/IP）”，单击“属性”，出现如图 3-24 所示对话框。接着根据互联网路由转发机制，给各台计算机配置 IP 地址。这里要注意，各台计算机需要配置为不同的 IP 地址，但又需要在同一个网段内。例如，将各台计算机的 IP 地址分别设置为 192.168.1.1 与 192.168.1.254 之间的 IP 地址等。配置完这些选项之后，即可单击“确定”以保存所做的更改。

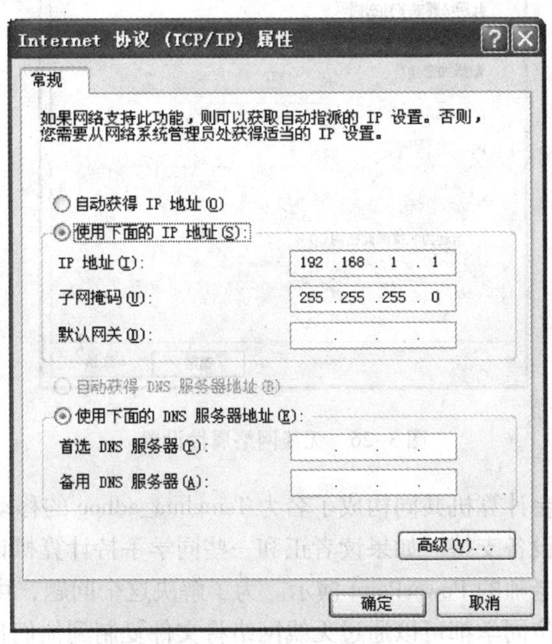

图 3-24　TCP/IP 属性设置

接着，选择“无线网络配置”选项卡，点击“高级”按钮，如图 3-25 所示。将要访问的网络的形式设置为“仅计算机到计算机（特定）”。单击“关闭”按钮之后返回无线网络连接的属性窗口。

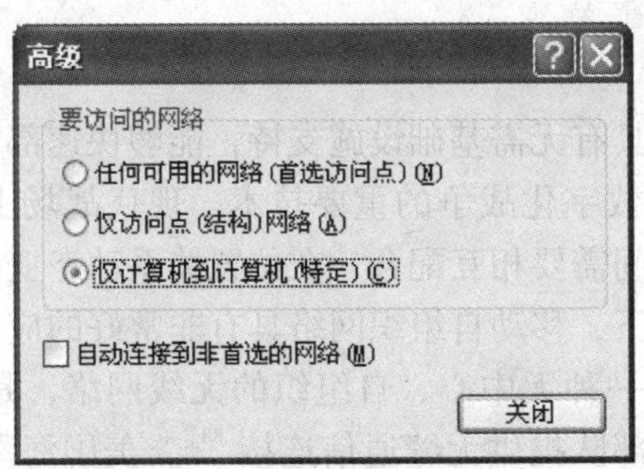

图 3-25　要访问的网络设置

针对网络中的一台计算机，在无线网络连接的属性窗口，单击“添加”按钮，如图 3-26 所示。在“网络名（SSID）”栏中添加该移动自组织网络的网络名称。为了移动自组织网络的安全，在弹出页面中可以将“自动为我提供此密钥”前的对勾去掉，然后设置网络密钥。该网络密钥一般是一段十六进制的字符，也就是说字符必须为 0～9 或

a～f，此组字符需要 10 位。如将密钥设置为 1234567890。

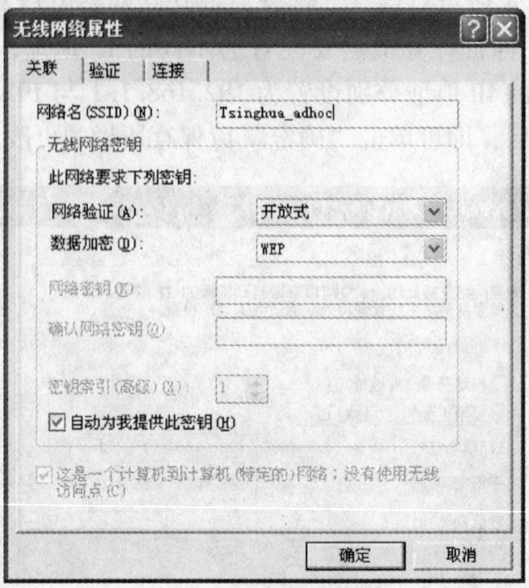

图 3-26　无线网络属性设置

通过上述操作，多台计算机共同构成了名为 Tsinghua_adhoc 的移动自组织网络。该网络搭建简单，无需专门的设备支持。如果读者正和一些同学手持计算机讨论移动计算问题，而且每位同学都需要使用老师的 PowerPoint 演示。为了解决这个问题，可以设置一个即时的移动自组织网络，这样每位同学都可以通过无线网络将文件复制到他们自己的计算机上。如果读者需要在没有网线的情况下构建局域网玩游戏，移动自组织网络也是不错的选择。基于上述原理，可以实现 iPhone、PDA 等个人通信设备之间或者个人通信设备与计算机之间的组网，从而构建家庭无线网络、移动医疗监护系统、个人区域网络、开放式社区网络等，提供普适计算的服务。

3.4.3　军事应用

基于移动自组织网络所具有无需基础设施支持，能够快速部署，具有自恢复的能力等的特点，移动自组织网络成为数字化战争的重要技术。现代战场上，各种作战车辆、作战人员、作战航空器以及卫星之间需要相互配合，在位置关系动态变化的战场条件下保持密切联系，协调作战。在这种情况下，移动自组织网络具有非常好的应用前景。美国基于移动自组织网络提出的战术互联网是一种无中心、自组织的无线网络，是数字化部队建设的基础设施，为师和师以下机动作战部队提供无缝通信连接[88]。美国海军陆战队所使用的联合战术电台系统（JTRS）同样使用了移动自组织网络，将各个地面移动单元、空中移动单元、露营地和舰船等连接在一起，大大提高了协同作战能力[89]。

图 3-27 所示的战场移动自组织网络是军事应用的示例。图中每个作战车辆、作战人员和作战航空器都是移动节点，相互的连接构成了移动自组织网络。由于各个移动节点的移动速度不同，例如，作战航空器与作战人员的移动速度相差很大，所以该网络的拓扑结构动态变化。

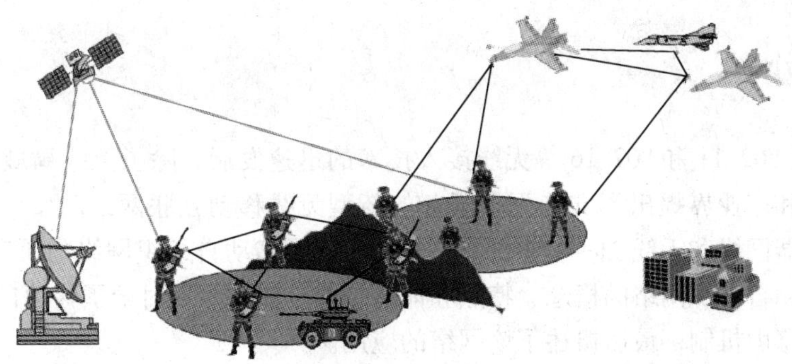

图 3-27　战场上的移动自组织网络

3.4.4　突发事件或者特殊环境中的应用

在发生地震、火灾、水灾、火山喷发等突发事件时，固定结构的通信网络基础设施很容易被摧毁。这就需要移动自组织网络这种不依赖于固定基础设施的网络技术。移动自组织网络能够在没有固定基础设施的前提下迅速部署，在恶劣环境下提供通信支持。

在边远地区、野外或者地下作业时，难以找到固定结构的通信网络提供通信支持，这时也可以采用移动自组织网络作为野外科考队员之间、边远矿山作业工作人员之间以及深层矿井矿工之间无线通信的网络形式，减少作业中的危险。

此外，学术界提出了利用移动自组织网络构建机场场面移动目标监视系统[90]，如图 3-28 所示。该系统包括依次连接的第三方网络、监控中心、数个地面站和大量移动终端等，监控中心通过有线网络与第三方网络和各地面站连接，接收飞机位置、地面站 GPS 定位和各移动终端位置信息，并向各地面站发送防撞告警和自由消息信息；地面站与各移动终端、各移动终端之间通过移动自组织网络连接，每个移动终端都以广播形式向地面站和其他移动终端广播其位置信息，地面站将防撞告警和自由消息信息向各个移动终端广播。通过在各移动终端之间建立移动自组织网络进行自组通信，实现了在机场交通流量较高、机场布局复杂以及能见度低等条件下提供高质量、高精度和高速率的机场移动目标监视。

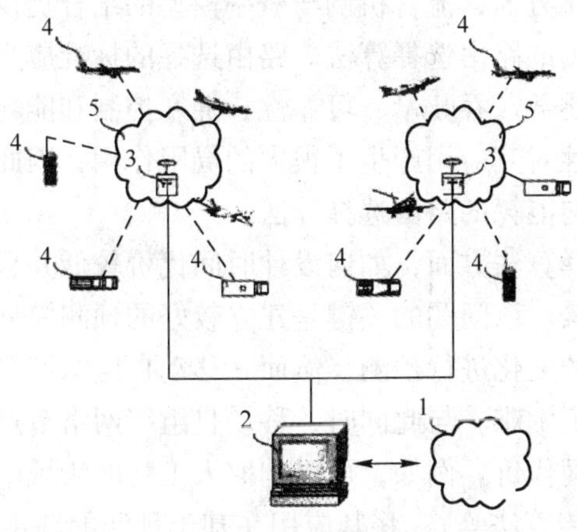

图 3-28　机场场面移动目标监视系统

3.5 本章小结

随着IEEE 802.11和802.16等无线接入技术的迅速发展，除了无线局域网和无线城域网外，学术界和产业界提出了支持更多服务的新型无线移动互联网，例如，移动自组织网络、无线传感器网络和无线Mesh网络等。本章介绍了移动自组织网络的研究和技术发展，首先给出了移动自组织网络的概念、特点和体系结构，然后重点讨论了移动自组织网络的信道接入技术与路由机制，最后概述了该网络的应用。

移动自组织网络的MAC协议已经日趋成熟，目前正朝着面向实用和性能优化前进。在优化的过程中，MAC协议的设计与下层硬件（如智能天线）以及上层协议和应用相融合，自适应、智能化、动态预测和支持QoS等是MAC协议未来的研究方向。

移动自组织网络与传统网络具有较大差异，其节点移动性强的特点使得必须开发新的路由协议。3.3节首先介绍了基本路由机制与各种分类方法，接着综述了路由协议和基本路由选择算法，进而从预测模型、能量模型、位置信息、服务质量控制和安全支持这5个角度，深入分析了当前移动自组织网络路由选择算法的最新研究进展。预测模型通过基于历史信息的移动预测，降低了路由选择的时间代价。能耗模型则着重采用适当的数学模型来描述网络能耗情况，在选路过程中实现了分组传送的能耗最小化和能量负担之间的权衡。基于位置的路由选择算法根据节点的地理位置标志目的地，并利用该地理位置信息进行路由选择。服务质量感知路由的路由选择算法在本地计算中考虑带宽、延迟、能量和电池生命周期等多重信息，在进行路由选择的同时，还进一步引入了服务质量支持。安全路由选择算法则利用适合移动自组织网络的密钥、哈希链、电子签名等对协议交互的消息进行加密，在路由选择中保障网络安全。

在移动自组织网络的基本路由选择算法中，协议交互中的洪泛操作带来了严重的数据传送负担和节点计算负担，与此同时，本地计算中仅仅以跳数作为路由选择的标准无法选择最优路由。因此，如何降低洪泛操作带来的负担以及如何设计更为全面的路由选择标准是研究热点最为集中的领域。区分稀疏网络和稠密网络并且分别设计路由选择策略是其中的一种解决方案。在洪泛操作的优化方面，流言机制与概率模型的结合提供了很好的研究思路，学者在此基础上提出了基于预测的路由选择算法。路由选择的标准应当是多个指标综合考虑的结果，因此路由评价需要与跳数、吞吐量、可靠性、拥塞控制和能耗结合在一起研究。由于移动自组织网络的能量有限性对其应用产生了很大的局限作用，因此尤其需要将路由评价与能耗相结合，进一步提出面向能耗的路由选择算法。

在基于预测的路由选择算法方面，如何设计时间代价较低并且更新及时的预测路由选择算法，具有较好的研究前景。该问题的关键是建立较好的预测模型，基于节点历史行为进行描述和建模，从而对路由的变化进行预测。然而，移动自组织网络具有高度动态性，这使得建立上述预测模型存在一定困难。与此同时，移动自组织网络节点能量有限，需要充分考虑预测模型的时间代价和空间代价。例如，可以选取人工智能领域中时间代价较低并且空间要求不高的预测模型（如遗传算法等），将其应用在基于预测的路由选择算法中，或者考虑将人工智能领域中的常见预测模型进行改进，使之在面向能耗的前提下支持移动自组织网络的高度动态性。另外，根据移动自组织网络具体应用的要求，可以采用不同的预测模型，比如针对规模大的移动自组织网络设计分层次的预测模型，针对高度动态性设计反馈及时的预测模型，针对服务质量要求设计考虑带宽和延迟的预测模型等。

由于移动自组织网络节点使用自身带有的电池或者其他易损耗的能源作为能量提供源，能量非常有限，因此对于面向能耗的路由选择算法具有良好的研究前景。该问题的研究重点在于降低节点能耗。该能耗降低的主要方法在于基于节点移动信息的共享和网络流量信息的预测，选择合适的数学模型描述能耗情况并进行优化。另外，数据包传送所造成的能耗最小化和能量负担均衡之间的权衡，尤其是适应于特定应用的权衡公式值得进一步研究。此外，针对大规模移动自组织网络，可以建立层次化的面向能耗的路由选择算法。

对于服务质量感知的路由选择算法而言，面向能耗和降低计算负担是研究重点。其中，独立于服务质量感知的路由选择算法时间复杂度相对较低，并且无需链路层的支持，具有更为广阔的应用前景。如何在保证服务质量的基础上，构建运算负担较低并且能量消耗较低的独立服务质量感知路由以及相应的路由选择算法，值得深入研究。

安全路由选择算法在进行路由选择的同时实现安全保证。由于移动节点的计算能力和能源有限，如何降低计算负担是移动自组织网络安全路由技术的研究重点。该问题的关键在于，如何选择计算开销较低的数学模型以支持安全要求。因此适应于高动态性特点的数学模型以及相应的安全路由选择算法值得深入研究。另外，由于移动自组织网络中节点的存储能力和计算能力有限，如何构建适应移动自组织网络特点的密钥、哈希链、电子签名也值得深入研究。

3.6 习题

1. 移动自组织网络已经成为应用日益广泛的一种无线网络技术。请列举两个移动自组织网络的应用，并结合该应用说明什么是移动自组织网络，以及移动自组织网络与互联网相比具有什么特点。

2. 移动自组织网络需要进行数据的传送，请结合第 1 题中的应用说明什么是节点、源节点和目的节点。

3. 如果读者以及一些同学每人手持一台带有无线网卡的计算机，没有基础设施（即AP）的情况下能否共同玩一个局域网的游戏？采用自组织网络能否实现上述目的？相对于其他解决方案，采用自组织网络解决上述问题，有什么优势？

4. 链路层的 MAC 协议是移动自组织网络协议栈中的重要组成部分，它既要对无线信道进行信道划分、分配和能量控制，又要负责向网络层提供统一的服务，屏蔽底层不同的信道控制方法。最简单的情况下，移动自组织网络节点间只使用一个共享信道，请介绍 3 种典型的单信道 MAC 协议。

5. 多信道 MAC 协议采用信道分割技术，把信道分成多个信道。多信道 MAC 协议主要关注两个问题，即信道分配和接入控制。请介绍 3 种典型的多信道 MAC 协议。

6. 移动自组织网络采用多种路由协议为网络层数据传输进行路由选择。路由协议可以分为表驱动路由、按需驱动路由和二者的混合路由。请对比分析表驱动路由和按需驱动路由的基本原理，并说明各自的优缺点和适用范围。

7. 在表驱动路由和按需驱动路由的基础上，二者混合路由得以提出。什么是混合路由？请举例说明该协议的运行机制，并请说明该协议适用于何种移动自组织网络。

8. 根据路由协议的不同特点，路由协议还可以分为距离向量路由、链路状态路由和路径向量路由。请说明上述划分的划分标准，并从原理和适用范围两个角度进一步比较距离向量路由、链路状态路由和路径向量路由协议。

9. 根据路径向量存储的位置，可以将移动自组织网络的路径向量路由分为源路由和分布式路由。请介绍什么是源路由、分布式路由，分析各自的优缺点。

10. 根据网络节点是否存在层次结构，可以将移动自组织网络的路径向量路由分为平面路由和层次路由。层次路由协议 CGSR 引入了簇头的概念，请分析簇头有哪些特点，簇头与其他节点有哪些区别。

11. 移动自组织网络的网络层主要负责将分组消息从源节点沿着网络路径传送到目的节点，也就是路由选择以及消息转发。请思考如果没有任何一种路由协议，在多跳传输的网络中，网络需要采用什么方式才能够将信息从源节点传输到目的节点？与先路由再传输的机制相比，这种方式适用于什么场景？

12. 移动自组织网络的路由协议和互联网的路由协议一样，都是为了实现数据包的高效、快速、准确传送。也就是说，提高速率和降低延迟是路由机制优化的一项重要原则。但是移动组织网络所具有的特点对于路由机制提出了特殊的优化要求。请结合移动自组织网络的特点，分析移动自组织网络路由优化原则与互联网路由的差异。

13. 路由选择算法的重要问题在于路由更新性能的提高，也就是以较低的代价实现拓扑位置信息的更新，为此人们针对移动自组织网络特点建立了预测模型。请介绍一种移动自组织网络路由的预测模型，并总结该类算法的思路和特点。

14. 洪泛和路由迂回都会导致不必要的能量消耗，而移动自组织网络中的节点能量有限，因此能耗是移动自组织网络路由选择算法需要考虑的重要问题。请介绍一种移动自组织网络路由的能耗模型，并总结该类算法的思路和特点。

15. 为了避免节点移动性给路由选择造成的困难，人们提出了基于位置的路由选择算法。请总结移动自组织网络基于位置的路由选择算法，说明该类算法的基本思路和优缺点。

16. DSDV 协议是移动自组织网络的一种重要路由协议。使用 C 语言或者 C ++ 语言编程实现 DSDV 协议，并模拟协议交互和本地计算的过程。

17. OLSR 协议是移动自组织网络的一种重要路由协议。使用 C 语言或者 C ++ 语言编程实现 OLSR 协议，并模拟协议交互和本地计算的过程。

18. DSR 协议是移动自组织网络的一种重要路由协议。使用 C 语言或者 C ++ 语言编程实现 DSR 协议，并模拟协议交互和本地计算的过程。

19. AODV 协议是移动自组织网络的一种重要路由协议。使用 C 语言或者 C ++ 语言编程实现 AODV 协议，并模拟协议交互和本地计算的过程。

20. DSR 协议中，每个分组的分组头中都包含有从源节点到目的节点的完整路由信息；AODV 协议中，每个节点维护路由表。根据路由机制的优化原则，结合 DSR 协议和 AODV 协议的思路，设计一种适合节点数目较少的、节点运动速度相对较高的移动自组织网络的路由协议，分析该协议的优缺点。

21. CSGR 协议提出分簇的思想并且在每个簇内选出簇头节点，由簇头节点负责簇内节点的管理。结合 CSGR 协议的分层机制以及 AODV 协议的基本机制，设计一种适合节点数目较多的、节点运动速度相对较低的移动自组织网络的路由协议，分析该协议的优缺点。

22. OLSR 协议是一种基于链路状态的表驱动协议。结合 OLSR 协议和 HOLSR 协议基本原理的介绍，设计完成 HOLSR 协议，并分析该算法的时间复杂度、空间复杂度以及给网络造成的通信负担。

参考文献

[1] J Freebersyser, B Leiner. A DoD Perspective on Mobile Ad Hoc Networks [J]. Ad Hoc Networking. Addison-Wesley, 2001: 29-51.

[2] Ram Ramantahan, Jason Redi. A Brief Overview of Ad Hoc Networks: Challenges and Directions [J]. IEEE Communications Magazine, 2002 (40).

[3] Estrin D, Govindan R, Heidemann J, Kumar S. Next Century Challenges: Scalable Coordinate in Sensor Network [C] //Proceedings of the 5th ACM/IEEE International Conference on Mobile Computing and Networking, IEEE Computer Society, 1999: 263-270.

[4] Raffaele Bruno, Macro Conti, Enrico Gregori. Mesh Network: Ccommodity Multihop Ad Hoc Mesh Networks [J]. IEEE Communication Magazine, 2005 (3) 123-131.

[5] Riva Oriana, Nadeem Tamer, Borcea Cristian, Iftode Liviu. Context-aware Migratory Services in Ad Hoc Networks [J]. IEEE Transactions on Mobile Computing, 2007, 6 (12): 1313-1328.

[6] Silvia Giordano, Edoardo Biagioni. Topics in ad hoc and sensor networks [J]. IEEE Communications Magazine, 2007, 45 (4): 68.

[7] A L Murphy, G C Roman, G Varghese. An Exercise in Formal Reasoning About Mobile Communications [C] //IEEE 9th International Workshop on Software Specification and Design, 1998: 25-33.

[8] Meng Miao, Cam Nguyen. On the Development of an Integrated CMOS-based UWB Tunable-pulse Transmit Module [J]. IEEE Transactions on Microwave Theory and Techniques, 2006, 54 (10): 3681-3687.

[9] Ambuj Parihar, Lutz Lampe, Robert Schober, Cyril Leung. Equalization for DS-UWB Systems-part I: BPSK Modulation [J]. IEEE Transactions on Communications, 2007, 55 (6): 1164-1173.

[10] Xianjun Zhou, Xiulin Hu, Yunyu Zhang, Xiaoyuan Yu. A Rapid Acquisition Scheme on TH-PPM UWB Signal [C] //2005 International Conference on Wireless Communications, Networking and Mobile Computing, 2005, 1 (23-26): 352-355.

[11] Luo X, Giannakis G B. Efficient Synchronization-demodulation for UWB Ad Hoc Access: Performance Analysis and Comparisons with RAKE [C] // IEEE 6th Workshop on Signal Processing Advances in Wireless Communications, 2005: 900-904

[12] Al Hanbali, A, Altman E, Nain P. A Survey of TCP Over Ad Hoc Networks [J]. IEEE Communications Surveys & Tutorials, 2005, 7 (3): 22-36.

[13] Sardar B, Saha D A Survey of TCP Enhancements for Last-hop Wireless Networks [J]. IEEE Communications Surveys & Tutorials, 2006, 8 (3): 20-34.

[14] P Karn. MACA-A New Channel Access Method for Packet Radio [C] //Proceedings of the ARRL/CRRL Amateur Radio 9th Computer Networking Conference, 1990.

[15] N Abramson. The ALOHA System- Another Alternative for Computer Communications [C] //Proceedings of 1970 Fall Joint Compute. Conf., AFIPS Press, 1970: 281-285.

[16] L Kleinrock, F. A Tobagi. Packet Switching in Radio Channels: Part I-Carrier Sense Multiple-access Modes and Their Throughput-delay Characteristics [J]. IEEE Transaction on Communications, 1975, 23 (12): 1400-1416.

[17] P Karn. MACA-A New Channel Access Method for Packet Radio [C] //Proceedings of the ARRL/CRRL Amateur Radio 9th Computer Networking Conference, 1990.

[18] V Bhargavan, A Demers, S Shenker, L Zhang. MACAW-A Media Access Protocol for Wireless-lans [C] //Proceedings of the ACM SIGCOMM, 1994: 212-225.

[19] C L Fullmer, J J Garcia-Luna-Aceves. Floor Acquisition Multiple Access (FAMA) for Packet-radio Networks [C] //Proceedings of ACM SIGCOMM, 1995.

[20] J J Garcia-Luna-Acevesm, Chane L Fullmer. Floor Acquisition Multiple Access (FAMA) in Single-channel Wireless Networks [J]. Mobile Networks and Applications, 1999, 4 (3): 157-174.

[21] Haas Z J, Deng J. Dual Busy Tone Multiple Access (DBTMA) -A Multiple Access Control Scheme for Ad Hoc Networks [J]. IEEE Transactions on Communications, 2002, 50 (6): 975-985.

[22] Tang Z, Garcia-Luna-Aceves J J. Hop-Reservation Multiple Access (HRMA) for Ad-Hoc Networks [C] // Eighteenth Annual Joint Conference of the IEEE Computer and Communications Societies (INFOCOM99), 1999: 194-201.

[23] Tzamaloukas A, Garcia-Luna-Aceves J J. A Receiver-initiated Collision-avoidance Protocol for Multi-channel Networks [C] //Twentieth Annual Joint Conference of the IEEE Computer and Communications Societies (INFOCOM), 2001: 189-198.

[24] Nasipuri A, Das S R. Multichannel CSMA with Signal Power-based Channel Selection for Multi-hop Wireless Networks [C] //IEEE Vehicular Technology Conference (VTC), 2000: 211-218.

[25] Hung W C, Eddie Law K L, Leon-Garcia A. A Dynamic Multi-channel MAC for Ad Hoc LAN [C] //Proceedings of 21st Biennial Symposium on Communications, 2002: 31-35.

[26] So J, Vaidya N. Multi-Channel MAC for Ad Hoc Networks: Handling Multi-Channel Hidden Terminals Using A Single Transceive [C] //Proceedings of 5th ACM International Symposium on Mobile Ad Hoc Networking and Computing (MobiHoc), 2004: 222-233.

[27] S Singh, C S Raghavendra. PAMAS-Power Aware Multi-Access Protocol with Signaling for Ad Hoc Networks [J] ACM Computer Communication, 1998, 28 (3): 5-26.

[28] E S Jung, N H Vaidya. A Power Control MAC Protocol for Ad Hoc Networks [C] // ACM/Kluwer Wireless Networks (WINET), 2005, 11 (1-2): 55-66.

[29] J Monks, V Bharghavan, W Hwu. A Power Controlled Multiple Access protocol for Wireless Packet Networks [C] // Proceedings of the IEEE INFOCOM, 2001.

[30] Zhuo Chuan Huang, Chien-Chung Shen, Chavalit Srisathapornphat. A Busy-Tone Based Directional MAC Protocol for Ad Hoc Networks [C] //IEEE MILCOM, 2002.
[31] Romit Roy Choudhury, Xue Yang, Ram Ramanathan, Nitin H Vaidya. Using Directional Antennas for Medium Access Control in Ad Hoc Networks [C] //Proc. of the Mobicom, 2002: 59 -70.
[32] Andrew S Tanenbaum. 计算机网络 [M]. 4 版. 潘爱民, 译. 北京: 清华大学出版社, 2004: 295 -296.
[33] Jean-Pierre Hubaux, Levente Buttyan, Srdan Capkun. The Quest for Security in Mobile Ad Hoc Networks [C] // IEEE MobiHoc, 2001: 146 -155.
[34] Elizabeth M Royer, Chai-Keong Toh. A Review of Current Routing Protocols for Ad Hoc Mobile Wireless Networks [J]. IEEE Personal Communications, 1999, 6 (2): 46 -55.
[35] Jane Y Yu, Peter H J Chong. A Survey of Clustering Schemes for Mobile Ad Hoc Networks [J]. IEEE Communications Surveys & Tutorials, 2005, 7 (1): 32 -48.
[36] Perkins C E, Bhagwat P. Highly Dynamic Destination-Sequenced Distance-Vector Routing (DSDV) for Mobile Computers [J]. ACM SIGCOMM Computer Communication Review, 1994, 24 (4): 234 -244.
[37] Shree Murthy, J J Garcia-Luna-Aceves. An Efficient Routing Protocol for Wireless Networks [J]. ACM Mobile Networks and Applications, 1996, 1 (2): 183 -197.
[38] C C Chiang. Routing in Clustered Multihop, Mobile Wireless Networks with Fading Channel [C] //The IEEE Singapore International Conference on Networks, 1997 (SICON'97), 1997: 197 -211.
[39] T Clausen, P Jacquet. Optimized Link State Routing (OLSR) [EB/OL]. IETF RFC 3626, 2003. http: //www. ietf. org/rfc/rfc3626. txt.
[40] 陈林星、曾曦、曹毅. 移动 Ad Hoc 网络——自组织分组无线网络技术 [M]. 北京: 电子工业出版社, 2006: 146 -169.
[41] Villasenor-Gonzalez L, Ying Ge, Lament L. HOLSR: A Hierarchical Proactive Routing Mechanism for Mobile Ad Hoc Networks [J]. IEEE Communications Magazine, 2005, 43 (7): 118 -125.
[42] Lee U, Midkiff S F, Park J S. A Proactive Routing Protocol for Multi-channel Wireless Adhoc Networks (DSDV-MC) [C] //International Conference on Information Technology: Coding and Computing, 2005 (ITCC 2005), 2005, 2 (4 ~6): 710 -715.
[43] Lee U, Midkiff S F. OLSR-MC: A Proactive Routing Protocol for Multi-channel Wireless Ad-Hoc Networks [C] // IEEE Wireless Communications and Networking Conference, 2006 (WCNC 2006), 2006 (1): 331 -336.
[44] D B Johnson, D A Maltz, J Broch. The Dynamic Source Routing Protocol (DSR) for Mobile Ad Hoc Networks for IPv4 [EB/OL]. RFC 4278. http: //www. ietf. org/rfc/rfc4728. txt.
[45] C E Perkins, E M Royer. Ad-hoc On-demand Distance Vector Routing [C] // IEEE WMCSA'99, 1999: 197 -211.
[46] Park V D, Macker J P, Corson M S. Applicability of the Temporally-ordered Routing Algo-

rithm for Use in Mobile Tactical Networks [C] //IEEE Military Communications Conference, 1998 (MILCOM' 98), 1998 (2): 426 - 430.

[47] C K Toh. A Novel Distributed Routing Protocol to Support Ad- Hoc Mobile Computing [C] // IEEE 15th Annual International Phoenix Conference on Computing and Communications, 1996.

[48] M R Pearlman, Z J Haas. Determining the Optimal Configuration for the Zone Routing Protocol [J] IEEE Journal on Selected Areas in Communications, Special Issue on Wireless Ad Hoc Networks, 1999, 17 (8): 1395 - 1431.

[49] Fei Dai, Jie Wu. Proactive Route Maintenance in Wireless Ad Hoc Networks [C] //IEEE International Conference on Communications, 2005 (ICC 2005), 2005, 2 (16 - 20): 1236 - 1240.

[50] Gerla M, Xiaoyan Hong, Guangyu Pei. Landmark routing for Large Ad Hoc Wireless Networks [C] //IEEE Global Telecommunications Conference, 2000 (GLOBECOM '00), 2000, 3 (27): 1702 - 1706.

[51] Shavitt Y, Shay A. Optimal Routing in Gossip Networks [J]. IEEE Transactions on Vehicular Technology, 2005, 54 (4): 1473 - 1487.

[52] Lott C, Teneketzis D. Stochastic Routing in Ad- hoc Networks [J]. IEEE Transactions on Automatic Control, 2006, 51 (1): 52 - 70.

[53] Zygmunt J Haas, Joseph Y Halpern, Li Li. Gossip-based Ad Hoc Routing [J]. IEEE/ACM Transactions on Networking, 2006, 14 (3): 479 - 491.

[54] Awerbuch B, Holmer D, Rubens H, Kleinberg R. Provably Competitive Adaptive Routing [C] // IEEE INFOCOM, 2005, 1 (13 - 17): 631 - 641.

[55] Mitsubishi Electric Research Lab. Method for Discovering Routes in Wireless Communications Networks: US, 20110002226 [P]. 2007 - 01 - 04.

[56] Sheng Zhong, Li (Erran) Li, Yanbin Grace Liu, Yang Richard Yang. On Designing Incentive-compatible Routing and Forwarding Protocols in Wireless Ad-hoc Networks [C] //IEEE MobiCom, 2005: 117 - 131.

[57] Xiaojiang Du, Dapeng Wu, Wei Liu, Yuguang Fang. Multiclass Routing and Medium Access Control for Heterogeneous Mobile Ad Hoc Networks [J]. IEEE Transactions on Vehicular Technology, 2006, 55 (1): 270 - 277.

[58] Wu J, Yang S, Dai F. Logarithmic Store- Carry- Forward Routing in Mobile Ad Hoc Networks [J]. IEEE Transactions on Parallel and Distributed Systems, 2007, 18 (6): 735 - 748.

[59] 株式会社日立制作所. 自组织网络构筑方法、程序以及无线终端: 中国, 200710126925 [P] 2007 - 07 - 03.

[60] Siemens AG. Routing Method: WO, 2007113174 [P] 2007 - 10 - 11.

[61] Xiaojiang Du, Dapeng Wu. Adaptive Cell Relay Routing Protocol for Mobile Ad Hoc Networks [J]. IEEE Transactions on Vehicular Technology, 2006, 55 (1): 278 - 285.

[62] Zhao Yao, Chen Yan, Li Bo, Zhang Qian. Hop ID: A Virtual Coordinate Based Routing for Sparse Mobile Ad Hoc Networks [J]. IEEE Transactions on Mobile Computing, 2007, 6

(9): 1075 ~ 1089.

[63] Ritchie L, Yang H S , Richa A W. Reisslein M. Cluster Overlay Broadcast (COB): MANET Routing with Complexity Polynomial in Source-destination Distance [J]. IEEE Transactions on Mobile Computing, 2006, 5 (6): 653 - 667.

[64] Eriksson J. Faloutsos M. Krishnamurthy S V. DART: Dynamic Address Routing for Scalable Ad Hoc and Mesh Networks [J]. IEEE/ACM Transactions on Networking, 2007, 15 (1): 119 - 132.

[65] Shiwen Mao, Kompella S, Hou Y T, Sherali H D, Midkiff S F. Routing for Concurrent Video Sessions in Ad Hoc Networks [J]. IEEE Transactions on Vehicular Technology, 2006, 55 (1): 317 - 327.

[66] Tran D A, Raghavendra H. Congestion Adaptive Routing in Mobile Ad Hoc Networks [J]. IEEE Transactions on Parallel and Distributed Systems, 2006, 17 (11): 1294 - 1305.

[67] P Jacquet, P Muhlethaler, T Clausen, A Laouiti, A Qayyum, L Viennot. Optimized Link State Routing Protocol for Ad Hoc Networks [C] //Proceedings of IEEE International Multi Topic Conference 2001 (INMIC' 01), 2001: 62 - 68.

[68] J J Garcia-Luna-Aceves, M Spohn. Source-tree Routing in Wireless Networks [C] // The 7th IEEE International Conference on Network Protocols (ICNP' 99), 1999: 273 - 282.

[69] S Basagni, I Chlamtac, V R Syrotiuk, B A Woodward. A Distance Routing Effect Algorithm for Mobility (DREAM) [C] //The 4th Annual ACM/IEEE International Conference on Mobile Computing and Networking (MobiCom' 98), 1998: 76 - 84.

[70] Mehran Abolhasan, Tadeusz Wysocki, Justin Lipman. A New Strategy to Improve Proactive Route Updates in Mobile Ad Hoc Networks [J]. EURASIP Journal on Wireless Communications and Networking, 2005 (5): 828 - 837.

[71] Shengming Jiang, Dajiang He, Jianqiang Rao. A Prediction-based Link Availability Estimation for Routing Metrics in MANETs [J]. IEEE/ACM Transactions on Networking, 2005, 13 (6): 1302 - 1312.

[72] Guo Zhihao, Malakooti Behnam. Predictive Multiple Metrics in Proactive Mobile Ad Hoc Network Routing [C] // 32nd IEEE Conference on Local Computer Networks, 2007 (LCN 2007), 2007: 15 - 18.

[73] Pham V, Larsen E, Ovsthus K, Engelstad P, Kure O. Rerouting Time and Queueing in Proactive Ad Hoc Networks [C] // IEEE International Performance, Computing, and Communications Conference, 2007 (IPCCC 2007), 2007, 160 - 169.

[74] V Rodoplu, T Meng, Minimum Energy Mobile Wireless Networks [J]. IEEE Journal of Selected Areas Communications, 1999, 17 (8): 1333 - 1344.

[75] C Toh, H Cobb, D Scott. Performance Evaluation of Battery-life Aware Routing Schemes for Wireless Ad Hoc Networks [C] IEEE International Conference on Communications, 2001 (ICC 2001), 2001 (1): 2824 - 2829.

[76] L Lin, N Shroff, R Srikant. Asymptotically Optimal Power-aware Routing for Multihop Wireless Networks with Renewable Energy Sources [C] // Proc. IEEE INFOCOM 2005, 2005

(2)：1262 - 1272.

[77] Helmy A. Contact-extended Zone-based Transactions Routing for Energy-constrained Wireless Ad Hoc networks [J]. IEEE Transactions on Vehicular Technology, 2005, 54 (1)：307 - 319.

[78] Liang B, Haas Z J. Hybrid Routing in Ad Hoc Networks with a Dynamic Virtual Backbone [J]. IEEE Transactions on Wireless Communications, 2006, 5 (6)：1392 - 1405.

[79] Zhao Qing, Tong Lang, Counsil David. Energy-aware Adaptive Routing for Large-scale Ad Hoc Networks：Protocol and Performance Analysis [J]. IEEE Transactions on Mobile Computing, 2007, 6 (9)：1048 - 1059.

[80] Seung Jun Baek, Gustavo de Veciana. Spatial Energy Balancing Through Proactive Multipath Routing in Wireless Multihop Networks [J]. IEEE/ACM Transactions on Networking, 2007, 15 (1)：93 - 104.

[81] M Mauve, J Widmer, H Hartenstein. A Survey on Position-based Routing in Mobile Ad Hoc Networks [J]. IEEE Network, 2001, 15 (6)：30 - 39.

[82] Fabian Kuhn, Roger Wattenhofer, Yan Zhang, Aaron Zollinger. Geometric Ad-hoc Routing：of Theory and Practice [C] //Proceedings of the 22nd ACM Symposium on the Principles of Distributed Computing (PODC), 2003.

[83] Kuruvila J, Nayak A, Stojmenovic I. Hop Count Optimal Position-based Packet Routing Algorithms for Ad Hoc Wireless Networks with a Realistic Physical Layer [J]. IEEE Journal on Selected Areas in Communications, 2005, 23 (6)：1267 - 1275.

[84] Taejoon Park, Shin K G. Optimal Tradeoffs for Location-based Routing in Large-scale Ad Hoc Networks [J] IEEE/ACM Transactions on Networking, 2005, 13 (2)：398 - 410.

[85] S Lee, B Bhattacharjee, S Banerjee. Efficient Geographic Routing in Multihop Wireless Networks [EB/OL] ACM Mobihoc'05, 2005.

[86] A Rao, S Ratnasamy, C Papadimitriou, S Shenker, I Stoica. Geographic Routing without Location Information [C] // IEEE MobiCom '03, 2003.

[87] IETF：Mobile Ad-hoc Networks(MANET)[EB/OL]. http：//www.ietf.org/html.charters/manet-charter.html.

[88] 郑少仁，等. Ad Hoc 网络技术 [M]. 北京：人民邮电出版社，2005：212 - 222.

[89] 陈林星、曾曦、曹毅. 移动 Ad Hoc 网络——自组织分组无线网络技术 [M] 北京：电子工业出版社，2006：31 - 44.

[90] 北京航空航天大学. 机场场面移动目标监视系统：中国，200610138633 [P] 2007 - 7 - 25.

[91] Berry T, Cisco Technology Inc.. Compression of a Routing Header in a Packet by a Mobile Router in an Ad Hoc Network：WO, 2007081566 [P]. 2007 - 7 - 19.

[92] Microsoft Corp. System and Method for Link Quality Source Routing：US, 2008031187 [P]. 2008 - 02 - 07.

[93] Xin Yu. Distributed Cache Updating for the Dynamic Source Routing Protocol [J]. IEEE Transactions on Mobile Computing, 2006, 5 (6)：609 - 626.

[94] 阿尔卡特朗讯公司. 用于自组织网络的分布式散列机制：中国，200710126918 [P]. 2008 - 1 - 9.

第 4 章　无线传感器网络

现代信息科学技术包括信息生成、获取、存储、传输、处理及应用，其中信息获取是非常关键的一个环节。随着无线通信、集成电路、微机电系统（Micro-Electro-Mechanism System，MEMS）、信号处理技术、计算机网络技术等的发展，低成本、低能耗、多功能的微型传感器成为可能，这些节点集成了信息感知、数据处理和通信功能。在微型传感器的基础上，学者将第 3 章所述的移动自组织网络技术与传感器技术结合起来，提出了无线传感器网络。

本章内容安排如下，4.1 节介绍无线传感器网络的概念、体系结构以及设计所需要考虑的因素等，4.2 节介绍无线传感器网络节点的设计，4.3 ~4.5 节分别分析无线传感器网络的物理层技术、MAC 协议和路由协议；4.6、4.7 节介绍了无线传感器网络中非常重要的两项支撑技术，即节点定位技术和时间同步技术；4.8 节对无线传感器网络应用进行了初步介绍，最后是本章小结。

4.1　无线传感器网络概述

无线传感器网络研究起源于 20 世纪 70 年代，最早开始无线传感器网络研究的是美国军方，主要用于军事目的，如战场观测等。之后，其他发达国家和一些企业也投入许多精力来开展无线传感器网络的研究，其研究领域也从军事国防领域扩展到环境监测、健康监测、家庭应用和其他方面。自组织、微型化和对外部世界的感知能力是传感器网络的三大特点，这些特点决定了传感器网络在众多领域都存在着广阔的应用前景 。

4.1.1　无线传感器网络的基本概念

无线传感器网络由大量传感器节点密集地布置在一个区域内，通过无线电通信组成一个多跳自组织网络系统，其目的是协作地感知、采集和处理网络覆盖区域里被检测对象的信息，并发送给观察者。

传感器网络中可包括不同类型的传感器节点，可感知不同信号，如温度、光线强度、长度、机械波、电磁波等信息，从而收集到包括热量、视频、音频、压力、物体大小、磁场强度等用户感兴趣的信息。由于节点有一定计算功能，所以节点采集到原始信息后可以进行一定处理，将处理过的信息传送出去。

在组网方面，无线传感器网络是从移动自组织网络发展而来，其配置、管理都是以自组织的方式完成。网络中节点位置不需要事先确定，允许将节点随机地布设在不可达地区或危险地区。

但是，无线传感器网络和移动自组织网络相比还有如下一些不同之处。

- 无线传感器网络节点布设比较密集。
- 无线传感器网络中节点布设以后，基本上处于静止不动状态，具有弱移动性。

- 无线传感器网络的节点本身结构简单，容易失效。
- 由于无线传感器网络中节点数量很大，而每个传感器网络通常是局部应用，所以节点没有全局 ID。
- 无线传感器节点通常以电池供电，传感器节点一旦布置后，便很难对其进行能源补给，能耗成为传感器网络中至关重要的问题，甚至所有的协议设计都要尽量考虑减小能耗、延长网络生存期等问题。

4.1.2 无线传感器网络的体系结构

无线传感器网络系统框架如图 4-1 所示[1]，包括传感器节点（如 A ~ D）、汇聚节点和任务管理节点/用户 3 类。传感器节点被随机地分布在观测域中，每个节点都有能力收集数据并将其传输给汇聚节点和用户。数据通常通过无线多跳方式传到汇聚节点，再由汇聚节点传给终端用户，汇聚节点和用户间可通过有线方式或卫星进行连接。

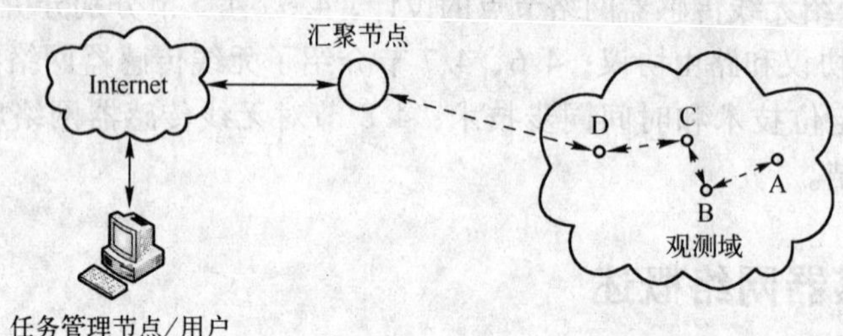

图 4-1 无线传感器网络系统框架

在汇聚节点和传感器节点中使用的网络协议栈如图 4-2 所示[1]。协议栈可从两个角度来看。纵向上，协议栈可分为 5 层，包括物理层、数据链路层、网络层、传输层和应用层；横向来看，整个协议栈在 3 个平面的管理控制下，包括能源管理平面、移动管理平面和任务管理平面。

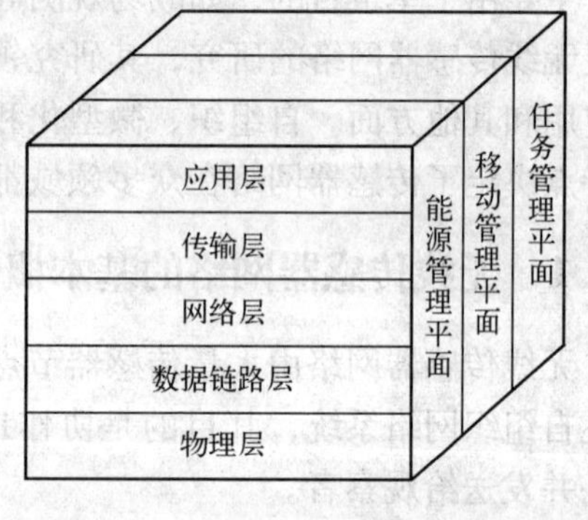

图 4-2 无线传感器网络协议栈

1. 无线传感器网络协议栈

下面从纵向上介绍无线传感器网络五层协议栈的各层功能。

（1）物理层

物理层提供一种简单并且健壮的调制、传输和接收技术，具备频率选择、载波生成、信号检测、调制和数据加密等功能。载波生成和信号检测与底层物理硬件的设计密切相关，因此本书不详细讨论。本书将重点关注信号发送、能量效率和编码机制。

在无线通信方面，由于无线信号的衰减、散射、反射、衍射等因素，通信能耗随着通信距离增大而急剧增加，所以无线传感器网络中采用无线多跳方式成了必然的选择。在编码调制方面，二进制编码和多进制编码（M-ary）各有所长[2]。二进制编码更加节能，多进制编码能减少传输时间。如何设计更为简单、节能的调制方式仍是无线传感器网络的重要研究课题。

(2) 数据链路层

数据链路层负责将多个数据流进行整合、数据帧的检测、媒体接入和错误控制。需要保证点到点和点到多点的连接。无线传感器网络 MAC 层必须满足两个要求：一是建立通信链路；二是保证节点能公平的、有效的共享通信资源。在传统无线网络中，MAC 协议的主要目标是保证网络通信的 QoS 和公平性，而较少考虑能耗，不适用于无线传感器网络。目前在无线传感器网络 MAC 协议方面已有了大量的研究成果，在后面章节将详细介绍。

此外，无线传感器网络还必须考虑错误控制，主要包括两类技术，前向错误纠正（Forwarding Error Correction，FEC）和自动重传请求（Automatic Repeat Request，ARQ）。FEC 需要调制到信号中，这将增大编解码的复杂性，ARQ 会造成重传，给传感器网络带来巨大的负担。因此，开发简单的错误控制机制以减小编解码复杂度将能有效地提高传感器网络的性能。

(3) 网络层

网络层要负责寻找一条从源端到目的端的最佳路径，但是，传统的移动自组织网络路由协议并不适用于无线传感器网络，因为无线传感器网络路由方面具有以下约束条件和特点：1）传感器节点一般以电池为能源供应，且投放后很难补给能量，因此能耗是无线传感器网络路由协议要考虑的重要因素。为减少能量消耗，需减少数据传送次数，在必要时应该对数据进行聚合。2）无线传感器网络的目的是从观测域采集数据，所以路由协议应该以数据为中心。3）无线传感器网络中采集的数据和节点地理位置有着密切关系，所以路由应该考虑节点地址和定位等因素。

例如，在选择能量相关路径方面，有以下几种方法：第一种是选择拥有最大可用能量的路径，这种方法能最大化网络生存时间，但选择的路径不一定是能量最有效的路径；第二种方式选择具有最小能量消耗的路径；第三种方法是选择具有最小跳数的路径；第四种方法是选择具有最大的最小可用能量的路径，即当从源到目的有多条路径时，每条路径的能量瓶颈是其中一条具有最小可用能量的链路，那么应该从这些路径中选择具有最大能量瓶颈的路径。

在以数据为中心的路由协议中，需要基于属性的命名方式，用户的查询是基于特定事件而非基于节点位置。数据汇聚用来解决基于属性命名的路由协议中的数据拥塞和重复问题。数据信息从采集节点向汇聚节点传送，在此过程中冗余信息和重复信息被删除，这种方法使得全网路由形成一棵倒置的以汇聚节点为根的树，如图 4-3 所示。但是数据汇聚也要注意一些问题，某些特殊信息是不应被忽略的，如获知信息的节点的位置。有两种方法可实现该功能：一种是汇聚节点广播感兴趣事件；另一种是传感器节点将获知的信息进行广播并等待汇聚节点的请求。

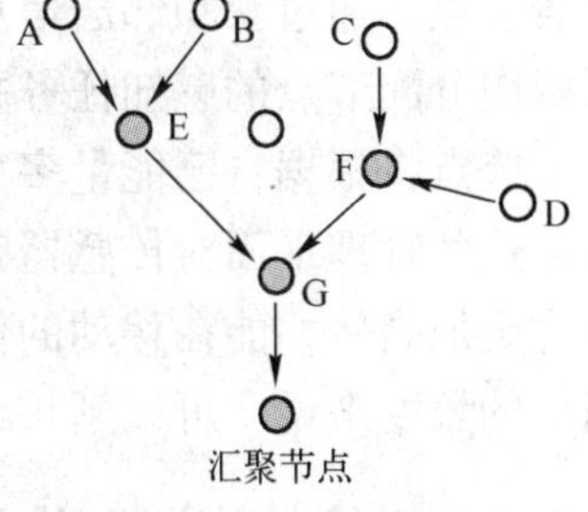

图 4-3 数据汇聚

(4) 传输层

传输层为应用层请求维护一条数据通路，但是没有一种专门为无线传感器网络制定的传输层协议。与 TCP 不同，无线传感器网络中端到端通信并不总是基于全局地址的，有时是基于以属性命名的地址。此外，在无线传感器网络传输层协议中，还需考虑能量消耗和可扩展性问题，这都对传输层协议设计提出了新的要求。

另一方面，无线传感器网络硬件上也有很多限制，如能量有限、带宽有限、存储能力有限等。相比而言，在传统 TCP 协议中，每个节点都需存储大量数据，且有大量的 ACK 帧传送。一种有效的方法是使用 TCP-split 机制，将端到端连接分为两段，传感器节点到汇聚节点使用 UDP，汇聚节点到用户使用 TCP/UDP 协议。这部分内容将在本书第 7 章详细介绍。

(5) 应用层

根据具体任务的不同，应用层会提出不同的需求。在无线传感器网络中，有 3 个典型的应用层协议，即传感器管理协议（Sensor Management Protocol，SMP）、任务分配和数据广播协议（Task Assignment and Data Advertisement Protocol，TADAP）以及传感器请求和数据分发协议（Sensor Query and Data Dissemination Protocol，SQDDP）。

SMP 用来完成一些管理任务，具体如下。

- 设置与数据聚合、基于属性的命名和节点分簇等相关的规则。
- 交换与定位算法相关的数据。
- 负责传感器节点的移动和多个节点之间的时间同步。
- 负责传感器节点的开和关，查询网络配置和节点状态，重配置网络。
- 认证，密钥交换和数据传播的安全机制。

TADAP 提供给用户基于网络位置的查询接口，可以向特定节点或特定区域节点发送查询请求并获取回复。SQDDP 提供给用户基于属性信息的查询接口，用户可将特定兴趣发送出去，感知到该信息的节点则会将信息反馈回来。

2. 管理平面

电源管理平面用来管理传感器节点如何使用能量。例如，传感器节点在从邻居节点收到消息后以什么方式关掉接收器，以避免收到重复报文。当节点能量很低时，传感器节点将告知邻居节点自己能量很低，无法加入到消息传输的路径中，剩余的能量将用来感知信息。移动管理平面用来检测和注册传感器节点的移动，这样，节点就可维持通信，也可检测自己的邻居节点，通过获知邻居信息节点能平衡它们的能量和任务。任务管理平面的作用是在一个区域内分配节点的感知任务并保证分配的平衡性。不是所有节点在所有时间都需执行感知任务，节点将根据自己能量多少来决定执行任务的多少。

这些管理平面对传感器节点来说是必需的，通过这些平面节点能协同工作，使用能源方面将更加高效，能在移动的传感器节点间传输信息，也能在传感器节点间共享信息。从整个网络的角度来说，可以延长无线传感器网络的生存期。

4.1.3 无线传感器网络设计的考虑因素

无线传感器网络的特点使它的设计和实现受到多个方面的影响。这些需要考虑的因素包括能耗、可扩展性、硬件限制、节点成本、网络拓扑等。这些因素也将作为比较不同机制的评价尺度。随着近年来传感器网络的研究，在每个方面都已有许多研究成果，但是没有一种能将全部影响因素考虑在内的设计方案。

无线传感器节点通常有电池供电，且电池容量不会太大。在一些应用场景下，为节点充电是不可能的，所以节点生存期严重依赖于电池能源。一旦电池用完，节点就失去作用，一方面节点无法继续采集当地的信息，可能造成信息的丢失；另一方面造成网络拓扑的变化，甚至网络被分裂。所以，能量管理是无线传感器网络中的一个热点问题。

无线传感器网络中节点数量很大，一般都成百上千，在一些特殊应用中，甚至达到上百万个。在一定区域内节点密度可能为数个到数百个不等，所以网络设计需要考虑数量带来的影响，具有很好的可扩展性。另外，数量的累计将使整体的开销上升。为了降低传感器网络布设费用，每个节点的费用必须非常低，现在一般的节点一个为10美元左右，这仍是一个比较高的数目，预期的目标是每个节点费用小于1美元。但是节点要包括信息感知、运算以及无线通信等单元，这些基本元件的制造成本仍较高。

一般情况下，传感器节点在布设后就很难再接触到，不能进行实时维护，而传感器节点又容易失效，这就使得维护网络拓扑变为一项十分关键的任务。网络拓扑变化分为预布设、后布设和重布设阶段3个阶段。预布设是指通过人工、飞机或其他装置将传感器节点布置在一定区域，之后节点通过自组织方式形成网络。后布设指节点布设后，由于节点失效或节点移动导致网络拓扑变化。重布设指考虑到替换功能节点或任务的动态变化而重新增加一些节点，导致网络拓扑的重新组织。

由于传感器节点要设计得尽量小且价格尽量低，所以节点能源、运算能力、存储能力都很有限，在设计协议时也必须考虑到硬件的实际情况。

除以上因素外，无线传感器网络设计还需考虑具体的环境因素、应用需求，以及安全性、可靠性等问题。不同的传输频率在干扰、传输速率方面存在不同，在无线传感器网络的设计中也应该予以考虑。

4.2 无线传感器网络的节点设计

无线传感器网络的基本组成单位是传感器节点。传感器节点在网络中具有端节点和路由转发的双重功能，除了收集和处理本地数据外，还需对其他节点转发的数据进行存储、管理和数据融合等处理，最终将数据转发到网关节点。网关节点往往功能强大且能量能够得到补充，其通过互联网或者卫星等方式与外界通信。而传感器节点数目庞大，每个节点的处理、存储和通信能力相对较弱，而且通常采用不能充电的电池提供能量。因此，传感器网络的研究重点之一是传感器网络节点的设计。

不同应用背景下的传感器节点设计不尽相同，但是，其基本结构往往由传感单元、数据处理单元、通信单元和能量供应单元4个功能模块组成[1]，如图4-4所示。在一些特殊应用中可能还需其他功能模块，如能量产生单元、定位系统、移动系统等。

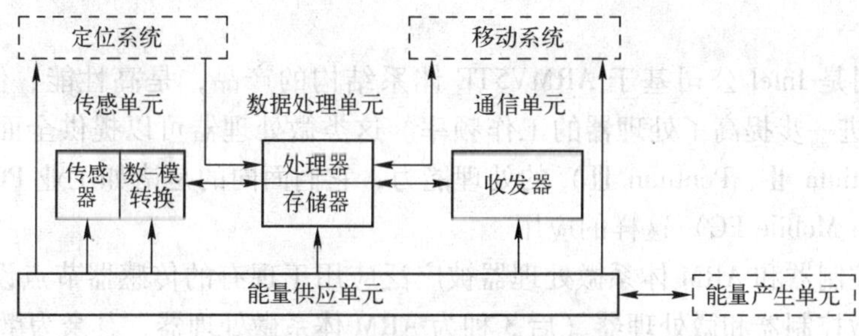

图4-4 传感器节点的组成部分

4.2.1 传感单元

传感器网络的主要作用是感知，因此传感单元对于整个网络尤为重要，使用何种传感器取决于应用系统。传感器种类很多，可以检测温度、湿度、光照、噪声、振动、磁场、加速度等物理量，也可以感知检测各种粉尘、颗粒或污染等。这部分模块设计的挑战在于合理选择传感器的类型、数量并确定其使用方式，因为不同的传感器具有不同的特性，而且传感器之间往往存在相互影响的问题。

4.2.2 数据处理单元

传感器节点需要具有通信、汇集和处理数据的功能。因此，传感器节点必须有一个数据处理单元，其核心是处理器。处理器选择时主要考虑其功耗及计算能力，众多商用的现场可编程门阵列（Field-Programmable Gate Array，FPGA）、微控制器和微处理器为处理器的选择提供了很大的灵活性。

FPGA 作为专用集成电路（Application-Specific Integrated Circuit，ASIC）领域中的一种半定制电路出现，同一片 FPGA 通过不同的编程可以产生不同的电路功能。但 FPGA 有两个缺陷：一是功耗较微处理器和微控制器大；二是不能关闭部分模块以减少不必要的功耗，这使得它难以在传感器网络设计中得到广泛应用。

微控制器与其他元器件连接灵活，并具有可编程、功耗低和支持睡眠状态等特点，使其成为嵌入式系统的理想选择。目前，很多微控制器不仅集成了存储器和处理器，还集成了众多的接口（如 UART，SPI 等）和计数器等，甚至可以将传感器和通信模块集成到一片微控制器中。不同的微控制器处理能力、存储能力等方面差别较为明显。

相对微控制器来说，微处理器功耗偏大，但是处理能力有显著提高，适合图像等高数据量业务的应用。采用 ARM（Advanced RISC Machines）技术的微处理器耗电少、功能强，拥有 16 位/32 位双指令集以及合作伙伴众多。目前用于无线传感器网络领域的 ARM 处理器有 ARM7 系列和 Xscale 系列。

ARM7 系列是低功耗紧凑型的 32 位 RISC 处理器，主要用于工业控制和对成本要求苛刻的消费电子产品。工作频率一般在 20 ~ 130MHz，内核采用 3 级流水线，代码效率可以达到 0.9MIPS/MHz。兼容 16 位的 Thumb 和 32 位的 ARM 指令集，软件开发比较容易，得到了很多操作系统的支持，包括 Windows CE，Palm OS，Linux 等。在这个系列里，还有很多面向工业控制的不包含内存管理单元（Memory Management Unit，MMU）的产品，这些产品价格便宜且电气特性好，非常适用于高实时性、高可靠性和高性能的工业控制应用。

Xscale 系列是 Intel 公司基于 ARMV5TE 体系结构的产品，是高性能、低功耗的 32 位 RISC 处理器，进一步提高了处理器的工作频率。这类微处理器可以提供全面接近通用 CPU（如 Intel 的 Pentium Ⅱ、Pentium Ⅲ）的处理能力，它们面向的是诸如工业 PC、单板系统甚至 UMPC（Ultra Mobile PC）这样的应用。

因此，微控制器和 ARM 体系微处理器被广泛应用于现有的传感器节点设计中。表 4-1 比较了流行的微控制器和微处理器（后 3 种为 ARM 体系微处理器，其余为微控制器）[3]。

表 4-1　微控制器和微处理器性能比较

厂　商	芯片型号	RAM 容量/KB	Flash 容量/KB	正常工作电流/mA	睡眠模式下的电流/μA
Atmel	Mega103	4	128	5.5	1
	Mega128	4	128	8	20
	Mega165/325/645	4	64	2.5	2
Microchip	PIC16F87x	0.36	8	2	1
Intel	8051 8 位 Classic	0.5	32	30	5
	8051 16 位	1	16	45	10
Philips	80C51 16 位	2	60	15	3
Motorola	HC05	0.5	32	6.6	90
	HC08	2	32	8	100
	HCS08	4	60	6.5	1
T1	MSP430F14x 16 位	2	60	1.5	1
	MSP430F16x 16 位	10	48	2	1
Samsung	S3C44B0	8	N/A	60	5
Atmel	AT91 ARM Thumb	256	1024	38	160
Intel	XScale PXA27X	256	N/A	39	574

处理器的选择亦与传感器节点的应用背景密切相关。加州大学伯克利分校（University of California，Berkeley）及 Crossbow 公司的 Mica 系列[34]、Moteiv 公司的 Telos/Tmote sky[5][6]系列、苏黎世联邦理工学院（ETH Zürich）的 BTnode 系列[7]和澳大利亚的 CSIRO ICT 研究中心的 Fleck 系列[8]等设计了用以环境监测的微型化、低功耗传感器节点，均选择了 8 位 AVR 系列或者 16 位 MSP430 系列低成本低功耗微控制器。Crossbow 公司的 Imote 系列[9][10]和耶鲁大学（Yale University）的 XYZ 系列[11]等出于实验或样机研究的目的而设计，因此选用了功能更强但价格和功耗相对较高的 ARM 体系微处理器。

4.2.3　通信单元

较之传感单元和数据处理单元，通信单元需要耗费更多的能量。图 4-5 所示是 Deborah Estrin 在 Mobicom 2002 会议的特邀报告（Wireless Sensor Networks，Part Ⅳ：Sensor Networks Protocols）中所述传感器节点各部分功耗的情况[12]。从图中可知，传感器节点的大部分能量消耗在无线通信单元上。因此合理设计通信单元是传感器节点设计的关键之一。传感器节点常用的无线通信方式可分为光通信（激光通信）、红外线通信和无线电通信 3 类。

目前，大部分传感器节点采用基于电磁波的无线电通信方式，具体通信频率和编码方式将在下一节具体介绍。除此之外，光通信只需要较少的能源，通信方式安全性高且不需要天线，但是其只能直线通信，而且对大气条件非常敏感。伯克利 Smart Dust 项目[13]的目标是设计可以像尘埃一样悬浮在空中的节点，从而避免障碍物的遮挡，因此采用了此种方式。红外线通信同样不需要天线，而且价格较低，但是通信距离有限，一般只有几米。麻省理工学院（MIT）的 Pushpin Computing 项目选用了此种方式[14]。

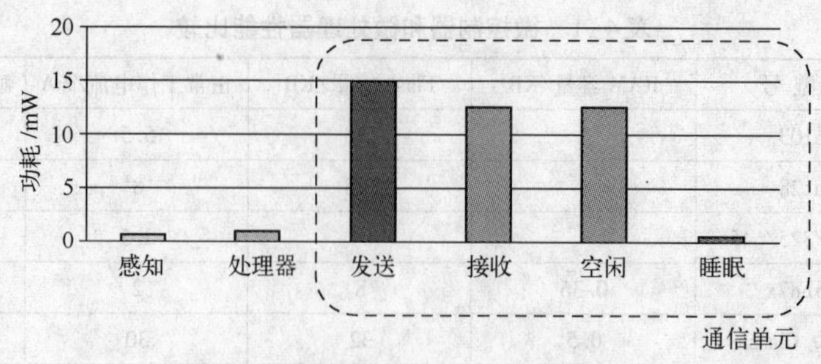

图 4-5　传感器节点能量消耗情况

目前，水下传感器网络得到越来越多的重视。无人水下潜水器（Unmanned Undersea Vehicles，UUV）或自动控制水下潜水器（Autonomous Underwater Vehicle，AUV）可以携带传感器在一片水域中完成传感器网络的部署，实现探索海底自然资源、收集科学数据和监测等目的。无线电波在水中衰减很快，光通信在水中则不会像无线电波那样衰减剧烈，但是会产生色散等一系列问题，其不能成为一项实用的水中通信方式。因此，水下传感器网络主要采用的是较为特殊的声波通信方式。

4.2.4　能量供应单元

能量供应单元一般由电池及相应的变压电路和电源管理电路组成。能耗是制约传感器网络发展的主要因素，研究大容量高密度的电池、高效的电池充电技术等均可以提高传感器网络的使用寿命。

按照能否充电，传感器节点使用的电池可分为一次电池（不可充电电池）和二次电池（可充电电池）两大类；根据电极材料，电池可以分为镍铬电池、镍锌电池、银锌电池、锂电池和锂聚合物电池等。一般不可充电电池比可充电电池能量密度高，因此如果没有能量补给来源，则应选择一次性电池。在可充电电池中，锂电池和锂聚合物电池的能量密度最高，但是成本也比较高；镍锰电池和锂聚合物电池是没有毒性的可充电电池。常见电池的性能参数见表 4-2[3]。

表 4-2　常见电池的性能参数

电池类型	铅酸	镍镉	镍氢	锂离子	聚合物	锂锰	银锌
重量能量比/（$W \cdot h \cdot kg^{-1}$）	35	41	50~80	120~160	140~180	330	——
体积能量比/（$W \cdot h \cdot L^{-1}$）	80	120	100~200	200~280	>320	550	1150
循环寿命/次	300	500	800	1000	1000	1	1
工作温度/℃	-20~60	20~60	20~60	0~60	0~60	-20~60	20~60
记忆效应	无	有	小	很小	无	无	无
内阻/mΩ	30~80	7~19	18~35	80~100	80~100	——	——
毒性	有	有	轻毒	轻毒	无	无	有
价格	低	低	中	高	最高	高	中
可充电	是	是	是	是	是	否	否

在一般情况下，人工更换数量众多的节点电池是不可行的。科研人员已经研究出利用太阳能、温差和振动等环境能量为节点电池充电的方法。Matthew D'Souza 等人于 2007 年提出一种利用微波远距离给节点电池充电的方法[15]，该方法需要为节点增加远程充电模块，包括天线阵列和整流电路，开销比较大。由于成本高、充电效率低等因素，上述充电技术还没有得到广泛应用。目前大多数传感器节点仍然利用一次电池作为能量来源。

4.2.5　操作系统

无线传感器网络节点的操作系统是系统的基本软件环境，是应用软件开发的基础。虽然无线传感器网络节点的硬件结构相对简单，但是若不采用操作系统，开发人员直接对硬件进行编程操作，传感器网络的应用开发难度将大大提高。另一方面，软件的重用性很差。因此，使用操作系统对底层硬件进行抽象化，可以使开发人员将主要时间和精力集中在创造产品的附加价值方面，大大缩小开发的难度，减少开发时间并降低成本。

对于无线传感器网络节点的操作系统来说，直接使用现有的嵌入式操作系统，如 VxWorks，Windows CE，嵌入式 Linux 等，也会带来很多问题。上述嵌入式操作系统主要面对复杂的应用领域，所实现的功能非常强大，系统代码相对较复杂，需要较强的存储和计算等资源。而传感器网络的硬件资源十分有限，功能上又有其独特的需求，因此，需要设计专门的操作系统，使其能够高效地使用传感器节点的有限内存、低速低功耗的处理器、传感器、低速通信设备等有限的能源，且能够对各种特定的应用提供最大的支持。随着无线传感器网络的发展，目前已经出现了众多应用于无线传感器网络的操作系统，比较流行的如 Tiny OS[16]，Mantis OS[17]，Magnet OS[18]等。

Tiny OS[16]是加州大学伯克利分校开发的开源操作系统，专为嵌入式无线传感网络设计，基于构件（Component-Based）架构的操作系统使得其快速更新成为可能，而这又减小了受传感节点存储器限制的代码长度。Tiny OS 采用了事件驱动模型，CPU 不需要主动去寻找感兴趣的事件，这样可以在很小的空间中处理高并发事件，并且能够达到节能的目的。目前 Tiny OS 已经可以运行在很多硬件平台上，在 Tiny OS 网站上公开原理图的硬件平台有 Telos（Rev A）、Telos（Rev B）、Mica2Dot、Mica2 和 Mica。此外，还有一些商业和非商业组织也有一些硬件平台可运行 Tiny OS，主要有欧洲的 Eyes，Mote IV 提供的 Tmote Sky，Crossbow 公司的 MicaZ 以及 iMote。

Mantis OS[17]是由美国科罗拉多大学 MANTIS 项目组为无线传感器网络开发的开源多线程操作系统。它的内核和 API 采用标准 C 语言，可采用 Linux 和 Windows 开发环境，易于用户使用。Mantis OS 提供抢占式任务调度器，采用节点循环休眠策略来提高能量利用率，目前支持的硬件平台有 MicaZ 以及 Telos 等，其对 RAM 的最小需求可到 500B，对 Flash 的需求可小于 14KB。

Magnet OS[18]是一种为移动自组织网络和无线传感器网络设计的分布式操作系统，目的是提供能量感知的、自适应的、易于开发的网络应用程序。Magnet OS 以透明的方式将应用自动地分解为若干组件并将其分布到网络中的各个节点上，从而减少能量消耗，延长网络生存期。

4.3 无线传感器网络的物理层

物理层在OSI协议栈中处于最底层，直接和物理传输介质相联系，是整个网络系统的基础。物理层对下控制数据传输，负责为网络建立、维护和释放一条二进制传输的物理连接；对上提供一个接口，屏蔽物理传输介质的特性，使底层信息对高层保持透明。在无线传感器网络中，物理层传输介质一般选择可见光（激光）、红外线和无线电。无线电应用最为广泛，因此这节主要讨论无线电传播方式。

4.3.1 无线传感器网络物理层概述

无线传感器网络物理层涉及传输介质、频段选择、调制技术等内容，同时低能耗也是物理层研究的一个主要目标。在无线电频率选择方面，工业科学医学（Industrial Scientific Medical Band，ISM）频段是个较好的选择，因为ISM频段是无需注册的公用频段，仅仅要求发射功率在1W以下，适合无线传感器网络的低功耗近距离通信。表4-3给出了一些国家和地区的ISM频段及说明[19]。

表4-3 部分ISM频段及说明

频段	中心频率	说明
13.553～13.567 MHz	13.56 MHz	
26.957～27.283 MHz	27.12 MHz	
40.66～40.70 MHz	40.68 MHz	
433～464 MHz	448 MHz	欧洲标准
902～928 MHz	915 MHz	美国标准
2.4～2.5 GHz	2.45 GHz	全球WPAN/WLAN
5.725～5.875 GHz	5.8 GHz	全球WPAN/WLAN
24～24.25 GHz		

在无线传输中，由于无线信号的衰减、散射、反射、衍射等因素，通信能耗将随着通信距离增大而急剧增加，当距离为d时，最小传输能量为d^n，其中$2\leqslant n<4$。在典型的无线传感器网络中，一般使用近地信道，n更接近4，这是由于部分信号被地面反射抵消了。采用多跳传输，可缩小每一跳间的距离，减少信号的损耗，所以，在无线传感器网中使用多跳传输也就成了一种必然的选择。

具体到每一跳中，都涉及两个网络设备，物理层的功能就在于其建立透明的二进制比特流的传输。为实现该功能，首先需要确定具体的物理介质，之后在其上建立传输规则，也就是传输使用的调制编码方式。在一些应用中，物理层还需提供数据的硬件加密解密功能。另外，物理层还需负责一些管理工作，如信道状态评测、能量检测等。

4.3.2 无线传感器网络的调制与编码方法

调制编码方法是物理层中的关键技术之一，调制是指用模拟信号承载数字或模拟数据，编码是指用数字信号承载数字或模拟数据。传统调制方式包括模拟调制和数字调制两种。数字调制可分为振幅调制、频率调制和相位调制 3 种类型。在此基础上，针对无线传感器网络的特点，目前已发展出了多种调制编码方法。

1. 多进制调制方法 M-ary

在无线传感器网络中，能量是非常重要的考虑因素。为了减少传输能量，一种思路就是减少传输时间，在一个符号中调制多个二进制位，这种方法就是多进制 M-ary 调制[2]，是针对传统二进制（Binary）调制提出的。M-ary 调制方式利用多进制数字基带信号调制载波信号的振幅、频率和相位，可相应地有多进制振幅调制、多进制频率调制和多进制相位调制 3 种基本方法[20]。

多进制振幅调制又称“多电平”调制，其基本原理是开关键控（OOK）方式的推广。在相同码元传输速率条件下，多进制振幅调制与二进制调制具有相同的带宽，并且具有更高的信息传输速率，因此多进制振幅调制在单位频带内具有更高的信息传输速率。多进制频率调制的基本原理是二进制频率键控方式的推广，不过要占据较宽的频带，信道频率利用率不高。多进制相位调制利用了载波的多种不同相位（或相位差）来表示数字信息。

与二进制调制相比，多进制调制可以在一个符号位传送多位数据，从而减少传输时间。但是，这导致电路设计更加复杂，需要在输入端增加 2-M 转换器，在接收端增加 M-2 转换器。另一方面，多进制调制的误码率通常大于二进制调制的误码率。在传输能量方面，多进制调制需要更大的发射功率，通过实验可以得知[2]，在启动能量消耗较大的系统中，二进制调制机制更加有效，在启动能量较低的系统中，多进制调制更加有效。

2. 自适应编码位置调制机制（ACPM）

ACPM（Adaptive Code Position Modulation）是一种自适应编码位置调制机制[21]。其中每个节点有两个信道，即数据信道和信令信道。如图 4-6 所示，发送方数据经过 CPM 调制（Code Position Modulation）后，由 AWGN（Additive White Gaussian Noise）信道传输给接收者。接收者按相反的顺序处理。

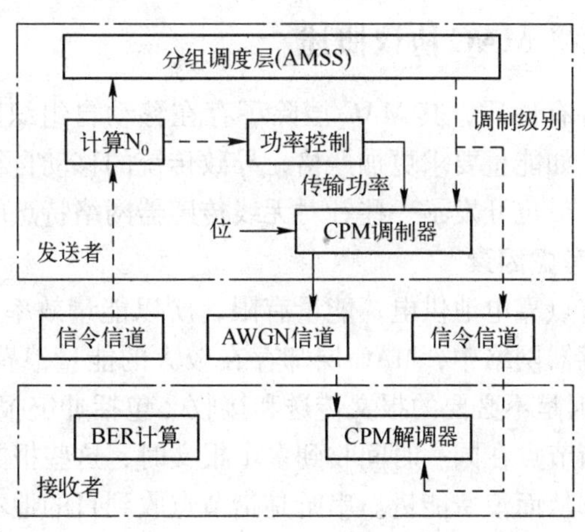

图 4-6 ACMP 自适应编码调制

自适应功能体现在两个方面：一是功率控制；一是调制方式控制。接收者计算数据的误码率 BER 并将其通过信令信道传给发送者。发送者根据这个 BER 计算出噪声功率密度 N_0，并根据 N_0 值调节下一次的发送功率。在传输过程中，物理层需要周期性地向分组调度层报告本地的噪声功率密度，分组调度层通过 N_0 确定最优化的调制方式，并告知物理层调整其调制方式。此外，发送者还需将调制方式的信息通过信令信道传给接收者，以保证接收者能正确解调。

3. 超宽带通信技术（UWB）

超带宽无线电指具有很高带宽比的无线电技术，美国联邦通信委员会（FCC）规定，信号带宽大于500MHz或相对带宽大于0.2的频带称为超带宽，其中相对带宽定义见式（4-1）。

$$f_c = 2 \times \frac{f_H - f_L}{f_H + f_L} \tag{4-1}$$

式中，f_H 和 f_L 为系统最高频率和最低频率。传统无线通信技术是把信号从基带调制到载波上，而UWB是直接对具有陡然上升和下降时间的冲激脉冲进行调制，具有高达上吉赫兹的带宽。

UWB信号的编码方式多种多样，目前较为流行的调制机制有脉冲位置调制（Pulse Position Modulation，PPM）[22]，脉冲幅度调制（Pulse Amplitude Modulation，PAM）[23]，开关键控[24]和二进制移相键控（Binary Phase-Shift Keying，BPSK）[25]等。相比传统调制机制，UWB具有系统结构相对简单、安全性高、抗衰落性能好以及扩频增益比大等优点[19]。

4.4 无线传感器网络的MAC协议

数据链路层位于物理层之上，将物理层提供的可能出错的物理连接改造成逻辑上无差错的链路，使得对网络层表现为一条无差错的链路。同时，数据链路层还提供一些流量控制功能，保证慢速接收方不被快速发送方淹没。在无线传感器网络中，数据链路层的主要部分是MAC协议，其关键是解决无线信道合理共享这一问题，对整个网络性能有着直接的影响，是无线传感器网络的关键技术之一。

4.4.1 无线传感器网络MAC协议概述

由于无线传感器的特有性质，其MAC层除了存在移动自组织网络面临的一些问题外，还面临着一些新的问题，如能量要求更加严格，导致传统的移动自组织网络链路层协议无法直接应用。为此，研究人员也开发了一些针对无线传感器网络特点的MAC协议。

1. MAC协议设计的考虑因素

无线传感器网络中节点靠电池供电，能量有限，所以能量效率是其MAC层重点考虑的问题。但在现有无线传感器网络中，MAC层却存在较大的能量浪费问题。究其原因有3个主要方面[26]。第一个原因是不必要的报文传送和接收，包括冲突报文、串听（Overhearing）报文和控制报文3类。当节点在同一时间收到多个报文时，这些报文会发生冲突，导致无法接受，接着会引起重传，从而浪费能量。串听是指节点收到目的地本不为它的报文，之后将其丢弃，该接收是没有任何意义的，但浪费了节点的能量。不必要的控制报文的收发也会造成能量的浪费。第二个原因是空闲侦听，节点必须经常侦听一个信道来等待可能的传输。第三个原因在于错误的发送，即在接收者还未准备好时就发送信息。

由于无线传感器网络采用多跳无线连接，所以仍然面临着隐藏点、暴露点问题。隐藏点问题会造成信息的冲突，暴露点会导致信道资源的浪费。本书第2章提到的RTS/CTS机制虽可解决该问题，但是优势是在单跳环境中，而多跳环境仍存在一些问题。此外，在无线传感器网络数据链路层中还存在消息延迟大、信道利用率低等问题。在设计 MAC 层协议时，必须全面考虑，必要时对参数进行折中处理。另外，在一些特定应用中，MAC 层协议还应根据实际性能指标进行改进和优化。

2. MAC 协议的分类

从不同角度来分，无线传感器网络 MAC 层协议可分为不同的类型。根据信道分配方式不同可分为竞争型、分配型和混合型 3 类。根据网络中节点是否同步可分为同步协议或异步协议。同步协议需要网络中节点在时间上进行同步，异步协议则没有此要求。根据使用信道数目可分为单信道、双信道和多信道 3 种类型，目前主要采用的是单信道 MAC 协议。根据数据报文传递到接收节点时通知方式来分，可分为侦听、唤醒和调度 3 种类型[20]。侦听方式多以连续侦听为主；唤醒方式通常是采用低功耗唤醒接收机制实现；调度是指在广播信息中明确指出接收节点何时接入信道，以适时控制节点打开射频模块。

现在使用较广的分类方式是按分配信道方式进行分类，将 MAC 协议分为竞争型、分配型和混合型 3 类。竞争型 MAC 协议采用随机接入，具有接入灵活、吞吐量大的优点，但是信道使用过程中存在着大量的冲突。因此，其主要的研究方向是减少由于冲突导致的能源损耗。分配型 MAC 协议是指各节点在发送前已协商好发送时间，避免了干扰，但是有信道浪费大、吞吐量较小等缺点，主要的研究方向是提高信道利用率。混合型 MAC 协议对两者进行了一定的权衡，整合了这两类 MAC 协议的优点。因为这种分类方法更能体现 MAC 协议的研究方向和侧重点，本节将使用这种分类方式对 MAC 协议进行介绍。

4.4.2　竞争型 MAC 协议

竞争型 MAC 协议中，节点共享同一个信道，当需要发送数据时抢占该信道。但如果多个节点同时抢占信道，则会引起冲突。竞争型 MAC 协议的关键在于，设计一种合理的信道分配方案使得在干扰范围内，同一时间只有一个节点使用某一信道。在无线传感器网络中，在实现上述功能的同时还特别需要注意节能问题。下面介绍几种典型的传感器网络中的竞争型 MAC 协议。

1. 传感器 MAC 协议（SMAC）

传感器 MAC 协议（Sensor-MAC，SMAC）是专门针对无线传感器网络提出的 MAC 协议之一。其主要目的是为了减少能量消耗和支持好的可扩展性，对通信时延和节点间公平性没有太严格的要求。为了节约能量，SMAC 采用了 3 种机制，即周期性侦听和睡眠机制、串听避免机制以及独特的消息传递机制。下面分别介绍这 3 种关键机制。

（1）周期性侦听和睡眠

为节约能量，SMAC 中每个节点都有一个周期性侦听睡眠时间表，由该时间表决定调度方式。周期性侦听和睡眠的时间之和称为一个调度周期。节点间需要协同进行周期性侦听和睡眠调度，以保持同步的收发。

每个传感器节点开始工作时先设定一种调度方式，然后开始侦听。初始侦听时间最少为一个调度周期。如果结束时仍未收到其他节点的同步消息，则广播报文含有自己的调度方式的同步数据报文 SYNC 对其他节点进行同步；如果节点在侦听过程中收到了邻居发来的 SYNC 数据报文，则将自己的调度方式调整为邻居的调度方式，以达到同步的效果。具有相同调度方式的节点组成虚拟簇。如果节点收到邻居的不同调度，说明它处在簇的交界处，则它将融合这几种调度方式，延长自己的侦听时间，相当于同时加入这几个簇。

为了避免由于时钟频率不同导致的同步出错，SYNC 报文交互调度方式使用相对时间而非绝对时间，且侦听周期长度远大于时钟漂移速率。为了更好地保持同步，节点在执行一定次数调度周期后，必须保持一次全周期侦听，在该周期内始终处于侦听状态，以修正节点的调度方式。

（2）串听问题的避免

SMAC 虚拟载波侦听方法源自 IEEE 802.11 的 CSMA/CA 机制，在 RTS/CTS 帧中含有发送数据报文需要的时间。每个节点会维护一个网络分配向量 NAV，其中记录了网络的使用状况，NAV 非零意味着信道忙，为零意味着信道空闲。当节点收到 RTS/CTS 后，更新自己的 NAV。但长期监听信道中数据报文并更新 NAV 会造成串听问题，造成能量的浪费。为解决这一问题，在 SMAC 中，当节点发现 RTS/CTS 中目的地址不是自己时，节点马上进入睡眠状态并更新自己的 NAV，在 NAV 非零期间一直保持睡眠，从而减少能量消耗。

（3）消息传递

对于长的数据报文，如果将其作为一个报文来发送，一旦发送失败就须重传整个报文，如果将其作为多个短数据报文来发送，则控制信令会造成很大开销，为了避免这些问题，SMAC 将长度较大的数据报文分为若干短报文，但使用一个 RTS/CTS 对整个消息使用信道进行预约。

SMAC 通过周期性休眠大大减少了能量的消耗，有效地延长了网络的生存期。但是，SMAC 对广播报文不采用 RTS/CTS 机制，会增加冲突的可能性。此外，SMAC 实现较为复杂，且节点周期性睡眠给数据传输带来了额外的延时，减小了系统的吞吐量。SMAC 协议较好地解决了能量损耗问题，但是调度周期较为固定，不能很好地适应无线传感器网络拓扑结构的动态变化。

2. 超时 MAC 协议（TMAC）

为了更好地适应无线传感器网络拓扑结构的动态变化，Dam 等学者提出了超时 MAC（Timeout-MAC，TMAC）协议[28]，TMAC 协议的基本机制如图 4-7 所示，T_A 表示每个周期内节点最小空闲侦听时间。该协议基本原理是在保持 SMAC 周期不变的基础上，根据通信流量动态调节活动时间。

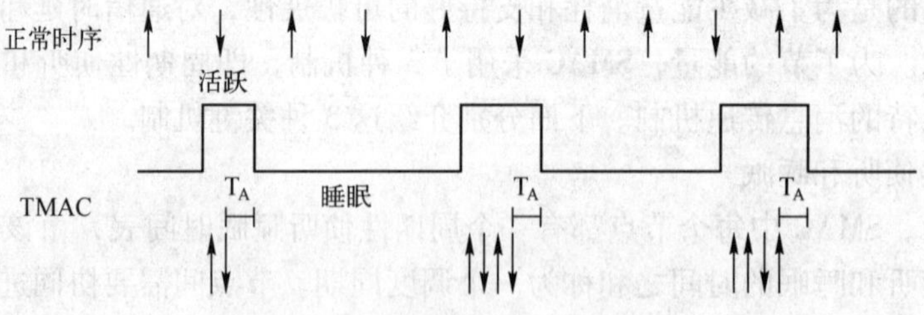

图 4-7　TMAC 协议的基本机制

睡眠和活动时间可采用如下方式决定。如果节点在指定时间内发现不需收发数据时就进入休眠状态。休眠状态必须等触发时间到来才转入活动状态。激活时间有以下 5 种类型，

- 周期时间定时器溢出。

- 在无线信道上收到数据。
- 数据传输发生冲突。
- 节点数据或确认信息发送完成。
- 邻居节点完成数据交换。

图 4-8 显示了 TMAC 协议中的基本数据交换过程，A 向 B 发送数据，C 侦听到 B 发出的 CTS 帧后，将进入休眠状态，T_A 表示每个周期内节点最小空闲侦听时间，该值越小，耗能越少，但也不能太小，一般要求见式（4-2）。

$$TA > C + R + T \quad (4\text{-}2)$$

式中，C 为信道竞争时间；R 为发送 RTS 消息的时间；T 为 RTS 和 CTS 间的时间。这样设置是为了保证节点能接受到邻居发出的 CTS 信标，从而确定自己是否是下一跳的节点。

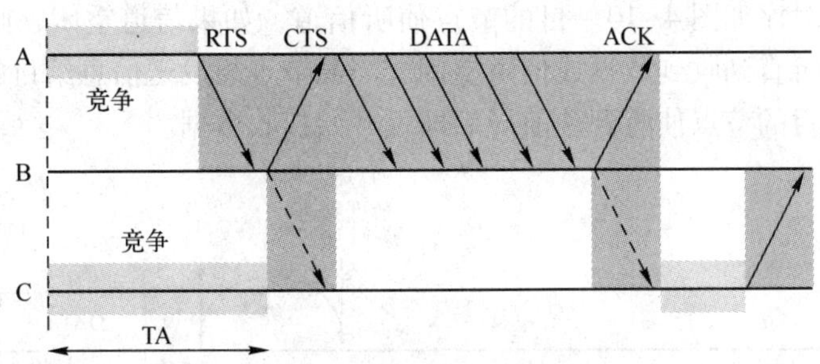

图 4-8　TMAC 协议基本数据交换过程

如果 T_A 设置太小，可能导致早睡问题，如图 4-9。A、B、C、D 为 4 个节点，位置如图 4-9 所示，只有相邻节点间可直接进行通信，不相邻节点间不会干扰。当 A 竞争到信道使用权，发送 RTS 给 B，B 回复 CTS 给 A，该 CTS 会被 C 接收，但不会被 D 接收，于是 D 进入休眠状态。当 AB 通信结束后，C 竞争到信道使用权，若 C 想发送信息给 D，但是 D 处于休眠状态不能接收，这个问题叫做“早睡问题”。

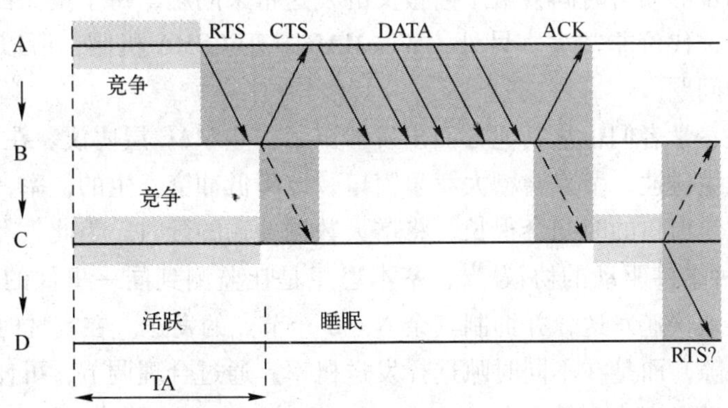

图 4-9　早睡问题

为了解决早睡问题，作者提出了两种解决方法，即未来请求发送和满缓冲区优先发送。参考图 4-9。未来请求发送指当节点 C 收到 B 发给 A 的 CTS 后，立即向 D 发送一个 FRTS 帧，告知节点 D 需要等待的时间长度，这样 D 就可在 C 发送时进入接收状态，但这会对 AB

间信息传送造成干扰。满缓存区优先方法是指缓存区满的节点优先向下一跳发送数据，例如，现在C缓存区满，则不响应B发给它的RTS，而是向下一跳D发送RTS，这样可减少早睡问题发生的可能性，但增大了网络中的冲突。可见，这两种方法各有局限，这也是该协议进一步研究的重点。

3. 无线传感器MAC协议WiseMAC

为了进一步减少空闲侦听的时间，无线传感器MAC协议（Wireless sensor MAC, WiseMAC）[29]在CSMA机制基础上引入了前导载波侦听技术。前导载波技术是在数据报文前增加一个前导载波，其作用是通知目的节点有数据即将发送过来，使其调整电路准备接收数据。这种机制的主要目的是节约目的节点消耗在空闲侦听上的能量。

在WiseMAC中，节点会周期性监听信道，这个时间很短，记为T_W，但是各节点采样调度是独立的。工作时序如图4-10。目的节点侦听信道，如果信道空闲，则继续休眠；如果信道忙，则继续侦听直到收到数据或信道空闲。当源节点想发送信息给目的节点时，会在数据前加唤醒前导，目的节点侦听到该前导后即可开始接收数据。

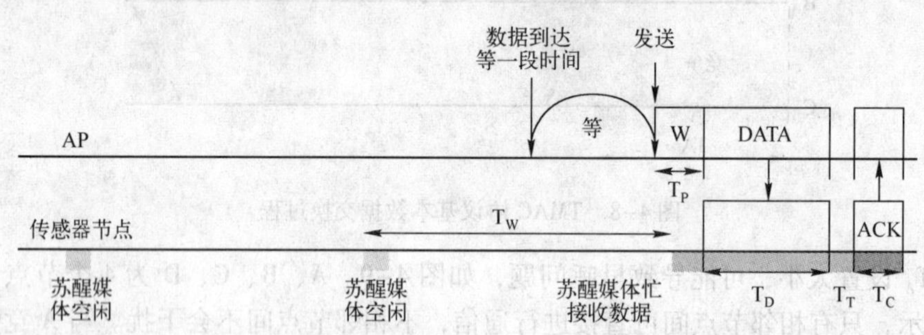

图4-10 WiseMAC工作时序图

为了优化性能，WiseMAC中可以动态调整前导长度，可以在不同信道环境下获得好的性能。但是，不同步的侦听时间会给广播报文的发送带来问题，每个报文都需进行缓冲并在邻居被唤醒时发送，代价非常大。另外，WiseMAC基于CSMA机制，所以隐藏点和暴露点仍是一个要解决的问题。

除了节约能耗，学者们也从其他方面出发提出了一些MAC层协议。在CSMA的MAC协议中，如果消息发生碰撞，节点会增大竞争窗口，以降低冲突发生的概率，但是窗口值调整时间和节点选择发送窗口的时间会很长，将增大数据传输的延时。为此，有学者提出了其他的策略，Sift是一种事件驱动的协议[30]，基本思想是让监测到同一事件的N个节点中的R个节点能够无冲突地快速发送，并抑制其余N-R个节点的发送。在实现时，节点不是从发送窗口选择发送时隙，而是在不同时隙选择发送概率，通过合理调节，可使得每个时隙中有且仅有一个节点发送概率达到最大。

4.4.3 分配型MAC协议

分配型MAC协议使用时分、频分等方法，将信道分为若干子信道，利用中心节点或预先分配的方法将子信道分给各个节点，避免了节点由于竞争信道而造成的冲突。其关键在于如何将信道分为子信道以及如何将子信道分给有通信需求的节点。在无线传感器网络中，还应考虑信道分配后如何根据通信流量来最大限度节省能量。下面介绍一些典型的无线传感器网络中分配型 MAC 协议。

1. 自组织 MAC 协议（SMACS）

自组织 MAC 协议（Self-Organizing MAC for Sensor Networks，SMACS）[31]是一种典型的分配型 MAC 协议。作为一种分布式协议，SMACS 允许局部节点集内部进行信道分配，无需获得全局的信息。

（1）基本思想

SMACS 系统假设节点可以自主进行开或关，并且能将载波频段切换到不同信道上。信道被视做成对的时隙，类似 TDMA 机制。SMACS 协议在发现相邻节点间存在链路后即分配一个信道，当所有节点都听到邻居信息后，整个网络也就连接了起来。当节点协商好通信时隙后，就只需在通信时隙进行工作，其余时间就可进入休眠状态以节省能量。该协议的关键技术在于异步调度通信和邻居发现。

（2）关键技术

在链路建立方面，SMACS 引入了异步调度通信的机制，如图 4-11 所示，节点 A 和 D 在 T_a 和 T_d 开始工作，当互相发现后，它们协商使用一对固定时隙来进行通信。节点 B 和 C 在 T_b 和 T_c 开始工作，并协商使用另一对时隙来进行收发。如果所有节点在同一信道工作，它们的调度可能会发生冲突，为此，不同链路随机使用不同的信道来避免冲突。从中可看出，通过使用不同的信道，SMACS 无需获得全网信息便可进行时隙分配，这种机制被称为异步调度通信。

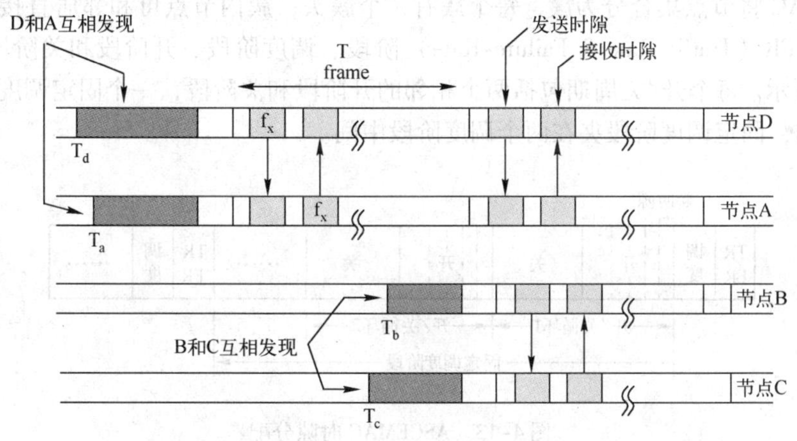

图 4-11　异步调度通信

SMACS 的另一个关键技术是邻居发现机制。节点随机地选择进入活跃状态的时间，然后侦听信道一段时间，如果该时间内节点没收到信息，则节点将发送一个邀请信息。如图 4-12 所示，节点 C 广播 TYPE1 消息，B 和 G 收到该消息并广播回复 TYPE2 报文，如没发生冲突则 C 将收到两个报文，C 需要从中做出选择，可选择最先到达的节点或信号质量最好的节点或邻居最多的节点等，C 将给其回复 TYPE3 报文以进行确认。图中 B 被选中，对于没有被选中的节点，如 G，将关掉收发器并在一个随机的时间后重新进行邻居发现。

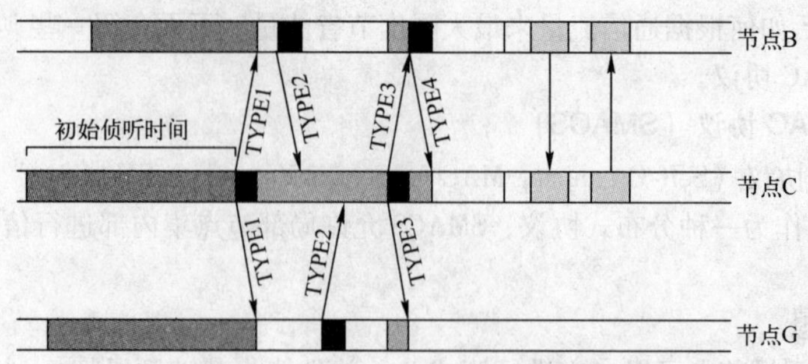

图 4-12　邻居节点发现过程

SMACS 协议提出了一种 TDMA/FDMA 结合的信道分配机制，不需全局同步，具有较好的可扩展性。通过时隙控制，节点可在不收发时选择休眠，较大地提高了能量利用率。但是该协议需要支持在多个载波信道间的切换，对节点硬件要求较高。此外，SMACS 需要较大的频带，以保证异步调度通信过程中不同链路使用不同的信道。

2. 异步节能 MAC 协议（ASCEMAC）

SMACS 协议在进行信道分配时需要时间同步，在实际中节点间往往存在时间偏移，造成同步的不确定性。为此，Qingchun Ren 等人提出了异步节能 MAC 协议（Asynchronous Energy-Efficient MAC，ASCEMAC）[32]。使用空转（Free-Running）方法和模糊逻辑调度机制，建立状态切换调度表，避免时间漂移带来的问题。另外，还提出了一种基于流量和网络密度的模型来选取算法中的关键参数，如能量开/关间隔、广播间隔、超帧大小和顺序。

ASCEMAC 将节点集合分为簇，每个簇有一个簇头，簇内节点可和邻居直接通信。系统时间分为 TRFR（Traffic Rate & Failure-Rate）阶段、调度阶段、开阶段和关阶段 4 种阶段。如图 4-13 所示。每个开/关周期包括两个相邻的开阶段和关阶段，一个固定调度阶段包括若干开/关周期，固定调度阶段夹在两个调度阶段中间。

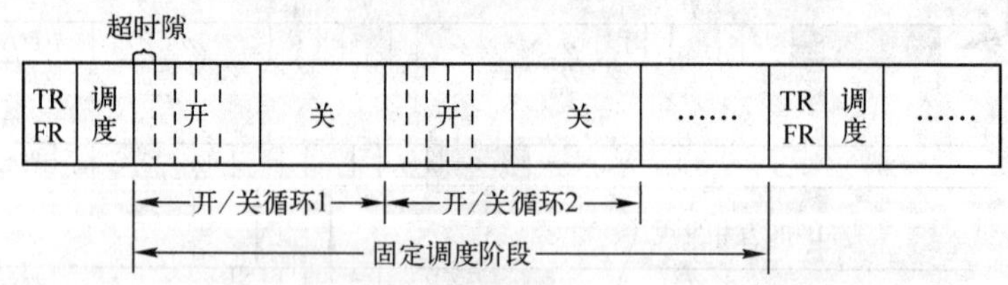

图 4-13　ASCEMAC 时隙分配

TRFR 阶段普通节点将自己的传输速率和失败几率消息发给簇头，每个节点随机选择发送时间，为减少冲突，各节点发送时间遵循平均分布，结果证明，节点能以较高的成功率将 TRFR 消息传给簇头。调度阶段簇头将时间调度表进行广播，其中包括开/关阶段持续时间、节点收发的时间等。关阶段所有节点关掉天线，处理外界数据的感知和存储，其持续时间考虑了流到达速率，缓存空间和流的生存期。开阶段所有节点开启天线并进行通信，这个阶段，时间被进一步分为超时隙，每个超时隙对应一对节点的收发，因为在调度期间已经将时隙进行了分配，所以不会出现冲突。

3. 自适应的以信息为中心的轻量级 MAC 协议（AI-LMAC）

为了实现中心分配信道以减少节点竞争的冲突，往往需要采用大量控制信令或者无效的信道分配，从而给网络带来较大负担。在减少信道分配开销方面，学者们也做了许多研究。

自适应的以信息为中心的轻量级 MAC 协议（Adaptive, Information-centric and Lightweight MAC, AI-LMAC）[33]是一种基于 TDMA 的 MAC 协议。该协议将时间分为若干时隙，形成一个固定长度的帧结构。每个节点控制该帧中的一个时隙，从而避免冲突。为了减少网络中所需时隙数量，AI-LMAC 允许空分复用，即两跳以外的节点可使用同一时隙。每个节点维护一张时隙占用表，记录了该节点和邻居节点的时隙占用情况。时隙采用 32 位的位图（Bitmap）实现，每个位只有两种情况，为 1 表示该时隙被占用，为 0 表示空闲。

网络通信的建立从网关开始，网关首先选择一个时隙，并将信息告知自己的一跳邻居，邻居选择时隙后再向远处广播，直到全网节点都完成该过程。新节点加入后收听邻居节点的时隙占用信息，并从中选择可用时隙，这样可以保证两跳以内节点不会选择相同的时隙。

4. 高能效低延时 MAC 协议（DMAC）

在无线传感器网络中，数据流一般是从传感器节点到汇聚点，形成单向树状结构，利用此结构设计 MAC 协议更符合无线传感器网络的特点，能达到很好的效果。DMAC（Dynamic Sensor-MAC）[34]的主要目的就是利用这种特点来减少延时和提高能量效率。DMAC 基于 SMAC 和 TMAC 的思想，提出采用预先分配方法来避免睡眠延迟。

DMAC 在信道分配方面引入了一种交错唤醒机制。首先将网络中节点组织成树状，数据从传感器节点沿树传到汇聚节点，各节点间需保持时钟同步。交错唤醒机制可保证一条路径上各点逐渐被唤醒，不被休眠中断。图 4-14 显示了交错唤醒方法，假设每跳接收发送时间为 u，根据节点在树中的深度 d，相比汇聚节点要早醒 ud 时间。

DMAC 协议中数据传输没有使用 RTS-CTS，减少了控制开销。与其他醒/听周期分配方法相比，DMAC 延时更小。

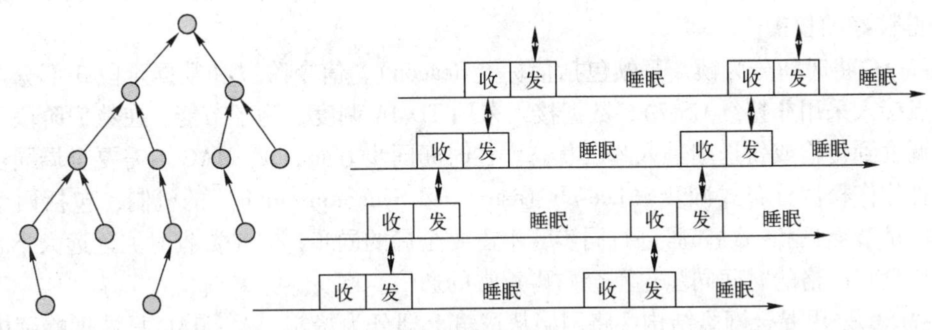

图 4-14　交错唤醒机制

4.4.4　混合型 MAC 协议

基于竞争的 MAC 协议具有自组织的特性，而基于分配的 MAC 协议更加节能。将两者进行整合可获得更好的综合性能，为此学者们提出了混合 MAC 协议。

1. 混合 MAC 协议（ZMAC）

ZMAC（Zebra MAC）是一种典型的混合型 MAC 协议[35]，将 TDMA 和 CSMA 的优势进行互补。其主要思想是可以根据竞争情况进行自适应调整，在高竞争情况下类似 CSMA，在低竞争情况下类似 TDMA，从而充分发挥了 CSMA 和 TDMA 的优势。该协议在网络拓扑动态变化的情形下和时间同步易失效的情况下，依然能够保持很好的健壮性。

ZMAC 使用 CSMA 作为基本机制，在竞争加剧时采用 TDMA 机制来解决信道冲突问题。ZMAC 引入了时间帧的概念，每个时间帧被分为若干时隙。节点启动后，每个节点周期性发送 PING 消息，其中包含节点一跳范围内邻居的信息，这样每个节点可从收到的 PING 消息中获知自己两跳范围内所有邻居的信息。结合这些信息，节点使用 DRAND 算法[36,37]来分配时隙，可以保证两跳范围内节点不会使用同一时隙。分配了时隙的节点称为该时隙的所有者，其他节点称为该时隙的非所有者，两跳范围以外的不同节点可作为同一时隙的所有者。

与 TDMA 不同的是，被分配的时隙并非一定给其所有者使用，所有者和非所有者将竞争该时隙，通过设置竞争窗口的大小可让所有者拥有最高的优先级。这样做的目的是如果所有者有数据要发送，一定能最早占有时隙；如果所有者没有数据发送到话，其他节点也可利用该时隙，减少了资源浪费。

所有者优先级将根据竞争程度来确定，所有者接入信道的概率和非所有者是无关的，这增强了系统的健壮性。但 DRAND 算法较为复杂[37]，令 δ 为两跳邻居数的最大值，则时间与消息复杂度为 O(δ)，所以在一定程度上限制了 ZMAC 的应用。

2. 应用自适应 MAC 协议（A^2-MAC）

之前的 MAC 协议没有考虑将应用/感知活动的信息加入到 MAC 协议设计中来优化性能，为此，Zhou. S 等人提出了应用自适应 MAC 协议（Application Adaptive MAC，A^2-MAC）[38]，将应用/感知活动的信息作为 MAC 层调度的暗示信息，其主要目的是为了通过高层信息来更好地节能和提高网络性能。A^2-MAC 是一种 CSMA/TDMA 的混合协议，有一个基于时间的帧结构，可通过随机或固定方式接入。可在节约能量和提高网络吞吐量方面取得较好的权衡。

A^2-MAC 将时间分为帧，每帧包括信标（Beacon）、信令阶段和数据阶段 3 部分。信令阶段节点接入采用非持续 CSMA，数据接入采用 TDMA 调度。为了节能，在数据阶段节点如没有被调度到传输或发送则进入睡眠状态。在时间同步方面，A^2-MAC 不需要全局同步，采用了一种称作松散分布式同步（Loosely Distributed Synchronization）的机制，包括两个基本机制，一是节点只和一跳邻居进行同步，不需要全局的同步；二是数据时隙远远大于时钟偏移，即使没有严格的时间同步也不会妨碍正常的通信。

A^2-MAC 采用混合网络结构，将网络从逻辑上划分为蜂窝，A^2-MAC 只处理蜂窝内的数据流，蜂窝间的数据流通过路由协议来处理。性能分析表明 A^2-MAC 能将吞吐量提高到信道容量的 90%。

4.4.5 MAC 协议比较

无线传感器网络中各 MAC 层协议比较情况见表 4-4。从中可以看出无线传感器网络 MAC 协议都是以减少能耗为中心进行设计的。竞争型 MAC 协议的主要目标是动态调节睡眠和侦听的时间，使得节点尽量只在自己需要收发信息时才侦听信道，其余时间处于休眠状态，一方面降低节点能耗；另一方面也减小了和其他节点的冲突。在分配型 MAC 协议中，基本都是基于 TDMA 机制的改进协议，目的是设计一种高效的时隙分配方案来减少能耗。混合型 MAC 协议综合了前两种协议的优点，其性能更好，但是相对来说其机制设计更加复杂。

表 4-4　无线传感器网络 MAC 层协议比较

协议名称	类型	是否同步	关键技术
SMAC	竞争	是	周期性侦听睡眠
TMAC	竞争	是	动态调节活动周期
WiseMAC	竞争	否	CSMA + 前导载波侦听
Sift	竞争	是	在不同时隙选择发送概率
SMACS	分配	否	TDMA + 多信道
ASCEMAC	分配	否	空转 + 模糊逻辑调度
AI-LMAC	分配	是	TDMA + 位图时隙占用表
DMAC	分配	是	交错唤醒机制
ZMAC	混合	局部同步	TDMA + CSMA
A^2-MAC	混合	松分布同步	应用自适应

4.5　无线传感器网络的路由协议

无线传感器网络作为一种无线多跳网络，由于无线信道的不稳定、信道间干扰、节点移动和失效等原因，使得传统互联网路由协议不再适应于无线传感器网络。移动组织网络与无线传感器网络比较类似，但是没有充分考虑无线传感器网络中能量的局限性，以及无线传感器网络的节点弱移动等特性，因此，往往不符合无线传感器网络的要求。所以，有必要结合无线传感器网络特点研究设计新的路由协议。

4.5.1　无线传感器网络路由协议概述

无线传感器网络是在移动自组织网络基础上发展起来的，因此无线传感器网络路由协议主要参考移动自组织网络的路由协议。但这两种网络的差异还是很大的，无线传感器网络节点不移动或很少移动，而移动自组织网络中节点频繁移动；无线传感器网络节点通信能耗高，数据计算能耗低，而这种差异在移动自组织网络中并不重要；无线传感器网络一般独立成网，主要用于监测，是以数据为中心的网络，移动自组织网络则能为分布式应用提供互联、计算功能；无线传感器网络节点数目可达上千，远大于移动自组织网络的几十个节点；无线传感器网络流量具有多到一（Many to One）和一到多（One to Many）的特点；无线传感器网络节点合作完成监测任务，与应用度相关，数据相关性较大；无线传感器网络中节点一般没有统一编址（在某些应用中可对节点编址）。由于无线传感器网络的这些特点，给路由协议的设计带来了新的问题，所以必须设计新的路由协议。

1. 路由协议设计的考虑因素

无线传感器网络路由协议自身的特点决定了传统无线网络的路由协议不适用于它的应用场景。针对上述特点，在具体设计无线传感器网络路由时，需要考虑以下关键问题[19]。

- 简单节能。无线传感器网络中，能量是至关重要的考虑因素。为节能起见，路由协议应尽可能简单，并且能够高效传输信息。
- 减少冗余信息。在无线传感器网络中，临邻的节点感知到的信息可能有很严重的重复。为尽可能减少数据发送，路由协议设计需要考虑通过数据融合来有效减少信息冗余。
- 可扩展性。为适应网络拓扑的动态变化，路由协议应采用分布式的运行方式，使其易于扩展。
- 健壮性。为保证传感器节点的随时加入或退出不会影响到全局任务的正常执行，路由协议的设计应具备健壮性，有较强的容错能力。
- 保持负载平衡。通过更加灵活的路由策略，使得路由选择算法能尽可能利用剩余能量较多的路径，从而平衡节点的剩余能量，延长网络的生存期。
- 安全。为防止监测数据被盗取和获取伪造的监测信息，路由协议应具有良好的安全性能，降低遭受攻击的可能性。

2. 路由协议的分类

由于无线传感器网络与应用高度相关，单一的路由协议不能满足各种应用需求，因而人们研究了众多的路由协议。为揭示协议特点，可以根据协议采用的通信模式、路由结构、路由建立时机、状态维护、节点标志和投递方式等策略，运用多种分类方法对其进行分类[19]。无线传感器网络路由协议与移动自组织网络路由协议非常类似，所以基本上也可按照移动自组织网络路由协议分类方式来分。按照节点是否有层次结构可分为平面路由协议和分层路由协议；按照端到端路径数目可分为单径路由协议和多径路由协议；按照路径是否有源节点指定可分为源路由和分布式路由，等等。这些分类方法在前一章已经进行了讨论，这里不再赘述。按照节点是否有层次结构的分类方法基本涵盖了所有的路由协议，应用较广，因此，本节主要采用这种分类方法。

无线传感器网络路由协议还可根据其应用中的特点进行分类。由于相邻节点采集的数据比较接近，可根据数据在传输过程中是否进行聚合处理，将路由协议分为数据聚合的路由协议和非数据聚合的路由协议。另外，在一些具体应用中，还需考虑地理位置、能量感知、QoS、安全等因素，根据是否利用了这些信息也可对路由协议进行分类。这些信息不是路由协议必需的，但它们的使用可以优化路由协议的性能。为此，本节将在优化的路由协议中介绍使用了这些信息的路由协议。

4.5.2 平面路由协议

传感器网络中的平面路由协议往往以数据为中心进行路由和传输，在其过程中节点具有相同的地位和功能，节点间通过协同工作完成感知任务。

1. 洪泛协议和流言协议

洪泛协议和流言协议是两个最为经典和简单的传统网络路由协议[39]，也可应用到 WSN 中。在洪泛（Flooding）协议中，节点产生或收到数据后向所有邻节点广播，数据报文直到过期或到达目的地才停止传播。但该协议具有以下严重缺陷。

- 内爆：节点几乎同时从邻节点收到多份相同数据。
- 交叠：节点先后收到监控同一区域的多个节点发送的几乎相同的数据。
- 资源利用盲目：节点不考虑自身资源限制，在任何情况下都转发数据。

流言（Gossiping）协议是对洪泛协议的改进，节点在发送数据时不再采用广播的形式，而是随机选取一个相邻节点进行转发，有效地避免了内爆问题，但增加了时延。这两个协议不需要维护路由信息，简单易行，但扩展性很差。

2. 基于信息协商的路由协议（SPIN）

基于信息协商的路由协议（Sensor Protocol for Information via Negotiation，SPIN）是一种经典的以数据为中心的路由协议[40]。该协议引入了元数据（Meta-Data）的概念，用来描述感知数据，但其大小比原始感知数据小。SPIN 协议工作流程如图 4-15，节点产生或收到数据后，为避免盲目传播，用包含元数据的 ADV 消息向邻节点通告，需要数据的邻节点用 REQ 消息提出请求，数据通过 DATA 消息发送到请求节点。

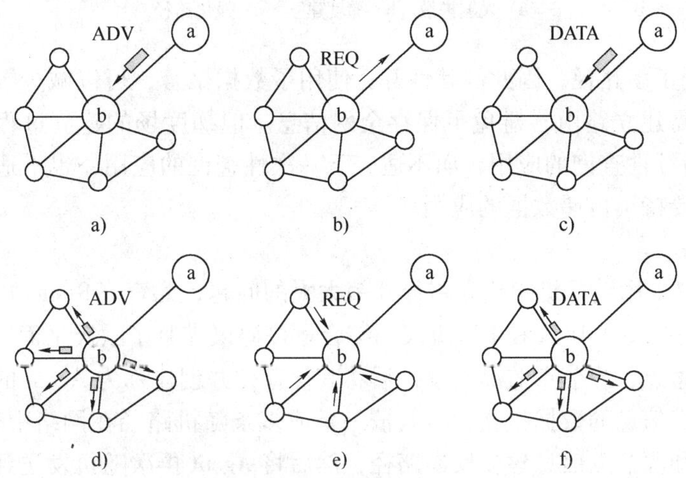

图 4-15　SPIN 协议的工作流程
a）ADV 扩散　b）数据请求　c）数据传送　d）ADV 扩散　e）数据请求　f）数据传送

SPIN 协议的优点在于，使用 ADV 消息减轻了内爆问题；通过数据命名解决了交叠问题；节点根据自身资源和应用信息决定是否进行 ADV 通告，避免了资源利用盲目问题。与 Flooding 和 Gossiping 协议相比，有效地节约了能量。但该协议也有一些不可避免的缺点，当产生或收到数据的节点其所有邻节点都不需要该数据时，将导致数据不能继续转发，以致较远节点无法得到数据。当网络中大多节点都是潜在汇聚点时，该问题并不严重，但当汇聚节点较少时，这将成为一个很严重的问题。另外，当某汇聚节点对任何数据都需要时，其周围节点的能量容易耗尽。

3. 定向扩散协议（DD）

为了解决某些汇聚节点无法收到信息的问题，Intanagonwiwat C 等人提出了定向扩散协议（Directed Diffusion，DD）[41]。DD 也是一个经典的、基于数据的、查询驱动的路由协议，与 SPIN 协议中信息由源节点向汇聚节点扩散不同，DD 协议中，信息传输是由汇聚节点来初始的。DD协议采用（属性，值）对来命名数据，其工作流程如图4-16。汇聚节点将查询任务封装成兴趣消息（Interest）的形式，周期性地将其洪泛到网络中去，从本质上来说，这一步的目的是设置一个监测任务。然后，沿途节点按需对兴趣消息进行缓存与合并，建立反向的从源节点到汇聚节点的梯度（Gradient）场，从而建立多条指向汇聚点的路径。兴趣地理区域内的节点则按要求启动监测任务，并周期性地上报数据，途中各节点可对数据进行缓存与聚合。汇聚点收到数据后，可从中选择一条最优路径作为强化路径，后续数据沿这条路径传输。

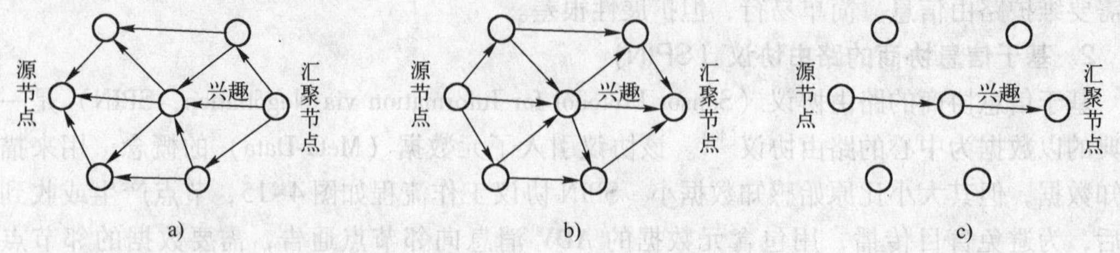

图4-16 DD协议的工作流程

a）兴趣扩散 b）梯度建立 c）强化路径

DD协议使用了多路径，因此健壮性好；使用了数据聚合，可以减少数据通信量；使用查询驱动机制按需建立路由，避免了保存全网信息。但梯度场的建立过程开销很大，因此DD协议适用于持续性查询的应用，而不适应于一次性查询的应用，也不适合于环境监测这类查询较少但需要持续传递数据的应用。

4. 谣言协议

针对DD协议采用洪泛机制建立路径开销太大的问题，谣言（Rumor）协议做出了一些改进[42]，可看做是SPIN协议和DD协议的综合。该协议借鉴了欧氏平面图上任意两条曲线交叉概率很大的思想，当节点监测到事件后将其保存，并创建称为Agent的生命周期较长的包括事件和源节点信息的数据报文，将其按一条或多条随机路径在网络中转发。收到Agent的节点根据事件和源节点信息建立反向路径，然后将Agent再次随机发送到相邻节点，并可在再次发送前在Agent中增加其已知的事件信息。汇聚节点的查询请求也沿着一条随机路径转发，当Agent数据报文的路径和查询请求路径交叉时则可建立起传输路径；如不交叉，汇聚节点可洪泛其查询请求。在多汇聚节点、查询请求数目很大、网络事件很少的情况下，Rumor协议较为有效。但如果事件非常多，维护事件表和收发Agent带来的开销会很大。

4.5.3 分层路由协议

在分层路由协议中，网络通常被划分为簇（Cluster）。所谓簇，就是具有某种关联的网络节点集合。每个簇由一个簇头（Cluster Head）和多个簇内成员（Cluster Member）组成，低一级网络的簇头是高一级网络中的簇内成员，由最高层的簇头与基站（Base Station，BS）通信。这类算法将整个网络划分为相连的区域，簇头节点不仅负责簇内信息的收集和融合处理，还负责簇间数据转发，因此簇头节点的能量消耗非常高。为了延长整个网络的寿命，簇头节点的选择往往需要定期更新。

1. 低能耗自适应分层协议（LEACH）

低能耗自适应分层协议（Low-Energy Adaptive Cluster Hierarchy，LEACH）是最早提出的

分层路由协议[43]。为平衡网络各节点的能耗，簇头采用周期性按轮随机选举产生，每轮选举方法是每个节点产生一个[0,1]之间的随机数，如果该数小于T(n)，则该节点为簇头。T(n)按式（4-3）计算。

$$T(n)=\begin{cases}\dfrac{p}{1-p\left(r \bmod \dfrac{1}{p}\right)}, n\in G \\ 0, 其他\end{cases} \tag{4-3}$$

式中，p是网络中簇头数与总节点数的百分比；r是当前的选举轮数；G是最近1/p轮不是簇头的节点集。

成为簇头的节点在无线信道中广播这一消息，其余节点选择加入信号最强的簇头。节点使用一跳通信将数据直接传送给簇头，簇头也通过一跳通信将聚合后的数据直接传送给汇聚节点。该协议采用随机选举簇头的方式避免簇头过分消耗能量，提高了网络生存时间，采用数据聚合有效地减少了通信量。但协议也存在一些问题。首先，它需要节点支持射频功率自适应和动态调整；其次，协议无法保证簇头节点能遍及整个网络，很可能出现簇头节点集中出现在网络某一区域的现象；第三，由于簇头的频繁选举引发的通信耗费了许多能量。

为此，学者们在LEACH的基础上做了一些改进，提出了LEACH-C（LEACH-centralized）和LEACH-F（LEACH-fixed）等协议[44]。这两个协议都采用集中式的簇头产生算法，由基站负责挑选簇头，可解决LEACH中每轮产生的簇头没有确定数量和位置的问题。LEACH-C中，每个节点把自身地理位置和当前能量报告给基站，基站根据所有节点的报告计算平均能量来选取簇头，当前能量低于平均能量的节点不能成为候选簇头。但是从剩余候选节点中选出合适数量和最优地理位置的簇头集合是一个NP问题。为此，基站根据所有成员节点到簇头的距离平方和最小的原则，采用模拟退火（Simulated Annealing）算法解决问题。最后，基站把簇头集合和簇的结构广播出去。LEACH-F中，簇的形成与LEACH-C一样，也是基站采用模拟退火算法生成簇。同时，基站为每个簇生成一个簇头列表，指示簇内节点轮流当选簇头的顺序。一旦簇形成之后，簇的结构就不再改变，簇内节点根据簇头列表依次成为簇头。与LEACH和LEACH-C相比，LEACH-F最大的优点就是无须每轮循环都构造簇，减少了构造簇的开销。但是，LEACH-F并不适合真实的网络应用，因为它不能动态处理节点的加入、失败和移动。同时，它还增加了簇间的信号干扰。

2. 传感器系统中能量有效的汇聚算法（PEGASIS）

为了避免LEACH协议频繁选举簇头的通信开销，Lindsey S等人提出了传感器系统中能量有效的汇聚算法（Power-Efficient Gathering in Sensor Information System，PEGASIS）[45]。PEGASIS简化了网络中簇头的选取方式，利用贪心算法从离汇聚节点最远的传感器节点开始，依次连接下一个最近的传感器节点，从而将网络中所有节点连接起来形成一个簇，称为链。动态选举簇头的方法也很简单，设网络中的N个节点都用1~N的自然数编号，第j轮选取的簇头是第i个节点，i=j mod N（j为0时，i取N）。其他节点的数据采用多跳方式通过链逐跳传到簇头，簇头与汇聚节点采用一跳通信。运行PEGASIS协议时，每个节点首先利用信号的强度来衡量其所有邻居节点距离的远近，在确定其最近邻居时调整发送信号的强度，从而只有这个邻居能够听到。

该协议通过避免LEACH协议频繁选举簇头带来的通信开销以及自身有效的链式数据聚

合，极大地减少了数据传输次数和通信量，有效地节省了能量，与 LEACH 协议相比能大幅提高网络生存时间。但 PEGASIS 中簇头成为网络的关键点，其失效会导致路由失败。另外，PEGASIS 对于应用场景也有一些限制，它要求节点都具有与汇聚节点通信的能力，不适合大范围网络应用；成链算法要求节点利用信号的强度来衡量其他节点的远近位置，开销较大。

3. 阈值敏感的能量有效传感器网络路由协议（TEEN）

阈值敏感的能量有效传感器网络路由协议（Threshold-Sensitive Energy Efficient Sensor Network，TEEN）从数据过滤的角度对 LEACH 做了一些改进[46]。在某些无线传感器网络的应用场景中，如果环境数据变化不太明显，采用 LEACH 协议周期性采集数据会收到许多重复的信息。为此，TEEN 提出了一种利用数据过滤的方法来减少传输的信息量。TEEN 采用与 LEACH 相同的聚簇方式，但簇头根据其与汇聚节点距离的不同会形成层次结构。聚簇完成后，汇聚节点通过簇头向全网节点通告两个门限值（分别称为硬门限和软门限）来过滤数据发送。当节点第一次监测到数据超过硬门限时，节点向簇头上报数据，并将当前监测数据保存为监测值（Sensed Value，SV）。此后只有在监测到的数据比硬门限大且其与 SV 之差的绝对值不小于软门限时，节点才向簇头上报数据，并将当前监测数据保存为新的 SV。该协议通过利用软、硬门限减少了数据传输量，且层次型簇头结构不要求节点具有大功率通信能力。但由于门限设置阻止了某些数据上报，不适合需周期性上报数据的应用。

APTEEN（Adaptive Periodic TEEN）是 TEEN 的扩展协议，可看做 LEACH 和 TEEN 两者的结合，既能周期性地采集数据又可以对突发事件做出快速反应[47]。APTEEN 中节点在发送数据时采用与 TEEN 相同的方式，另外增加了节点成功发送报告的最长时间周期（计数时间），如果节点在计数时间内没有发送任何数据，则强迫节点向汇聚节点发送数据。在节能方面，APTEEN 基于邻近节点监测同一对象的假设，由汇聚节点采用模拟退火算法将簇内节点分成睡眠 - 空转（Sleeping-Idle）节点对，Sleeping 节点进入睡眠状态以节省能量，Idle 节点则负责响应查询，两个节点在簇头轮换时转换角色。

4.5.4 优化的路由协议

无线传感器网络的路由协议与其应用密切相关，在一些具体应用中，底层硬件可能提供节点地理位置信息，从而大幅度简化路由协议的设计。另外，在一些应用中可能需要感知节点能量、保证 QoS、保证安全等，这也需要对无线传感器网络的路由协议进行专门优化。本节介绍一些常用的路由协议优化技术。

1. 基于位置的路由协议

在某些无线传感器网络应用中，需要知道突发事件的地理位置，具体的节点定位机制在第 4.6 节介绍。在这种具体情况下，路由协议可以设计得更为简单有效。GEAR（Geographical and Energy Aware Routing）协议是一种典型的地理位置路由协议[48]。这种路由机制假设已知事件区域的位置信息，并假设每个节点知道自己的位置信息和剩余能量信息，通过简单的 Hello 消息交换机制获得所有邻居节点的位置信息和剩余能量信息。GEAR 适应于向某个特定区域发送兴趣消息。

为扩展路由协议使用范围，Karp B 等人提出了 GPSR（Greedy Perimeter Stateless Routing）协议，这也是一种典型的基于位置的路由协议[49]。协议中，各节点利用贪心算法尽量沿直线转发数据。在这种情况下，数据可能会到达没有比该节点更接近目的点的区域，导致数据无法传输，这种问题称为空洞。GPSR 中采用右手法则沿空洞周围传输来解决此问题。该协议避免了在节点中建立、维护、存储路由表，节省了节点的存储空间，使用接近于最短欧氏距离的路由，减少了数据传输时延。GPSR 的缺点在于当网络中汇聚节点和源节点分别集中在两个区域时，由于通信量不平衡易导致连接两个区域的部分节点失效，从而破坏网络连通性。

TBF（Trajectory Based Forwarding）协议[50]与 GPSR 协议不同，信息不是沿着最短路径传播，而是通过参数在数据报文头中指定了一条连续的传输轨道，如指定采用广播方式，或指定向某一区域发送数据。网络节点利用贪心算法根据轨道参数和邻居节点位置，将最接近轨道的邻居节点作为下一跳节点。

2. 能量感知路由协议

保障 QoS 的能量感知路由协议，可根据能量消耗和满足端到端延迟需要来寻找一条从源到网关的最优路径[51]。该协议将流量分为实时数据的通信量和非实时数据的通信量，它还引入一个队列模型来管理两种流共存的情况。在这个队列模型中，用一个分类器来检查报文的类型，并把不同类型的数据报文放在不同的队列中，用一个调度模块来决定数据报文被传送的顺序。该协议分为两个阶段，首先不考虑端到端的延迟，为每一条链路简单计算花费，使用扩展 Dijkstra 算法来计算最小花费路径。在获得候选路径后，接着根据 QoS 需求检查它们，进一步选择能够满足端到端 QoS 要求的一条路径。如果流量每次都通过最小能耗路径的话，那么这条路上的节点很快会耗尽能量而造成路由失效，甚至可能造成网络被分割为两个部分。

为此，Chang J 等人提出了最大化生存时间路由协议[52]，考虑了网络的生存时间。其中引入了代价函数的概念，将链路代价定义为 $f(e_{ij},E_i)$，其中 e_{ij} 是节点 i 向节点 j 发送数据消耗的能量，E_i 是节点 i 剩余的能量，代价函数是关于 e_{ij} 的增函数、E_i 的减函数，通过选择代价最小的路径可保存节点能量，最大化网络生存时间。该协议最重要的贡献在于利用网络流建模，采用线性规划方法来解决最大生存时间问题，通过数据流在传输过程中动态改变流向，从而达到最大化网络生存时间的目的。该协议的缺点是需要知道各个节点的数据产生速率。

3. QoS 相关路由协议

SAR 协议是一种典型的应用在无线传感器网络中的保证 QoS 的路由协议[53]。汇聚节点的所有一跳邻节点都以自己为根创建生成树，在创建生成树过程中考虑节点的时延、丢包率、最大数据传输能力等 QoS 参数，从而各个节点可反向建立到汇聚点的多条具有不同 QoS 参数的路径。发送数据时节点根据数据的 QoS 需求选择一条或多条路径进行传输。该协议的缺点是节点中的大量冗余路由信息耗费了存储资源，且路由信息维护、节点 QoS 参数与能耗信息的更新均需较大开销。

同样为提供 QoS 控制，ReInForM 协议采用了与 SAR 协议不同的考虑方式[54]。其中，路由从数据源节点开始，考虑到可靠性要求，将一个报文的多个副本从多条路径发送到目的节点。它首先由数据源节点根据传输的可靠性要求计算传输路径数目，再选择若干节点作为下一跳节点，并分配相应的转发路径。以此类推，一直到汇聚节点为止。

4. 考虑安全的路由协议

SPINS 协议旨在解决具有有限资源的无线传感器网络的安全通信问题[55]，它引入 SNEP

和 μTESLA 两个安全构件。SNEP 协议通过在通信双方采用两个同步的计数器，并将其用于加密和消息认证码（Message Authentication Code，MAC）中，可获得数据机密性（满足语义安全）、数据认证、完整性及重放保护功能，而且通信开销也比较低（每个报文仅增加 8Byte）。μTESLA 协议使用对称密钥算法来实现认证广播，能满足资源高度受限的无线传感器网络。SPINS 协议具有低计算量、低存储量和低通信开销的优点。但仍然存在一些安全问题没有解决，第一，它不能解决隐藏信道的泄密问题；第二，虽然能保证单个节点的破解不会暴露其他节点的密钥，但没能解决泄密节点的许多其他问题。

INSENS 协议是一个面向无线传感器网络安全的入侵容忍路由协议[56]。它借鉴了 SPINS 协议某些思想。利用类似 SNEP 的密码 MAC 来验证控制数据包的真实性和完整性，利用 μTESLA 中单向散列函数链所实现的单向认证机制来认证基站发出的所有信息，从而限制各种 QoS 攻击和 Rashing 攻击。另外，该协议还通过每个节点只与基站共享一个密钥、丢弃重复报文、速率控制以及构建多路径路由等方法，限制了洪泛攻击，并使得恶意节点所能造成的破坏被限制在局部范围，而不会导致整个网络的失效。除了通过采用对称密钥密码系统和单向散列函数这些低复杂度的安全机制外，该协议还将诸如路由表计算等复杂工作从传感节点转移到资源相对丰富的基站上进行，以解决节点资源受限问题。尽管 INSENS 协议将破坏限制在入侵者周围及其下游区域，但是，当一个内部攻击者处在基站附近时，造成的破坏范围仍会很大。

4.5.5 路由协议的比较

表 4–5 比较了前面讨论的典型无线传感器网络路由协议。路由协议性能表现比较均衡良好的并不多，大多协议只是在某一方面或特定场景下表现出较好的特性，而整体性能差强人意。所以，尽管这些算法在拓扑管理、数据融合和传输等方面有很多优势，但也存在许多不足。平面路由协议在算法节能方面需要进一步提高；层次化协议的簇头选择开销较大，且簇头容易成为网络瓶颈制约网络性能，如何将簇头的负担简单有效地均衡分布在网络节点上仍值得继续研究。此外，在一些具体应用中可能需要将路由协议在某一方面进行优化，这种情况下也需要全面考虑其他方面的性能。

表 4–5　无线传感器网络路由协议比较

协议名称	结构	数据融合	基于位置	QoS 支持	扩展性	节能	安全
Flooding	平面	没有	不是	没有	不好	不好	没有
Gossiping	平面	没有	不是	没有	不好	不好	没有
SPIN	平面	有	不是	没有	一般	好	没有
DD	平面	有	不是	没有	一般	好	没有
Rumor	平面	有	不是	没有	好	好	没有
LEACH	层次	有	不是	没有	好	很好	没有
PEGASIS	层次	有	不是	没有	好	很好	没有
TEEN	层次	有	不是	没有	好	好	没有
GEAR	平面	没有	是	没有	一般	好	没有
GPSR	平面	没有	是	没有	好	好	没有
TBF	平面	没有	是	没有	好	好	没有

（续）

协议名称	结构	数据融合	基于位置	QoS 支持	扩展性	节能	安全
保障 QoS 的能量感知协议	平面	没有	不是	有	一般	好	没有
最大化生存时间路由协议	平面	没有	不是	没有	一般	很好	没有
SAR	平面	有	不是	有	一般	好	没有
ReInForM	平面	没有	不是	有	好	好	没有
SPINS	平面	没有	不是	没有	不好	不好	有
INSENS	平面	没有	不是	没有	不好	不好	有

4.6　无线传感器网络的节点定位

网络中传感器节点的自身位置是大多数应用的基础。因为无论是用于军事侦察和地理环境监测，还是用于交通状况监测和工业生产过程等，很多获取的信息需要附带相应的位置信息，否则，这些数据就是不确切的，甚至失去意义。一方面，传感器节点必须明确自身位置才能详细说明“在什么位置或区域发生了特定事件”，从而实现对外部目标的定位和追踪；另一方面，了解传感器节点的位置分布状况可以有助于提高网络的路由效率，实现网络的负载均衡以及网络拓扑的自动配置等，从而改善整个网络的覆盖质量。更为重要的是，随着传感器网络技术的不断进步，会出现更多基于位置信息的协议和应用。正是基于上述原因，传感器网络的定位技术已经成为很重要的研究方向。

4.6.1　无线传感器网络节点定位概述

由于传感器网络通常需要在无人干预的情况下大规模地随机部署在环境较为恶劣、人类无法或不宜接近的区域，如战场、火山口附近，因此在部署时确定每个节点位置是不现实的。若在每个节点上都装备 GPS 定位系统，尽管目前已经研制成功了单芯片 GPS 解决方案并可集成到传感器节点上，但却因其造价昂贵而不适合于传感器网络节点廉价且需大量部署的特点。因此，必须针对无线传感器网络的特点，设计独特的节点定位机制和算法。

1. 节点定位模型

要计算一个点的坐标，需要一些参考点的坐标，这节中讨论 3 种常用的坐标计算方法。

（1）三边测量法

在平面空间中，要求得一个点的坐标，至少需要知道它与 3 个点的距离。这就是三边测量法（Trilateration）的基本原理。计算过程参照图 4-17，其中，已知参考节点 A、B、C 的坐标分别为(x_1,y_1)、(x_2,y_2)和(x_3,y_3)，以及它们到目标节点 M 的距离分别为 d_1、d_2和 d_3，求 M 的坐标(x,y)。由 3 条边的长度可列出方程组（4-4），解该方程组可以求出 M 的坐标。三边测量法的

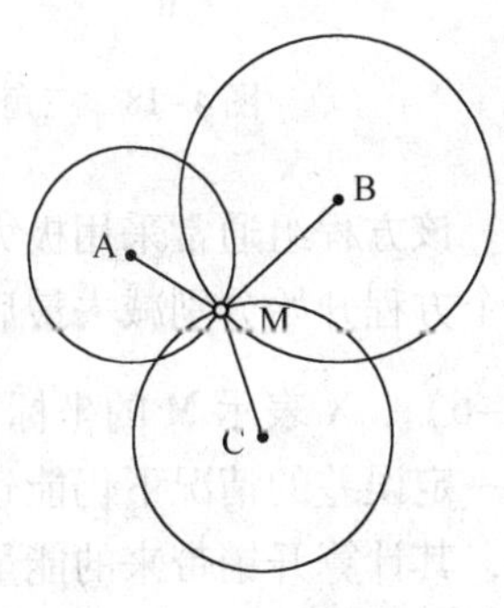

图 4-17　三边测量法图示

缺点是，若在测距过程中存在误差，上述3个圆将无法交于一点，以存在误差的< d_1，d_2，d_3 >去解上述方程时便无法得到正确解。因此，在实际计算坐标时，一般不采用上述解方程的方法，而采用极大似然估计或其他数值解法。

$$\begin{cases}(x-x_1)^2+(y-y_1)^2=d_1^2\\(x-x_2)^2+(y-y_2)^2=d_2^2\\(x-x_3)^2+(y-y_2)^2=d_3^2\end{cases}\tag{4-4}$$

（2）三角测量法

三角测量法（Triangulation）的计算方法如图4-18所示。其中，已知A、B、C 3个节点的坐标分别为(x_1,y_1)、(x_2,y_2)和(x_3,y_3)，目标节点M相对于节点A、B、C的角度分别为∠AMB，∠AMC，∠BMC，求M坐标(x,y)。做一个过A、M和B的圆O，根据内接圆性质有$\angle AOB=(2\pi-2\angle AMB)$。设圆心坐标$O(x_0,y_0)$，半径为$r_1$，可列出方程组（4-5），解该方程组能求出O的坐标和半径r_1，得出M到一个已知点的距离。同理，利用另两个角可求出M到另外两个点的距离，依据三边测量法可求出M的坐标。该算法缺点在于计算太复杂。

$$\begin{cases}(x_1-x_0)^2+(y_1-y_0)^2=r_1^2\\(x_2-x_0)^2+(y_2-y_0)^2=r_1^2\\(x_1-x_2)^2+(y_1-y_2)^2=2\cdot r_1^2-2r_1^2\cos\angle AMB\end{cases}\tag{4-5}$$

（3）多边测量的极大似然估计法

多边测量（Multilateration）的极大似然估计法是实际坐标求解时常用的一种方法，它是三边测量法的变形，如图4-19所示。已知$n(n>3)$个参考节点的坐标分别为$P_1(x_1,y_1)$,$P_2(x_2,y_2)$,…,$P_n(x_n,y_n)$,到目标节点M的距离分别为$d_1,d_2,\cdots,d_n$,求M的坐标(x,y)。由n条边的长度可得出类似（4-4）的方程组。

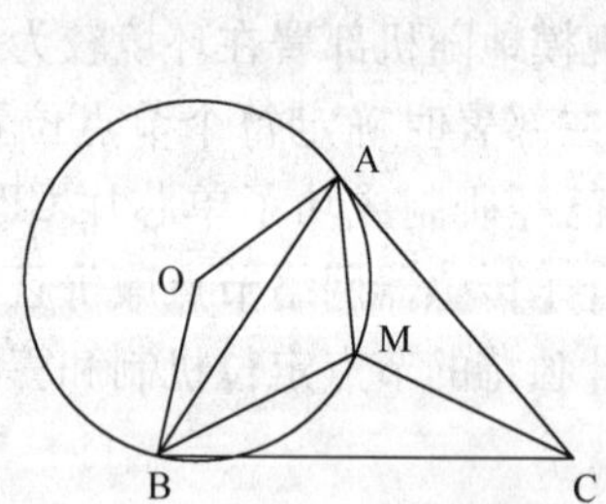

图4-18　三角测量法图示

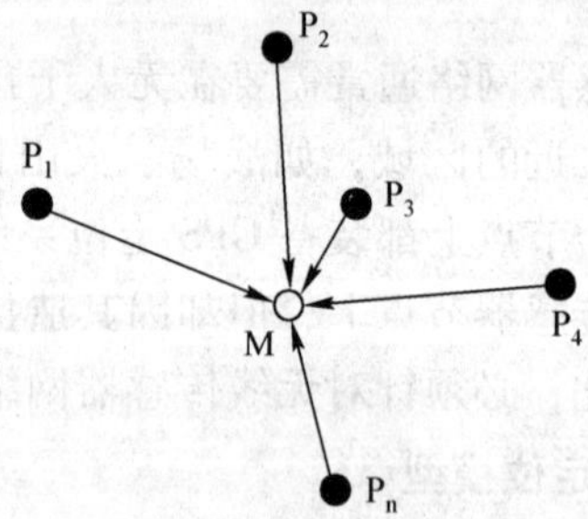

图4-19　多边测量法图示

该方程组通常采用极大似然估计法（Maximum Likelihood Estimation，MLE）求解，从第一个方程开始分别减去最后一个方程，得到线性方程组表示为AX=b，其中A、X和b见式（4-6），X表示M的坐标，从而进一步得到极大似然解$\hat{X}=(A^TA)^{-1}A^Tb$。此方法在测距存在一定误差的情况下仍能达到相当高的定位精度，然而其缺点在于需要进行较多的浮点运算，其计算开销带来的能量消耗仍不容忽视，故而有必要寻求更为简单的替代算法。

$$A=2\begin{bmatrix} x_1-x_n & y_1-y_n \\ \vdots & \vdots \\ x_{n-1}-x_n & y_{n-1}-y_n \end{bmatrix} b=\begin{bmatrix} x_1^2-x_n^2+y_1^2-y_n^2+d_n^2-d_1^2 \\ \vdots \\ x_{n-1}^2-x_n^2+y_{n-1}^2-y_n^2+d_n^2-d_{n-1}^2 \end{bmatrix}, X=\begin{bmatrix} x \\ y \end{bmatrix} \quad (4-6)$$

2. 节点定位算法的考虑因素

由于无线传感器网络的一些特殊性质，在设计定位算法时需要考虑以下几方面因素。

(1) 定位精度

定位技术首要的评价指标就是定位精度，一般用误差值与节点无线射程的比值表示。例如，当锚节点的通信半径为R时，定位精度为0.2R表示定位误差与R的比值为0.2。也有部分定位系统将二维网络部署区域划分为网格，其定位结果的精度也就是网格的大小，如微软的RADAR，Wireless Corporation的Radio Camera等。一般来说，定位精度越高，节点的体积就越大，消耗的能量越多，因而成本也更高，在设计算法时需要在这些方面进行权衡。

(2) 锚节点密度

锚节点定位通常依赖人工部署或GPS实现。人工部署锚节点的方式不仅受网络部署环境的限制，还严重制约了网络和应用的可扩展性。如果使用GPS定位，锚节点的费用会比普通节点高两个数量级，这意味着即使仅有10%的节点是锚节点，整个网络的价格也将增加10倍。因此，锚节点密度也是定位算法性能的重要考虑因素之一。

(3) 健壮性和容错性

通常，定位系统和算法都需要比较理想的无线通信环境和可靠的网络节点设备，但在真实应用场合中常会有一些问题。例如，外界环境中存在严重的多径传播、衰减、阴影、非视距（Non-Line-Of Sight，NLOS）、通信盲点等问题，造成节点间距离或角度测量误差增大。网络节点由于各种情况也可能失效。因此，定位系统和算法的软、硬件必须具有很强的容错性和自适应性，能够通过自动调整或重构以纠正错误、适应环境、减小各种误差的影响，提高定位精度。

(4) 能耗

能耗是对传感器网络的实现影响最大的因素之一。因此在保证定位精度的前提下，定位所需的计算量、通信开销、存储开销、系统附加设备等，也都会直接影响系统的能耗，成为定位算法设计的关键指标。

(5) 代价

定位系统或算法的代价可从几个不同方面来评价。时间代价包括一个系统的安装时间、配置时间、定位所需时间；空间代价包括一个定位系统或算法所需基础设施和网络节点的数量、硬件尺寸等；资金代价则包括实现一种定位系统或算法的基础设施、节点设备的总费用。

3. 无线传感器网络节点定位算法分类

无线传感器网络的定位算法已研究了许多年，成果较多。这些算法按照测距技术、计算方式、定位精度等重要的性能指标有以下几种分类方法。

(1) 基于测距技术的定位和无需测距技术的定位

按照定位过程中是否需要测量节点间的实际距离，可分为基于测距技术的定位和无需测距技术的定位。前者利用测量得到的距离或角度信息来进行位置计算，后者一般利用节点的连通性和多跳路由信息交换等方法来估计节点间的距离或角度，并完成位置估计。这是最经典的一种分类方法，本节也将采用这种分类方法进行讨论。

（2）集中式定位与分布式定位

按照计算定位信息的节点位置，可将定位算法分为集中式定位算法与分布式定位算法。集中式计算将所需信息传送到某个中心节点，并由该节点进行定位计算。分布式计算则依赖节点间的信息交换和协调，由各个节点自行计算。

（3）粗粒度定位与细粒度定位

从定位计算的粒度来看，可将定位算法分为粗粒度与细粒度两类。根据信号强度或时间、信号模式匹配（Signal Pattern Matching）等来度量与参考节点距离的技术，称为细粒度定位技术；根据与参考节点的接近度来度量的，称为粗粒度定位技术。

（4）绝对定位与相对定位

按照定位的结果可分为绝对定位与相对定位。绝对定位结果是物理位置，如经纬度；相对定位通常是以网络中部分节点为参考，建立整个网络的相对坐标系统。

（5）递增式定位算法和并发式定位算法

根据计算节点位置的先后顺序可分为递增式定位算法和并发式定位算法。递增式的定位算法通常从锚节点开始，锚节点附近的节点首先开始定位，依次向外延伸。其主要缺点是定位过程中累积误差和传播测量误差大。并发式的定位算法中，所有的节点同时进行位置计算，能够较好地避免误差累计问题。

（6）基于锚节点的定位算法和无锚节点的定位算法

根据定位过程中是否使用锚节点，可把定位算法分为基于锚节点的定位算法和无锚节点的定位算法。前者在定位过程中，以锚节点作为定位中的参考点，各节点定位后产生以锚节点为基点的整体绝对坐标系统。后者只关心节点间的相对位置，在定位过程中无需锚节点，各节点先以自身作为参考点，将临近的节点纳入自己定义的坐标系中，相邻的坐标系统依次转换合并，最后产生整体相对坐标系统。

4.6.2 基于测距的定位机制

在基于测距的定位方法中，网络中每个未知节点都需要测量其与各参考节点之间的距离或角度。此方法可得到节点间的相对位置信息，如果要获知节点的绝对位置信息，就要知道某个或某些节点的绝对位置坐标值，如某些锚节点借助 GPS 获得的坐标。前面已经介绍过计算节点坐标的模型，下面我们关注如何计算未知节点与已知节点的距离或角度。

1. 信号到达时间（TOA）

信号到达时间（Time of Arrival，TOA）的主要思想是使用一种速度已知的信号，通过测量信号在两点间的往返时间来计算两点间的距离，其中信号通常使用无线电或超声波。全球定位系统（Global Positioning System，GPS）是一种典型的采用无线电信号的 TOA 技术，由于微小的时间测量误差会带来巨大的测距误差，GPS 系统中对于时钟及时间同步的要求非常高，GPS 卫星上装有价值昂贵、精确度达到 ns 级的原子钟，GPS 接收机则采用精度略差的石英钟，并通过不断地与卫星进行时间同步来减少误差[57]。

超声波也可作为信号来测量两点间距离，然而超声波传播距离非常有限，同时易受干扰，需要增加声学发射机与接收机，并且两者需要处于直线可视范围内，易受非视距传播（Non - Line - of Sight，NLOS）的影响。因传感器网络节点在尺寸、成本、功耗上的限制，上述采用无线电或超声波信号的 TOA 测距方法均不适用于无线传感器网络节点。

2. 信号到达时间差（TDOA）

为了降低对时间同步的要求，学者们提出了信号到达时间差（Time Difference of Arrival, TDOA）算法。TODA 利用两种传播速度已知的信号，通过记录两种不同信号在节点间的传播时间差，来计算两节点间距离[58]。其中信号一般为无线电和超声波信号。发射节点同时发出两种信号，若无线电信号传播速度为 v_1，超声波信号传播速度为 v_2，接收节点收到两信号的时间差为 Δt，则按式（4-7）计算得出两节点间距离 d

$$d = \Delta t \times \frac{v_1 \times v_2}{v_1 - v_2} \tag{4-7}$$

与 TOA 相比，TDOA 不需要时间同步，对时间精度的要求较低，然而同样受到超声波传播中的 NLOS 限制，所以只能适用与节点部署较为密集、障碍物较少的情况，而且使用成本较高[59]。

3. 信号到达角度（AOA）

与前两种测距方法不同，信号到达角度（Angel of Arrival，AOA）将距离的测量转换为角度的测量。未知节点通过天线阵列或其他特殊接收设备，感知参考节点信号的到达方向，计算两节点之间的相对方位角，最后通过三角测量法计算未知节点坐标[58]。其缺点在于同样受外界环境影响，且需要增加额外的测量角度的硬件，在硬件尺寸和功耗上都难以接受。

4. 接收信号强度（RSSI）

前边 3 种算法都没有考虑信号在传播过程的衰减问题，在实际情况中，这种衰减是不可避免的。接收信号强度（Received Signal Strength Indicator，RSSI）就是一种利用信号衰减规律计算节点间距离的方法。如果已经知道节点的发射信号强度，接收节点通过测量接收到该信号的信号强度，使用信号传播衰减模型可计算出两点间距离[60]，见式（4-8）。

$$P(d) = P(d_0) - 10n \times \log\left(\frac{d}{d_0}\right) - \begin{cases} nW \times WAF, nW < C \\ C \times WAF, nW \geqslant C \end{cases} \tag{4-8}$$

式中，d 是收、发节点间的距离；d_0是参考距离；$P(d)$和 $P(d_0)$分别表示在发送点 d、d_0处的信号强度，$P(d_0)$的典型值为 $P(1) = 30\text{dB}$；n 为信道衰减指数，表示路径长度和路径损耗之间的比例因子，一般取 2 ~4；nW 表示节点和基站间墙壁个数；C 表示信号穿过墙壁的阈值；WAF 称路径损耗附加值，表示信号穿过墙壁或障碍物的衰减因子，依赖于建筑的结构和使用的材料。

由于传感器节点具备通信能力，通信控制芯片通常会提供测量 RSSI 的方法，在接收参考节点广播自身坐标的同时即可完成 RSSI 的测量，因此这是一种低功率、低代价的测距技术。其缺陷主要在于信号衰减模型无法全面考虑实际传播过程中的复杂环境，如信号反射、多径干扰（Multi Path Interference）、NLOS、天线增益等，可能造成信号衰减情况与所提模型不符，从而带来测量误差。因此，基于 RSSI 的测距应视为一种粗糙的测距技术，有可能产生 ±50% 的测距误差，一般只能适用于对误差要求不高的场合。

4.6.3 无需测距的定位机制

无需测距的定位技术不用测量节点间距离或角度，其主要思想是根据网络的连通性确定网络中节点之间的跳数，通过参考节点间距离估算出每一跳的距离，并由此估算节点在网络中的位置。无需测距的定位技术降低了对节点硬件的要求，但定位的误差也有所增加。目前主要有两类距离无关的定位方法：一类是先对未知节点和锚节点之间的距离进行估计，然后利用三边测量法或极大似然估计法进行定位；另一类方法是通过邻居节点和锚节点确定包含未知节点的区域，然后把这个区域的质心作为未知节点的坐标。

1. 质心定位算法

质心定位算法是南加州大学的 NiruPama Bulusu 等人提出的一种仅基于网络连通性的室外定位算法[61]。质心是指多边形的几何中心，该算法的核心思想是，参考节点每隔一段时间，向邻居节点广播一个锚信号，信号中包含自身 ID 和位置信息。当未知节点接收到来自不同参考节点的锚信号数量超过某一个预设门限或接收一定时间后，该节点就确定自身位置为这些参考节点所组成的多边形的质心。假如多边形的顶点坐标分别为$(x_i, y_i), i = 1, \cdots, n$，其质心坐标为 $(x, y) = \frac{1}{n}\left(\sum_{i=1}^{n} x_i, \sum_{i=1}^{n} y_i\right)$。由于质心算法完全基于网络连通性，无需锚节点和未知节点之间的协调，因此简单、易于实现。

在此算法基础上，学者们又做了一些优化工作。2006 年陈春玉等人提出了一种降低信噪比的质心定位算法[62]，优化了传统质心算法的定位结果。2007 年 Jan Blumenthal 等人又提出一种加权的质心定位算法[63]，通过在质心定位算法中引入不同权重从而改进定位效果。

2. 基于距离向量和跳数的定位算法（DV-HOP）

美国路特葛斯大学（Rutgers University）的 Ni-culescu 等人提出了另一种无需测距的定位技术——DV-HOP 算法[57]。该算法首先使用典型的距离矢量交换协议，使网络中所有节点获得距锚节点的跳数（Distance In Hops）。在获得其他锚节点位置和相隔跳数之后，锚节点计算网络平均每跳距离，将其作为一个校正值（Correction）洪泛至网络中。为了简化操作，一个节点仅接受获得的第一个校正值，而丢弃所有后来者，在大型网络中，可通过为数据包设置 TTL 域来减少通信量。当接收到校正值之后，节点根据跳数计算与锚节点之间的距离。最后，当未知节点获得与 3 个或更多锚节点的距离时，则可通过三边定位法计算自己的坐标。

下面举例说明，如图 4-20 所示，已知锚节点 L1 与 L2、L3 之间的距离和跳数。L2 计算得到每跳距离的校正值为$(40 + 75)/(2 + 5) = 16.42$。假设 A 从 L2 获得校正值，则它与 3 个锚节点之间的距离分别为 L1：3×16.42，L2：2×16.42，L3：3×16.42，然后使用三边测量法确定节点 A 的位置。

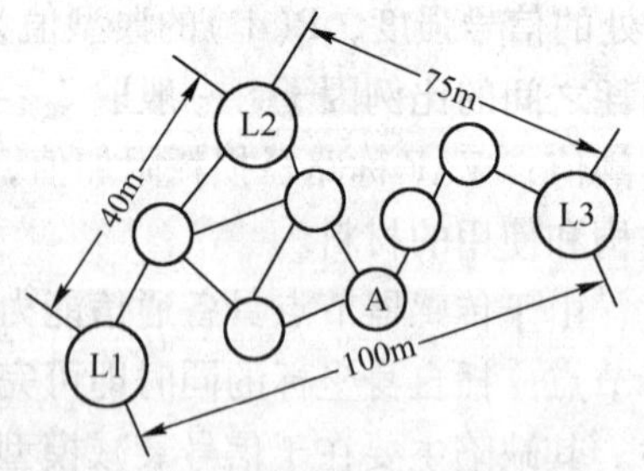

图 4-20　DV-HOP 算法示意图

DV-HOP 算法提出了一种简单的估算节点位置的方法，但其应用有一定局限性，仅在各向同性的密集网络中，校正值才能合理地估算平均每跳距离，所以该算法仍有待进一步优化。

3. 不定型（Amorphous）定位算法

MIT 的 Radhika Nagpal 等人提出了一种称为 Amorphous 的定位算法（Amorphous Localization algorithm）[65]。该算法可以看做是 DV-HOP 的增强版，引入了梯度值（Gradient）来表示节点距锚节点的跳数，一方面通过多点测量方法提高了梯度估计的精确度，另一方面修正了每跳距离的估计方法。

在计算梯度过程中，节点 i 收集邻居节点的梯度值，通过式（4-9）修正自己到锚节点的梯度 Si。

$$S_i = \frac{\sum_{j \in nbrs(i)} h_j + h_i}{|nbrs(i)| + 1} - 0.5 \tag{4-9}$$

式中，h_i表示节点 i 与锚节点之间的跳数；nbrs(i)表示节点 i 的邻居节点集合。在计算每跳距离时，考虑到跳数不能代表节点与锚节点之间的直线距离，因此不定型算法采用式（4-10）来修正每跳距离 d。

$$d = r\left(1 + e^{-n_{local}} - \int_{-1}^{1} e^{-\frac{n_{local}}{\pi}(\arccos t - t\sqrt{1-t^2})} dt\right) \tag{4-10}$$

其中，r 表示节点通信半径；n_{local}表示网络平均连通度，即网络中节点的平均邻居节点数。

当获得 3 个或更多锚节点的梯度值后，未知节点 i 使用 Si × HopSize 计算与每个锚节点距离，并使用最大似然估计法估算自身位置。试验显示，当网络平均连通度在 15 以上时，节点无线射程存在 10% 偏差，定位误差小于 20%。但该算法有两个缺点：一是需要预知网络平均连通度；二是需要较高的节点密度。

4. 凸规划定位算法

加州大学伯克利分校的 Doherty 等人提出了一种完全基于网络连通性诱导约束的定位算法，即凸规划算法[65]。该算法将节点间点到点的通信连接视为节点位置的几何约束。例如，若节点的通信半径为 20m，那么两个节点进行通信所蕴涵的几何约束就是这两个节点的距离必定小于等于 20m，这样产生一系列相邻的约束条件就蕴涵着节点的位置信息。将这些约束条件组合起来，就可以得到此未知节点可能存在的区域。该算法将节点定位问题转化为凸约束优化问题，然后使用线性矩阵不等式、半判定规划或线性规划等方法得到一个全局优化的解决方案，确定节点位置。

同时该算法也给出了一种计算未知节点有可能存在的矩形空间的方法。根据未知节点与参考节点之间的通信连接和节点无线通信半径，可以估算出节点可能存在的区域，并得到相应矩形区域，然后以矩形的质心作为未知节点的位置。凸规划是一种集中式定位算法，参考节点比例为 10% 的情况下，定位误差约等于节点的通信半径。为了高效工作，参考节点需要被部署在网络的边缘，否则外围节点的位置估算会向网络中心偏移。

5. 近似三角形内点测试法（APIT）

近似三角形内点测试法（Approximate Point-in-Triangulation Test，APIT）是由弗吉尼亚大学的 He 等人提出的[66]，其理论基础是 PIT，如图 4-21 所示。假如存在一个方向，沿着这个方向 M 点会同时远离或接近 A、B、C，那么 M 位于三角形 ABC 外；否则 M 就位于三角形 ABC 内。

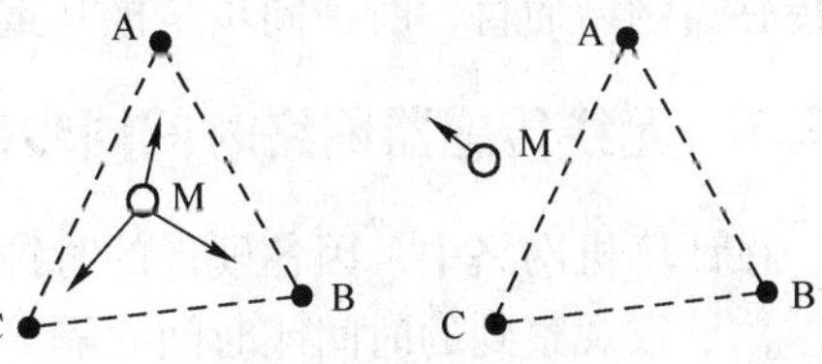

图 4-21　PIT 理论

APIT 定位具体包括以下 4 个步骤。

1）收集信息：未知节点收集临近锚节点的信息，如位置、标志号、接收到的信号强度等，邻居节点之间交换各自接收到的锚节点的信息。

2）APIT 测试：基于上述邻居节点之间的交

互，计算未知节点是否在不同的锚节点组合成的三角形内部。

3）计算重叠区域：统计包含未知节点的三角形，计算所有三角形的重叠区域。

4）计算未知节点位置：计算重叠区域的质心位置，作为未知节点的位置。

实验显示，APIT 误差概率相对较小（最坏情况下为 14%）；平均定位误差小于节点通信半径的 40%。在无线信号传播模式不规则和传感器节点随机部署的情况下，APIT 算法的定位精度相对较高，性能稳定；但 APIT 测试对网络的连通性提出了较高的要求。

4.6.4 定位机制的对比分析

对许多应用来说，位置是必需的信息，所以节点定位成为无线传感器网络的一项关键技术。目前节点定位方面也已有较多研究成果，本节根据定位算法的一些性质，如计算方式、定位粒度、定位方式、健壮性、能耗等，对前面介绍的各种定位算法进行比较分析，见表 4–6。

表 4–6 无线传感器网络定位算法比较

协议名称	测距技术	计算方式	粒度	定位方式	定位精度	健壮性	能耗
TOA	基于测距	分布式	细	并发式	较高	差（依赖于时间同步）	大
TDOA	基于测距	分布式	细	并发式	较高	好	较大
AOA	基于测距	分布式	细	并发式	低	差	大
RSSI	基于测距	分布式	细	并发式	低	差	小
质心定位	无需测距	分布式	粗	递增式	低	好	小
DV-HOP	无需测距	分布式	粗	递增式	良好	好	较大
Amorphous	无需测距	分布式	粗	递增式	良好	差	大
凸规划	无需测距	集中式	粗	并发式	高	一般	大
APIT	无需测距	分布式	粗	递增式	高	好	一般

基于测距的定位算法一般为细粒度，无需测距的定位算法一般为粗粒度。在计算方式上，由于无线传感器网络是一种典型的自组织、分布式网络，所以一般采用分布式计算方式。各种算法在定位精度、健壮性、能耗等方面性质也不尽相同，可根据实际应用的需要选择合适的定位算法。

4.7 无线传感器网络的时间同步算法

传感器网络是典型的分布式系统，需要大量节点协作才能完成区域内的监控感知工作，而相互协作的基础是各个节点能够按照某种顺序工作，甚至基于时钟同步的传输通信。因此对传感器网络而言，时钟同步是极其重要的问题。

4.7.1 无线传感器网络时间同步概述

在计算机网络中，因各硬件的时钟都不精确，在某时刻节点间的本地时钟彼此可能发生偏差，导致观察到的时间或时间间隔可能发生偏移。然而，在无线传感器网络中，对时间同步有着很高的需求。第一，传感器节点间需要协调运转和共同合作来完成复杂的传感任务，而成功协作的基本要求是节点间的时钟同步；第二，为了能够在传感器网络中节约能量，节点需要在恰当的时间休眠或关闭某些耗能大的设备，这也需要节点间保持时间同步；第三，在一些应用中，传感器节点所获得的数据必须具有准确的时间和位置信息，否则采集的信息就是不完整的。所以，时间同步成为传感器网络中的一项重要支撑技术，具有重要的研究价值。

1. 时间同步模型

计算机设备大部分配置了硬件振荡器来协助计算机计时，硬件振荡器的角度频率决定了时钟运行的速率。由于各种物理因素的影响，所有时钟都易发生偏移，振荡器的频率可能发生不可预知的变化。对于网络中的节点 i，它的本地时钟可以近似按式（4-11）计算。

$$C_i(t) = a_i(t) \cdot t + b_i(t) \tag{4-11}$$

式中，t 表示时间；$a_i(t)$表示时钟漂移（Drift）；即时钟速度（频率）的变化率；$b_i(t)$是节点 i 的时钟与真实时刻的偏移量。网络中两个节点的时间关系可表示为式（4-12）

$$C_1(t) = a_{12}C_2(t) + b_{12} \tag{4-12}$$

在节点 1 和节点 2 之间，a_{12}为相对漂移，b_{12}为相对偏移量。如果两节点时钟都已完全同步，则它们的相对漂移为 1，表示两时钟具有相同速率；如果它们的相对偏移量为 0，表示此刻它们具有相同值。

因各硬件的时钟都不精确，在某时刻节点间的本地时钟彼此可能发生偏移，需要纠正时钟频率和偏移量，也就是时钟同步的过程。同步可能是全局的，使所有节点的时钟都相等，也可能只是局部的，使某些区域内节点的时钟相同。这些只是时钟瞬间值的相等（纠正偏移量），达不到真正的同步，之后时钟会发生偏移。因而在进行时钟同步时，要么使时钟的频率和偏移量都相等，要么反复地纠正偏移量来保持时钟同步。

2. 时间同步的考虑因素

时钟同步方法依赖于节点间一些交互的信息。为了同步，一个节点可以产生一个时间戳并发送给另一个节点。然而，由于网络传输时间的不确定性或物理设备接收的时间不确定性，使得该时间戳在到达接收端之前，将面临各种延时。这些延时使得接收端不能准确地比较两个节点的本地时钟，从而不能精确地实现同步。

影响时间同步的延时可分为发送时延、访问时延、传输时延和接收时延 4 部分。发送时延是指发送端将信息转移到网络接口所需时间；访问时延是指数据包等待 MAC 服务花费的时间，如等待信道空闲或 TDMA 中合适的时隙所花费的时间；传输时延指信息在发送端和接收端之间传输所需时间；接收时延指接收端网络接口接收到信息并将其转移到主机以进行处理所需时间。

除了延时问题外，由于无线传感器网络还有一些独特的性质，如节点能量有限、节点数量大、节点容易损坏等特点，所以在时间同步方面还要考虑其他的问题。主要说来，有以下几个方面的因素[67]。

- 能量效率：这是无线传感器网络中任何协议和算法都要考虑的因素。
- 可扩展性：许多 WSN 应用需要部署大量的传感器节点，同步技术应该能够有效适应网络中节点数目和密度扩展的特点。
- 精确度：对于不同的应用和同步的目的，精确度的要求具有很大的差别。
- 健壮性：即使在部分节点失效的情况下，同步技术在网络的剩余部分也能保持有效。

- 同步范围：时间同步技术可以给网络内所有的节点提供时间，也可给局部区域内的部分节点提供时间。由于可扩展性的问题，在大型无线传感器网络中要实现全网同步是很困难的，或需要很大的代价（考虑到能量和带宽消耗）。
- 成本和物理尺寸：时间同步技术要充分考虑到传感器节点的尺寸小、成本低廉的问题。
- 及时性：在某些进行紧急情况探测的无线传感器网络应用中（如气体泄漏、入侵侦察等），需要将发生的事件直接发送到网关，不容许有任何的延迟。这就要求节点始终进行预同步，防止事件发生后才进行同步所造成的延时。

3. 无线传感器网络时间同步算法分类

J. Elson 和 K. Romer 在 2002 年 8 月的 HotNets 国际会议上首次提出了和阐述了无线传感器网络时间同步机制的研究课题，此后高校、科研机构也都纷纷开始这个领域的研究。目前对无线传感器网络时间同步的研究主要集中在 3 个方面：一是尽量减少同步算法对时间服务器及信道质量的依赖，缩短可能引起同步误差的“关键路径”；二是从能耗的角度，研究节能、高效的同步算法；三是从安全的角度，提高同步算法的安全性。

根据实现机制的不同，无线传感器网络时间同步算法可分为接收者－接收者同步（Receiver-Receiver Synchronization）、发送者－接收者成对同步（Sender-Receiver Pair-Wise Synchronization）、发送者－接收者单向同步（Sender-Receiver One-Way Synchronization）、接收同步（Receiver-only Synchronization）。

4.7.2 接收者－接收者同步算法

接收者－接收者同步是根据接收者记录的收到触发包的时间来进行同步，当出现触发事件时，每个节点用本地时间记录触发事件，然后计算相对其他所有节点时钟偏移量的平均值，对本地时钟进行相应调整。

1. 参考广播同步算法（RBS）

参考广播同步算法（Reference-Broadcast Synchronization，RBS）是由加州大学 Jeremy Elson等人在 2002 年提出的[68]。其核心思想是“第三方广播”，即让参照节点利用物理层广播周期性地向网络中其他节点发送参照广播（Reference Broadcast），广播域中的节点用自己的本地时钟记录各自的包接收时间，然后相互交换记录的时间信息，通过这种方式，接收节点能够知道彼此之间的时钟偏移量，然后计算偏移矩阵 offset：

$$\forall i \in n, j \in n: \mathrm{offset}[i,j] = \frac{1}{m}\sum_{k=1}^{m}(t_{j,k} - t_{i,k}) \tag{4-13}$$

式中，$t_{i,k}$表示接收节点 i 收到参照广播 k 时的时间；n 为接收节点数目；m 为参照广播次数。

偏移矩阵中的值为节点间时钟偏移的平均值，可用它对本地时钟进行相应调整。当每个节点都得到它相对其他所有节点的时钟偏移量的平均值时，所有接收到同一参照广播消息的接收节点便获得了一个相对网络时间。

这种采用接收者之间进行同步的方法，避免了发送方对同步精度造成的影响，提高了同步精度。但是 RBS 要求网络有物理广播信道，可扩展性不好；另一方面消息交换开销太大，对于有 n 个节点的网络，需要 $O(n^2)$次的消息交换，导致能耗太大，不适合能量有限的应用场合。

2. 参考插值协议算法（RIP）

为了解决 RBS 方法中能量浪费的问题，提出了参考插值协议算法（Reference Interpolation Protocol，RIP）[69]。RIP 利用来自参考包发射节点和基站节点的广播信息来进行时间同步。首先，参考节点广播参考包，邻近传感器节点和基站节点接收到参考包后，记录下各自的本地时间，参考节点自己也会记下参考包发送时的时间。当基站节点接收到参考包后，将此时自己的时间作为参考值广播出去，这个时间可以是全球统一时间。根据基站的全球时间，邻居节点和参考节点修改它们的本地时钟，经过这一处理后，所有节点都同基站达到了同步。

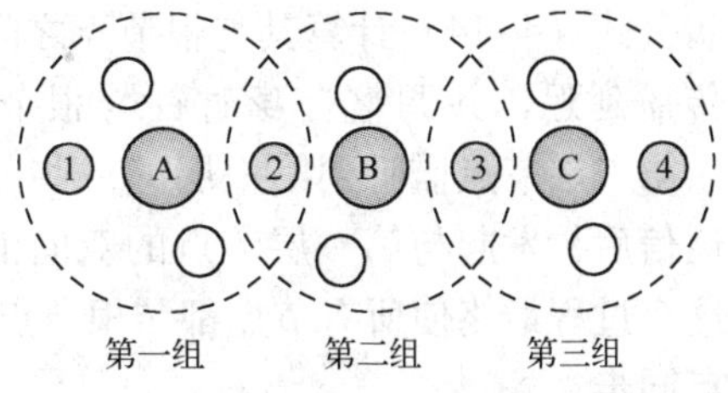

图 4-22　RIP 算法多跳同步过程

下面举例说明，参照图 4-22，A、B、C 为参考节点，节点2、3 是网关节点，初始时，节点1 为基站节点。RIP 方案的时间同步过程如下。

1）基站节点 1 发送一个消息包来启动同步。

2）参考节点 A 点收到基站的启动包后，发送参考包（Reference Packet，RP），并记录下发送参考包的时间，每个节点收到参考包后记录下此时的本地时间。

3）基站节点 1 广播其所收到参考包的时间，每个节点收到节点 1 所发送的信息包后，将其与之前所记录的本地时间相比较，来纠正本地时钟。

4）网关节点 2 转变为基站，重复上述过程，直到所有节点取得同步。

RIP 协议中，每个传感器节点在单跳范围内只需接收两个数据包，即参考包和基站的带有全球时间的同步包，减少由于时钟同步所导致的控制信息包的数量，节省了能量。另外，RIP 协议用参考包来同步所有的传感器节点，减少了由于发送时间和存取时间的不确定性所带来的同步错误。RIP 协议的一个问题在于其假设节点收发参考包是在同一时间，忽略了传输时间的不确定性。当然，在高度密集部署的传感器节点间，传输时间是可忽略不计的。RIP 协议的另一个缺点是由于多跳同步引起的误差积累，而且该算法没有估计时钟的频率偏差，所以时钟保持同步的时间较短。

4.7.3　发送者 - 接收者成对同步

基于节点间双向信息交换同步的模型，发送者 - 接收者成对同步协议通常采用客户机 - 服务器的交互架构。基准节点收到待同步节点所发送的同步请求后，基准节点回馈包含当前时间的同步报文，待同步节点据此估算时延并校准时钟。

1. 传感器网络时间同步协议算法（TPSN）

加州大学网络和嵌入式系统实验室 Saurabh Ganeriwal 提出的传感器网络时间同步协议（Timing-sync Protocol for Sensor Networks，TPSN），是一种典型的双向成对同步协议，其同步过程分两个阶段，即层次发现阶段和同步阶段[70]。

层次发现阶段的目的是在网络中产生一个分层的拓扑结构，并给每个节点都赋予一个层次号。在网络刚建立时，首先选取一个根节点并赋予层次号 0，然后由它广播一个层次发现报文进行初始化，报文中封装有发送者的标志和层次号。当其他节点收到层次发现报文后，将报文中的层次号加 1 作为自身的层次号，然后再广播一个新的层次发现报文，重复这个过程直至网络中的所有节点都被赋予一个层次号。

同步阶段由根节点的 time_sync 报文发起。当接收到这个报文后，第一层的节点发起与根节点的双向消息交换，如图 4-23 所示。为了最小化无线信道冲突，每个节点都要等待一个随机时间。节点一旦接收到根节点的回复消息，就可利用双向成对同步公式（4-14）计算其与根节点之间的时间偏移和传播延迟，并调整自身时钟与根节点的时钟同步。第二层节点监听到第一层的一些节点与根节点的通信后，发起与第一层节点的双向消息交换，重复这个过程最终使所有节点都与根节点同步。该过程中，下层节点不可避免地会与多个上层节点同步。

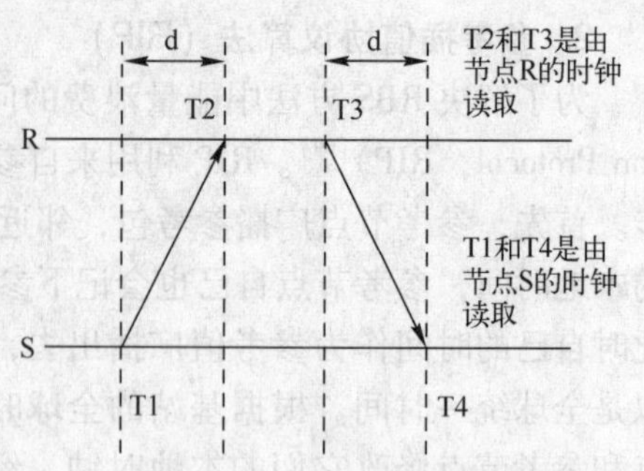

图 4-23　相邻节点 S 和 R 之间的消息交换

$$
\begin{cases} T2 - T1 = delay + offset \\ T4 - T3 = delay - offset \end{cases}
\qquad
\begin{cases} delay = [(T2 - T1) + (T4 - T3)]/2 \\ offset = [(T2 - T1) - (T4 - T3)]/2 \end{cases}
\tag{4-14}
$$

TPSN 协议在 MAC 层为发送节点和接收节点标记时间戳，排除了发送时间、访问时间和接收时间的影响，提高了算法的精度（可达到两倍于 RBS 的同步精度）。该协议中任意节点同步误差取决于它距离根节点的跳数，而与网络中节点总数关系不密切，使 TPSN 同步精度不会随网络节点数目的增加而大幅降低。此外，每个节点同步的能耗以及构造层次树的总能耗，在节点数增加时几乎不变，这都使得 TPSN 具有较好的扩展性。

TPSN 协议的缺点是，一旦根节点失效，就要重新选择根节点并重新开始上述两个过程，增加了计算和能量开销。该协议要求网络构造层次结构，使得它不适合于移动性较大的网络。除此以外，采用泛洪广播方式构造层次树的通信开销较大，而且由于同步误差累积导致该协议中节点同步误差依赖于距离根节点的跳数。

2. 基于簇的分层时间同步算法（CHTS）

早期的 RBS、TPSN 都没有考虑多跳网络中同步误差累积的情形。基于簇的分层时间同步算法（Cluster-based Hierarchical Time Synchronization，CHTS）[71] 考虑了此问题，并通过缩减基准参考节点到各个节点的平均跳数，达到了减少误差和节约能量的目的。

分簇思想在网络中选择几个节点作为簇头，其余的传感器节点作为簇头的成员，每个成员采集到数据后不是直接发送到基站，而是发送到簇头，簇头把收集到的簇成员的数据经过压缩后，发送到基站。CHTS 的同步过程分簇头树的生成、簇成员树的生成、时间同步过程 3 步。

首先是簇头树的生成。整个无线传感器网络中有一个唯一的簇头基准节点（全局时钟），它首先广播簇头发现报文，包含跳数信息。接收到此报文的高性能节点加入簇头，然后将发送该簇头发现报文的节点作为父节点，将收到的跳数加 1 作为自己的跳数并进一步发送广播报文。在此期间，如果簇头收到跳数比父节点低的或者跳数相同但信号比较强的报文，就会改变它们的父节点，当簇头自己的跳数改变后，它们会重新广播发现报文。

簇成员可以分为 3 类，即直接可达簇头的节点、在簇头射频范围内但不可直接到达簇头的节点、超出簇头射频范围但仍是该簇头的成员节点。簇成员树的构造过程类似于簇头树构造过程，只是簇成员节点在构造过程中不会改变它们的父节点。

时间同步过程中，簇头树中的节点利用前面讲到的双向成对同步方式实现同步。在簇头同步后，簇头会先和簇内的一个相邻节点进行同步，利用双向成对机制最终计算出偏移（Offset），簇头广播偏移值和 T2 的值（T2 为双向成对同步算法中的 T2），簇内的节点则进一步通过 $offset = offset_{chosen} + T2_{chosen} - T2_{own}$ 来计算自身的偏移。

分簇思想分层次进行同步，缩短了待同步节点与参考点的距离，减少了同步误差，节约了能量。但簇头承担了相对较多的工作，可能成为网络的瓶颈。

4.7.4　发送者 - 接收者单向同步

发送者 - 接收者单向同步的主要思想是选取某一节点充当时间基准点，定期广播包含当前时钟读数的同步信令，其他节点接收到该同步信令后，估算时延等参数并调整自己的逻辑时钟值，以和基准点达成同步。节点在和基准点同步后作为新的基准点，逐步向外同步，直至覆盖整个网络。

1. 洪泛时间同步协议（FTSP）

洪泛时间同步协议（Flooding Time Synchronization Protocol，FTSP）[72] 是由 Vanderbilt 大学的 Branislav Kusy 等人在 2004 年提出的，使用单向广播消息实现发送节点与接收节点之间的时间同步，综合考虑了能量感知、可扩展性、鲁棒性、稳定性和收敛性等方面的要求。

FTSP 中的数据传输过程如图 4-24 所示。发送节点在 MAC 层为同步字节后的每个字节标记时间戳，接收节点在接收同步字节后也做同样的标记，当消息传输完后，接收节点可从中采集八对数据（发送时间/到达时间），在这八对数据上采用线性回归法估计出两个节点间相对的时间偏差和时间速率。

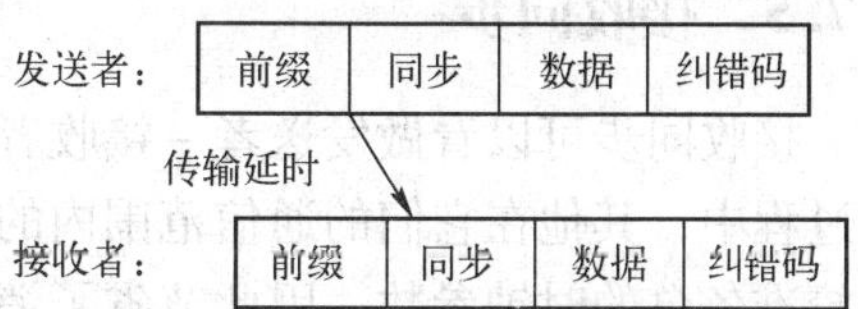

图 4-24　FTSP 中的数据传输过程

FTSP 也提供了多跳时间同步，多跳机制采用树的结构，根节点就是选中的同步源，级别为 0，根节点广播域内的节点属于级别 1，依此类推。级别 i 的节点同步到级别（i - 1）的节点。根节点由下述网络协议选定：如果节点在 ROOT_TIMEOUT 时间内没有监听到同步消息，它就宣布自己为新的根节点；为确保网络中仅有一个根节点，如果一个根节点听到来自节点号更低的节点的时间同步消息，就放弃自己的根节点状态。

FTSP 算法通过对收发过程的分析，把时延进一步细分为发送中断处理时延、编码时延、传播时延、解码时延和接收终端处理时延等，进一步降低了时延的不确定性。另外，通过发射多个信令报文，使得接收节点可以利用最小方差线性拟合估算自己和发送节点的漂移和偏移差。该协议设计了良好的根节点选举机制，针对根节点失效、新节点加入以及拓扑结构变化等情况进行了优化，使得算法的健壮性很好，适合于军事应用等恶劣环境下的应用。

2. 基于比例的时间同步协议（RSP）

FTSP 需要在传输过程中增加多个时间戳，开销太大。为此，Jang-Ping Sheu 等人提出了基于比例的时间同步协议（Ratio-based Time Synchronization Protocol，RSP）[73]，只使用两个连续同步消息，并在 MAC 层加入消息时间戳。

RSP 的同步过程如图 4-25 所示。基准点在 T1，T3 连续发送两个同步消息，所有邻居节点都能在其本地时间 T2，T4 收到两个消息。利用 4 个时间戳可画出一条直线，来反映参考节点和待同步节点间的时间关系，并可根据式（4-15）由本地时间来估算参考节点上的时间。

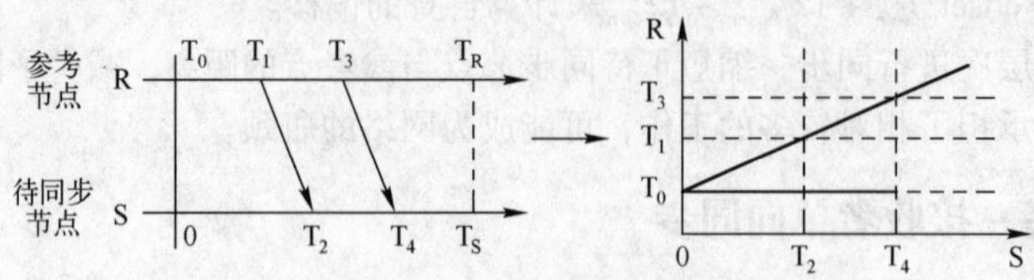

图 4-25　RSP 同步过程

$$TR = TS(T3 - T1)/(T4 - T2) + (T1T4 - T2T3)/(T4 - T2) \tag{4-15}$$

由于上述计算没有考虑节点间时钟晶振频率漂移的情况，随着时间的延长，（T3 - T1）或（T4 - T2）的值可能会变化，为了提高时间同步的准确性，可以设置了两个阈值 α 和 β，每一个节点都保留有最近的 k 个时间，当（T3 - T1）或（T4 - T2）超过 α 时，再重新选一对 T1，T2。为了减少数值计算误差，要求新的 T1，T2 必须满足（T3 - T1）或（T4 - T2）大于阈值 β。

4.7.5　接收同步

接收同步可以看做发送者 - 接收者成对同步的改进方案，在两节点间基于双向成对同步的过程中，其他在它们的通信范围内的节点都能监听到同步消息，这些节点无需进行通信就可校准各自的时钟参数，因此节省了消息传递次数，节省了能量。

成对广播同步（Pairwise Broadcast Synchronization，PBS）[74] 是一种典型的接收同步算法。其工作原理如图 4-26，假设节点 P 是参考节点，节点 P 和节点 A 利用双向定时信息交换完成同步。在此过程中，节点 P 和 A 共同覆盖范围内的所有节点，如节点 B，都能收到一系列的同步信息，利用这些信息，节点 B 同样能与父节点 P 同步，而无需额外的同步信息的传输。

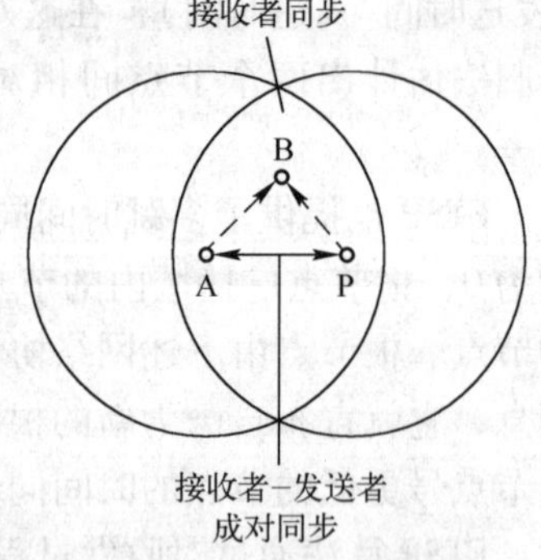

图 4-26　成对广播同步

与 TPSN、RBS、FTSP 等同步协议相比，PBS 中同步信息报文的数量并不依赖于网络中传感器节点的数目，能量消耗小，网络的可扩展性好。在同步精度方面，PBS 可通过与一系列不同组中的节点进行同步，最终达到整个网络的同步，能达到与 RBS 一样的同步精度。

4.7.6　同步算法的比较

由于无线传感器网络在应用环境中表现出来的特点不同，对时间同步的要求也不一样，下面我们就以上算法的同步类型、同步方式、同步精度、算法复杂性以及算法收敛时间等进行比较，见表 4-7。

表 4-7　无线传感器网络同步算法比较

算法名称	同步方式	漂移同步/偏移量同步	复杂度	同步精度	分层结构	能量效率	可扩展性
RBS	参考广播	都考虑	一般	较高	否	低	差
RIP	参考广播	偏移量	一般	一般	否	高	好
TPSN	广播 + 双向	偏移量	一般	较高	是	一般	好
CHTS	广播 + 双向	偏移量	一般	一般	是	低	一般
FTSP	广播 + 单向	都考虑	高	高	是	一般	一般
RSP	广播 + 单向	都考虑	高	高	是	一般	一般
PBS	广播 + 双向 + 监听	偏移量	低	较高	否	高	好

通过对各种协议总结对比可发现，许多时间同步算法在同步过程中都用到了分层树结构，这与路由协议中寻找路由的方法类似，因此可以考虑借助路由协议的思想来研究时间同步。在多种条件衡量下，没有一种算法是最优的，对于不同的应用要求可以从多方面权衡来选择合适的算法。每个算法都有其优缺点，可以通过相互借鉴来设计出更好的同步算法。

4.8　无线传感器网络应用

无线传感器网络可以包含许多不同种类的传感器（例如，震动、磁力、热力、声音、红外线、湿度等），用来监测各类周边环境（例如，温度、湿度、车辆的移动、压力、照明条件、噪声水平、某类物体的存在、物体当前的速度、方向等）。无线传感器节点还可用来进行持续的监测，或在有需要时对特定事件进行探测等。本节将结合一些具体系统，从生态环境、公共安全、工业自动化、智能建筑、军事等方面讨论无线传感器网络的应用。

4.8.1　生态与环境监测

随着人们对环境的日益关注，环境科学所涉及的范围越来越广泛，而通过传统方式采集原始数据是一件较为困难的工作。传感器网络为野外随机性研究数据的获取提供了方便，无线传感器网络在环境方面的应用包括跟踪鸟类、小动物、昆虫的活动；监测影响农作物和家畜的环境条件；探索宇宙空间；监测海洋、土地、大气层的环境状况等。

1. 生物种群研究

无线传感器网络可以用来远程观察动物的栖息地环境，并且长时间搜集环境的变化资料。一个典型的案例来自于加州伯克利大学和 Intel 实验室的研究人员[75]，他们在美国 Maine 州的大鸭岛部署了一个分层的无线传感器网络来监测海燕的行为。传感器节点包括温度、光电、气压、湿度等传感器，它们被部署在海燕感兴趣的区域。

传感器将采集到的信息传送给所在节点片区的网关，进而通过一个本地网络将数据传送到基站。基站每隔 15 min 通过卫星链路将数据复制到位于伯克利的数据库上。远程用户可以直接访问位于伯克利的数据库服务器；在本地，用户可以使用一个类似于 PDA 的设备来调整采样率、能源管理参数等。此外，Hanbiao Wang[76]等人也开展了利用无线传感器网络进行物种监测的研究，如对监控目标进行区分、定位等。

2. 森林防火

面积广阔的森林由于人迹罕至，往往很难及时地发现突发的火情，世界各国都在森林防火方面投入了巨大的精力。无线传感器节点可以被随机地、密集地部署在森林中，可以在火势变得不可控制之前将火源的精确位置信息传递给森林管理者，从而减少森林防火的人力、物力投资。

3. 洪水监测

洪水监测的一个例子是美国部署的 ALERT（Automated Local Evaluation in Real-Time）系统[77]，提供了实时的降水和水位信息用以评估洪水灾害发生的可能性。该系统中使用的传感器包括水位、温度以及风力传感器，这些传感器以预定的方式向中央数据库提供信息，数据由洪水预测模型进行处理以实现自动预警。此外该系统还提供了基于 Web 的查询，当前 ALERT 系统在美国西海岸的 California 州和 Arizona 州被广泛使用。

4. 精准农业

传感器网络也可以应用在精准农业中，以监测农作物中的害虫、土壤的酸碱度和施肥状况等。Pickberry[78]是一个为酿酒提供高质量葡萄的葡萄园，一系列的环境因素导致葡萄质量出现差异，部分葡萄树受到的遮挡太多，或者水分过多，有的则相反。Pickberry 采用了 Accenture Technology Labs[78]的无线传感器网络来监测和控制各种环境因素，在葡萄园的地表和土壤中安装了温度、湿度等传感器，从而能够有针对性地对某个干旱区域进行精确灌溉，或者通知某些区域葡萄树日光照射不足，或者调整施用杀虫剂的时间。由于监测能力的增强，减小了所收获葡萄的质量差异，提升了整体产出的质量，增加了葡萄园的收益。

4.8.2 公共安全

公共安全是当前的一个热点话题，大型的公共基础设施如桥梁、隧道、体育场所等，由于设计缺陷或不可预知的人为/非人为因素，可能导致坍塌等意外事故；在博物馆、图书馆、画廊、展览会现场，也可能存在一些突发事件，导致展品遭受不可挽回的损失；在地下矿井等一些工作环境中，对陌生环境的监测更能有效地保护生命财产安全。

1. 公共基础设施监测

Senera 公司[79]的无线传感器网络产品致力于对桥梁、高架桥、高速公路等道路环境的监测。在其桥梁安全监控系统中，无线传感器可放置在桥墩底部或桥梁两侧，用来收集桥梁的温度、湿度、震动幅度、桥墩被侵蚀程度等，数据中心能及时收集相关数据，利用特定的软件进行分析，并通过网络将信息传送到道路的管理部门。通过实时检查信息与分析潜在的问题，能减少桥梁断裂等意外突发事故所造成的生命财产损失。

2. 公共场所安全监控

Art Asset security 是 Sensicast 公司的一个用于展览会场的保安系统[80]。该系统可以部署在博物馆、图书馆、画廊、艺术品展览会场，防止有价值的艺术品或展览品遭到盗窃、不经意的触摸、任意搬动等情形。该系统包括两个子系统：物件警告系统（Object Alarm System，OAS）和环境管理系统（Environment Management System，EMS）。OAS 安装在艺术品底部或背面，以此侦测灯光的亮度是否改变、物品是否遭受到振动等情况，来确保展览品的安全。

EMS 安装在展览会场的墙角、天花板等，监测展览环境的温度、湿度是否超过安全值，以保护展览品的品质。

3. 安全生产保障

在地下矿井等恶劣的工作环境中，由于各种不可预知的因素，往往导致事故频发。目前国内外已经出现了多个专注于高性能无线传感器网络产品研究、开发、生产、应用的高科技企业。

例如，永能科技公司的煤矿井下人员管理及紧急搜救系统应用先进的无线传感器网络技术，通过对矿山井下作业人员实时、精确的定位，建立了一个完整而实时的井下管理信息系统[81]。一旦发生安全事故，通过该系统立刻可以知道该作业面的具体工作人员构成，以及人员数量、事故发生位置、救援设备位置等信息，确保抢险救灾和安全救护工作的高效运作。该系统不仅为煤矿井下人员监测、控制和跟踪管理、抢险救灾、安全救护的高效运作等方面提供了有效的科技支撑，而且为扩展至覆盖全矿井井下的动态监测搭建了一个平台，有力地保障了煤矿企业的安全生产。

4. 应急通信

在各类突发的自然灾害面前，如火山爆发、地震、冰冻灾害、龙卷风等，现有通信设施，如手机、电话、互联网等都可能失效，此时提供及时有效的通信显得尤为重要[4]。无线传感器网络具有低成本、随机部署、自组织性等特性，能迅速地在受灾地区构建一个应急通信网络，将对抗灾救灾工作发挥举足轻重的作用，在最大程度上减少生命财产的损失，极大地方便灾后重建工作的迅速开展。

4.8.3 工业自动化

当今的工厂经营者们面临着全球化的竞争，厂家急需提升生产流程的效率。各种基于无线传感器网络来实现自动监视和控制的解决方案，使得生产过程的效率得到了提高。不仅大幅减少了维护成本和资源，提高了数据采集的可靠性，而且拥有良好的可扩展性。工业自动化解决方案可以应用在以下几个方面：机器设备的监视、生产过程的控制、设备的维护等。

1. 远程监控生产流程

在工厂中可以部署数以千计的测量和控制装置，用来监视复杂的生产工序，为重要的业务决策收集数据。无线传感器网络摆脱了有线的束缚，无论是在边远地区还是在工厂的危险环境中，自动化远程监控几乎都能部署。在提取天然气的过程中，会产生如碳氢化合物，油和水等副产品，通常它们都被储存在气田中的容器罐中。某天然气公司使用 MeshScape[82] 部署了一个自组织、自供电的无线传感器网络，用来收集各种容器罐的情况，通知卡车能够按照实时需求及时地来运送，而不是按照固定的时间安排，提高了工作效率。

2. 设备监测与维护

工厂的管理者和设备的操作者需要依据真实的状态信息来做出决策。无线传感器网络作为设备和仪器的理想补充，可以为设备维护提供实时信号。以一家公共事业公司[83]为例，其拥有的许多老能源工厂中都使用旧管道。在这些巨大管道中流动着的水蒸气具有巨大的压力，会导致管道变形。如果压力导致管道的形变过大，则可能会发生断裂，而管道断裂造成的损失是巨大的。为此，该公司使用无线传感器网络来监测管道的变形程度，如果相应参数超过了预设的范围，警报就会通过无线传送到决策部门，使相关问题及时得到处理，防患于未然。

3. 精确测量数据

对于许多制造过程来说，所测量数据的精确性是十分重要的。在某些情况下，这些测量值如果采用人工进行记录，那么由于人的疏忽往往会出错，也减慢了业务的流程。在仪器中引入无线传感器网络可以加快处理速度，增加流程的吞吐率，同时消除人工记录的潜在错误。这方面的典型应用很多，例如，Micrometer[84]作为精确测量距离或尺寸的仪器，能通过对机械工厂的圆锯每小时进行一次测量以确保其参数在限度之内。

4.8.4 智能建筑

现代建筑是一个包含多个监视和控制系统的复杂结合体，包括 HVAC（暖气、通风、空调)、灯光控制、安防系统等。这些系统之间需要以和谐可靠的方式协同工作，为了使建筑运行在最佳状态，自动化的监控变得越来越重要，传统的有线网络成本高昂，甚至无法部署在建筑物的一些区域，而无线传感器网络恰恰适用于这种应用场合。

1. 暖通空调网络

商业楼宇需要不断采取措施来降低其暖通空调系统的总体成本，同时提高其工作效率和住户的舒适度。无线传感器网络降低了暖通空调系统的安装成本，暖气、通风和空调等各系统可用无线网络连接起来以实现更好的监测和控制。MeshScape 系统[82]使用现有的接口，设备不需进行重新设计就能进行联网，使得无线网络与现有设备能够快速地得到整合，从而降低了暖通空调系统控制设备的安装成本。

2. 酒店客房管理

当前，一些高档的酒店和公寓也正在积极地部署无线传感器网络，用来管理包括客房控制在内的各类业务，包括无线门铃、自动照明控制、中央锁控、关门检测、吧台访问报告、烟雾探测器的监测等。INNCOM[85]是整体客房控制系统的全球领军者，也是宾馆无线控制技术的先驱，该系统同时还整合了许多其他功能，包括室内温度、门锁控制、吧台、灯光控制等。其基于无线传感器网络的系统，使数据能够通过无线传输从客房传向中央控制室，同时不会影响到室内的红外监测网络，酒店无需昂贵的布线，就可以通过在中央控制室对数据进行集中的分析处理，从而改善服务。

3. 建筑环境监测

漏水、裂缝、渗漏和建筑中存在的其他缺陷可能引发严重的结构性问题，一个潜在的小问题往往会随着不断扩大，直到数年后才能发现损害的迹象，从而导致高昂的维修费用。无线传感器网络能够帮助监测建筑的完整性，在对结构造成损害之前尽早发现问题。JELD - WEN[86]是一个业内领先的门窗制造商，该公司开发了一套基于无线传感器网络的解决方案，通过将温度和湿度传感器安装在窗户下的墙壁中，以监测他们所安装产品的状况。如果发现一个裂缝，传感器会将数据传到公司，使得问题尽早得到解决而不会造成永久性的损害。该方案的成功部署后，该公司进一步推出了建筑环境监测服务 BEEMS，成为一个监测建筑环境状况的低成本解决方案，检测范围包括内墙、外墙以及门窗等。

4.8.5 军事领域

由于无线传感器网络是由密集型、低成本、随机分布的节点组成，自组织性和容错能力使得其不会因为某些节点在恶意攻击中的损坏而导致整个系统崩溃。因而，传感器网络适合应用于战场环境中，可作为军事指挥、控制、通信、计算、情报、监视、侦察、定位 C4ISRT（Command，Control，Communication，Computing，Intelligence，Surveillance，Reconnaissance and Targeting）系统的重要组成部分[1]。无线传感器网络在军事方面的应用包括监控部队、装备和军火，监视战场，侦察敌方部队和地形，制导、评估战场损失，侦察核武器和生化武器的实施效果等。

1. 部队与装备监控

通过无线传感器网络，指挥官可以经常性地监控友方部队的状态、装备和军用物资的情况和可用性。每个战士、车辆、设备和关键军用物资上都可附有小的传感器节点用来报告其状态。这些报告由汇聚节点搜集并发送给指挥官，通过融合来自各战场的数据可以形成我军完备的战区态势图，从而可以依据真实可靠的数据来进行军事决策。

2. 战场监视

无线传感器网络可用来迅速地覆盖关键地形、行军线路等，用来密切观察对方部队的活动。随着行动的进展以及军事计划的筹划，可以在任何时候部署新的无线传感器网络来监视战场，在敌方还未来得及反应时迅速收集有利于作战的信息。通过在攻击前或攻击后在目标区域内部署传感器网络，还可以迅速搜集战场数据以对损失进行评估。

3. 核、生化武器攻击监测

战争中最致命的威胁莫过于敌方使用核武器与生化武器。在生化武器战争中，可以利用传感器网络及时、准确地探测爆炸中心，并将信息告知友方部队，以便提供宝贵的反应时间，在最大程度上减少伤亡。与此同时，所部署的传感器网络还能够监测各种生化物质的浓度，从而对生化攻击的效果进行实时评估。当监测到核攻击后，可以利用无线传感器网络来进行核侦查，避免核反应部队直接暴露在核辐射环境中。

4.8.6 其他应用

无线传感器网络在其他领域也存在着广阔的应用前景，如空间探索、医疗健康等，此外，还可帮助我们解决一些生活中的问题。

1. 空间探索

探索外部星球是人类一直以来的梦想，现有的探测方式成本高、周期长且可靠性不高。将来，借助于航天器将无线传感器网络节点进行布撒，可对星球表面进行大范围、长时期、近距离的监测和探索。通过无线传感器网络采集的数据，可以为人类将来的登陆选定着陆场地等。美国国家航空航天局 NASA 的 JPL（Jet Propulsion Laboratory）实验室研制的 Sensor Webs[87]就是为将来的火星探测进行技术准备的，已在佛罗里达宇航中心周围的环境监测项目中进行测试和完善。

2. 医疗健康

无线传感器网络为未来的远程医疗提供了更加方便、快捷的实现手段，其应用包括对病人的监测、诊断、远程监测人体的生理指标、医院内跟踪监视医生和病人、进行药品管理等。病人身上可以携带体积小、重量轻的传感器节点，每个节点拥有其特定的任务，有的用来监测心率，有的用来监测血压等。被监测对象身上的微型传感器不会给人的正常生活带来太多的不便，可使医生及早地识别相应的症状。

在研制新药品的过程中，利用无线传感器网络长时间地收集人体的生理数据是非常有用的。安装在身体上的传感器节点还可用来监视和检测病人的行为，如意外的摔倒等。在医院内部，每个医生也可以携带一个传感器节点，使得医院能够实时了解每个医生的当前情况，以便更高效地整合医院内的资源，更好地为病人服务。

3. 交通流量监控

加州大学伯克利分校 Pravin Varaiya 教授的研究小组[88]基于无线传感器网络开发了一个交通流量监控系统。他们根据含铁物质会使其所在磁场的磁力线发生扭曲这一基本原理，巧妙地利用磁场传感器来识别过往的车辆。通过将无线传感器节点部署在道路上，能够对过往的车辆进行计数并测算车速。通过进一步对信号的处理和分析，在传感器节点处就可初步地对车辆进行分类，从而对轿车和货运卡车等进行区分。这些数据能够提供给交通管理部门，为道路交通的管理和调度提供实时可靠的数据。

4. 无线多媒体传感器网络

随着低成本的 CMOS 摄像头和传声器等硬件的出现，在无线传感器网络中部署多媒体应用成为可能。无线多媒体传感器网络（Wireless Multimedia Sensor Networks，WMSNs）指的是由无线连接的若干设备构成的，能够计算、存储和传输视频音频流、静态图像和标量数据的网络。相对于以前的无线传感器网络中所采集的温度、湿度等标量数据，多媒体应用的部署能够提供视频、音频、图像等丰富的数据信息，从而更好地反映被监测区域的情况。

4.9 本章小结

无线传感器网络是在移动自组织网络的基础上发展起来的一种新兴的无线多跳网络，其目的是为了在某一区域获取用户感兴趣的信息。无线传感器网络作为当今信息领域新的研究热点，涉及多学科的交叉领域，有着巨大的应用价值。

在无线传感器网络中，能耗是非常突出的问题。从节点角度考虑，通信单元是耗能最大的一个部分。所以无线传感器网络硬件方面的挑战仍然是如何设计高可靠性、低功耗、低成本的传感器网络节点。在物理层设计方面，现在已提出了 M-ary、ACMP、UWB 等技术，但其性能仍无法满足无线传感器网络的要求。

无线传感器网络 MAC 层研究的主要目标是设计一种低能耗的分布式共享信道访问协议。现有协议主要分为竞争型、分配型和混合型 3 类。竞争型 MAC 协议是在 SMAC 的基本思路上发展起来的，其主要改进是设计一种合理的睡眠 - 工作调度方法使得节点仅在需要收发时才开启通信设备。分配型 MAC 协议基本上是在 TDMA 的基础上进行改进的，其发展方向是设计一种高效合理的时隙分配方法，在节能的基础上提高网络吞吐量。混合型 MAC 协议将两种 MAC 协议的优势结合起来，是高性能、低能耗 MAC 协议的发展趋势之一。

无线传感器网络中的路由协议在加强考虑能耗问题和面向应用的同时，可以进一步细分为两大类，即平面路由协议和分层路由协议。平面路由协议中，为了节约能量，需限制路由信息洪泛的范围，通常只需在汇聚节点和感知到信息的源节点间形成传输路径即可。分层路由协议可以更好地节约能量，因为普通节点只需通过一跳方式将信息传给簇头，但簇头可能成为网络的瓶颈，其合理选择和更新是这类协议的一个重要研究方向。由于无线传感器网络的应用极其广泛，在具体应用场合中对路由协议都会提出不同的要求，需要根据实际情况对路由协议进行优化。

节点定位和时间同步是无线传感器网络面临的两项重要支撑技术。节点定位技术可以分为基于测距的机制和非测距的机制。前者通过测量未知节点和锚节点之间的距离或角度来计算节点位置，虽然定位精度高，但需要在节点上增加一些设备；后者通过计算多边形质心或估算未知节点与锚节点距离，从而计算节点位置，对节点硬件要求较低。时间同步技术有多种实现机制，对发送者和接收者有着不同的要求，能达到不同的同步粒度和精度，在能耗、可扩展性等方面也不尽相同。总的来说，选择何种技术与具体的应用场景和需求有着密切的关系。

目前，无线传感器网络正在从实验室逐渐走向市场。除了高校及科研院所外，出现了大量专注于高性能无线传感器网络产品研究、开发、生产、应用的高科技企业，在众多领域涌现出实际传感器网络系统的规模试验和实际部署。与此同时，也涌现出了一些在实验室的原型开发中所忽略的工程问题和技术难点，它们促使着无线传感器网络技术不断地被改进与提高，使我们真切感受到科技发展为生产和生活带来的便利。

4.10　习题

1. 无线传感器网络是从移动自组织网络的基础上发展起来的无线多跳网，请结合实例谈一下你对于无线传感器网络概念以及特点的理解，并比较无线传感器网络与移动自组织网络的相同点和不同点。

2. 无线传感器网络可用来监测检测环境、采集信息等，而移动自组织网络中并不适合于这些应用场景。请从应用的角度说明相比移动自组织网络，无线传感器网有何不同之处？

3. 无线传感器网络具有节点布设密集、节点结构简单且易于失效、网络拓扑结构变化频繁等特点，无线传感器网络特点导致其面临着一些特有的问题。请针对这些问题，说明设计中要考虑至少4项因素。

4. 传感器节点是无线传感器网络中最基础的组成部分，一般传感器节点都需要哪几个模块，各有什么作用？如果要将无线传感器网络布设在森林防火的系统中，还需要增加什么模块？

5. 在传感器节点的数据处理单元设计中，可以采用现场可编程门阵列（FPGA），微控制器，或者微处理器。请问这3类设备各有什么优缺点？如用传感器节点采集温度，应选择哪类设备？如采集图像呢？

6. 因为编程直接操作传感器节点上的硬件比较困难，所以学者们专门为传感器节点设计了轻量级操作系统，来屏蔽复杂的硬件设备。现在比较流行的有Tiny OS，Mantis OS，Magnet OS 3种系统，请结合你的理解说明在设计传感器节点操作系统的过程中，都需要考虑哪些因素？

7. 无线传感器节点有很大的市场，许多硬件制造商都生产传感器节点，请查阅资料并列举出至少5种主流的无线传感器节点，比较它们的各个硬件模块和操作系统，说明它们各有什么特点，适用于什么环境？

8. 工业科学医学频段ISM是无需注册的公用频段。结合前面学过的知识，请说明都有哪些无线标准工作在ISM频段？

9. 调制编码方法是物理层中的关键技术之一，调制是指用模拟信号承载数字或模拟数据，编码是指用数字信号承载数字或模拟数据。二进制编码和多进制编码是两种使用较广的物理编码方式，请问两者各有什么优缺点，各适用于什么情况？

10. 相对移动自组织网络，无线传感器网络的 MAC 层需要将能耗作为主要考虑的因素，结合你的理解说明可能造成能量浪费的原因，如何避免这些问题？

11. SMAC 协议是一种经典的无线传感器网络协议，其主要目的是为了减少能量消耗并支持较好的可扩展性，对通信延时和节点间公平性要求较低。该协议通过什么方法来提高节能水平，这种方法有什么优点和缺点？

12. TMAC 协议对 SMAC 协议做了一些改进，可以动态调节调度周期。它是通过什么方式来实现睡眠和侦听状态及其切换？其中引入了参数 T_A 来表示最小空闲侦听时间，请问对 T_A 参数的设置有什么要求？

13. SMACS 是一种典型的分配型无线传感器 MAC 协议，引入了异步调度通信机制和邻居节点发现机制，能有效地进行信道分配。请说明其中异步调度通信机制的含义。

14. 基于协商的路由协议 SPIN 和定向扩散协议（DD）是两种典型的平面路由协议，请说明平面路由协议的基本技术特点以及面临的主要技术问题。

15. 分层路由协议中的关键技术之一是簇头选择算法，低能耗自适应分层协议 LEACH 作为最早提出的分层路由协议，并专门设计了 T(n) 函数来选择簇头。请分析说明分层路由协议中簇头选择的目标和难点。

16. 阈值敏感的能量有效传感器网络路由协议（TEEN）使用了硬门限和软门限来过滤传输数据，请解释这两个门限的使用方法，并说明这样做有什么优势和劣势？

17. 节点定位是无线传感器网络面临的重要支撑技术，节点定位技术可以分为基于测距的机制和非测距的机制。请说明这两类技术的特点。

18. 参照文中图 4-18，已知 A、B、C 3 个节点的坐标分别为 (x1, yl)、(x2, y2)、(x3, y3)，目标节点 M 相对于节点 A、B、C 的角度分别为∠AMB，∠AMC，∠BMC，请利用三角测量法计算节点 M 坐标 (x, y)。

19. 多边测量的极大似然估计法是实际坐标求解时常用的一种方法，请简述多边测量的极大似然估计法。

20. 基于距离向量和跳数的定位算法 DV-HOP 需要使用三边定位法来计算节点坐标，其与 TOA 相比有什么优点？两者在计算精确度和复杂性方面有什么不同？

21. 节点之间的时间同步是无线传感器网络面临的重要技术难题。从实现机制角度来看，无线传感器网络中的同步算法可分为哪些类型？每种类型对同步双方各有什么要求？

22. 参考插值协议（RIP）是一种接收者 - 接收者同步协议，其实现比较简单，精确度较高。RIP 协议中，节点的通信范围对同步精度有较大影响。请说明通信范围太大或太小，对该协议有何影响？

23. 大鸭岛海燕行为监测网络是无线传感器网络的典型应用，该项目采用分层的无线传感器网络来监测海燕的行为。请查阅相关资料从组网节点、组网方式、网络协议、网络目的等角度分析该项目。

24. 假设学校图书馆有 3 个入口和出口，现在要统计不同时段进出图书馆的学生人数。需要哪些种类的传感器节点，需要如何布设网络？

参考文献

[1] I F Akyildiz, W Su, Y Sankarasubramaniam, et al. Wireless Sensor Networks: a Survey[J]. Computer Networks, 2002, 38(4):393-422.

[2] E Shih, S Cho, N Ickes, R Min, A Sinha, A Wang, A Chandrakasan. Physical Layer Driven Protocol and Algorithm Design for Energy-Efficient Wireless Sensor Networks[C]//Proceedings of ACM MobiCom'01, 2001:272-286.

[3] Jiang Lianxiang, Wang Xiaoyan. A Survey of Hardware Design of Sensor Nodes[J]. Microcontrollers & Embedded Systems, 2006(11).

[4] Crossbow Technology Inc.. http://www.xbow.com.

[5] Polastre J, Szewczyk R, Culler D. Telos: Enabling Ultra-low Power Wireless Research[C]//Proceedings of the 4th International Symposium on Information Processing in Sensor Networks. Los Angeles: IEEE Press, 2005:364-369.

[6] Sentilla Corporation. http://www.moteiv.com.

[7] ETH Zurich. http://www.btnode.ethz.ch.

[8] CSIRO ICT Center. http://www.ict.csiro.au.

[9] Adler R, Flanigan M, Huang J, et al. Intel Mote 2: An Advanced Platform for Demanding Sensor Network Applications[C]//Proceedings of the 3rd International Conference on Embedded Networked Sensor Systems. San Diego: ACM Press, 2005:298-298.

[10] Crossbow Technology Inc.. http://www.xbow.com.

[11] Lymberopoulos D, Savvides A. XYZ: A Motion-enabled, Power Aware Sensor Node Platform for Distributed Sensor Network Applications[C]//Proceedings of the 4th International Symposium on Information Processing in Sensor Networks. Los Angeles: IEEE Press, 2005:63.

[12] Deborah E. Wireless Sensor Networks Tutorial Part IV: Sensor Network Protocols[M]. Atlanta, Georgia, USA:Westin Peachtree Plaza, 2002:23-28.

[13] Warneke B, Last M, Liebowitz B, Pister K S J. Smart Dust: Communicating with a Cubic-millimeter Computer[J]. IEEE Computer Magazine, 2001, 34(1):44-51.

[14] MIT Media Lab. http://www.media.mit.edu/resenv/pushpin.

[15] Matthew D, Konstanty B, Adam P, Montserrat R. A Wireless Sensor Node Architecture Using Remote Power Charging for Interaction Applications[C]//Proceedings of the 10th Euromicro Conference on Digital System Design Architectures, Methods and Tools. Lubeck: IEEE Press, 2007:485-494.

[16] TinyOS. http://www.tinyos.net.

[17] Mantis. http://mantis.cs.colorado.edu.

[18] Magnetos. http://www.cs.cornell.edu/people/egs/magnetos.

[19] 李晓维,徐勇军,任丰原．无线传感器网络技术[M]．北京:北京理工大学出版社,2007.

[20] 王殊,阎毓杰,胡富品,屈晓旭．无线传感器网络的理论及应用[M]．北京:北京航空航

天大学出版社,2007.

[21] Yuan Yong, Yang Zongkai, He Jianhua, et al. An Adaptive Code Position Modulation Scheme for Wireless Sensor Networks[J]. IEEE Communications Letters, 2005, 9(6): 481-483.

[22] Scholtz R A, Win M Z. Impulse Radio in Wireless Communications: TDMA Versus. CDMA [M]. Kluwer Academic Publishers, 1997:245-264.

[23] Ho M, Taylor L, Aiello G R. UWB Architecture for Wireless Video Networking[C]//Proceeding of IEEE International Conference on Consumer Electonics, 2001: 18-19.

[24] Fortana R, Ameti A, Richley E, et al. Recent Advances in Ultra Wideband Communications Systems[C]//Proceeding of IEEE Conference on UWB Systems and Technologies, 2002: 129-133.

[25] Welborn M, Miller T, Lynch J, et al. Multi-user Perspectives in UWB Communications Networks[C]//Proceeding of IEEE Conference on UWB Systems and Technologies, 2002: 271-275.

[26] Ilker Demirkol, Cem Ersoy, Fatih Alagoz. MAC Protocols for Wireless Sensor Networks: A Survey[J]. IEEE Communications Magazine, 2006, 44(4): 115-121.

[27] W Ye, J Heidemann, D Estrin. Medium Access Control with Coordinated Adaptive Sleeping for Wireless Sensor Networks[J]. IEEE/ACM Transactions on Networking, 2004, 12(3): 493-506.

[28] T V Dam, K Langendoen. An Adaptive Energy Efficient MAC Protocol for Wireless Sensor Networks[C]//The First ACM Conference on Embedded Networked Sensor Systems (SenSys '03), 2003.

[29] El Hoiydi A. Decotignie J D. WiseMAC: An Ultra Low Power MAC Protocol for the Downlink of Infrastructure Wireless Sensor Networks[C]//Proceedings of Ninth International Symposium on Computers and Communications, 2004(ISCC 2004),2004:224-251.

[30] K Jamieson, H Balakrishnan, Y C Tay. Sift: A MAC Protocol for Event-Driven Wireless Sensor Networks[J]. MIT Laboratory for Computer Science, Tech. Rep. 894,2003.

[31] Sohrabi K, Gao J, Ailawadhi V, et al. Protocols for Self-organization of a Wireless Sensor Network[J]. IEEE Personal communications. 2000,7(5): 16-27.

[32] Qingchun Ren ,Qilian Liang. An Energy-Efficient MAC Protocol for Wireless Sensor Networks[C]//IEEE Global Telecommunications Conference, 2005(GLOBECOM '05),2005: 157-161.

[33] Chatterjea S,van Hoesel L, Havinga P. AI-LMAC: An Adaptive, Information-centric and Lightweight MAC Protocol for Wireless Sensor Networks[C]//Proceedings of the Intelligent Sensors, Sensor Networks and Information Processing Conference, 2004:381-388.

[34] G Lu, B Krishnamachari, C S Raghavendra. An Adaptive Energyefficient and Low-Latency MAC for Data Gathering in Wireless Sensor Networks[C]//Proceedings of 18th International Parallel and Distributed Processing Symposium, 2004:224.

[35] Injong Rhee, Ajit Warrier, Mahesh Aia, et al. Z-MAC: A Hybrid MAC for Wireless Sensor

Networks[C]//Proceedings of the 3rd International Conference on Embedded Networked Sensor Systems,2005:90 – 101.

[36] I Rhee, A Warrier, L Xu. Randomized Dining Philosophers to TDMA Scheduling in Wireless Sensor Networks[J]. Technical Report, Computer Science Department, North Carolina State University, Raleigh, NC, 2004.

[37] I Rhee, A Warrier, J Min, et al. DRAND: Distributed Randomized TDMA Dcheduling for Wireless Ad – hoc Networks[C]//Proceedings of the 7th ACM International Symposium on Mobile Ad Hoc Networking and Computing (MobiHoc '06),2006:190 – 201.

[38] Zhou S, Liu R, Everitt D, Zic J. A2 – MAC: An Application Adaptive Medium Access Control Protocol for Data Collections in Wireless Sensor Networks[C]//International Symposium on Communications and Information Technologies, 2007(ISCIT '07),2007:1131 – 1136.

[39] Haas Z J, Halpern J Y, Li L. Gossip – based Ad Hoc Routing[C]//Proc. of the IEEE INFOCOM. New York: IEEE Communications Society, 2002:1707 – 1716.

[40] Kulik J, Heinzelman W R, Balakrishnan H. Negotiation Based Protocols for Disseminating Information in Wireless Sensor Networks[J]. Wireless Networks, 2002,8(2 – 3):169 – 185.

[41] Intanagonwiwat C, Govindan R, Estrin D, Heidemann J. Directed Diffusion for Wireless Sensor Networking[J]. IEEE/ACM Trans. on Networking, 2003,11(1):2 – 16.

[42] Braginsky D, Estrin D. Rumor Routing Algorithm for Sensor Networks[C]//Proc. of the 1st Workshop on Sensor Networks and Applications. Atlanta: ACM Press, 2002. 22 – 31.

[43] Heinzelman W, Chandrakasan A, Balakrishnan H. Energy – Efficient Communication Protocol for Wireless Microsensor Networks[C]//Proc. of the 33rd Annual Hawaii Int'l Conf. on System Sciences. Maui: IEEE Computer Society, 2000:3005 – 3014.

[44] Heinzelman W. Application – Specific Protocol Architectures for Wireless Networks [D]. Boston: Massachusetts Institute of Technology, 2000.

[45] Lindsey S, Raghavendra C S. PEGASIS: Power – Efficient Gathering in Sensor Information Systems[J]. IEEE Aerospace and Electronic Systems Society, 2002:1125 – 1130.

[46] Manjeshwar A, Agrawal D P. TEEN: A Protocol for Enhanced Efficiency in Wireless Sensor Networks[C]//Int'l Proc. of the 15th Parallel and Distributed Processing Symp.. San Francisco: IEEE Computer Society, 2001:2009 – 2015.

[47] Manjeshwar A, Agrawal D P. APTEEN: A Hybrid Protocol for Efficient Routing and Comprehensive Information Retrieval in Wireless Sensor Networks[C]//Proc. of the 2nd Int'l Workshop on Parallel and Distributed Computing Issues in Wireless Networks and Mobile Computing. IEEE Computer Society, 2002:195 – 202.

[48] Yu Y, Estrin D, Govindan R. Geographical and Energy – aware Routing: A Recursive Data Dissemination Protocol for Wireless Sensor Networks[J]. UCLA – CSD TR – 01 – 0023, Los Angeles: University of California, 2001:1 – 11.

[49] Karp B, Kung H. GPSR: Greedy Perimeter Stateless Routing for Wireless Networks[C]//Proc. of the 6th Annual Int'l Conf. on Mobile Computing and Networking. Boston: ACM Press, 2000:243 – 254.

[50] Niculescu D, Nath B. Trajectory Based Forwarding and its Applications[C]//Proc. of the 9th Annual Int'l Conf. on Mobile Computing and Networking. San Diego: ACM Press, 2003:260 - 272.

[51] Akkaya K, Younis M. An Energy - aware Qos Routing Protocol for Wireless Sensor Networks [C]//Proc. of IEEE Workshop on Mobile and Wireless Networks(MWN2003), 2003:710 - 715.

[52] Chang J, Tassiulas L. Maximum Lifetime Routing in Wireless Sensor Networks[J]. IEEE/ACM Trans. On Networking, 2004, 12(4): 609 - 619.

[53] Sohrabi K, Gao J, Ailawadhi V, Pottie G J. Protocols for Self - organization of a Wireless Sensor Network[J]. IEEE Personal Communications, 2000, 7(5): 16 - 27.

[54] Deb B, Bhatnagar S, Nath B. ReInforM: Reliable Information Forwarding Using Mutiple Paths in Sensor Networks[C]//Proc. of IEEE International Conference on Local Computer Networks, 2003:406 - 415.

[55] Perrig A. SPINS: Security Protocols for Sensor Networks[J]. Wireless Networks , 2002, 8 (8):521 - 534.

[56] Deng J, Han R, Mishra S. INSENS: Intrusion - tolerant Routing in Wireless Sensor Networks [C]//Proc. of the 2nd IEEE International Workshop on Information Processing in Sensor Networks,2003:349 - 364.

[57] P Deng, P Z Fan. An Efficient Position - based Dynamic Location Algorithm[J]. International Workshop on Autonomous Decentralized Systems, 2000:36 - 39.

[58] L Cong, W Zhuang. Hybrid TDOA/AOA Mobile User Location for Wideband CDMA Cellular Systems[J]. IEEE Transactions on Wireless Communications, 2002. 1(3):439 - 447.

[59] F Gustafsson, F Gunnarsson. Positioning Using Time - Difference of Arrival Measurements [C]//IEEE International Conference on Acoustics, Speech, and Signal Processing, 2003 (ICASSP '03),2003.

[60] A Ault, X Zhong, E J Coyle. K - Nearest - Neighbor Analysis of Received Signal Strength Distance Estimation Across Environments[C]//1st Workshop on Wireless NetworkMeasurements, 2005.

[61] Julian Satran, Kalman Meth, et al. RFC 3720: Internet Small Computer Systems Interface(iSCSI)[S]. 2004

[62] Chunyu Chen, Maoliu Lin. An Improved Adaptive Centroid Estimation Algorithm[C]//IEEE Region 10 Conference (TENCON 2006),2006:1 - 4.

[63] Jan Blumenthal, Ralf Grossmann, Frank Golatowski, Dirk Timmermann. Weighted Centroid Localization in Zigbee - based Sensor Networks[C]//IEEE International Symposium on Intelligent Signal Processing, 2007 (WISP 2007),2007:1 - 6.

[64] Nicolescu D, Nath B. Ad - hoc Positioning Systems(APS)[C]//Proc. of the 2001 IEEE Global Telecommunications Conf. San Antonio: IEEE Communications Society, 200: 2926 - 2931.

[65] Doherty L, Pister K S J, Ghaoui L E. Convex Position Estimation in Wireless Sensor Networks

[C]//IEEE Twentieth Annual Joint Conference of the IEEE Computer and Communications Societies (INFOCOM 2001),2001:1655 – 1663.

[66] He T, Huang C D, Blum B M, Stankovic J A, Abdelzaher T. Range – Free Localization Schemes in Large Scale Sensor Networks[C]//Proc. of the 9th Annual Int'l Conf. on Mobile Computing and Networking,2003:81 – 95.

[67] Sivrikaya F, Yener B. Time Synchronization in Sensor Networks: A Survey[J]. Network, IEEE, 2004,18(4):45 – 50.

[68] J Elson, L Girod, D Estrin. Fine – grained Network Time Synchronization Using Reference Broadcasts[C]//Proc. Fifth ACM SIGOPS Operating Syst. Review, 2002:147 – 163.

[69] Jo. Youngtae, Park. Chongmyung, Lee. Joahyoung, et al. Energy Effective Time Synchronization in Wireless Sensor Network[C]//International Conference on Computational Science and its Applications, 2007(ICCSA 2007),2007:547 – 553.

[70] S Ganeriwal, R Kumar, M B Srivastava. Timing – sync Protocol for Sensor Networks[C]// First Intl. Conf. on Embedded Networked Sensor System (SenSys'03). ACM Press, 2003: 138 – 149.

[71] Hyunhak Kim, Daeyoung Kim, Seong – eun Yoo. Cluster – based Hierarchical Time Synchronization for Multi – hop Wireless Sensor Networks[C]// Proceedings of the 20th International Conference on Advanced Information Networking and Applications (AINA'06): 2006: 318 – 322.

[72] M Maroti, G Simon, B Kusy, A Ledeczi. The Flooding Time Synchronization Protocol[C]// Proc. 2nd Intl. Conf. on Embedded Networked Sensor Systems (SenSys 04). ACM Press, 2004:39 – 49.

[73] Jang ping Sheu, Wei kai Hu, Jen chiao Lin. Ratio – based Time Synchronization Protocol in Wireless Sensor Networks[C]//Proceedings of the 46th IEEE Conference on Decision and Control 2008.

[74] Noh Kyoung – Lae, Serpedin, Erchin. Pairwise Broadcast Clock Synchronization for Wireless Sensor Networks[C]// IEEE International Symposium on World of Wireless, Mobile and Multimedia Networks, 2007 (WoWMoM 2007),2007:1 – 6.

[75] Alan Mainwaring, Joseph Polastre, Robert Szewczyk, David Culler, John Anderson. Wireless Sensor Networks for Habitat Monitoring[C]//ACM International Workshop on Wireless Sensor Networks and Applications (WSNA'02),2002.

[76] Hanbiao Wang, Jeremy Elson, Lewis Girod, Deborah Estrin, Kung Yao. Target Classification and Localization in Habitat Monitoring[C]//Proceedings of the IEEE ICASSP 2003, 2003.

[77] ALERT. http://www.alertsystems.org.

[78] Pickberry Vineyard. https://www.accenture.com/Global/Services/Accenture_Technology_Labs/R_and_I/pickberry.htm.

[79] Senera. http://www.senera.com/.

[80] Art Asset Security. http://www.sensicast.com/asset_security.php.

[81] UENE. http://www.uene.com/.

[82] MeshScape. http://www. millennialnet. com/products/meshscape. php.

[83] MeshScape Applications. http://www. millennialnet. com/industries.

[84] Micrometer. http://www. millennialnet. com/industries/ia_precisioninstruments. php.

[85] INNCOM. http://www. inncom. com/.

[86] JELD - WEN. http://www. jeld - wen. com/.

[87] S Chien, et al. International Symposium on Reducing the Cost of Spacecraft Ground Systems and Operations (RCSGSO 2007), 2007.

[88] S - Y. Cheung, S Coleri, B Dundar, S Ganesh, C - W, Tan, P Varaiya. Traffic Measurement and Classification Using a Single Magnetic Sensor [C]//84th TRB Annual Meeting, 2005.

[89] Demirkol I, Ersoy C, Alagoz F. MAC Protocols for Wireless Sensor Networks: A Survey[J]. IEEE Communications Magazine. 2006, 44(4): 115 - 121.

[90] V Rajendran, K Obraczka, J J Garcia - Luna - Aceves. Energy - Efficient, Collision - Free Medium Access Control for Wireless Sensor Networks[C]//Proc. ACM SenSys 03, 2003: 181 - 192.

[91] L Bao, J J Garcia - Luna - Aceves. A New Approach To Channel Access Scheduling For Ad Hoc Networks[C]//Seventh Annual International Conference on Mobile Computing and Networking, 2001: 210 - 221.

第 5 章　无线 Mesh 网络

无线 Mesh 网络是在移动自组织网络和无线传感器网络基础上发展起来的一种新兴无线移动互联网络。相比移动自组织网络，无线 Mesh 网络具有相对稳定的拓扑结构；相比无线传感器网络，则无线 Mesh 网络在放宽能耗约束性的同时提出了高带宽的传输需求。无线 Mesh 网络的目的是为用户提供高速的无线接入服务，是未来无线网络技术的发展方向之一。

本章包括以下几部分内容，5.1 节介绍无线 Mesh 网的一些基本知识，包括起源、概念、体系结构和优势等；5.2 节和 5.3 节分别介绍无线 Mesh 网的 MAC 协议和路由协议；为更进一步提高 Mesh 网性能；5.4 节介绍了 Mesh 网中的跨层设计以及它的一些考虑因素；5.5 节介绍了 Mesh 网中另外两个重要的问题：容量和移动性问题；最后对本章做一小结。

5.1　无线 Mesh 网概述

无线 Mesh 网是在移动自组织网络和无线传感器网络基础上发展起来的一种无线多跳网络。无线 Mesh 网具有自组网、自管理、自动修复、自我平衡的特点，是未来无线网络的发展趋势之一。

5.1.1　无线 Mesh 网的起源

无线 Mesh 网（Wireless Mesh Network）概念的提出大约是在 20 世纪 90 年代中期以后，而真正引起人们关注也只是在近几年的事。它的出现不是偶然的，是应用需求直接推动的结果。无线 Mesh 网起源于美国国防部高级研究规划署资助的分组无线网络研究，最初的动机是为了满足战场生存的需要。20 世纪 90 年代后期，随着一些技术的公开，无线 Mesh 网络成为移动通信领域一个公开的研究热点。无线 Mesh 网络技术已在美国军方得到应用，民用领域的应用亦已开始起步。

传统的无线网络可分为两类，即集中式和分布式。集中式无线网络，如无线局域网或蜂窝网，网络内必须有一个中心点（称为 AP 或基站），网络中所有通信都必须经过中心点，即使网络中两个节点距离很近也无法直接通信。除此之外，中心点覆盖区域有限，无法对用户的移动性提供很好的支持。分布式无线网络，如移动自组织网络，节点间可以进行对等的通信，扩大了网络覆盖范围，对用户移动性提供很好支持，但是，网络拓扑结构变动太快，实现比较困难，一般认为移动自组织网络适用于军事通信领域，在民用通信领域不太合适。为了将两种传统无线网技术优点融合起来，学者们提出了无线 Mesh 网的概念。

5.1.2　无线 Mesh 网基本概念

Mesh 的原意是网络中所有的节点都互联起来，但是在实际中，一个节点只能和网络中一部分节点连接。无线 Mesh 网是一种动态的自组织、自配置、自治愈的无线网络，具有布设方便、开销小、易于维护、易于扩展的特点。其主要目标是在大范围内提供高速的无线接入。

无线 Mesh 网包括 Mesh 路由器和 Mesh 客户端两类节点。Mesh 路由器间通过互联形成 Mesh 网，构成整个网络的骨干，大大扩展了无线网络的覆盖范围，无线 Mesh 网结构如图 5-1 所示。由于 Mesh 路由器有多个，当其中一部分不能工作时，节点可接入到其他路由器继续工作，因此，Mesh 网比无线局域网有更好的容错能力。Mesh 路由器位置一般是固定的，且有电源供应，这样可以形成较为稳定的拓扑结构，可提供更高的网络性能。Mesh 网可看做有线因特网的扩展，部分 Mesh 路由器有网关/网桥功能，可与互联网进行连接，为用户提供高速的网络接入。

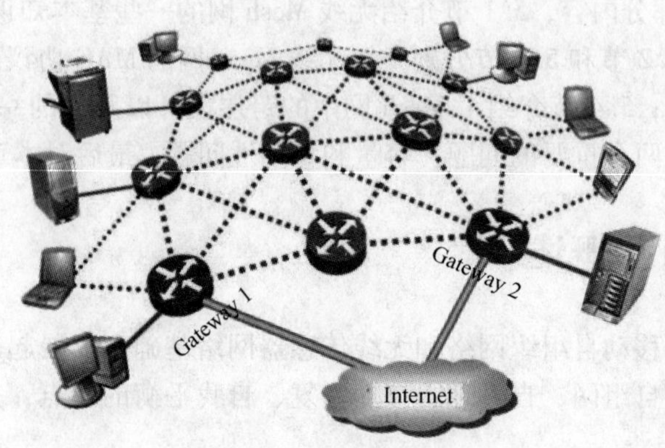

图 5-1　无线 Mesh 网结构

Mesh 路由器和 Mesh 客户端对软硬件要求有所不同。Mesh 路由器除了传统的路由功能外，还需要组织、维护 Mesh 连接。为提高性能，Mesh 路由器一般配有多个接口。Mesh 网可接入互联网（Internet），也可将其他无线网络整合到一起，这是无线 Mesh 网的一大特点。Mesh 路由器一般是固定的，且有稳定的电源供应，它们形成整个网络的骨干，为客户端提供回程。Mesh 客户端也有基本的路由功能，但相比 Mesh 路由器来说，其软硬件都相对简单。一般只有一个接口，只使用一种无线信号。使用 IEEE 802.11 或 802.16 的无线客户端可直接接入到 Mesh 网中，如果客户端没有无线网卡，也可通过有线方式直接连接到无线 Mesh 路由器上。从移动的角度来说，Mesh 客户端可分为固定节点和移动节点。移动节点靠电池供电，受能源限制较大。

Mesh 网的连接方式也是多种多样的，从接入方式来分，可分为有线和无线；从连接双方的节点来分，通常有用户 - 无线路由、无线路由 - 无线路由和无线网关 - 互联网 3 种连接，在某些网络体系结构中还支持用户 - 用户连接。用户可通过现有的多种无线接入技术接入无线路由器，比如 IEEE 802.11、IEEE 802.16、蓝牙或其他方式，如没有无线网卡，也可通过有线方式，如以太网或 USB，直接连到 Mesh 路由器上。

Mesh 路由器之间的连接通常采用能提供高速无线连接的 IEEE 802.11、IEEE 802.16 技术，由于 Mesh 的特点，一般都是采用多点到多点的连接方式。这是无线 Mesh 网的关键所在，通常也是瓶颈所在，这种连接通常也被称做回程。网关到互联网的连接多采用有线方式，大大扩展了无线 Mesh 网的资源和使用范围。从流量来看，也分为两种，一种是用户和互联网的交互；另一种是用户之间的数据流，但前者占绝大部分。

5.1.3　无线 Mesh 网与其他网络的比较

无线 Mesh 网与传统的 WLAN、移动自组织网络和无线传感器网络有许多相似之处，为了区分这些概念，在这节将把无线 Mesh 网和其他网络做一比较。

1. 无线网络的分类

图 5-2 显示了无线网络的种类，从无线跳数来分，可分为无线单跳网络和无线多跳网络，根据是否有基础架构来分，又可分为有基础架构的网络和自组织网络。传统的 WLAN、WiMAX 和手机通信的蜂窝网，都属于单跳的有基础架构的无线网络。两个节点通过无线方式，如红外，蓝牙等直接进行通信，属于单跳自组织网络。

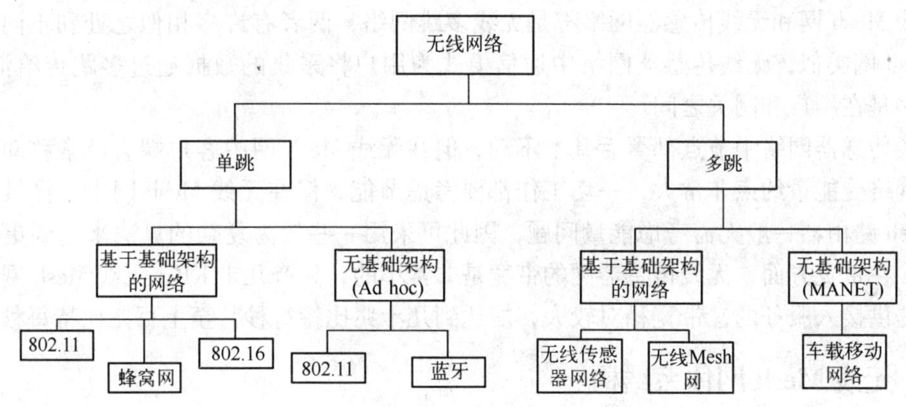

图 5-2　无线网络分类图

无线传感器网络和无线 Mesh 网络都属于有基础架构的使用多跳方式进行通信的无线网络。车载移动网络是一种典型的自组织多跳无线网络。

2. 无线 Mesh 网与 WLAN 的比较

无线局域网（Wireless Local Area Network，WLAN）是计算机网络与无线通信技术相结合的产物。它以无线信道作为传输媒介，可提供传统有线局域网的功能，能够使用户实现随时、随地、随意地宽带网络接入。但是，无线局域网也有明显的缺点。首先，单个 AP 覆盖范围有限，支持的用户数也有限；其次，无线局域网还不能完全脱离有线网络，它只是有线网络的补充，而不是替代，AP 间连接仍然采用有线方式，在布设网络时仍会受到实际环境，如建筑物等的影响；第三，传输速度还比较慢，无法实现有线局域网的高带宽，目前市场上常用的无线网络实际带宽还达不到 2 Mbit/s。

无线 Mesh 网与 WLAN 不同，除了网关利用有线方式与互联网连接外，其余连接都是采用无线方式。Mesh 路由器通过无线方式进行互联，一方面弥补了无线网覆盖范围有限的缺陷；另一方面在布设网络时无需进行线缆铺设，使得网络的组建、配置和维护都非常方便，降低了运营成本。另外，无线 Mesh 网设备比 WLAN 更先进，可以使用多信道/多信号技术，使用改进天线技术，在此基础上可对上层协议做一系列的改进，从而为用户提供更高速率的接入服务。

3. 无线 Mesh 网与移动自组织网络的比较

无线 Mesh 网和移动自组织网络的相似之处在于它们都是由无线、多跳方式组合起来的网络，每个节点都需充当用户和路由器，需要为其他节点间通信提供转发服务。终端节点都具有移动性。

移动自组织网络网络中节点是完全对等的，但在 Mesh 网中节点有路由器和客户端之分，路由器软硬件较为复杂，可安装多块网卡并采用不同的信号，Mesh 客户端相对简单，一般只采用一种无线信号。移动自组织网络中节点都处于移动状态，拓扑变化很剧烈，在无线 Mesh 网中，Mesh 路由器基本是固定的，且拥有稳定的电源供应，可以形成稳定的骨干通信网。移动自组织网络中数据流大多是用户和用户之间的，无线 Mesh 网中大多数流量是用户和网关之间的。

4. 无线 Mesh 网与无线传感器网络的比较

无线 Mesh 网和无线传感器网络都是无线多跳网络，两者有许多相似之处和不同点。与无线 Mesh 网类似，无线传感器网络中通信模式为用户将采集的数据通过多跳传给汇聚点，流量大多是在用户和网关之间。

无线传感器网络中节点部署后基本不动，但在无线 Mesh 网中客户端会经常移动。无线传感器网络受能量约束非常大，一切工作都要考虑节能，但在无线 Mesh 网中，提供骨干通信的 Mesh 路由器一般无需考虑能量问题，因此可采用一些较为复杂的算法来达到更好的网络性能。在带宽方面，无线传感器网的带宽是非常小的，只有几十 KB，无线 Mesh 网是用来为用户提供接入服务的，带宽相对较大，能达到几十兆比特每秒甚至上百兆比特每秒。

5.1.4 无线 Mesh 网体系结构

无线 Mesh 网体系结构可分为有基础架构的无线 Mesh 网（Infrastructure WMN），客户端无线 Mesh 网（Client WMN）和混合式无线 Mesh 网（Hybrid WMN）[1]3 类。

1. 有基础架构的无线 Mesh 网

在有基础架构的无线 Mesh 网中，Mesh 路由器形成网络的骨干，为 Mesh 客户端提供回程，通过有网关功能的路由器接入 Internet 中。Mesh 用户通过有线或无线的方式接入到 Mesh 骨干，由于 Mesh 路由器有网桥功能，所以用户可通过不同的无线或有线技术接入。相比 Wi-Fi 和 WiMAX，这种体系结构大大扩展了无线网络的覆盖范围。网络间的通信通过无线多跳实现。但用户之间不能直接进行交互，即使两个用户相邻很近，信号可互相覆盖，且使用同种无线信号，他们之间的通信仍需通过 Mesh 路由器，降低了网络的效率。

2. 客户端无线 Mesh 网

客户端无线 Mesh 网没有 Mesh 路由器，只有 Mesh 客户端，客户端使用同样的无线技术，类似传统的移动自组织网络。相对有基础结构的无线 Mesh 网，这种结构对客户端的要求比较高，客户端不仅要有路由功能，而且要组织和维护 Mesh 连接。这种结构布设方便，适用于没有基础架构的情况下快速搭建无线网络平台。但是，对终端要求比较高，不能接入互联网。

3. 混合式无线 Mesh 网

混合式无线 Mesh 网是前两种结构的混合体。如图 5-3 所示，骨干网可扩大无线覆盖范围，为用户提供接入，同时可将不同的网络互联起来，提供网络间互操作。另外，如距离和无线技术允许的话，用户也可以直接进行通信。大大扩展了无线网的使用范围，这是无线 Mesh 网最有前景的一种应用方式，也是最能体现 Mesh 网特性的应用方式。

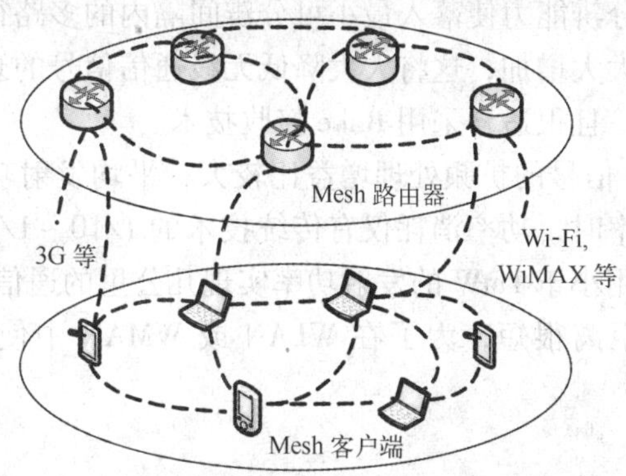

图 5-3 混合式无线 Mesh 网

5.1.5 无线 Mesh 网物理层上的优势

物理层是整个网络的基础，所有数据最终都需要在物理层上进行传输。在无线网络中，物理层具有干扰严重、误码率高等缺点，导致上层协议不论如何优化都无法获得较高的性能。所以，改善物理层性能对无线网络的整体性能具有非常重要的意义。由于无线 Mesh 网产生相对较晚，因此可将更多先进的物理层技术融合进来。相对其他无线网络来说，无线 Mesh 网在物理层上有着一些独特的优势。

1. 多样化的无线技术

借助 Mesh 路由器的网桥/网关功能，无线 Mesh 网可将多种无线通信技术融合起来使用，并实现不同无线网间的互操作。现有的可使用的无线标准包括 IEEE 802.11，IEEE 802.16，IEEE 802.20，3G 等。对于不同的无线标准，还可使用多样化的编码方式，如 OFDM，DSSS，FSK 等。OFDM 和 DSSS 在前面章节已提到过，这里不再详述。

FSK（Frequency-Shift Keying）即频移键控，就是用数字信号去调制载波的频率。是信息传输中使用得较早的一种调制方式，它的主要优点是实现起来较容易，抗噪声与抗衰减的性能较好。在中低速数据传输中得到了广泛的应用。

超宽带（UWB）通信技术是一种全新的短距离无线通信技术。从本质上看，UWB 是发射和接收超短（ns-ps 级）电磁能量脉冲，并以此进行数据传送的无线技术。与其他无线通信技术相比，UWB 具有以下优点。

- 传输速率高：UWB 的传输速率可达几十兆比特每秒至几吉比特每秒，具有支持未来高容量无线通信的巨大潜力。
- 良好的系统共存能力：与传统无线通信技术相比，UWB 不需要产生正弦载波信号，可以直接发射冲激脉冲序列，因而具有很宽的频谱。
- 系统结构简单：UWB 不需要传统通信所需要的变频器，本地振荡器、混频器等，因此体积小，系统的结构比较简单。
- 安全性高：由于 UWB 发射功率谱密度很低，信号隐蔽在环境噪声和其他信号之中，用传统的接收机无法接收和识别，具有隐蔽性好、截获率低、保密性好等非常突出的优点。

- 抗多径衰落能力强：由于UWB无线电信号发射的冲激脉冲占空比极低，系统有很强的多径分辨力，高分辨能力使落入最小可分辨间隔内的多路径条数大大减小，而可分辨的多路径数目则大大增加，这将大大降低无线通信信号的衰落程度，使其有很强的抗多径衰落的能力，且很适合采用Rake接收技术。
- 功耗低：由于UWB信号的扩频处理增益比较大，平均发射功率很低，使超宽带技术在实现同样传输速率时，功率消耗仅有传统技术的1/10～1/100。即使采用低增益的全向天线，也可使用小于1mW的发射功率实现几公里的通信。

但是，UWB的适用距离很短，为了在WLAN或WMAN中使用，还需对其做进一步改进。

2. 改进的天线系统

改进天线有多个发展方向，典型的有使用定向天线取代全向天线，MIMO，多信号/多信道技术，最新的技术如可配置信号、跳频/可感知信号，甚至是软件信号。

定向天线发射范围有限，但能很好地减少无线信号的干扰，另一方面，定向天线能量比较集中，具有能耗小，发射范围广的优点。定向天线的进一步发展就是智能天线（Smart Antenna），智能天线技术对信号的空域信息进一步加以利用，分离时域不可分但空域可分的多径信号，在接收端利用天线阵列通过先进的信号处理算法分别对各天线单元加权处理，使阵列实时指向有用信号方向，从而提高信噪比，提升系统性能与信道容量[2]。智能天线一般分为两类：如开关波束阵列[3]（Switched Beam Array）和自适应阵列[4]（Adaptive Array）。这两类智能天线技术有其各自的适用范围。其中，开关波束阵列仅适用于信号角度扩展较小的传播环境，而自适应阵列虽可以用于信号角度扩展较大的多径传输环境，但在多径分量比较丰富的环境下，自适应天线阵列的抗衰落能力有限[5]。之所以出现这样的现象，是因为智能天线技术将无线信道的多径传播作为不利因素加以抑制。

由于Mesh网路由器可以配置多网卡，因此，在Mesh网中采取多信号/多信道技术也就成为一种可行的方案，多信号/多信道可减少无线信号间干扰，增大网络的传输量，提高网络性能。比较综合的多信号/多信道技术是MIMO，这也是IEEE 802.11n的关键技术。MIMO技术对多径传播进行了利用，建立空间并行传输通道，采用空时编码实现发射分集和接收分集，从而获得较高的复用增益与分集增益，其有效的并行数据通道也显著地提升了信道的性能[6]。MIMO技术又可分为空时编码（Space-Time Coding）和分层空时结构（Layered Space-Time）两种。空时编码技术[7]通过特殊的编译码技术，利用发射端多天线实现发射分集，其最终目的是减小传输的错误概率，本质上是一种空间发射分集技术；分层空时结构[8]将发射端的多根天线用于数据的并行传输，其最终目的是增加数据传输速率，本质上是一种未编码的空间复用技术。空时编码和分层空时结构均不是最优方案，因为它们均只解决一个问题的一个方面，因此，两者的结合可能是更好的选择[9]。MIMO技术来源于天线分集与智能天线技术，兼具二者的优点[10]，被认为是未来实现高速通信的最重要的技术之一。

在无线环境中，频率是非常重要的资源，但是现有带宽利用率仍很低，美国联邦通信委员会（Federal Communications Commission，FCC）的测量结果显示，70%的已分配频段没有被使用[11]。为了提高频率利用率，使用跳频[12]或认知无线电（Cognitive Radio）[13]动态地获取空闲频率具有很好的研究前景。跳频技术中，发射端和接收端采取同一跳频序列，不断切换数据传输的频段，这样只有发射端和接收端能进行通信，而减少了和其他通信间的干扰。进一步的发展是使用软件信号，通过软件来改变通信的信号。软件定义的信号（Software Defind Radio，SDR）是一种功能更为强大的技术[14]，不仅能实现感知信号的功能，而且能根据具体情况来选择信号编码方式和调制方式，虽然 SDR 技术还不成熟，但从长远来看这将是无线通信中的一种关键技术。

5.2　无线 Mesh 网的 MAC 协议

现有无线网络 MAC 层协议可分为集中式接入和分布式接入两类。集中式接入 MAC 协议中有一个中心控制点，将各个节点的接入请求整合起来，然后进行集中调度，比如 TDMA 和轮询（Polling）。分布式接入 MAC 协议的控制功能分布在各个节点上，每个节点通过侦听信道，当发现信道空闲时发送信号，如 CSMA/CA。

时分多址（Time Division Multiple Access，TDMA）是基本多址技术之一，其重要应用之一为移动电话系统的数字信号传输技术，该技术已成为今天的 D-AMPS 和 GSM 系统的基础。时分多址是把时间分割成周期性的帧（Frame），每一个帧再分割成若干个时隙向基站发送信号，在满足定时和同步的条件下，基站可以分别在各时隙中接收到各移动终端的信号而不混扰。同时，基站发向多个移动终端的信号都按顺序安排在预定的时隙中传输，各移动终端只要在指定的时隙内接收，就能在合路的信号中把发给它的信号区分并接收下来。轮询也是一种接入方法，其中一个主网络设备以有序的方式询问其他设备是否有数据要发送。得到其他设备的发送需求后，主设备通过调度赋予各个设备传输的权利。

载波侦听多点接入/冲突避免（CSMA/CA）是无线网络中常用的一种 MAC 层协议，它一方面可通过载波侦听查看介质是否空闲；另一方面通过随机等待一段时间，使信号冲突发生的概率减到最小，当侦听到信道空闲时，则发送数据。更进一步，为了使系统更加稳固，IEEE 802.11 还提供了带确认帧的 CSMA/CA 协议。

但上述协议在无线 Mesh 网中不适用。集中式接入方式需要网络中有一个中心节点，但由于 Mesh 网分布式可扩展的系统结构，这种方法是不可行的。CSMA/CA 的方法只适用于一跳的无线网络，在多跳的无线网络中性能并不理想[15]，因此也不适用于无线 Mesh 网。

5.2.1　无线 Mesh 网 MAC 协议概述

无线网中 MAC 层是不完善的，根本原因有 3 个方面，一是无线链路不稳定；二是由于天线设备的半双工特性，导致它在某一时刻只能进行接收或者发送，无法像有线链路一样“边听边说”；三是 MAC 层协议不能提供可靠的性能，如 CSMA/CA，只是尽力而为的协议，而不能提供任何保证。在无线 Mesh 网这种多跳环境中这个问题就更加严重。

1. 无线 Mesh 网 MAC 层的问题

无线 Mesh 网络的 MAC 层面临着两个主要的问题，即隐藏点和暴露点问题。这是无线传输中的两个不可避免的问题，在前面章节中已有介绍，这里不再详述。暴露点问题会使节点损失传输机会，导致系统的吞吐量急剧下降[16,17]。隐藏点会导致发送冲突，进而引起重传，会增加网络的传输负担，是无线网络 MAC 层中要重点解决的问题，在单信道环境中，可通过侦听信道来解决隐藏点问题，如 IEEE 802.11 协议，使用 RTS/CTS 虚拟载波检测来避免隐藏点问题。

除单跳环境中问题外，多信道环境下的 MAC 层还面临着新的问题。当有多个信道可供使用时，节点经常会更换信道以减少与邻居节点的冲突。但节点侦听只能局限在一个信道，它不可能获得其他信道上的收发情况，当协调出问题后，就可能出现侦听时信道空闲而发送时产生冲突的问题，这叫做多信道隐藏点问题。如图 5-4 所示，括号里表示使用的信道。A 和 B 在信道 1 上协商好使用信道 2 传送数据，但是 B 发送 CTS 时，其邻居节点 C 工作在信道 3 上，没有听到该消息。之后，C 和 D 切换到信道 1 上协商传送数据的信道，此时 A，B 工作在信道 2 上，所以不会产生干扰。但不幸的是，C 和 D 协商后确定使用信道 2 来传送数据，造成 C 和 A 同时在信道 2 上传输信息，在 B 处产生冲突。

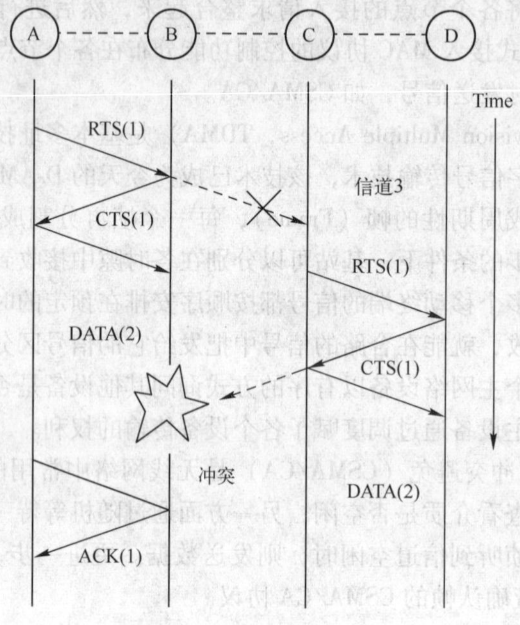

图 5-4　多信道隐藏点问题

解决多信道隐藏点问题，有两种方法。一是使用时间同步，所有节点在某一时刻同时使用同一信道来协商之后使用的信道；另一种方法是单独使用一个信道用来做控制。

对于无线 Mesh 网，多跳也会给 MAC 层带来新的问题，表现在如下 3 方面。第一，在无线环境中，每一跳都需竞争信道，都会有延时，多跳过程累计的延时可能会非常大；第二，在某一跳传输中采用信道 A，但下一跳中信道 A 可能忙，信道 B 空闲，有必要切换信道，会导致多跳过程中不停切换信道，增大节点选择信道的开销；第三，当节点移动导致网络拓扑发生变化时，选择下一跳将会是个很大的问题，在多跳环境中，这个问题更加突出。

2. 无线 Mesh 网 MAC 层协议分类

针对这些问题，学者们对无线 Mesh 网 MAC 协议进行了深入研究。不同的 MAC 层协议建立在不同的物理层假设基础之上，为此，根据物理层不同情况将无线 Mesh 网 MAC 协议分为单信道 MAC 协议、多信道单收发器 MAC 协议、多信道多收发器 MAC 协议 3 类。其中，单信道中 MAC 协议的研究热点集中在对现有 IEEE 802.11 MAC 协议的改进，以使其更适应无线多跳环境，以提高网络的容量和减少能耗。但是单信道资源太少，冲突比较严重。为了解决上述问题，学者们提出了多信道单收发器MAC协议，多信道可充分利用信道间不干扰的特性来开发并发功能，可设计出性能更高的MAC协议。多信道单收发器MAC协议使一根天线可以支持多个信道，当一个信道冲突时可转换到另一信道，从而解决冲突问题。但是在同一时间一根天线只能工作在一个信道上，不能同时进行收发，网络容量仍很有限。为了提高网络容量，进一步的改进是让节点拥有多个收发器，不同收发器可工作在不同信道上，这样就可同时进行收发操作。仅靠MAC层信息很难解决多跳导致的问题，可能需要用到网络层的网络拓扑信息，需要使用跨层设计，这部分将在无线Mesh网跨层设计一节中详细介绍。

5.2.2 单信道MAC协议

IEEE 802.11 DCF使用4路握手机制进行通信（RTS/CTS/DATA/ACK）。考虑两个邻居节点同为发送者的情况，如图5-5所示，A，B为发送者，此时通信是可以同时进行的。同理，当A，B同为接收者的时候，并发的情况也是允许的，但802.11 DCF机制会阻止这种情况的发生，这就是暴露点问题。

为了开发这种情况下的并行性，A. Acharya等人提出了MACA-P协议[18]，其关键改进是允许邻居节点同步它们的接收期，也就是说，邻居节点能改变自己的收发状态。为实现该方案，MACA-P修改了DCF，在握手过程中引入了控制空隙，使得另一对节点有机会进行另一次握手协议，从而增加了并发传输的可能性。

为了使用以上机制，节点必须能知道其邻居节点的收发状态以及何时在收发状态间作切换，为此MACA-P还需对节点做一些改进，每个节点上通过监听RTS/CTS信息，维护一个邻居节点状态表，邻居状态分接收、发送和空闲3种。当一个节点想发送信息时，必须确保邻居节点没有处于接收状态的节点，同理，当节点想接收信息时，必须确保邻居节点中没有处于发送状态的节点。

下面举例说明，在图5-5中，A想向C传输数据，B想向D传输数据，但B在A传输范围内，MACA-P可使这两个传输能同时进行，其工作流程如图5-6所示。

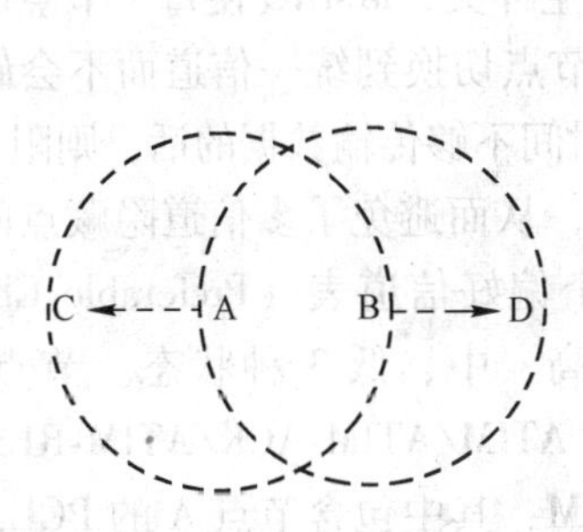

图5-5　A，B可同时发送的情况

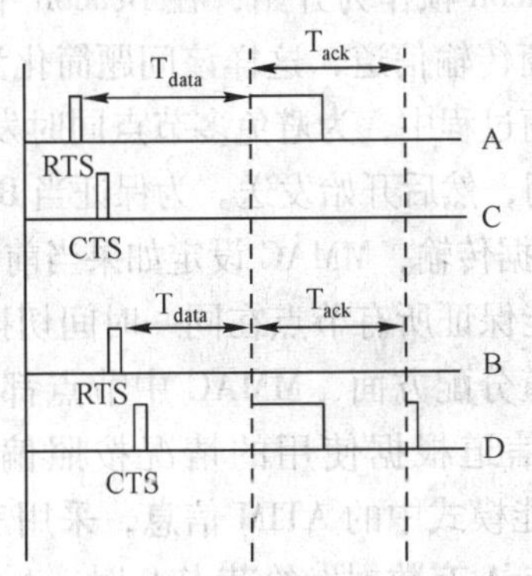

图5-6　MACA-P的流程图

1）A向C发送RTS。

2）经过短帧时间间隔SIFS后，C向A回复CTS。

3）由于MACA-P引入了控制间隙，所以在C和A协商后的空隙内B和D也可进行一次协商，与A和C的协商类似。

4）利用A与C协商过程中产生的RTS和CTS中的时间信息，B、D可将自己传输DATA和ACK的时间调节到与A，C相应传送同步的时刻，当发送DATA时，A，B都是发送者，当接收ACK时，两者都是接收者。其中，Tdata和Tack都以较长的时间为准，所以不会发生冲突。

5.2.3 多信道单收发器MAC协议

IEEE 802.11协议使用的频率中包含了多个信道，802.11a包括12个不重合的信道，802.11b包括3个不重合的信道。在多信道环境中，利用信道数目的优势，让需要通信的互不干扰的节点工作在同一信道上，可能会互相干扰的节点工作在不同信道上，这样可以降低冲突，提高网络容量。但是802.11的MAC协议中并不支持多信道，为此，研究人员对多信道MAC协议做了深入研究。

1. 经典的多信道单收发器MAC协议

双忙音多接入（Dual Busy Tone Multiple Access，DBTMA）是一种较早的支持多信道的协议[19]。它将一个普通信道分成一个控制信道和一个数据信道两个子信道，控制信道使用忙音来避免隐藏点问题，但是没有提高网络的吞吐量。跳频预约多接入（Hop Reservation Multiple Access，HRMA）[20]是一种使用慢速跳频扩频机制（FHSS）的多信道协议。节点事先确定好一个跳频模式，当两个节点通过RTS/CTS握手后，可使用确定的跳频模式来进行通信，多个通信可在不同的跳频模式下同时进行。接收者促发的使用双轮询机制的跳频协议[21]使用了与HRMA类似的方法，是由接收者来初始冲突避免的握手机制。这类机制的缺点在于只能用于使用跳频的网络中，不能用于其他网络，如使用直序扩频（DSSS）的网络。在这些研究成果的基础上，研究人员研究了一些较新的多信道MAC层协议。

2. 多信道MAC协议（MMAC）

为解决多信道隐藏点问题，J. So等人提出了一种多信道MAC协议（MMAC）[22]，MMAC利用时间同步的方法来解决多信道隐藏点问题。MMAC协议将时间分为不同的时间段，以Beacon帧作为开始，在Beacon中插入一个时间段，该时间段内所有节点切换到同一信道来协商传输信道，这样该问题简化为单信道中的协商问题。

在协商过程中，为避免多节点同时发送Beacon产生冲突，MMAC使每个节点随机选择一个后退时间，然后开始发送。为保证当Beacon开始时节点切换到统一信道而不会破坏该Beacon前的数据传输，MMAC设定如果当前Beacon所剩时间不够传输数据的话，则阻止信息的传输。这样能保证所有节点在同一时间切换到统一信道，从而避免了多信道隐藏点问题。

在信道分配方面，MMAC中节点都各自维护一个偏好信道表（Preferable Channel List，PCL），将信道根据使用的情况按照偏好程度分为高、中、低3种状态。节点采用类似802.11节能模式中的ATIM信息，采用三路握手机制ATIM/ATIM-ACK/ATIM-RES来协商信道。当节点A有数据发给节点B时，A向B发送ATIM，其中包含节点A的PCL，B根据自己的PCL和A的PCL来寻找一个合适的信道，具体算法如图5-7所示。

其中，LOW状态中信道Count值是指该信道被邻居节点中使用该信道通信的节点对的数目。因为节点在一个Beacon只能和一个邻居节点通信，如果它需要和多个节点通信，则

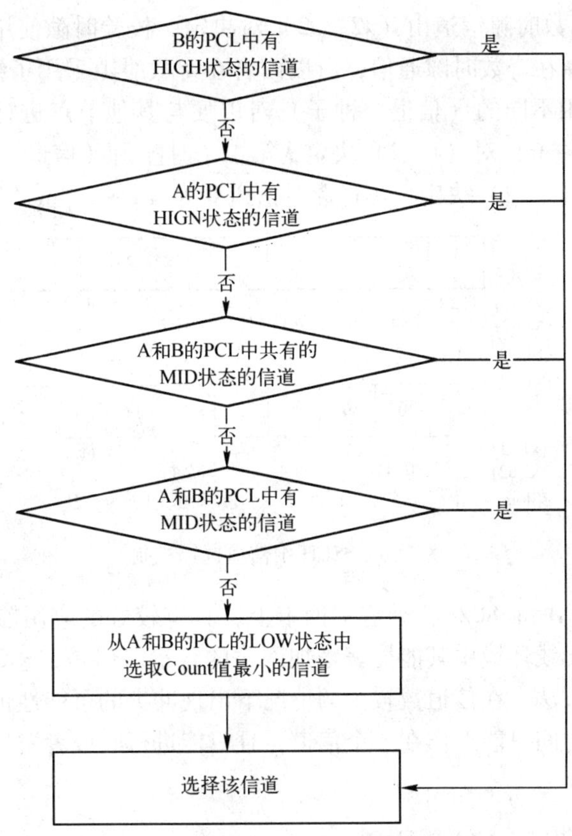

图 5-7 MMAC 中信道选择算法

其他节点必须等到下一 Beacon。

MMAC 选择信道的机制比较复杂，而且在 Beacon 开始时协商好信道后，在后面传送每个数据包时仍需协商，信令开销很大。

3. 使用时隙种子的信道跳变协议（SSCH）

为简化协商信道的机制和减少信令开销，Paramvir Bahl 等人提出了一种链路层的机制 SSCH（Slotted Seeded Channel Hopping）[23]。SSCH 是一种分布式协议，可用来协调信道切换。

SSCH 使用了信道跳变的基本思想来避免冲突，每个节点会选择一个信道跳变计划，并将包调度在不同信道上。每个节点会将自己的信道跳变计划传给邻居节点，收到该消息后，节点根据具体情况更新自己的信道跳变计划。

在信道跳变计划中，SSCH 引入了（信道，种子）对来描述节点的信道使用情况，其中信道是指节点现在使用的信道，种子是节点自己选的随机值，下一次信道变为：（信道 + 种子）mod 可用信道数。设信道描述对为（x_i，a_i）在 IEEE 802.11a 中，有 13 个不重叠的信道，对于节点来说 x_i 可选 0 ~ 12 的一个值，a_i 可取 1 ~ 12 的任意值。信道变化公式为：

$$x_i = (x_i + a_i) \bmod 13 \tag{5-1}$$

为了更进一步增大信道的差异性，SSCH 中选取多个（信道，种了）对来控制信道，每次选定信道后占用一个时隙，为了避免节点一直在不同信道工作而造成网络在逻辑上的分离，在一段时间中，会专门加入一个校验时隙，在该时隙节点切换到同一信道进行通信。

下面举例说明，假设有两个（信道，种子）对，3 个不重叠的信道，奇数时隙的信道由

（x1，a1）对决定，偶数时隙信道由（x2，a2）对决定，校验时隙使用统一的信道。参考图5-8，其中A和B选择在奇数时隙通信，所以两者在奇数时隙采用了统一的（信道，种子）对，而在偶数时隙采用不同的（信道，种子）对以便与其他节点进行通信。A在第一个时隙的信道由（信道，种子）对（1，2）决定，第二个时隙由（信道，种子）对（2，1）决定，第三个时隙仍由（1，2）决定，不过此时信道变为（1+2）mod 3=0。

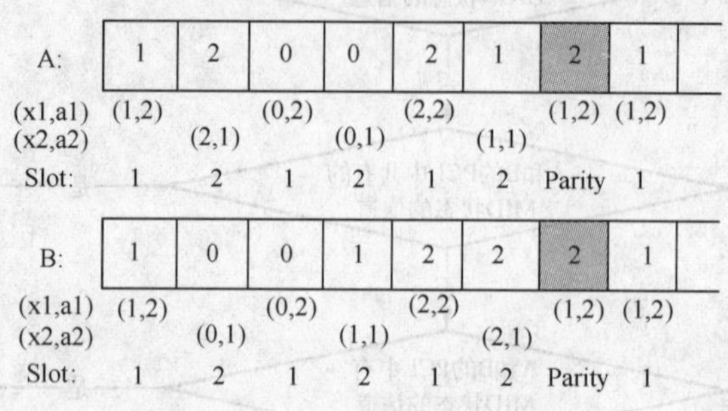

图5-8 SSCH中信道选择机制

SSCH可布设在与IEEE 802.11兼容的网卡上，具有较好的应用前景，从实验中可以证明在一些多跳、单跳无线环境中其能显著增加网络的容量。但是，SSCH没有给出信道初始分配和种子选取的好方法，在信道数较少的情况下出现冲突的可能性仍然很大。

单收发器在同一时间只能工作在一个信道，且只能进行收或者发的工作，在增大网络容量方面仍然有限。

5.2.4 多信道多收发器MAC协议

随着设备制造技术的发展，在一个节点上配置多个天线成为了可能，多收发器可工作在不同信道上，同时为节点提供多个传输通道，能更进一步提高网络容量。为此，研究人员又开发了多信道多收发器MAC协议。多信道多收发器MAC协议一般是在多信道单收发器MAC协议基础上进行改进，可利用增加的收发器承担控制功能以减少干扰，也可利用多收发器承担传输功能以增大网络容量。

1. 动态信道分配协议（DCA）

Wu等人提出了一种的动态分配信道的协议（Dynamic Channel Assignment，DCA）[24]，使用一个固定的信道来传输控制信号，其他信道传输数据，每个节点使用了两个收发器，所以可同时在控制信道和数据信道上监听。在RTS/CTS中，通信双方会协商好发送数据使用的信道。因为其中一个天线一直在监听控制信道，所以可避免多信道隐藏终端问题。该协议不需同步，信令开销较小。但是，控制信令单独占用一个信道浪费较大。

2. 干扰感知的信道分配机制

为充分利用多信道优势来增大网络容量，Krishna N. Ramachandran等人提出了一种动态分配信道的机制[25]。该方法使用了一种中心分配的、干扰感知的信道分配算法和相应的信道分配协议来增大网络容量。每个Mesh路由器使用了一种新的干扰感知机制来测量和邻居节点的干扰程度，并使用了多信道干扰模型（Multi-radio Conflict Graph，MCG）。

（1）干扰估计

在选择信道方面，该机制主要考虑了信道干扰程度和信道使用程度两个因素。每个路由器周期性检测所有信道，从而获得这两方面的信息。信道干扰程度是指某信道被其他收发器使用的次数，该数目越大，说明这个信道越忙，越不适合使用。信道使用程度考虑了信道上的流量，通过检测信道上数据包的大小和传递速率，可计算出该信道的使用率，这个数目越大，说明信道越繁忙，越不适合使用。协议中将信道按这两个因素分别进行排序，并将综合考虑的排序结果 Rank 传给信道分配服务器（Channel Assignment Server，CAS）。

（2）干扰模型

干扰图是描述网络中会发生干扰的链路的模型。如图 5-9a 所示为网络拓扑图 G，节点后面的数字表示收发器数目。如图 5-9b 所示为传统的干扰图 F，其节点为图 G 中的边，当 F 中两点对应的边在为图 G 中可能发生干扰时，这两点间会有一条边。

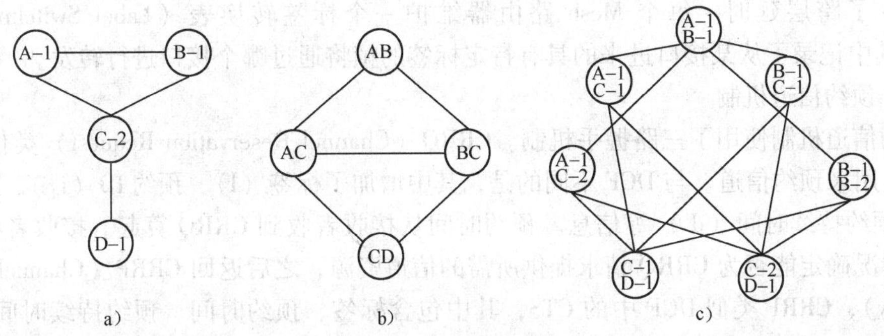

图 5-9　干扰图示例

a）拓扑图 G　b）干扰图 F　c）多信号干扰图 F′

但是，传统的干扰图没有体现节点多收发器的特性，在干扰图 F 中边仅为拓扑图 G 中路由器间的连接，而非拓扑图 G 中各收发器之间的连接。为此，作者提出了多信号干扰图模型，当 G 中 C 有两个收发器时，与 C 相邻的连接在干扰图中都需要用两条边来表示，再反映为图 5-12c 中的多信号干扰图 F′。

有了干扰图的概念后，网络中的信道分配问题就转化成干扰图的点着色问题，信道数为可用颜色数，同一条边的两点不能着相同的颜色。在 MCG 中，当一个点被着色后，考虑到该天线也被占用，需要将其他用到该天线的边都删掉。举例来说，当 F′中（A－1：C－2）被着色后，所有包含 A－1 或 C－2 的边都应被删除。

（3）信道分配

在干扰图的基础上，使用点着色方法来分配信道，但严格的点着色问题是 NP 难问题，这里使用了它的近似方法。在多信道干扰图 F′中，从由网关节点出发的边对应的点开始，使用深度优先方法对各点进行着色。默认信道选择算法综合考虑了所有节点对信道的估计值 Rank。CAS 对每个信道按式（5-2）计算一个值。

$$R_c = \frac{\sum_{i=1}^{n} \text{Rank}_i^c}{n} \tag{5-2}$$

式中，n 表示网络中所有路由器的个数，Rank_i^c 是上述节点 i 对信道 c 的干扰估计。R_c 最小的信道被选择，该公式的目的在于从网络全局信息出发选取干扰最小的信道。试验结果证明该方法能在不同干扰情况下提高网络的容量。但是，该方法端到端延时比较大。

3. 多接口改进信道预留协议（MIACR）

为了减少端到端延时，Joo Ghee Lim 等人提出了多接口改进信道预留协议（Multiple Interface Advance Channel Reservation，MIACR）[26]。

无线 Mesh 网中 MAC 层延时有两个方面，一是当帧在不同接口间协议栈上下层间转换时产生的跨层延时；二是竞争产生的延时，包括控制帧花费时间和基于竞争的 MAC 协议的回退时间，以及时间同步导致的开销。而且包在路径的每一跳都需竞争信道，在多跳中该延时的累计效应非常大。MIACR 使用了标签交换机制来减少跨层延时，使用预约信道机制来减少多跳时延。

（1）标签交换机制

标签交换机制（MPLS）将发往同一目的端的包合为一个组，在 2 层使用同一标签标志。这种机制可通过标签来转发包，不需要将包传到网络层，发现转发目的地后再传到 MAC 层，从而减少了跨层延时。每个 Mesh 路由器维护一个标签转换表（Label Switching Table，LST），其中记录了从某接口进来的具有特定标签的帧将通过哪个接口进行转发。

（2）预约信道机制

预约信道机制使用了三路握手机制。CRRQ（Channel Reservation Request）类似 DCF 中的 RTS，用来预约信道。与 DCF 不同的是，其中增加了标签（l）、预约 ID（i_{dr}）、预约时间（t_r）和预约持续时间（d_r）等信息。预约时间从接收者收到 CRRQ 算起。接收者根据自己的实际情况确定能否为 CRRQ 请求提供所需的信道资源，之后返回 CRRP（Channel Reservation Reply），CRRP 类似 DCF 中的 CTS，其中包含标签、预约时间、预约持续时间等信息。由于 CRRP 中预留资源信息并不一定和 CRRQ 中请求资源完全相同，所以发送者需要对 CRRP 的信息进行确认，确定是否接受该预留资源或将其取消。此消息通过 CRCF（Channel Reservation Confirm）返回给接收者。

由于使用了多信号机制，预约信道机制比 DCF 有着更大的优势，在如图 5-10 所示的链状拓扑中，A 想发送信息到网关 GW，其间通过 B、C、D。A 使用接口 1 通过信道 1 与 B 进行通信，B 使用接口 2 通过信道 2 与 C 通信。

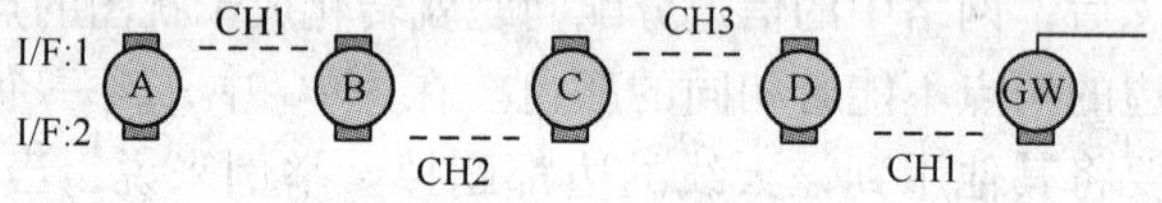

图 5-10　链状拓扑

预约资源时序图如图 5-11 所示。首先，A 与 B 协商并进行资源预留，之后 A 与 B 开始进行数据传输，在此过程中，B 就可开始和 C 进行资源预留的协商。当信息传到 B 后不用再等待信道资源利用信息就可开始信息传输。

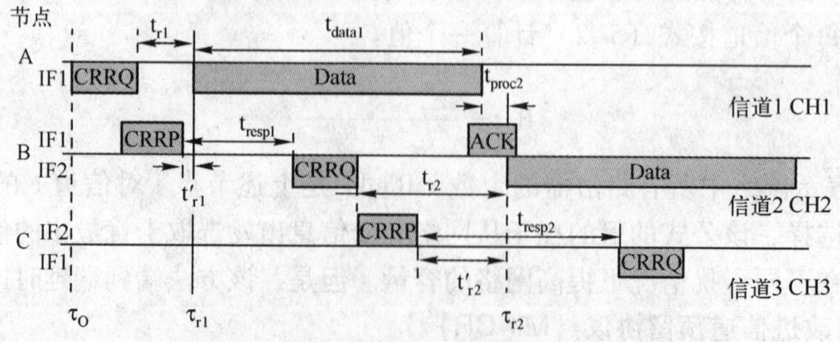

图 5-11　MIACR 的信道预约资源时序图

MIACR 可增大网络吞吐量并降低端到端传输时延，但是它只适应于链状拓扑，要在其他网络拓扑中发挥作用则仍需做一些改进。

5.2.5 无线 Mesh 网 MAC 协议比较

以上介绍了无线 Mesh 网中的各种 MAC 协议，下面对这些协议做一个简单的比较，见表 5-1。不同的协议对物理层假设是不同的，信道数和收发器数目是不一样的。从研究趋势来看，越来越多的研究集中在多信道多收发器 MAC 协议上。在设计 MAC 协议中，最大的问题是解决（多信道）隐藏点导致的干扰问题，从表中可以看出，解决隐藏点问题的方法有两种，一种是使用虚拟载波侦听，如 RTS/CTS；另一种是采用忙音，可以采用带内忙音或带外忙音。解决多信道隐藏点问题方法也有两种，一种是采用同步机制，周期性切换到同一信道来进行协商；另一种是使用专用的信道来做控制。

表 5-1 无线 Mesh 网中的 MAC 协议

名称	信道	收发器	是否同步	如何解决（多信道）隐藏点问题
MACA-P	单	单	是	RTS/CTS
DBTMA	多	单	否	忙音
HRMA	多	单	是	跳频
MMAC	多	单	是	周期性使用同一信道协商
SSCH	多	单	是	校验时隙
DCA	多	多	否	使用单独的天线监听控制信道
干扰感知信道分配机制	多	多	是	由 CAS 分配信道
MIACR	多	多	是	CRRQ/CRRP/CRCF

5.3 无线 Mesh 网路由协议

无线 Mesh 网路由协议有两个思路来源，即传统的互联网路由协议和移动自组织网络路由协议。传统互联网路由协议，如 OSPF、BGP、RIP 等，都已发展得比较成熟，性能已得到很大的优化。但是，这类协议是基于链路状态变化很小的有线网络提出的。无线网络特别是多跳的无线移动互联网链路状态不稳定。所以这类协议要想在无线 Mesh 网中使用，需经过较大的改动。移动自组织网络和无线 Mesh 网络都属于无线多跳网络，两者非常相似，所以移动自组织网络路由协议在无线 Mesh 网络中更加适用，现在大部分工作都集中在该思路上。但如前所述，无线 Mesh 网络比移动自组织网络具有更稳定的拓扑，Mesh 路由器和 Mesh 客户端有较大的差异，要使 Mesh 网路由达到更高的性能，必须考虑这些特点并对移动自组织网络路由协议进行优化。

5.3.1 无线 Mesh 网中的路由协议概述

无线 Mesh 网路由协议在满足将包进行正确路由的基础上，还必须要有很好的可扩展性，以适应 Mesh 网规模可扩展的特性。由于 Mesh 客户端的移动性，Mesh 路由需要支持用户的移动，能快速重新发现或恢复路由，为上层协议提供更好的稳定性。Mesh 网要提供多种无线网接入，所以 Mesh 网路由还应该有很好的可调节性，应该能自适应异质网络。

1. 无线 Mesh 网路由选择标准

在路由协议中，路由发现是最重要的环节之一，其中最关键因素就是选择路径的标准。移动自组织网络的路由协议多数以最小跳数作为路由选择标准，这是因为移动自组织网络中，由于用户的移动导致网络拓扑变化比较频繁，需要一种快速选择路径的机制。但在无线网络中，最小跳数并不一定是最优化的路径。无线 Mesh 网具有基本稳定的拓扑结构，需要更能体现链路质量的路径判据[27]。

在无线 Mesh 网中，最早提出的路径判据是期望传输次数 ETX[28]，ETX 是指一个探测帧成功传到邻居节点所需传输次数的数学期望。ETX 考虑了上下行两个方向上对传输率的影响，对于链路 A-B，设从 A 到 B 的传输概率为 d_f，从 B 到 A 传输概率为 d_r，则 A-B 链路的 ETX 为 $1/(d_f d_r)$。

但是，ETX 有两个缺陷，一是广播一般采用网络基础传输速率，二是探测帧一般小于通常的数据包。所以，ETX 既没有考虑到链路带宽情况也没有考虑到数据包大小，性能很低。为此，人们提出了期望传输时间 ETT[28]，ETT 是指数据包成功传输给邻居节点所需时间，在 ETX 基础上考虑了不同物理层速率和数据包大小。现在有两种方法来计算 ETT，一是利用 ETX 与平均传输时间的乘积[28]。假设链路带宽是 B，数据包大小为 S，则有 $ETT = ETX \cdot \frac{S}{B}$。另一种方法是通过数据包和 ACK 的丢包率来计算。设传输包的吞吐量为 r_t，在反向上传递 ACK 的概率为 p_{ACK}，则有 $ETT = 1/(r_t p_{ACK})$。

在此基础上，研究人员又提出了一些改进。在多信道环境中，路径的好坏和链路上信道差异度有密切关系，Draves 等人提出了加权累计传输时间（WCETT）[28]。但是 WCETT 只考虑了路径内部的干扰而没有考虑最短路径和路径间的干扰。在此基础上，Y. Yang 等人提出了干扰和信道切换判据 MIC[29]，MIC 给予 ETT 标准，一方面每个节点考虑邻居节点情况来估计流间干扰；另一方面利用了虚节点技术来减少计算量。但 MIC 假设链路干扰仅由于两条相邻链路使用了同一信道，没有考虑由隐藏点带来的干扰问题，为此，Weirong Jiang 等人提出了 EETT（Exclusive ETT）[30]，充分考虑了路径内和路径间干扰情况，其中链路 L 的开销按式（5-3）计算，其中 IS 为链路 L 的干扰集。

$$EETT_l = \sum_{i \in IS(l)} ETT_i \tag{5-3}$$

由于 ETX 利用平均传输次数，无法及时反映链路的变化，有学者提出了修正的 ETX（mETX）和有效传输次数 ENT[27]。mETX 考虑了链路层的误码率，ENT 不是考虑平均传送次数，而是考虑连续成功传送次数。

另一种考虑链路质量的标准是干扰感知 iAWARE[31]，它考虑了链路信噪比 SNR 和信道噪声干扰比 SNIR，干扰越大，iAWARE 的值越大。各种路由选择标准比较见表 5-2。

表 5-2 无线 Mesh 网各种路由选择标准的比较

路由选择标准	链路质量	传输速率	数据包大小	流内干扰	流间干扰	媒介稳定性
跳数	×	×	×	×	×	×
ETX	√	×	×	×	×	×
ML	√	×	×	×	×	×

（续）

路由选择标准	链路质量	传输速率	数据包大小	流内干扰	流间干扰	媒介稳定性
ETT	√	√	√	×	×	×
WCETT	√	√	√	√	×	×
MIC	√	√	√	√	√	×
EETT	√	√	√	√	√	×
mETX	√	√	√	×	×	√
ENT	√	√	√	×	×	√
iAWARE	√	√	√	√	√	√

2. 无线 Mesh 网路由协议分类

根据协议主要目的的不同，可以将无线 Mesh 网路由协议分为基于移动自组织网络的路由协议、控制洪泛的路由协议、利用有利时机的路由协议和考虑公平性的路由协议。基于移动自组织网络的路由协议的目的是将移动自组织网络中协议进行修改以使其适应无线 Mesh 网环境；控制洪泛的路由协议是为了减少路由协议的开销；利用有利时机的路由协议利用了传统路由协议忽略的一些信息来提高路由的效率；公平性路由协议主要考虑采取多径路由来对网络负载进行分流。

5.3.2 基于移动自组织网络的路由协议

基于移动自组织网络的无线 Mesh 网路由协议主要变化在于将链路质量作为选路标准引入到路由协议中，设计出更符合无线 Mesh 网需求的路由协议。

1. 多信号链路质量源路由协议（MR-LQSR）

动态源路由协议（Dynamic Source Routing，DSR）[32] 是移动自组织网络中的一种典型的路由协议。DSR 支持网络完全的自组织和自配置，无需基础架构的参与。DSR 路由协议有两个主要机制组成——路由查找（Route Discovery）机制和路由维护（Route Maintenance）机制。在前边章节已经讲过，这里不再赘述。

但是，DSR 假设网络中所有链路的权重是相同的，路径判据采用路径权重最小值，实质上就是最短路径，我们在前边已说明最短路径在无线 Mesh 网中是不适用的。为解决这个问题，有学者提出了链路质量源路由协议（Link Quality Source Routing，LQSR）[33]，将 DSR 路由协议和链路质量结合起来。LQSR 继承了 DSR 的基本策略，包括路由查找和路由维护策略，最大的变化在于 LQSR 并非完全位于网络层，它支持考虑链路质量的路由选择标准，如 ETX，而这些标准涉及 MAC 层的信息，因而可将 LQSR 看做是工作在 2.5 层的协议。

更进一步，为了利用物理层能提供多信号/多信道的优势，Richard Draves 等人提出了多信号链路质量源路由协议（Multi-Radio LQSR，MR-LQSR）[34]，将 LQSR 和加权累计传输时间（Weighted Cumulative Expected Transmission Time，WCETT）结合起来。

（1）假设和目标

MR-LQSR 协议对网络做了以下假设，但这些假设并不是必须的。

- 网络中所有节点是静止的。
- 每个节点都配有一个或多个 802.11 网卡，每个节点上的网卡数不一定相同。
- 如果节点有多块网卡，它们必须调节到不同的信道上，变化不能太频繁。

MR-LQSR 有 3 个主要的设计目标。首先，MR-LQSR 协议在路由选择时，应考虑链路的丢包率和带宽等因素；第二，路径判据应考虑每条链路的权重，在跳数增加时，路径权重应呈现递增的趋势；第三，路径判据应该明显地反映出由于工作在同一信道上链路的干扰对吞吐量的影响，同样应该考虑如不工作在同一信道不会造成干扰这个因素。

（2）路由选择标准

为满足以上 3 个设计目标，MR-LQSR 提出了 WCETT，WCETT 由两部分构成，一是总延时判据，二是信道差异判据。第一部分考虑整个路径的传输延时，如一条路径有 n 跳，则这部分时间按式（5-4）计算。

$$WCETT_{总延时} = \sum_{i=1}^{n} ETT_i \tag{5-4}$$

其中，ETT_i 是第 i 跳的期望传输时间，随着跳数的增加，总延时判据将不断增大。满足设计目标第二条的要求。

但是，仅仅依靠每跳传输时间的累加无法满足设计目标第三条的要求。为此，提出了路由选择标准的第二部分。假设一条路径有 n 跳，路径上使用了 k 个信道，则数据在第 j 个信道上传输的时间之和按式（5-5）计算。

$$X_j = \sum_{该跳在信道j上} ETT_i \tag{5-5}$$

其中，耗费时间最大的信道将成为传输的瓶颈，所以，反映信道差异的 WCETT 可由式（5-6）定义。

$$WCETT_{信道差异} = \max_{1 \leqslant j \leqslant k} X_j \tag{5-6}$$

可以看出，信道差异判据将挑选出在同一信道上传输时间最少的路径，当路径上使用信道比较多时，该值较小。所以该判据能挑选出信道差异比较大的路径，满足设计目标第三条的要求。

但是当路径上跳数增加时，信道差异判据不一定会增加，不满足第二条设计目标。为了获得较好属性，WCETT 将两个判据进行加权平均，得到路由选择标准，按式（5-7）计算。

$$WCETT = (1-\beta)\sum_{i=1}^{n} ETT_i + \beta \max_{1 \leqslant j \leqslant k} X_j \tag{5-7}$$

式中，β 是一个 0 ~ 1 间的可调因子。β 越小，路由选择标准越能反映整个路径的延时；β 越大，路由选择标准越能反映瓶颈信道的影响，通过加权可在两者间取得平衡。

（3）实例

假设网络中每个节点有两块网卡，分别工作在信道 1 和信道 2 上，信道 1 和 2 互不干扰。现假设从源 S 到目的 D 有 4 条路径，分别显示如图 5-12 所示。

第一条路径，瓶颈在信道 1 上。第二条路径比第一条路径多了一跳，虽然瓶颈仍在信道 1 上，但由于链路数目增加导致路径比较差。路径 2 和路径 3 的瓶颈都在信道 1 上，但是，决定哪条路径好是比较困难的，从图中可看出当 β 取不同值时，两条路径的好坏是不同的。这也说明 β 是一个重要的参数，β 的取值需要考虑。路径 4 虽然使用同一信道，但仍比前几条路径好，这也可以从 WCETT 的计算中体现出来。

（4）协议评价

在相同网络环境下，分别对 WCETT，ETX 和最短路径 3 种路由选择标准进行测试。对

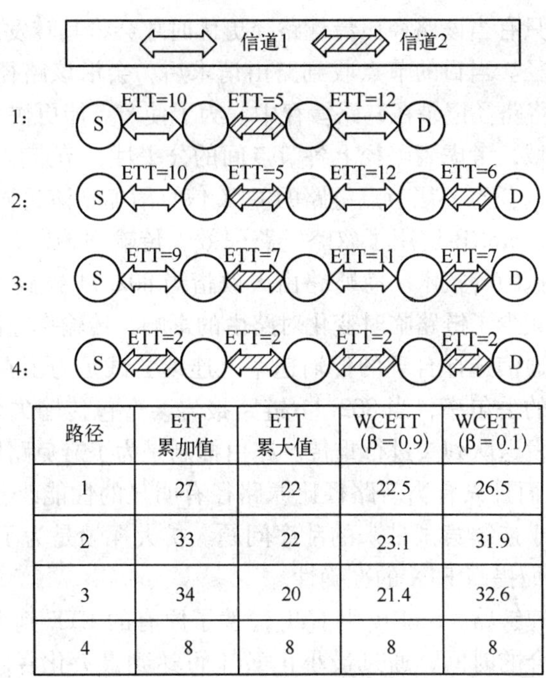

路径	ETT 累加值	ETT 累大值	WCETT (β = 0.9)	WCETT (β = 0.1)
1	27	22	22.5	26.5
2	33	22	23.1	31.9
3	34	20	21.4	32.6
4	8	8	8	8

图 5-12　WCETT 路由选择标准示例

单收发器来说，WCETT 判据会带来更高的性能，但是提升有限。在双收发器测试中，每个节点配置 802.11a 和 802.11g 各一块网卡，结果表明，WCETT 大幅度提高网络吞吐量，比 ETX 高 89%，比最短路径高 254%。

2. 高吞吐率路由协议（SrcRR）

传统 DSR 路由协议和 ETX 判据相组合的路由协议带来的吞吐量提升仍十分有限，主要问题在于变化的链路丢包率、高质量链路的突发性丢包、错误地选择传输速率较差的链路导致的链路级传输失效，以及大块数据和路由更新消息之间的干扰。

为提高网络吞吐率，有学者提出了高吞吐率路由协议（SrcRR）[35]。SrcRR 使用了类似 DSR 的反应式请求来初始路由发现，减少了控制开销。还使用了 ETX 的变种来预测具有最好状态的路径。

SrcRR 使用了以下新技术。

- 使用自适应传输速率控制算法，能达到比 802.11b 更好的性能，还可和其他算法协作来选择最佳路由。
- 能通过持续的测量来检测路由失效，而非 802.11 使用的传输失败，来避免突发错误导致的路由失效。
- 通过检测可替换链路的丢包率来实现快速错误恢复，而非采用传统的洪泛机制。
- 采用一种启发式算法避免了因为数据和路由包的干扰而引起的路由切换。

在 SrcRR 中，所有节点都维护一个链路缓存，来保存它最近 30s 内接收到的链路的 ETX 值，当链路缓存发生变化时，节点运行 Dijkstra 算法求出新的最短路径。在路由发现阶段，源节点首先将路由请求（Route Request）洪泛出去，节点收到该请求后，将自己的 ID 和现在从前一个点到自己的 ETX 加在请求中并将其广播出去。在洪泛过程中，节点可能收到多个重复的路由请求，则只有当该路径比最优路径更优时才会将其转发出去。这能保证路由请求始终能找到最佳的路径。当目的节点收到路由请求后，会沿该路径发送路由回复（Route Reply），源节点收到后将路径记录在链路缓存中。为了使节点能更快发现替换路径，每个数据包包含一个判据扩展域，考虑到路径上各节点间的公平性，节点以 1/n（n 为路径中节点数目）的概率将本节点与任意邻居节点链路的 ETX 信息附加到该数据包中。

为了优化路由协议，SrcRR 使用了忽略链路失效、传输率控制、连续尝试、路由抑制、接收端数据重组和扩大探帧等技术。忽略路由失效指当 802.11 链路发生传输错误时，并不立即判定为路由失效，减少了链路临时变化对路由的影响。传输率控制指通过周期性使用不同速率的探帧为节点间通信选择合理的传输速率。连续尝试是为了在 TCP 超时和序号再利用的情况下减少端到端的丢包率，当 802.11 链路报告某个包传输失效时，SrcRR 会使用一些策略，尝试将其放在发送队列头进行重传。路由抑制是为了避免路由抖动问题，一条链路使用时间必须超过 5 s，而且只有当新路径比原路径有明显的性能改善时才会发生切换。接收端重组是为了解决由于连续尝试带来的乱序问题。扩大探帧是为了使 ETX 探帧的大小更接近普通的 TCP 包，从而提高 ETX 的准确性。

为了给路由提供高速链路，SrcRR 用 ETT 代替了原有的 ETX 判据。ETT 的目标是为了顾及每个包占用传输媒介的时间，通过最小化 ETT 可达到最大化吞吐量的目的。ETT 计算如式（5-8）。

$$\mathrm{ETT}=\frac{1}{P_{ack}r_i} \tag{5-8}$$

式中，P_{ack}是由于探帧丢失引起的在反向链路上的 ACK 发送概率；r_i 是以不同速率在前向发送数据是预期的广播包的吞吐量。ETT 通过广播 32 字节的探帧来获取 802.11 的 ACK 的丢包率。实验结果表明，SrcRR 比原有的 DSR + ETX 在吞吐量上有很大提高。

3. 基于生成树的 AODV 协议（AODV-ST）

基于生成树的 AODV 协议（AODV-ST）[36] 是对 AODV 的改进。AODV 是一种典型的按需路由协议，但在无线 Mesh 网中不太适用，有以下一些缺点。

- AODV 使用最小跳数作为路由选择标准，缺少对高吞吐量路由选择标准的支持。
- AODV 使用按需机制，缺乏有效的路由维护机制。
- AODV 的路由发现延时较大。
- AODV 的路由表较大。

针对这些问题，Ramachandran 等学者做了以下改进：首先引入了新的路由选择标准，如 ETX 和 ETT；其次，使用先验的方式建立了以网关为根的生成树，可有效减少路由发现的延时；第三，使用了 IP-in-IP 隧道机制。

AODV-ST 中，由网关来初始化生成树的建立。首先网关广播 RREQ，并在其中设置“目的节点”标志位，将该包的目的地址设为全网广播地址，这些设定能够将用于路径发现的常规 RREQ 和用于建立生成树的 RREQ 相区分，此外还将其中的路由选择标准域设为 0，该标准域随着转发跳数的增多而逐渐增长以避免在路径中出现环。中间节点收到 RREQ 后，判断该 RREQ 是否是由网关初始化并用于建立生成树的 RREQ，如果是，则通过路由选择标准域来判断是否是到网关的最佳路径，如满足条件则建立一条到网关的反向路径。当中间节点建立一条到网关的反向路径后，将发送 RREP 包给网关。

中间节点如果确认现在收到的 RREQ 包是已经知道的最佳路由后，它会将该包继续广播出去，而不是等到它收到所有的 RREQ 包并计算出最佳路由才进行广播，这样可减少路由发现延时，其弊端是会造成一些重复包的发送。当 RREQ 逐跳广播出去时，生成树也就随之建立起来了。

下面举例说明 AODV-ST 的工作机制。如图 5-13所示，其中有 7 个中间节点和两个网关。每个中间节点会出现在两棵生成树上，记为ST-1（图中实线）和ST-2（图中虚线）。网关初始化生成树的建立，这样中间节点就会位于一条到网关的最优路径上，路由维护的开销很小，因为生成树的建立采用了预计算机制。另一方面，路径发现机制也可以省略掉，因为每个中间节点都能感知到通往网关的最优路径。中间节点会从两棵生成树中选一棵能达到最大传输速率的树作为默认路径。在中间节点之间，AODV-ST 使用类似 AODV 的反应式机制来发现路由。

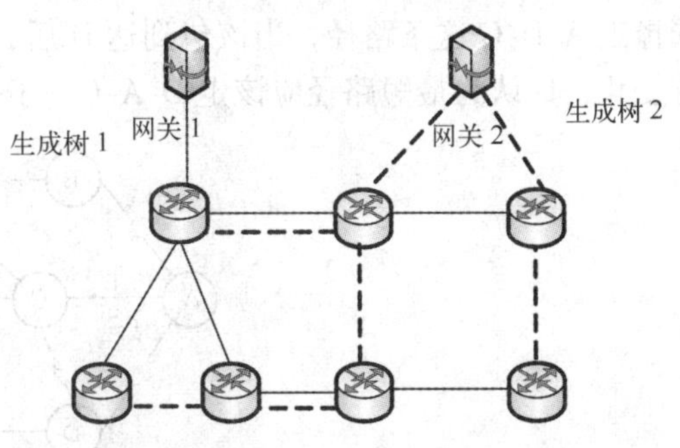

图 5-13　AODV-ST 工作机制

总的来说，AODV-ST 使用了混合的路由机制，一方面在经常使用的从端节点到网关之间使用由预建立的生成树形成的路由；另一方面在不常使用的中间节点之间使用了按需方式来建立路径。

5.3.3　控制洪泛的路由协议

传统无线多跳路由大多是针对网络拓扑变化频繁的网络（如移动自组织网络）设计的，因此，路由发现和路由维护开销都很大。但在无线 Mesh 网中，网络拓扑基本是稳定的，只需在变化路径的局部范围内更新即可，没有必要频繁地更新全网的路由状态，利用该优势可以缩小路由更新信息洪泛的范围，减少路由的开销。

1. 局部按需链路状态路由协议（LOLS）

局部按需链路状态路由协议（Localized On-demand Link State，LOLS）[37]是针对固定的无线网络环境提出的路由协议，利用了无线 Mesh 网骨干拓扑不经常变化的特性。LOLS引进了链路的长期开销和短期开销两个新的概念，分别表示链路平常和现在的开销。为了减少控制开销，短期开销比较频繁地发给邻居节点，而长期开销则要经过较长时间才发送。

在 LOLS 中，由长期开销形成的拓扑形成了基础拓扑（Base Topology）。如短期开销比长期开销大，则该链路被认为是一条差的链路。短期开销只会告知邻居节点，且只有当变化时才触发。

LOLS 中的关键算法是黑名单协助转发机制（Blacklist-Aided Forwarding，BAF），在 BAF 中，每个转发包都会携带一个黑名单，其中包括它经过的差的链路。中间节点根据黑名单中的信息和基础拓扑上的其他信息来计算到目的节点的最佳路径。同时，中间节点也会更新黑名单信息，如果最佳路径经过一条差的链路，则中间节点会将其加入到黑名单中。如果在下一跳到目的节点开销小于该黑名单中包含的到目的节点的最小开销，说明下一跳后黑名单信息对选路已没有帮助，则中间节点将黑名单清空。

下面举例说明 LOLS 的工作机制。如图 5-14 所示，每条链路都有一个长期开销，其中 A-C，B-E，G-H 的短期开销发生了变化，其短期开销用带下画线的数字表示。其中 B-E 的短期开销变短，这在路由发现过程中不会形成环路。A-C，G-H 的短期开销变大，在传统路由发现过程中会出现路由环路问题。如 A 想发送一个包给 C，A 发现 A-C 链路变差，所以选择走 A-D-C 这条路径，当该包到达 D 后，由于短期开销只发送给邻居，所以 D 不知 A-C 有变化，D 认为最短路径应该走 D-A-C，于是出现循环问题。

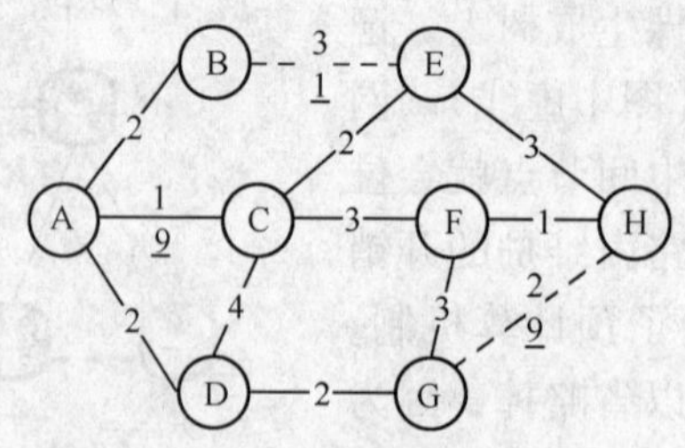

图 5-14　LOLS 工作机制

使用 BAF 机制后，该问题可得到解决，假设仍然是 A 要发送信息给 C。A 发送的包中将包含一个黑名单，其中记录了 A-C 链路的变化，D 收到该包后，可通过黑名单和基础拓扑的信息来计算最佳路径。因为 D 下一跳可直接到 C，所以黑名单中信息对 C 是没有用的，所以 D 发送给 C 的包中黑名单为空。

2. 移动 Mesh 路由协议（MMRP）

移动 Mesh 路由协议（Mobile Mesh Routing Protocol，MMRP）[38] 是由 MITRE 公司提出的无线 Mesh 网路由协议，为每个数据包设置了生存期，类似 OSPF 中的机制。当节点发送一个路由消息后，就减去预计的发送该消息需要的时间。如生存期已过，则抛弃该包，也不再进行重传。

5.3.4　利用有利时机的路由协议

在路由算法中的传输过程和寻路过程中，往往会产生一些冗余信息，在传统路由算法中这些信息并没有被加以利用，造成了一定的信息浪费。为了充分利用这些信息，学者们考虑了如何利用这些信息，或通过增加一些小的开销来设计性能更高的路由算法。这类协议被称做利用有利时机的路由协议。

1. 利用有利时机的多跳无线路由协议（ExOR）

利用有利时机的多跳无线路由协议（ExOR）[39] 协议将路由和 MAC 层的功能结合起来，提高多跳无线网络的传输量。ExOR 在转发一个包时，首先会广播该包，从实际接收到广播包的节点中选择一个合适的节点来转发包。其关键技术在于只有“最好”的接收者能转发包，从而避免了重复包的发送。

(1) 工作原理

ExOR 基本的工作原理如下，源节点和目标节点相距较远，中间有若干节点，其上运行 ExOR。当源节点想给目标节点发送包时，首先将它广播出去，会有一个节点集收到该包，这些节点可通过协议发现和选出到目的节点最近的节点，这个节点负责将包广播出去。收到第二次广播的包的节点继续选出到目的节点最近的节点，并由它负责将包发出去。以此类推，直到目的节点收到包。

ExOR 采用批量技术来处理包。源节点发的每个包中将包含一个候选转发节点队列，按照它们距目标节点的距离进行排序，距离近的排在前边。其他节点将成功收到的包缓存起来并等待本批次的结束。最高优先级的节点将它缓存中的包广播出去，这种广播包中将包含发送者的批传输位图，表明它认为比它优先级高的节点已收到的本批次的包。之后，其他优先级的节点顺次广播包，不过只发送那些没有被更高优先级节点确认的包。这种转发将一直循环下去直到目标节点收到 90% 的包。其余包将按传统路由方式传输。

(2) 关键问题

为实现以上目标，ExOR 必须解决以下关键问题。

- 节点需协商好哪些节点能接收到某一个包，协商协议必须满足开销小和健壮性的要求。
- 某一集合收到包后，离目标节点"最近"的节点将负责将该包转发出去，所以 ExOR 必须有一个好的选择标准来标志每个节点到目标节点的开销。
- 在大范围网络中，使用太多节点作为转发节点将会带来大的开销。所以 ExOR 需要选择那些"最有用"的节点作为合作节点。
- ExOR 必须避免不同节点间同时进行传输来减少干扰。

(3) 实例分析

在实例中，考虑了 8 个节点的情形，统计数据如图 5-15 所示。N5 想给 N24 发送数据，图中横的柱形图表示有数据传送，柱形的长度表示传送数据的量。

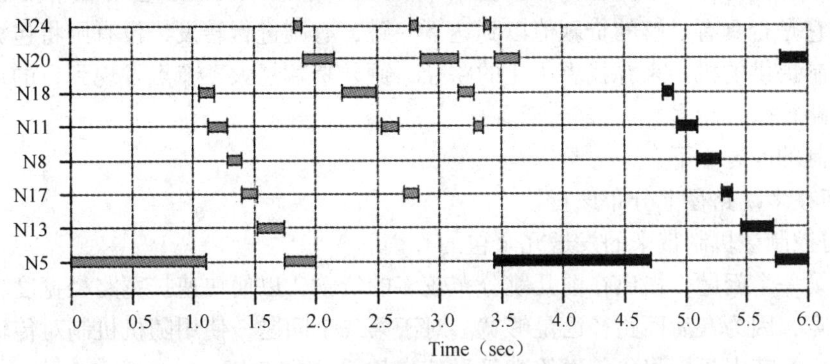

图 5-15　ExOR 传输过程（从 N5 到 N24）

现在 N5 要给 N24 发送一批包含 100 个包的数据，按照优先级排序后的转发节点队列为(N24，N20，N18，N11，N8，N17，N13，N5)。首先 N5 将这批包广播出去，由于距离较远，N20，N24 没收到数据。现在收到信息节点中 N18 优先级最高，则它将自己收到的包广播出去。然后，按照优先级递减的顺序各个节点将自己收到的包广播出去，广播包中同时包含了它们接收到的数据包，该信息将被 N5 使用。轮到 N5 时，N5 将第一轮中没有任何节点收到的数据再进行一次广播。

可以看到，当 N5 进行第二次广播时，N24 也广播了自己收到的包，这是因为 N24 和 N5 听不到对方的信息。第二轮中，N8 没有继续广播，这是因为高优先级的节点确认的包已经超过 90%，但 N17 仍广播了少量消息，这是因为 N17 可能没听到高优先级节点发出的确认信息。在第二轮结束时，N5 知道已经有 90% 的包发送成功，所以它就开始了下一批数据的传输。

从以上例子中可以看出 ExOR 的优势。传统路由选择的中间节点是固定的，如第一跳选为 N18，则丢包率会很高，N5 必须重发多个包给 N18，虽然 N11 可能已经收到这些包。如第一跳选择 N13，很多包可能被离 N24 很近的节点接收到，但这些包却没有被利用。ExOR 很好地利用了这些信息，达到了很高的性能。但是，ExOR 计算量太大，且每个节点都需维护收到的信息，即使这个消息不是发给自己的，也可能是没有用的，对节点存储造成很大浪费，也对节点存储能力提出了挑战。另一方面，节点需要一直保持在收发状态，能耗太大。

2. 可恢复的利用有利机会的 Mesh 路由协议（ROMER）

ROMER（Resilient Opportunistic Mesh Routing）[40]是一种具有恢复能力的利用有利机会的 Mesh 路由协议，将长期的利用路由稳定性和短期的利用有利机会的性能做了很好的权衡。ROMER 会建立一些候选的从源到目的地的路径，但在实际转发每一个包时，允许该包动态地选择具有最好信道质量的路径，可充分利用带宽。另一方面，为了保证在链路失效、AP 失效或 AP 受到攻击等情况下的恢复能力，ROMER 在一定的控制条件下随机地在候选路径上发若干冗余包。

（1）建立候选转发路由

在选择路由方面，ROMER 会建立一组 Mesh 路由到目的节点，这些路由以长期的、稳定的、具有高吞吐量的路由为中心，并在实际传送包的过程中根据时机对该路径进行扩展或收缩，目的是为了发现具有高质量和高传输率的路径。

我们使用“贷款机制”来发现多条路径。设 C 为从源端到目的端的最小开销，ROMER 中的每个包中都包含有一个贷款值，其值为 C 加上一个额外的贷款值。当节点收到一个包后，将检查它是否具有足够的贷款值以到达下一跳，有则进行转发，没有则将包抛弃。节点可利用该机制提供的机会来寻找更优化的路径，额外贷款越大，节点发现到目的地的路径宽度越大，即路径数目越多。

贷款机制的问题如下。

1）如何在多跳路径上分布该贷款。

2）如何控制该机制带来的发送冗余包的开销。

为解决第一个问题，提出在前几跳分布较多的贷款，以便快速扩宽路径宽度，在后几跳分布较少带宽，因为在后面路径已足够宽。对于第二个问题，使用随机机制对传输路径进行剪枝，每个中间节点只能将包传送给满足局部贷款需求的节点。

（2）随机利用有利机会的转发机制

利用有利机会的转发是为了利用信道的差异性来选择具有最高吞吐量的链路，该转发机制采用了“贪心方法”。假设一个节点有 K_n 个邻居，为了最大化吞吐量，将其中具有最大传输速率的链路概率设为 1。对于其他满足条件的链路，ROMER 偏好于质量较高的链路。使用传输速率为 R_l 的链路进行转发的概率设为 $p_l=\frac{R_l}{R_{max}}$。更进一步，为控制开销，设每一个包将转发 K 次，K 是链路丢包率的函数，则在每条链路上转发的概率为 $p_l=\frac{R_l}{\sum_i R_i}K$。

ROMER 使用了 MAC 层信息来估计每条链路的传输速率，能在转发包时选择到更好的链路，比传统的单径路由协议和多径路由协议具有更大的优势。传统单径路由在丢包时，会进行重传，但如果该链路是长期的质量较差的链路，则重传效率很低，相对来说 ROMER 可提高恢复能力和性能。另一方面，现有多径路由更新时间为10s或更长，相比之下ROMER具有更快的反应速度。

5.3.5 多径路由协议

在路由协议中，如果只使用最佳路径，会导致该路径负载过重，进而导致丢包，然后可能需要重新找一条最佳路径，进而重复上述过程，这种问题被称做路由抖动。另一方面，使用单一路径传输量有限，可能无法满足某些大数据量传输的需求。利用多条路径同时传输可有效解决这两个问题，为此，学者们在多径路由协议方面也做了许多研究。

多径路由协议中主要考虑两个关键问题，一是如何发现多条路径并实时对其进行维护，另一个是如何在各路径间实现负载平衡。

1. 多信号中的多径选择

在多径路由中，一个最基本的问题是如何确定选取的路径组合是最佳的，文献[41]提出了一种多径选择的判据。

(1) 假设

文中假设在网络中工作在同一信道上的各链路是互相冲突的。其中考虑了两条路径 P_a、P_b 的情况，负载按一定比例 x: y 被分在两条路径上。用 ETT_{ki} 表示路径 k 上第 i 跳的期望传输时间，SC(P)来表示路径 P 上的信道集合。

在选取路径组合的方法中，即考虑了路径间的冲突，也考虑了一条路径上各链路间的冲突，重点参考了WCETT的计算方法。下面分别介绍。

(2) 路径间干扰指数

路径间干扰考虑了路径间使用同一信道造成的干扰。在同一路径 k 上使用信道 j 的累计传输时间为 X_{kj}，在两条路径上使用信道 j 的平均累计时间 Y_j 计算如式（5-9）。

$$Y_j(x,y)=\frac{xX_{aj}+yX_{bj}}{x+y},j\in SC(P_a)\cup SC(P_b) \tag{5-9}$$

该值表明了某一信道的繁忙程度，该值越大，说明两条路径对其使用越频繁，越容易造成干扰，对路径选择不利。其中的最大值就是这两条路径的干扰瓶颈，该值被定义为路径间干扰指数，如式（5-10）。

$$\lambda(x,y)=\max_{1\leq j\leq m_{ab}} Y_j(x,y) \tag{5-10}$$

(3) 路径对的权重指数

路径对由多个独立路径组成，而独立路径的权重指数将每条路径看做一个整体，每条路径的权重按WCETT计算[34]。考虑到负载方面的情况，路径对的权重按式（5-11）来计算。

$$\gamma(x,y)=\frac{xWCETT(P_a)+yWCETT(P_b)}{x+y} \tag{5-11}$$

(4) 信道感知的多径判据

为了综合考虑路径间干扰指数和独立路径质量指数两个因素，文中将两者进行了综合，给出了信道感知的多径判据（Channel Aware Multipath，CAM），引入一个参数β对两者求均值，如式（5-12）。

$$CAM=\beta\lambda+(1-\beta)\gamma \tag{5-12}$$

该方法从信道角度和路径角度设计了多径判据，该判据和负载分布状况相关，在负载分布比例不同的情况下 CAM 是不同的，因此可以选择不同的路径组合，从而能达到更高的网络吞吐量。

2. 多信道多径控制协议（JMM）

除了选取合适的路径外，还可考虑其他因素来提高网络吞吐量，如利用链路层信息。Wai-Hong Tam 等人提出了一种联合的多信道多径路由（Joint Multi-channel and Multi-path Control，JMM）[42]。其中使用了多信道单收发器，将时间分为槽，JMM 协调时槽间信道的使用并将调度流通过两条路径来走，该机制综合利用了时分（时槽）、空分（多径）、频分（多信道）的方法来避免干扰，可达到高的吞吐量。

在路由发现环节，JMM 使用了一种 GREQ 的转发机制来减少广播包数量，使用了一种新的选路标准，显式考虑了链路间路径和干扰的不相关性，通过该标准能很容易选到两条具有最大不相关度的路径。其关键技术如下。

（1）接收信道的选择

选择接收信道过程中，每个节点广播包含其邻居接收信道信息的 HELLO 包，由此节点可收集两跳邻居的接收信道信息，并确定一个最不拥挤的信道作为自己的接收信道。为了保证接收信道的稳定性，如发现一个更好的接收信道，节点只以概率 p 切换到该信道。

（2）每个节点选择到网关的两条路径

JMM 路由协议的目的是建立两条到网关的路径。使用 GREQ/GREP/GREP_ACK 握手机制来确定两条到达网关的路径。由于到达同一网关可能有多条路径，网关从中将选择一对路径（P1，P2），选择时将考虑两条路径上相同节点的数目、路径上有干扰的链路数目以及链路预期传输次数 ETX 3 个因素。

（3）为每个节点的超帧设置时隙分配

时间被分为固定长度的时隙，4t +1 个时隙组成一个超帧。第一个时隙为广播时隙，后 4t 个时隙分为两段，分别设为接收段或发送段，如图 5-16 所示。

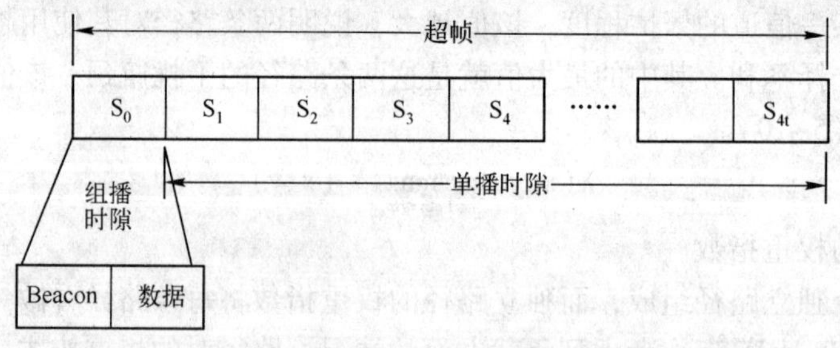

图 5-16　JMM 超帧格式

（4）调度和转发包并调整传输时隙和接收时隙的速率

接收段和发送段时隙数可根据实际情况动态调节，以达到调整接收率和发送率的目的。在转发调度方面，JMM 会充分利用两条路径带来的空分优势，在时隙的两个不同段使用不同的路径来传送包，充分利用通信并行性。

JMM 将多径路由和多信道综合考虑，将路由协议和链路层协议协作考虑，很好地改善了网络性能。在链路层，将时间分为时隙，JMM 在时隙间利用基于接收者的机制协商信道；在网络层，将包分在不同路径，利用多径来提高网络吞吐量；在路由发现期间，使用 GREQ

转发机制来减少广播开销。另外，协议中还定义了新的选路标准来发现具有最大不相关度的两条路径，从而减少多径间干扰，使多径协议更加有效。

5.3.6　无线 Mesh 网路由协议比较

无线 Mesh 网中路由协议（见表 5-3）也是现在研究的一个热点，已经有了许多研究成果。从各种路由协议的比较可看出，其中的一个研究热点是发现一种好的路由选择标准，现在广泛使用的是 ETX/ETT 判据，或者进一步考虑路径内干扰的 WCETT。从研究发展历史来看，基本上是从移动自组织网络路由协议发展而来，进而根据无线 Mesh 网的特点做一些改进，如控制洪泛、充分利用浪费的信息以及利用多径来实现负载平衡和增大网络容量。

表 5-3　无线 Mesh 网路由协议

类别	协议	路由选择标准
基于移动自组织网络	MR-LQSR	WCETT
	SrcRR	ETT
	AODV-ST	ETX/ETT
控制洪泛	LOLS	ETX/ETT
	MMRP	?
利用有利时机	ExOR	ETX 变种
	POMER	跳数或延时
多径	JMM	重合节点数、链路数、ETX

5.4　无线 Mesh 网中的跨层设计

传统互联网已发展多年，取得了很大的成功。其中，优秀的体系结构是其能快速发展的一个重要原因，分层结构使得各层协议能单独设计并优化，简化了问题；另一方面，分层结构使问题分布在不同层次，每层协议能将错综复杂的底层细节屏蔽并为高层提供统一的接口，这样可以将不同网络融合在一起，这使得网络具有很好的可扩展性。

但是，在无线 Mesh 网中，由于无线链路的特殊性和 Mesh 网的一些特点，使得分层协议无法满足其对性能的要求，为此，学者们提出了一种新的设计思路——跨层设计。

5.4.1　跨层设计概述

计算机网络在 20 世纪 70 年代迅速发展，特别在 ARPANET 建立以后，世界上许多计算机公司都先后推出了自己的计算机网络体系结构。例如，IBM 公司的系统网络结构 SNA，DEC 公司的分布式网络结构 DNA 等，但这些网络体系结构具有封闭的特点，它们只适合与本公司的产品联网，其他公司的计算机产品很难接入，这就妨害了实现异种计算机互连以达到信息交换、资源共享、分布处理和分布应用的需求。客观需求迫使计算机网络体系结构由封闭走向开放。国际标准化组织 ISO 经过多年努力于 1984 年提出了“开放系统互连基本参考模型”ISO/OSI-RM，从此开始了有组织有计划地制定一系列网络国际标准，层次化结构的设计与实现便逐步展开了。

分层设计的好处在于容易解决通信的异质性（Heterogeneity）问题，高层屏蔽低层细节问题，每层只关心本层的内容，不用知道其他层如何实现，相邻层之间通过良好的层间接口进行直接通信，而非相邻层之间不允许进行直接通信。这使得设备厂商能够专注于某一协议层的网络设备的开发，进行功能优化与添加，只要保证层间接口的标准化，就不会影响到整个网络的互通。这一理念鼓励了设备厂商的技术创新，使得市场上不断出现质优价廉的产品和服务，促成了全球互联网 Internet 的飞速发展。

但是，对于无线动态网络和有线、无线混合异构网络来说，严格的分层限制了信息获取的灵活性，使得网络设计者无法根据无线网络的动态特性做出自适应优化，导致传统用于有线网络的严格分层的协议栈在上述网络中无法高效运行。

在一个典型的无线移动自组织网络中，由于无线信道的时变性和节点的移动性，使得链路的断开、路由的改变频繁发生，要维护网络的正常运行，就要及时发送网络控制信息，这就会给目前低带宽的无线链路带来很大的开销。在某一层次情况的变化也许还会导致全局协议栈性能的降低。针对无线网络的特点及问题，许多研究人员提出，打破基于 TCP/IP 协议栈的严格分层限制，使得相关协议层次能够直接进行信息的交互，从而极大地提高网络的传输性能。这种设计思路就称为跨层设计。

跨层设计是一种综合考虑协议栈各层次的设计与优化，并允许任意层次和功能模块之间自由交互信息的方法。在原有的分层协议栈基础上，集成跨层设计与优化方法可以得到一种跨层协议栈。在分层设计方式中，很多时候多个层需要做重复的计算和无谓的交互来得到一些其他层次很容易得到的信息，并常常费较长的时间。跨层设计与优化的优势在于通过使用层间交互，不同的层次可以及时共享本地信息，减少了处理和通信开销，优化了系统整体性能。

由于无线 Mesh 网络（WMN）在拓扑、传输和业务上的特性，用于有线网络的传统分层协议设计方法已不能保证其网络性能。另外，无线 Mesh 网具有较为稳定的拓扑结构，且 Mesh 路由器具有稳定的能源供应，使得人们可以在其中设计较为复杂的协议。因此，在无线 Mesh 网中跨层协议被作为一个重点的研究方向。

5.4.2 各层协议对跨层设计的需求

跨层设计的主要原因是信息的共享，在跨层设计时必须合理调节信息在各层间的传递。网络层次有多种模型，典型的如 OSI 和 TCP/IP，这里采用 OSI 层次模型的一个变种。从低到高将网络分为物理层、数据链路层、网络层、传输层和应用层。数据链路层包括逻辑链路子层 LLC 和媒体接入子层 MAC。为了说明信息如何进行共享，下面我们将从各层独有的信息以及该层对其他层的影响和依赖分别进行说明。

1. 物理层

物理层的目的在于提供信息传输的物理通道，在无线 Mesh 网中，物理层的情况是非常复杂的。物理层能采用不同的无线标准，不同的调制和编码方式。在不同情况下物理层状态参数，如信噪比（SNR）、误码率（BER）和数据传输率等，变化是非常大的。而且，物理层可决定提供单信道或多信道，单天线或多天线。

不同的物理层参数组合将会形成完全不同的链路，这些信息对上层协议的设计是非常重要的，可作为上层协议设计的依据。在无线通信环境中，小功率、多跳、近距离传输可能比大功率、单跳、远距离传输效果更优，网络层不同的路由选择将涉及不同链路的物理层的调制方式选择、功率控制等。例如，将物理层信道质量信息传到网络层，可协助路由协议自适应地选择或改变传输路径，使用信道质量最佳的路由能有效提高网络性能。在无线环境中，非链路拥塞造成丢包的原因之一是由于误码率过大，如果在传输层能够感知物理层的误码率，就可以在传输层采用适当的拥塞控制机制。

另一方面，上层协议有时对物理层也有一定要求，必要时可发信息使物理层进行自动调节。如应用层业务需要较高的 QoS，可以通知物理层在 SNR、BER 或者速率方面满足一定要求，由物理层来选择合适的调制方案。

2. 数据链路层

MAC 子层是数据链路层中非常重要的一部分，其主要功能是为用户分配信道接入和调度机制，同时也可向其他层提供链路忙/闲信息，以及提供资源预留等功能。链路层的关键是传送调度策略，它影响到数据包的延迟、带宽等性能，并最终可能导致网络层路由性能的变化。

在跨层设计方面，MAC 层具有承上启下的作用。向下层看，MAC 调度需要根据物理层情况进行调节，如本章 MAC 协议部分所讲，针对物理层能提供信道数和天线数，MAC 层调度算法考虑的因素是完全不同的。

向上看，信道分配状况可作为路由选择的一个参考因素，若网络层能感知链路层性能的变化，就可以以自适应的方式改变路由，改善网络性能。信道状况也可作为 TCP 判断丢包的参考因素。链路层可以通过满足应用层不同业务对 QoS 相关参数的不同需求，对业务队列进行相应的调度和处理。例如，对时延敏感的业务，其业务队列将被赋予较高的优先级，得到优先调度处理；对于可靠性要求比较高的业务，可以在向前纠错（Forward Error Correction，FEC）和自动重复请求（Automatic Repeat Request，ARQ）等方面得到处理，从而得到更强的纠错编码和更多的重传次数。应用层也可以利用链路层的相关信息调整自身的参数设置，如应用层通过链路层的吞吐量信息来调整其发送速率等。对于无线节点的移动，MAC 还能对节点移动和节点接入进行检测，并触发高层协议对该情况进行及时处理。

3. 网络层

网络层是网络中最为重要的一层，将决定分组如何从源发送到目的端。网络层拥有整个网络的拓扑信息和传输路径的具体信息。路由协议是网络层的核心技术，路径发现是路由协议中最重要的一环。

事实证明，在无线多跳环境中，传统的采用最小跳数作为路径判据的协议不能达到较好的性能，选路时必须考虑链路的具体情况，如信道数、信号数、链路质量、链路带宽等。在本章路由协议部分中，可以清晰地看出，每种路由协议都依赖于具体的物理环境，要实现性能较高的路由协议，大多要求物理层提供多信道，多信号，都需对 MAC 层信道分配做出一定假设。如考虑路由协议的公平性、安全性等要求，就需要底层为其提供更多的信息。

向上看，路由选择路径的稳定性，传输速率将决定传输层的性能和应用层的服务质量。向下看，网络层的拓扑信息对 MAC 层有非常重要的影响，依据该信息，MAC 层可对信道进行合理分配，最大限度地避免干扰，从而提高网络性能。

4. 传输层

传输层的目标是向用户提供高效的、可靠的和性价比合理的服务。主要包括 TCP 和 UDP 两个协议。TCP 是面向连接的可靠的传输协议，在传统互联网中取得了巨大成功，但是在无线环境中其性能却不是很理想。TCP 假设丢包是由于网络拥塞，并进而减小传输窗口，但在无线多跳环境中，丢包可能是由于链路不稳定等因素导致的，此时不仅不应降低传输速率，反而应提高传输速率。更为详细的情况参见第 7 章无线 TCP 技术。

为了提高 TCP 的性能，需要区分不同的丢包情况，这就需要链路层和物理层提供信息。针对不同情况，TCP 也可告知物理层通过改变调制编码方式、改变电源功率等方法来调节信道。对于质量太差的链路，TCP 还可告知网络层，重新启动路由发现机制，找一条质量更好的路径。

5. 应用层

应用层协议根据其具体的应用，如数据、音频、在线视频等，对于网络的 QoS 会有不同的需求。粗略地讲，应用层的业务分为实时业务和非实时业务。

对于非实时业务对数据的传输时延有一定的容忍度，但是可能会对可靠性要求比较高，一般会在传输层采用 TCP 协议，根据接收器的窗口大小和网络拥塞情况进行自适应的调整速率。而实时业务对时延要求比较高，数据包在预期的时间之后到达，基本上就已经没有了任何价值，所以在实时业务中，传输层一般采用用户数据报协议（User Datagram Protocol，UDP）。

为了保证 QoS，在网络层，路由选择重点会考虑链路跳数、链路稳定性等因素，这些参数会对 QoS 产生影响。链路层对各个业务流优先级的设置、调度以及信道选择等的策略制定也会影响端到端的 QoS。在物理层选择不同的调制方式和传输功率，同样会使 QoS 中的误码率、吞吐量、发送速率等发生变化。因此对应用层的 QoS 保证涉及了每个协议层相应的参数设置。

从跨层设计角度看，如果可以加强各层之间信息的交互，必然能使网络性能得到优化。各层信息交互图如图 5-17 所示[43]，从中可看出，各层间信息都可以进行共享，下层信息对上层决策起着指导作用，上层的要求可传到下层使得下层进行合适的调整。

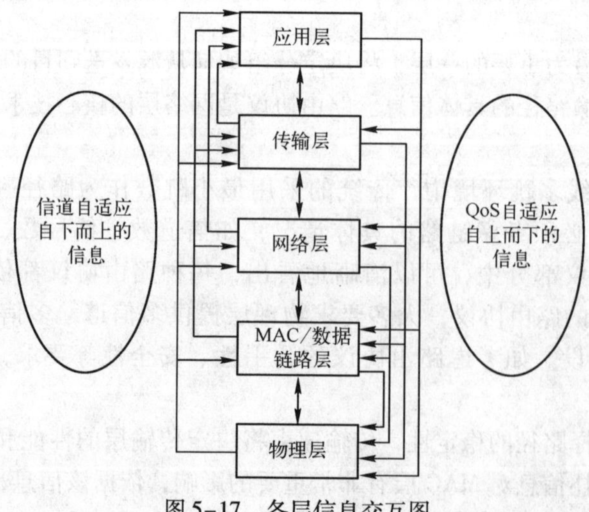

图 5-17　各层信息交互图

5.4.3　跨层设计的分类

在无线 Mesh 网中，由于其骨干网具有稳定性，Mesh 路由器一般具有静态以及没有能量限制等一些优点，使得其可以考虑去争取高的网络性能。但是，传统的分层协议只是在局部层次进行考虑，无法满足 Mesh 网的要求，为此，近些年来研究人员将目光转向了跨层设计，并取得了大量的研究成果。

依据不同的标准，跨层设计可分为不同的类型，如图 5-18 所示。从耦合程度来分，跨层设计可分为松耦合和紧耦合[44]。松耦合只是将不同层之间的信息进行传递，没有改变层的体系结构，例如，将 MAC 层丢包率或物理层信道状态信息传给传输层，这样 TCP 就可区分出拥塞导致的丢包和链路失效导致的丢包。紧耦合中，不仅有层和层之间的信息传递，而且不同层要协同作优化，不同层的优化算法被看做是一个优化问题来解决。例如，在 TDMA 的无线 Mesh 网中，时隙分配、信道分配和路径选择可由一个算法来决定。紧耦合协议的极端是将多个层合为一层来考虑优化，例如，将 MAC 层的信道选择和网络层的路径选取放在一个算法中决定。这样能减少层间互操作，但是不能与现有互联网协议层兼容。

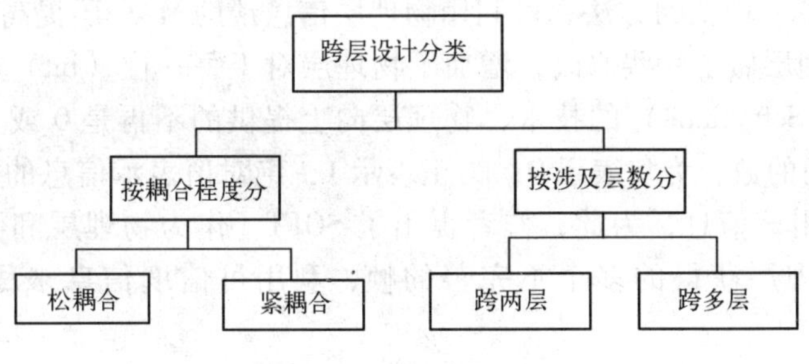

图 5-18　跨层设计分类

松耦合优点在于没有完全放弃各协议层的透明性，但仍受各层分离的限制，性能的改进较小。紧耦合破坏了层之间的透明性，但是将多个层协同进行了优化，从全局上进行了改进，能达到更高的性能。

从跨层范围来分，跨层设计方法可分为跨两层和跨多层协议。常见的跨两层协议有 MAC 层/物理层跨层设计，网络层/MAC 层跨层设计。物理层的先进技术，如多编码方式，改进天线系统，MIMO，OFDM，UWB 等能改善延时，丢包率和传输量等性能。但物理层自身无法决定如何调节这些参数以达到好的性能，而这正是 MAC 层的主要工作。MAC 层能提供媒体接入、链路负载状态、信道干扰情况等信息，这些信息对路由协议有非常重要的帮助，为了提高网络性能，有必要将路由和 MAC 合起来优化。

常见的跨多层的协议如传输层/物理层跨层设计。在无线多跳环境中，由于干扰，随时间变化的链路质量，衰减等因素，链路容量一直在变化，没有链路上的固定容量，端到端传输就会受到影响，这就需要考虑传输层和物理层跨层设计。UDP 只需要按一定速率发送，不考虑中间结点和链路情况，对于 UDP，跨层问题在于在物理层和传输层间协调发送速率。TCP 要考虑拥塞控制，对 TCP 而言，跨层优化问题在于 TCP 拥塞控制算法和物理层参数间的综合优化。

在跨层协议中，耦合程度的影响比跨越层次数目重要得多，为此，我们将使用前一种分类方法。随着耦合程度密切程度的增加，每层信息、资源都能实现更好地共享，不同层的优化算法也将同步进行，可更好地进行协作，使跨层设计的性能有很大程度的改进。但是，因为各层互相依赖更加严重，也必将导致设计、实现复杂程度进一步的增加。下面将介绍一些经典的使用跨层机制的设计方法以及它们带来的效益。

5.4.4 松耦合跨层技术

松耦合跨两层技术在两层间交换信息，不需修改每层的协议设计。常见的松耦合跨两层技术包括跨物理层/MAC 层和跨 MAC 层/网络层设计。松耦合跨多层技术是指在多个层间传递信息，常用的协议有跨物理层/网络层技术和跨物理层/传输层跨层技术。信息可从下层传到上层，也可从上层传递到下层。一方面可将物理层信息传输到网络层来协助发现合适的路由，传输到传输层来协助传输层判断丢包的具体原因；另一方面也可将传输层信息传到物理层来帮助物理层调节传输速率。

1. 物理层/MAC 层跨层设计

物理层的信息，如信道质量、信号编码等对 MAC 层接收到帧的正确性有影响。Grace R. Woo 等人提出了一种新的方法，可利用物理层信息帮助 MAC 层提高正确接收到包的概率[45]。其中对物理层做了一些修改，增加了物理层对于每一位（bit）的可信度，使用了一种称为软信息（Soft Value）的技术，物理层向上提供的不再是 0 或 1 的信息，而是一个介于 -1 ~ 1 之间的数，为负表示 0，为正表示 1，绝对值表示信息的可信度。但是传统的 MAC 层无法利用该信息，为此，作者提出了 SOFT，作为物理层和 MAC 层的中间层，SOFT 可通过从物理层获得的多个不完善的帧，利用可信度信息来尽可能恢复出正确的帧。

SOFT 的缺陷在于假设节点发送的信息会被多个 AP 收到，这在 AP 稀疏的环境中不再适用，而且，节点一般会选择一个 AP 作为接入 AP，其他 AP 看到其信息也不一定会接收。

MAC 层协议也可根据自己需求来调节物理层信息，如调节物理层定向天线的方向。Amitabha Das 和 Tingliang zhu 提出了 RTDMA-DA 协议（Reservation-based TDMA MAC Protocol Using Directional Antennas）[46]来提高无线 Mesh 网络的吞吐量，在使用相同的频谱的情况下，提高了带宽的利用率。

在 RTDMA-DA 中，时间被分为如图 5-19 所示的片段。预约段（Reservation Frame，RF）和信息传输段（Information Frame，IF）交替出现，每个段又分别被分割成若干小的时隙 RS（Reservation Slot）和 IS（Information Slot），每个 RS 又被分成了两个小节 RC（Reservation Cycle），以此来进行预约权限的更替。

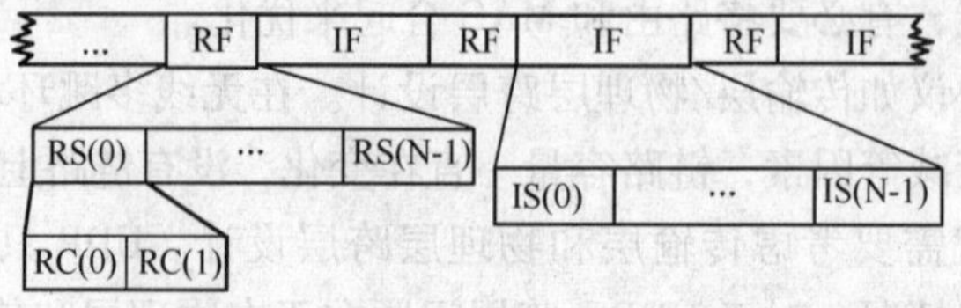

图 5-19 RTDMA-DA 的时间片结构

该协议中引入了 canRes 和 gotRes 两个变量。canRes 表示是否可进行预约广播，根据位置初始化；gotRes 表示是否将接收数据，通过 MAC 层协议来控制定向天线的方向和收发状态。其中 canRes 的值关系到本节点是否有权力去发送数据，每从 RC0 到 RC1，它的值变化一次。如图 5-20 所示，在 RC0 时，黑色节点的 canRes 为 1，表明有权力发送预约广播请求，白色节点的 canRes 为 0，不能发送请求。当到了 RC1 时，权力进行转移，白色节点可发请求。这样可减少网络中传输时包的冲突。

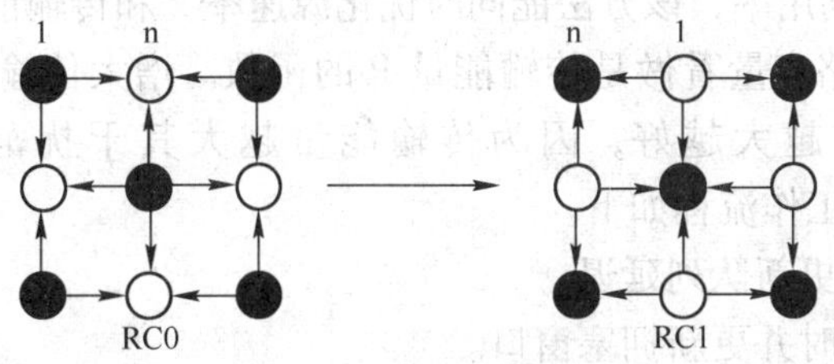

图 5-20　canRes 的变化

经过模拟实验后，采用了这种方法后吞吐量比普通的 802.11 提升了 11 倍。但是这种方法也存在了很大的限制，如整个网络需要进行时间同步、没考虑节点失效和工作环境只适应于矩形覆盖的拓扑、没考虑节点的移动性等。

2. 物理层/网络层跨层设计

对网络层来说，最重要的任务之一就是为数据包的传送选择一条合适的传输路径。但无线链路情况是复杂多变的，网络层自身无法获得实时的链路信息，这就需要借助物理层的帮助。

为此，Luigi Iannone 等人使用了将物理层传输速率的信息传到网络层的方法[47]，来协助网络层发现高速传输路径。

在跨层实验中使用了 MeshDVBox 节点，采用了两种路由协议，一种是采用最小跳数的 DSDV 路由协议；另一种是采用跨层技术的 DSDV 协议，选路标准中参考了物理层的参数——传输速率。

实验发现，使用 4 个节点传输数据的情况下，MeshDV-HC 比 MeshDV-CL 的丢包率高 16 倍。如果运行 MeshDV-CL，并只有一个 TCP 流，平均吞吐量可达 1 Mbit/s；同样情况如使用 MeshDV-HC，则只能达到 100 kbit/s。从实际情况可看出，跨层技术即使只使用很简单的方法，也是非常有效的。

3. 物理层/传输层跨层设计

在无线多跳网络中，如何将物理层能量控制和传输层拥塞控制综合考虑来提高网络性能，同时维持网络的稳定性、健壮性和系统结构的模块化是一个非常关键的问题。

TCP 拥塞控制可通过控制源速率来使链路负载不超过可承受范围，而在无线环境中，传输速率和干扰程度有关系，干扰程度依赖于能量控制策略。所以拥塞控制和能量控制有着内在的联系。传统的 TCP 处理拥塞的方法是减少传输量，以避免瓶颈链路的拥塞；另一种方法是通过实时控制加大瓶颈处传输量，快速将包传出去，而能量控制可以实现该想法。

为此，Mung Chiang 等人提出了一种分布式能量控制算法与 TCP 结合的方法 JOCP (Jointly Optimal Congestion-control and Power-control)[48]，来提高端到端吞吐量和能源效率。通过严格的非线性限制的优化框架，证明了这两个系统的结合能很好地优化拥塞控制和能量控制。该系统的目的可用式（5-13）来描述。

$$\max \sum_{s} U_s(x_s)$$
$$\text{条件}: \sum_{s:l \in L(s)} x_s \leqslant c_l(P)$$
$$P, x \geqslant 0 \tag{5-13}$$

其中，U 表示网络利用率，该方法能同时优化源速率 x 和传输能量 P。与传统速率优化方法的主要差异在于链路容量看做是传输能量 P 的函数。增大传输能量可以提高网络吞吐量，但传输能量也并非越大越好，因为传输能量越大其干扰范围也越大。为实现式(5-13) 的要求，JOCP 工作流程如下。

1）中间节点周期性更新队列延迟。

2）源节点计算总延时并更新拥塞窗口。

3）每个发送者测量局部的链路质量消息，并将其洪泛出去。该消息包括队列延时，信噪比 SIR 和接收信号的能量，都可以由节点利用局部信息计算出来。

4）每个发送者通过局部测量信息和收到的消息更新传输能量，传输能量要考虑两个方面的因素。如果该链路是瓶颈链路，则应增大能量将信息尽快传输出去；但也要考虑该链路传输对其他链路的干扰，如果该链路干扰到可能为瓶颈的链路，则应减小传输能量。干扰程度并不是确定不变的，是通过启发式算法计算出来的。

该算法不需要修改已有的 TCP 拥塞控制和队列管理算法，只需利用队列长度信息来帮助控制物理层的能量，对现有点将物理层信息传输到上层帮助路由选择和上层拥塞控制是一种补充。

4. MAC 层/网络层跨层设计

MAC 层和网络层也可通过交互信息来提高本层协议的性能，网络层有着全局的信息而 MAC 层有着局部的信息，它们的信息对彼此都有一定的帮助。

一种方法是将网络层信息传输到 MAC 层来帮助移动节点选择接入点。802.11 标准没有指出如何选择接入点，接入机制没有考虑信道情况和 AP 负载。直接将这种机制用到无线 Mesh 网中会导致吞吐量和用户接入速率很低。有必要根据上下行信道情况和 AP 负载来选择最优化 AP。在 IEEE 802.11s 中，使用 RM-AODV 协议作为默认路由协议，其中使用了 Airtime 作为标准，通过最小 Airtime 决定路由路径。Airtime 表示信道被站点 A 占用并传输一帧给 AP 的平均时间，但 Airtime 不能反映路由器上负载。

为解决此问题，George Athanasiou 等提出使用了跨层机制来解决此问题[49]，在选择接入 AP 时考虑了路由信息。网络层将回程路由 QoS 信息提供给用户，选择 AP 时需要将这个信息和上下行信道状况结合起来考虑。新机制使得端节点能获得路由 QoS 信息，将 STA 和 AP 间链路信息与从 AP 到目的节点的路由信息结合起来，提高 Mesh 网的总传输量，并且这种方法与现有机制完全兼容。

5.4.5 紧耦合跨层技术

在紧耦合跨两层技术方面，最常用的是物理层、MAC 层和网络层之间的协同优化。因为这三层间关系非常紧密。

1. MAC 层/网络层跨层设计

Prasanna Chaporkar 等人将网络编码（NC）技术和 MAC 层调度结合起来[50]，有效地提高了网络的吞吐量。网络编码（NC）是新近出来的一种网络技术，其工作原理如图 5-21 所示。

a 有数据 D1 发给 b，b 也有数据 D2 发给 a。当 a，b 数据各发一跳后，到达 m。此时 m 可将这两个消息进行异或（XOR）得到 D1⊗D2，通过广播发给 a，b。a，b 将该消息与自身上消息再进行异或。a 得到 D1⊗D2⊗D1 = D2，同理 b 得到 D1。相对传统方法 NC 可省去一个时隙，从而提高网络容量。但许多已有的利用 NC 的方法都有以下两大缺陷。

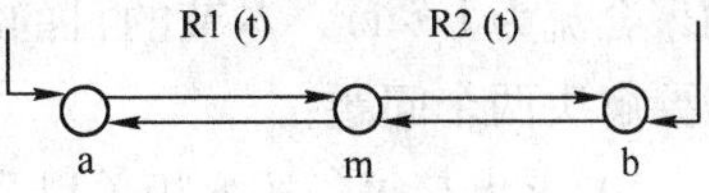

图 5-21 网络编码的工作原理

1）采用贪心机制，每当有组合的机会并且有广播包时使用 NC 机制，这种机制的实质是通过改进路由，来制造更多的使用 NC 的机会。

2）网络编码和调度机制分别设计。

下面介绍这些缺陷带来的问题。

- 考虑链路衰减。当链路质量不同时，如图 5-22 所示，当 R1 和 R2 不同时，如使用网络编码，只能利用较低的传输率，对高的传输率形成了浪费。也就是说，在某些场合下，使用网络编码反而会降低传输速率。
- 考虑干扰。图 5-22 中，假设 1 跳间有冲突，a1，a2 间所需传输量大，b1，b2 间所需传输量较小，m，b 间速率小于 m，a 间速率。如不使用 NC，a1，a2 间传输可和 m，b 同时进行。使用 NC 后，m 将以较小速率传送信息给 a，b 同时干扰 a1，a2 传输。总吞吐量将比不使用时更小。

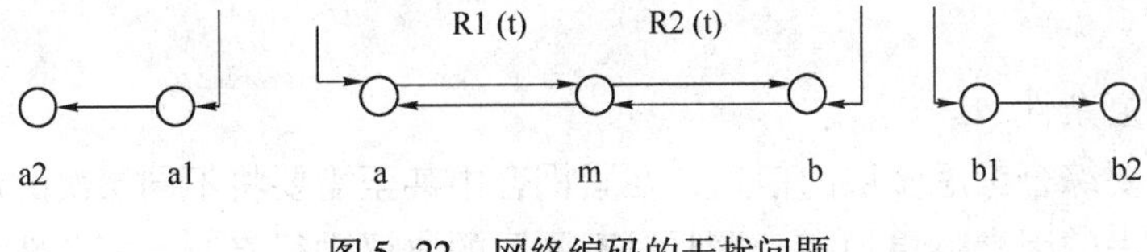

图 5 22 网络编码的干扰问题

上述第一种情况说明 NC 应该和调度结合起来考虑，不合适地使用 NC 会导致性能下降；第二种情况说明使用 NC 应考虑多个参数，包括链路速率、吞吐量需求以及不同的通信任务。

针对以上问题，文中将 MAC 层协议和网络编码结合起来使用。设计了一种通用的框架来识别使用 NC 的吞吐量范围，并设计了一种优化的自适应的将 NC 和调度结合起来的机制。在网络层使用 NC 机制，为每个节点定义了一组异或（XOR）方法；MAC 层的调度机制决定在哪个时隙哪个链路是活动的，以及在其上运行哪个进程，同时调度机制将决定是否和何时来使用 NC。

2. 物理层/MAC 层/网络层跨层设计

MIMO 使用成熟的物理层技术能比传统天线技术提供更好的性能，多个独立的数据流可通过 MIMO 同时发送，流的个数依赖于 MIMO 中天线个数，如果流数不超过天线个数，MIMO 还可利用天线来抑制其他流干扰。MIMO 适应于干扰有限的无线 Mesh 网，但如果高层协议没有配合，则它能取得的性能也很有限。

为此，Randeep Bhatia 等人使用了跨层机制，设计了一个框架，将网络层路由协议、MAC 层数据调度和物理层流控结合起来优化解决吞吐量问题[51]。其中将 Mesh 骨干网抽象为有向图（V，E），V 为节点集合，E 为边集合。每个节点 u 有 I（u）个天线。边 e（u， v）上同时传 i 个独立的流记为（u，v，i）或（e，i），速率为 c(u,v,i)。假设每个节点上的聚合流为 l（u），本节的目的在于找到一个最大的 r，使得 r l（u）的流能被路由。这里需要解决两个问题：

1）求出与每条边 e 相关以及对于每个通信（e，i）相关的网络流 f(e,i)。f 指当 u 到 v 使用 i 个天线时的平均传输速率，受限于资源预留的情况。

2）采用一种切实可行的调度将同时进行的通信（e，i）分配到某个时间片 t（t = 1，2，…T）。可行是指在每个时间片中节点 u 上用来通信和抑制干扰的天线数不超过 I（u）。

这个问题叫做 MIMO 网络中的跨层优化问题（Cross Layer Optimization for MIMO Networks Problem，CLOM），既考虑了路由算法中在某条边上流的速率，也考虑了这些流量如何在时间片上分布和 MAC 协议中信道的分配。文中使用了线性规划来解此问题，得出一个理论上的上界，然后通过转化求出一个近似的最优解。该方法充分利用了跨多层紧耦合的优势，将多层信息整合到一起，大大提高了网络的性能。

5.4.6 跨层设计的反思

由于跨层设计破坏了协议层间的透明性，破坏现有的体系结构，这会给协议设计带来一些问题。所以在跨层设计时必须遵循一些原则来减小跨层设计的负面影响。

1. 跨层设计中的问题

跨层设计问题的根源在于破坏了协议栈各层之间的透明性。在性能提高的同时也带来了许多问题[44]。

（1）设计的复杂性

跨层设计需要综合考虑多层的信息，在紧耦合中甚至需要将不同层次的优化问题进行统筹考虑，需要考虑的因素就更加多。需要对不同层的协议进行修改，复杂性大大增加。在实际环境中，不同系统、不同厂家产品的协议栈会有一定程度的差异，需考虑的因素更加多，更进一步增加跨层设计的实现难度。

（2）协议的兼容性和互操作性

跨层设计协议破坏了层间透明性，与传统的分层结构的网络协议无法兼容。为了增加其兼容性和互操作性，就需要在跨层协议上做一些补丁，这些补丁必然会降低跨层设计的性能。另一方面，不同跨层协议在跨越层次、跨越层数、耦合程度方面也存在差异，不同跨层协议之间也是无法兼容的。

（3）升级和维护协议栈更加困难

在分层协议栈中，如果要修改协议栈某一层的内容，只要保持和上下层接口不变，是不会影响到其他层的。在跨层设计中，如果想要更改某一层的协议，则情况要复杂得多。如果网络出了问题，需要确定问题所处的层次，在分层协议栈中可以分别对每层进行调试，但在跨层协议中，由于各层纠结在一起，很难准确判断问题的所在。

（4）对技术的长期发展不利

从历史发展可看出，一个优秀的体系结构对技术的发展有着潜在的巨大的帮助作用，如冯·诺依曼结构，网络中的 OSI 结构。而跨层设计缺乏好的体系结构的指导，在技术发展过程中没有明确的方向，对技术的长期发展有一定制约。

2. 跨层设计的原则

跨层设计是一把双刃剑，在取得短期性能提升的过程中，付出了失去优秀体系结构的代价。为所欲为的跨层实际必然会带来杂乱无章的后果，为了尽量减少跨层带来的负面影响，必须对跨层设计做一些限制，也就是说，跨层设计必须要遵循一些原则[44,51]。

(1) 充分利用本层的信息

为了达到某一目的，首先应尽可能开发分层协议的能力，充分利用本层的信息。如果某性能改进可通过分层协议来实现，则没必要使用跨层设计。

(2) 跨层设计必须显著提升系统性能

从前面分析可看出跨层设计会带来许多问题，为了使人们能接受它，就必须大幅度的提高系统性能，性能可从网络的吞吐量、延时、丢包率等多个方面去衡量。如果性能提升幅度很小，由于无线网络的不稳定性其优势不易显示出来，则没有必要进行跨层设计。

(3) 考虑对整个协议栈的影响

跨层协议的影响可能会扩散到其他层，某几层的性能被优化后，可能为上层提供更加稳定的保障，使得上层协议要关注的问题发生变化，上层协议可能需要作出相应的调整。

(4) 遵循现有标准，推进跨层框架标准化

为了避免跨层设计与其他协议不兼容，在设计时一定要尽量遵循现有标准。另一方面，为了能进一步推进跨层协议的设计，有必要推动现有跨层框架的标准化。这方面已取得了一些成果，如 IEEE 802.11s。

在前面介绍了跨层设计的优势和存在的问题，并提出了一些跨层设计应遵循的规则以弥补跨层的缺陷。可以看出，跨层设计确实能大大提高网络的性能，但是每种协议都有一定局限，都会引入一些新的问题。整体来看，跨层设计现在仍处在发展的初级阶段，所有方案都只是针对具体问题而采取一些对应措施，没有一个统一的框架来指导整体的工作。在这方面仍有许多问题有待研究。

在本节中仅给出了一些典型的跨层设计协议，目的是为了介绍跨层设计的思想和原则。从理论上来说，跨层设计可在任意层次间使用，具有极大的灵活性，但跨层设计会破坏网络各层保持透明的优良结构，带来一些问题，所以在设计无线 Mesh 网协议时需要注意二者的权衡，这方面可能的发展前景是开发一种新的适用于无线网的层次体系结构。

5.5 无线 Mesh 网络的应用

无线 Mesh 网具有广阔的应用前景，IEEE 一直致力于无线 Mesh 网标准方面的开发。在标准产生前，已有许多研究院所搭建了试验环境，企业界也有相关的产品出现。随着标准的进一步制定，必将推动无线 Mesh 网更广泛的应用。

5.5.1 研究院所的试验床

在研究院所方面，现在已有许多的试验床。美国一些著名的大学已搭建了许多的试验平台，亚洲一些国家，如韩国、中国等的一些科研院所也在无线 Mesh 网方面开展了一系列实验，取得了一些成果。

Georgia Tech 搭建了 Mesh 网试验床 BWN（Broadband and Wireless Network）[52]，其中包括 15 个 IEEE 802.11 b/g 的 Mesh 路由器。通过该试验床，学者们研究了路由间距、回程布设以及客户端的移动对于网络的影响。另外，试验显示现有协议，如 TCP，AODV 等在无线 Mesh 网端到端延时和吞吐量方面无法获得好的性能。目前该试验床研究主要关注自适应传输层、网络层和 MAC 层协议以及跨层设计。此外，还关注多种网络的整合，如 WSN，WSAN，WMN 的互联。

MIT 在校园内搭建了 Roofnet 试验床[53]，为用户提供无线接入。Roofnet 包括约 20 个活跃节点，采用 802.11 b/g 技术，直接面向实际用户。该试验床主要目的是进行链路层测量、空闲路由路径的发现、自适应比特流的选择和开发能力用无线信号优势的新的路由协议。其试验床如图 5-23 所示。

图 5-23　Roofnet 试验床

SUNY Stony Brook 提出了一种新的无线 Mesh 网架构，称作 Hyacinth[54]，如图 5-24 所示。采用了多信号设计，其中心思想是接口信道分配和包路由（Packet Routing）。对于通信的两个节点，其接口需要切换到同一信道上。但是，在节点通信范围内，可能有多根天线被设置到同一信道上，使得一个接口占有的有效带宽反而降低，这就需要一种信道分配算法在保持网络连接和增加总带宽之间做出权衡。路由策略用来决定每个 802.11 接口上的负载，这反过来会影响该接口的带宽需求和信道分配抉择。通过试验分析还发现，即使每个节点上只有两个网卡，其网络吞吐量要比单网卡网络高 6 ~7 倍。

新泽西州立大学 Rutgers 的 ORBIT 项目中[55]，使用 400 个 802.11 节点构成了二维的网格。可通过远程或站点方式进行访问，支持协议测试和现实应用的测试。加利福尼亚通信和信息技术研究所使用的试验平台是 CalRADIO，其优点在于 MAC 层完全是由 C 语言编写的，在帧排队、能源管理、安全管理、智能信号方面能够很方便地开展工作。

在亚洲，中国、韩国、日本等都在无线 Mesh 方面开展了一系列研究。清华大学网络中心在校内综合体育馆及其周边建筑道路上布设了 Mesh 网络，分别在室内和室外提供高速无线接入，对 Mesh 网覆盖范围、传输质量等进行了验证。韩国 KAIST 大学也在校园内部分区域布设了 WiSEMesh 试验网。

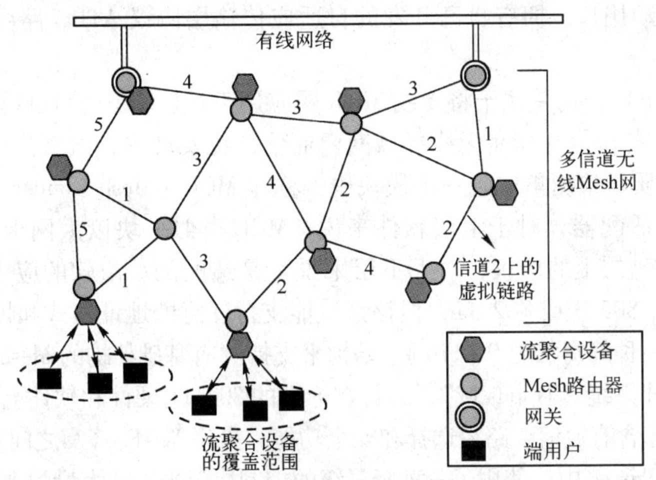

图 5-24　Hyacinth 体系结构

各研究院所的 Mesh 网试验床如表 5-4 所示。

表 5-4　研究院所的 Mesh 网试验床

项目名称	所属单位	所属国家	目　的
BWM-MESH	Georgia Tech	美国	关注自适应传输层、网络层和 MAC 层协议以及跨层设计
Roofnet	MIT	美国	链路层测量、空闲路由路径的发现、自适应比特流的选择和开发能力用无线信号优势的新的 Ssews 路由协议
Hyacinth	SUNY Stony Brook	美国	多信号协议设计
ORBIT	Rutgers	美国	协议测试和现实应用的测试
WiSEMesh	KAIST	韩国	协议设计

5.5.2　企业在 Mesh 方面的研究现状

Intel 从 2002 年开始关注无线 Mesh 网，采用了低开销、低能耗 AP 搭建 Mesh 网试验平台，用来进一步推动在安全、流量特性、动态路由和配置以及 QoS 方面的研究。结果表明 802.11 的 MAC 层限制了多跳传输中的性能。另外，Intel 还与 Cisco 一起致力于促进 802.11s 的标准化进程。

北电（Nortel）公司设计的无线 Mesh 网采用 802.11 技术[56]，技术比较成熟。产品方面北电公司拥有自行研发的 AP，无线网关/网桥设备和网络管理系统。同时，北电公司还提供系统的无线 Mesh 网解决方案，具有较高的可扩展性和经济高效性，能够满足市场对网络的各项要求，为用户提供能够超越传统无线局域网性能限制的安全而无缝的漫游服务，并具有能在不支持（或无法支持）有线服务的地区轻松部署的特色。北电公司的无线 Mesh 网解决方案在 Interop Tokyo 2006 大展上获得移动无线产品类的“最佳展品奖”。

Meshnetworks 公司（2004 年被 Motorola 公司收购），其 Mesh 网方案使用了 QDMA（Quadrature Division Multiple Access）编码机制。目的是为了提供移动高速宽带接入，特点在于能支持高速移动用户，拥有自己开发的自适应传输层协议 ATP，路由协议、MAC 协议和定位系统。

微软（Microsoft）公司关注于将无线 Mesh 网应用于社区[57]。使社区内的人可通过无线 Mesh 网接入网络，备份信息和在无线局域网内通信。在实现中，微软公司将移动自组织网络路由协议和链路质量检测集成到一个模块中，称作 MCL（Mesh Connectivity Layer），它实现了一种虚拟网络适配器，对于上层软件来说，MCL 类似一块以太网卡，对于底层软件，MCL 类似运行于物理层上的协议，对上下层来说都是透明的。微软的应用支持类似以太网的物理层，如 IEEE 802.3 或 802.11，但该系统能支持任意的地址格式和帧格式。

Tropos 使用了一种蜂窝状的 Wi-Fi 网络结构来支持“有基础架构的 Mesh 网”，其中用到了一种 3 层的网络操作系统“Tropos 域”，运行在标准的 802.11 硬件和软件上。Tropos 域运行在每个 Wi-Fi 蜂窝中，含有通信、路径选择和安全功能，允许 Wi-Fi 蜂窝之间进行通信并形成完整的无线网络。在 Tropos 中，使用了一种轻量级的控制协议来支持大量的 Wi-Fi 蜂窝。使用了自己开发的与 OSPF 类似的带预测功能的路由协议（Predictive Wireless Routing Protocol，PWRP），可根据丢包率和其他网络情况的比较来决定最佳路径。但是，Tropos 的解决方案只是一种三层的方案，对于大规模网络中 MAC 层的问题以及吞吐量问题等都没有得到很好的解决。

Locust World 使用的 Mesh 网[58]使用了常用的网络协议 AODV，Mesh 路由器的软件包可直接获得。Locust 的特点在于使用的都是普通的商用的硬件和开源软件。为扩大应用范围，MeshAP 使用了一个特征包，可支持多家 ISP，所以 Mesh 网络并不依赖于特定的物理层。现在 LocustWorld 支持 802.11、蓝牙和以太网。

Strix Systems 能在多种环境下为用户提供无线宽带接入，甚至能支持用户以 300 Km/n 的速度移动。支持多信号，多信道系统来满足各种用户的需求，且具有自配置，自治疗功能。其特点在于兼容 802.11a/b/g，且支持多达 6 个信号。具有管理方便，布设迅速的优点。表 5-5 给出了各厂家研究现状的比较。

表 5-5　无线 Mesh 网厂家研究现状的比较

厂　家	支持协议	优　势	关注问题
Intel	802.11	低开销、低能耗	推动在安全、流量特性、动态路由和配置以及 QoS 方面的研究
Nortel	802.11	自行研发的 AP，无线网关/网桥设备和网络管理系统	为传统的无线局域网系统无法覆盖的区域提供宽带无线接入服务
Meshnetworks		支持高速移动用户，拥有自己开发的自适应传输层协议 ATP，路由协议、MAC 协议和定位系统	提供移动高速宽带接入
微软	802.3/802.11	MCL，集成了移动自组织网络路由协议和链路质量检测功能	社区 Mesh 网应用
Tropos	802.11 a/b/g	有操作系统 Tropos 域，范围大	大规模 Mesh 网络布设
Locust World	802.11，蓝牙和以太网	普通的商用的硬件和开源软件	提供对多种网络的兼容性
Strix Systems	802.11a/b/g	支持多达 6 个信号，能在多种环境下为用户提供无线宽带接入	满足不同用户需求

5.6 本章小结

无线 Mesh 网是一种新兴的无线网络，具备集中式和分布式无线网的优点，可扩展无线网络的覆盖范围并增强管理。其中包括 Mesh 路由器和 Mesh 客户端两类节点。Mesh 路由器一般是静止的，且具有稳定的能量供应，一方面可形成基本稳定的骨干网，另一方面可在其上配置复杂的软硬件，这是无线 Mesh 网相比其他无线网的一个非常大的优势。因此 Mesh 路由器也是现在无线 Mesh 网中的研究重点。

在协议栈设计方面，目前对无线 Mesh 网协议栈各层的研究已取得了一些成果，但仍有许多问题有待解决。现在的协议多是经过对其他无线网协议进行修改而使用，而没有一套成熟的、针对无线 Mesh 网特点设计的协议，在这方面还有许多工作需要完成。在 MAC 层协议设计上，目前主要关注多信道协议，根据物理层不同可分为单收发器 MAC 协议和多收发器 MAC 协议。单收发器 MAC 协议开销低，有利于节能，对硬件要求较低。多收发器 MAC 协议耗能严重，一般布设在 Mesh 路由器上。所以无线 Mesh 网 MAC 层主要关注如何分配调度信道和收发器，以尽可能减少冲突和干扰，增大网络吞吐量。

路由协议是所有网络协议栈中最重要的一个环节，无线 Mesh 网中路由协议主要是由移动自组织网络路由协议发展而来，并在其上做了一些改进。一个主要的改进是路由选择标准的改进，在无线 Mesh 网中，更多地考虑了链路质量和链路干扰对路由造成的影响，为此引入了 ETX、ETT 等判据。另外，为了提高网络吞吐量，在无线 Mesh 网路由协议中也充分利用了多信道、多信号、多径等方法。但是要注意，单纯利用网络层信息开发路由协议其改进是有限的，为此部分研究人员将目光转向了跨层设计，利用其他层信息来帮助提高路由协议的性能。

但是，采用分层协议只能考虑一层局部的信息，在网络性能改进方面很有限。为此，学者们提出采取跨层机制，从现有研究成果来看，跨层能明显提高网络的性能，但是跨层破坏了层间的透明性，也给跨层设计带来了一些问题，如不能与现有协议兼容，难以设计、维护和更新等。不受限制的跨层设计将给网络协议带来更多的问题，为此在跨层设计中必须遵循一些原则。从长远来看，无线 Mesh 网中的跨层设计有着较大的研究空间，但跨层设计和分层框架间存在一定的矛盾。互联网分层框架是基于有线网提出来的，对于无线环境不一定合适，将来可能的发展方向是根据无线网络的特点提出一种新的分层框架体系结构，使得关系密切的一些信息可以集中在同一层，这对无线网络协议的发展将是非常有益的，这一工作也将成为将来无线网络跨层协议的研究重点。

无线 Mesh 网是下一代无线网络的关键技术，能将不同无线网结合起来，大大扩大了无线网的应用范围，其应用环境十分广泛。相信在不久的将来，无线 Mesh 网络将获得广泛的应用。

5.7 习题

1. 无线 Mesh 网络是一种新兴的无线网络，是在移动自组织网络和无线传感器网络的基础上发展起来的，目的是为了提供高速的无线接入。请结合你的理解谈一谈什么是无线

Mesh 网。

2. 无线 Mesh 网络中有 Mesh 路由器和 Mesh 客户端两类节点。Mesh 路由器构成整个网络的骨干，提供网络回程以及与其他网络的互联，Mesh 客户端为普通的无线用户。由于两类节点功能不同，对两者的要求也有所不同。请问这两类节点有什么不同之处？

3. 在无线多跳网络中，应用最广的 3 类网络是移动自组织网络，无线传感器网络和无线 Mesh 网络。请问这 3 类网络有什么相似和不同之处，各有什么优缺点，各适用于什么环境？

4. 无线 Mesh 网典型的体系结构包括有基础架构的无线 Mesh 网，客户端无线 Mesh 网和混合式无线 Mesh 网 3 种，3 种结构对 Mesh 路由器和 Mesh 客户端的连接方式上有所不同。请问这 3 种体系结构各适应于什么环境？

5. MIMO 是一种新兴的多天线技术，在节点上配置有多个接收天线和发送天线，可使多个数据流并发传输，提高了网络吞吐量，是未来实现高速通信的关键技术之一。请查阅相关资料并说明 MIMO 的工作原理和发展现状。

6. 相对于有线网络、无线网络、无线多跳网络，无线 mesh 网络的 MAC 层会有哪些特有的问题？

7. MACA-P 是一种单信道 MAC 协议，对传统的 DCF 机制做了一定修改，使得相邻节点的同时收发成为可能，提高了传输的并行程度。请举例说明 MACA-P 的工作流程并考虑当多个相邻节点同时收发的时候该协议是否能工作，会带来什么问题？

8. 在无线网络的 MAC 层中，隐藏点问题是一个无法避免的问题，在多信道情况下还会出现多信道隐藏点问题，这对 MAC 层性能有非常大的影响。结合你的理解说明解决这个问题有几种方案，并对各种方案进行简单对比。

9. 路由选择标准是路由发现过程中一个关键的因素。无线 Mesh 网中路由选择标准要考虑哪些新的因素？为适应无线 Mesh 网特点，引入了哪些新的判据，这些判据有哪些优缺点？

10. 在 SSCH 协议中，假设网络中有 3 个可用信道，A，B 为相邻节点，A 在奇、偶时隙的（信道，种子）对分别为（0，1），（1，2）；B 在奇、偶时隙的（信道，种子）对分别为（1，1），（1，2）。每隔 8 个时隙插入一个校验信道，A，B 同时切换到信道 2 上。请给出 A，B 在一个周期内选择信道的情况。

11. 多信号干扰模型是一种描述网络间干扰的模型，它与传统的干扰模型有什么差别？在一个有四个节点的全相连的拓扑图中，假设其中两个节点各有两根天线，其余两个节点各有一根天线，请画出此时的干扰图和多信道干扰图。

12. 多信号链路质量源路由协议 MR-LQSR 中提出了一种新的路由选择标准 WCETT，它在传统的 ETT 上做了哪些改进？WCETT 中引入了一个参数 β，请问 β 的选择对 WCETT 有什么影响？

13. ExOR 协议能大大减少网络中信息传递的次数，提高网络吞吐量。请利用 NS-2 实现该协议，并比较在 3 跳、5 跳、7 跳无线传输情况下比传统最短路径路由协议在吞吐量上有多少改善。

14. 跨层设计突破了传统网络协议栈中层之间的限制，使得信息能在多个层间传递。请问为什么要使用跨层设计？

15. 在互联网网络协议设计中，采用了分层体系结构，且获得了很大的成功。在无线局域网中，没有使用跨层设计，在移动自组织网络中，也没有使用跨层设计。那么，在无线 Mesh 网中为什么要强调跨层设计？

16. 从理论上来说，跨层协议可在任何层之间实现。实际上，跨层协议要考虑许多其他问题不可能使用随心所欲的设计方法。请问实际中应用较广的有几种跨层设计方法，请根据你的理解谈谈这些跨层方法。

17. 软信息 SOFT 是一种新的物理层信息，它与传统的二进制信息有何不同之处？该技术对上层协议的设计有什么影响？你认为它有什么优缺点。

18. 网络编码技术是新近出来的一种网络层技术，请问该技术有什么优势？请举例说明使用该技术会带来什么新的问题，又该如何解决这些问题。

19. 不受限制的跨层设计会带来设计复杂，维护困难等问题，如何将这些负面作用的影响降到最低？

20. 现在许多大学都搭建了无线 Mesh 网试验床，请调研各大学的 Mesh 网项目，并结合你的理解说明设计一个 Mesh 实验床在设备选购、网络拓扑设计方面需要考虑哪些问题，可以用来做哪些实验？

21. 请调研现存的无线 Mesh 网解决方案，并比较其优缺点。

参考文献

[1] Ian F Akyildiz, Xudong Wang, Weilin Wang. Wireless Mesh Networks: A Survey[J]. Computer Network, 2005. 47(4): 445 - 487.

[2] J C Liberti, T S Rappaport. 无线通信中的智能天线-IS-95 和第三代 CDMA 应用,[M]. 马凉,等译. 北京:机械工业出版社,2002.

[3] A R Lopez. Performance Predictions for Cellular Switched-beam Intelligent Antenna Systems [J]。IEEE Communications Magazine, 1996(10):152 - 154.

[4] S Bellofiore, C A Balanis, J Foutz, A S Spanias. Smart-antenna Systems for Mobile Communications Networks, Part 1: Overview and Antenna Design[J]. IEEE Antennas and Propagation Magazine, 2002,44(3):145 - 154.

[5] J B Andersen. Intelligent Antennas in a Scattering Environment: An Overview[C]//IEEE GLBECOM'98, 1998(6):3199 - 3203.

[6] A J Paulraj, D A Gore, R U Nabar, H Bolcskei. An Overview of MIMO Communications: A Key to Gigabit Wireless[J]. IEEE Proceedings, 2004,92(2):198 - 218.

[7] S L Zhou, G B Giannakis. Optimal Transmitter Eigen-beamforming and Space-time Block Coding Based on Channel Mean Feedback[J]. IEEE Transactions on Signal Processing, 2002, 50(2):2599 - 2613.

[8] G D Golden, G J Foschini, R A Valenzuela, P W Wolniansky. Detection Algorithm and Initial Laboratory Results Using V-BLAST Space-time Communication Architecture[J]. Electronics Letters,1999,35(1):14 - 15.

[9] L Zheng, D N C Tse. Diversity and Multiplexing: A Fundamental Tradeoff in Multiple-anten-

na Channels[J]. IEEE Transactions on Information Theory, 2003, 49(5):1073 - 1096.

[10] A J Paulraj, C B Papadias. Space-time Processing for Wireless Communications[J]. IEEE Signal Proceeding Magazine, 1997: 49 - 83.

[11] B Lane Cognitive Radio Technologies in the Commercial Arena[C]//FCC Workshop on Cognitive Radios, 2003.

[12] M McHenry. Frequency Agile Spectrum Access Technologies[C]//FCC Workshop on Cognitive Radios, 2003.

[13] Simon Hakin. Cognitive Radio: Brain-empowered Wireless Communications[J]. IEEE Journal Selected Areas in Communications, 2005.

[14] W Xiang, T Pratt, X Wang. A Software Radio Testbed for Two-transmitter Two-receiver Space Time Coding Wireless LAN[J]. IEEE Communications Magazine, 2004, 42 (6): 20 - 28.

[15] Xu S, Saadawi T. Does the IEEE 802.11 MAC Protocol Work Well in Multihop Wireless Ad Hoc Networks? [J]. IEEE Communications Magazine, 2001, 39(6):130 - 137.

[16] N Bambos, S Kandukuri. Power Controlled Multiple Access(PCMA) in Wireless Communication Networks[C]//19th Annual Joint Conference of the IEEE Computer and Communications Societies, 2000:386 - 395.

[17] Z Haas, J Deng. Dual Busy Tone Multiple Access (DBTMA) - A Multiple Access Control Scheme for Ad Hoc Networks[J]. IEEE Transactions on Communications, 2002, 50(6): 975 - 985.

[18] A Acharya, A Misra, S Bansal. MACA-P: A MAC for Concurrent Transmissions in Multihop Wireless Networks[C]//Proceedings of the First IEEE International Conference on Pervasive Computing and Communications, 2003(PerCom 2003), 2003:505 - 508.

[19] J Deng, Z Haas. Dual Busy Tone Multiple Access (DBTMA): A New Medium Access Control for Packet Radio Networks[C]//Proc. of IEEE ICUPC, 1998.

[20] Z Tang, J J Garcia-Luna-Aceves. Hop-Reservation Multiple Access (HRMA) for Ad-hoc Networks[C]//Proc. of IEEE INFOCOM, 1999.

[21] A Tzamaloukas, J J Garcia-Luna-Aceves. A Receiver-Initiated Collision-Avoidance Protocol for Multi-Channel Networks[C]//Proc. of IEEE INFOCOM, 2001.

[22] J So, N H Vaidya. Multi-Channel MAC for Ad Hoc Networks: Handling Multi-Channel Hidden Terminals Using a Single Transceiver[C]//Proceedings of the ACM International Symposium on Mobile Ad Hoc Networking and Computing (MobiHoc), 2004.

[23] P Bahl, R Chandra, J Dunagan. SSCH: Slotted Seeded Channel Hopping for Capacity Improvement in IEEE 802.11 Ad-hoc Wireless Networks[C]//Proceedings of the ACM International Conference on Mobile Computing and Networking (MobiCom), 2004.

[24] SL Wu, CY Lin, YC Tseng, JP Sheu. A New Multi-Channel MAC Protocol with On-Demand Channel Assignment for Multi-Hop Mobile Ad Hoc Networks[C]//Int'l Symposium on Parallel Architectures, Algorithms and Networks (I-SPAN), 2000.

[25] Krishna N Ramachandran, Elizabeth M Belding, Kevin C Almeroth, et al. Interference-A-

ware Channel Assignment in Multi-Radio Wireless Mesh Networks[C]//06, 2006.

[26] Joo Ghee Lim, Chun Tung Chou, Alfandika Nyandoro, et al. A Cut-through MAC for Multiple Interface, Multiple Channel Wireless Mesh Networks[C]//WCNC2007, 2007.

[27] C E Koksal, H Balakrishnan. Quality-aware Routing Metrics for Time-varying Wireless Mesh Networks[J]. IEEE JSAC, 2006, 24(11): 1984 - 1994.

[28] R Draves, J Padhye, B Zill. Routing in Multi-radio, Multi-hop Wireless Mesh Networks [C]//ACM MobiCom, 2004: 114 - 128.

[29] Y Yang, J Wang, R Kravets. Designing Routing Metrics for Mesh Networks[C]//IEEE Wksp. Wireless Mesh Networks, 2005.

[30] Weirong Jiang, Shuping Liu, Yun Zhu. Optimizing Routing Metrics for Large-scale Multi-radio Mesh Networks[C]//International Conference on Wireless Communications, Networking and Mobile Computing. 2007.

[31] A P Subramanian, M M Buddhikot, S C Miller. Interference Aware Routing in Multi-radio Wireless Mesh Networks[C]//IEEE Wksp. Wireless Mesh Networks, 2006: 55 - 63.

[32] D B Johnson, D A Maltz, J Broch. DSR: The Dynamic Source Routing Protocol for Multi-hop Wireless Ad Hoc Networks[J]. Ad Hoc Hetworking, 2001.

[33] R Draves, J Padhye, B Zill. The Architecture of the Link Quality Source Routing Protocol [J]. MSR-TR-2004 - 57, 2004.

[34] P Richard Draves, Jitendra Padhye, P Brian Zill. Routing in Multi-radio, Multi-hop Wireless Mesh Networks[C]//Proceedings of the 10th Annual International Conference on Mobile Computing and Networking (MobiCom), 2004: 114 - 128.

[35] SrcRR: A High Throughput Routing Protocol for 802.11 Mesh Netwroks (DRAFT) [EB/OL]. Pdos. csail. mit. edu/ ~ rtm/srcrr-draft. pdf. 2005.

[36] K N Ramachandran, et al. On the Design and Implementation of Infrastructure Mesh Networks[C]//IEEE Wksp. Wireless Mesh Networks, 2005.

[37] S Nelakuditi, et al. Blacklist-aided Forwarding in Static Multihop Wireless Networks[C]// IEEE SECON '05, 2005: 252 - 262.

[38] MMRP: Mobile Mesh Routing Protocol[EB/OL]. http://wiki. uni. lu/secan-lab/Mobile + Mesh + Routing + Protocol. html.

[39] S Biswas, R Morris. ExOR: Opportunistic Multi-hop Routing for Wireless Networks[C]// ACM SIGCOMM, 2005: 133 - 44.

[40] Y Yuan, et al. ROMER: Resilient Opportunistic Mesh Routing for Wireless Mesh Networks [C]//IEEE Wksp. Wireless Mesh Networks, 2005.

[41] Irfan Sheriff, Elizabeth Belding-Royer. Multipath Selection in Multi-radio Mesh Networks [C]//3rd International Conference on Broadband Communications, Networks and Systems, 2006(BROADNETS 2006), 2006: 1 - 11.

[42] WaiHong Tam, YuChee Tseng. Joint Multi-channel Link Layer and Multi-path Routing Design for Wireless Mesh Networks[C]//,07,2007.

[43] 吴军力，滕勇，尹长川，等．自适应技术在后3G中的应用[J]．现代电信科技．2003:

12 - 15,18.

[44] Ian F Akyildiz, Xudong Wang. Cross-layer Design in Wireless Mesh Networks[J]. IEEE Transactions on Vehicular Technology, 2007, 99(99):1.

[45] Grace R Woo, Pouya Kheradpour, Dawei Shen, Dina Katabi. Beyond the Bits Cooperative Packet Recovery Using Physical Layer Information[C]//Mobicom' 07, 2007.

[46] Amitabha Das, Tingliang Zhu. A Reservation-based TDMA MAC Protocol Using Directional Antennas (RTDMA-DA) for Wireless Mesh Networks [C]//IEEE GLOBECOM 2007, 2007.

[47] Luigi Iannone, Konstantin Kabassanov, P Serge Fdida. The Real Gain of Cross-layer Routing in Wireless Mesh Networks[C]//Proceedings of the 2nd International Workshop on Multi-hop Ad Hoc Networks: From Theory to Reality, 2006.

[48] Mung Chiang. to Layer or Not to Layer: Balancing Transport and Physical Layers in Wireless Multihop Networks[C]//Infocom'04, 2004.

[49] George Athanasiou, Thanasis Korakis, Ozgur Ercetin, et al. Dynamic Cross-layer Association in 802. 11-based Mesh Networks[C]//Infocom'07, 2004.

[50] Prasanna Chaporkar, Alexandre Proutiere. Adaptive Network Coding and Scheduling for Maximizing Throughput in Wireless Networks[C]//Mobicom'07, 2007.

[51] Randeep Bhatia, Li Li. Throughput Optimization of Wireless Mesh Networks with MIMO Links[C]//26th IEEE International Conference on Computer Communications(INFOCOM 2007),2007: 2326 - 2330.

[52] BWN-MESH. http://users. ece. gatech. edu/research/Labs/bwn/mesh/testbed. html.

[53] roofnet. http://pdos. csail. mit. edu/roofnet/doku. php.

[54] Hyacinth. http://www. ecsl. cs. sunysb. edu/multichannel/.

[55] ORBIT. http://www. orbit-lab. org.

[56] Nortel. http://www. nortel. com.

[57] Microsoft. http://research. microsoft. com/Mesh.

[58] Locust World. http://www. locustworld. com.

[59] Ian F Akyildiz, Xudong Wang. A Survey on Wireless Mesh Networks[J]. IEEE Radio Communications, 2005: 23 - 30 .

[60] N Jain, S Das. A Multichannel CSMA MAC Protocol with Receiver-based Channel Selection for Multihop Wireless Networks[C]//Proc. of the 9th Int. Conf. on Computer Communications and Networks (IC3N), 2001.

[61] R P Draves, J Padhye, B D Zill. Comparison of Routing Metrics for Static Multi-hop Wireless Networks[C]//SIGCOMM 2004, 2004.

[62] Kawadia V, Kumar P R. A Cautionary Perspective on Cross-layer Design[J]. IEEE Wireless Communications, 2005, 12(1):3 - 11.

第6章 移动IP技术

随着无线接入技术的快速发展，无线接入已经成为IP互联网的一种重要接入类型，并为无线和移动互联网业务的广泛开展奠定了基础。虽然传统IP互联网能够提供多种业务，但它无法提供对移动性的支持。这一缺陷使得移动节点从一个无线接入网络漫游到另一个无线接入网络时，由于其地址发生变化，从而引起路由失效并导致通信中断。

如图6-1所示，当移动节点从接入网络1移动到接入网络2时，由于移动节点（Mobile Node，MN）所分配到的IP地址发生了变化，而通信对端的主机无法获知MN的新IP地址，因此仍然将分组发送到MN原来的IP地址，即原来的网络位置，最终导致MN在移动后无法正确地接收分组，乃至无法被其他主机访问。产生这种问题的根本原因在于，在传统的IP网络中，IP地址不仅标明了主机的身份，同时也标明了主机的位置。

为了解决这一问题，互联网工程任务组IETF提出了移动IP（Mobile IP，MIP）构架，作为IP网络支持移动性的扩展协议簇。本章6.2节、6.3节分别详细介绍MIP在当前IPv4互联网和下一代IPv6互联网中的两种基本协议机制：MIPv4[1]和MIPv6[2]；6.4节、6.5节介绍为了优化MIP性能的两项关键技术：切换优化和微移动协议，以及其主要改进思路。在移动IP技术的基础上，学术界和产业界进一步研究并发展出无需移动节点参与的代理移动IP技术和整个接入网络移动的NEMO技术；第6.6、6.7节将分别介绍这两种技术；6.8节讨论了移动IP组播技术；6.9节介绍业界基于移动IP在网络接入检测、多连接技术等方面的最新研究进展；最后是本章小结。

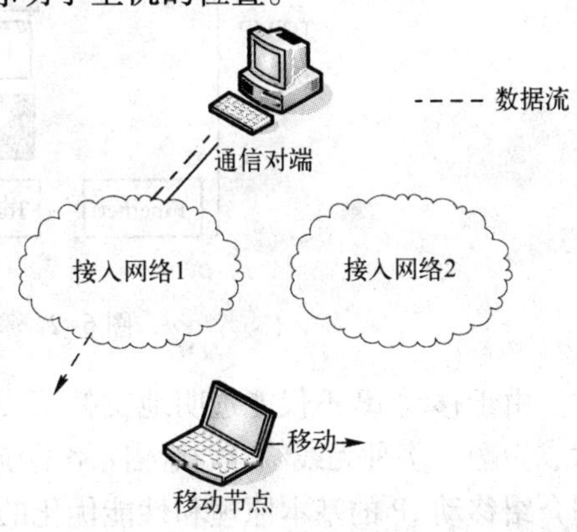

图6-1 传统IP网络支持移动的缺陷

6.1 移动IP概述

为了理解移动IP的概念，下面先看一个现实生活中的例子。假设有个失散多年没有联系的朋友小张，这时如果需要尽快找到他，那要用什么办法能找到他呢？如果小张不仅换了手机号码，甚至连他曾经使用的电子邮件也废弃不用了，MSN等即时通信也早已更换了。那么这时，究竟如何才能找到他呢？

如果想尽一切办法，仍然不能直接找到他，那自然会考虑是否能通过其他人来找到小张。通常情况下，如果能联系到小张父母的话，那问题就迎刃而解。当然，这里存在若干前提。前提一，假设小张父母的联系方式是多年没有变化的（即固定的联系方式）；前提二，小张每更换一个新地方，总会有新的联系方式；前提三，小张每当获得新的联系方式后，总会将新联系方式告知他父母。

移动 IP 技术正是将现实生活中的这个常用解决方法运用到了 IP 网络的移动性支持上。在移动 IP 网络中，部署了被称为家乡代理的实体，就好比前例中小张的父母。一旦移动用户离开了原来的网络，则必须告知家乡代理它的当前位置。这样，当任何一台主机想向移动主机发送消息的时候，只需联系家乡代理，由家乡代理将分组转发到移动主机的当前位置。

作为当前 IPv4 互联网和下一代 IPv6 互联网的移动性扩展技术，MIPv4 和 MIPv6 可使 MN 在不同接入网络之间切换时，通信对端主机无需获知 MN 的当前位置，也能将分组正确地发送给 MN。换句话说，MN 的网络接入点变化不会影响对端主机使用固定的 IP 地址与之通信。

MIP 是一个独立于物理层和链路层的技术，如图 6-2 所示，MIP 可以工作在以太网、令牌环网、无线局域网等网络上。任何使用移动 IP 的上层应用对用户的移动都应当是无感知的，即移动 IP 使用户的移动对上层透明。

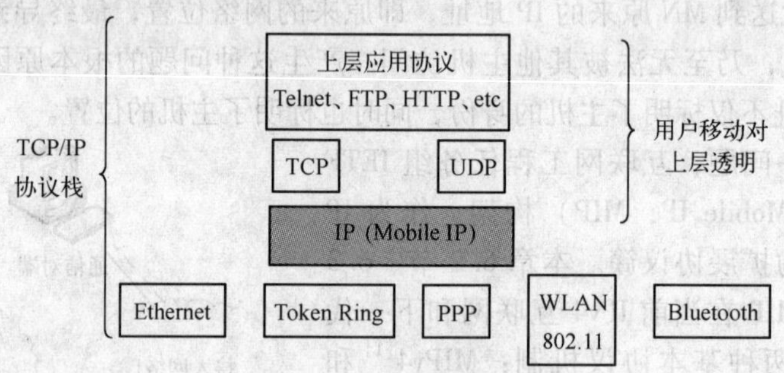

图 6-2　移动 IP 所在的协议栈位置

由于移动 IP 不仅能透明地支持节点移动，还能兼容各种异构的接入技术，因此，该技术成为融合多种无线/有线接入网络的统一平台，如图 6-3 所示。在后续几节中，我们将分别介绍移动 IP 的基本原理和性能优化的关键技术。

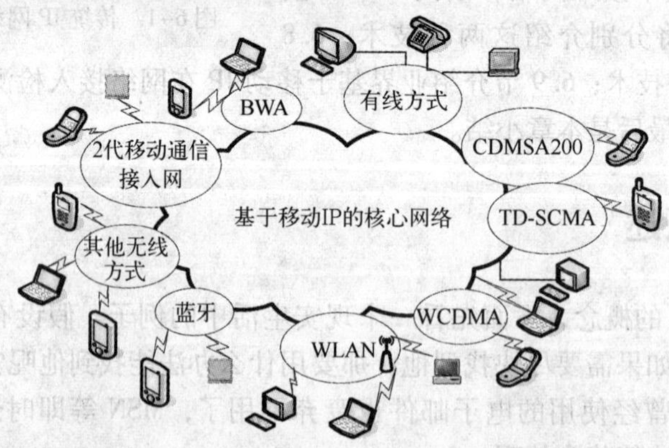

图 6-3　融合多种异构接入技术的移动 IP 网络

6.2　移动 IPv4

移动 IPv4（MIPv4）在原有 IPv4 协议的基础上，增加了对节点移动性的支持以及数据分组在移动节点间路由的支持。IETF 最早于 1996 年提出了移动 IP 基本协议之后，公布了一系列 MIPv4 相关的协议，包括主机移动性支持协议 RFC2002、IP-in-IP 封装协议 RFC2003[3]、最小封装协议 RFC2004[4]、移动 IP 的应用 RFC2005 和 IP 移动性支持管理对象的定义 RFC2006[5] 等，奠定了移动 IPv4 的整套技术基础。2002 年，IETF 颁布了移动 IPv4 的新规范 RFC3344[1]，取代了 RFC2002，对 RFC2002 中的不完善之处进行了补充和改进。

6.2.1　移动 IPv4 概述

MIPv4 使得 IPv4 移动节点在 IPv4 网络中移动时，即使接入网络的位置发生变化，也不会影响它和通信对端的通信，保持业务的连续性，节点的移动和 IP 地址的变化对 IP 层以上完全透明。下面主要参考 RFC3344 介绍移动 IPv4 原理。

1. 基本术语

在移动 IPv4 中，有如下一些重要术语。

（1）移动节点（MN）

移动节点（Mobile Node，MN）是指一台主机或路由器，其物理位置从一个子网或网络切换到另一个子网或网络。移动节点在网络中移动时，可以始终用相同的 IP 地址与网络中的其他节点进行通信。对于移动节点是主机的情况，有时也叫做移动主机（Mobile Host，MH）。

（2）通信对端节点（CN）

通信对端节点（Correspondent Node，CN），也称通信对端，是与移动节点通信的对应节点，它可以是移动的，也可以是静止的。在研究 MN 移动性时，为了方便考虑，通常假定存在一个或者多个通信对端，与 MN 进行通信。

（3）家乡代理（HA）

家乡代理（Home Agent，HA）是位于移动节点归属地的网络（家乡网络）的某个特定路由器，其功能是维护该移动节点 MN 的位置信息，并通过隧道技术向移动到外地网络的 MN 转发数据分组。

（4）外地代理（FA）

外地代理（Foreign Agent，FA）是移动节点正在访问的网络上的某个特定路由器，它向移动到这个网络上的移动节点提供服务，包括分配转交地址、转发注册信息和路由等。对于移动节点的家乡代理通过隧道技术发来的数据分组，FA 负责将其解封装后转交给移动节点；对于移动节点发送的数据分组而言，FA 相当于默认网关。

（5）家乡地址（HoA）

家乡地址（Home Address，HoA）是“永久”地分配给移动节点的地址。不论移动节点 MN 是否在家乡网络，MN 的家乡地址始终保持不变。因此，家乡地址 HoA 可看做移动节点 MN 的身份标志。

（6）转交地址（CoA）

转交地址（Care of Address，CoA）是移动节点在外地链路上获得的临时 IP 地址，是连接家乡代理和移动节点的隧道的出口。在注册过程中，移动节点向家乡代理注册其转交地址，告知家乡代理自己现在的位置（即转交地址 CoA）。因此，转交地址 CoA 可看做是移动节点的临时位置标志。

（7）家乡链路（HL）

家乡链路（Home Link，HL）是指移动节点归属到本地网络（家乡网络）时，MN 用来接入的链路。家乡链路 HL 所在网络与移动节点的家乡地址具有相同的网络前缀。

（8）外地链路（FL）

外地链路（Foreign Link，FL）是指除家乡链路以外，移动节点在移动后所连接的其他链路。外地链路 FL 通常处于外地网络（Foreign Network）中。

2. 移动 IPv4 的基本原理

在具体讲述移动 IPv4 的基本原理前，先回顾一下前面的生活实例。如果要通过小张的父母找到小张，这需要 3 项工作为前提：小张父母具有固定的联系方式以便我们联系；小张获得新的联系方式；小张会将新联系方式告知他父母。事实上，这也正是 MIPv4 的基本工作方式。移动 IPv4 中的 3 项工作是 HA 总在家乡网络，并以固定的地址为 MN 提供服务；MN 需要通过代理发现，获得在外地网络中临时使用的转交地址（CoA）；MN 通过移动节点注册，告知 HA 其转交地址（CoA）。

移动 IPv4 的功能实体及基本工作原理如图 6-4 所示。当移动节点连接到家乡链路上时，它与固定节点一样工作，不需要使用移动 IP 的功能。当移动节点离开家乡网络而连接到外地链路上时，移动节点通过特定方式获取转交地址 CoA，之后向家乡代理注册该转交地址。注册完成后，家乡代理会负责维护移动节点 CoA 和 HoA 的绑定（即对应关系），并建立一条到 CoA 的双向隧道。在双向隧道建立之后，通信对端节点就可以和移动节点进行通信。

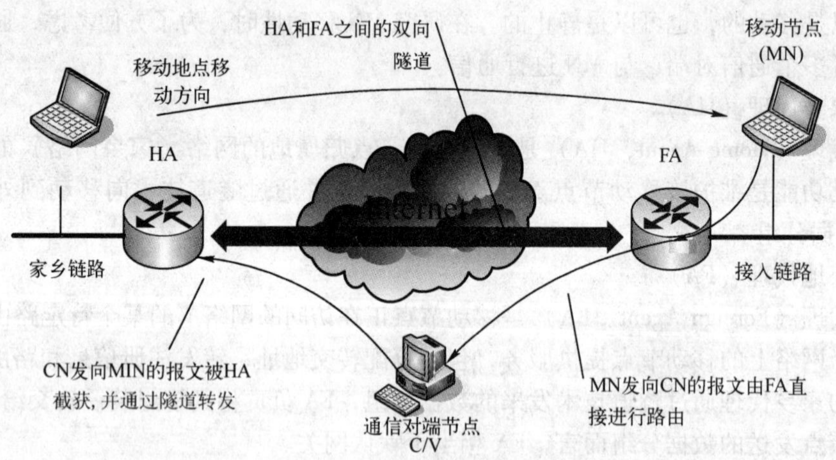

图 6-4　移动 IPv4 功能实体及基本工作原理

当通信对端节点向移动节点发送数据时，其发送的数据分组首先被路由到移动节点的家乡网络。家乡代理截获此分组后，通过查找注册绑定信息找到移动节点的当前转交地址，家乡代理进而使用隧道技术将分组封装后发往转交地址。拥有转交地址的实体（外地代理或移动节点本身）将分组解封装，然后交给移动节点。反之，移动节点将直接把分组发送给对端节点 CN。

从移动 IPv4 的原理可看出，其关键在于移动节点、家乡代理、外地代理三者的信息交互，其中涉及代理发现、移动节点注册、数据传输等问题，下面将对这些技术的细节分别进行介绍。

6.2.2　代理发现

一个移动节点进入某个网络后，首先必须确定它现在是处于自己的家乡网络之内，还是连接在一个外地网络上。如果是后一种情况，移动节点还需要寻找一个可用的外地代理以便完成移动 IP 的注册功能等。移动 IP 采用代理发现来实现上述功能。

代理发现的途径主要有代理通告和代理请求两种。家乡代理和外地代理都会周期性地广播包含自身信息的分组，这一分组称为代理通告。代理通告分组是在 ICMP 路由通告分组基础上扩展形成的，扩展部分格式如图 6-5 所示。每个代理通告分组可以携带多个可供移动节点使用的转交地址。MIP 规定，当移动节点连续 3 次以上收不到来自移动代理的代理通告时，就认为该代理对于它已经失效。当移动节点接到代理通告时，它就可以确定自己目前连接到网络的位置。

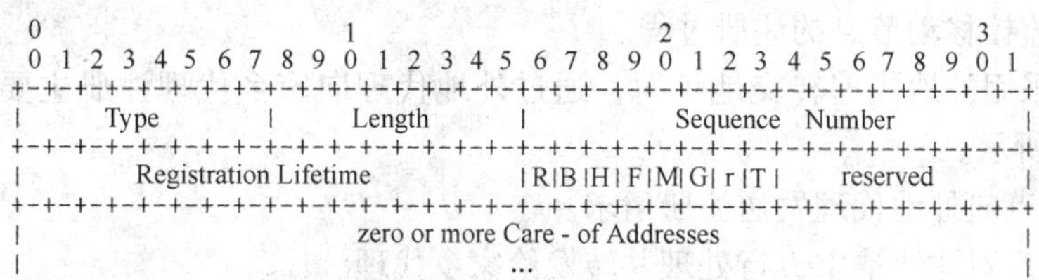

图 6-5　移动代理通告扩展

当一个移动节点没有接收到代理通告，或者该移动节点不能通过链路层协议或其他方式确定其转交地址时，它需要通过发送代理请求的方式来进行代理发现。代理请求分组的格式同 ICMP 协议的路由请求分组一样，但其 TTL（Time To Live）域必须设置为 1。

如果一个移动节点收到的代理通告分组中扩展部分的“H”位（表示家乡）被置为 1，那么 MN 可以得知自己现在处于家乡网络中。处于家乡网络中的移动节点无需使用移动 IP 服务。如果一个移动节点是刚刚从其他网络回到家乡网络的，则它应当与家乡代理解除注册。如果代理通告分组中扩展部分的“F”位被置为 1，那么移动节点就可以判断出自己现在处于外地网络中，此时它需要获得一个转交地址。

转交地址标志了移动节点当前的物理连接位置，其网络前缀必须与移动节点当前所在外地网络的前缀相同。具体来说，转交地址分为两类。第一类是以外地代理自身的 IP 地址作为转交地址，可从外地代理的代理通告中获得，称为“外地代理转交地址”（Foreign Agent Care-of Address）。由于同一个外地代理可以同时为多个移动节点服务，因此多个移动节点可能会同时使用同一个“外地代理转交地址”。此时，外地代理则依靠链路层地址（如 MAC 地址）来识别不同的移动节点。这类方式值得特别注意，因为该 IP 地址配置方式与通常网络中的 IP 地址配置不同，“外地代理转交地址”并非为每个移动节点配置一个唯一（哪怕是外地网络中唯一）的 IP 地址，而是多个移动节点共同使用同一个配置在外地代理某个接口上的 IP 地址。第二类与通常的 IP 地址配置方式相同，是移动节点某个端口从外地网络直接获得的 IP 地址，如采用 DHCP 方式获得的转交地址，称为“配置转交地址”（Co-Located Care-of Address）。这种情况下，不同的移动节点需要使用不同的“配置转交地址”。

6.2.3 移动节点注册

在移动节点获得转交地址后，移动节点接下来就要向家乡代理注册。所谓注册，是指移动节点将自己当前的信息（如转交地址）通告给它的家乡代理，以便家乡代理能够建立转发服务机制。注册过程涉及移动节点、外地代理和家乡代理三方，其目的是在一个移动节点的家乡代理处建立该移动节点的家乡地址和其转交地址之间的有时限的绑定关系。这样，家乡代理可以把发往移动节点的分组转发到其转交地址处。

注册有两种不同的方式，一种是移动节点通过外地代理向家乡代理注册；另一种是移动节点直接向家乡代理注册，分别对应于上述两种不同的转交地址。如果移动节点采用外地代理转交地址，必须采用前一种方式注册。当一个移动节点采用配置转交地址时，若它收到了来自所在链路的外地代理的代理通告且其中“R”位被设置为1，则它必须通过该外地代理向家乡代理注册，否则它可以直接向家乡代理注册。通过“R”位强制移动节点通过外地代理进行注册，是为了某些对安全性要求较高或者需要计费的网络服务等，因为在这些情况下外地代理需要监控移动节点的注册过程。

移动节点采用外地代理转交地址时，通过外地代理向家乡代理注册主要有如下4个步骤，如图6-6所示。

1）移动节点向外地代理发送注册请求。

2）外地代理对注册请求进行处理并转发给家乡代理。

3）家乡代理处理注册请求并向外地代理发送注册应答，其中包含有接受注册或拒绝注册的信息。

4）外地代理对注册应答进行处理并将结果告知移动节点。

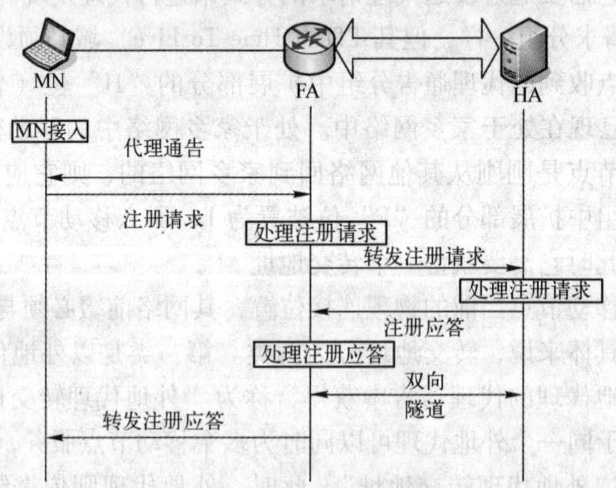

图6-6 移动节点注册流程

移动节点直接向家乡代理注册主要有两个步骤。首先，移动节点直接向家乡代理发出注册请求；然后，家乡代理向移动节点发送注册应答，接受或拒绝注册请求。为加快注册过程，所以注册请求和注册应答两种消息都封装在UDP分组中发送，而不采用基于三次握手建立连接后才能进行数据收发的TCP协议。

6.2.4 数据传输

IP网络中，数据传输必须发生在两个有确定IP地址的节点间，数据沿着路由算法选定的路径从源节点传输到目的节点。在移动IP环境中，通信对端只知道移动节点的家乡地址(即永久地址)，而移动节点用来表示位置信息的转交地址可能不断发生变化，这会导致以家乡地址为目的地的单纯路由机制失效。要在移动IP环境中实现数据传输，必须考虑移动节点、外地代理和家乡代理之间的协议交互，以及在该协议交互的基础上进行的数据传输。

当移动节点位于家乡网络时，按照传统的方式实现数据传输。当移动节点位于外地网络时，需要将当前转交地址向家乡代理进行注册，家乡代理同意注册请求后，会维护一个移动节点家乡地址和转交地址的映射关系，并建立一条从家乡代理到转交地址的双向隧道。

通信对端节点（CN）向移动节点（MN）发送分组的过程如图6-7所示。由于分组的目的地址是移动节点的家乡地址，所以该分组首先被网络路由转发到移动节点的家乡网络。家乡代理（HA）在家乡网络中为移动节点服务，监听检查所有到来的分组，如果发现其目标地址和某个注册的移动节点的家乡地址相同，则家乡代理截获该分组。然后，家乡代理使用IP隧道技术，将原始IP数据分组封装在一个新的IP数据包中，作为该数据包的有效载荷，并将新IP数据包分组头中的目的地址置为移动节点的转交地址（CoA），从而将原始数据包转发到处于隧道终点的转交地址处。

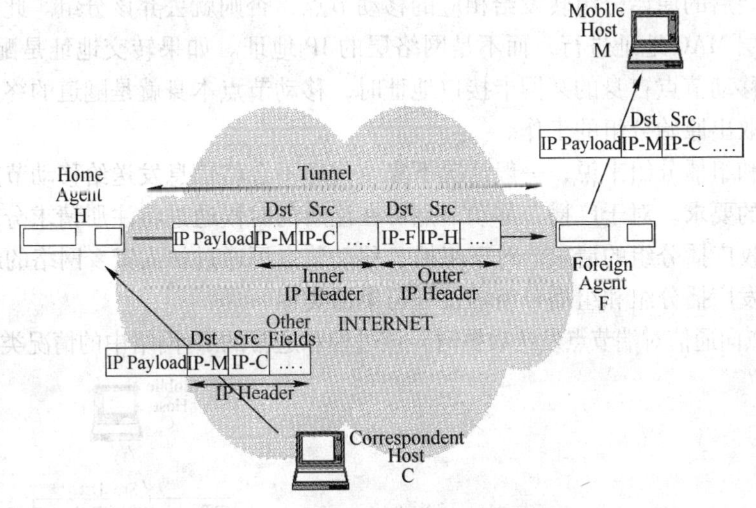

图6-7 CN向MN发送分组的过程

RFC2003[3]和RFC2004[4]中分别定义了两种隧道封装技术。RFC2003定义了IP-in-IP封装，这种封装在分组原先的IP头外又增加了一个完整的IP头。分组内层IP头的源地址是CN的地址，目的地址是MN的家乡地址；而外层IP头的源地址为HA的地址，目的地址为MN的CoA。针对IP-in-IP封装下两个IP头有不少冗余字段的问题，RFC2004进行了优化并定义了IP最小封装，删除了内层IP头中重复出现的Ver、HL、TOS等字段，从而将分组头进行了压缩，如图6-8所示。在IP最小封装中，内外层源和目的地址的填写方法与IP-in-IP封装相同。

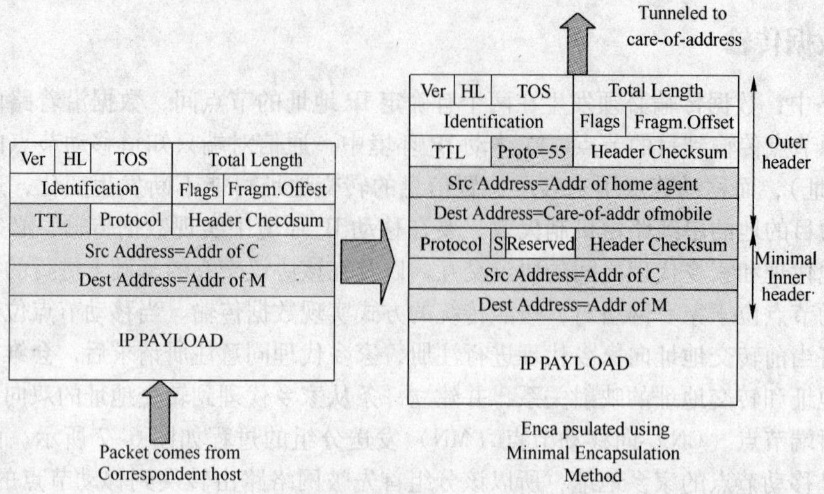

图 6-8　IP 最小封装

当分组到达转交地址后，针对两种转交地址各有处理方法。如果转交地址为外地代理转交地址，当外地代理从隧道收到某个以它作为目的地址的封装分组后，则外地代理首先对该分组解封装，然后检查所维护的访问列表（所有以它作为代理的移动节点的列表），并将所收到分组的内层目的地址与访问列表中移动节点的家乡地址进行比较。如果找到匹配的地址，则将解封装后的原始分组转发给相应的移动节点，否则就丢弃该分组。此时的转发工作主要依靠链路层 MAC 地址进行，而不是网络层的 IP 地址。如果转交地址是配置转交地址，即转交地址为移动节点自身的某网卡接口地址时，移动节点本身就是隧道的终点，它自身完成解除隧道并取出原始分组的工作。

对于广播和组播分组来说，一般情况下家乡代理不会将信息发送给移动节点，除非移动节点提出明确的要求。对于广播，移动节点可在注册的时候通过将注册请求分组的“B”位置 1 来提出接收广播分组的请求。对于组播，移动节点可通过加入家乡网络的组播组来提出接收请求。转发广播分组和组播分组的过程与单播类似。

当移动节点向通信对端节点发送数据时，该过程和通常的 IP 网络中的情况类似，如图 6-9

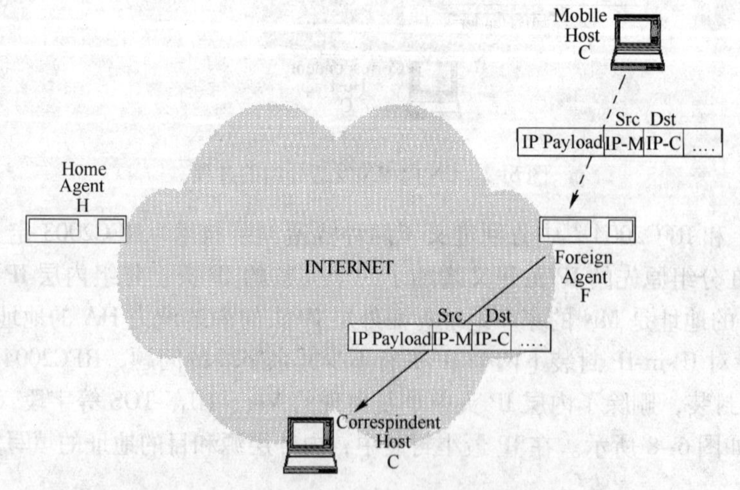

图 6-9　MN 向 CN 发送分组的过程

所示。在外地链路中移动节点一般选择外地代理作为默认路由器，移动节点将需要发送的数据分组直接交给外地代理，由外地代理负责将分组路由到相应的目的地，无需使用隧道技术。

6.2.5 链路层地址解析

局域网内的分组收发，在不同层次上有不同的地址类型。比如，网络层有IP地址，每个分组的IP头中含有目的IP地址和源IP地址；而数据链路层上有MAC地址，每个帧帧头中则含有目的MAC地址和源MAC地址。若需要一台计算机能够接收一个分组，必须在分组外面的数据链路层帧头中填写该计算机的MAC地址作为目的地址，而将该分组的网络层IP头中的目的IP地址填写为该计算机的IP地址。

在数据传输过程中，需要考虑以下问题：家乡代理的IP并不是MN的家乡地址，那么它如何截获发往MN的数据包呢？这就需要用到地址解析协议（Address Resolution Protocol, ARP）。ARP协议的目的是将IP地址与MAC地址对应起来。移动IP为了使HA能够监听到目的地为HA的数据包，在ARP通常使用方法的基础上引进ARP的两种特殊使用方法，即代理ARP（Proxy ARP或PARP）和免费ARP（Gratuitous ARP或GARP），有时也称为无为ARP。

代理ARP是指当某个被请求节点不能或不愿对ARP请求做出应答时，由代理节点代为发出ARP回复的机制。代理节点将其MAC地址填在回复分组中，从而使得收到回复的节点将这个MAC地址和它最初请求的IP地址关联起来。这样，该节点此后就会将发往这个IP地址的分组，在数据链路层以这个MAC地址为目的地址，传送到代理节点处。

当一个MN在外地网络注册时，其HA可以使用代理ARP来回复它收到的关于该MN的MAC地址请求，如图6-10所示。当HA监听一个ARP请求时，如果HA确认该请求的IP地址是在它上面注册的已经移动到外地的MN的地址，那么它会使用代理ARP技术将自己的MAC地址回应给这一请求，使得发送ARP请求的节点得知请求的IP地址对应于家乡代理的MAC地址，从而将分组发给HA，即数据链路层目的地址为HA的MAC地址，而网络层目的IP地址仍然为MN的家乡地址。

代理ARP是HA在收到ARP请求时才发送的，另一种能加强HA截获发往MN分组的方法是免费ARP。与使用代理ARP时HA只能被动等待ARP请求不同，HA可以使用免费ARP来主动更新其他节点ARP缓存中的记录。一条免费ARP分组可以是ARP请求，也可以是ARP回复分组。无论是哪种情况，都需要将分组中的源地址和目标地址两个域都设为缓存中要更新的地址，并且ARP发送者的硬件地址设置为更新后的MAC地址。任何收到免费ARP分组的节点都需要对其ARP缓存做出指定的更新。

当MN到达外地网络并向HA注册后，HA使用免费ARP更新家乡网络中各个节点的ARP缓存，如图6-11所示。该ARP分组的IP地址为移动节点家乡地址，MAC地址为HA的MAC地址。家乡网络中其他节点收到该分组后，将MN的IP地址和HA的MAC地址关联起来。需要注意的是，如果该MN在HA处是第一次建立绑定，那么这个免费ARP分组是必须发送的。当MN回到其家乡网络时，HA需要再次利用免费ARP，使得家乡网络中的各个节点重新将MN的IP地址与MN自己的MAC地址关联起来。免费ARP分组必须在HA所在的网络中以广播的形式发送，为了保证该分组的可靠性，免费ARP分组必须广播数次。

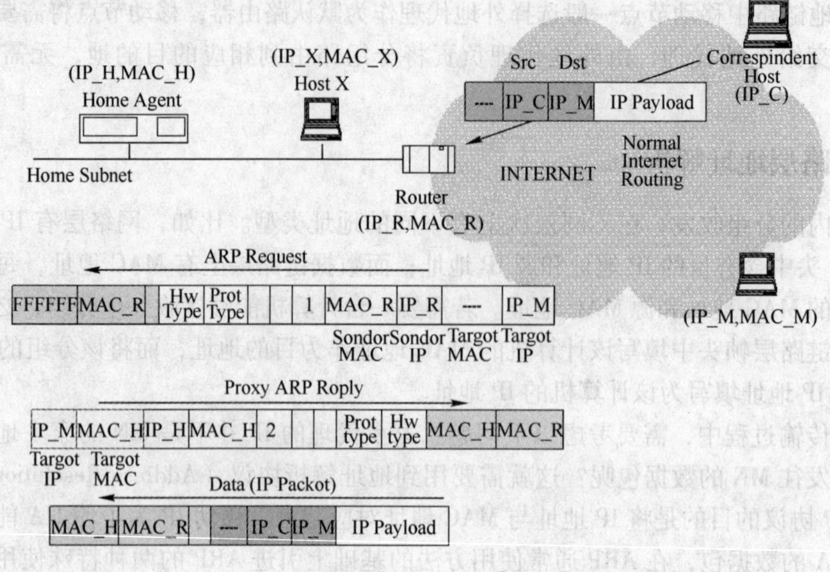

图 6-10　HA 发送代理 ARP 更新 MAC 缓存

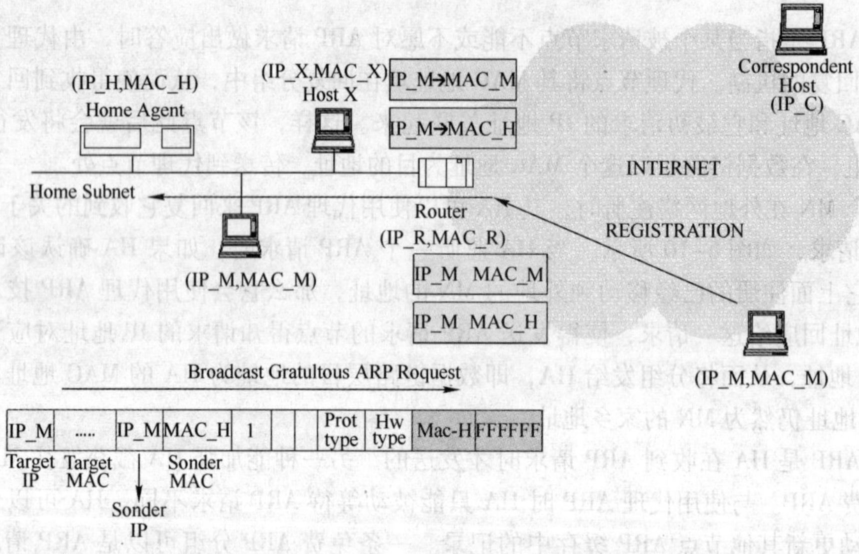

图 6-11　HA 发送免费 ARP 更新 MAC 缓存

6.2.6　路由优化

在移动 IPv4 方案中，存在着“三角路由”问题。通信对端节点 CN 向处于外地链路的移动节点 MN 发送数据时，数据先被发送到移动节点的家乡代理 HA，然后再通过家乡代理与外地代理 FA 所构成的隧道被传送到外地代理，最后外地代理将其转交给移动节点。然而，移动节点给通信对端节点发送数据时，却可以直接发送。因此，移动节点与通信对端的来回数据通路，形成一个类似三角的路由路径，成为三角路由，如图 6-12 所示。

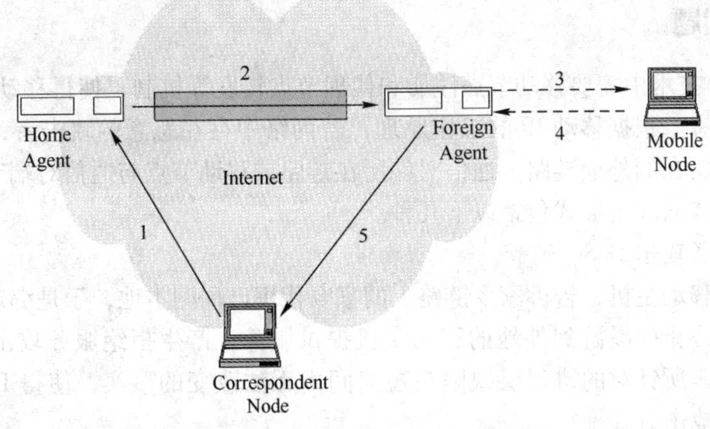

图 6-12　移动 IPv4 方案所面临的三角路由问题

显然，这种路由通常不是最优的，不仅因为其间出现了“绕路”现象，而且造成了路由不对称等问题。特别是当移动节点与它所在外地链路上的主机通信时，性能最差。为了解决这个问题，在移动 IP 的基础上发展出了路由优化方案，允许通信对端节点通过某种方式直接与外地代理或移动节点进行通信。这里简要介绍两种路由优化机制，即通信对端节点路由优化方案[6]和通信代理路由优化方案[7]。

通信对端节点路由优化方案中，每个 CN 都维护一个移动绑定缓存，每个绑定项是有关 MN 家乡地址与转交地址的映射，且有一定的生存时间，超过生存期的绑定将被从缓冲区中删除。CN 只有在收到并认证了移动节点 MN 的移动绑定时，缓存才能被创建或更新。CN 向 MN 发送数据包时，如果有目的 MN 的绑定，那么 CN 可以使用绑定的转交地址将数据报进行隧道封装，直接通过隧道将数据报传送给 MN 的转交地址 CoA。如果没有该 MN 的绑定项，数据报仍然发到 MN 的 HA 处，HA 收到数据报后，将数据报通过隧道传送给 MN 的 CoA，同时向 CN 发送一个绑定更新消息，使得 CN 能够建立绑定缓存。

为了避免更新主机协议栈负担过重，人们提出了网络侧的解决方案，即通信代理路由优化方案，由网络侧的路由器来负责隧道的建立和分组封装转发等工作。该方案在路由体系中引入一种新的通信代理 CA（Correspondent Agent）。CA 是在 CN 所在网络上的一个代理，负责管理 CN 与移动主机通信时的寻址、隧道建立、数据传输等工作。该方案的工作流程是 CA 像 HA 和 FA 一样发送代理通告，将 CA 自身的存在性告知管辖范围内的节点。当 CN 向 MN 发送数据时，它并不知道 MN 已移动，仍向 MN 所在的家乡网络发数据包。当 HA 截获数据包后，一方面将该数据包转发到 FA，另一方面向 CN 发送一条消息，其中包括 MN 目前的状态，如转交地址等。CN 收到 HA 发来的消息后，得知 MN 已移动，则向通信代理 CA 进行登记，告知关于 MN 的转交地址信息，请求建立通信代理至外地代理的通道。此后 CN 就可以把发往 MN 的数据包发给通信代理，由通信代理截获后通过隧道直接发往外地代理，进而由外地代理转发给用户，从而优化了路由。

可以看出，通过采用这类路由优化机制，可以有效减少分组在各个节点和移动代理之间转发的次数，提高了路由效率。

6.2.7 安全问题

由于移动 IP 技术中需要移动节点注册和代理节点转发等机制，使得移动 IP 中存在较为严重的安全性隐患。根据移动 IP 的工作原理，若网络中存在恶意的攻击者，其能够在家乡链路、移动节点所在的外地链路、通信对端所在链路或移动节点与通信对端节点间的任何地点发动攻击。具体的攻击形式包括以下几种。

（1）拒绝服务攻击 DoS

攻击者冒充移动主机，告诉家乡链路上的家乡代理已回到本地，于是绑定的转交地址被取消，家乡代理终止向漫游到外地的移动主机提供服务，产生拒绝服务攻击。由于 DoS 攻击工具泛滥，及其所针对的协议层缺陷在短时间内无法改变的事实，使得 DoS 成为流传最广、最难防范的攻击方式。

（2）中途攻击

中途攻击是针对路由优化方案进行的攻击。攻击者与移动主机同在家乡链路，它先冒充 CN，告诉 MN 它是移动的并恰好与 MN 同在一个链路上，获得 MN 的信息后，再冒充 MN 向真正的 CN 发绑定更新消息，注册自己的地址为转交地址，这样攻击者将自己置于 MN 和 CN 之间，产生中途攻击。

（3）路由优化取消

路由优化取消也是针对路由优化方案进行的攻击。攻击者向 CN 发送 MN 不可到达消息，于是 CN 删除绑定更新，取消与 CN 的直接路由，分组改为经由 HA 发往 MN，路由优化被取消。

以上出现的种种安全威胁，归根结底是由于通信对端节点、移动节点、代理服务器间缺乏充分信任造成的。因此，在它们之间建立较强的安全关联以及安全信任机制，是克服上述种种安全威胁的关键。目前与移动 IP 安全体系相关的技术包括公钥体系结构 PKI、互联网密钥交换 IKE、IP 安全性体系结构 IPSec、新的 AAA 协议 Diameter 等几种。PKI 和 IKE 主要作为通信各方互相认证的机制，IPSec 可以防止分组在传输过程中被篡改或被窃听，主要用于隧道机制中。Diameter 基本协议是 IETF 组织提出的一种新的 AAA 协议[7]，基本 Diameter 协议使用的是对等实体（Peer-to-Peer）通信模型，它并不单独使用，通过在其上增加各种命令或属性可为各种应用提供服务。

下面简要介绍在移动 IP 中 AAA 服务体系的应用。如图 6-13 所示是移动 IP 与 AAA 服务体系的关联模型示意图[6]。在该图所示的模型当中，外地管理域中有一个或几个外地 AAA 服务器（AAAF），同时还有许多的外地代理。如果不存在外地代理（比如在下一节介绍的移动 IPv6 中），那么移动节点可以由地址分配实体，比如 DHCP 服务器来提供等同的功能。同样，在家乡管理域中也有一个或几个家乡 AAA 服务器（AAAH），同时还有许多的家乡代理。在移动 IP 协议中，移动节点在多个网络之间漫游时，需要使用外地域的服务或者资源。

在移动 IP 的 AAA 服务体系中，将移动节点视为 AAA 服务体系中的客户（Client），外地代理视为服务点（Attendant）。考虑到将来的扩展性等问题，这里使用 AAA 代理服务器（AAAB）来充当两个管理域的代理角色，这两个域都与代理服务器 AAAB 有安全关联，代理服务器能够安全地为两个域中继 AAA 消息。另外，代理也可以为与它有关但是本身没有直接关联的两个域建立安全关联，代理向希望建立安全通信的两个域转交密钥，然后要求两个域使用由代理提供的密钥来建立安全关联。

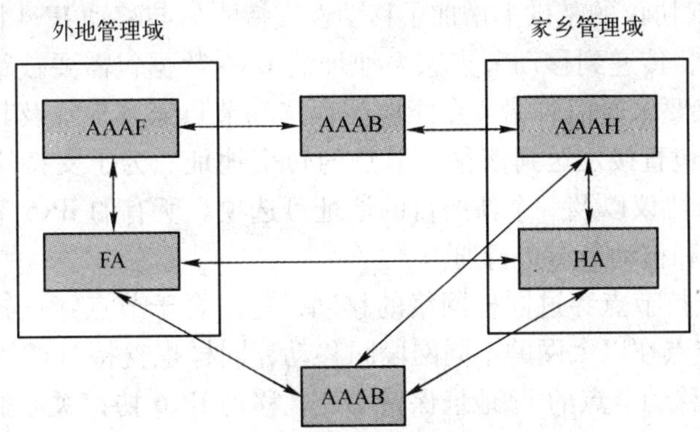

图 6-13　移动 IP 与 AAA 服务体系的关联模型示意图

将 AAA 协议应用到移动 IP 中时，需要考虑的一个重要因素是 AAA 协议处理时间。尤其是如果 AAAF 和 AAAH 相距很远，那么两者之间通过互联网交换消息所需要的传输时间占了 AAA 协议处理时间的很大一部分。这就要求尽可能减少协议交换消息的次数，不仅要集成 AAA 本身的功能，而且协议交互最好和移动 IP 注册也尽可能集成在一起。

一个完整的移动 IP 安全体系应当综合运用以上安全技术，以 PKI、IKE 安全机制为基础，AAA 服务器间遵守 Diameter 协议。移动主机经 AAA 认证后与相关节点（家乡代理、外地代理、通信对端节点）按照规模的大小，采用分层代理结构，以 IPSec 方式进行通信，在这样的安全体系之下，移动 IP 的安全性才能够得到保证。

6.3　移动 IPv6

由于 IPv4 地址日益紧缺以及 IPv6 协议的优越性，IPv6 已经被业界共识为下一代互联网的基本协议。在 IPv6 基本协议的基础上，2002 年 IETF 提出了移动 IPv6 标准的草案 Mobility Support in IPv6。2004 年，IETF 颁布了移动 IPv6 协议 RFC3775[2]，进一步地规范了移动 IPv6。

本章前一节讲述了移动 IPv4，分析了三角路由和安全性等与生俱来的严重问题。之所以称这些问题是与生俱来的，这与 IPv4 已经广泛部署而难以要求所有 IPv4 计算机都进行升级是密切相关的。IPv6 作为一种新型网络层协议，目前并没有像 IPv4 那样得到广泛的应用，而这点正是移动 IPv6 技术诞生和发展的重要契机。换句话说，既然 IPv6 尚没有得到如此广泛的部署，那么在设计移动 IPv6 时，能否考虑在通信对端等网络节点上增加一些功能，从而避免移动 IPv4 所面临的那些问题呢？这正是人们设计移动 IPv6 时所考虑的重点。

希望读者在学习具体的移动 IPv6 技术之前，先花些时间仔细考虑一下移动 IPv4 存在哪些具体问题（如三角路由等），如何充分利用 IPv6 的优势（如地址空间大等），来解决这些问题。

6.3.1 移动 IPv6 概述

移动 IPv6 在 IPv6 协议的基础上增加了移动性支持[8]。与移动 IPv4 协议类似，当移动节点离开其家乡网络时，传递到移动节点家乡地址的 IPv6 数据包需要被路由到该节点的转交地址。移动 IPv6 协议要求通信对端节点能够缓存移动节点家乡地址及其转交地址的绑定关系，从而可以将数据包直接发送到该移动节点的转交地址。为了支持这项操作，移动 IPv6 定义了一份新的 IPv6 协议以及一个新的目的地址可选项。所有的 IPv6 节点，无论是移动的还是静止的，都能够和移动节点进行通信。

移动 IPv6 协议支持节点穿过同构网络的移动，也适合于节点穿过异构网络的移动。例如，移动 IPv6 支持节点在以太网的不同网段间移动，同样也支持节点从以太网到 WLAN 的移动，在移动过程中移动节点的 IP 地址保持不变。移动 IPv6 协议关心的一个关键问题是解决网络层的移动性管理。对于其他一些移动性管理的应用，例如，在一个无线局域网范围内的多个无线 AP 之间的切换问题，已能够用链路层技术得到解决，不需要使用移动 IP。

本节首先分析移动 IPv4 存在的问题，然后通过对移动 IPv6 协议规定的几个基本操作来说明移动 IPv6 的工作机制，最后对移动 IPv4 和移动 IPv6 进行比较。

1. 移动 IPv4 存在的问题

虽然移动 IPv4[1] 能实现 IPv4 网络的移动性支持，但还存在如下问题。

（1）三角路由问题

在移动 IPv4 中，所有发送到移动节点的数据包都通过其家乡代理来路由，结果导致家乡网络负载增加，数据包的传送延时也较长。

（2）部署问题

移动 IPv4 要求每个外地网络都有外地代理。如果没有外地代理，那么移动节点将需要从外地网络上获得一个全球可路由的 IPv4 地址。然而，由于 IPv4 地址的缺乏，这一点很难保证。

（3）入口过滤“Ingress – Filtering”问题

ISP 的边际路由器可能会将源 IP 地址不正确的数据包丢弃。在移动 IPv4 中，当移动节点离开家乡网络并且连接到外地的 ISP，如使用自己的家乡地址作为源 IP 地址来发送数据包，入口过滤机制可能会将这些数据包丢弃。

（4）认证和授权问题

IP 安全性体系结构 IPSec 在 IPv4 中是可选项，而且移动 IPv4 中只是利用这一机制进行移动 IPv4 节点的认证，因此移动 IPv4 的认证和授权机制较差。

2. 术语解释

在移动 IPv6 中，由于 IPv6 具有邻居发现机制，所以无需部署外地代理实体。但是在移动 IPv6 中，依然存在移动节点、家乡代理、家乡链路、外地链路、转交地址、绑定等几个概念，由于其定义与移动 IPv4 相同，这里不再赘述。下面介绍几个在移动 IPv6 中比较重要的新增术语。

（1）绑定更新（Binding Update，BU）

绑定更新是移动节点用来告诉通信对端节点或移动节点的家乡代理自己当前的绑定。绑定更新通过把移动节点的转交地址发送给家乡代理来完成注册，其地址可选项可以放在一个单独的IPv6报文中，也可以放在一个其他IPv6报文中捎带传输。

(2) 绑定应答（Binding Acknowledgement，BA）

如果绑定更新要求一个答复，则家乡代理或通信对端节点给移动节点发送一个绑定应答，以表明它成功收到了移动节点的绑定更新。与绑定更新一样，绑定应答可以在单独的IPv6报文中发送，也可以与别的数据一起在IPv6报文中捎带发送。向移动节点发送绑定应答的方法与向移动节点发送其他数据包时一样。

(3) 绑定更新请求（Binding Refresh Request，BRR）

绑定更新请求被通信对端节点用于请求移动节点建立绑定关系。典型的情况是绑定生存时间接近过期时使用。

(4) 绑定错误（Binding Error，BE）

通信对端节点使用BE消息把一些和移动性相关的错误信息传达给移动节点。

3. 移动IPv6基本原理

无论移动节点是否连接在家乡链路，通信对端节点总是希望通过家乡地址寻址。因此，可以分两种情况分析移动IPv6的基本工作原理。当移动节点在家乡网络时，发送到家乡地址的数据包使用传统的互联网路由机制转发至移动节点的家乡链路，其工作方式与固定的主机和路由器的工作方式相同。

移动IPv6基本工作流程如图6-14所示。当移动节点连接到外地链路时，采用IPv6定义的地址自动配置方法得到外地链路上移动节点的转交地址，然后移动节点通过注册过程把自己的转交地址通知给家乡网络中的家乡代理HA。移动节点的转交地址和家乡地址的这种关联称为“绑定”。

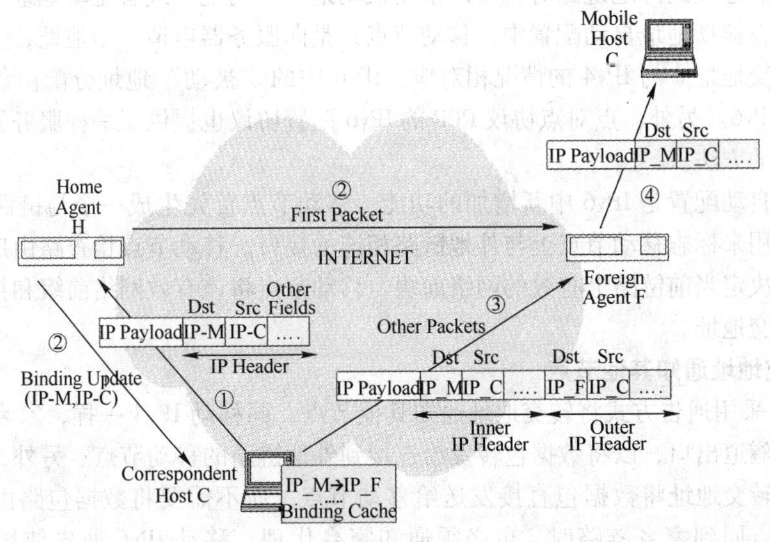

图6-14 移动IPv6的基本工作流程

如果通信对端节点不知道移动节点的转交地址，则它发出的数据包的路由方式与移动IPv4机制相同。数据包先被路由到移动节点的家乡网络，家乡代理再将数据包通过隧道转发到移动节点的转交地址。与移动IPv4不同之处在于，家乡代理在转发数据包时，可以采用绑定更新（BU）将移动节点当前的转交地址告知通信对端节点。从而通信对端节点在后续的通信过程中，可以将分组直接发送给漫游在外地的移动节点。换句话说，如果通信对端节点已经知道移动节点的转交地址，它可以利用 IPv6 报头经过隧道封装从而把数据包直接送给移动节点。

在相反方向与移动 IPv4 类似，移动节点发出的数据包经过反向隧道直接送给通信对端节点而不经过家乡代理。当网络使用“入口过滤”技术时，移动节点可以先将数据包经由隧道送给其家乡代理，由家乡代理把数据包发送给通信对端节点。此外，在有些情况下，如果可以保证操作时的安全性，移动节点也可将它的转交地址告知给通信对端节点。

6.3.2 移动节点注册

与移动 IPv4 协议不同的是，移动 IPv6 中的注册并不需要外地代理。移动节点的注册过程包括以下两步。

1. 确定移动节点的位置

在移动 IPv6 中，移动节点通过 ICMPv6 路由搜索[9]来确定自己的位置，该方法与移动 IPv4 中的代理搜索十分相似，两者的主要区别在于移动 IPv6 利用 ICMPv6 路由搜索来确定自己的位置，移动 IPv4 则用代理搜索的方式判断移动节点是否在外地链路上。IPv6 邻节点搜索中定义的路由器搜索包括路由广播（Router Advertisements，RA）和路由请求（Router Solicitation，RS）两条消息。路由广播（RA）消息是家乡代理和路由器在连接链路上周期性地进行广播的消息；路由请求（RS）消息是没有足够时间等待下一个到达的路由广播消息时，移动节点所发出的请求消息。路由搜索消息不需要认证。

当移动节点连接到外地链路时，可以采用被动地址自动配置或者主动地址自动配置来获得转交地址。在被动地址自动配置中，移动节点只是向服务器申请一个地址，并将这个地址当做自己的转交地址。与 IPv4 的情况相对应，IPv6 中的“被动”地址分配协议是动态主机配置协议 DHCPv6。另外，点对点协议 PPP 的 IPv6 配置协议也提供了一种服务器向移动节点提供转交地址的方法。

主动地址自动配置是 IPv6 中新增加的功能，移动节点首先生成一个与链路有关的接口标记，该标记用来标志移动节点上与外地链路相连的接口。移动节点检查路由广播消息中的前缀信息，以决定当前链路上有效的网络前缀。移动节点将该有效网络前缀和接口标记关联形成自己的转交地址。

2. 将转交地址通知其他节点

移动 IPv6 采用通告方式将转交地址通知其他节点，同移动 IPv4 一样，家乡代理可以将转交地址作为隧道出口，以将数据包转发给连接到外地链路的移动节点。另外，通信对端节点也可以利用转交地址将数据包直接发送给移动节点，而不需要将数据包路由到家乡代理处。当移动节点回到家乡链路时，也必须通知家乡代理。移动 IPv6 通告使用了绑定更新（BU）、绑定应答（BA）、绑定更新请求（BRR）3 条消息，它们都是通过在移动 IPv6 的基础上进行扩展来实现的。下面介绍移动 IPv6 报头及 3 种消息的格式[2,10]。

（1）移动 IPv6 报头

移动 IPv6 报头是一种新的 IPv6 扩展报头，它的主要作用是承载移动节点、通信对端节点、家乡代理在绑定建立和管理过程中使用的移动 IP 信息。移动报头的格式如图 6-15 所示，其中，Payload Proto 为有效载荷协议，用来区分后面所接消息的类型。

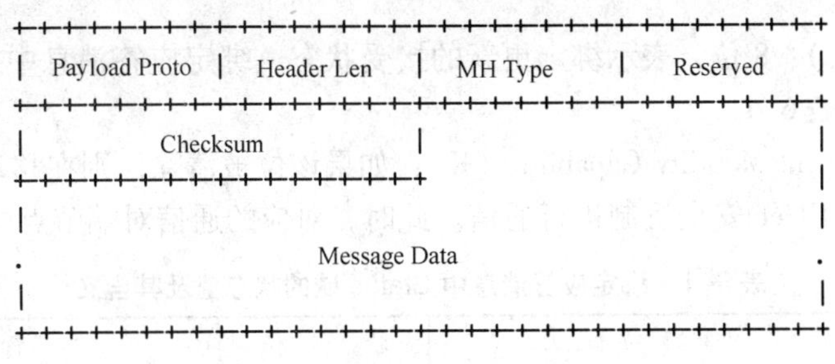

图6-15 移动IPv6报头的格式

(2) 绑定更新消息（BU）

移动节点用绑定更新消息告知其他节点其新的转交地址。对于含有绑定更新消息的分组，其源地址是移动节点的转交地址，目的地址是通信对端节点的地址。绑定更新消息的格式如图6-16所示，其中一些重要标志位意义如下。

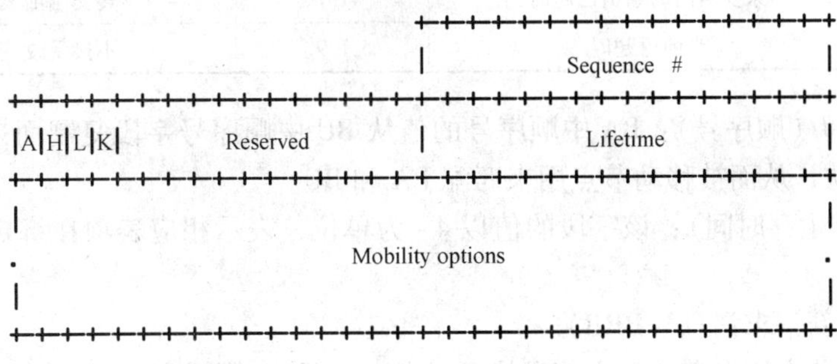

图6-16 移动IPv6绑定更新消息

- Acknowledge（A）：如被设置，表示移动节点请求家乡代理或通信对端节点对绑定更新进行确认。
- Home Registration（H）：如被设置，表示移动节点请求接收者提供家乡代理服务，数据包目的地址与移动节点的家乡地址应该采用相同的子网前缀。
- Link-Local Address Compatibility（L）：如被设置，表示移动节点报告的家乡地址与其本地链路地址有相同的接口标志符。
- Key Management Mobility Capability（K）：如果该位被清除，则被用来建立移动节点和家乡代理之间的IPSec安全机制将不再存在。如果使用手动的IPSec配置，则该位必须被清除。只有在发送给家乡代理的BU中该位才有效，且在其他的BU中须清除该位，通信对端节点可以忽略该位。
- Sequence #：顺序号，16位，被家乡代理用于标志绑定更新，也可用于匹配绑定确认和绑定更新。
- Lifetime：生存时间，16位，表示绑定过期前剩余的时间单位数。
- Mobility Options：移动选项，长度可变，包含0个或多个TLV（类型-长度-值）编码移动选项。

(3) 绑定应答消息（BA）

绑定应答消息用于对收到的绑定更新消息进行确认，该消息中一些重要标志位意义如下。

- Status（状态）：8 位，表示绑定更新的接受状态。绑定应答消息中 Status 域的状态值及其含义见表 6-1。
- Key Management Mobility Capability（K）：如果该位被清除，则在移动节点和家乡代理之间不使用 IPSec 安全机制进行通信。此时，对应的通信对端节点的 K 位值为 0。

表 6-1 绑定应答消息中 Status 域的状态值及其含义

状态值	含义	状态值	含义
0	BU 被接受	1	BU 被拒绝
128	拒绝原因未详细说明	129	管理禁止接受
130	资源不足	131	不支持家乡注册
132	不是家乡子网	133	不是该移动节点的家乡代理
134	重复的地址检测失败	135	顺序号超出窗口范围
136	家乡当前的索引已超时	137	转交当前索引已超时
138	当前已超时	139	不接受改变注册类型

- Sequence #（顺序号）：BA 中顺序号的值从 BU 中顺序号字段复制而来，表示对相应 BU 的确认，从而被移动节点用来匹配 BA 和 BU。
- Lifetime（生存时间）：该字段的值以 4 s 为单位，表示相应表项在绑定缓存中的保留时间。

（4）绑定更新请求消息（BRR）

当通信对端节点所保存的绑定信息快要过期时，通信对端节点给移动节点发送绑定更新请求消息（BindingRefresh Request，BRR），以请求移动节点更新它的移动性绑定。接收到绑定刷新请求报文的移动节点应该向通信对端节点发送绑定更新报文，以使通信对端节点更新它所持有的绑定信息。

6.3.3 数据传输

如果通信对端节点已经与移动节点建立了绑定关系，通信对端节点知道移动节点的转交地址，那么该通信对端节点可以利用 IPv6 路由扩展报头直接将数据包发送给移动节点。这些数据包不需要经过移动节点的家乡代理，它们直接经过从源节点到移动节点的优化路由得以传送。

如果通信对端节点尚未与移动节点建立绑定关系，通信对端节点不知道移动节点的转交地址，那么，通信对端节点将移动节点的家乡地址放到目的 IPv6 地址域中，并将它自己的地址放到源 IPv6 地址域中，然后将数据包发到合适的下一跳节点上。与移动 IPv4 的思路相同，采用上述方式发送的数据包将被送到移动节点的家乡链路。在家乡链路上，家乡代理截获这个数据包，并将它通过隧道送往移动节点的转交地址。移动节点将数据包拆封，并将内层数据包交给高层协议处理。

在相反方向上，移动节点可以直接向通信对端节点发送数据包。对于移动节点在外地网络时所发送的数据包，在发送时若使用移动节点的家乡地址作为源地址，则需要移动 IP 进行加入家乡地址选项的处理。当存在“入口过滤”时，移动节点可以采用类似移动 IPv4 的解决办法，先将数据包经由隧道送给家乡代理，隧道的源地址为移动节点的转交地址，接着家乡代理再把数据包送给通信对端节点。此外，移动 IPv6 还可以利用 IPv6 扩展头的优势，在 IPv6 报头中使用转交地址作为源地址，而在家乡地址选项中使用移动节点的家乡地址，数据报就能安全地通过任何实现了“入口过滤”的路由器。

6.3.4　移动 IPv6 与移动 IPv4 的比较

移动 IPv6 机制与移动 IPv4 机制基本相同，为 IPv6 互联网提供了移动性支持。与此同时，移动 IPv6 在移动 IPv4 的基础上，结合了 IPv6 的优势对移动 IPv4 做出多项改进，主要体现在以下几个方面[1,2,11]。

(1) 充分利用 IPv6 地址空间

IPv4 的地址空间为 32 位，而 IPv6 的地址空间为 128 位，因此 IPv6 有着巨大的地址空间。移动 IPv4 机制采用外地代理以及外地代理转交地址，从而可以使用单一转交地址同时为多个移动节点服务。移动 IPv6 则充分利用了 IPv6 的地址空间优势，直接采用配置转交地址的方式，不再需要网络地址翻译机制和外地代理，从而使移动 IPv6 的部署更加简单直接。

(2) 解决三角路由问题

基本的移动 IPv4 机制存在三角路由问题。为了避免由于三角路由造成的带宽浪费，移动 IPv6 包含了路由优化机制，支持路由优化是移动 IPv6 协议的一个基本部分，而不是一些非标准的扩充。

(3) 提供层次结构

移动 IPv6 不仅能够提供大量的 IP 地址以满足移动通信的飞速发展，而且可以根据地区注册机构的政策，来定义移动 IPv6 地址的层次结构，从而减小路由表的大小并加快注册和切换过程。层次移动 IPv6 将在后续章节中讨论。

(4) 内嵌的安全机制

虽然两种移动 IP 标准都支持 IPSec（IP 安全协议），而且在今天的 IPv4 网络中已经使用了 IPSec，但是 IPSec 安全机制是移动 IPv4 标准的可选部分，而在移动 IPv6 标准中则成为一项重要的组成部分。通过 IPv6 中的 IPSec 可以对 IP 层上的通信提供加密/授权。

(5) 地址自动配置

IPv6 中主机地址的配置方法要比 IPv4 中多，任何主机 IPv6 的地址配置都可以采用被动地址自动配置和主动地址自动配置。这意味着在 IPv6 环境中的编址方式能够实现更加有效的自我管理，使得节点在移动过程中的地址分配、增加和更改易于实现，并且降低了网络管理的成本。

(6) 服务质量保证

服务质量是一个综合性的问题，涉及多种因素，从协议的角度来说，移动 IPv6 与移动 IPv4 相比，其优点是提供区分服务。IPv6 的报头增加了一个长度为 20 位的流标记域，该流标记域使得中间节点都能够确定数据流的服务等级。尽管目前流标记的确切使用方法尚未标准化，但可以肯定的是它可以用来支持未来基于服务水平和其他标准的新的计费系统等。移动 IPv6 还通过另外几种方法改善服务质量，主要有提供永久连接，防止服务中断以及提高网络性能等。

6.4 移动 IP 的切换优化机制

移动 IP 技术使得移动节点 MN 可以使用一个“永久”IP 地址在网络中移动，实现随时随地的接入并被其他用户访问。但在移动过程中，当 MN 从一个接入点移动到另一个接入点，或者从一个子网移动到另一个子网时，存在一定的切换时延，同时还可能发生数据包的丢失，这会对某些对时延要求高的上层业务产生影响。这就需要一种低时延、平滑的切换技术来解决这一问题，因此，切换优化是移动 IP 技术中的一个重要研究课题。

6.4.1 移动 IP 切换优化机制概述

在移动 IP 中，MN 在移动到另外一个接入点或网络时，需要获得新的 CoA，并通过向 HA 重新注册以便将最新的 CoA 告知 HA，这一过程称为切换。在切换过程中，移动节点无法被通信对端节点访问。整个切换过程可以分为移动检测阶段和重新注册阶段两个阶段。因此影响移动 IP 切换延时的因素主要有移动检测时延、重新注册时延、恢复由于切换引起丢包的时延 3 个。各种切换优化技术的目的，即是要减少切换的延迟和丢包率。

根据切换发起方来分，切换可以分为网络控制和 MN 控制两种。前者由网络中的接入路由器来决定 MN 的连接点，并与 MN 建立连接；后者由 MN 决定新的连接点，并且在新连接点处建立连接。MN 由一个网络接入点切换到另一个接入点时，会马上进行数据链路层切换（即二层切换），也称为硬切换。二层切换过程是由各个子网所使用的底层通信技术决定的。如果跨越 IP 子网，还需要网络层切换（即三层切换），也称为软切换。三层切换可以由子网间的二层切换触发。

为了达到广泛的适用性，在移动 IP 的设计中，网络层（三层）与数据链路层（二层）是相互独立的，这也就导致了固有延迟的产生，只有在和新 FA 的二层切换完成后，才能开始网络层 MIP 注册过程，且注册过程持续时间非零。同时，由于切换过程中 HA 不知道 MN 的最新 CoA，通过隧道发送到原先外地网络的 IP 包就会被丢弃，这就产生了丢包问题。通常来说，由通信对端系统（如 TCP 协议发送端）来恢复丢失的数据包，会造成很大的时延。此外，当切换频繁或者 MN 距离 HA 很远时，影响更大。

切换技术优化机制有两个研究方向，一种是利用二层切换触发三层切换，通过加快切换过程来降低延迟；另一种是着眼于利用隧道转发机制，使得 MN 能够继续通过切换前的旧代理收发数据，从而减少丢包。

下面介绍几种典型的移动 IP 快速切换和切换优化技术。

1）移动 IPv4 低延迟切换技术，包括预先注册切换和过后注册切换等方法。

2）移动 IPv6 快速切换技术，包括预先切换和基于隧道的切换两种技术。

3）移动 IP 平滑切换技术。

6.4.2 移动 IPv4 切换优化机制

在移动 IPv4 中，当 MN 离开一个网络后，并不会触发 MIP 网络层的切换和重新注册。只有 MN 在一段时间后（通常为 FA 发送代理公告周期的三倍），仍未收到原来 FA 发来的代理公告，才认为 MN 本身已经离开原来 FA 所管辖的网络，进而才会与新的代理发起网络层的切换。

为了减少切换的时延，一个直观的方法是提高代理公告的频率，但这样做会导致更多的网络资源被代理公告所占用，从而减少了带宽的利用率。因此，IETF 工作组提出了二层触发（L2 Trigger）方案[12]，即二层发生切换时，由二层立即通知三层正在发生的切换，使三层提前做好准备，以减少额外开销，降低时延。

此外，造成切换延迟的主要原因还有两个，一是 MN 只能和直接相连的 FA 通信，因此 MN 只有在完成了二层切换后，才能向新 FA 发起注册过程；另一个是注册过程需要花费时间，在这一时间内，MN 不能收发数据包。因此，要解决这两种问题，可以分别使用如下方法。

1）允许 MN 在仍然连接在旧 FA 上时，就能与新 FA 通信，这就是预先注册切换。

2）在完成注册之前，由旧 FA 向 MN 提供数据转发，这就是过后注册切换。

1. 二层触发

尽管移动 IPv4 协议是一个独立于二层协议之外的三层协议，但它可以利用一些有用的二层事件消息，来达到降低切换延迟的目的。二层触发是在二层切换的过程中，发送一些二层事件消息（Event Notification），并引起三层的相应动作。当 MN 离开旧的接入点，或连接到新的接入点时，都会产生这样的二层事件消息。

在移动切换过程中，涉及的实体包括移动节点（MN）、旧外地代理（MN 原来连接的 FA）和新外地代理（MN 将要连接的新 FA）。某些二层信息可以向网络提供预先触发信息，而另外一些可以向 MN 提供预先触发信息。也就是说，通过二层消息，至少 FA 或者 MN 二者之一可以得知二层切换的发生。根据二层触发的触发器不同，可将其分为移动触发、源触发、目的触发、链路启用触发和链路停用触发等几种。事件消息的接收者可以是 MN，也可以是旧 FA 或新 FA。同时，可以向上层提供的参数和信息也随触发器的不同而有所不同，但一般来说，都要包括 MN 的 IP 地址，旧 FA 或新 FA 的 IP 地址，或以上实体的 MAC 地址等[13]。

2. 预先注册切换

预先注册切换法允许移动主机发起提前切换，MN 在网络的辅助之下可以在二层切换完成之前执行三层切换[12]。这个三层切换可以由网络发起，也可以由 MN 发起。相应地，MN 和 FA 利用二层触发器触发特定的三层切换事件。实际上，通过预先注册切换可以使 MN 在二层切换前利用原有旧 FA 提前进行注册。

预先注册的操作过程如图 6-17 所示。在三层的注册切换之前，旧 FA 向新 FA 发送路由请求通告消息（RtSol），新 FA 发送路由广播消息（RtAdv）答复旧 FA。然后旧 FA 用新 FA 的相关信息向 MN 发送代理广播（ProxyRtAdv）。当 MN 收到代理广播之后，就能在二层切换完成之前，通过旧 FA 向新 FA 发起注册。这样，当二层切换完成之后，MN 不必再进行三层切换就马上可以通过新 FA 收发数据了。

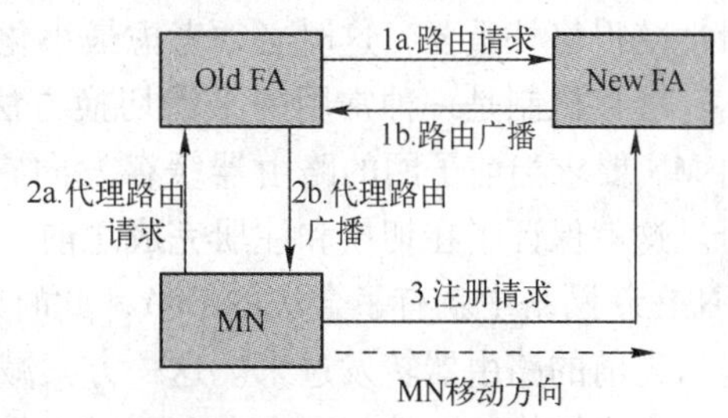

图 6-17 预先注册操作过程

上述三层切换可以由网络发起，也可以由 MN 发起。在网络发起切换的情况下，预先注册切换可以由旧 FA 通过二层的源触发发起，也可以由新 FA 通过二层的目的触发发起。此时外地代理可以从二层触发消息中获得 MN 的 IP 地址和新（旧）FA 的 IP 地址，从而发起切换的过程。在 MN 发起切换的情况下，由 MN 通过接收二层消息并确认自己已移动，进而启动切换过程。预先注册切换的方法除了在移动切换情况下对代理请求消息进行了一定扩展外，没有引入新的消息，与原有的移动 IPv4 是完全兼容的。

3. 过后注册切换

过后注册切换对移动 IPv4 协议进行了扩展，允许旧 FA 和新 FA 利用二层触发建立两者间的双向隧道，使得 MN 在新 FA 的子网下可以继续使用旧 FA[12]。这就可以减少丢包率，最小化了切换对实时应用造成的影响。MN 在新 FA 上的三层注册过程可以根据需要被推迟。

过后注册的数据转发路径如图 6-18 所示。移动节点在新 FA 上的注册没完成之前，它可以继续使用旧 FA 的 CoA。新旧 FA 之间可以利用二层触发器建立一条双向隧道，发往 MN 的分组先到达旧 FA，通过隧道传给新 FA，进而转发给 MN，这样可以减少通信中断时间。这个过程中，旧 FA 变成 MN 的移动性锚点，称为锚外地代理（anchor FA，aFA）。这种方法尤其适用于 MN 快速移动的情况，即 MN 在向新 FA 注册之前又向第 3 个 FA 移动，第 3 个 FA 通知 aFA，把双向隧道的一端从新 FA 移向第 3 个 FA，另一端仍连接到 aFA，直到 MN 完成移动 IP 的注册。

4. 联合切换

联合切换法是预先注册切换和过后注册切换的综合。如果预先注册切换可以在二层切换完成之前进行，那么联合切换法实际上就是一个预先注册切换。然而，如果预先注册切换不能在二层切换完成之前进行，那么旧 FA 就会为 MN 到启动转发通信的服务，就像过后注册切换中所规定的那样。

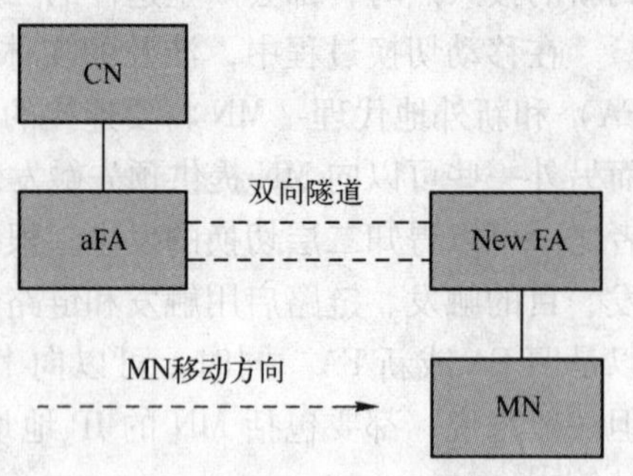

图 6-18　过后注册的数据转发路径

可以看出，联合切换法的实质是，当一个预先注册切换不能保证在二层切换完成之前完成时，将过后注册切换作为一种有效的备用机制。

6.4.3 移动 IP 平滑切换技术

平滑切换是指能够保证尽量低丢包率的切换。随着 VoIP 等实时应用的出现，切换的平滑性变得格外重要，这时必须考虑最小化丢包率，进行平滑的切换。

缓存机制是一种常用的平滑切换方法。Kuang Yeh Wang 等人提出了一种缓存机制[14]，由 MN 要求当前子网的路由器缓存发向它的数据包，直到 MN 完成向新子网内路由器的注册。这就保证了在切换和注册完成之前，发向旧地址的数据包也不会丢失。一旦注册完成，MN 在新网络中就有了合法的 CoA，此时，可以在新旧路由器之间建立隧道，将缓存的数据包从先前的路由器转发过来。这一方案减少了移动过程中数据包丢失的可能性。但采用缓存方法解决切换平滑性问题也存在不足之处。例如，缓存大小的设置就是一个需要仔细考虑的问题，过大的缓存会浪费存储资源，同时也会在转发缓存数据时占用过多宝贵的无线网带宽，过小的缓存则仍有可能导致数据报的丢失。

对于实时应用，在切换过程中要考虑到状态信息转移问题。当网络带宽有限时，如无线蜂窝网络，可能采用压缩 IP 报头和传输报头，充分利用可用带宽。这时报头压缩上下文需要从一个 IP 访问点（如路由器）重新定位到另一个 IP 访问点，平滑切换可以通过移动 IPv6

的“绑定更新”消息来获得这种携带转移的状态信息。

IETF 提出了一种基于 IPv6 的平滑切换框架[15,16]，使得切换可以实现低延迟、低分组丢失和最小化移动主机通信中断。MN 连接到一个新接入点时，与其相关的一些状态信息可能需要发送给新的移动代理。切换可以分为网络控制移动协助（Network-Controlled Mobile-Assisted，NCMA）和移动控制网络协助（Mobile-Controlled Network-Assisted，MCNA）。在 NCMA 中，网络知道 MN 将要切换到哪个新移动代理，因此当 MN 的新接入链路建立后，其原先的移动代理能和新移动代理取得联系，并传送状态信息。

在 MCNA 中，移动主机为了进行状态传输，需要发送一些必要的消息。按照移动 IPv6 的规定，MN 在配置了新转交地址之后，需要向新移动代理发送绑定更新消息。在 IPv6 平滑切换框架中，绑定更新消息需要附加一个平滑切换初始化（Smooth Handover Initiate，SHIN）选项。图 6-19 表示了这种绑定更新消息的结构：SHIN 被放在了绑定更新请求之前，并且整个消息被封装了一个新的 IPv6 头部。SHIN 包括了这样几个子选项：SHIN 目的地选项头，新移动代理子选项，新旧移动代理同时使用的子选项以及旧移动代理使用的子选项。

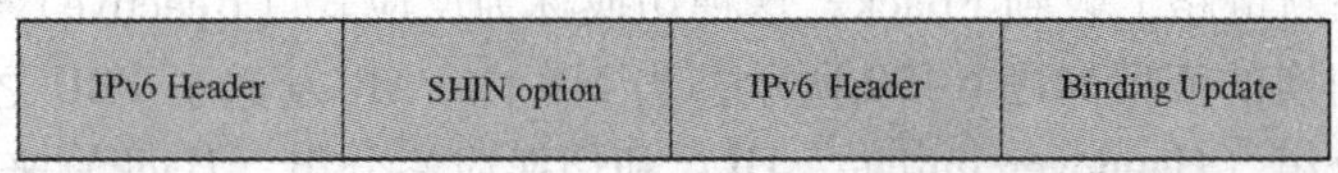

图 6-19　带有平滑切换发起选项的绑定更新消息

当新的移动代理收到带有 SHIN 的绑定更新后，它可以对其中的各个子选项进行识别，并向 MN 的旧移动代理发送一个平滑切换请求消息（Smooth Handover Request，SHREQ）。当旧的移动代理收到这一消息时，它首先会对新的移动代理进行认证，以确保它是一个被 MN 授权的代理。随后它会发送一个平滑切换回复消息（Smooth Handover Reply，SHREP）。该消息中包含适当的结构，用于进行上下文状态信息的传输。虽然旧的移动代理通过 SHREP 将状态信息发给了新的移动代理，但这些信息在旧代理处不应当马上被销毁。这是因为一旦发生了 SHREP 消息的丢失，旧代理需要重新构造一个 SHREP，并将其再次发送给 MN 的新的移动代理。

6.4.4　移动 IPv6 切换优化机制

移动 IPv6 协议针对移动 IPv4 存在的种种不足进行了改进，例如，采用可靠的路由器发现和地址配置功能，取代了代理发现过程和 FA 配置的 CoA，避免了三角路由问题等。但移动 IPv6 中同样存在切换延迟和丢包的问题，需要进行切换优化。移动 IPv6 的切换优化机制可分为预先切换和基于隧道的切换[17]。

1. 移动 IP 快速切换

IETF 基于预先切换的思想提出了快速切换（Fast Handovers for MIPv6，FMIPv6）[18]。FMIPv6 与 MIPv4 快速切换机制的原理基本相同，其基本思想都是让 MN 在和旧的接入路由器还保持着二层连接时，就发起三层切换，并通过在新旧接入路由器间建立隧道来维持到 MN 的分组转发。但两者在信令设计和交互方面有所不同，在移动 IPv6 的预先切换技术中，旧的接入路由器称为 PAR（Previous Access Router），新接入路由器称为 NAR（New Access Router）。此外，引入了（AP-ID，AR-Info）元组来描述接入路由器信息，其中 AP-ID 表示接入点标志，AR-Info 表示该 AP 接入的路由器接口信息，包括路由器 IP 地址、MAC 地址和网络前缀。

根据切换过程中切换预测信息的接收方，预先切换同样可以分为网络发起切换和 MN 发起切换两类。在网络发起切换的情况下，当 MN 和 PAR 还保持二层连接时，如果 PAR 预测到 MN 将进行切换，则启动 MN 和新的 AR（NAR）之间的三层信令交互。在这种情况下，PAR 将主动发送代理路由公告 PrRtAdv，而不是由 MN 发送代理路由公告请求 RtSolPr。

在 MN 发起切换的情况下，MN 会根据接收到的二层消息预测到自己将会移动到新的网络中，并且启动与 PAR 的信令交互来实现三层的切换。首先，MN 向 PAR 发送路由公告请求 RtSolPr，请求将接入点 AP 的 ID 解析为特定子网的信息。PAR 回复 PrRtAdv，其中包含了一个或多个（AP-ID，AR-Info）这样的元组。通过 PrRtAdv 消息提供的新 AP 所对应的子网信息，MN 可以知道它的新 CoA（NCoA）。随后，当链路层的切换事件发生时，MN 会向 PAR 发送快速绑定更新分组（Fast Binding Update，FBU），使得 PAR 将 PCoA 和 NCoA 绑定起来，以便使后面到达 PAR 的数据包能够通过隧道到达 MN 的 NAR，避免在切换过程的丢包。

根据 MN 是否在原先的链路上收到 PAR 对 FBU 的回复 FBack，可将这类预先切换分为两类。如果 MN 在原来的链路上收到 FBU 和 FBack，这种切换称为先验式（Preactive）快速切换；如果 MN 在新链路上收到 FBack，这种切换称为反应式（Reactive）快速切换。

先验式快速切换的流程如图 6-20 所示，当 MN 向 PAR 发送了 FBU 之后，PAR 可以通过交互切换初始分组（Handover Initiate，HI）和切换应答分组（Hack）来确定 NAR 是否接受了 NCoA。MN 在 FBU 中给出的 NCoA 会携带在 HI 中，NAR 可以同意这一 NCoA，或者自己为 MN 分配 NCoA 并写在 HAck 中，随后 PAR 可以通过 FBack 将这一 NCoA 返回给 MN。在这种情况下，MN 必须使用 NAR 分配的 NCoA，而不是它最初在 FBU 中指出的 NCoA。如果 MN 能够在原先的链路上收到 FBack，这意味着当 MN 在切换到 NAR 时，数据包的隧道传输已经开始了，此时 MN 应当立即向 NAR 发送快速邻居公告（Fast Neighbor Advertisement，FNA），使得到达并缓存在 NAR 的数据包能够立即转发给 MN。

反应式快速切换的流程如图 6-21 所示，如果 MN 没有在原先的链路上收到 FBack。这

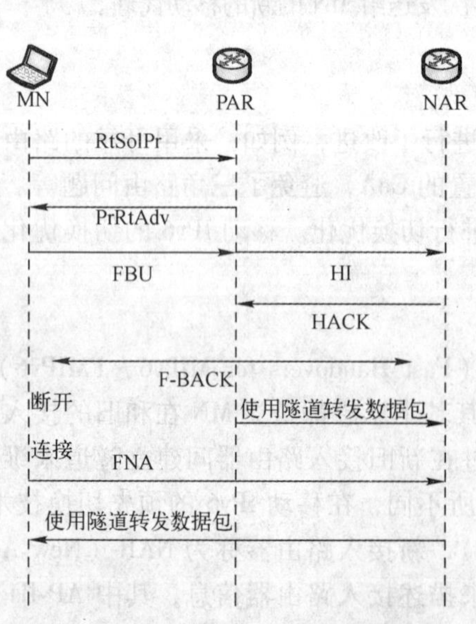

图 6-20　先验式快速切换的流程

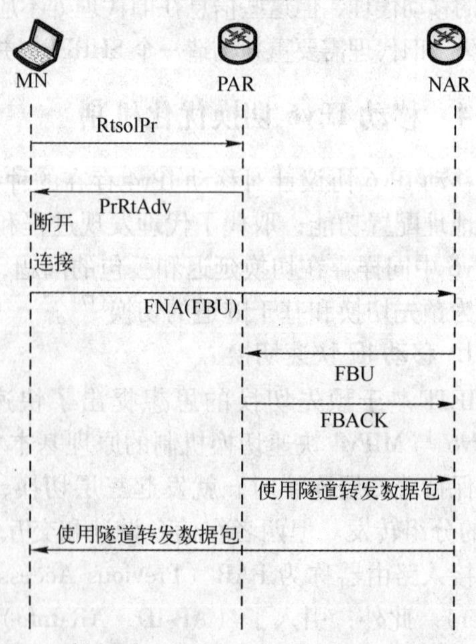

图 6-21　反应式快速切换的流程

可能是由于MN还没有发送FBU，或者MN在发送FBU之后，收到FBack之前已经离开了原先的链路。为了使得NAR能够立即开始转发数据包，并且为了使NAR确认NCoA是否可用，MN应当把FBU封装在FNA中向NAR发送。如果NAR检测到NCoA已经被其他节点使用，它会丢弃FNA内层的FBU，并且发送一个带有邻居广播回复选项的路由公告（Router Advertisement，RA），给MN提供一个可用的NCoA，这对于避免地址冲突是非常必要的。在这种情况下，MN无法确定PAR是否成功地处理了FBU。因此，当MN连接到NAR时，NAR会立即重新向PAR发送FBU。应当注意此时FBU不是由MN来发，而是由NAR转发给PAR的，PAR回复FBack来完成隧道的建立。其余流程与先验式快速切换方法类似。

2. 基于隧道的切换

基于隧道的切换是指在MN与新AR的二层连接建立后，不启动三层切换并获得新的CoA，而是在两个网络的AR之间建立隧道，MN通过隧道从前一个网络接收数据。这种做法减少了获得新CoA的时间开销，对于实时的数据传输很有意义。这是因为，MN在切换的过程中转交地址没有改变，这就大大降低了丢包的可能性。特别是当MN在多个不同的子网之间进行快速移动和切换时，基于隧道的切换优势体现得更加明显。

基于隧道切换的过程如图6-22所示，在旧AR和新AR处都需要二层触发器[10]。这里的两个基本的触发器分别是L2-ST（L2 Source Trigger）和L2-TT（L2 Target Trigger）。与此同时，在旧AR上需要增加一个L2-LD（L2 Link Down）触发器来触发连接断开，在新的AR和MN上需要增加一个L2-LU（L2 Link Up）触发器来表示二层切换的完成。其信令及流程与快速切换非常类似，这里不再详述。

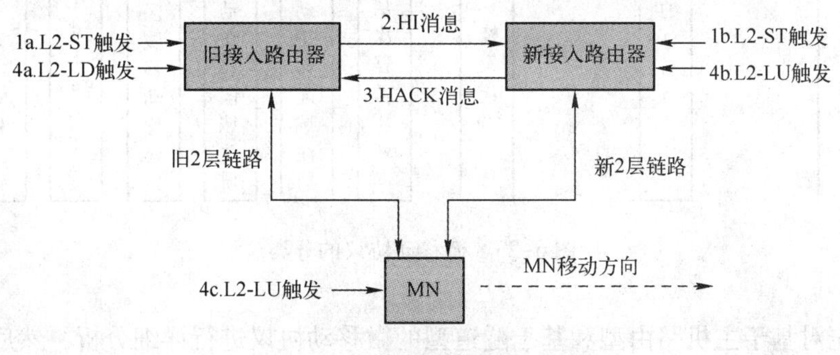

图6-22 基于隧道切换过程

6.5 微移动协议

移动IP作为IP协议关于移动性管理的扩展方案，虽然能使用户在移动过程中无需更换IP地址也能实现不间断的通信，但它却不能支持主机的高速移动。因为移动IP协议规定：一旦移动节点MN发生切换，MN必须向家乡代理（HA）进行注册。在这样的操作流程下，当主机移动速度越快，MN发生切换的频率越高，将导致MN频繁向HA进行注册。这个过程对MN来说，会增加切换时延，导致用户获得的QoS下降；对系统来说，会增加冗余信令，且信令的冗余会随着网络规模的扩大以及主机与HA距离的增加而增加。

为了解决上述问题，学者们在移动IP的基础上提出了一些扩展移动管理方案。这些方案的主要思想是将网络分区，使整个网络由若干区域组成。MN 在区域内的移动称为域内移动，也叫微移动；MN 在区域间移动称为域间移动，也叫宏移动。当微移动发生时，使用扩展的移动管理方案来进行移动性管理；当宏移动发生时，使用移动 IP 来进行移动性管理。由于作用范围不同，移动 IP 又被称为宏移动管理方案，扩展的移动管理方案又被称为微移动管理方案。

6.5.1 微移动协议概述

目前存在多种微移动管理协议，如蜂窝 IP[19]、蜂窝 IPv6[20]、切换优化的无线 Internet 架构（HAWAII）[21]、层次移动 IPv6[22]、移动 IPv4 区域注册[23]、移动 IPv6 区域注册[24]、区域移动 IPv6[25]、电信移动 IP（TeleMIP）[26]和域内移动主机协议（IDMP）[27]等。根据主机定位方式的不同，可以把众多的微移动管理方案分为两大类：基于主机路由的微移动管理方案和基于隧道的微移动管理方案[28]，如图 6-23 所示。

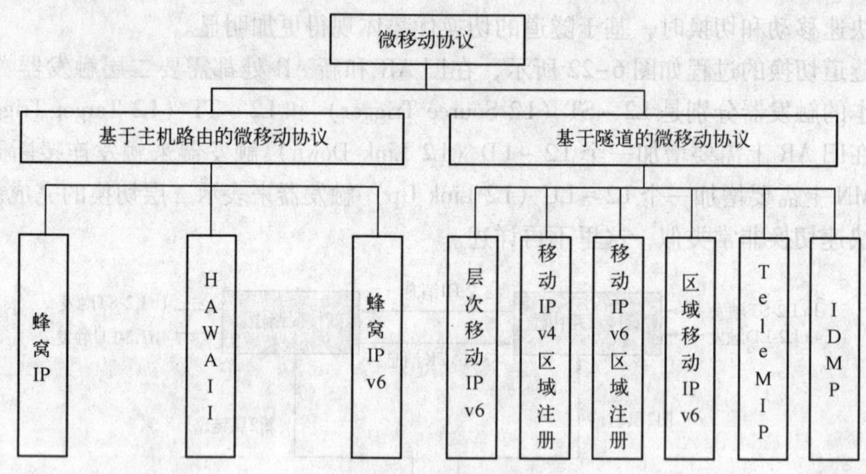

图 6-23　微移动协议的分类

本节首先对基于主机路由型和基于隧道型的微移动协议进行详细分析，然后介绍典型的微移动协议，最后对比这些微移动协议的主要性能。

1. 基于主机路由的微移动协议

基于主机路由的微移动协议[19~21]的基本思想如图 6-24 所示。该类协议为区域中的每个 MN 分配一个 IP 地址作为标志，与移动 IP 中获得 CoA 的方法类似，该地址可能是网关（网关通常作为代理）的地址[19,20]，也可能是网关采用类似动态主机配置协议（Dynamic Host Configuration Protocol，DHCP）为 MN 分配的地址。MN 在获得该地址后，将其作为 CoA 并向 HA 注册。当 MN 在区域内移动时，该地址保持不变，可作为 MN 的标志。

由于 MN 在区域内的标志 CoA 不变，使得该类协议更适合于目前 IETF 提出的一些 QoS 模型，如资源预留协议（RSVP）和多协议标签交换（Multiprotocol Label Switching，MPLS）[29]等。因为这些 QoS 模型在设计时，均认为主机的标志是不变的。然而，不变的标志使得网络在定位主机的时候，需要采用主机路由方式。这种方式要求区域内从网关到 MN

之间的沿途路由器记录与 MN 相关的路由信息。

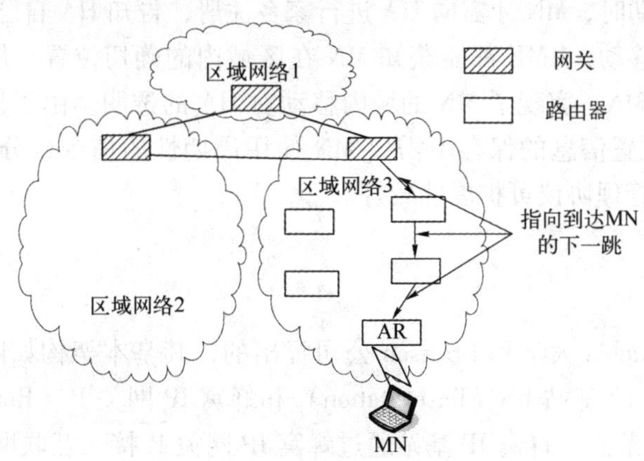

图 6-24　基于主机路由的微移动协议的基本思想

为了达到这一目的，MN 需要隐式（如发送探测分组）或显式地发送信令至网关，使网关至 MN 之间的路由器记录能路由至 MN 的下一跳信息。为了使该信息能准确地反映出到达移动主机的路由，基于主机路由的微移动管理协议要求 MN 周期性地发送隐式或显式信令，以更新网络节点中与 MN 相关的路由信息。

这样，当 MN 切换到另外一个接入点时，无效的路由信息会因为没有被及时更新而被相应的路由器删除，这实际上是一种“软状态”的位置信息保存方式。“软状态”方式增加了网络中的信令冗余，并且使得网络的可扩展性变差，因为位置信息的查找复杂度会随着网络内主机数量的增加而急剧增加。

2. 基于隧道的微移动协议

基于隧道的微移动协议[22~27]基本思想如图 6-25 所示。该类协议为区域中的每个 MN 分配两个地址，一个作为区域内的身份标志；另一个作为区域内的位置标志。为了将这两个地址绑定，基于隧道型的微移动管理协议在区域内引入区域移动管理实体（Regional Mobility Entity，RME）来代替 HA 管理 MN 在区域内的移动。

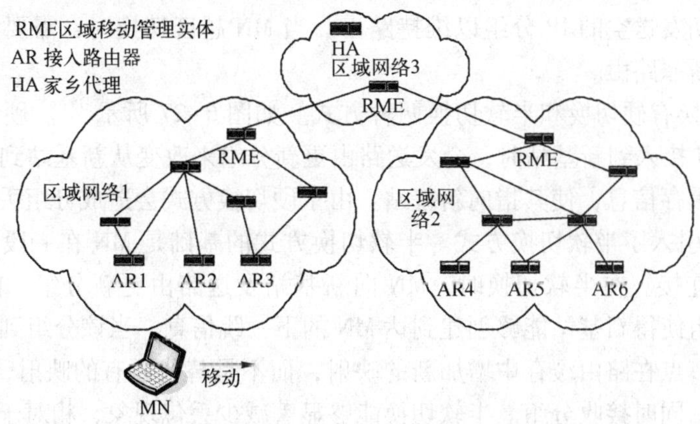

图 6-25　基于隧道的微移动协议基本思想

当 MN 发生微移动时，MN 仅需向 RME 进行区域注册，告知 RME 自己的当前位置。只有当 MN 发生域间移动时，MN 才需向 HA 进行家乡注册，告知 HA 自己的当前区域。这样，无论 MN 在域内如何移动，RME 都能获知 MN 在区域内的确切位置，从而能将分组正确地通过隧道方式转发给 MN，实现了 MN 的域内移动对 HA 的透明。由于位置信息仅保存在本区域的 RME 中，且位置信息的保存不需要 MN 使用周期性的信令或分组进行更新，因此，基于隧道型的微移动管理协议可扩展性较好。

6.5.2 蜂窝 IP

蜂窝 IP 是由 Columbia 大学和 Ericsson 公司提出的，其基本架构如图 6-26 所示[19]。一个蜂窝 IP 网络由蜂窝 IP 基站 BS（Base Station）和蜂窝 IP 网关 R（Router/Gateway）组成，它们均被称为蜂窝 IP 节点。蜂窝 IP 基站通过蜂窝 IP 网关 R 接入互联网。在蜂窝 IP 网络内部，MN 以其家乡地址作为身份标志，而在蜂窝网络外部（即互联网中），MN 以蜂窝 IP 网关的地址作为其 CoA，即其位置标志。

从 MN 发出的分组，会先通过无线方式传输到所接入的基站，然后通过多跳方式由最短路径路由达到网关，通过网关发往互联网。另一方面，从互联网发往 MN 的分组，首先根据移动 IP 协议，通过 HA 的隧道转发最终路由到网关，然后根据蜂窝 IP 的路由机制将分组通过无线方式传送到 MN。

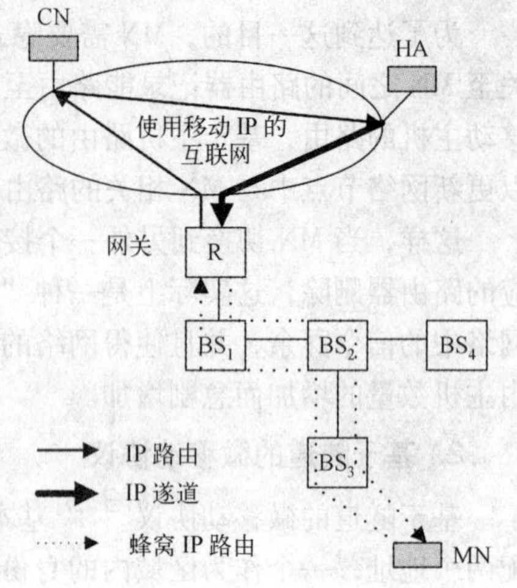

图 6-26　蜂窝 IP 网络的架构

为了让 MN 正确地接收到分组，网络需要能够准确地找到 MN 在蜂窝 IP 网络中的位置，而这一功能由蜂窝 IP 路由来实现。为了实现蜂窝 IP 路由，网关周期性地发送信令到整个网络。蜂窝 IP 基站 BS 根据收到的信令，建立从基站到网关的路由。当 MN 的分组通过逐级转发到达网关时，基站也由此获得了 MN 到网关的路由信息。这一信息存放在路由缓存（Route Cache）表中，该表记录了 MN 的地址和相邻下一跳的映射关系。因此，MN 即使没有信息发送，也需要定期发送空的 IP 分组以维持路由。当 MN 越区切换时，需要建立新的基站到网关的路由并更新原路由。

蜂窝 IP 的切换有硬切换和半软切换两种方式。如图 6-27 所示[19]。硬切换来源于蜂窝通信系统，当 MN 接入到新基站时，会发送路由更新分组来改变从新基站到新旧基站的交叉基站之间的路由缓存信息，使其指向新基站。由于硬切换方式会造成分组丢失，为了解决这个问题，蜂窝 IP 引入了半软切换方式。半软切换方式的基础是 MN 在一段时间内，同时保持与新旧基站的连接。在半软切换时，MN 向新基站发送路由更新分组，同时也监听旧基站。路由更新分组使得新基站能够创建到达 MN 的下一跳信息，当该分组到达新旧基站的路由交汇点时，该节点在路由缓存中增加新的映射，而不是替代原有的映射，这样，MN 可以从旧基站和新基站同时接收分组。半软切换能够显著减少丢包现象，相对于硬切换能够提供更好的分组传输性能。

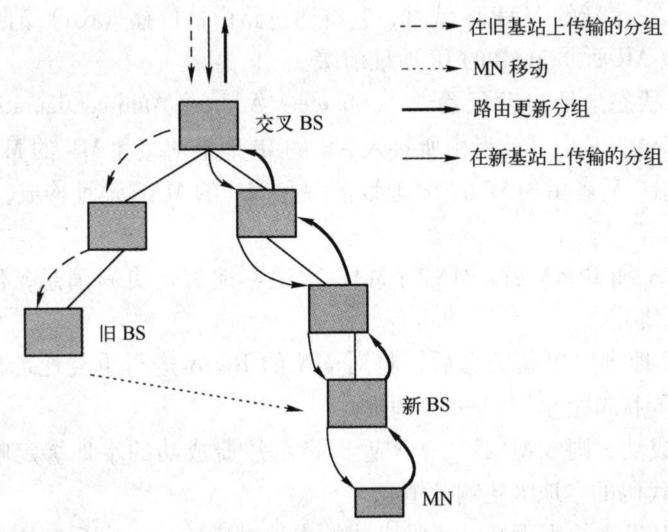

图 6-27　蜂窝 IP 网络的切换

6.5.3　层次移动 IPv6

层次移动 IPv6（HMIPv6）的主要思想是将整个网络分为多个区域，并将每个区域的路由器部署成层次型结构。HMIPv6 通过在区域中放置移动锚点（MAP），来代替 HA 管理 MN 在区域内的移动，使 MN 的微移动对 HA 透明，帮助 MN 实现快速切换、减少 MN 与外部网络的信令交互。在 HMIPv6 中，一个子网中可存在一个或多个 MAP。HMIPv6 的工作机制如图 6-28 所示，图中的虚线表示两实体之间可能由多跳网络节点连接。

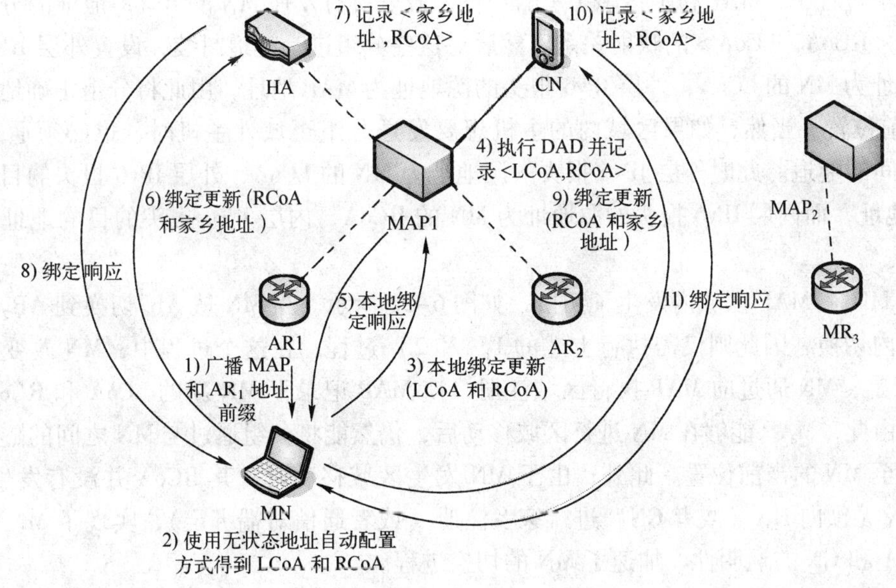

图 6-28　层次移动 IPv6 的工作机制

HMIPv6 具体工作流程如下。

1）当 MN 进入一个新的 MAP 区域时，它将通过路由器广播（RA）消息获得所接入 AR 的 IP 地址前缀和该 AR 所属 MAP 的 IP 地址前缀。

2）MN 使用无状态地址自动配置[28]（Stateless Address Auto-configuration）形成两个地址，即 LCoA 和 RCoA。其中，前者由所接入 AR 的 IP 地址前缀和 MN 的 MAC 地址构成，为 MN 的实际位置标志；后者由 MAP 的 IP 地址前缀和 MN 的 MAC 地址构成，为 MN 在区域中的身份标志。

3）在获得 LCoA 和 RCoA 后，MN 向 MAP 发送本地绑定更新消息，使 MAP 将 MN 的 LCoA 和 RCoA 进行绑定。

4）MAP 收到本地绑定更新消息后，将对 MN 的 RCoA 进行重复地址检测[30]（DAD），避免同一链路的不同接口上享用同一 IP 地址。

5）如果 DAD 成功，则 MAP 将向 MN 返回指示注册成功的本地绑定响应消息，否则，返回带有相应故障代码的本地绑定响应消息。

6）在收到 MAP 发来的用于指示注册成功的本地绑定响应消息后，MN 需向 HA 执行家乡注册过程，目的是使 HA 将 MN 的 RCoA 和家乡地址绑定，告知 HA 自己当前所在的 MAP 区域。

7）HA 记录 MN 的绑定信息。

8）HA 向 MN 回复绑定响应。

9）在保障安全的情况下，MN 也可以向 CN 进行“通信对端绑定”，使 CN 记录下 MN 的 RCoA 和家乡地址的映射关系。

10）CN 记录 MN 的绑定信息。

11）CN 向 MN 回复绑定响应。

在整个过程中，MAP 扮演区域 HA 的角色，截获所有发往 MN 的 RCoA 地址的分组，查找保存的 <RCoA，LCoA> 的映射关系，然后对这些分组进行隧道封装，设置外层 IPv6 报头的目的地址为 MN 的 LCoA，外层 IPv6 报头的源地址为 MAP 地址，由此将分组正确地转发到 MN 的当前位置。当然，如果区域内的主机想要发送分组至域外主机时，也必须通过 MAP 与 MN 之间的隧道。此时外层 IPv6 报头的源地址为 MN 的 LCoA，外层 IPv6 报头的目的地址为 MAP 地址，而内层 IPv6 报头的源地址为 MN 的 RCoA，内层 IPv6 报头的目的地址为目的主机地址。

如果 MN 在 MAP 区域内发生了切换，如图 6-28 所示。当 MN 从 AR_1 切换到 AR_2 时，由于是在域内切换，因此则仅需执行上述的 1）和 2）过程。在这个过程中，MN 改变了它的 LCoA，于是，MN 通过向 MAP 执行区域注册，使 MAP 记录下 MN 新的 LCoA 和 RCoA 的映射关系。由此，MAP 能够在 MN 进行区域移动后，仍然能将分组通过与 MN 之间的隧道，正确地传送至 MN 的当前位置。此外，由于 MN 发生区域移动时，其 RCoA 并没有发生改变，因此，MN 无须向 HA（或者 CN）进行家乡注册（或者通信对端绑定），实现了 MN 的区域移动对 HA 和 CN 的透明性，加速了 MN 的切换进程。

如果 MN 发生了 MAP 区域之间的切换，如图 6-28 所示。当 MN 从 AR_2 切换到 AR_3 时，则需重新执行上述的 1）~11）过程，使新的 MAP 记录下 <RCoA，LCoA> 的映射关系，使 HA 或 CN 记录下 <RCoA，家乡地址> 的映射关系。

6.5.4　域内移动管理协议 IDMP

IDMP（Intradomain Mobility Mangement Protocol）的网络体系架构如图 6-29 所示[27]。一个 IDMP 域至少有一个移动代理（MA）和多个子网代理（SA）。其中，MA 相当于 HMIPv6 中的 MAP 实体，主要用于管理一个 IDMP 域内的主机移动性问题；而 SA 相当于 MIP 中的 FA，主要用于管理子网内主机的移动性问题。一个 SA 可以和多个 MA 相连，SA 可以通过某些选择算法为 MN 选择合适的 MA，从而实现网络的负载平衡。

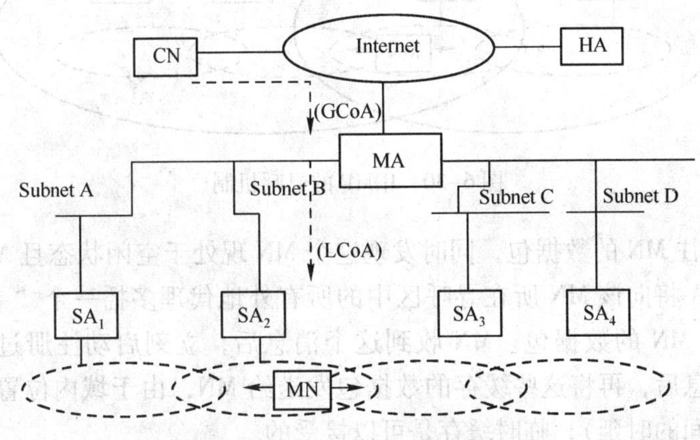

图 6-29　IDMP 的网络体系架构

在 IDMP 中，MN 有全局转交地址（GCoA）和本地转交地址（LCoA）两个地址。其中，全局转交地址反映了 MN 所在的域，只要 MN 在域内移动，该地址就保持不变。为了保证 MN 的域内移动对 HA 透明，MN 向 HA 注册的转交地址为 GCoA。本地转交地址标志了 MN 所在的子网，它仅在一个子网内有效。由于 LCoA 对于外部网络是不可见的，因此本地转交地址可以是一个私有地址。

当 MN 首次进入一个外地域时，SA 会动态地给 MN 分配域中的一个 MA。在得到一个 LCoA 后，MN 通过 SA 向 MA 注册本地转交地址。注册成功后，MN 通过 MA 向 HA 注册 GCoA。这样，当 MN 在一个 IDMP 域中的不同子网间移动时，只需向 MA 注册而不需要向 HA 注册，由此减少了切换时延。

尽管 IDMP 减少了 MN 与外网交互的信令冗余，但它并没有减少域内位置更新的次数。MN 在每次改变当前的 SA 时，都要获得一个本地转交地址并向 MA 注册，这将增加 MN 的电源消耗。考虑到未来的移动通信网络可以使用多种无线接入技术，IDMP 提出了寻呼方案来减少域内位置更新的次数。

在 IDMP 的寻呼方案中，几个 SA 或者基站组成一个寻呼区，且每个寻呼区都会获得一个唯一标志。一个 SA 或基站可以从属于多个寻呼区，如图 6-30 所示，SA_1 和 SA_2 属于寻呼区 PA_1，而 SA_2、SA_3 和 SA_4 属于寻呼区 PA_2。假设 MN 位于 SA_2 子网并处于寻呼区 PA_2，当其切换到 SA_3 时，MN 通过 SA_3 的代理广播判断自己并没有移出原先所在的寻呼区 PA_2，则 MN 不会请求从 SA_3 中获得新的本地转交地址，也无需向 MA 注册新的本地转交地址，只有当 MN 从寻呼区 PA_2 切换到 PA_1，才需重新获得新的本地转交地址并向 MA 进行注册。

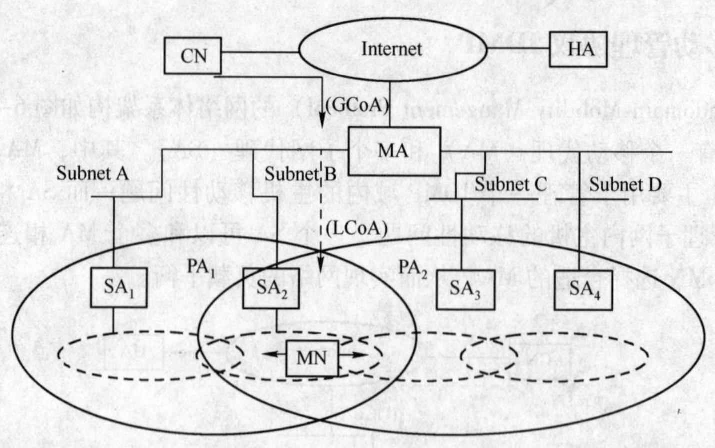

图 6-30 IDMP 的寻呼机制

当 MA 收到发往 MN 的数据包，同时发现这个 MN 现处于空闲状态且 MN 的本地转交地址已经失效时，MA 将向该 MN 所在寻呼区中的所有外地代理多播一个“寻呼请求”消息，并缓存以后发送给 MN 的数据包。MN 收到这个消息后，立刻启动注册过程。当 MA 收到 MN 重新注册的消息后，再将这些缓存的数据包发送给 MN，由于域内位置更新过程时延很低（MN 与 MA 之间的时延），临时缓存是可以接受的。

6.5.5 微移动协议的比较

本节对比几种微移动协议的主要性能进行比较，包括切换管理机制、是否使用寻呼机制、隧道机制、是否支持主机的空闲状态等，见表 6-2。

表 6-2 几种微移动协议的比较

协　议	切换管理机制	寻呼机制	隧道机制	对空闲主机的支持
蜂窝 IP	硬切换 半软切换	是	否	支持
HAWAII	基于转发的切换方式 基于非转发的切换机制	是	否	不支持
层次移动 IPv6	不支持平滑、快速切换	否	是	不支持
电信移动 IP	支持快速切换	是	是	支持
IDMP	支持快速切换	是	是	支持

6.6 代理移动 IP 技术

移动 IP 能支持节点在网络中的自由移动，保证节点在移动过程中不改变上层应用所使用的 IP 地址，从而不中断正在进行的网络通信及上层应用业务。但是移动 IP 需要移动节点通过本身的扩展以支持上述功能，特别是修改移动节点的协议栈。然而，移动节点的数量很多，因此其扩展的开销是非常大的，而且在实际应用中，甚至很难确定某节点将来是否移动而需要支持移动 IP 协议。为了使得移动节点无需任何修改，也能随时接入网络并被通信对端联系，从而享受类似于移动 IP 的服务，IETF NETLMM（Network-based Localized Mobility Management）工作组对移动 IP 协议进行了进一步改进，提出了代理移动 IP。

6.6.1　代理移动 IP 概述

代理移动 IP（Proxy Mobile IP，PMIP）技术是一种移动性管理方案。与移动 IP 协议相比，代理移动 IP 协议的最大优点在于，将移动 IP 中移动节点需要处理的移动性管理工作，转移到了网络中，也就是由网络来实现这些功能。这使得客户端无需任何修改，就可在网络中自由移动，而且移动节点地址始终保持不变，节点对移动完全无感知。

类似移动 IP，代理移动 IP 也有两个版本，即代理移动 IPv6（PMIPv6）和代理移动 IPv4（PMIPv4）。代理移动 IPv6 是最早提出的代理移动 IP 协议，之后在其基础上扩展出了代理移动 IPv4 协议，支持移动节点运行 IPv4 和通信网络为 IPv4 网络的场景。两者的原理基本相同，这里将主要参照代理移动 IPv6 来讲述代理移动 IP 的基本原理。

1. 术语解释

为了在网络侧实现原有移动 IP 中移动节点的功能，避免移动节点对移动性的特殊支持和协议栈扩展，代理移动 IPv6[31] 在原有移动 IPv6 的基础上，主要增加了以下基本术语和消息。

（1）代理移动 IPv6 域

代理移动 IPv6 域（PMIPv6-Domain）是指运行代理移动 IP 来管理节点移动的网络范围。

（2）本地移动锚点地址（LMA）

本地移动锚点（Local Mobility Anchor，LMA）在代理移动 IP 中的作用类似于移动 IPv6 中 MN 的家乡代理，负责移动节点的地址分配和注册等功能。

（3）移动接入网关（MAG）

移动接入网关（Mobile Access Gateway，MAG）是一个接入路由器，为移动节点提供 PMIPv6 域的网络接入，并跟踪移动节点的移动。

（4）本地移动锚点地址（LMAA）

LMA 地址（LMA Address，LMAA）是配置于 LMA 接口上的地址，是 LMA 和 MAG 间双向隧道的一个端点。在代理移动 IPv6 中该地址是一个 IPv6 地址。如果 MAG 与 LMA 之间的网络为 IPv4 网络，则该地址为 IPv4 地址（IPv4-LMAA）。

（5）代理转交地址（Proxy-CoA）

代理转交地址（Proxy Care-of Address，Proxy-CoA）是配置于 MAG 接口上的地址，是 LMA 和 MAG 间双向隧道的另一个端点。LMA 认为该地址是移动节点的转交地址，并为移动节点进行绑定注册。在代理移动 IPv6 中该地址是一个 IPv6 地址。如果 MAG 与 LMA 之间的网络为 IPv4 网络，该地址即为 IPv4 地址（IPv4-Proxy-CoA）。

（6）移动节点标志符

移动节点标志符（MN-Identifier）是代理移动 IPv6 域中移动节点的身份识别，并由 LMA 负责维护，从而识别移动节点的请求并根据匹配结果分配网络前缀。通常可以使用网络接入标志（Network Access Identifier，NAI）[32] 或 MAC 地址来作为 MN 的标志符。

（7）移动节点接口标志符

移动节点接口标志符（MN-Interface-Identifier）用于标志移动节点的特定接口。由于每个接口都有唯一的 MAC 地址，所以这个参数可以基于 MAC 地址。

（8）策略文件

策略文件是一个抽象的名词，用于表示给定移动节点的配置参数集合，用来管理节点的移动。

（9）代理绑定更新报文（PBU）

代理绑定更新报文（Proxy Binding Update，PBU）是 PMIPv6 所提出的主要协议报文，由 MAG 发送到 LMA，用来建立移动节点家乡地址与转交地址之间的绑定。

（10）代理绑定应答报文（PBA）

代理绑定应答报文（Proxy Binding Acknowledgement，PBA）是与 PBU 对应的 PMIPv6 主要协议报文，由 LMA 发送给 MAG，用来响应 MAG 发出的 PBU。

2. 代理移动 IP 基本原理

代理移动 IP 使得主机无需参与任何与移动性相关的报文交互，也能够实现在网络中的自由移动，从而避免了移动 IP 中所需要的移动主机协议栈更新。在代理移动 IP 中，网络代替主机负责 IP 移动性管理，网络中的移动性管理实体负责跟踪主机的移动和收发所需的移动性管理报文等操作。

代理移动 IP 体系结构中，核心功能实体是本地移动锚点（LMA）和移动接入网关（MAG），它们共同管理本地域内的移动节点。如图 6-31 所示，本地移动锚点（LMA）是本地移动性管理域内的一个路由器，负责维护移动节点的可达性状态，控制本地域内的移动节点，同时它是移动节点网络前缀的拓扑锚点。移动接入网关 MAG 位于移动节点接入网络上，代替移动节点进行移动性管理并监测移动节点在接入链路上的移动，同时初始化相应的绑定注册信息发送到移动节点的 LMA 处。MAG 可向移动节点转发来自 LMA 的数据包，同时也可向 LMA 转发来自移动节点的数据包。

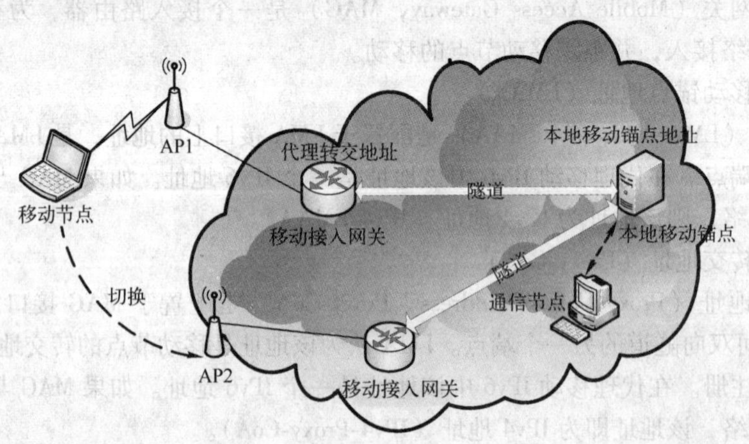

图 6-31　代理移动 IP 基本原理

代理移动 IP 中，当节点连接到 MAG 后，MAG 代替 MN 会与其 LMA 联系，并获得节点家乡网络信息，MAG 进而广播与 LMA 所在网络的网络前缀，使得移动节点（MN）连接到 MAG 时，仍会认为自己在家乡网络上，从而保持 IP 地址不变。当 CN 通过 LMA 与 MN 进行通信时，LMA将MN的位置映射到连接MN的MAG地址，并管理该MAG和LMA之间的双向隧道，利用该隧道向MAG转发CN发往MN的数据包。MAG收到上述数据包后，则直接发给链路上的移动节点（MN）。

6.6.2 移动节点接入

在代理移动IP中，MAG负责检测移动节点MN的接入和离开，具体信令流程如图6-32所示。当MN接入外地网络时，会向网络发送路由请求报文（Router Solicit），该报文包括移动节点标志符等。MAG检测到该信息时，将获得MN的相关信息。由于MAG不是MN的移动性管理者，无法根据所收到的移动节点标志符来为移动节点提供家乡网络前缀，因此MAG将代替MN发送代理绑定更新PBU报文到移动节点的LMA处，并由LMA对MN提供移动性管理。

LMA收到PBU报文后，根据事先所维护的移动节点标志符和家乡网络地址映射等信息，为MN提供家乡网络前缀，并发送包含移动节点家乡网络前缀的PBA报文，同时建立绑定缓存项和与MAG连接的双向隧道。MAG一旦收到PBA报文，则建立与LMA连接的双向隧道，为移动节点建立数据通路。与此同时，MAG将依据所获得的家乡网络前缀等信息，向移动节点发送路由公告（Router Advertisement）报文，模拟移动节点家乡链路与移动节点进行通信。

因此，从MN的角度来看，它发送路由请求，然后收到带有家乡网络前缀的路由公告回复，这与其在家乡网络是完全相同的。

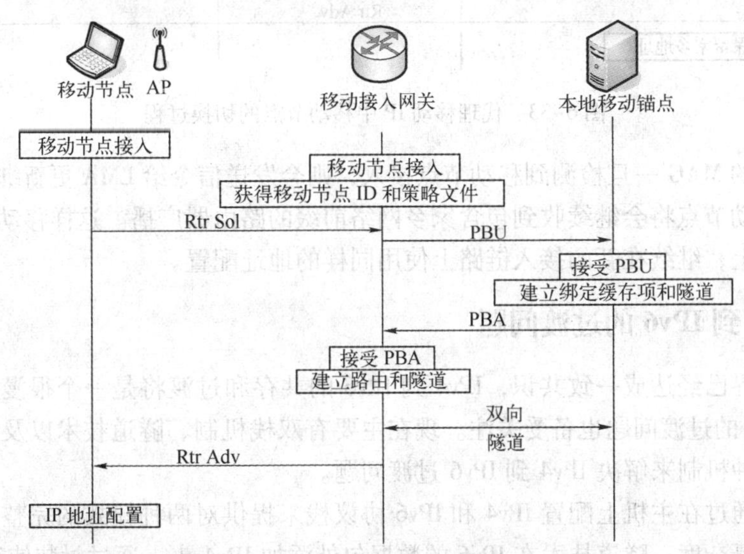

图6-32 代理移动IP中移动节点的接入过程

当MN接入流程完成后，MAG和LMA也具有了相应的路由设置来处理来自和发往MN的数据。LMA作为移动节点家乡网络前缀的拓扑锚点，接收来自其他任何通信对端节点发往移动节点的数据包，通过双向隧道将这些数据包转发到MAG，MAG收到这些数据包后，对其解封装并转发至链路上的移动节点。MAG作为MN接入链路上的路由器，接收任何来自移动节点的发往其他通信对端节点的数据包，MAG通过双向隧道将这些数据包转发到

LMA，LMA 收到这些数据包后，对其解封装并转发至目的地。

6.6.3 移动节点切换

在获得初始地址配置后，如果移动节点改变它的接入点，切换过程的流程如图 6-33 所示。当先前链路上的 MAG 监测到移动节点离开时，将发送信令给 LMA 同时移除该移动节点的绑定。然而，基于平滑切换的考虑，LMA 接受到移动节点离开的信息后将会等待一段时间，然后删除绑定。

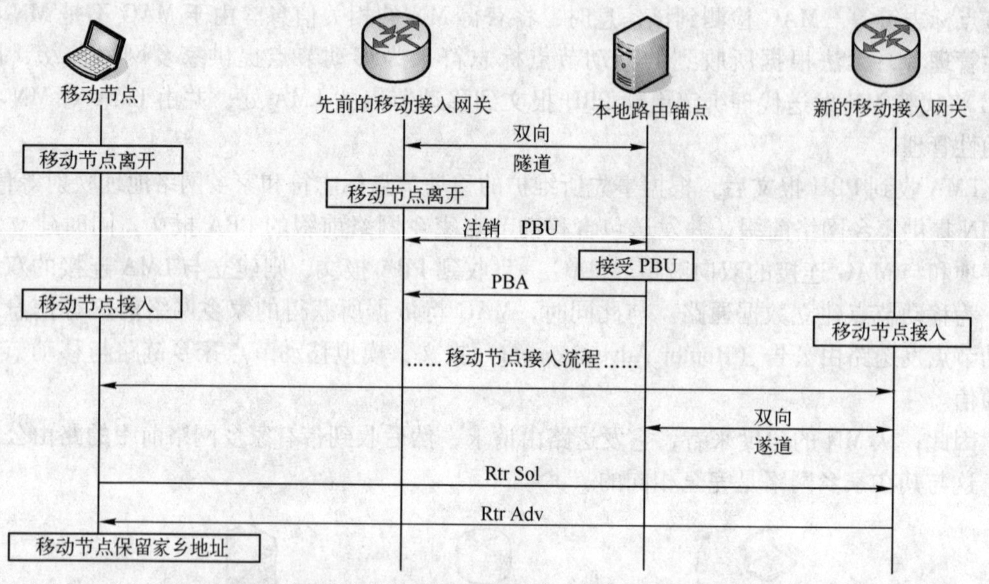

图 6-33　代理移动 IP 中移动节点的切换过程

新链路上的 MAG 一旦检测到移动节点接入，则会发送信令给 LMA 更新绑定状态。一旦绑定完成，移动节点将会继续收到包含家乡网络前缀的路由器广播。这样移动节点会认为仍在同样的链路上，继续在新的接入链路上使用同样的地址配置。

6.6.4 IPv4 到 IPv6 的过渡问题

目前，业界已经达成一致共识，IPv4 到 IPv6 的共存和过渡将是一个很漫长的过程，所以 IPv4 到 IPv6 的过渡问题也备受关注。现在主要有双栈机制、隧道技术以及网络地址和协议转换技术 3 种机制来解决 IPv4 到 IPv6 过渡问题。

双栈机制通过在主机上配置 IPv4 和 IPv6 协议栈来提供对两种模式的完整支持，但这样会增加网络的复杂度；隧道技术在 IPv6 的数据包外添加 IPv4 头，通过封装使得 IPv6 的数据包可以在 IPv4 网络中进行传输；网络地址和协议转换机制在 IPv4 和 IPv6 的交界处进行地址和协议转换，以解决过渡问题。

在代理移动 IP 中，通常要求通信双方的协议实现在同样的网络基础架构中，然而通过隧道和双栈技术，为 IPv4/IPv6 过渡和共存提供了可行性。例如，一个在代理移动 IPv6 域的移动节点，可以运行在 IPv4、IPv6 或双栈模式下。同样，当 LMA 与 MAG 之间采用 IPv4 网络连接时，即形成代理移动 IPv4 域，此时移动节点也可使用 IPv4、IPv6 或双栈模式。图 6-34 给出了 IPv6 节点使用代理移动 IPv4 域的应用场景。

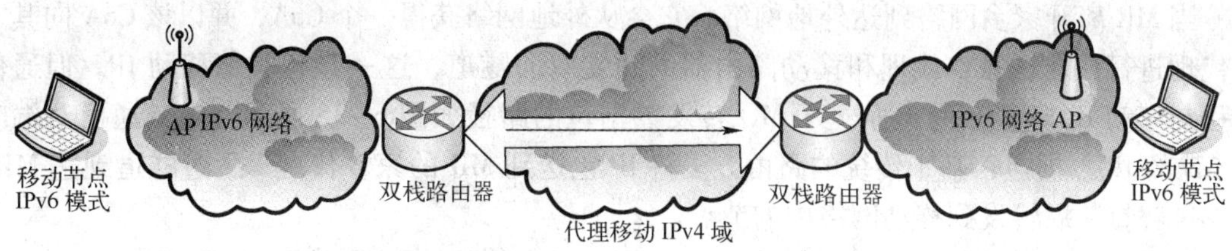

图 6-34　IPv6 节点接入代理移动 IPv4 域

6.7　网络移动性 NEMO

当我们在火车、飞机上使用无线接入设备时，许多设备会随着承载平台的移动而一起移动。这种情况下移动 IP 设备数量较多，如果为每一个设备分别提供移动 IP 支持，这需要每个设备都支持移动 IP 协议，而且移动性检测、注册等协议开销很大。由此，人们提出了整个 IP 网络（如整列火车上的网络）对移动性提供支持的方案 NEMO（Network Mobility），主要研究了子网作为一个整体在互联网范围内移动时所引起的网络可达性、效率和安全等方面的问题[33]。本节介绍 NEMO 基本协议以及 NEMO 网络的应用模型，在此基础上给出了网络移动性的未来研究方向。

6.7.1　网络移动性概述

网络移动（NEMO）基本协议是对 MIPv6 的扩展，能支持网络移动性，且向后与 MIPv6 兼容[34]。NEMO 和移动 IP 最大的不同之处在于它将移动支持功能从移动节点上转移到移动网络中的路由器上，路由器可以改变连到互联网的接入点并保持网络移动对其他节点的透明性。NEMO 基本支持保证当移动路由器改变它在互联网中的连接点或者整个网络移动时，移动网络中所有节点的任务仍能保持连续性。

1. 术语解释

NEMO 是在移动 IP 的基础上发展出来的，因此其中定义的许多术语都与移动 IP 中的定义相似，下面列出 NEMO 新引入的一些术语[35]。

（1）移动网络节点（MNN）

移动网络节点（Mobile Network Node，MNN）是指任何位于移动网络中的 IP 设备。移动网络节点可以固定在移动网络中，也可以通过移动方式访问网络，移动网络节点无需知晓网络移动性。

（2）移动路由器（MR）

移动路由器（Mobile Router，MR）是一个可以改变互联网接入点同时不会破坏上层接入设备连接的路由器。MR 具有唯一的家乡地址，通过此地址与家乡代理进行注册。MR 是 NEMO 中最为关键的一个设备，负责处理整个网络的移动性。

2. 网络移动基本原理

NEMO 移动网络中的路由器扮演了双重角色，相对于移动网络外部，它像一个普通的支持移动 IP 的节点；对于移动网络内部，它作为整个网络移动的管理节点，负责网络内其他节点的网络接入。

当 MR 离开家乡网络到达外地网络，它会从外地网络获得一个 CoA，并以该 CoA 向其家乡代理进行注册，家乡代理和移动路由器间建立双向隧道，这一过程类似移动 IP。但通信过程与移动 IP 略有不同，通过 NEMO 转发数据包的路径如图 6-35 所示。来自通信对端节点 CN 的 IP 数据包，基于传统的路由方法将 IP 包送到 MR 的家乡代理，通过隧道到达 MR，由 MR 解封装后转发到移动网络中的节点。

值得特别注意的是，NEMO 与移动 IP 不同，反向的数据包通过同样的路径发往 CN，即移动网络节点发送数据包经移动路由器封装通过隧道发送至其家乡代理，家乡代理通过传统路由方法转发至通信对端节点。

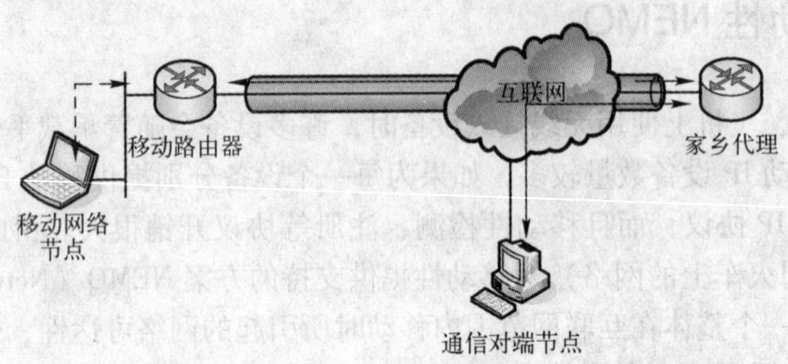

图6-35　移动网络节点与通信对端节点通过 NEMO 的数据传输

6.7.2　移动路由器注册

从网络移动原理可以看出，其中的关键是移动路由器的注册过程[34]。因为移动路由器向家乡代理的注册并非只表示一个节点，而是表示一个网络的注册，所以 NEMO 中需要对绑定更新消息（Binding Update，BU）进行扩展。

具体来说，绑定消息包括了一个额外的“路由器标志位（R）”来通知家乡代理，这是由移动路由器而不是移动节点发起的注册。另外，为获得移动网络的信息，网络移动性基本支持协议定义了隐式和显式两种运行模式。在隐式模式中，BU 不包含移动网络前缀选项。这样 HA 必须通过其他手段来定义移动路由器 MR 的网络前缀。在显式模式中，BU 中增加了一个新的移动头选项，用来记录移动网络中的前缀信息。如果移动网络中有多个网络前缀，则 BU 中包含多个网络前缀选项。

NEMO 中移动路由器注册的流程与移动 IP 类似，主要使用绑定更新 BU 和绑定应答 BA 两个消息。移动路由器 MR 使用 BU 向其 HA 注册，通知 HA 其新转交地址，即新的互联网接入点。BU 包含新的转交地址、路由器标志位和可选的移动网络前缀。如果 HA 同意了 BU 的请求，则发送一个带有“R”标志的 BA 给移动路由器，表示注册成功。同时，HA 和移动路由器间会建立一条双向隧道，隧道两端分别是 HA 的地址和移动路由器的 CoA。注册成功后，HA 会截获所有发往移动网络前缀的数据包，并将其通过隧道发往移动路由器。

6.7.3　NEMO 协议的优化

NEMO 工作组致力于寻求网络移动性的解决方案。NEMO 的基本支持协议中只考虑最简单的通信机制，没有考虑性能和其他高级功能的需求，而这些需求对 NEMO 的实现和优化也是非常重要的。为此，NEMO工作组针对路由优化、多连接、DHCPv6前缀授权等方面，分别对NEMO基本支持协议进行了扩展。

1. 路由优化（RO）

在NEMO基本支持协议中，移动网络节点发往CN的数据包需要先发送到MR，经由隧道发送到MR的HA，再通过互联网转发到CN。该转发过程效率较低，而且会给MR及其HA带来较大负担。为解决该问题，路由优化（Route Optimization，RO）允许数据包由移动路由器或移动网络节点直接发往通信对端节点[36,37]，如图6-36所示。但该优化也会带来一些问题，包括增加了信令开销，更长的切换延迟，以及需要对CN或MNN进行改动以使其对NEMO进行支持。

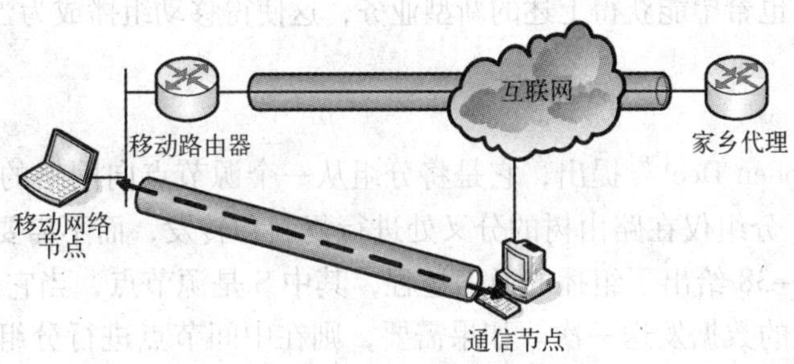

图6-36　路由优化示例

2. 多连接

多连接是一种通过多条冗余链路来增强通信可靠性和吞吐量的技术。在NEMO中，多连接（Multihoming）可以是多个家乡代理、多个移动路由器、多条接入链路或这些的组合。如图6-37所示是一个NEMO使用多连接的示例，移动路由器拥有多个接入链路，也就拥有多个转交地址。NEMO工作组分析了多连接带来的复杂性，但相应的解决方案仍有待继续研究[38]。

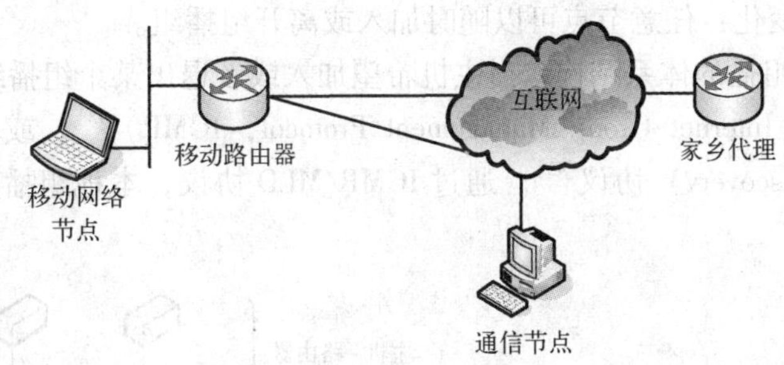

图6-37　NEMO中的多连接

3. DHCPv6前缀授权

NEMO基本支持协议没有提供为移动网络动态分配地址前缀的机制，然而，DHCPv6前缀授权（DHCPv6 Prefix Delegation）可以为NEMO提供这一支持。DHCPv6前缀授权在移动路由器与家乡代理第一次建立绑定时进行初始化，家乡代理作为一个DHCP授权代理或DHCP中继代理来响应移动路由器的DHCPv6前缀授权请求。NEMO工作组建议将DHCPv6前缀授权作为一个家乡代理地址发现的扩展来实现。

6.8 移动 IP 组播技术

互联网作为一个得到广泛应用的通信平台，人们不仅需要使用文件下载、消息发布、发送电子邮件等服务，还希望它能提供一些新型的服务，如移动电视、多媒体远程教育以及网络间协同工作等。这些服务要求网络能够提供更高的带宽、更好的实时性等。在这种情况下，组播显示了强大的性能优势。它所提供的点到多点、多点到多点的通信方式能够有效地提高网络的利用率，节省发送者自身的资源，同时使应用具有良好的可扩展性。

另一方面，随着便携式移动终端支持多媒体业务能力的提高以及无线接入高速数据传输能力的增长，移动用户也希望能获得上述的新型业务，这使得移动组播成为当前的研究热点。

6.8.1 组播概述

组播最早由 Stephen Dee[39] 提出，它是将分组从一个源节点向网络的多个终端节点发送的技术。在组播中，分组仅在路由树的分叉处进行复制和转发，而不需要源节点多次重复发送同样的数据。图 6-38 给出了组播的通信过程，其中 S 是源节点，当它想向 D1 和 D2 发送分组时，S 只将相同的数据发送一次。如果需要，则在中间节点进行分组复制，每条链路中最多只出现一次相同的分组。

组播技术中，把需要接收相同数据的主机组成一个集合，称为一个组播组，每个组播组有一个组播地址。发送方所发出的数据包中，使用该组的组播地址作为目的地址，路由器根据组播组中的组播地址自动复制数据发送给接收方。组播中的主机可以是在同一个物理网络中，也可以来自不同的物理网络。组播有以下 3 个特征[40]。

1）兼容 IP 服务：使用 UDP 协议（User Datagram Protocol）[41] 发送数据分组，提供尽力发送（Best-Effort）服务。

2）开放：组播源节点不需知道组播组成员的信息。

3）组结构动态变化：任意节点可以随时加入或离开组播组。

图 6-39 给出了组播的体系结构，当主机希望加入或者退出某个组播组时，需要使用 Internet 组管理协议（Internet Group Management Protocol，IGMP）[42]，或者 IPv6 中的 MLD（Multicast Listener Discovery）协议[43]。通过 IGMP/MLD 协议，本地组播路由器可以对组成员的状态进行管理。

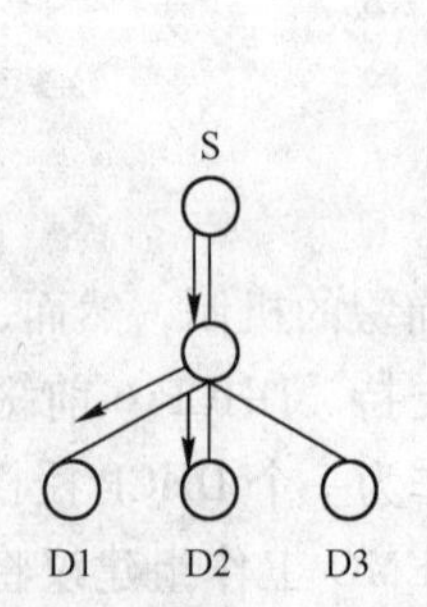

图 6-38　组播的通信过程

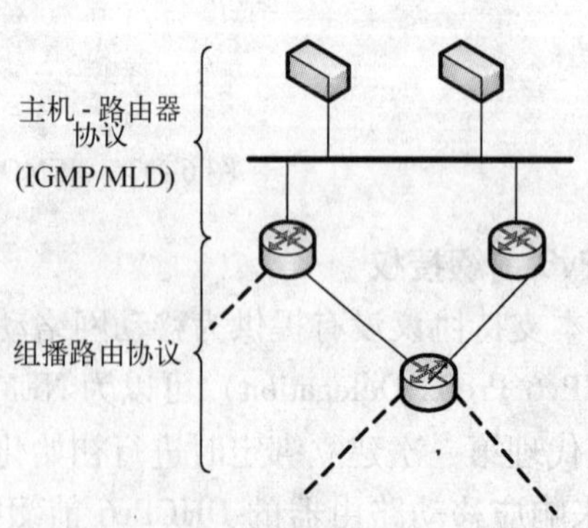

图 6-39　组播模型的结构

组播路由器使用组播路由协议建立和维护组播转发树[44]。常见的域内组播路由协议有 DVMRP（Distance Vector Multicast Routing Protocol）[45]、CBT（Core Based Tree）[46]、MOSPF（Multicast Extensions to OSPF）[47]、PIM-SM（Protocol Independent Multicast-Sparse Mode）[48]以及 PIM-DM（Protocol Independent Multicast-Dense Mode）[49]等，域间组播路由协议有 BGMP（Border Gateway Multicast Protocol）[50]等。

6.8.2　移动组播面临的问题

在移动互联网络中，组播不仅要处理动态的组成员关系，还需要解决动态的成员位置变化问题，这给移动组播带来了一系列新的挑战。目前互联网中使用的组播协议在建立组播树时，通常都假设其成员是静态的，没有考虑成员位置的动态变化。如果每当成员节点移动后就重新建立组播树，这将引入很大的开销，影响组播树的稳定性；如果不改变组播树则又会带来路由冗余，甚至导致错误转发。另外，节点的移动除了会带来切换延迟，还会引入组播转发树的更新延迟，这些都会导致部分组播分组接收的中断。图 6-40 对移动组播所面临的问题进行了总结[9,11,12,18]。

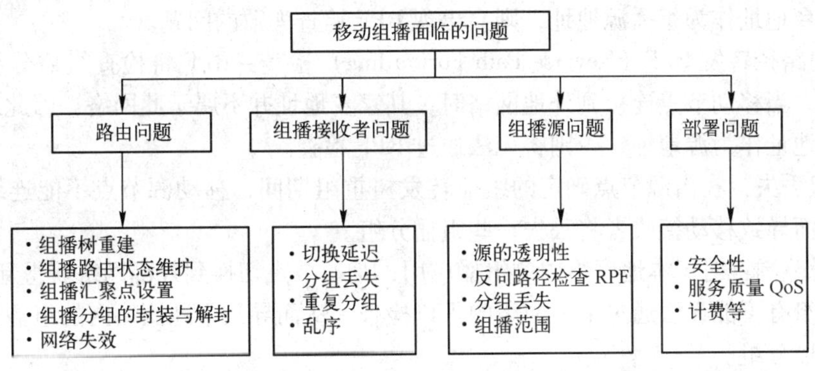

图 6-40　移动组播面临的新问题

1. 路由问题

1）组播树重建：当移动节点移动到新的网络接入点后，为了能够继续正常的接收组播分组，组播树需要进行相应更新，因此会带来组播树重建问题，并由此引发计算开销和协议交互开销。

2）组播路由状态维护：组播树的更新将引起组播路由状态的更新，包括组播路由协议的信息交互，以及路由器中组播路由表的更新。

3）组播汇聚点设置：切换可能使得重要的组播路由器（组播汇聚点）不在中心位置，因而可能导致非优化路由，此时需要通过重新设置汇聚点进行调整。

4）组播分组的封装与解封装：为了支持组播，某些移动组播解决方案用到了隧道技术。使用隧道必然会有封装与解封装操作，这就带来了额外的处理器与内存开销，增加了组播分组的大小，浪费了带宽。

5）网络失效：移动接收者所访问的外地网络可能不支持组播，那么移动接收者有可能无法继续收到组播分组。

2. 移动节点作为组播接收者的问题

1）切换延迟：由于切换、组播组协议维护、组播树计算以及移动到新位置时的传输延时等原因，移动节点在接收组播分组时会有较大延迟。在很多情况下，节点移动到新子网后，需要重新加入到组播组，这时节点首先要等待组播组维护协议（如 IGMP、MLD）的定期询问消息，向新的组播路由器告知其组播组状态，然后还要等待组播树更新等操作。对于一些实时的应用，这种延迟有可能是无法忍受的。

2）分组丢失：由于切换延迟大，而且目前的移动 IP 技术还没有支持组播无缝切换的机制，因此节点移动将会面临分组丢失问题。

3）重复分组：由于网络中的组播路由器可能会对组播分组进行复制等原因，移动节点可能在移动前后，分别收到从不同路由器转发的相同组播分组。

4）乱序：由于切换，移动节点可能收到乱序到达的分组。

3. 移动节点作为组播源的问题

1）源的透明性：透明性是组播源节点发生移动时面临的最主要问题[51,52]。当源节点移动到新的外地网络时，它将获得一个新的转交地址。如果节点将此新的转交地址作为源地址发送组播分组，在组播树为源树时会引起整个组播树的更新，而对于特定源组播 SSM（Source Specific Multicast）[53,54]，则会发生由于组播源地址改变而导致的错误。如果源节点仍然使用家乡地址作为组播源地址，则会出现 RPF 检查失败的问题。

2）反向路径转发 RPF（Reverse Path Forwarding）检查：RPF 将检查组播分组的源地址和入口接口，当移动节点连接到外地网络时，其家乡地址并不属于此网络，因此对于源树不能使用家乡地址作为源地址，否则将无法通过 RPF 检查。

3）分组丢失：在由源节点确定的组播转发树重组期间，移动源节点不能连续地发送组播分组，从而导致移动接收者将丢失一些组播分组。

4）组播范围：对于本地网络内的组播应用，当源节点切换到外部网络获得新的地址后，它发送的分组有可能无法通过本地网络的入口检查，从而导致本地网络内的组播接收者无法继续接收组播分组。

4. 部署问题

由于移动组播的动态性强，因此还会面临一些部署方面的问题，例如，计费、QoS，以及安全等问题。

6.8.3 基本的移动组播方案

本节介绍移动 IP 协议中所提出的基本的移动组播方案——双向隧道和远程签署。

1. 双向隧道

双向隧道（Bi-directional Tunnel）是移动 IP 中提出的一种方案。该方案使用家乡代理来处理组播路由，移动节点通过它与家乡代理之间的双向隧道加入/退出组播组，并且通过该隧道发送和接收组播分组，因此这里要求移动节点的家乡代理同时也是组播路由器。

当移动节点作为组播接收者时，它通过隧道向家乡代理发送 MP/MLD 分组请求加入，家乡代理接收到请求后将该移动节点加入到组播组，并通过组播路由协议将移动节点加入到组播转发树上。在转发组播分组时，组播分组先被转发到家乡网络，再由家乡代理通过隧道以单播的方式将组播分组发送给移动节点。当移动节点作为组播发送者的时候，移动节点首先通过隧道将组播分组发给家乡代理，然后由家乡代理负责根据组播转发树以组播的形式发送该分组。

双向隧道的优点是与现有网络的互操作性好，它将节点的移动性隐藏了起来，移动对于组播协议来说是透明的，不会给组播带来额外的负担。特别是对于源树方式的组播路由协议（如 DVMRP、PIM-DM、MOSPF），在组播发送者移动的情况下不需要重新计算组播树，减少了计算和通信负担。

然而，双向隧道破坏了组播的链路共享特性，使用了次优路由，不能有效地利用移动节点所在外部网络的本地组播功能。对于分属于同一个组播组的多个 MN 移动到同一个外部网络的情况，FA 通过多个隧道接收同一个组播分组的多个拷贝，并且在外地链路中以单播的形式递交给每个移动节点。显然，这种方式的效率很低，链路带宽的浪费也很严重，被称为“隧道聚合”问题，如图 6-41 所示。

另外，家乡代理的负载随着它所服务的移动节点数量增多而显著增加，导致组播转发效率降低，并且增加了错误发生的概率。特别是当家乡链路中同时有多个组播源，并且组播树采用源树方式时，由于这些组播树都是以家乡代理为根节点，因此家乡代理的出错将导致多个组播应用的中断，家乡代理因此成为了集中失效点（Central Point of Failure）。

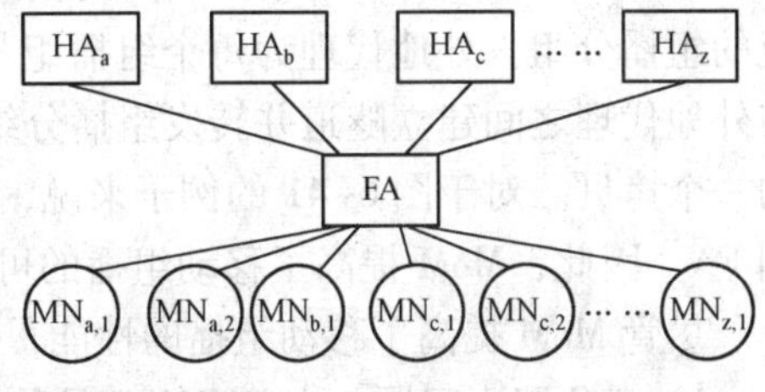

图 6-41 “隧道聚合”问题

2. 远程签署

在远程签署（Remote Subscription）中，一旦移动节点改变所在的网络后，必须以一个新节点的身份重新加入到组播组中，并计算与之对应的组播树。移动节点即使是在外地链路，其组播应用的工作方式也与固定的节点相同。

该方法的最大优点在于它非常简单，可以直接使用现有的组播协议，不需要建立任何隧道，组播数据也不需要进行任何封装和解封装，因此也不会有隧道聚合问题。它另一个显著的优点在于组播分组能够沿着最优路径进行转发，不存在三角路由问题。

虽然该方法优点明显，但是存在以下不足之处。

1）当移动节点作为组播源时，该方法只适合于共享树。因为对于源树，节点切换后需要重新计算和建立整个组播转发树，因此会引入过多的协议开销，同时还会引发组播路由协议的收敛性问题以及组播树的稳定性问题。

2）当移动节点作为组播接收者并发生切换时，如果新的外地网络并没有加入到该组播组，则存在组播组的重新建立以及组播树的更新过程，这使得组播切换的平均延迟增加，影响实时组播应用的正常运行。这种切换延迟将会导致较多的组播分组丢失，影响组播的服务质量和可靠性。另外，切换将引入组播组和组播树的维护开销，特别是在节点快速移动、频繁切换的情况下，这种维护开销将非常大，极大地增加了网络的负担。

3）由于网络的动态性，各个子网接收组播分组的延时不同，因此随着移动节点的移动而从旧外地网络接入新外地网络，可能新网络已经发送了旧网络还没有发送过的组播数据，即产生了移动环境中特有的“同步丢失”（Out-of-synch Problem）[55] 问题。即便在移动节点的切换延迟为零的理想情况下，同步丢失问题依然存在。

4）当移动节点同时是多个组播组成员时，移动切换过程中需要对它所加入的每个组播组进行剪枝和重新加入的操作，这将极大地消耗移动节点的能量，限制了移动节点的组播应用。

6.8.4 扩展的移动组播方案

如上节所述，基本的移动组播存在一些缺陷，为此研究领域中人们提出一系列扩展的移动组播方案。

1. 移动组播协议（MoM）

为了解决移动 IP 使用双向隧道产生的“隧道聚合”问题，Castro M 等提出了 MoM[56]（Mobile Multicast Protocol）算法。MoM 算法引入了“代表组播服务提供者”（Designated Multicast Service Provider，DMSP）的概念，目的在于避免通过隧道向同一个外地代理转发重复的组播分组。外地代理为每个组播组从一组家乡代理中选择一个作为 DMSP，只有 DMSP 与外地代理之间建立隧道并转发组播分组。这样对于每个组播分组，外地代理只会接收到它的一个拷贝。对于图 6-41 的例子来说，每个分组只有一个拷贝（而不是多份拷贝）被传送到 FA，因此，MoM 提高了移动组播的可扩展性。

尽管 MoM 提高了移动组播的性能，但是它仍然存在以下缺陷。

1）三角路由问题：由于 DMSP 是移动节点家乡代理的代表，因此 MoM 也存在三角路由的问题，即转发组播分组使用的不是最优路由。

2）DMSP 选择：当节点移动而改变外地代理后，新旧外地代理都需要重新计算 DMSP，以确定是否需要重新进行选择，这给网络增加了处理开销。

3）DMSP 切换问题：即重新选择 DMSP。DMSP 切换主要发生在两种情况，一种情况是新的移动节点加入到外地链路中，并且它的家乡代理更加适合作为 DMSP；另一种情况是 DMSP 作为家乡代理所对应的所有移动节点都离开了该外地链路。移动节点发生切换时，它的家乡代理一般能较快知道新的外地代理，从而得到新 DMSP 的信息，然而原外地代理却要等到超时发生之后才知道移动节点发生了切换，然后再重新选举 DMSP。在选举得到新的 DMSP 之前，没有家乡代理向它转发组播分组。这样在切换过程中，外地链路中属于该组播组的所有移动节点都将丢失组播分组。因此，DMSP 的切换不仅影响它自己对应的移动节点，原外地链路中那些由它服务但属于其他家乡代理的移动节点都会出现组播分组丢失的问题。当组播组成员比较少的时候，DMSP 切换发生的频率较高。

2. 基于范围的移动组播协议（RBMoM）

为了解决 MoM 存在分组传输路由不优化的问题，Lin Chunhung 等提出了基于范围的移动组播协议（RBMoM）[57,58]。该协议是最短转发路径和频繁重建组播树之间的折中，使得组播分组总是能够以“接近”最优的路径进行转发，并且不需要为维护组播树花费过多的开销。

为了达到该目的，RBMoM 引入了组播家乡代理（MHA）和服务范围两个概念。其中，组播家乡代理负责通过隧道把组播分组转发给移动节点的外地代理。每个移动节点有一组潜在可供使用的 MHA，而在某个时刻仅能使用其中的一个 MHA，每个 MHA 只能为那些在其服务范围内的外地链路中的移动节点服务。一旦移动节点离开了这个服务范围则需要重新选择 MHA，即进行 MHA 切换。MHA 与 HA 的区别有两点，第一，对于 MN 来说，HA 是不变的，而 MHA 是随着 MN 位置的变化而变化的；第二，HA 负责 MN 的单播分组传输，而 MHA 则负责 MN 的组播分组传输。

最初的时候，MHA 就是家乡代理。一旦移动节点移动到一个新的外地链路时，家乡代理需要记录该节点的当前MHA。MHA的信息被FA用来计算它与MHA之间的距离，如果该距离大于MHA的服务范围，则需要通过选举过程产生新的MHA。为了优化分组的传输，一般来说，新FA会被直接指定为新的MHA。这样，新的MHA需要加入到组播树上，同时通知移动节点的家乡代理更新MHA的信息。如果移动节点仍然在MHA的服务范围之内，则不需要做任何改动，新的外地代理只需要与MHA建立联系即可。

如图6-42所示，图中的阴影节点是MHA，虚框所示部分是MHA的服务范围。当MN从节点14切换到节点21时，由于节点21与节点8的距离超过了节点8的服务范围，因此节点21充当MN的当前MHA，换句话说，MHA切换发生了。同理，当MN继续移动，从节点22切换到23时，MHA再次发生切换，节点23充当了MN的新MHA。

MoM和远程签署算法实际上是RBMoM算法的两种极端情况，当服务范围无穷大时，RBMoM实际上是MoM，此时MHA就是移动节点的家乡代理，并保持不变；当服务范围为0时，RBMoM演变成为远程加入算法，此时MHA就是移动节点的外地代理，移动节点改变外地链路后，其MHA也需要相应的改变。

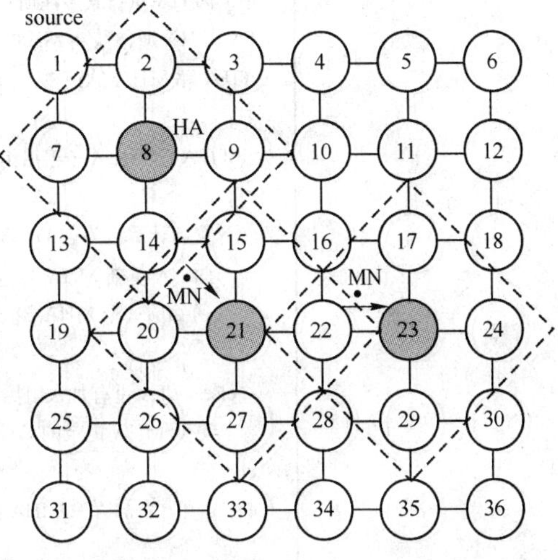

图6-42 RBMoM的工作原理

3. 基于动态范围的移动组播协议DRBMoM

RBMoM没有提出如何选择最优服务范围的算法，而服务范围的选择对于RBMoM的协议性能影响很大，如果服务范围选择过小，则组播传输路径虽接近优化，但组播树的重构频率会增加；反之则使性能向相反的方向变化。此外，虽然每个MH的移动速率以及业务量不同，但是仍然为同一MHA管辖的所有MN提供相同的服务范围，这使得RBMoM很难进一步提高移动组播性能。

为了弥补RBMoM的缺陷，王胜灵等人提出了基于动态范围的移动组播协议（DRBMoM）[59]。DRBMoM的实质是在RBMoM的基础上增加如何为每个MN动态地计算最优服务范围K_{opt}的算法。其中，最优服务范围K_{opt}被定义为MHA与FA之间的最优隧道距离，这里的距离可以是分组或信令所经过的跳数。

DRBMoM协议的描述如图6-43所示，在MN发生切换并向HA执行家乡注册后，FA通过HA获得MN的当前MHA及其最优服务范围K_{opt}，如果FA与MHA的距离大于K_{opt}，则FA加入组播组且充当MH的新MHA，然后FA将新MHA以及重新计算后的最优服务范围告知HA；如果FA与MHA的距离没有超过最优服务范围，则FA仅仅通知MHA来加入组播。为了优化传输路径，如果FA已经在组播组中，则需更改MHA为MH的当前FA且重新计算最优服务范围，并告知HA。

为了求解K_{opt}，DRBMoM设计了代价函数C_T，表示MN的平均组播分组传输代价C_S和切换时产生的平均信令代价C_P之和，如式（6-1）所示。这里的“代价”以时延作为衡量标准。这样，MN切换时产生的平均信令代价的大小反映了组播业务中断时间的长短，而平均组播分组传输代价的大小则反映了组播传输路径的优化程度。DRBMoM提出了使得C_T达

到最小 K_{opt} 的算法，实现了减小组播业务中断时间的同时，优化组播传输路径的目的。

$$C_T = C_S + C_P$$

```
if (MN 切换到一个子网 )
{
  MN 向 HA 执行家乡注册;
  FA 与 HA 通信获得 MH 的 MHA 及最优服务范围 Kopt;
  if (FA 和 MHA 的距离 <=Kopt)
  {
    if (FA 已经加入子组播组 )
    {
      重新计算以当前 FA 为 MHA 时的最优服务范围 Kopt;
      向 HA 更新 MHA 为当前 FA, 同时告知相应的 Kopt
      通知前一个 MHA 删除与 MN 相关的信息;
    }
    else  //FA 没有加入组播组
      更新 MHA 记录的 FA 为当前 FA;
  }
  else          //FA 和 MHA 的距离 >Kopt
  {
    if (FA 没有加入组播组 )
      FA 加入组播组;
    计算以当前 FA 为 MHA 时的最优服务范围 Kopt;
    向 HA 更新 MHA 为当前 FA, 同时告知相应的 Kopt;
    通知前一个 MHA 删除与 MN 相关的信息 ;
  }
}
```

图 6-43　DRBMoM 的工作原理

6.8.5　主要移动组播方案的比较

各种移动组播算法在路由效率、切换延迟、分组丢失率、协议处理开销等多个方面都有所不同，表 6-3 对上述主要移动组播算法进行了对比。从中可以看出，基本组播算法虽然在某一方面表现较好，但都有比较明显的缺点。改进的移动组播算法对各方面性能做了一些折中，在整体性能上有了较大改进。

表 6-3　主要移动组播算法的比较

移动组播方案	组播路由效率	切换时延	分组丢失率	协议开销
双向隧道	最低	大	大	最小
远程签署	最高	大	大	很大
MoM	低	大	大	中
RBMoM	中	中	中	中
DRBMoM	较高	较小	较小	较大

6.9　移动 IP 技术其他研究热点

前面介绍了移动 IP 的基本技术，但有许多细节仍有待研究，比如节点如何检测网络的变化，如何让移动节点更好地利用多连接等。下面将介绍这些问题及其基本解决方案。

6.9.1　网络接入检测

当 IPv6 节点监测到或猜测链路层连接发生了改变时，它需要检测 IP 层地址或路由是否仍然有效或是否需要改变。如果网络层的连接（即接入路由器）发生改变，节点需要重新进行网络层配置和移动注册等，如重新发送绑定更新信息。如图 6-44 所示，移动节点将接入点从 AP_1 改为 AP_2，链路发生改变，需要进行移动注册；由接入点 AP_2 到 AP_3 则仍在同一链路上，这时无需进行重配置和初始化移动性过程。如何快速有效地检测网络层接入位置和接入路由器的变化，这就是网络接入检测（Detecting Network Attachment，DNA）所需要解决的问题。

DNA 机制最主要的目标是检测当前接入链路的 ID 来确定现有 IP 配置的有效性，从而确定链路是否发生改变而需要进行初始化新的配置过程。该过程需要最大限度地减少因检测当前接入链路 ID 而带来的延迟，以免上层服务崩溃。DNA 机制应尽量利用现有信令机制（特别是本地链路范围内的信令），且应当与其他机制相兼容，例如，支持 DNA 机制的节点应该能与不支持 DNA 机制的节点兼容工作。

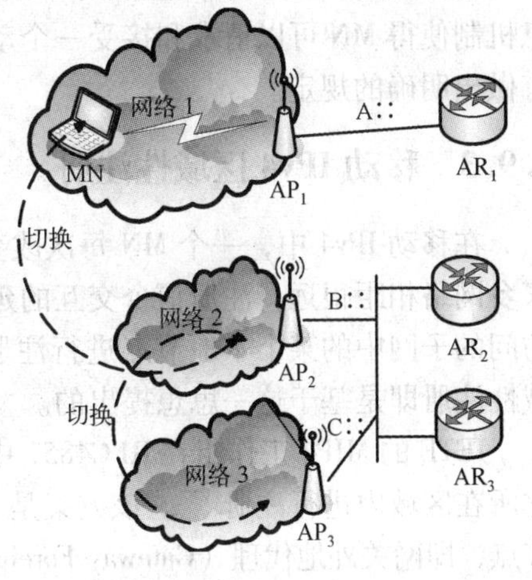

图 6-44　移动检测

无线链路环境比有线链路环境更加多变，无线链路没有明确的界限。这样主机可能同时处于多个接入点覆盖的区域。无线链路的连接性非常不稳定，链路 ID 检测非常困难。要花费很多的时间来检测链路改变。所以在无线环境下，DNA 机制应可以感知路由器在不同链路上的可达性。此外，DNA 机制还应当考虑主机接入多个链路的情况。

DNA 工作组定义了一系列网络接入检测的目标，描述了现有的问题和潜在的解决方案[60]。IPv6 中的 DNA 需要以下三套功能支持。

1）未修改路由器的环境下，主机要能快速检测链路改变。

2）主机要能通过查询路由器来确认链路（Link Identification，ID）。

3）路由器要能持续快速地响应上述查询（Fast RA）。

相关研究成果包括主机检测链路广播前缀以进行链路识别的机制，以及需要 DNAv6 路由器支持的更为有效的链路识别机制。

通常来说，可以通过 IP 层或其他层的链路检测提示信息，触发初始化网络层来检测连接是否改变。各种网络接入技术可以向 IP 层提供链路层的各种状态信息，例如，链路层的事件消息可以协助 IP 层对网络配置的变化进行快速检测[61]。此外，针对接入链路层频繁而快速的变化，主机需要快速有效的 IP 配置检测过程。一种研究思路是 IPv6 主机使用邻居发现机制及其扩展进行 DNA 检测；另一种思路则是通过现有网络配置来支持 IPv6 网络中主机的 DNA 检测[62,63]。

6.9.2 移动 IPv4 动态家乡代理分配

移动 IPv4 中，MN 通过注册请求报文向某个家乡代理 HA 进行注册，但该 HA 对该 MN 来说可能不是一个最优的选择，这里的最优可以是基于地理位置远近的考虑，也可以是基于 HA 的负载均衡或者其他考虑。这就需要动态地为 MN 分配 HA，在分配时考虑 HA 的优化问题。

IETF 的 MIP4 工作组在 RFC4433 中定义了一种消息机制，可以用于 HA 的动态分配和重定向，从而能让 MN 选择一个最优的 HA[64]。当 MN 要求进行动态 HA 分配时，它必须使用 MIP 的网络接入标志（Network Access Identifier，NAI）扩展。它可以在初始的注册请求中将 HA 域设为 ALL-ZERO-ONE-ADDR。如果该请求被接受，HA 会回复一个注册成功的消息，其中包含了该 HA 的地址。另一方面，被请求的 HA 可以选择向 MN 建议使用另一个 HA，在这种情况下，它会发送一个拒绝的注册回复，并且在一个 HA 重定向扩展中写明它推荐的 HA 地址。此外，该机制也定义了一种 HA 请求扩展，用来使 MN 指定它所偏好的 HA。该消息机制使得 MN 可以请求和接受一个动态分配的 HA，但对于网络如何为 MN 选择 HA 并没有做出明确的规定。

6.9.3 移动 IPv4 区域性注册

在移动 IPv4 中，一个 MN 每次改变 CoA 时都要向其 HA 注册。如果它访问的网络和其家乡网络相距很远，注册信令交互的延迟就会很大。如果将 MN 向 HA 的注册改为向 MN 所访问的子网中的某个本地节点进行注册，就可以在很大程度上解决这一问题。移动 IPv4 区域性注册即是基于这一思想提出的。

IETF 的 MIP4 工作组在 RFC4857 中提出了一种区域性注册的解决方案，使得 MN 可以在它所在区域内进行注册[65]。该方案是 MIPv4 协议的一个可选扩展，其中引入一种新的网络节点，即网关外地代理（Gateway Foreign Agent，GFA），如图 6-45 所示。GFA 的地址通过 FA 在访问域内进行广播，当一个 MN 第一次到达这个域时，它会向其 HA 进行注册，在这次注

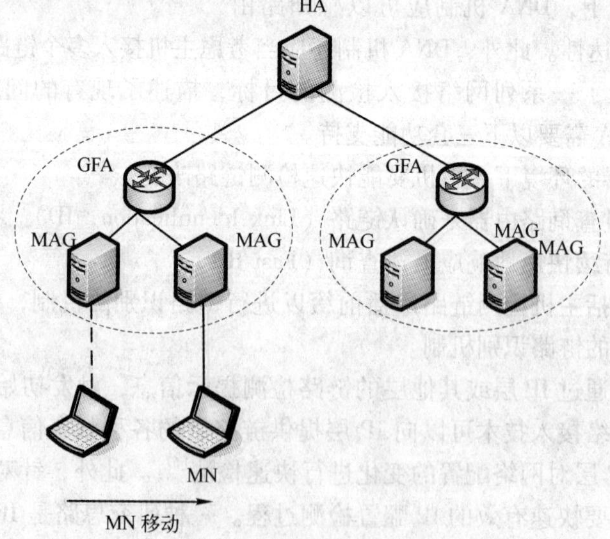

图 6-45 区域性注册示意图

册过程中，它将 GFA 的地址作为其 CoA 向 HA 注册。当它在这个域的不同 FA 之间进行移动时，MN 只需要向 GFA 进行区域性注册即可，不需要再向 HA 进行注册。

在简单的情况下，区域性注册对 HA 是透明的。在节点的支持下，区域性注册还可以提供 GFA 的动态分配。虽然该方案关注的是在所访问的外地网络内的区域性注册，但区域性注册在家乡网络中也可以实现。

6.10　本章小结

移动 IP 是由 IETF 所提出的在网络层支持用户漫游和切换的重要解决方案。作为一个独立于物理层和链路层的技术，移动 IP 可以兼容各类异构的接入协议，并使得用户移动对上层应用保持透明性。本章详细介绍了移动 IP 的原理、关键技术和改进措施。

移动 IP 的基本协议有移动 IPv4 和移动 IPv6 两个版本。移动 IP 能保证节点在移动过程中不改变自己的 IP 地址。这样，即使其接入网络的位置发生变化，也不会影响它和通信对端的通信，保持业务的连续性。由于移动 IP 协议具有切换时延大、切换分组丢失率高等缺陷，因此学者们提出了两类解决方案。一种是对移动 IP 的切换过程进行优化，包括使用二层信息触发三层切换来减少时延，在新旧外地代理间建立隧道来减少丢包等措施。另外一种通过使用网络分区的方法，包括移动管理分层，使得用户的微移动对外部网络透明，从而减少注册时延和切换时延。

在移动 IP 的基础上，针对不同的应用场景，又发展出了其他的移动管理协议。考虑到移动 IP 需要修改客户端，在现实应用中代价太大。为此，学者们提出了代理移动 IP 协议，无需修改客户端，由网络来管理移动节点的移动，而无需移动节点感知并处理移动事件，因此移动节点也不需要升级协议栈。在一些应用场景中（如火车或飞机上），当载体移动时，数量众多的节点会同时发生移动，随着网络接入点的移动而整个网络都会发生移动。此时，为单个移动节点提供移动 IP 服务开销太大。这种需求推动下，产生了网络移动（NEMO）协议，用来管理整个网络移动时用户的接入。

随着移动 IP 技术的发展，人们对其性能及其所支持的传输模式提出了更多要求。组播作为一种点到多点的通信方式，能够有效地提高网络的利用率，节省发送者自身的资源，同时使得应用具有良好的可扩展性，在通信带宽严重受限的无线移动场景下需求更为迫切。这使得移动 IP 组播技术成为一个研究热点。移动组播在移动 IP 技术基础上，对家乡代理、外地代理的功能进行了针对组播的补充，在路由效率、切换延迟、分组丢失率、协议处理开销方面，移动 IP 组播技术还有待进一步改进。

虽然移动 IP 从 1996 年最初诞生到现在已经有多年历史，但随着人们对移动性的要求不断提高，移动 IP 在实际应用中还有很多尚待解决的问题，如加快网络切换的检测、为节点合理选择 HA/FA、利用多连接提高移动节点的稳定性和性能、在包括 3G 等异构网络中的移动性管理等问题，仍值得我们进一步研究。

6.11　习题

1. 本章着重讲解了移动 IP 协议，介绍了其主要实体、信令流程、工作过程等方面的内容。移动 IPv4 协议是一种移动性管理协议，请概述移动 IPv4 的基本原理。与传统的基于有线连接的网络管理协议相比，它有什么显著的不同和优点？

2. 在移动性管理中，各个实体之间会通过一系列的信令交互来互通消息，触发各种操作的执行。移动 IPv4 涉及 MN、FA 和 HA 3 个实体的一系列信令交互。请简述移动 IPv4 中的信令交互流程以及信令交互过程中各实体进行的操作，并说明每个信令的作用。

3. 当移动节点从家乡网络漫游到外地网络上时，在 MIPv4 框架下，移动节点需要向家乡代理进行注册。请问注册报文采用 UDP 封装还是采用 TCP 封装传输？为什么？

4. 在移动 IP 框架下，移动节点移动到外地网络时，不仅具有家乡地址，而且会获得转交地址。请问这两个地址的作用是什么？这两个地址的分配方式有哪些？

5. 移动 IPv4 节点在外地链路上时，可以通过代理发现机制，得到转交地址。在不同的网络环境下，转交地址可为配置转交地址或者外地代理转交地址。请分析这两种转交地址的差异及其适用的网络环境。

6. 尽管移动 IPv4 协议针对安全问题进行了一些优化，但仍然存在安全隐患。加强移动 IPv4 的安全性是移动 IPv4 研究中的重要课题。移动 IPv4 中存在哪些潜在的安全隐患？请针对每一种安全隐患举一个具体的例子进行说明，并提出一种可能的解决方案。

7. 改进和优化路由性能是移动 IP 领域的研究热点之一，路由优化对提高网络性能有重要意义。众所周知，移动 IPv4 中存在三角路由问题。请说明三角路由问题的含义，并阐述一种解决该问题的路由优化方案。

8. 移动 IP 研究中的一个重要问题是其部署与应用，即怎样将移动 IP 技术在不同的网络环境和不同的二层接入技术下进行部署，并满足上层各类应用的需求。请举例说明移动 IP 的 3 种应用场景，并说明在这些具体的场景中移动 IPv4 所解决的主要问题。

9. 现有多种公开发布的移动 IPv4 源代码，运行这些代码对深入理解移动 IPv4 技术很有意义。请搜寻一种现有的移动 IPv4 代码实现，并尝试运行它。建议 3 个同学组成 1 个小组，进一步搭建 1 个移动 IPv4 系统，并测试其功能。

10. 移动 IPv6 采用通告的方式，将移动节点的转交地址告诉家乡代理和通信对端节点。移动 IPv6 通告使用了绑定更新、绑定应答和绑定刷新请求 3 条消息。请问这 3 条消息各自有什么作用？请举例说明。

11. IPv6 已经成为下一代互联网的重要基础，为此人们提出了移动 IPv6 协议。试比较移动 IPv6 和移动 IPv4 的工作原理，说明移动 IPv6 是怎样解决移动 IPv4 中“三角路由问题”的。

12. 为了在 IPv4 的互联网中支持移动性，移动 IPv4 增加了 FA 和 HA，修改了 MN 协议栈；而为了在 IPv6 的互联网中支持移动性，移动 IPv6 则增加了 HA，并通过修改 CN 协议栈来进行路由优化。试分析为什么移动 IPv4 和移动 IPv6 定义的实体不同，并比较二者的可实施性。

13. 移动 IPv6 节点确定它正连接在外地链路上时，得到转交地址的方法有两种，分别为被动地址自动配置和主动地址自动配置。请介绍这两种地址配置方式，并分析它们的区别以及所适用的情况。

14. 有人认为：“既然已经提出了移动 IPv6，而且它比移动 IPv4 更具优势，那么，现在移动 IPv4 就没有存在的必要了。”请谈谈你对这种观点的看法。

15. 微移动协议是移动 IP 的扩展协议，这类协议的提出是为了减小移动 IP 的切换时延，请问是否在任何情况下，微移动协议都能比基本的移动IP更好？如果不是，请问两者的适用范围如何确定？

16. 微移动协议可以分为两大类，即基于主机路由的微移动协议和基于隧道的微移动协议，请问这两大类微移动协议的基本特征是什么，各自有什么优点和缺点？

17. 移动组播面临很多挑战，它不仅要处理动态的组成员关系，还要处理动态的节点位置关系。请问移动组播具体需要解决哪些方面的问题，这几方面的问题所面临的主要困难是什么？

18. 移动IPv4和移动IPv6提出了两类基本的移动组播方案，即双向隧道和远程签署。请问这两个方案的优缺点分别是什么？在不同的主机移动速率情况下，每个方案各适用于哪种情况？

19. 移动组播协议（MoM）是针对隧道聚合问题提出的解决办法，请简述其基本技术思路。为了解决MoM存在分组传输路由不优化的问题，人们进一步提出了基于范围的移动组播协议（RBMoM），其基本思想是什么？

20. 基于范围的移动组播协议RBMoM和基于动态范围的移动组播协议DRBMoM都属于扩展的移动组播方案，它们利用MoM方案所提出的DMSP来解决隧道聚合问题。请问这两类方案的优缺点是什么？

21. 通过本章的例子我们可以看到，网络移动性支持具有广泛的应用前景。请问网络移动性主要研究方向是什么？请试举一个实际应用场景来结合说明。

22. 移动IP工作组已经提出了Mobile IPv4和Mobile IPv6两个协议，作为主机移动性支持的基本方案。请结合IPv4和IPv6网络的特点，分析NEMO在IPv4和IPv6上的差异，分析差异存在的原因。

23. IETF通过对移动IPv6的扩展，提出了网络移动性基本支持协议，从而当网络发生移动时，提供了移动网络中每个节点的可达性和会话的连续性。网络移动性基本支持协议定义了隐式和显式两种运行模式。请结合具体情况来描述两种模式的特点。

24. 网络移动性支持是对当前移动IP协议的扩展，使得一个路由器作为移动代理来保持整个网络中IP设备的移动性。请结合网络移动性的特点，分析网络移动性中实现路由优化所面临的主要问题，结合移动IP中的现有方案，考虑移植到网络移动性中的可行性。

25. 关于多连接的研究一直是移动通信领域的热点，多连接同样也是NEMO中的一个重要的研究发展方向。请结合实际应用的场景，来说明实现多连接的优点，分析所面临的主要技术问题。

26. 代理移动IP技术是一种新的无线移动互联网移动性管理方案。请结合移动IP存在的问题，来介绍代理移动IP的主要特点。

27. 区域移动性（Localized Mobility）在一个接入网络内，为移动节点提供IP移动性管理和服务。目前业界已经逐渐形成一种共识，将代理移动IP作为区域移动性管理的基本方案。试分析如何将代理移动IP作为区域移动性管理方案，并与区域间移动性管理方案移动IP互通。

28. 目前，关于代理移动IP的工作流程描述主要基于IPv6网络，而在IPv4网络中不存在Router Solicitation和Router Advertisement这一对消息。请结合IPv4网络的情况来描述代理移动IP的具体工作流程。

29. 移动 IP 实现中的一个主要问题是对移动节点的接入检测。结合不同的链路情况，请考虑设计并尝试编程实现在无线网络环境和以太网环境下对移动节点的接入检测功能。

30. 现在代理移动 IP 技术已应用于 WiMax 和 CDMA 中，如在 WiMax 根据完成 MIP 客户端功能的网元不同，定义了两种 MIP 的实现方式，即 CMIP（ClientMIP）和 PMIP（ProxyMIP）。请查阅具体在 WiMax 和 CDMA 中的实现设计，分析与本文设计场景的异同。

参考文献

[1] Perkins C. IP Mobility Support for IPv4 [S]. RFC3344, 2002.

[2] Johnson D, Perkins C, Arkko J. Mobility Support in IPv6 [S]. RFC3775, 2004.

[3] C Perkins. IP Encapsulation within IP[S]. RFC2003, 1996.

[4] C. Perkins. Minimal Encapsulation within IP[S]. RFC2004, 1996.

[5] D Cong, M Hamlen, C Perkins. The Definitions of Managed Objects for IP Mobility Support Using SMIv2[S]. RFC 2006, 1996.

[6] Charles Perkins, David B Johnson. Route Optimization in Mobile IP[S/OL]. http://draft-ietf-mobile-optim-08. txt. 1999.

[7] P Calhoun, J Loughney, E Guttman, et al. Diameter Base Protocol[S]. RFC 3588, 2003.

[8] David B Johnson, Charles E Perkins, Jari Arkko. Mobility Support in IPv6[J]. Internet Draft, 2002.

[9] Simpson W. Neighbor Discovery for IP Version 6 (IPv6)[S]. RFC1970, 1996.

[10] 孙利民，等. 移动 IP 技术[M]. 北京:电子工业出版社. 2003.

[11] 邱翔鸥. 移动 IPv6 与移动 IPv4 技术优势比较[J]. 无线电技术与信息, 2005(10):70-73.

[12] K El Malki. Low Latency Handoffs in Mobile IPv4[S]. RFC 4881, 2007.

[13] S Krishnan, N Montavont, E Njedjou, S Veerepalli, A Yegin. Link-layer Event Notifications for Detecting Network Attachments[S]. RFC4957, 2007.

[14] Perkins, Kuang Yeh Wang. Optimized Smooth Handoffs in Mobile IP[C]//IEEE International Symposium on Computers and Communications, 1999

[15] Rajeev Koodli, Charles E Perkins. Draft-koodli-mobileip-smoothv6-00: A Framework For Smooth Handovers with Mobile IPv6[EB/OL]. https://datatracker. ietf. org/doc/draft-koodli-mobileip-smoothv6/. 2000.

[16] Govind Krishnamurthi. Draft-krishnamurthi-mobileip-buffer6-01: Buffer Management for Smooth Handovers in IPv6[EB/OL]. http://tools. ietf. org/id/draft-krishnamurthi-mobileip-buffer6-01. txt. 2001.

[17] 汪存富，蔚承建. 无线局域网中移动 IP 快速切换技术研究[J]. 计算机世界. 2005(2).

[18] R Koodli. Fast Handovers for Mobile IPv6[S]. RFC 4068, 2005.

[19] Campbell A, Gomez J, Kim S, et al. Design, Implementation, and Evaluation of Cellular IP[J]. IEEE Personal Communications, 2000, 7(4): 42-49.

[20] Zach D, Dionisios G, Andrew C. Cellular IPv6[S/OL]. http://draft-shelby-seamoby-cellularipv6-00. txt, 2003-05-01.

[21] Ramjee R, Varadhan K, Salgarelli L, et al. HAWAII: A Domain-based Approach for Supporting Mobility in Wide-area Wireless Networks[J]. IEEE/ACM Transactions on Networking [J], 2002,10(3): 396-410.

[22] Soliman H, Castelluccia C, Malki K E, et al. Hierarchical Mobile IPv6 Mobility Management (HMIPv6) [S]. RFC4140, 2005.

[23] Gustafsson E, Jonsson A, Perkins C. Mobile IPv4 Regional Registration [S/OL]. http://ietf-mobileip-reg-tunnel-09. txt. 2004.

[24] Perkins C. Mobile IPv6 Regional Registrations [S/OL]. http://draft-malinen-mobileip-regreg6-00. txt. 2000.

[25] Kyungjoo S. Regional Mobile IPv6 Mobility Management[S/OL]. http://draft-suh-mobileip-rmm-00. txt. 2003-09-25.

[26] Das S, Misra A, Agrawal P. TeleMIP: Telecommunications-enhanced Mobile IP Architecture for Fast Intra-domain Mobility[J]. IEEE Personal Communications, 2000, 7(4): 50-58.

[27] Subir Das, Archan Misra,Kaushik Chakraborty, Sajal K Das. IDMP: An Intradomain Mobility Mangement Protocol for Next Generation Wireless Networks[J]. IEEE Wireless Communications, 2002, 40(6):38-45.

[28] Campbell A T, Gomez J, Kim S. Comparison of IP Micromobility Protocols[J]. IEEE Wireless communications, 2002,9(1):72-82.

[29] Rosen E, Viswanathan A, Callon R. Multiprotocol Label Switching Architecture [S]. RFC 3031, 2001.

[30] Braden R, Zhang L, Berson S, et al. Resource Reservation Protocol (RSVP)-Version1 Functional Specification [S]. RFC 2205, 1997.

[31] Gundavelli, K Leung, V Devarapalli, K Chowdhury, B Patil. Proxy Mobile IPv6[S/OL]. http://draft-ietf-netlmm-proxymip6-10. txt. 2008.

[32] B Aboba, M Beadles. The Network Access Identifier[S]. RFC2486, 1999.

[33] T Ernst. Network Mobility Support Goals and Requirements[S]. XFC 4886, 2007.

[34] V Devarapalli, R Wakikawa, A Petrescu, P Thubert. Network Mobility (NEMO) Basic Support Protocol[S]. RFC 3963, 2005.

[35] Ernst T, H Y Lach. Network Mobility Support Terminology[S/OL]. http://www. ietf. org/internet-drafts/draft-ietf-nemo-terminology-05. txt. 2006.

[36] Ng C, F Zhao, M Watari, P Thubert. Network Mobility Route Optimization Problem Statement [S/OL]. http://www. ietf. org/internet-drafts/draft-ietf-nemo-ro-problem-statement-02. txt. 2005.

[37] Ng C, F Zhao, M Watari, P Thubert. Network Mobility Route Optimization Solution Space Analysis [S/OL]. http://www. ietf. org/internet-drafts/draft-ietf-nemo-ro-space-analysis-04. txt. 2006

[38] Ng C, E Paik, T Ernst, M Bagnulo. Analysis of Multihoming in Network Mobility Support [S/OL]. http://ietf. org/internet-drafts/draft-ietf-nemo-multihoming-issues-05. txt. 2006.

[39] Deering S. Multicast Routing in a Datagram Internetwork[D]. Department of Computer Science, Stanford University, 1991.

[40] Diot C, Levine B N, Lyles B, Kassem H, Balensiefen D. Deployment Issues for the IP Multicast Service and Architecture[J]. IEEE Network, 2000, 14(1): 78~88

[41] Postel J. User Datagram Protocol[S]. RFC768, 1980.

[42] Fenner W. Internet Group Management Protocol, Version 2[S]. RFC 2236, 1997.

[43] Vida R, Costa L, Multicast Listener Discovery Version 2(MLDv2) for IPv6[S]. RFC 3810, 2004.

[44] Sahasrabuddhe L H, Mukherjee B. Multicast Routing Algorithms and Protocols: A Tutorial [J]. IEEE Network, 2000, 14(1): 90~102.

[45] Waitzman D, Partridge C, Deering S. Distance Vector Multicast Routing Protocol (DVMRP)[S]. RFC 1075, 1988.

[46] Ballardie A. Core Based Trees (CBT) Multicast Routing Architecture[S]. RFC 2201, 1997.

[47] Moy J. Multicast Extensions to OSPF[S]. RFC 1584, 1994.

[48] Estrin D. Protocol Independent Multicast-Sparse Mode(PIM-SM): Protocol Specification [S]. RFC2362, 1998.

[49] Adams A, Nicholas J, Siadak W. Protocol Independent Multicast-Dense Mode(PIM-DM): Protocol Specification(Revised)[S]. RFC3973, 2005.

[50] Thaler D. Border Gateway Multicast Protocol (BGMP): Protocol Specification [S]. RFC3913, 2004.

[51] Gossain H, Kamat S, Agrawal D P. Framework for Handling Multicast Source Movement over Mobile IP[C]//Proceedings of 2002 IEEE International Conference on Communications(ICC'02), 2002: 3398~3402

[52] Jelger C, Noel T. Supporting Mobile SSM Sources[C]//Proceedings of the 2002 IEEE Global Telecommunications Conference(GLOBECOM'02), 2002: 1693-1697.

[53] Bhattacharyya S. An Overview of Source-Specific Multicast(SSM)[S]. RFC 3569, 2003.

[54] Almeroth K C, Bhattacharyya S, Diot C. Challenges of Integrating ASM and SSM IP Multicast Protocol Architectures[C]//Proceedings of the Thyrrhenian International Workshop on Digital Communications: Evolutionary Trends of the Internet (IWDC'01), 2001: 343-360.

[55] Jelger C, Noel T. Supporting Mobile SSM Sources[C]//Proceedings of the 2002 IEEE Global Telecommunications Conference(GLOBECOM'02), 2002: 1693-1697.

[56] Harrison T G, Williamson C L, Mackrell W L, Bunt R B. Mobile Multicast (MoM) Protocol: Multicast Support for Mobile Hosts[C]//Proceedings of the Third Annual ACM/IEEE International Conference on Mobile Computing and Networking (MobiCom'97). ACM Press, 1997: 151-160.

[57] Lin Chunhung Richard, Wang Kai-Ming. Mobile Multicast Support in IP Networks[C]// Proceedings of the Nineteenth Annual Joint Conference of the IEEE Computer and Communications Societies (INFOCOM'00), 2000: 1664-1672.

[58] Lin C R, Wang K M. Scalable Multicast Protocol in IP-based Mobile Networks[J]. ACM/Baltzer Wireless Networks, 2002, 8(1): 27 – 36.
[59] 王胜灵, 侯义斌, 黄建辉, 等. 基于动态范围的移动组播协议[J]. 计算机学报,2005, 28 (12):2096-2102.
[60] J H Choi, G Daley. Goals of Detecting Network Attachment in IPv6[S]. RFC 4135, 2005.
[61] S Krishnan, N Montavont, E Njedjou, S Veerepalli, A Yegin. Link-layer Event Notifications for Detecting Network Attachments[S]. RFC 4957, 2007.
[62] S Narayanan, G Daley, N Montavont. Detecting Network Attachment in IPv6-Best Current Practices for Hosts DNA Working Group [S/OL]. http://www. ietf. org/internet-drafts/draft-ietf-dna-hosts-03. txt. 2006.
[63] S Narayanan, G Daley, N Montavont. Detecting Network Attachment in IPv6-Best Current Practices for Routers DNA Working Group[S/OL]. http://www. ietf. org/internet-drafts/draft-ietf-dna-routers-bcp-00. txt. 2005.
[64] M Kulkarni, A Patel, K Leung. Mobile IPv4 Dynamic Home Agent (HA) Assignment[S]. RFC4433, 2006.
[65] E Fogelstroem, A Jonsson, C Perkins. Mobile IPv4 Regional Registration[S]. RFC4857, 2007.
[66] Deering S, Hinden R. Internet Protocol, Version 6 (IPv6) Specification [S]. RFC 2460, 1998.
[67] C Perkins. Mobile IP Joins Forces with AAA[J]. IEEE Personal Communications, 2000, 7(4): 59-61.
[68] P Calhoun, J Loughney, E Guttman, G Zorn, J Arkko. Diameter Base Protocol[S]. RFC3588, 2003.
[69] P McCann. Mobile IPv6 Fast Handovers for 802. 11 Networks[S]. RFC4260, 2005.
[70] Hee-Jin Jang, Junghoon Jee, Youn-Hee Han. Mobile IPv6 Fast Handovers over IEEE 802. 16e Networks[S/OL]. http://draft-ietf-mipshop-fh80216e-07. txt. 2008.
[71] H Yokota, G Dommety. Mobile IPv6 Fast Handovers for 3G CDMA Networks[S/OL]. http://draft-ietf-mipshop-3gfh-07. txt. 2008.
[72] R Koodli, C Perkins. Mobile IPv4 Fast Handovers[S]. RFC4988, 2007.
[73] Deering S, Hinden R. Internet Protocol, Version 6 (IPv6) Specification [S]. RFC 2460, 1998.
[74] Nautilus6-Network Mobility Website[EB/OL]. http://www. nautilus6. org/nemo/index. php. 2006.
[75] Nautilus6-NEPL Enhancement Website[EB/OL]. http://software. nautilus6. org/NEPL/. 2006.
[76] Wakikawa, S Gundavelli. IPv4 Support for Proxy Mobile IPv6[S/OL]. http://draft-ietf-netlmm-pmip6-ipv4-support-02. txt. 2007.
[77] K Leung, C Dommety, P Yegani, K Chowdhury. Mobility Management Using Proxy Mobile IPv4[S/OL]. http://draft-leung-mip4-proxy-mode-02. txt. 2007.
[78] Romdhani I, Kellil M, Lach H Y, Bouabdallah A, Bettahar H. IP Mobile Multicast: Challenges and Solutions[J]. IEEE Communications Surveys & Tutorials, 2004, 6(1): 18 – 41.
[79] Hrishikesh Gossain, Carlos De M Cordeiro, Dharma P Agrawal. Multicast: Wired to Wire-

less[J]. IEEE Communications Magazine, 2002,40(6):116 -123.

[80] Jelger C, Noel T. Multicast for Mobile Hosts in IP Networks: Progress and Challenges[J]. IEEE Wireless Communications,2002, 9(5):58 -64.

[81] 吴茜，吴建平，徐恪，刘莹. 移动 Internet 中的 IP 组播研究综述[J]. 软件学报，2003, 14(7): 1324 -1337.

[82] Janneteau C. Comparison of Three Approaches Towards Mobile Multicast[C]//IST Mobile and Wireless Telecommunications Summit, 2003.

[83] Lai J, Liao W. Mobile Multicast with Routing Optimization for Recipient Mobility[J]. IEEE Transactions on Consumer Electronics, 2001, 47(1): 199 -206.

[84] Castro M, Druschel P, Kermarrec A M, et al. SplitStream: High-bandwidth Multicast in Cooperative Environments[C]//Proceedings of Symposium on Operating Systems Principles (SOSP), 2003: 298-313.

[85] E Nordmark, M Bagnulo. Shim6: Level 3 Multihoming Shim Protocol for IPv6[S/OL]. http://www. ietf. org/internet-drafts/draft-ietf-shim6-proto-10. txt. 2008.

[86] J Arkko, I van Beijnum. RFC 5534: Failure Detection and Locator Pair Exploration Protocol for IPv6 Multihoming[S]. IETF, Network Working Group, 2008.

[87] J Arkko, C Vogt, W Haddad. Enhanced Route Optimization for Mobile IPv6 [S]. RFC4866, 2007.

第 7 章　无线 TCP 技术

由于无线链路具有高度不可靠性，使得传统的 TCP 传输机制在无线移动互联网上无法直接应用，无线 TCP 传输机制面临着数据包的随机丢失、时延较大、频繁切换与链路中断等挑战。为了实现服务质量保证，学术界和产业界对于无线移动互联网的传输机制进行了深入研究，以解决传统的 TCP 协议无法适用于无线移动环境中的问题。

本章 7.1 节是无线 TCP 技术概述，包括 TCP 协议的基本机制、无线环境的特点以及无线 TCP 技术所面临的问题；7.2 节、7.3 节分别介绍单跳和多跳无线环境下的 TCP 传输机制；7.4 节探讨了无线环境下的非 TCP 传输机制；7.5 节进行总结并展望无线传输技术的未来发展方向。

7.1　无线 TCP 技术概述

当前的网络协议栈是基于 TCP/IP 架构来实现的，IP 协议进行 IP 数据包的分割和组装，该协议并不保证数据包能够顺利发送到接收节点；TCP 协议则是建立在 IP 协议之上的面向连接的、可靠的传输层协议，虽然 TCP 基于字节流，但其采用滑动窗口机制完成数据包的有序收发[1]。

7.1.1　TCP 协议的基本机制

TCP 协议包括传输连接的建立、维护与释放机制[2]以及拥塞控制机制[3]等。TCP 协议使用三次握手机制实现传输连接的建立，如图 7-1 所示。在介绍三次握手机制之前，首先介绍原语的概念。原语是由若干个机器指令构成的完成某种特定功能的一段程序，具有不可分割性。原语的执行必须是连续的，在执行过程中不允许被中断。常见的网络传输服务原语包括 LISTEN、CONNECT、SEND、RECEIVE 和 DISCONNET。

源节点执行 CONNECT 原语，同时指定需要连接的 IP 地址和端口、最大 TCP 分段长度以及可选的用户数据（比如用户密码）等，CONNECT 原语发送一个序号如 x 并且确认号为 0 的 SYN 数据报文，然后等待应答。目的节点接收到该 SYN 报文时，查看本节点上是否有进程在指定的端口上进行监听，如果没有，那么向源节点返回拒绝连接请求的消息。如果某个进程正在监听该端口，那么就由该进程接收此 TCP 数据段，然后向源节点回送序号为 y 并且确认号为 x+1 的确认 SYN ACK 报文。源节点接收到该报文之后，发送一个序号为 x+1 并且确认号为 y+1 的 ACK 报文

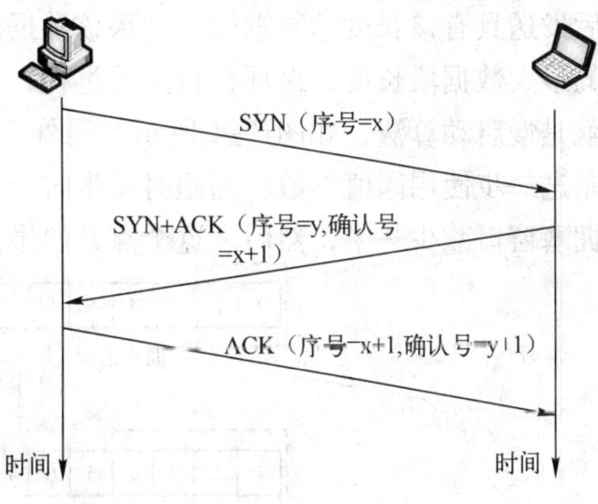

图 7-1　TCP 协议的连接建立过程

进行确认，从而建立 TCP 连接。

TCP 连接建立之后，采用滑动窗口机制传输数据，如图 7-2 所示。该图中窗口的大小是 9，源节点如果收到对前两个字节的确认，则将滑动窗口向右滑动两个字节，循环执行该步骤就可以完成数据的传输。在该阶段，如果出现数据包的丢失，那么发送窗口缩小为原来的一半，同时将超时重传的时间间隔扩大一倍，从而保障数据传输的可靠性和流量的可控性。

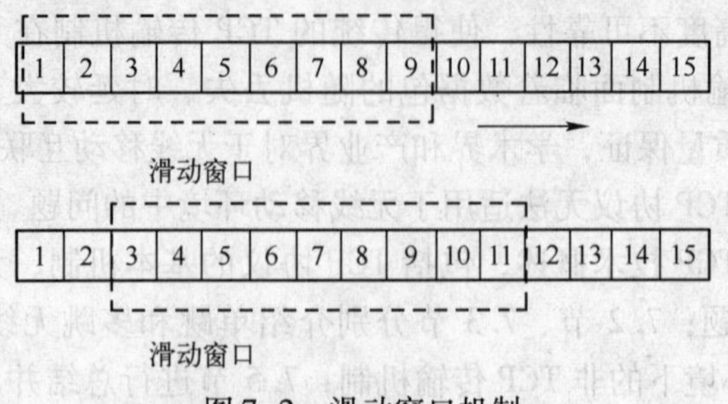

图 7-2　滑动窗口机制

源节点和目的节点都可以发送 FIN 数据段请求释放连接，当 FIN 数据段被确认时，来自 FIN 数据段发送端的数据传送停止；当两个方向上的数据传送都停止时，连接得以释放，如图 7-3 所示。为了释放一个连接，通常需要 4 个 TCP 数据段，每个方向上的一个 FIN 和一个 ACK。但是当第一个 ACK 和第二个 FIN 包含在同一个数据段中时，数据段的数量可以降为 3 个。

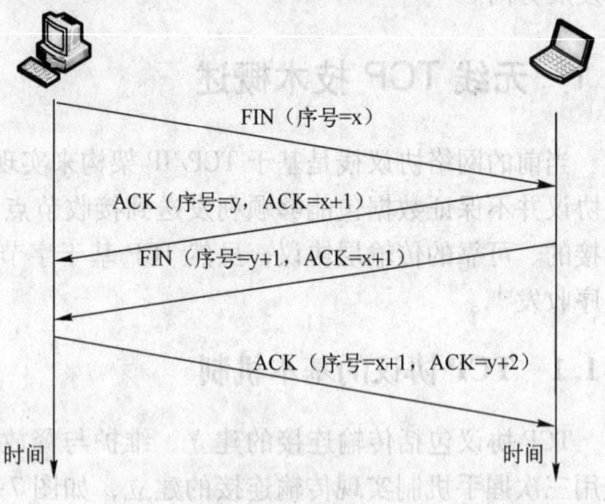

图 7-3　TCP 协议的连接释放过程

当计算机网络的负载超过网络的处理能力时发生拥塞，从而导致计算机网络传输数据的丢失，因此学术界设计了 TCP 拥塞控制机制[4]。发送节点需要维护反映接收方准许接收数据量的流控窗口和反映网络拥塞程度的拥塞窗口两个窗口。发送节点一次可以传送的最大字节数是两个窗口的最小值。在建立连接之后，发送节点将拥塞窗口的大小初始化为该连接上当前使用的最大数据段长度，然后发送具有该长度的数据段。如果该数据段在一定时间内得以确认，那么拥塞窗口变成两倍的最大数据段长度，循环执行上述过程，直到发生超时或者达到接收方准许的窗口长度，这就是慢启动算法，如图 7-4 所示。另外，为了使得拥塞窗口的长度线性增长，拥塞控制机制进一步使用阈值参数。当超时发生时，阈值被设置为当前拥塞窗口的一半。也就是说，将拥塞窗口减少一半，然后从这个点开始慢慢增长。

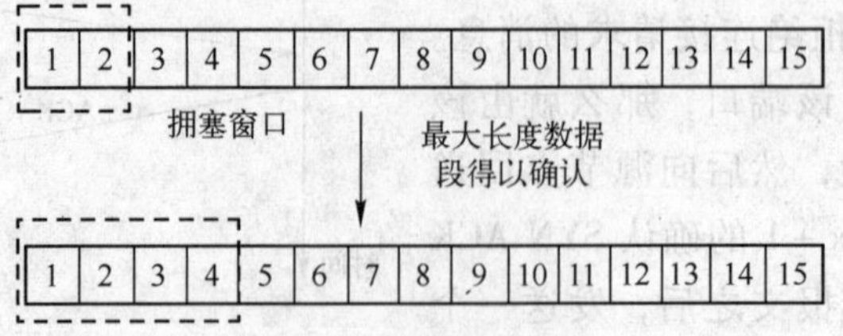

图 7-4　慢启动算法

7.1.2 无线TCP面临的挑战

由于无线环境所具有的节点移动性、拓扑结构动态性以及能量有限性，尤其是由于无线链路具有高度不可靠性，使得传统的TCP传输机制在无线移动互联网上无法直接应用。无线TCP传输机制面临着严峻的挑战，存在很多问题需要深入研究。

（1）数据包的随机丢失

无线移动互联网由于信道之间的干扰、节点的移动、多径衰落等原因，误码率较高。实验证明，有线网络的误码率为$10^{-9}\sim10^{-6}$，而无线移动互联网的误码率则高达$10^{-2}\sim10^{-1}$，差异非常大[5]。而传统TCP传输机制会将数据包丢失的原因判断为网络拥塞，并启动相应的拥塞控制机制，从而导致发送节点的拥塞窗口保持一个很小的数值，仅仅发送少量的数据，无线移动互联网吞吐量下降，而此时正确的做法应当是增大吞吐量以加快重传。

（2）时延较大

由于无线移动互联网带宽较低、信道接入的不对称性和不公平性等原因，无线移动互联网的时延较大并且改变频繁，进而可能引发数据包重传，导致网络性能急剧下降。

（3）能量有限

当移动节点的电池耗竭时，该移动节点在没有任何警告的情况下中断链路。在该链路中断期间的数据传送导致大量数据包丢失，传统TCP传输机制会将该数据包丢失的原因判断为网络的拥塞，从而导致无线移动互联网性能的下降。

因此，由于传统的TCP传输机制缺乏有效的错误检测机制，也就是说，传统的TCP传输机制只能检测出数据包丢失的发生，而不能检测出数据包丢失的原因，并且没有有效的错误恢复机制。互联网的误码率较低，将数据包的丢失作为拥塞的结果处理。但是，对于无线移动互联网而言，存在许多与拥塞无关的数据包丢失的原因，需要根据不同的原因做出不同的处理，因此上述情况成为无线TCP面临的重要挑战。

7.2 单跳无线TCP传输机制

单跳无线网络如图7-5所示，是有线网络的固定节点（Fixed Host，FH）与无线节点（Wireless Host，WH）之间的网络，二者之间通常通过基站（Based Station，BS）或者访问点（Access Point，AP）加以连接。单跳无线TCP传输机制是一个传统的问题，其所面临的主要挑战包括数据包的随机丢失、频繁切换等，早期学术界和产业界进行了深入研究。

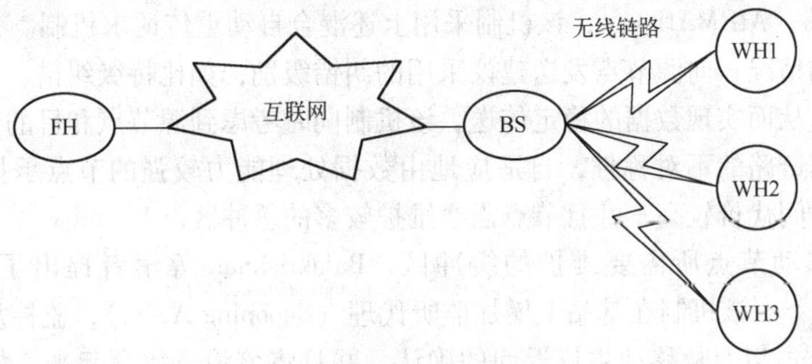

图7-5 单跳无线网络

根据单跳无线 TCP 传输机制所解决的问题，可以将其分为丢包恢复和连接管理。前者主要用于解决数据包随机丢失和延迟的恢复问题，采用的方法包括链路层丢包恢复机制和丢包原因的通知机制；后者主要用于解决切换和链路中断等问题，采用的方法包括分离链路机制和端到端连接机制，如图 7-6 所示[6]。

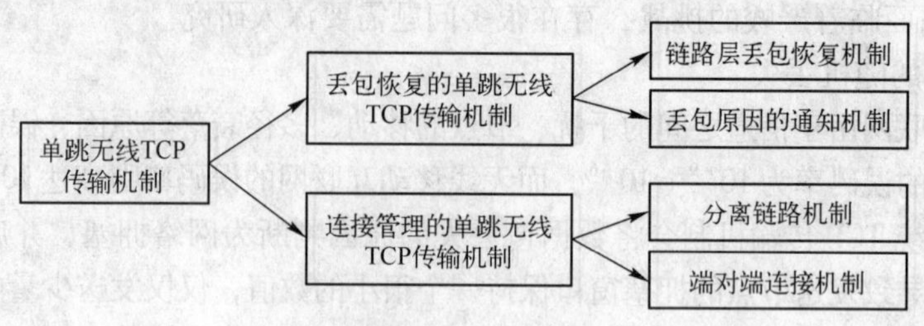

图 7-6　单跳无线 TCP 传输机制

7.2.1　链路层丢包恢复机制

链路层丢包恢复机制的主要思路在于，在数据链路层上通过数据包重传机制或者错误纠正机制屏蔽无线链路所造成的影响。该机制的优点是，不需要改动移动节点的传输层工作机制，独立于高层协议实现数据传输的可靠性保证；该机制的缺点是链路层的计算负担较重。

传统的链路层丢包恢复机制是前向纠错机制（Forward Error Correction，FEC）和自动重传请求机制（Automatic Repeat Request，ARQ）[7]。在前向纠错机制中，源节点给所发送的消息增加冗余比特，接收节点可以使用该冗余比特进行错误的纠正，以恢复受到损毁的数据包。该机制不会与 TCP 协议本身的数据包重传机制相冲突，但是需要额外的存储空间，并且由于需要发送冗余比特所以信道利用率不高，适用于如 VoIP 等时延敏感的无线移动互联网业务。

在自动重传请求机制中，源节点给所发送的消息增加的冗余比特仅仅用于校验，当校验不成功时请求重传该数据包。可见，该机制冗余比特较少，但是自动重传请求机制可能会与 TCP 协议本身的数据包重传机制相冲突，并且增加了数据传输的时延，适用于时延不敏感并且丢包不频繁的无线移动互联网。为了解决前向纠错机制存在的冗余问题和自动重传请求机制存在的重传冲突问题，学术界提出了混合自动重传请求机制，在使用自动重传机制的同时，利用前向纠错机制降低分组丢失所造成的重传的概率。

Ayanoglu 等学者提出了链路层的非对称性移动访问机制（Asymmetric Reliable Mobile Access In Link-layer，AIRMAIL）[8]，该机制采用上述混合自动重传请求机制。另外，接收节点根据无线链路的情况，向源节点发送建议采用的纠错级别，如比特级纠错、字节级纠错或者数据包级纠错，从而实现数据的稳定传送。该机制同时考虑到源节点和目的节点数据处理能力的差异和数据链路的不对称性，自适应地由数据处理能力较强的节点承担较多的计算负担。该机制的时间代价较高，并且节点需要维护较多的缓冲区。

为了减小移动节点所需要维护的缓冲区，Balakrishnan 等学者提出了监听 TCP 机制（Snoop TCP）[9][10]。该机制在基站上增加监听代理（Snooping Agent），监控从基站发给移动主机的 TCP 数据段以及从移动主机返回的确认，并且将该消息缓存起来。如果监听代理发现发给移动主机的 TCP 数据段在一段时间内产生相应的确认消息，那么该监听代理重新发送该数据段，如图 7-7 所示。

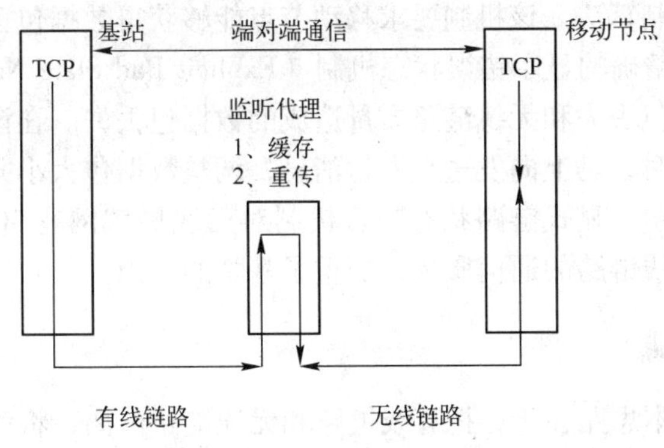

图 7-7　监听 TCP 机制

为了降低基站的负担，Parsa 等学者提出了传输层无感知的链路增强协议（Transport Unaware Link Improvement Protocol，TULIP）[11]，其思路与监听 TCP 机制相同，但是移动主机直接将数据包缓存并且按序传递给下一跳。为了进一步优化链路连接中断时的应对机制，减小链路连接中断对于数据传输的影响，Seok 等学者在监听 TCP 机制的基础上进一步优化[12]，提出当基站与移动节点之间的链路连接中断时，基站向源节点发送零窗口通知，源节点收到零窗口控制之后冻结计时器并暂停数据包的发送，从而避免源节点进入慢启动过程将 TCP 拥塞窗口减半。

在监听 TCP 机制及上述优化机制中，链路层的丢包恢复机制对于网络层、传输层以及应用层而言是透明的，但是如果无线链路的丢包率很高时，源节点可能在等待确认时发生超时并且调用拥塞控制算法。

为了提高监听 TCP 机制在丢包率较高时的性能，Vangala 等学者提出基于 TCP 选择确认机制的监听协议[13]。接收节点有选择地告知哪些数据段没有收到，从而发送节点精确地重传这些遗漏的数据组，而不是重传拥塞窗口中的所有数据包，从而减少不必要的重传带来的负担，在分组损坏率较高时能够大幅度提高性能。为了进一步提高监听和重传的准确度，Sun 等学者提出了基于新的选择确认机制的监听协议 SNACK-NS（New Snoop）[14]。该协议将监听 TCP 机制的监听代理分为 SNACK 代理和 SNACK-TCP 两个组件，前者部署在基站上，后者部署在移动节点上，从而能够获得无线链路上数据包丢失的精确信息，提高丢包恢复的性能。

综上所述，链路层丢包恢复机制主要通过无线链路本地重传丢失的数据包，从而实现独立于上层协议的链路层丢包恢复，并且旨在降低无线链路的高误码率造成的影响；但是在长时间链路断开的情况下，该机制无法防止发送节点启动拥塞控制算法。典型的链路层丢包恢复机制是监听 TCP 机制，而基于 TCP 选择确认机制的监听协议和基于新的选择确认机制的监听协议则进一步提高了监听 TCP 机制的性能。

7.2.2　丢包原因通知机制

丢包原因通知机制的主要思路在于，接收节点根据中间节点发送的数据包丢失的相关信息，精确地判断数据包丢失的原因并且通知发送节点，通过区分拥塞造成的数据包丢失和无线链路断开造成的数据包丢失，从而使发送节点能够采取正确的应对措施，防止丢包后不加区分地立即启动拥塞控制算法。该机制要求移动节点能够获得数据包丢失的相关信息。

Bakshi 等学者提出精确的显示错误状态机制（Explicit Bad State Notification，EBSN）[15]，以区分拥塞造成的数据包丢失和无线链路质量造成的数据包丢失。在该机制下，基站发现无线链路的通信质量不好时，马上向发送点发送消息，调整数据包大小并更新超时时间，避免不必要的超时。实验表明，显式链路状态报告机制对无线局域网有 50% 的性能提升。该机制要求基站能够探测无线链路的通信质量，加重了基站的负担。

7.2.3　分离链路机制

分离链路机制的基本思路在于，把有线链路和无线链路分离，将源节点与目的节点之间的 TCP 连接分为如图 7-8 所示的两个单独的连接，即源节点与基站之间的连接和基站与移动主机之间的连接。基站只是简单地在两个方向上为两个连接复制分组。两个路径都应用 TCP 协议，但流量、错误控制机制、数据包大小以及消息的失效时间可以完全不同。这种方案的优点是把有线网络和无线网络的流量和拥塞控制分开，使得基站能处理更多的工作，减少了移动主机的负担；缺点是在一定程度上违反了 TCP 端到端传输语义。

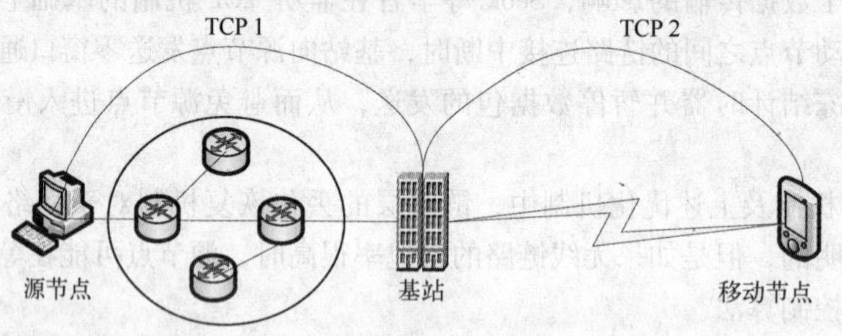

图 7-8　分离链路机制

基站和管理节点需要缓冲发送给移动节点的数据包，因此，在无线链路的吞吐量较低并且移动节点较多时，基站和管理节点很容易用尽缓冲区空间。移动节点传输协议需要通知发送节点可用的缓冲区空间，并且移动节点传输协议和间接的 TCP 机制都违背了 TCP 语义，没有维护端到端的特性，而移动 TCP 机制则保持了端到端的特性。在频繁短路并且具有较低切换延迟的情况下，移动 TCP 机制具有较好的应用前景。

Bakre 和 Badrinath 提出的间接 TCP 机制（Indirect-TCP，I-TCP）是最早采用分离链路思想的无线 TCP 传输机制[16]。源节点和移动节点之间的连接被分离成为源节点和支持移动的路由节点 MSR（Mobility Support Router）两部分之间的连接，MSR 和移动节点之间的连接。发往移动节点的数据包首先被 MSR 接收，MSR 向源节点发送确认消息，然后将该数据包转发到移动节点。该机制的缺点在于，不能维护 TCP 的端到端语义，并且降低了整体网络的性能。

为了提高网络性能，Brown 等提出移动 TCP 机制 M-TCP[17]。TCP 连接在管理节点 SH（Supervisory Host）处被分离，固定主机 FH 用传统的 TCP 协议发送数据到管理节点 SH，而管理节点 SH 用 M-TCP 协议发送数据到移动主机，如图 7-9 所示。M-TCP 协议规定，只有当收到来自移动主机的确认时，才发送确认到固定主机，从而该机制维持了端到端的特性。

该机制的缺点在于，移动节点和管理节点的计算负担较重。

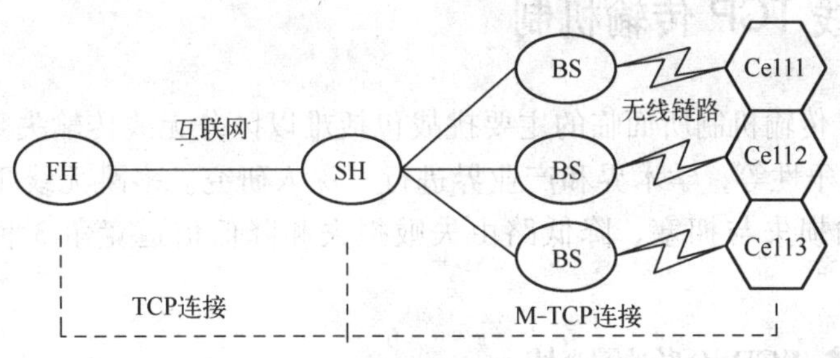

图 7-9　M-TCP 机制

为了降低移动节点的计算负担，Wang 等学者提出移动节点传输协议（Mobile-End Transport Protocol，METP）[18]。该协议在固定主机 FH 和基站之间使用传统的 TCP 协议，而在无线链路上采用较传统网络更为简单的协议，该协议使用更小的头部，并且只处理无线链路是最后一跳的情况。

7.2.4　端到端连接机制

端到端连接机制的主要思路在于，通过修改实际协议，使得无需中间节点就能够实现连接管理。该机制要求源节点和目的节点采用特定机制处理由于拥塞导致的丢包和由于高误码率导致的丢包，并需要判断该高误码率是否由于节点的移动所造成的。该机制维持了 TCP 的端到端语义，与原有协议的兼容性比较好，并且该机制可以应用于不同的网络环境，但是需要对源节点和目的节点的 TCP 算法进行修改。

Goff 等学者提出 Freeze-TCP 机制以解决频繁断路和切换所出现的连接问题[19]。由于移动节点可能检测到无线信号的强度，并且能够预测可能的切换，有些情况下甚至能够预测到暂时的链路中断，因此可以由移动节点负责连接信号的挂起。当移动节点发现连接可能丢失时，可以提前把发送端的发送窗口设置为零，同时保持拥塞窗口不变。该机制不需要在基站上做任何修改，也不需要在发送节点或者中间节点上做任何的修改，修改仅仅局限于移动节点，因此和已有体系结构的兼容性也很好。但是，该机制要求移动节点能够预测断路，否则其性能会大大降低，所以该机制的准确度不高，适用范围有限。

为了提高移动节点判断链路中断的准确性，Fu 等学者提出 TCP-Veno 机制[20]。移动节点监测网络拥塞的级别，根据检测到的网络拥塞级别来调整慢启动算法的阈值，并判断丢包的原因是拥塞还是链路错误。TCP-Veno 机制有效地提高了无线移动互联网的网络利用率，但是在断路和切换频繁时性能较差。

为了提高断路和切换频繁时的性能，Wu 等学者提出基于抖动的 TCP 机制（Jitter Based TCP，JTCP）[21]。该机制使用抖动率区分拥塞和断路，抖动率是一定时间间隔内由于抖动产生的丢包数量。JTCP 通过连续的应答消息到达时间的差异计算抖动率，然后区分因拥塞造成的丢包和其他原因引起的丢包。

综上所述，端到端连接机制对于现有协议做出的改变较小，保留了 TCP 的端到端语义，不依赖于中间节点，具有良好的应用前景。但是，该机制需要对一些节点的 TCP 算法进行修改，如何减少上述修改值得深入研究。

7.3 多跳无线 TCP 传输机制

多跳无线 TCP 传输机制所面临的主要挑战包括难以区分无线传输失败的原因、频繁路由失败、信道的竞争性等，学术界和产业界进行了深入研究。多跳无线 TCP 传输机制可以分为区分无线传输损失与拥塞、降低路由失败损失和降低信道竞争 3 种类型，下面分别介绍。

7.3.1 多跳无线 TCP 面临的挑战

相对于单跳无线 TCP 机制而言，由于多跳无线传输的特性，多跳无线 TCP 传输机制面临着新的挑战。

1. 无线传输错误

无线传输会有比有线信道更高的误码率。这一特性对多跳 TCP 造成的影响与单跳相似，甚至更严重。其最直接的后果就是造成了无线传输信道的可靠性比有线信道低，不够可靠的底层传输信道会产生意外的丢包。但是从有线链接发展起来的 TCP 协议将所有的丢包现象都认为是由拥塞引起的。这样，在无线环境下的 TCP 协议会经常不必要的激发拥塞控制机制，造成流量降低和链路利用不足，大大降低网络性能[22]。不仅如此，由多跳无线网络的多跳特性，各跳的传输错误造成的影响会被累积。

2. 路由失败以及网络分割

无线移动互联网的节点具有移动性。当两个相邻节点之间发生相对移动导致一个移出另一个的传输范围时连接断开，造成路由失败。与传输错误相同，由于节点的移动性产生的丢包，TCP 也不能将其和因拥塞产生的丢包区分开来[23]。一般情况下，发现一条新的路径所需要的时间比 TCP 发送节点的重传超时长很多。如果在超时前没能发现新路径，TCP 发送节点将会开启拥塞控制机制。这就造成已经被减少的 TCP 传输量会进一步被缩减。

更糟糕的是，由于节点的移动，网络可能被分割成非连通图[24]，而当发送节点和接收节点可能处于不同子图时 TCP 会开启指数下降（Exponential Backoff）机制，即每当发生重传超时，就将下一次传输的重传超时翻倍。这种情况下，即使发送节点和接收节点之间的链路得以恢复，倍数增长的重传超时将会使得链路处于非活动状态长达 1～2 min 之久。

3. 传输媒介竞争与不公平性

在无线移动互联网中传输节点可能要依靠物理层的载波检测（Carrier-Sensing）机制来检测哪条信道空闲[25]，比如在 IEEE 802.11 DCF 中就是这样。但是这一探测机制存在着隐藏终端和暴露终端问题。但是在无线多跳网络中，隐藏终端和暴露终端问题在某节点的整个传输范围内都存在。传输范围是指对于某一个正在传输数据的节点，所发出的数据包可以被成功接收的范围。

如图 7-10 所示是隐藏终端问题示意图。节点 A 和 C 都有一帧数据要传给节点 B。A 不能探测到 C，因为 A 在 C 的传输范围外。这样，可以说 C（或 A）对于 A（或 C）来说是隐藏的。因为 A 和 C 的传输范围并不互斥，这样在 B 处就产生了包冲突[26]。这些冲突会使得

A和C对B的传输产生问题。

由上面的分析我们可以看出，在无线多跳网络中，竞争不再是对于链路的竞争，而是传输范围的竞争。

如图7-11所示是暴露终端问题示意图。暴露终端是指当发送节点的传输范围内有其他两个节点的传输时，发送节点的传输可能会被延误。假设A和C都在B的传输范围内，A在C的传输范围之外。假设当C有帧要发给D时，B正在和A产生传输。由于载波探测机制，C因为B的传输而探测到信道忙，这样C对D的传输将会被阻止。但实际上C对D的传输是完全可以的，并不会影响A、B间的通信。这一问题会大大降低信道的利用率。

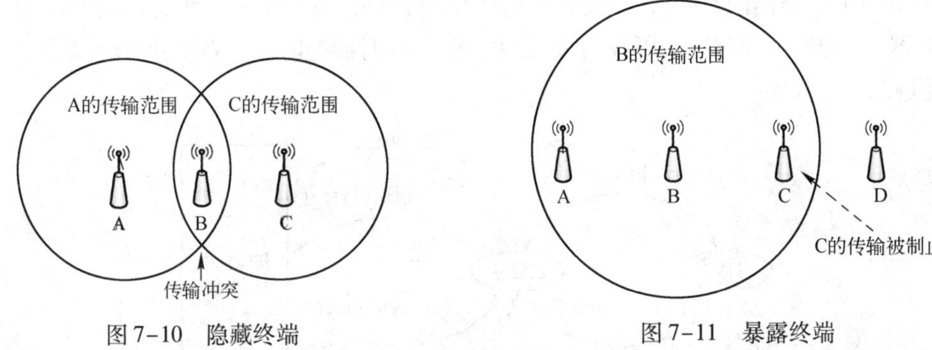

图7-10 隐藏终端　　　　图7-11 暴露终端

所以，无线多跳网络中的竞争也不再仅仅是对单条线路，某个节点的竞争，而是产生在一个范围内。如果这个范围内有多个节点，那么它们都将受到影响。

同时，TCP的指数下降机制总是对最后成功的传输者有利，于是就会产生媒介利用的不公平。看起来，多等等可能没什么。但是后来的传输者可能长时间处于等待然后重试的状态中，一直无法与它邻近的节点通信。但是几次重试之后如果通信仍不成功，该节点将会进入新路径发现进程，在一条新的传输路径被发现之前将会 个包也发不出去。并且这种不公平会随着传输路径的增多而被放大。

上面从成因的角度分析了无线网络中TCP协议面临的种种问题，下面我们按照上述问题进行分类，分别介绍无线环境中对TCP协议的种种改进措施。

7.3.2 区分无线传输损失与拥塞

无线网络与有线网络最大的区别在于，丢包的原因不仅仅在于拥塞，还有可能来自于无线传输错误，或者路径的暂时断开。于是，如何将无线传输损失造成的丢包，与由于拥塞而产生的丢包区别对待成为了最直接也是成果最多的一类TCP改进方法。

1. TCP-反馈（TCP-F）

Chandran等提出的TCP-反馈机制（TCP-Feedback，TCP-F）[27]是最开始用于处理无线移动互联网中的拥塞控制问题的方法之一。该机制禁用TCP拥塞控制机制以防网络引起的非拥塞相关的丢包以及路由失败导致的超时事件。在路由失败发生时，中间接点通过路由失败通知RFN（Route Failure Notification）通知TCP数据包的发送节点；在发现新路由时，中间节点通过路由重新建立保持不变RRN（Route Re-establishment Notification）通知TCP数据包的发送节点。

如图 7-12 所示是 TCP-反馈机制的发送节点 TCP 状态机的扩展部分。在这一机制中，发送节点处于建立连接状态时还可以到达一个新增的打盹（Snooze）状态。TCP-反馈机制依靠传输经过的中间节点的网络层来发现当前的路径是否可用。当中间节点探测到线路上的一个连接失败时，中间节点产生一个 RFN 信息，向上传递给发送节点。发送节点收到一个 RFN 信息时，则进入“打盹”状态。在这个状态中，发送节点停止传输，停止所有计时器计时，冻结它的 TCP 状态比如拥塞窗口、重传超时等。如果之前产生过或者转发过一个 RFN 的节点又得知一个可以到达目标节点的新路径，它产生一个 RRN 信息并且将它传送到发送节点。当发送节点收到了一个 RRN 时，它的 TCP 会话存有之前冻结状态的值，恢复到链接建立状态继续传输。为避免一个 TCP-F 会话因 RRN 信息丢失而持续保持在打盹（Snooze）状态，我们添加一个额外的计时器。即当一个节点长时间处于打盹状态时，计时器超时，节点离开打盹状态，进入正常 TCP 流程。

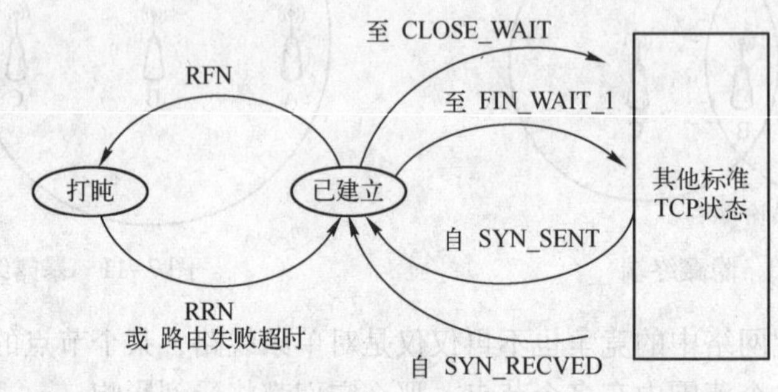

图 7-12　发送方 TCP 状态机

2. 显式链路故障通知技术（ELFN）

显式链路故障通知（Explicit Link Failure Notification，ELFN）[28] 使用来自较低层的反馈，准确地通知 TCP 处于连接中还是已经路由失败。万一出现链路失败，发送节点进入待命模式（Standby Mode），该模式相当于 TCP-F 的打盹状态。但是，与 TCP-F 提议不同的是，ELFN 没有用到在链路重新建立时的通知。TCP-ELFN 发送节点在待命模式下定期发送探查包（Probing Packet）。一旦探查包被目的节点收到，发送节点立即离开待命模式。

对于路由失败通知，ELFN 中也没有引入特殊控制包。作者提出要么将通知信息捎带在路由协议发送的路由失败信息中（如实际应用中的 DSR），要么用一个 ICMP 主机为该目的发送不可达信息。ELFN 受到了广泛的关注，学术界和产业界做出了许多改进。

（1）TCP-再计算（TCP-RC）

TCP-再计算（TCP-ReComputation，TCP-RC）[29] 特别关注在路径重建后路由属性变化的问题。作为 ELFN 机制的扩展，TCP-RC 建议基于新路由的属性来重新计算 TCP 拥塞窗口大小（Congestion Window Size，CWND）和慢启动阈值参数（Slow Start Threshold，SSTHRESH）。在 TCP-RC 中，用路径属性路径长度和往返时间来确定新的 CWND 和 SSTHRESH。通过 ns-2 模拟比较发现，TCP-RC 对比普通 TCP 有了性能提升；然而，由于实验中没有考虑 ELFN 机制本身带来的性能提高，所以实验结果并不精确。

（2）跨层信息知晓

ELFN 存在这样一个问题，在状态冻结之前仍然有一定数量的数据包和 ACK 丢失了。这样在状态被恢复时就会产生副作用，丢包或者 ACK 会造成超时或者多次确认。

跨层信息知晓（Cross-layer Information Awareness）[30]是通过广泛应用来自 DSR 路由协议的缓存路由信息这一方法来克服该问题的。它引入了两种机制，即早期包丢失通知（Early Packet Loss Notification，EPLN）和最大努力 ACK 递交（Best-Effort ACK Delivery，BEAD）。EPLN 通知 TCP 发送节点们无法被补救的丢包的序列号。发送节点就可以禁用重传计时器，在通路一经建好便重传各自的信息包。BEAD 在中间节点产生 ACK 丢失通知，并将它们送到 TCP 接收节点。这样避免了 ACK 的永久丢失。转发这一丢失通知的节点，如果可能的话，将会给 TCP 发送节点发送带有最大受影响包的序列号的 ACK。否则，当一条新路径可用时，TCP 接收节点会重发带有最大序列号的 ACK。

(3) ELFN 类措施的共同缺陷

Monks 等指出尽管 ELFN 确实改善了 TCP 的性能，但是也会有严重性能退化的情形出现。在有许多活动的连接存在的场合下这一点尤为突出。原因是类似 ELFN 的机制会把 TCP 行为变得更具侵略性[31]，在网络上会有更多的数据包。因此，MAC 层的争夺通常会变得更加激烈。这就会导致更多的冲突，更高的 MAC 层丢包率最终导致错误的连接断开探测；于是发出错误的路由失败通知，启动不必要的路径发现程序。这一观测现象的存在非常普遍，在实际的移动无线移动互联网中应该得到广泛考虑。它不仅适用于 ELFN 或者 TCP-F，而且适用于很多后面将介绍的方法。

3. 移动自组织网络 TCP

移动自组织网络 TCP（Ad hoc TCP）[32]的主要思想是在网络层和传输层间增加名为 ATCP 的中间层，以确保在高传输错误时甚至路由失败时采取正确的行为。这里 TCP 发送节点可以进入坚持、拥塞控制或者重传的状态，分别对应着产生路径断开，真正拥塞控制和高传输错误比率 3 个事件的发生。发送节点通过应用显示拥塞通知信息 ECN 和 ICMP 的目标不可达信息来得知该进入哪一个状态。图 7-13 是 ATCP 发送节点的状态机示意图。

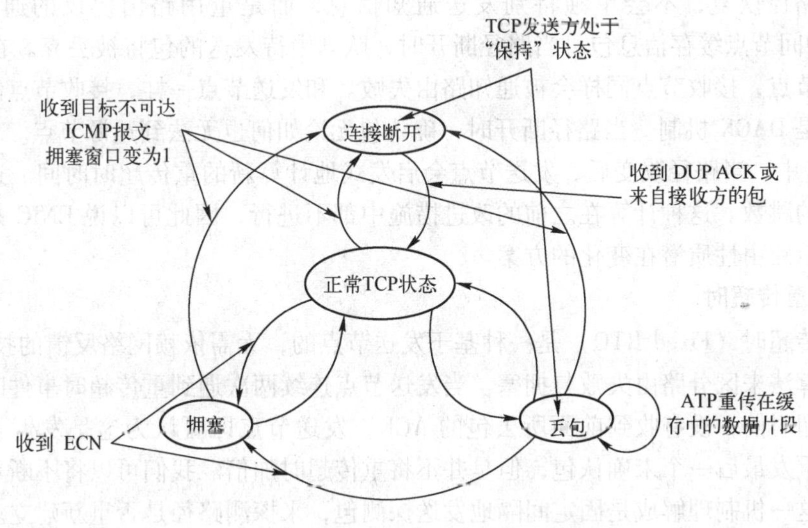

图 7-13　ATCP 发送方的状态机

在发送节点收到目的不可达信息时，发送节点进入坚持状态。TCP 在发送节点被冻结，而且在新的路径被发现之前将不会有新的包被发出，因此不会引发拥塞控制。当收到 ECN 时，拥塞控制直接被引发无需等待超时事件。如果产生丢包而且 ECN 并没被标志，ATCP 就假设这次丢包只是简单的传输错误，便简单地进行重传丢失的包。

该机制尽量保持与标准 TCP 的兼容性。ATCP 被实施在传输层以下的一个额外的层次上，将与 TCP 的交互缩减到最少。

4. 带有缓冲能力和序列信息的 TCP

在带有缓冲能力和序列信息的 TCP（TCP with Buffering capability and Sequence information，TCP-BuS）中[33]，仍然采用网络层准确通知机制并进一步优化。

在 TCP-BuS 中，一旦发生路由失败，中间节点对信息包进行缓存而不是加以丢弃，目的是为了不重新发送所有这些信息包。为了避免出现被缓存了的包在线路重新建好后成功发送，但是在信息源处已经超时的现象，这些包的超时时间被加倍。但是，因为重传超时时间翻倍，从源节点到断开节点间的包在这一加倍的超时耗尽之前不会被重传，但是这其中可能存在丢包，因此引入选择性重传请求机制，即目的节点可以请求选择性重发丢失包。由于无需等待超时，被缓存包会比因为丢失而被重传的包更快地到达目的节点，这样，目的节点可能提出重复的确认信息。为此，TCP-BuS 不发送这些快速重传包的请求，重复得到了避免。

同时，TCP-BuS 使用显式通知机制，应用两种控制信息通知源路径失败与路径重新建立。这两种信息被叫做显式路由断开通知（Explicit Route Disconnection Notification，ERDN）和显式路由成功通知（Explicit Route Successful Notification，ERSN）。为了发现一条重新建立的路径同时利用通知和探测包，即 TCP-F 和 ELFN 发现新路径的方法，都被 TCP-BuS 应用。

5. 增强的中间层通信和控制机制（ENIC）

增强的中间层通信和控制机制（Enhanced Inter-layer Communication and Control，ENIC）[34]将与 ELFN 类似的路由失败处理和 TCP SACK 以及 DACK 机制结合在一起。与 TCP-BuS 比较而言，ENIC 对于中间节点的协助要求更少。就像在 ELFN 中，一旦发生了路由失败或者一条路径恢复，不会单独特别发送通知信息，而是重用路由协议的通知来替代。ELFN 不在中间节点缓存信息包，当路径断开时，队列中待发送的包将被丢弃。在 ENIC 中，不仅是发送节点，接收节点同样会被通知路由失败。和发送节点一样，接收节点冻结自己的状态，尤其是 DACK 机制。当路径断开时，确认包无论如何也无法到达源节点。

在 ENIC 中，当路径改变后，发送节点会启发式地计算新的重传超时时间。这一计算基于新旧路径的跳数。这种计算在之前的改进措施中都不进行，因此可以说 ENIC 是第一个考虑路径重建后路由性质潜在变化的方案。

6. 固定重传超时

固定重传超时（Fixed RTO）是一种基于发送节点的，无需依赖网络反馈的技术[35]，使用启发式的算法来区分路由失败与拥塞。当发送节点连续两次遇到重传超时事件时，并且在第二次重传超时前，没有收到前面所丢包的 ACK，发送节点即可认为这是发生了路由失败事件。这时重发最后一个未确认包，但是并不将重传超时加倍。我们可以将不断重发最后一个未确认包这一机制理解成是固定间隔地发送探测包，来探测路径是否重新建立。这是与标准 TCP 中的指数下降机制相左的。RTO 将会被固定，直到路径被重新建立，即收到重传包的 ACK。

Dyer等人对Fixed RTO的性能做了评估。他们的报告指出应用Fixed RTO可以带来很显著的性能提升。然而，正如Fixed RTO的作者们所说，这一协议只能限定在无线网络中使用，不能与有线网络通信，这就给它的广泛应用带来了很大的限制。同时，仍然需要证明两个连续的重传超时是路由失败的充要条件，尤其是在有拥塞现象发生时。

7. 带有异常检测和回应的TCP

由于跨层解决方法的部署和维护过于复杂，因此Wang和Zhang提出了与前面描述过的大多数方法不同的纯端到端的机制，叫做带有异常检测和回应的TCP（TCP with Detection of Out-of-Order and Response，TCP DOOR）[36]。

TCP DOOR利用数据包和/或异常传递的ACK来表示路由变更而不用明确的反馈。接收节点可以通知发送节点数据包异常，而发送节点自己可以注意到抵达的ACK异常。有两种机制可以作为异常事件的回应。当异常包被收到时，发送节点可以暂时禁用TCP拥塞控制机制以保持它的状态变量为常数。此外，它可能回滚到之前的某个状态。因此拥塞控制机制造成的影响可能已经被抵消。最后的这一机制被称作立即恢复（Instant Recovery）。期望的效果是与冻结类似，在被错误改变的TCP参数被回复以后，连接会像没有发生路由变化一样继续。

仿真实验发现无论从发送节点还是从接收节点来探测异常事件都没有问题。但两种探测的结合并不会带来更好的结果。最佳性能通过结合暂时禁用拥塞控制和立即恢复这两种机制获得。该机制主要在混合AD HOC和有线网络情景中适用，因为在这些场合中采用基于反馈的方法格外困难。当采用反馈方法可能时，仍然建议采用反馈的手段。

7.3.3 降低路由失败的损失

当无线移动互联网经常发生的路由失败情况出现时，仅仅防止错误的激发拥塞控制机制显得就不够了，这时候学术界提出尽量地减少甚至消除路由失败对传输性能带来的影响。

1. 先占路由

Goff等学者提出了路由失败的早期发现方案[37]。先占路由（Preemptive Routing）的思想是在路由失败真正发生之前预见到路由的失败，并且尽早开始新的路径发现。这么做的初衷是为了避免或者至少减少断开连接的时间。尤其对于TCP而言，由于断开时间延长对性能有很大的副作用，因此这会大大改进TCP的性能。

当收到一个信息包时，路径上的每一个节点检查收到包的信号强度。如果它在一个给定的阈值之下，则发送给源节点一个警告。为了减轻比如小范围衰退等情况所造成的短期影响，利用指数平均算法或者在路径上发送小的探测包的方法来确认。在仿真模拟中，实验者评估了他们的方案并且发现采用先占路由时TCP性能会被极大地提高。

2. 基于信号强度的链路管理

另外一个预测路由失败的方法是Klemm等学者提出的基于信号强度的链路管理（Signal Strength-based Link Management）[38]。所解决的问题在于，802.11 MAC协议中，两个节点移出传播范围和出现拥塞的区域都有可能导致无法成功发送RTS，而在出现拥塞时不能准确地判断该发送失败是否是由链路断开所造成的，因此这两种情况不能很快地被分辨出来。

为了解决上述问题，每一个节点保存与它相隔一跳的邻居节点的信号强度的历史记录，使路由协议得以预先推测出即将发生了断路事件。如果一个正在使用中的连接即将断开，节点通知路由协议，提早开始新路径的搜索。除了基于信号强度的链路管理外，该方案的新颖之处还在于它的反作用链路管理机制（Reactive Link Management Mechanism），即暂时增加发送功率以便重新建立一条刚刚断开的链路。一旦出现拥塞阻止数据的发送，在包被丢弃之前的 RTS/CTS 重试数目会增加。这样，传输路径上的其他节点收到了增加的 RTS/CTS 就可以知道这时产生了拥塞而不是链路断开。

3. 后备路径路由

后备路径路由（Backup Path Routing）[39]的目标是利用多路径的路由来提高 TCP 链接的可用性。由于无线网络中平均往返时间测量较低的准确性以及包传递的无序性，以及数据包的分组发送和到达后的处理乱序等问题会带来更大的开销，传统的多路径路由（Multipath Routing）会使得 TCP 性能降低。学者们提出了多路径路由的变种方案，叫做后备路径路由。后备路径路由协议为源节点到目的节点的连接维护多条线路，但是每次只使用其中的一条。当现在使用中的路径断开时，协议能够很快地切换到另一条。通过仿真发现，为每一个目的节点维护一条优先路径和一条替代路径能够得到最好的 TCP 性能。

4. Atra 框架

Atra 框架（Atra Framework）是 Anantharaman 等学者提出的针对 DSR 路由协议的解决方案[40]，主要目标是将路由失败损失降到最低，主要机制是预测机制以及一旦出现路由失败时给源节点加以快速通知的通知机制。用来达到这一目标的方法包括对称路由固定（Symmetric Route Pinning）、路由失败预测（Route Failure Prediction）和主动路由错误（Proactive Route Errors）。

对称路由销强迫 TCP 确认包使用与它们相应的数据包相同的路径。通常，在 DSR 中可以用不同的路径。用不同的路径有增加路由失败概率的可能，即使用多条路径，任何一条失效也会导致整体路径失败。这样，使用多条路径导致总体路由失败的概率是它采用的各条路径失败概率的叠加，大于它采用的任何一条路径失败的概率。

在 Atra 中的路由失败预测机制像先占路由方案一样工作，路径上的每一个节点估计收到信号强度变化趋势。一旦预测到路由失败，主动路由错误通知所有连接着的源：它们正在用断开的链路。这与标准的 ELFN 机制是不同的，ELFN 中只有不能把信息包传递给 MAC 层的源节点才会被通知，这意味着公用这一断开链路的连接需要分别发现自己出现的问题。

7.3.4 降低信道竞争与增强公平性

TCP 的公平问题是互联网 TCP 传输机制的研究重点之一，而无线 TCP 又增加了隐藏终端和暴露终端问题，所以该问题值得深入研究。

1. 基于竞争的路径选择协议（COPAS）

基于竞争的路径选择协议（The COntention-based PAth Selection Proposal，COPAS）[41]致力于解决无线链路中由于竞争而产生的 TCP 性能下降。该协议将前向和反向路由分离，也就是为 TCP 数据和 TCP ACK 消息选择不同的路径；其次是动态竞争平衡，主要由动态更新的不相邻路由组成。当某一路径的竞争超过了某一阈值时，一条新的低竞争的路径会被选择来代替高竞争的路径，其中该阈值叫做下降阈值（Backoff Threshold）。在该协议中，无线路径中竞争的程度采用一定时间间隔内，某一节点采用指数下降策略的次数来度量。同样的，每当一条链路断开时，除了初始化路径重建过程外，在指定使用第二条备选路径。

通过比较 COPAS 和 DSR 可以发现，COPAS 在 TCP 传输量和路由开销方面优于 DSR。TCP 传输量的提高达到 90% 之多。但是用户也提出 COPAS 更适用于网络环境相对稳定的条件。当节点移动非常迅速时，使用不相邻的前向和反向路由会增大路由失败的概率。

2. 链路随机提早探测（Link RED）

链路随机提早探测（Link Random Early Detection，Link RED）[42] 的目标是通过在链路层监测重传的平均次数来降低无线信道中的竞争。当重传平均次数比某一给定的阈值大时，根据 RED 算法计算丢弃/标记的概率[43]。因为该算法在包上做标记，所以链路 RED 可以和 ECN 耦合使用来通知 TCP 发送节点信道的拥塞水平。不过，与单纯的通知不同的是，RED 算法使用 MAC 层的计时器，对其采取指数下降机制，增加超时时间。

3. 邻居随机提早探测（Neighborhood RED）

因为无线网络中的拥塞并不是发生在某一个节点上，而是在邻近的多个节点组成的一个区域内，所以单一节点上的本地包队列并不能完全反应网络拥塞状态。因此，Xu 等学者定义了一个新的分布式的队列，叫做邻居队列[44]。在某一节点处，邻居队列应包括所有能够影响该节点传输的包。但如果不引入相当大的通信开销这一信息是很难得到的。于是在实际应用中，作者引入了一个简化的邻居队列。它将某一节点的本地队列和它的一条邻居的传入传出队列聚合在一起。这样，RED 算法就可以基于邻居队列的平均长度来计算了。该算法使用分布式的算法来计算平均队列大小。在这个算法中，时间被分成离散的时隙。在每一个时隙中，测量信道的闲置时间。节点利用测量结果估计信道利用率和平均邻居队列大小，用时隙的大小来控制这一估计的准确性。

7.4　非 TCP 传输机制

如上所述，很多无线环境的特点使得 TCP 端到端的拥塞控制机制效率低下[45]。因此，一些学者并不试图通过对协议的局部调整使得 TCP 的性能变好，而是提出新的可靠的无线传输协议[46]。这些方案性能较高，但是牺牲了 TCP 兼容性，甚至有些方案只能在没有任何其他传输层协议的环境下使用。然而，因为多跳无线网络通常都是一个相对小且封闭的环境，有些应用环境下，上述限制可以得到满足。

7.4.1　基于速度的显式流控制

基于速度的显式流控制（EXplicit RAte-Based Flow ConTrol，EXACT）[47,48] 是最具代表性的非 TCP 解决方案。EXACT 属于显示流控制协议，依据速率调节传输流量。它依靠网络组件（比如路由器）来测量网络拥塞状态并且用显示控制信息通知传输终端。

每一个分组的 IP 包头里装有准确的拥塞信息，并且可以被中间路由器修改，用以表示允许的数据传输速率。每一个中间节点对每一个经过他们的流都有专门的变量记录流的状态。所有的节点决定当前与邻居的带宽，并且为每一个流计算公平的本地带宽。中间节点在所有传输中的包内插入准确的速率信息，来传递到达接收节点流向上的瓶颈处的最小带宽。每个节点检查它能够提供给这个流的速率是否比当前包头中指定的速率低。如果低，则在转发包之前，将包头中的速率替换成这一较低的值。这样瓶颈速率被报告给终点。包到达终点后，这一瓶颈速率会被复制到反馈给数据传输起点的确认包中，进而通知起点。

这一可以被修改的 IP 包头被称为流控制包头，它有两个区域分别含有准确速率信息（Explicit Rate，ER）和当前速率（Current Rate，CR）信息。ER 记录一个流被允许的最大传输速率，它在发送节点处设定，随后在经过每一个中间节点时被修改成为它当前被允许的数据传输速率。CR 也是在发送节点处被初始化为当前传输速率，并且在传输过程中被中间节点修改用来通知可能的速率减少。每一个中间节点保存当前流的 CR，以计算它们应该被分到的带宽。这一机制的作用是，一方面，中间路由器不会提供给一个流多余的、不需要的带宽来使用；另一方面，当发送节点被允许把它的速率提高到当前水平以上时，中间节点会被通知。

尽管，在 EXACT 中发送节点通过来自接收节点的反馈来调整发送速率，但是当反馈丢失（比如发生路由失败时）时，发送节点还是可能对网络造成超载。于是，EXACT 在传输层部署了安全窗口机制。简言之，发送节点发送的包必须都在安全窗口内，发送节点不允许发出比安全窗口多的未被答复的包。但是，这一安全窗口与 TCP 的滑动窗口有着本质的不同，它只是对包的传输进行限制，减少当反馈丢失时发送节点可能带来的无谓流量，它并没有类似 TCP 的重传机制。

EXACT 可以有可靠（TCP-EXACT）和不可靠（UDP-EXACT）两种使用形式。它没有重传计时器，取而代之的是一个具有严格的单调增序列号的 SACK 设计。当一个未被接收端回复的分组序列号与最大的已答复分组的序列号相差过远时，它将被重传。

该协议会导致额外的复杂度以及在传输的中间节点上的额外开销，比如存储流状态信息，速率分配计算，以及对分组进行标记。当某一节点上有非常多的高速流通过时，这一开销是非常可观的。因此，EXACT 的适用范围有一定限制，它不是非常适用于大范围的广域网，仅适用于小范围的无线移动互联网。

7.4.2 移动自组织网络传输协议

移动自组织网络传输协议（Ad Hoc Transport Protocol，ATP）[49] 是一个与 EXACT 性质类似的协议。该协议也不使用重传超时，而使用具有严格标准的拥塞控制机制以区分拥塞与断路，只需要来自接收节点的很有限的反馈。与 EXACT 不同的是，ATP 的中间节点不需要任何特定流的状态变量。所有节点计算通过它们的所有包的延迟的指数平均数。这一延迟由一个包在节点本地队列中的等待时间和它们在传输前的等待时间两部分组成。这些值与这些包所在的流无关。

与 EXACT 中的速率信息相似，如果当前延迟值比包头中的延迟大，它将由转发的数据包向前捎带。这样，包的路径上的最大延迟就被传递给了接收节点。接收节点综合这一信息然后将它反馈给发送节点。基于这一信息发送节点可以调整它的速率。为了在一个新的连接建立初期找到一个好的速率，发送节点发送一个探测包沿着路径从中间节点收集网络当前的状态信息。

同时，ATP 具有一个可选的确认机制设计。它并不是为每一个数据包提供反馈包，而是周期性地发送反馈包，来表明链路可靠。每一个反馈包，代表着一个较大的数据包传输成功，因此需要的反馈包数目相对较少。

7.4.3 无线显式拥塞控制协议

无线显式拥塞控制协议（Wireless eXplicit Congestion Control Protocol，WXCP）并不是一个全新的传输协议，而是有线网络 XCP 传输协议的优化[50]。尽管 XCP 与 TCP 在一些基本概念上存在共同点，XCP 仍然与标准 TCP 不兼容。该协议使用显式的反馈和多重拥塞标记[51]。为避免对最高可用带宽的探测，它在中间节点中计算这些反馈信息。

每个启用了 WXCP 的网络节点中使用的拥塞标记是本地可用带宽、本地队列长度和平均链路层重传次数。最后一条特别用于帮助探测一个流对于它自己的干扰，即属于同一个流的包在同一冲突域中竞争传输媒介。综合的反馈是这 3 个标记函数用它们各自的影响作为权重而得。拥塞控制即基于这一综合反馈来进行。

而公平控制在 WXCP 中是与拥塞控制分开处理的。拥塞控制按照上述的综合反馈的指示进行，而公平控制基于包头中包含的数据流信息。因为不同连接的流量需求不同，所以 WXCP 中的公平控制试图达到时间公平而不是流量公平。

WXCP 是基于窗口的方法同时，又整合了一些基于速率的元素。当网络较差时，发送节点可以由默认的基于窗口的控制机制转换成较慢的基于速率的控制机制，称作搜索状态（Discovery State）。允许发送节点不断地检测当前丢包形式。如果不切换的话，基于窗口的发送节点法可能会不允许更进一步的包发送——因为出现小的拥塞窗口、丢失 ACK 或者重复的 ACK 事件。

基于窗口的传输管理可能带来的问题是，当一下子收到很多确认包时，相应地，发送节点会进入一个发送爆发期，即一下子有大量的接下来的包被允许发送。为了缓和这一问题，WXCP 的基于速率想法引入了一种节拍机制。即 WXCP 设定了一个最大允许的发送阈值记为 B 个包。假设当下的拥塞窗口大小为 W。当 $W < B$ 时，照常按照窗口机制发送；当 $W > B$ 时，即进入节律发送阶段（Pacing Phase），取上一次测到的往返时间 RTT，则以均匀速率 W/RTT 发送。当收到被如此处理的包的确认时，节律发送阶段停止，其他包开始继续按照窗口模式发送。

7.5 本章小结

本章主要讨论了单跳、多跳无线 TCP 传输机制以及非 TCP 传输机制。其主要思路在于，区分拥塞所致的丢包和非拥塞所致的丢包，并且各自采取不同的应对措施。为了使得无线移动互联网的 TCP 性能与互联网的 TCP 性能接近，学术界和产业界提出了许多机制。相对于单跳无线 TCP 传输机制而言，多跳无线 TCP 机制面临更多的挑战，如网络分割、传输媒介竞争与不公平性等，并且使得单跳无线 TCP 传输机制中存在的无线传输错误、路由失败等问题更加严重。

TCP 传输机制的公平性问题值得进一步研究[52,53]。在无线移动互联网上，TCP 的不公平性非常显著。对于具有多个数据流的无线移动互联网而言，各个竞争性的数据流上的吞吐量显著不同，尤其是较短路径的数据流和较长路径的数据流之间的吞吐量差异更大。与提高端到端吞吐量相比，公平性更加值得关注。由于相对于有线链路的带宽而言，无线链路的带宽有限，所以每个数据流公平地分享带宽非常重要。

与互联网的兼容性也是需要进一步研究的问题。为了与有线互联网连接从而实现普适计算，无线移动互联网的 TCP 传输机制应当与互联网完全兼容。就这一点而言，非 TCP 传输机制具有很大的局限性，仅仅在特定应用环境中才能使用。兼容性的要求具体体现在两个方面，即应当保持 TCP 的端到端语义；当有线互联网和无线移动互联网连接时 TCP 性能的提高。另外一个重要领域是，无线 TCP 技术性能的测试指标和测试机制。上述机制各自采用自己的测试指标，缺乏统一的标准。

本章重点讨论了无线 TCP 技术。多数无线 TCP 技术旨在提高吞吐量，有些无线 TCP 技术则进一步考虑能量的节省和与现有结构的兼容。可以说，不改变 TCP 的端到端语义的、节省能量的无线 TCP 技术是该领域的研究方向。

7.6 习题

1. TCP/IP 协议栈构成了互联网的基础，而 TCP 传输连接的建立、维护与释放机制构成了 TCP 协议的基础。请画出 TCP 传输连接的建立、维护与释放机制的示意图，并结合示意图谈一下你的理解，尤其是三次握手机制、滑动窗口机制、连接释放机制和 TCP 拥塞控制机制。并介绍一下慢启动算法的基本思路。

2. 请阐述无线环境所具有的特点，并结合这些特点阐述 TCP 传输机制在无线环境下直接使用所面临的问题。

3. 链路层丢包恢复机制不需要改动移动节点的传输层工作机制，独立于高层协议实现数据传输的可靠性保证。请介绍链路层丢包恢复机制的基本思路以及优缺点。链路层丢包恢复机制包括前向纠错机制 FEC、自动重传请求机制 ARQ 和混合自动重传请求机制，请介绍 3 种机制的基本思路。

4. 链路层的非对称性移动访问机制（AIRMAIL）是一种典型的混合自动重传请求机制，请谈一下该机制的基本思路。基于 TCP 选择确认机制的监听协议能够减少不必要的重传带来的负担，请谈一下该协议的基本思路。

5. 监听 TCP 机制在基站上增加监听代理，借助该监听代理实现无线 TCP 传输的优化。请结合图 7-7 谈一下该机制的基本思路。为了降低基站的负担，为了降低链路连接中断对于数据传输的影响，一些监听 TCP 机制的优化机制得以提出，请介绍一下这些优化机制。

6. 丢包原因通知机制要求中间节点能够获得数据包丢失的相关信息，借助一定机制防止“一旦发生数据包丢失，马上启动拥塞避免算法”所带来的负担。请介绍该机制的基本思路，并且评价该机制的优缺点。

7. 精确的故障基站通知机制（EBSN）和精确的拥塞通知机制是两种典型的丢包原因通知机制。在这两种机制中，基站或者节点需要对无线链路的通信质量和拥塞的出现进行探测。请介绍这两种机制的基本思路，并且评价两种机制的优缺点。

8. 分离链路机制把有线和无线网络的流量和拥塞控制分开，使得基站能处理更多的工作，减少了移动主机的负担，但是在一定程度上违反了 TCP 的语义。请结合图 7-8 介绍分离链路机制的基本思路。

9. 间接的 TCP 机制和移动 TCP 机制是两种典型的分离链路机制，其都是将源节点与目的节点之间的 TCP 连接分为两个单独的连接。请介绍两种机制的基本思路，并且评价两种机制的优缺点。

10. 端到端连接机制维持了TCP的端到端语义，与原有协议的兼容性比较好，并且该机制可以应用于不同的网络环境，需要对源节点和目的节点的TCP算法进行修改。请介绍该机制的基本思路。

11. Freeze-TCP机制、TCP-Veno机制和基于抖动的TCP机制是3种典型的端到端连接机制，在这3种机制中移动节点需要承担链路中断的判断功能。请介绍3种机制的基本思路，并且评价3种机制的优缺点。

12. 由于多跳无线传输的特性，多跳无线TCP传输机制相对于单跳无线TCP传输机制面临着新的挑战。请结合多跳无线传输的特性，介绍多跳无线TCP传输机制面临的主要问题以及解决的基本思路。

13. TCP-反馈机制禁用TCP拥塞控制机制以防网络引起的非拥塞相关的丢包以及路由失败导致的超时事件，是最开始用于处理无线移动互联网中的拥塞控制问题的方法之一。请结合图7-12介绍该机制的基本思路。

14. 显式链路故障通知ELFN使用来自较低层的反馈，准确的通知TCP处于连接中还是已经路由失败，并采取相应的措施应对。ELFN受到了广泛的关注，学术界和产业界做出了许多改进。请介绍该机制的基本思路，并请介绍两种该机制的改进方案。

15. 移动自组织网络TCP在网络层和传输层间增加名为ATCP的中间层，以确保在高传输错误时甚至路由失败时采取正确的行为，TCP数据包的发送节点可以采用不同状态应对不同事件的发生。请结合图7-13介绍该机制的基本思路。

16. 当无线移动互联网经常发生的路由失败情况出现时，仅仅防止错误的激发拥塞控制机制显得就不够了，因此提出尽量减少甚至消除路由失败对传输性能带来的影响。请介绍两种典型的降低路由失败的损失的机制。

17. TCP的公平问题是互联网TCP传输机制的研究重点之一。基于竞争的路径选择协议（COPAS）是一种增强公平性的机制。致力于解决无线链路中由于竞争而产生的TCP性能下降，请介绍该机制的基本思路。

18. 链路随机提早探测和邻居随机提早探测是两种典型的TCP公平机制，这两种机制通过提前的预测来降低无线信道中的竞争。请介绍链路随机提早探测和邻居随机提早探测的基本思路并加以比较。

19. 很多无线环境的特点使得TCP端到端的拥塞控制机制效率低下，所以可以提出新的可靠的无线传输协议以解决无线移动互联网的TCP性能问题。请介绍一到两种典型的非TCP传输机制，并结合这些非TCP传输机制的特点，探讨非TCP传输机制的优点、缺点以及适用范围。

参考文献

［1］ Richard W S. TCP/IP Illustrated Volume 1: The Protocols[M]. Addison Wesley Longman, 1994.

［2］ Internet Engineering Task Force (IETF). RFC793: Transmission Control Protocol[S/OL]. ftp://ftp.rfc-editor.org/in-notes/rfc793.txt. 1981.

［3］ Internet Engineering Task Force (IETF). RFC2581: TCP Congestion Control[S/OL]. ftp://

ftp. rfc-editor. org/in-notes/rfc2581. txt. 1999.

[4] Andrew S Tanenbaum. 计算机网络[M].4 版. 潘爱民,译. 北京:清华大学出版社,2004:467 – 470.

[5] H Balakrishnan, S Seshan, E Amir, R Katz. Improving TCP/IP Performance over Wireless Networks[C]//Proceedings of ACM MobiCom, 1995.

[6] Sardar B, Saha D. A Survey of TCP Enhancements for Last-hop Wireless Networks[J]. IEEE Communications Surveys & Tutorials, 2006,8(3): 20 – 34.

[7] A Chockaligam, M Zori, V Traili. Wireless TCP Performance with Link Layer FEC/ARQ[C]//IEEE International Conference on Communications,1999(ICC '99),1999, 2(6 ~ 10):1212 – 1216.

[8] Ender Ayanoglu, Sanjoy Paul, Thomas F LaPorta, Krishan K Sabnani, Richard D Gitlin. AIRMAIL: A Link-layer Protocol for Wireless Networks[J]. ACM Wireless Networks,1995, 1(1):47 – 60.

[9] H Balakrishnan, S Seshan, R H Katz. Improving Reliable Transport and Handoff Performance over Cellular Wireless Networks[J]. ACM Wireless Networks, 1995,1(4):469 – 481.

[10] H Balakrishnan, R H Katz. Explicit Loss Notification and Wireless Web Performance[C]//IEEE GLOLECOM,1998.

[11] C Parsa, J Garcia Luna Aceves. TULIP:A Link-level Protocol for Improving TCP over Wireless Link[C]//IEEE WCNC, 1999.

[12] S J Seok, S B Joo. A-TCP:A Mechanism for Improving TCP Performance in Wireless Environments[C]//IEEE Broadband Wireless Summit, 2001.

[13] S Vangala, M Labrador. The TCP SACK-aware-snoop Protocol for TCP over Wireless Networks[C]//IEEE VTC, 2003(4):262 – 283.

[14] F Sun, V Li, Soung C Liew. Design of SNACK Mechanism for Wireless TCP with New Snoop[C]//IEEE WCNC, 2004,5(1):1046 – 1051.

[15] B S Bakshi, et al. Improving Performance of TCP over Wireless Networks[C]//IEEE ICDCS 1997: 365 – 373.

[16] Bakre A, Badrinath B R. I-TCP: Indirect TCP for Mobile Hosts[C]//Proceedings of the 15th International Conference on Distributed Computing Systems, 1995:136 – 143.

[17] P Kevin Brown, P Suresh Singh. M-TCP: TCP for Mobile Cellular Networks[C]//ACM SIGCOMM Computer Communication Review, 1997,27(5):19 – 43.

[18] Wang, S K Tripathi. Mobile-end Transport Protocol: An Alternative to TCP/IP over Wireless Links[C]//IEEE INFOCOM, 1998(3):1046 – 1053.

[19] T Goff, et al. Freeze-TCP:A True End-to-end TCP Enhancement Mechanism for Mobile Environments[C]//IEEE INFOCOM, 2000(3):1537 – 1545.

[20] C P Fu, S C Liew. TCP Veno: TCP Enhancement for Transmission over Wireless Access Networks[J]. IEEE JSAC, 2003,21(2):216 – 228.

[21] E H K Wu, M Z Chen. JTCP: Jitter-based TCP for Heterogeneous Wireless Networks[J]. IEEE JSAC,2004,22(4):757 – 766.

[22] Xiang Chen, Hongqiang Zhai, Jianfeng Wang, Yuguang Fang. TCP Performance over Mobile Ad Hoc Networks[J]. Canadian Journal of Electrical and Computer Engineering,2004, 29(1):129 - 134.

[23] Christian Lochert, Bjorn Scheuermann, Martin Mauve. A Survey on Congestion Control for Mobile Ad Hoc Networks[J]. Wireless Communications and Mobile Computing, 2007 (7):655 - 676.

[24] Feng Wang, Yongguang Zhang, A Survey on TCP over Mobile Ad-hoc Networks[EB/OL]. http://citeseerx. ist. psu. edu/viewdoc/download? doi = 10. 1. 1. 99. 1719&rep = rep1&type = pdf#page = 57.

[25] Ahmad Al Hanbali, Eitan Altman, Philippe Nain. A Survey of TCP over Mobile Ad Hoc Networks [J]. IEEE Communications Surveys, 2005, 7(3).

[26] Ahmad Al Hanbali, Eitan Altman, Philippe Nain. A Survey of TCP over Mobile Ad Hoc Networks[J]. Technical Report, No. 5182, INRIA Maestro, 2004.

[27] K Chandran, S Raghunathan, S Venkatesan, R Prakash. A Feedback-based Scheme for Improving TCP Performance in Ad Hoc Wireless Networks[J]. IEEE Personal Communications Magazine, 2001, 8(1): 34 - 39.

[28] G Holland, N Vaidya. Analysis of TCP Performance over Mobile Ad Hoc Networks[C]// Proceedings of ACM MobiCom '99, 1999.

[29] Zhou J, Shi B, Zou L. Improve TCP Performance in Ad Hoc Network by TCP-RC[C]// Proceedings of the 14th IEEE International Symposium on Personal, Indoor and MobileRadio Communications(PIMRC'03), 2003(1):216 - 220.

[30] Yu X. Improving TCP Performance over Mobile Ad Hoc Networks by Exploiting Cross-layer Information Awareness[C]//Proceedings of the 10th Annual International Conference on Mobile Computing and Networking(MobiCom'04), 2004:231 - 244.

[31] Monks J P, Sinha P, Bharghavan V. Limitations of TCP-ELFN for Ad Hoc Networks[C]// Proceedings of the 7th IEEE International Workshop on Mobile Multimedia Communications (MoMuC'00), 2000.

[32] J Liu, S Singh. ATCP: TCP for Mobile Ad Hoc Networks[J]. IEEE Journal on Selected Areas in Communications, 2001, 19(7):1300 - 1315.

[33] Kim D, Toh C K, Choi Y. TCP-Bus: Improving TCP Performance in Wireless Ad-hoc Networks[C]//Proceedings of the IEEE International Conference on Communications(ICC' 00), 2000(3):1707 - 1713.

[34] Sun D, Man H. ENIC—An Improved Reliable Transport Scheme for Mobile Ad Hoc Networks[C]//Proceedings of the IEEE Global Telecommunications Conference(GLOBECOM' 01), 2001(5):2852 - 2856.

[35] T Dyer, R Boppana. A Comparison of TCP Performance over Three Routing Protocols for Mobile Ad Hoc Networks[C]//Proc. of ACM MobiHoc, 2001:56 - 66.

[36] Wang F, Zhang Y. Improving TCP Performance over Mobile Ad-hoc Networks with Out-of-order Detection and Response[C]//Proceedings of the 3rd ACM International Symposium

on Mobile Ad Hoc Networking & Computing (MobiHoc'02), 2002:217 - 225.

[37] Goff T, Abu-Ghazaleh N B, Phatak D S, Kahvecioglu R. Preemptive Routing in Ad Hoc Networks[J]. Elsevier Journal of Parallel and Distributed Computing,2003,63(2): 123 - 140.

[38] Klemm F, Ye Z, Krishnamurthy S V, Tripathi S K. Improving TCP Performance in Ad Hoc Networks Using Signal Strength Based Link Management[J]. Elsevier Ad Hoc Networks, 2005,3(2): 175 - 191.

[39] Lim H, Xu K, Gerla M. TCP Performance over Multipath Routing in Mobile Ad Hoc Networks[C]//Proceedings of the IEEE International Conference on Communications (ICC'03), 2003(2):1064 - 1068.

[40] Anantharaman V, Park S J, Sundaresan K, Sivakumar R. TCP Performance over Mobile Ad-hoc Networks: A Quantitative Study[J]. Wireless Communications and Mobile Computing, 2004, 4(2): 203 - 222.

[41] C Cordeiro, S Das, D Agrawal. COPAS: Dynamic Contention-balancing to Enhance the Performance of TCP over Multi-hop Wireless Networks[C]//Proc. of IC3N, 2003:382 - 387.

[42] S Floyd, V Jacobson. Random Early Detection Gateways for Congestion Avoidance[J]. IEEE Transactions on Networks. 1993, 1(4):397 - 413.

[43] Fu Z, Zerfos P, Luo H, Lu S, Zhang L, Gerla M. The Impact of Multihop Wireless Channel on TCP Throughput and Loss [C]//Proceedings of the 22nd Annual Joint Conference of the IEEE Computer and Communications Societies(INFOCOM'03:), 2003(3):1744 - 1753.

[44] Xu K, Gerla M, Qi L, Shu Y. TCP Unfairness in Ad Hoc Wireless Networks and a Neighborhood RED Solution[J]. Wireless Networks, 2005, 11(4): 383 - 399.

[45] Raghunathan V, Kumar P R. A Counterexample in Congestion Control of Wireless Networks [C]//Proceedings of the 8th ACM International Symposium on Modeling, Analysis and Simulation of Wireless and Mobile Systems(MSWiM'05:), 2005:290 - 297.

[46] Christian Lochert, Bjorn Scheuermann, Martin Mauve. A Survey on Congestion Control for Mobile Ad Hoc Networks[J]. Wireless Communications and Mobile Computing,2007(7): 655 - 676.

[47] Chen K, Nahrstedt K. EXACT: An Explicit Rate-based Flow Control Framework in MANET (Extended Version) [J]. Technical Report, UIUCDCS-R-2002-2286/UILU-ENG-2002-1730, Department of Computer Science, University of Illinois at Urbana-Champaign, 2002.

[48] Chen K, Nahrstedt K, Vaidya N. The Utility of Explicit Rate-based Flow Control in Mobile Ad Hoc Networks[C]//Proceedings of the IEEE Wireless Communications and Networking Conference(WCNC'04), 2004(3): 1921 - 1926.

[49] Sundaresan K, Anantharaman V, Hsieh H-Y, Sivakumar R. ATP: A Reliable Transport Protocol for Ad-hoc Networks[C]//Proceedings of the 4th ACM International Symposium on Mobile Ad Hoc Networking & Computing(Mobi-Hoc'03), 2003:64 - 75.

[50] Katabi D, Handley M, Rohrs C. Congestion Control for High Bandwidth-delay Product Networks[C]//Proceedings of the 2002 Conference on Applications, Technologies, Architectures, and Protocols for Computer Communications (SIGCOMM'02), ACM Press,

2002:89 - 102.

[51] Su Y, Gross T. WXCP: Explicit Congestion Control for Wireless Multi-hop Networks[C]// Proceedings of the 12th International Workshop on Quality of Service(IWQoS'05),2005.

[52] Ashish Natani, Jagannadha Jakilinki, Mansoor Mohsin, Vijay Sharma. TCP for Wireless Networks[EB/OL]. http://citeseerx. ist. psu. edu/viewdoc/download?doi = 10. 1. 1. 23. 5925&rep = rep1&type = pdf. 2001.

[53] X Chen, H Zhai, J Wang, Y Fang. A Survey on Improving TCP Performance over Wireless Networks[J]. Resource Management in Wireless Networking, 2005:657 - 695.

第 8 章　无线移动互联网的服务质量保证机制

由于移动自组织网络、无线传感器网络和无线 Mesh 网络等组网方式具有无需基础设施支持、动态组网、移动通信等优点，因此得到广泛的应用。随着无线移动互联网技术的迅速发展，人们需要无线移动互联网支持多种多媒体应用和实时任务，例如 VoIP、视频会议、实时协作等，这就需要建立适合其特点的服务质量保证（Quality of Service，QoS）机制。可以说，无线移动互联网的 QoS 保证机制是其得以广泛应用的必要条件。早期，无线移动互联网的研究主要集中在无线移动互联网的上述特点所带来的根本性问题的解决方案方面，例如，高效的信道接入技术、快速的路由机制、切换技术等。随着无线移动互联网技术研究的深入，无线移动互联网的 QoS 机制逐渐成为学术界和产业界的研究热点。

本章主要介绍无线移动互联网的 QoS 机制及其相关技术，其中 8.1 节是无线移动互联网的 QoS 概述，主要介绍 QoS 机制的基本概念、互联网的 QoS 机制以及无线移动互联网 QoS 的关键技术；8.2 节主要介绍物理层 QoS 机制；8.3 节则分析链路层的 QoS 机制，主要介绍信道接入协议以及无线信道的预测技术等；8.4 节是服务质量感知路由机制，主要介绍非竞争性的服务质量感知路由、竞争性服务质量感知路由和独立服务质量感知路由；8.5 节则介绍移动 IP 环境下的 QoS 机制，主要涉及集成服务、区分服务的 QoS 保证扩展以及 MPLS 的扩展等；8.6 节介绍应用层 QoS 机制；8.7 节介绍无线移动互联网的资源预留机制和调度算法；8.8 节进行总结并对于未来研究方向加以展望。

8.1　无线移动互联网的 QoS 机制概述

目前，互联网上的多媒体信息和实时业务与日俱增，人们在这方面存在很大的需求。但是，互联网建立在 TCP/IP 协议的基础上，IP 协议本身提供的是“尽力而为”的服务，因此，如何在 IP 协议的基础上建立互联网的 QoS 保证机制，对互联网技术的发展带来了很大的挑战，互联网的 QoS 保证机制成为重要的研究领域[1]。

无线移动互联网之所以能够得到广泛的应用，是因为无线移动互联网不像有线互联网那样受到地理位置的限制或者受到通信电缆的限制，可以在移动的环境下进行通信。无线移动互联网的上述优势构建在无线接入技术和无线通信信道的基础上，而这使得链路质量和带宽资源难以预测，因此，无线移动互联网的 QoS 保证机制存在很大的挑战，并且无线移动互联网的应用具有强烈的 QoS 保证需求，无线移动互联网的 QoS 保证机制成为学术界和工业界重点研究的领域之一[2]。

8.1.1　QoS 机制的基本概念

从源节点到目的节点的消息集合被称为数据流。互联网工程任务组（IETF）RFC2386 将 QoS 保证定义为，在传送数据流的过程中网络需要满足的一系列服务要求[3]。负责国际电信和国际电话标准化工作的国际电信联盟（International Telecommunication Union，ITU）

具有无线通信部门 ITU-R、电信标准化部门 ITU-T 和开发部门 ITU-D 3 个部门。国际电信联盟电信标准化部门 ITU-T 的建议书 E. 800 将 QoS 保证定义为总体的服务性能，该服务性能决定着用户对于服务的满意程度[4]。

学术界对于 QoS 保证机制的理解有广义和狭义之分，狭义的 QoS 保证机制采用 4 个基本的参数描述数据流的需求特征，即可靠性、延迟、抖动和带宽，这 4 个特征共同决定数据流的服务质量[5]。其中，可靠性是指数据链路的稳定程度，主要使用比特错误率、数据包错误率和丢包率表示；延迟也称为时延，是指两个节点之间数据包的发送和接收之间的时间间隔；抖动，也称为可变延迟或者延迟抖动，是指在一定的测量时间之内，数据包传输的最大延迟与最小延迟之间的差值，即数据消息到达时间的变化量；带宽是指在单位时间内从网络中的某一点到另一点所能通过的最高数据量，其用来表示计算机网络通信链路所能传送数据的能力。

广义的 QoS 保证机制主要是指网络资源的调配与应用所涉及的不同层次的 QoS 保证机制，除了上述参数外，还包括价格、安全和资源等。广义的 QoS 保证参数分为可度量参数和策略性参数[6]，如图 8-1 所示。可度量参数是以数值方式计数的服务质量控制参数，包括反映数据安全性级别参数、反映服务性能的参数以及费用等其他相关的重要参数。其中性能参数主要是延迟、抖动、带宽、误码率等，以及反映服务时间的适时性参数、反映服务准确程度的准确性参数。策略性参数主要包括保证应用程序获得服务质量的可获得参数和在不同应用程序之间分配资源的管理策略参数。

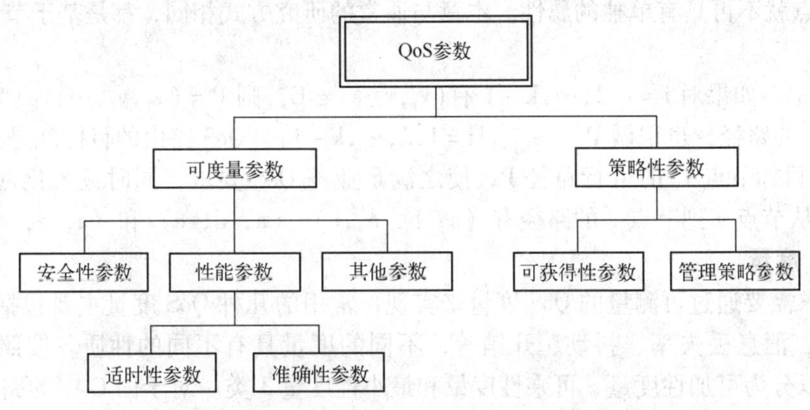

图 8-1　QoS 参数的分类

无线移动互联网具有动态性以及能量和资源的有限性，因此，对于无线移动互联网的应用而言，可靠性、延迟、抖动、带宽、吞吐量和丢包率都是需要考虑的重要参数，本章的 QoS 保证机制主要考虑这些参数。

8.1.2　网络模型和 QoS 度量

上面介绍了 QoS 机制的基本概念，下面对计算机网络的数学模型和 QoS 度量的基本数学原理进行介绍[7]。

1. 有权图模型

计算机网络由交换节点和交换节点之间的链路以及主机组成，在研究当中往往将其抽象为有权图 G(V,E)。

一个有向图 G 是由一个非空有限集合 V(G) 和 V(G) 中某些元素的有序对集合 E(G) 构成的二元组，记为 G = (V(G), A(G))。其中 V(G) 称为图 G 的顶点集（Vertex Set）或节点集（Node Set），元素 $v \in V$ 称为图 G 的一个顶点或节点；E(G) 称为图 G 的弧集（Arc Set），元素 $e_{ij} \in E$ 记为 $e(v_i, v_j)$ 或 $e_{ij} = v_i v_j$，为 V 中元素的有序对，称为图 G 的一条从 v_i 到 v_j 的弧。在有向图 G = (V,E) 中，令元素 $e \in E$ 具有一组有序数列 $(w_1, w_2, \cdots, w_k)$ 作为 e 的属性，则称 G 为有权图，其中 $(w_1, w_2, \cdots, w_k)$ 称为弧 e 的权。

节点集 V 可以表示路由器、交换机、集线器等网络节点设备，在研究路由问题时，V 中的元素应该为具有路由能力的交换节点；E 则为连接 V 中两个节点的链路，具有 k 个属性 $(w_1, w_2, \cdots, w_k)$，这些属性可以是可用带宽、链路传输延迟、接口队列长度、开销等参数。对于对称网络有 $e_{ij}(w_1, w_2, \cdots, w_k) = e_{ji}(w_1, w_2, \cdots, w_k)$，而不对称网络中通常 $e_{ij} \neq e_{ji}$。现实中的网络往往是不对称的（如可用带宽），但在研究中为了简便起见，常常使用对称网络模型以减少弧的数量[8]。如图 8-2 所示为一个有权图模型。

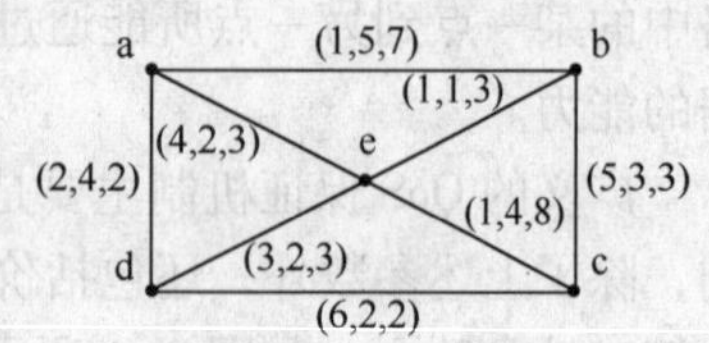

图 8-2　有权图模型

值得一提的是，在网络模型中，链路和节点都具有一定的属性，如 CPU 使用率、缓存使用率、开销等。一种可能的方式是将这些属性与链路属性结合起来考虑，如将链路的传输延迟、节点的排队延迟统一纳入到链路延迟中，将节点队列丢失率和链路丢失率统筹考虑等，这样节点就不再具有单独的属性。本章与通常的研究方式相同，都是基于节点不具有单独属性的。

在图 G 中，如果对 $i = 1, 2, \cdots, k-1$ 有 $(v_i, v_{i+1}) \in E$，则 $P = (v_1, v_2, \cdots, v_k)$ 为图 G 的一条从 v_1 到 v_k 的路径，也记做 $P = \{e_{i,j+1} | i = 1, 2, \cdots, k-1\}$。QoS 路由的目标就是选择一条从源节点 v_1 到目标节点 v_k 的可行路径 P，使之满足业务 QoS 要求，同时最大化网络利用率。如图 8-2 中从节点 a 到节点 c 的路径有（a，b，e，c）、（a，d，c）和（a，e，c）等。

2. QoS 度量

QoS 要求需要通过可测量的 QoS 度量来实现，常用的几种 QoS 度量主要包括可用带宽、端到端延迟、消息丢失率、抖动、开销等，不同的度量具有不同的性质。按照这些性质，QoS 度量可以分为可加性度量、可乘性度量和最小性度量 3 类。对于图 G 中的路径 $P = (v_1, v_2, \cdots, v_s)$，若 $e_{i,i+1} \in P$（其中 $i = 1, 2, \cdots, s-1$），将 $e_{i,i+1}$ 的第 j 个属性记为 $w^j_{i,i+1}$ 或 $w^j(e_{i,i+1})$，整个路径 P 的第 j 个属性记为 w^j_P，则以上 3 类度量的定义如下[9]。

若 $w^j_P = \sum_{i=1}^{s-1} w^j_{i,i+1}$，则称路径 P 的第 j 个属性为可加性度量。可加性度量包括延迟、抖动、开销、转发跳数（hop count）等。例如，一条路径 P 的延迟为从源到目的地的所有链路延迟的总和。如图 8-2 中路径（a，b，e，c）的延迟总和为 3，开销为 18。

若 $w^j_P = \prod_{i=1}^{s-1} w^j_{i,i+1}$，则称路径 P 的第 j 个属性为可乘性度量。例如，消息丢失率为可乘性度量，其中链路丢失率 $0 \leqslant w^j_{i,i+1} \leqslant 1$。在求解可乘性度量的过程中，可以参照可加性度量的有关求解方法[10]。

若 $w^j_P = \min_{i=1,2,\cdots,s-1} w^j_{i,i+1}$，则称路径 P 的第 j 个属性为最小性度量。例如，一条路径 P 的

带宽为从源到目的地所有链路中的瓶颈带宽，所以带宽为最小性度量。如图 8-2 中路径（a，b，e，c）的带宽为 1（其中链路（b，e）为瓶颈带宽）。对于求解 $w_P^j = \max_{i=1,2,\cdots,s-1}\{w_{i,i+1}^j\}$ 的问题可转化为 $-w_P^j = \min_{i=1,2,\cdots,s-1}\{-w_{i,i+1}^j\}$ 问题。

对于不同类型的 QoS 度量，以及多个 QoS 度量的组合，其计算的代价是不同的。例如，求解多重最小性度量的组合可以在多项式时间内完成，而多重可加性度量的组合通常不能在多项式时间内完成。

8.1.3　互联网的主要 QoS 控制框架

IETF 对于互联网的 QoS 保证机制进行了深入的研究，提出了 20 多个 RFC，从 RFC2205 到 RFC2210 以及 REC2474、RFC2475 等。互联网的 QoS 保证机制包括集成服务和区分服务、集成服务和区分服务的结合以及多协议标签交换协议等。

1. 集成服务

为了使得基于 IP 协议的网络能够获得一定级别的服务质量，IETF 提出集成服务体系（Integrated Service），该体系主要采用基于数据流的 QoS 保证算法。也就是说，以数据流为单位，为每个数据流分别提供 QoS 保证。计算机网络的应用包含两种情况，即能够忍受延迟和流速变换的自适应性业务和对延迟、流速等敏感的通信业务，目前互联网适合处理自适应性业务，不适合处理对延迟、流速等敏感的通信业务，而集成服务则致力于解决上述问题。

集成服务体系包括接收控制、路由算法、调度算法、丢包策略等，其中最为重要的是 IETF 提出的资源预留协议（Resource Reservation Protocol，RSVP）。接收控制主要是指，如果计算机网络内没有足够的资源保证服务质量，那么就拒绝该数据流进入计算机网络。路由算法主要是指，在进行路由选择的过程中，基于 QoS 保证参数进行本地计算。调度算法是指，根据不同数据流的需求进行调度和排队。丢包策略则是指，如果数据包已经占满缓冲区，如何选择需要丢弃的数据包。RSVP 协议主要用于完成资源的预留工作，也就是说预先留出一些带宽资源或者其他资源，以便于互联网的特定服务加以使用，从而保证这些特定服务的服务质量。

为了避免向整个网络广播消息所带来的传送负担，RSVP 通过生成树的方式实现多播路由。通过给计算机网络中的特定组发送消息的方式被称为多播，多播操作所采用的路由算法被称为多播路由。为了实现多播路由，在进行路由操作的时候，每个路由器需要计算由所有其他路由器构成的生成树。RSVP 为了保证带宽资源并且消除拥塞，源节点（即多播发送方）向目的节点（即多播接收方）广播消息。当多播接收方接收到广播消息的时候，组内任何一个多播接收方产生资源预留消息，并且沿着传送该消息的路径将上述资源预留消息逆向转发给多播发送方。在该路径上的每个节点都可以看到该资源预留消息，如果没有足够的带宽加以使用的话，则向多播接收节点发送失败消息。当资源预留消息到达多播发送方的时候，沿着生成树的该路径上已经预留了带宽。

集成服务的 RSVP 协议的工作过程如图 8-3 所示，当发送数据的源端具有特定的带宽、延迟等要求的时候，源端将该要求放在 PATH 消息中，然后向目的端发送。中间路由器接收到该消息之后，需要判断其是否具有足够的带宽、延迟等资源以满足源端的服务质量要求，如果能够具有上述资源，那么将该资源加以预留并且储存相应的信息，然后继续转发 PATH 消息，并沿着 PATH 消息发送的相反方向返回 RSVP 消息。

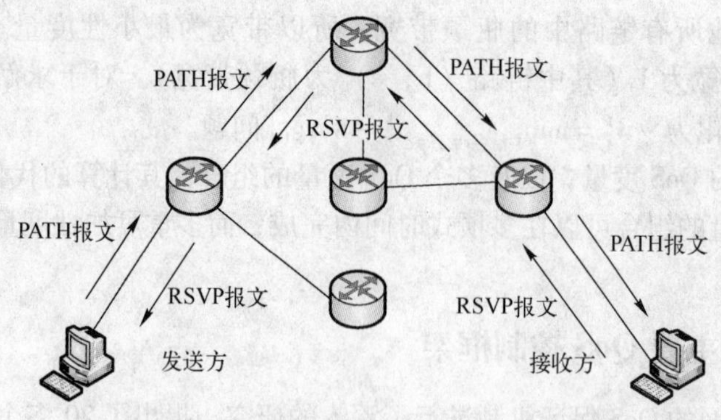

图 8-3　集成服务的 RSVP 协议的工作过程

2. 区分服务

上述集成服务体系能够提供非常好的 QoS 保证，但是其要求提前确定每个流并且为每个流预留资源，当计算机网络需要传送几万个数据流的时候，上述集成服务体系的可扩展性很差，因此 RSVP 协议几乎没有具体实现。为了解决集成服务体系可扩展性差的问题，IETF 提出区分服务体系（Differentiated Service），该体系主要采用基于类别的 QoS 保证算法。也就是说，以类别为单位，为各种类别的服务提供不同层次的服务质量。

以 IP 电话为例说明集成服务与区分服务的不同。如果使用集成服务体系，那么每个电话呼叫具有专用资源，该电话呼叫得到 QoS 保证。如果使用区分服务体系，那么虽然每个电话呼叫不具有专用资源，但是所有的电话呼叫共享预留给电话类别的资源，其他服务类别的消息不能使用该资源，例如，视频点播服务就不能使用电话呼叫类别的服务资源。

区分服务体系的基本思路在于，根据用户对于数据流的描述和资源预留信息，将进入计算机网络的数据流分类并且聚合为不同的数据流聚集，这种聚集信息被增加到数据包的标记域中，被称为区分服务标记。然后根据数据包的区分服务标记选择特定质量的调度机制进行数据转发。如图 8-4 所示，边界路由器负责上述操作，从而减轻了内部服务器的负担。

区分服务体系将服务类别划分为常规转发、快速转发和确保转发。大多数数据消息的转发属于常规转发，而快速转发则是将数据消息直接通过子网加以转发，确保转发是确保数据消息转发效果的转发形式。快速转发与常规转发使用相同的物理链路，只是在带宽分配上，快速转发机制具有预留的带宽。如图 8-5 所示，确保转发定义了 4 种优先级别的服务，每种级别的服务具有自己的资源，同时对于拥塞的数据包定义了低、中、高 3 种丢弃概率，将二者结合起来提供区分服务。区分服务体系首先将数据消息进行分类，归入不同的优先级别，然后根据分类加以标志，最后延迟或者丢弃一部分数据消息。区分服务体系简单有效，并且具有可扩展性。但是，相对于集成服务而言效率较低。

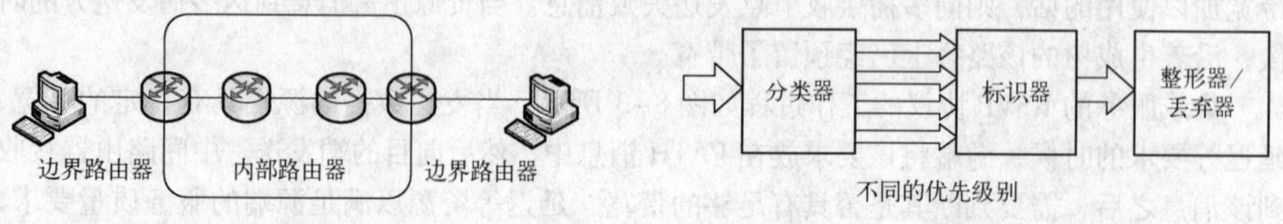

图 8-4　区分服务的基本思路　　图 8-5　区分服务的确保转发机制

3. 集成服务与区分服务的结合

集成服务和区分服务是两种重要的互联网 QoS 机制，但是各有得失。因此，区分服务与集成服务相结合的思想得以提出，即提供区分服务的计算机网络支持端到端集成服务的实现[7]。

该机制的基本思路在于，在计算机网络的节点上建立集成服务体系，为每个数据流提供 QoS 保证，该节点被称为集成服务节点；在计算机网络的节点间建立区分服务体系，将数据流分类并且聚合为不同的聚集，针对不同的聚集提供不同的 QoS 保证，该区域被称为区分服务区。从集成服务节点的角度而言，计算机网络中的区分服务区可以看做集成服务节点之间的虚电路。该机制的主要目标在于，提供区分服务区域与集成服务节点之间的无缝连接，从而实现高效的 QoS 保证。

4. 多协议标签交换协议

多协议标签交换（Multi-Protocol Label Switching，MPLS）是一种在开放的通信网络上利用标签引导数据高速、高效传输的新技术，其能够在一个无连接的计算机网络中引入面向连接的计算机网络的特性。目前的互联网基于 TCP/IP 协议，消息被独立地加以传送，不需要提前建立链路，因此其所提供的是无连接的服务。为了保证服务质量，IETF 提出借鉴虚电路的基本思想的 MPLS[11~13]。异步交换模式 ATM、帧中继等使用虚电路的计算机网络会在每个消息上添加虚电路标志符，然后通过在内部表中查找该虚电路标志符，实现快速路由。

MPLS 的基本思路在于，在每个消息的头部增加标签，然后根据标签进行路由和转发，而不是根据目标地址进行路由。在传统互联网的消息转发过程中，消息到达路由器之后，该路由器查找路由表，然后按照最大前缀匹配的原则查找下一跳的 IP 地址。在大规模计算机网络中，上述网络层路由表的查找具有较高的时间代价。为了降低该时间代价，MPLS 使用消息头部的标签进行路由和转发。MPLS 与传统虚电路技术的区别在于聚集的级别，由于 MPLS 的消息中除了标签之外还有目的地址，所以 MPLS 将多个目标地址相同的数据流组合起来，并且这些流具有同一个标签；而虚电路技术则需要对这些数据流分别传送。

MPLS 的帧结构如图 8-6 所示，消息的头部具有 MPLS 标签，该标签主要包括存放索引的标签域、存放服务类别的 QoS 类别域、栈和存放该帧存在时间的生存时间域。其中，栈用于组合多个目标地址相同的数据流。

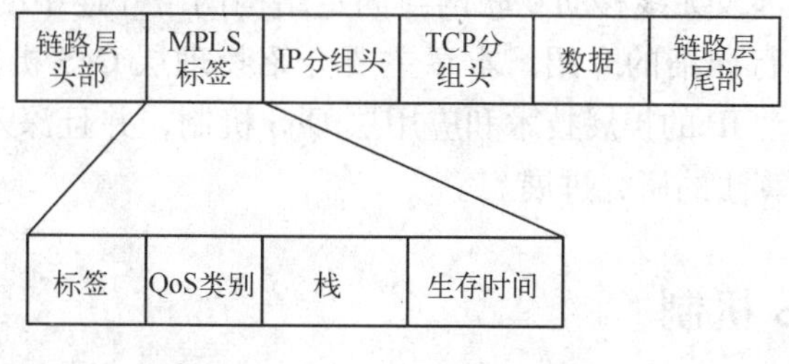

图 8-6　MPLS 帧结构

8.1.4　无线移动互联网 QoS 机制关键技术研究

由于无线移动互联网所具有的节点对等性、动态性和能量有限性等特点，互联网 QoS 保证控制机制在无线移动互联网上无法使用，并且在无线移动互联网上提供 QoS 保证控制支持更为困难。因此，无线移动互联网的 QoS 保证控制机制是一个很大的挑战，存在很多问题需要研究。需要研究的关键技术主要包括链路层的信道接入技术以及无线链路预测技术、网络层的服务质量感知路由以及移动 IP 的扩展技术和快速切换技术、传输层的无线 TCP 技术、跨层实现的 QoS 机制。图 8-7 给出了无线移动互联网 QoS 机制的主要研究内容。

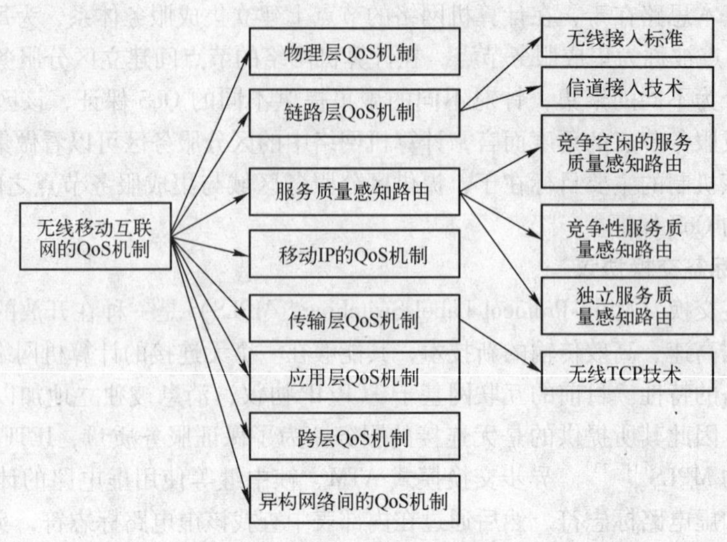

图 8-7　QoS 机制的主要研究内容

当移动节点从一条链路切换到另外一条链路的时候，会增加传输延迟，并且引起消息丢失，使得服务质量降低。基于上述问题提出的无线移动互联网的快速切换技术与服务质量的保证紧密相关。本书第 6 章对快速切换机制进行了详细的介绍。无线 TCP 技术提出的目的是为了解决无线移动互联网中的随机丢包、延时等问题，因此包含了很多 QoS 机制的相关内容，包括最后一跳的传输优化和多跳无线链路的传输优化等。本书第 7 章对无线 TCP 技术进行了详细的介绍。跨层技术跨越 TCP/IP 协议栈的多层，使得传输层能够参考底层得知丢失数据包的原因，并且在底层的帮助下保证链路的质量。因此，跨层技术的主要目的在于提供 QoS 保证，是一种重要的 QoS 机制。本书第 5 章对跨层技术进行了详细的介绍。异构网络间的 QoS 机制主要涉及无线移动互联网与固定结构网络互连中的 QoS 保证，本书第 10 章将对异构网络互联进行详细的介绍。本章主要介绍物理层 QoS 机制、链路层 QoS 机制、服务质量感知路由、移动 IP 的扩展技术和应用层 QoS 机制，并且深入分析无线移动互联网的资源预留机制和调度算法的研究进展。

8.2　物理层 QoS 机制

因为无线信道的情况随时改变，信噪比随时间波动，所以根据当前的信道状态（如瞬时信噪比）调整参数是获得良好信道性能的重要方式。从而，频道评估是支持无线移动互联网的服务质量的重要技术。频道评估技术是由接收节点进行精确的信道评估，然后将该评估传送给传送节点，从而在传送节点和接收节点之间达到同步。

另外，无线信道的时变特征也使得信道编码具有一定困难，因此，无线信道编码技术需要考虑信道或者路径的时变性。无线信道上的数据流会遇到噪声和冲突，尤其在实时音频或者实时视频应用中，上述问题更为突出。

针对无线移动互联网存在的上述时变问题，学者提出 QoS 机制不仅需要提高物理层的频道传输技术，还需要物理层与上层紧密结合，比如说与应用层的数据源压缩算法相结合。使用较长的编码字段，以降低频道错误的可能性。使用较低的数据压缩率，可以降低端对端的数据扭曲。由于无线信道容量的有限性，需要在上述因素中做出平衡，联合数据源频道编码考虑了上述因素，是较好的编码机制之一[14]。

为了在无线移动互联网的无线信道动态时变的情况下最大化吞吐量，提高无线移动互联网的服务质量，学术界提出链路适应机制[15]。链路适应机制的一种思路在于，在不改变现有标准的基础上高效地变换物理层汇聚程序（PLCP）中定义的传输率。链路适应机制的另外一种思路在于，调整直接序号传播波谱（DSSS）的伪噪声码的长度。图 8-8 给出了上述两种思路的链路适应机制，并且给出了链路适应机制考虑的参数。

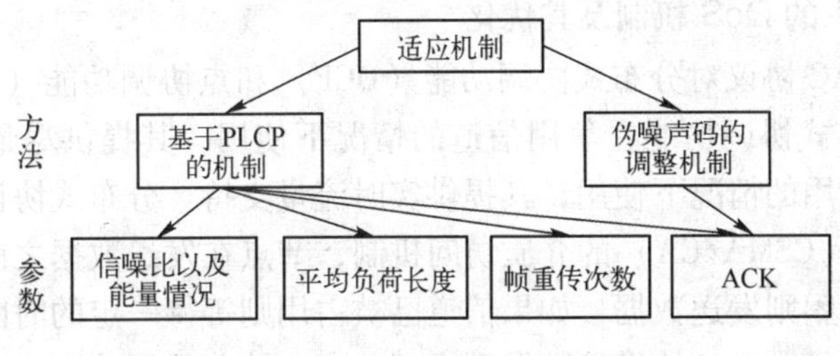

图 8-8　链路适应机制

采用第一种思路的机制包括 Lampe 等学者提出的数据包错误率的预测机制[16]。在预测数据包错误率的时候，不仅根据信噪比和接口载波比，还要根据瞬间信道改变的情况进行预测，接着根据该预测加以调整。该预测机制对于数据包错误的产生因素考虑不全面，为了进一步解决该问题，Qiao 等学者提出使用信噪比、平均负荷长度和帧重传次数作为链路适应算法的参数，根据这些数据判断传送率较高的链路[17]。

上述机制明确了数据包错误的产生因素，但是该算法计算较为复杂。为了简化预测机制的计算，Pavon 等学者提出利用接收信号强度的比例适应算法[18]。该算法将接收到的信号强度作为适应算法的输入参数，每个节点使用比例适应算法维护自己的 12 个接收到的信号强度阈值以及相应的传输率。然后，每个节点根据测量得到的接收到的信号强度，动态地切换到适宜的传输率上。该算法基于两个假设，接收到的信号强度与传输率之间存在线性关系并且传送信号所使用的能量固定。

在无线移动互联网中，上述机制的假设并不一定成立，因此上述机制存在使用范围上的限制。为了使链路适应机制具有广泛的适用范围，Chevillat 等学者提出使用成功/失败阈值的链路适应机制[19]。如果连续成功传送的数据包数量超过一定阈值，那么传输率升高；如果连续失败传送的数据包数量超过一定阈值，那么传输率下降。该机制使用帧的 ACK 字段标志传送是否成功。该机制较为简便地保证服务质量，但是准确性有待提高。

采用第二种思路的机制包括 Mullins 等学者提出的直接序号传播波谱的适应性伪噪声码算法[20]。该机制在高错误率的频道条件下提高吞吐量。但是，由于额外的信号负担，低错误率下的吞吐量较低，影响正常使用。

8.3 链路层 QoS 机制

由于无线移动互联网所具有的移动性、动态性、分布性和能量有限性的特点，传统网络的链路层 QoS 保证机制在无线移动互联网中通常难以适用。链路层 QoS 机制主要在于提供支持 QoS 的 MAC 协议，学者对于无线移动互联网的 MAC 协议方面进行了大量研究。其主要思路在于，当无线移动互联网的广播信道上的许多节点竞争传送数据的信道的时候，采用一定算法决定由哪个节点对该数据进行传送，从而有效地保证服务质量。

8.3.1 无线接入标准的 QoS 机制及其优化

IEEE 802.11、IEEE 802.15.3 以及 IEEE 802.20 中分别具有 QoS 机制，下面对于这些无线接入标准的相关 QoS 机制加以介绍。

1. IEEE 802.11 的 QoS 机制及其优化

IEEE 802.11 MAC 协议对分布式协调功能（DCF）和点协调功能（PCF）提供支持[21]。如图 8-9 所示，分布式协调功能在争用信道的情况下使用，其提供尽最大努力的服务；点协调功能在非信道争用的情况下使用，其提供实时流量支持。分布式协调功能采用载波监听多路访问/冲突避免（CSMA/CA）的介质访问机制，节点在发送数据之前需要先检测信道是否空闲，如果信道空闲则发送数据，如果信道已被占用则等待一定的时间，如果两个节点同时检测到信道空闲并且同时开始发送数据则出现冲突，接着采用冲突避免机制降低冲突发生的概率。无线移动互联网 QoS 机制要求不同流具有不同的优先级，但是服务差别在分布式协调功能中没有提供。

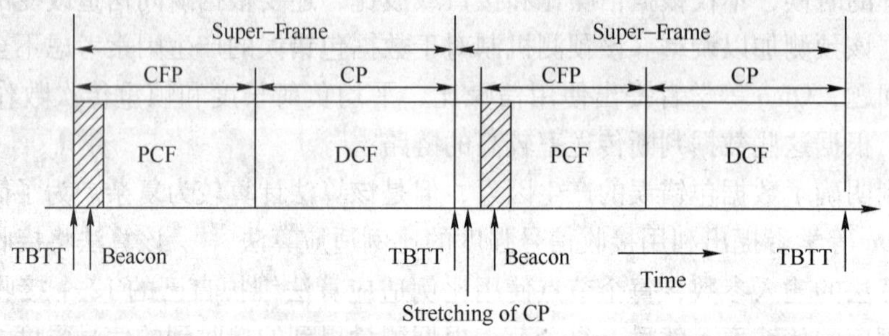

图 8-9　DCF 和 PCF 帧共享机制

分布式协调功能能够实现不同数据包之间的信道争用，但是对不同服务之间的差别支持不够，对于实时性要求高的服务的支持不够好。因此，802.11 协议进一步规定了点协调功能。点协调功能将服务按照一定优先权级别加以排序，保证较高优先权的服务尽快接入到无线信道中。

为了解决 IEEE 802.11 的 QoS 机制实时性支持不好的问题，IEEE 802.11 工作组制定了 802.11 MAC 协议的增强机制，被称为 IEEE 802.11e。在 IEEE 802.11e 标准中，提出了增强分布式协调功能（EDCF）以及增强分布式频道访问机制（EDCA）[22]，能提供无线介质的分布式有区分访问，其中每个帧具有优先级标志，MAC 层根据优先级标志对帧加以分类。每个访问种类竞争传送机会，并且在探测到频道空闲的时候进行独立计算。也就是说，节点内的业务流得以分类，每个业务流类竞争发送机会并且独立进行时延退避。

在 IEEE 802.11e 标准中，进一步提出了混合协调功能（HCF）以及混合协调功能控制访问机制（HCCA），该机制扩展了增强分布式协调功能的接入规则，以分布式协调功能和点协调功能均兼容的方式提供选择性处理 MAC 服务数据单元的能力。在增强分布式协调功能和混合协调功能下，由于需要对每个数据流的优化机制进行选择，所以增加了流量管理的复杂度。但是，没有给出具体数据流对访问机制的选择策略。

为了简化 IEEE 802.11 以及 IEEE 802.11e 标准中的流量管理，学术界提出上述标准的优化机制，主要有优化该标准的参数和改变 MAC 协议的部分组件[23]两种思路。

采用第一种思路的方案包括 Bachs 等学者提出的分布式加权公平队列[24]。当竞争冲突出现的时候，将冲突的消息存放在回退窗口中。根据实际吞吐量和具体流所需要的吞吐量，每个服务的具体流的回退窗口尺寸得以调整，从而实现区分服务。该方案较好地区分了不同的服务，但是仅仅使用吞吐量作为参数不够精确。

为了进一步提高区分服务的精确程度，Bachs 等学者还提出分布式公平调度算法[25]。在该算法中，根据数据包的大小以及流量状况设定不同的退避时间间隔，从而实现区分服务。Ge 等学者提出使用永久参数来标志流量的类型[26]，对于具有较高优先级的流量类型而言，参数的数值较小。

同样为了进一步提高区分服务的精确程度，Chadi 等学者提出使用从上层获得的重传限制和能够接受的最大冲突率等频道访问参数作为访问控制策略的参数[27]。基于当前频道的状态，改变每个数据流的上述频道访问参数，根据上述频道访问参数值进行 QoS 控制。该机制根据当前频道访问参数进行 QoS 控制，具有一定的滞后性。

采用第二种思路的方案包括 David 等学者提出的基于策略的频道访问机制 HHE-CS[28]。该机制基于一定的选择策略选择使用混合协调功能控制访问机制和增强分布式频道访问机制，从而使得实时服务和非实时服务均获得较好的性能。其所提出的选择策略见表 8-1。其通过混合协调功能控制访问机制和增强分布式频道访问机制进行尽力型下载服务，一旦具有较高 QoS 要求的数据流完全传送完毕，则使用非竞争性阶段的所有剩余时间来传送尽力型下载服务的数据流。当非竞争性阶段结束的时候，使用增强分布式频道访问机制传送更多的下载服务的数据流。也就是说，针对不同方向的不同服务，采用不同的访问机制。上述方法便于实现，但是仅仅使用服务性质和方向作为选择策略的标准，不能精确地为不同服务提供所需要的 QoS 保证。

表 8-1　选择策略

服务	方向	DCF	EDCA	HHE-CS
实时	下载	DCF	EDCA	HCCA
实时	上传	DCF	EDCA	HCCA
非实时	下载	DCF	EDCA	HCCA/EDCA
非实时	上传	DCF	EDCA	EDCA

为了提高区分服务的精确度，Rashid 等学者提出基于预测的混合协调功能控制访问机制（PRO-HCCA）[29]。根据数据流需要服务的紧迫程度，该机制对每个流进行评估。然后，使用预测机制对可变码率的动态变化进行评估，并且寻找竞争性数据流传送过程中的可用传送

时间。该机制能够在不同数据流需要服务的紧迫程度和可用传送时间之间建立平衡，但是计算的时间复杂度较高，尤其是在动态性较强的无线移动互联网中。

2. IEEE 802.15.3 的 QoS 机制及其优化

在上述 IEEE 802.11 以及 IEEE 802.11e 技术迅速发展的同时，针对小型个域网和家庭数字媒体网络的标准 IEEE 802.15.3 得以提出。IEEE 802.15.3 标准的网络拓扑结构为移动自组织网络，需要提供 QoS 支持。

在 IEEE 802.15.3 标准中，任选一个节点担任网络的调度器，其根据预先定义的 QoS 策略以及当前剩余的信道时隙数量完成网络资源的分配。网络的超帧结构包括信标（Beacon）、信道竞争访问时间（CAP）和信道无竞争访问时间（CFP），如图 8-10 所示。信标在每帧的开始发送，载有网络的控制参数以及信道时隙分配的指示信息等。信道竞争访问时间用于传送无 QoS 保证要求的数据帧。信道无竞争访问时间用于根据预先设定好的时隙传送有 QoS 保证要求的数据帧。IEEE 802.15.3 标准实现了业务流的预约机制。也就是说，节点询问调度器自己的 QoS 要求能否得到信道事件管理器的满足，如果能够得到信道事件管理器的满足，那么这些 QoS 要求得到调度器的许可，并且调度器为此业务流建立专门的流标志。但是，IEEE 802.15.3 没有讨论各种数据流的区分服务。

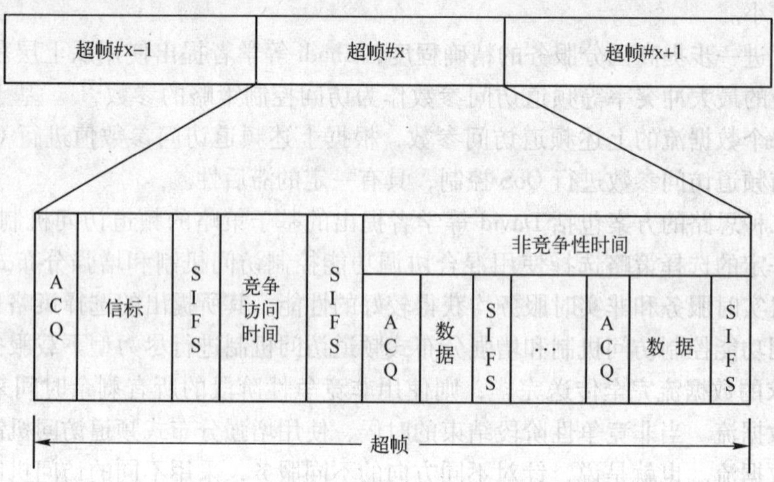

图 8-10 IEEE 802.15.3 的超帧结构

为了解决不同数据流的区分服务问题，Aniruddha 等学者提出支持 QoS 的多频道调度算法[30]。该算法使用分布式动态频道分配算法为邻居节点分配频道，通过基于访问类型为每个连接分配时间槽的方式实现。通过区分访问类型的方式，该算法提高了吞吐量并且降低了数据包的平均延迟。但是，该算法没有考虑到信道错误的情况。

3. IEEE 802.16 的 QoS 机制及其优化

IEEE 802.16 标准对于 QoS 要求提供支持，其基本思路在于，将 MAC 层传输的数据包映射到业务流，根据业务流提供的 QoS 参数进行调度。在 IEEE 802.16 标准中，采用集成服务的资源预留机制和区分服务的数据包相对优先级策略，也就是区分服务与集成服务的结合机制。IEEE 802.16 标准将目标服务与相应的带宽要求加以联系，不同的应用采用不同的资源预留方式以及优先级，以保证服务质量。其主要的调度机制包括主动提供服务、实时轮询服务、非实时轮询服务和尽力而为服务[31]。

主动提供服务的调度机制主要针对具有严格延迟限制的实时应用。该机制在建立连接的阶段指定周期和数据包的大小，然后定期产生固定大小的数据包。实时轮询服务的调度机制主要针对具有较弱迟延限制的实时应用，例如，处于静音状态的运动图像专家组（Moving Pictures Expert Group，MPEG）视频流和 IP 语音（Voice over Internet Protocol，VoIP）。该机制在建立连接的阶段指定周期，然后定期产生可变大小的数据包。可以将轮询周期设置为具体应用产生数据包的时间周期。

非实时轮询服务以一定的周期轮询链路状态，尽力而为服务根据网络状况尽量提供服务，不保证服务质量。二者都采用基于竞争的带宽要求机制，适合于没有特定延迟要求的应用。为了防止冲突，二者均采用基于退避窗口的冲突避免机制，该退避窗口标志在数据传送之前需要等待的竞争时间槽的数量，当冲突出现的时候，退避窗口需要延长。二者之间的区别在于，非实时轮询服务的连接保留最小带宽，并且非实时轮询服务连接的组播轮询具有较大的时间周期。

为了对上述调度机制进行性能评估，Cicconetti 等学者提出 IEEE 802.16 的模拟机制，在不同流量场景下，通过改变一系列相关系统参数值的方式，对于系统性能进行评估[32]。经过评估得出，在平均延迟、吞吐量与帧生存周期之间需要加以平衡。经过实验得出，帧生存周期越长，平均延迟越高，吞吐量越低。

4. IEEE 802.20 的 QoS 机制及其优化

正在讨论中的 IEEE 802.20 标准则将 QoS 保证作为需要重点解决的技术问题。其需要与现有的相关标准一致，还需要充分考虑无线移动互联网的特点，基于策略的 QoS 机制和端到端的 QoS 机制是 IEEE 802.20 的两种重要的思路。

8.3.2　信道接入技术及其预测机制

由于无线信道容易受到干扰，对于无线移动互联网的带宽、吞吐量有较大的影响，因此良好的信道接入技术对于 QoS 的实现非常重要。学者们对于无线移动互联网的信道接入技术进行了研究。为了提供 QoS 保证，在无线移动互联网的信道接入技术中，根据物理层获得的参数或者具体应用的要求，对于数据包或者数据帧的优先级进行设置，从而保证优先级较高的数据包或者数据帧获得较多的资源。

分布式带宽分配/共享/扩展协议（DBASE）[33]是链路层 QoS 机制的重要技术。在该协议下，属于不同优先级别的帧在传送前等待不同的内部帧空间，非实时帧具有最小优先级。该方法在一定程度上促进了实时处理的服务质量控制，但是网络利用率较低。为了提高网络利用率，Song Ci 等人提出了一种完全分布式方案[34]，通过调整本地协议参数的形式实现每个节点的自我调节，使得 CSMA/CA 协议能够根据网络负载和信道质量的情况对节点加以调整。但是，该方案要求节点能够获知网络环境中的变化，具有局限性，尤其在动态性较高的无线移动互联网中实现较为困难。

为了克服上述节点需要预知信息的缺陷，Brahma 等人提出一种 MAC 层的具有负载平衡功能的基于排队策略的队列管理机制[35]。在该机制下，使用数据包丢弃机制管理移动节点中的缓存。在缓存已经被占满的情况下，该机制丢弃一些已经被接收到的优先级较低的数据包，从而为较高优先级的数据包提供空间。该机制对于数据包的优先度进行区分，并且无需调度程序的支持，计算复杂度较低，能够适应计算能力有限的无线移动互联网。但是，其需要单独设置队列，具有一定的空间代价。

为了减轻空间代价，另一种有效的负载平衡机制得以提出[36]。该机制运行在 IEEE 802.11 MAC 层，当节点拥塞的时候，该机制通过改变路由的方式，减轻网络整体的拥塞。该方法较好地实现了负载平衡，并且具有较低的时间代价和空间代价，但是该方案对于数据包的优先级没有区分，可能导致高优先级的数据包无法传送的情况发生。

从上述分析可以看出，学者对于链路层 QoS 机制的研究主要集中在 MAC 层帧处理机制上。总体而言，在无线移动互联网动态性和能量有限性的前提下，上述机制能够较好地提供 QoS 控制。但是，链路层 QoS 机制仍然无法提供严格的 QoS 控制，这一点值得进一步研究。另外，如何减少提供 QoS 保证所需要的物理层参数，从而提高 QoS 保证的计算效率，也值得深入研究。

8.4 服务质量感知路由

服务质量感知路由是一种基于数据流的 QoS 要求和计算机网络的可用资源进行路由选择的机制[37]。或者说，服务质量感知路由是一种动态路由协议，并且在其路由选择标准里可能包含可用带宽、链路和端到端路径利用率、资源消费量、延迟、跳数以及抖动等 QoS 参数[38]。当前，互联网的主要路由协议包括域内路由协议（Open Shortest Path First，OSPF）、（Routing Information Protocol，RIP）和域间路由协议（Border Gateway Protocol，BGP）等。这些都是提供尽力而为服务的路由协议，路由选择标准单一，通常采用跳数。

无线移动互联网节点动态变化，网络计算资源有限，要实现快速路由和 QoS 控制更为困难。因此，学术界对于无线移动互联网的服务质量感知路由进行了深入的研究。根据服务质量路由与无线移动互联网的 MAC 层之间的关系，可以分为非竞争性的服务质量感知路由，竞争性服务质量感知路由和独立服务质量感知路由 3 种[39]。

8.4.1 非竞争性的服务质量感知路由

非竞争性的服务质量感知路由要求各移动节点能够估计无线链路的可用带宽并且预留可用的带宽资源，从而需要类似 TDMA 的非竞争性的 MAC 机制。由于网络的吞吐量很大程度上依赖于节点在 MAC 层上获得的传送机会，因此该机制首先需要测量传送机会，也就是节点的可用频道容量。接着，根据每个节点的可用频道容量，计算路径上的可用频道容量。最后，将路径上的可用频道容量用来执行数据会话控制。

早期提出的频道容量估算机制[40]使用聚集来组织节点，并且在 CDMA 机制下每个聚集使用不同的传输码。在聚集内使用频道时间分槽从而为每个节点确定性地分配频道访问机会。在该机制下，频道容量采用时间槽加以测量，数据会话的预定频道容量采用时间槽加以保障。该机制通过发送节点和接收节点之间的时间槽确定链路的可用吞吐量，但是由于发送和接收采用同样的频带，所以节点不能同时发送和接收。计算路径残余容量的算法得以提出以弥补上述机制的缺陷[41]。在该方案中，频道按照时间划分时间槽，节点使用不同的传输码但共享时间槽。但是，该机制需要为每个节点组分配一个不同的传输码，并且必须具有同步更新的时间槽。

为了进一步减轻传输码存储负担，一种针对实时无线移动互联网的基于路由反馈的路由模型得以提出[42]。在该模型中，移动节点定期计算带宽，并且基于服务质量感知路由最优因子 QROF 进行路由选择。在协议交互过程中，源节点广播的 QRREQ 消息除了包括 RREQ 消息的内容外，还增加了标志是否需要服务质量控制的信息、最小带宽要求的信息、允许的最大延迟的信息、路由的瓶颈带宽的信息以及时间槽。目的节点收到上述消息之后，计算服务质量感知路由最优因子，本地计算见式（8-1）。

$$\mathrm{QROF} = \frac{\sum_{i=1}^{n} W_i Q_i}{\sum_{i=1}^{n} W_i}$$

式中，Q_i是 QoS 保证度量，可以认为包括带宽和延迟，W_i是用户预先定义的每个 QoS 保证度量的权重。目的节点根据服务质量感知路由最优因子的值，选择 3 条最佳路由并返回 QRREP 消息。该方法易于实现，并且计算代价相对较低，但是无线移动互联网动态性的特点使得该方法中的校验消息的发送较为频繁。

S. Chen 等人提出的基于标签的路由协议是非竞争性的服务质量感知路由的另外一项技术。在该协议下，源节点发行特定数量的标签并且将标签放入探测包中以查找能够保证服务质量的路径[43]。每个探测包包含一个或者多个标签，基于源节点可用状态信息的精确度和连接请求的服务质量要求生成的标签的数量，具有较低延迟并且较高吞吐量的邻居节点具有较多的标签。该协议能够动态适应应用的需要，并且保证维护的状态信息的精确度，但是该协议需要以 DSDV 路由协议作为前提，并且需要每个节点具有全局状态信息，存储代价较大。

为了进一步降低获取和维护全局状态信息的代价，Chao Gui 等人提出了一种基于熵值模型的组播路由优化算法（EQMOA），熵值代表系统的不确定性和紊乱程度[44]。该 QoS 保证组播路由优化算法基于遗传算法实现，在编码表示过程中染色体由一系列整数数列构成，编码基于最为简单，最为自然的路由表示实现。选择操作用于特定个体或者交叉个体，并且选中的个体能够产生子个体。在交叉变种操作中，用于交叉的两个染色体应当具有至少一个相同的节点，但是不需要位于相同的位置。该方法能够较为准确地评估路由的稳定性，但是其需要确定节点的位置，并且计算的时间复杂度和空间复杂度相对较高。

综上所述，非竞争性的 QoS 保证控制路由在网络中的各移动节点估计无线链路的可用带宽并且预留可用的带宽资源的前提下，对于服务质量加以保证。但是，该服务质量控制并非传统网络中的严格的 QoS 保证控制，并且时间代价和空间代价较高。

8.4.2　竞争性服务质量感知路由

竞争性服务质量感知路由建立在竞争性 MAC 协议之上，根据可用的资源或者可以获得的性能进行估算，并且使用该估算结果提供服务质量控制。

在竞争性服务质量感知路由方面，R. Sivakumar 等学者提出了一种核心抽取的分布式 Ad Hoc 网络路由算法（CEDAR）[45]，该算法根据网络的拓扑结构查找网络的核心，即最小主机集合。在该最小主机集合中，使用可靠的本地组播和握手协议传播路由和服务质量控制状态信息。该方案采用了网络核心和链路能力区分的机制，有利于保证网络资源的高效使用以及服务质量控制信息的准确获得，该协议并不基于 TDMA 技术，但是在动态的无线移动互联网中，评估链接能力实现困难，具有较高的时间代价。

为了降低时间代价，Cheng-Fu Chou 等学者提出一种基于拓扑控制的服务质量感知路由协议（TLQR）[46]，该协议使用拓扑控制信息查找 QoS 保证路由，以确保通信的端到端带宽并且增强了整个网络的使用效率。每个节点可以本地化地构建适宜的网络拓扑结构以帮助查找无线移动互联网中的 QoS 保证控制路由，并且每个节点维持本地信息以评价节点的可用带宽，另外将每个节点的传送区域划分为不同的能量传送区域，适当地调节每个节点的能量级别，从而提高整个网络的吞吐量。该协议考虑了无线信道带宽和延迟的限制以及节点的移动性，但是，每个节点需要构建网络拓扑结构，耗费较高的资源。

为了节省资源，Li Layuan 等学者提出了等级化的 QoS 保证组播路由协议 HQMRP[47]。如图 8-11 所示，圆点区域之间的节点即为桥节点。该协议规定，每个本地节点定期监测向外链接的延迟，并且将该信息以最高优先级向聚集内的其他节点加以广播。在接收到该信息后，其他节点重新计算聚集内的路由表。上述两个协议均为通过聚集技术在有限网络资源的情况下实现了服务质量控制的组播路由协议，具有较低的时间代价，但是无线移动互联网动态性的特点使得该方法中的组播树计算较为频繁。

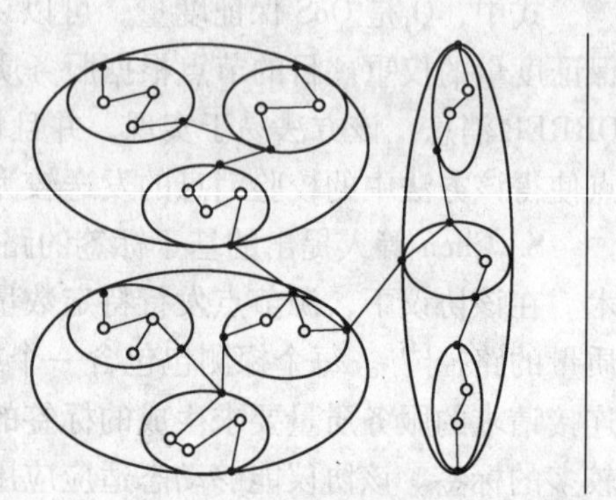

图 8-11　等级化的 QoS 保证组播路由协议 HQMRP

Kaewboonraun 等学者提出的超宽带无线电 Ad Hoc 网络的 QoS 保证路由技术[48]是竞争性服务质量感知路由的另一技术，该技术的前提是物理层采用超宽带无线电技术。在该技术中，为了确保路由信息的准确性，移动节点定期向邻居传送更新信息。在处理来自邻居的更新信息之后或当探测到链路改变的时候，移动节点发送更新信息。在链路失败的情况下，探测到失败的节点向其邻居发送更新信息，并且该邻居检测新路径。该方案较好地保证了无线移动互联网的服务质量，但是其需要建立在超宽带无线电技术的基础上，并具有较重的存储负担。

为了减轻存储负担，Abdrabou 等学者进一步提出贪心法周边无状态路由 GPSR 协议[49]。该协议同样针对超宽带无线电 Ad Hoc 网络。每个节点将其 ID 和位置信息广播给所有的邻居节点。当需要建立路由的时候，源节点向与目的节点最近的邻居节点发送具有会话总延迟范围和累积丢包范围的 RREQ 包。该方案对于丢包率进行累积计算并且根据丢包率和延迟保证服务质量，但是每个节点需要维护邻居列表，并且网络的动态性会使得邻居列表的维护产生比较大的计算负担。

综上所述，竞争性服务质量感知路由根据可用资源或者可用性能对路由状况进行估算，并且使用该估算结果提供 QoS 保证。但是，该 QoS 保证并非传统网络中的严格的 QoS 保证控制，因为节点的移动或者失败，频道的拥塞在动态的无线移动互联网中时常发生。并且，其需要随时得知链路层的有关信息，具有一定的计算负担。

8.4.3　独立服务质量感知路由

独立 QoS 保证控制路由不需要 MAC 层的支持，与 MAC 协议相互独立，其主要思路是基于具体应用设计具有相应 QoS 保证的路由机制。

Wang 等学者提出基于应用的服务质量感知路由 AAQR，该协议不使用 MAC 层信息，而是基于传输层的参数实现 QoS 控制[50]。该技术建立在实时传输协议 RTP 的基础之上。通过检测两节点间的 RTP 包和传送的时间戳之间的差异，对两节点之间的延迟加以估计。上述方案的主要优点在于：由于使用了现有的传输层的包，服务质量感知路由的实现过程中没有产生额外的开销。另外，该方案充分考虑了流量和带宽的要求。但是，由于该方案使用了 RTP 协议，因此应用范围受到一定限制。

为了解决上述应用范围受限的问题，Osada 等学者提出一种应用级别的 QoS 保证路由机制[51]。该机制将每个应用的访问控制结合到路由构建中并且使用 2 跳邻居信息估计每个节点消耗的带宽。在该机制下，针对每个会话，构建能提供满足该会话需要的带宽的路径。如图 8-12 所示，每个节点分析当前消耗的带宽以及成为会话的参与节点需要消耗的带宽，从而确定是否担任该路由的中间节点。通过定期发送 HELLO 消息，每个节点定期更新邻居信息，用以维护路由信息。该机制结合具体应用判断符合服务质量控制要求的路由，能够较好地对应用层的协议提供支持，但是相对而言每个节点的存储负担较重。

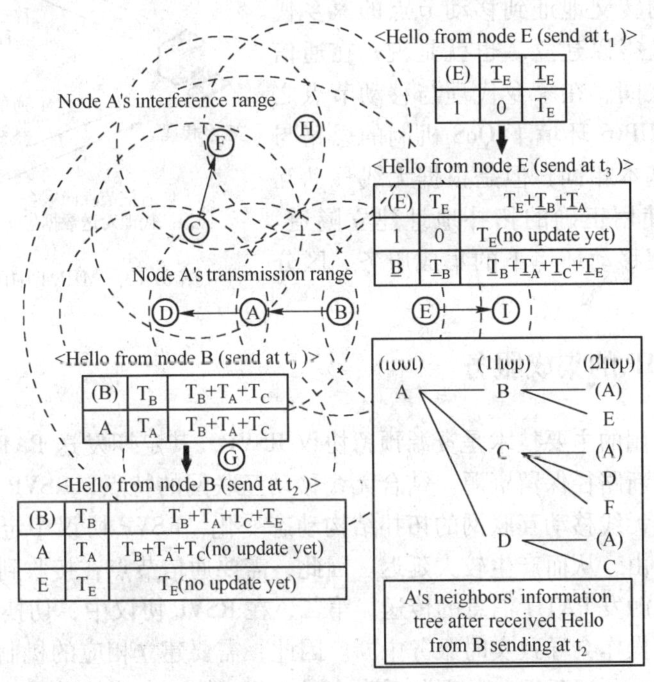

图 8-12　邻居信息获取机制

综上所述，独立服务质量感知路由不需要 MAC 层的支持，根据传输层提供的信息或者节点获知的信息进行相应的处理，以期保证服务质量。独立服务质量感知路由能够充分考虑流量和带宽的要求。但是，该服务质量控制并非传统网络中的严格的 QoS 保证控制，并且相对于非竞争性的服务质量感知路由和竞争性服务质量感知路由而言，该独立服务质量感知路由的应用受到一定限制。

总体而言，在无线移动互联网动态性和能量有限性的前提下服务质量感知路由是实现无线移动互联网 QoS 控制的最主要手段。竞争性的服务质量感知路由、非竞争性的服务质量感知路由的实现需要链路层的支持，能够提供较好的 QoS 性能，具有良好的应用前景。在服务质量感知路由中，需要进一步研究带宽/延迟的评估预测机制、资源预留机制、路由维护机制、跨层路由优化机制等[52]。

8.5 Mobile IP 的 QoS 机制

由于互联网的 IP 协议在设计之初没有考虑到移动性支持和无线通信的特点，所以 IETF 成立移动 IP 工作组专门研究 IP 协议的移动性支持。由于 IP 协议缺乏 QoS 支持机制，因此在设计移动 IP 机制的时候，需要考虑在拓扑结构和计算资源动态变化的基础上支持 QoS 保证，学术界对于移动 IP 的 QoS 机制进行了深入研究。

MIPv4 环境下的 QoS 机制主要包括两条思路[53]。第一条思路，如果 MIPv4 中的通信节点向移动节点发送 PATH 消息，移动节点将在从移动节点到通信节点之间的路径上预留资源；第二条思路，如图 8-13 所示的反向隧道机制，在该机制下，使用基于 IP 隧道的资源预留协议，从移动节点的转交地址到移动节点的家乡代理之间的反向隧道得以建立。也就是说，在通信节点和家乡代理之间、在家乡代理与移动节点之间都预留资源。MIPv6 环境下 QoS 机制的思路与上述第二条思路基本相同，但是根据无线移动互联网的拓扑结构使用正确的拓扑地址建立隧道。下面分别详细介绍移动环境下的集成服务、区分服务和 MPLS。

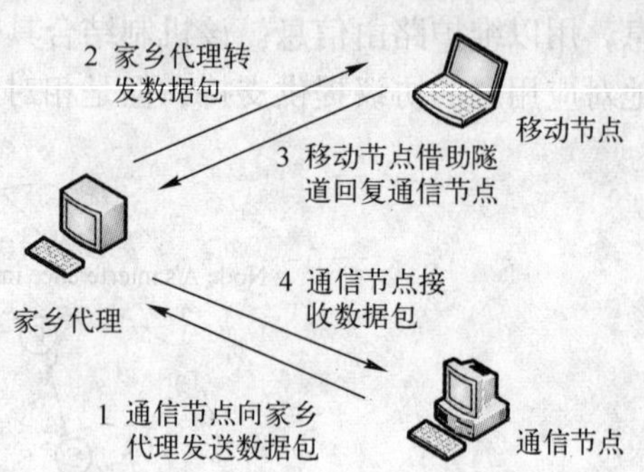

图 8-13　MIPv4 中的反向隧道机制

8.5.1 Mobile IP 的集成服务

集成服务所采用的主要技术是资源预留协议 RSVP，其定期发送 PATH 消息，从而在路由改变的时候沿着新路径保留资源。结合无线移动互联网的特点，RSVP 协议具有以下 3 个挑战。第一，由于无线移动互联网的拓扑结构动态变化，RSVP 协议中定期发送的 PATH 消息需要重新确定路由，从而产生较大延迟。因此，需要通信节点在接收到移动节点的绑定更新消息之后，马上触发 PATH 消息的传送。第二，在 RSVP 协议中，切换后数据流重建过程中进行的资源预留操作会导致实时服务中断。因此，需要建立相应的机制，使得 RSVP 协议的切换过程中的资源预留延迟和数据包丢失率最小化。第三，无线移动互联网的频道容量动态变化，从而导致节点在移动过程中产生服务中断。因此，其需要建立节点移动预测机制[54]。

Awduche 等学者首先提出将互联网集成服务所采用的 RSVP 协议进行移动性扩展[55]。该机制将预留类型扩展为马上执行的预留、静止的预留和透明的预留。马上执行的预留包括信道的预留和分配，预留之后马上进行分配；静止的预留是指预留信道但是不立即分配信道。透明的预留是临时分配给不同用户的静止的预留的信道，但是该信道可以由静止的预留的原始用户抢占。作为移动节点的代理的虚拟接收器产生通信节点的更新消息，具有移动预测能力的移动管理器对切换操作加以维护。该机制给出了移动性扩展的框架，但是没有详细描述移动性扩展的具体机制。

为了进一步给出移动性扩展的具体实现机制，Talukdar 等学者提出移动 RSVP 协议(MRSVP)[56]。该协议使用代理识别协议预测移动节点未来到达的位置，获得将要访问的子网的代理，并且在该位置中提前预留资源。该机制具有主动资源预留和被动资源预留两种方式，前者用于该移动节点当前所在的子网，后者用于该移动节点未来将要访问的子网。被动预留的资源可以被子网中的其他业务流使用。当移动节点移动到该子网的时候，被动预留的资源变成主动预留的资源，由移动节点加以使用，正在使用该资源的数据流需要立刻释放其所占用的资源。该机制需要识别代理，需要预测移动节点未来到达的位置，具有较高的计算负担和通信负担。为了降低计算负担和通信负担，Mahadevan 等学者提出对 MRSVP 协议加以修改。在该机制中，移动节点不再需要获得所有的子网地址，只需要获得其邻居单元的子网地址[57]。上述机制没有考虑层次化网络的情况。

在没有考虑层次化网络的情况下，切换的代价较高。如图 8-14 所示，当移动节点从一个外地网络移动到另一个外地网络的时候，移动节点与通信节点之间的路径得以重新建立。

在层次化网络的资源预留机制中，外地总代理维护与通信节点之间的连接，因此在切换的过程中只有外地总代理与移动节点之间的预留资源需要重建，如图 8-15 所示。可见，层次化网络的资源预留机制效率较高。

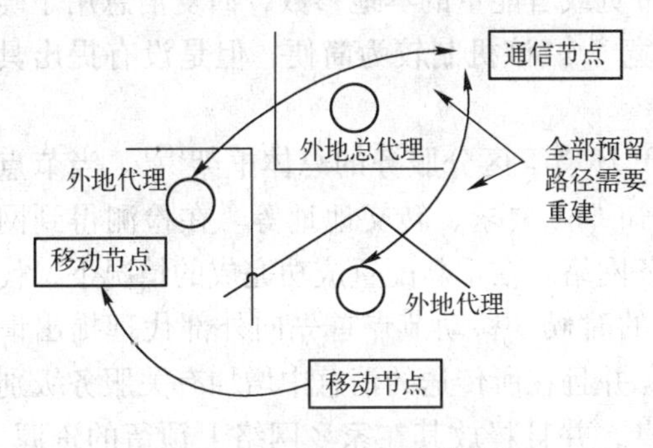

图 8-14　RSVP-MIP 机制

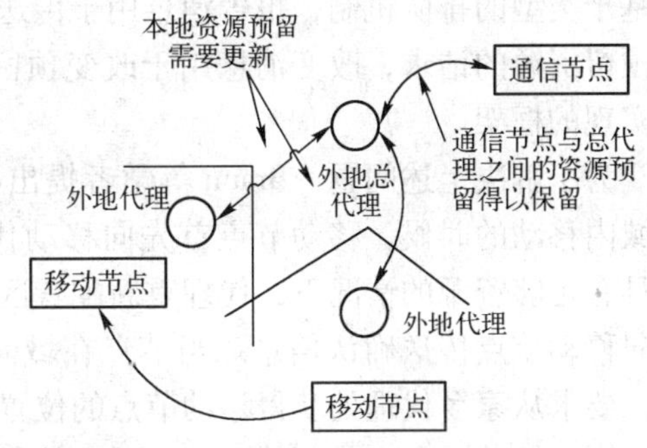

图 8-15　层次化资源预留机制

为了提高资源预留机制的效率，Tseng 等学者提出层次化移动资源预留协议 HMR-SPV[58]。当移动节点首次访问外部网络的时候，并且与通信节点交换初始 PATH/RESV 消息的时候，外部总代理加以记录，并且初始化与移动节点本地外部代理之间的隧道。外部总代理 - 外部代理以及通信节点 - 移动节点一起建立完整的资源预留机制。当移动节点移动到相同外部总代理的不同外部代理的服务区域的时候，仅仅外部总代理与新的外部代理之间的隧道需要建立。当节点移动到不同的外部总代理的服务区域，并且能够感测到覆盖区重叠的时候，移动节点初始化与通信节点之间的注册过程，从而获得新的转交地址。

Lee 等学者对于 HMRSVP 协议的不同资源预留机制进行分析，该资源预留机制主要有在外部总代理的所有分支上预留资源；在两个邻居外部代理上预留资源和在原有的外部代理上保留切换的转发指针，直到形成转发指针链 3 种情况。通过实验得出，上述第三种情况效率最高。但是，由于指针链可能导致非最佳路由，为此提出了修正的 IIMRSVP 协议[59]。当移动节点首次进入区域的时候，形成受限制的转发指针链，在指针链中删除无法进行服务的外部代理，从而保证最佳路由的获取。但是，该机制的时间代价较高。

为了降低时间代价，Paskalis 等学者提出 RSVP 移动代理机制[60]。该机制生成两个转交地址，其中全局转交地址在整个域内得以维护。该机制跟踪家乡地址/本地转交地址/全局转交地址的绑定关系，以及其资源预留情况，并且使用全局转交地址完成移动代理与通信节点之间的 PATH/RESV 消息交换，使用本地转交地址完成内部消息交换。在切换之后，如果会话仍然得以维护，那么仅仅在移动节点和移动代理之间进行消息交换。在给定的区域中可以具有多个移动代理。上述机制在一定程度上降低了时间代价，但是使用移动代理增加了网络的数据传送负担。

综上所述，移动 IP 环境下的 RSVP 协议存在资源预留问题、隧道问题、路径识别问题和移动代理问题[61]4 个问题。学术界对此的研究主要集中在动态性支持方面。也就是说，在高动态的无线移动互联网中，如何实现资源预留、隧道建立和维护、路径的识别以及移动代理机制。这些问题是该领域的研究热点。

8.5.2 Mobile IP 的区分服务

互联网的区分服务机制需要信令并且无法实时控制以及动态配置服务质量参数，因此无法满足移动 IP 的要求。

针对上述问题，Mahadevan 等学者引入报告消息、回复消息和改变消息 3 种消息。其采用基于类型的排队机制，报告消息用于传送例如带宽或者能量的本地参数，回复消息用于确认预留资源的请求，改变消息用于改变预留的带宽[62]。该机制较为简便，但是没有提出具体实现的框架。

为了解决上述问题，Braun 等学者提出移动 IP 环境下区分服务的总体框架[63]。当节点在域内移动的时候，移动节点首先向移动代理通知 QoS 要求、转交地址等。在检测得到网络具有足够资源的情况下，代理重新配置区分服务网络。在重新配置成功完成的情况下，代理向移动节点传送确认信息。当节点在域间移动的时候，移动节点首先向外部代理提出请求，要求从家乡代理处获得移动节点的位置信息，并且在所传送的消息中增加有关服务级别的内容。接着，家乡代理传送移动节点的位置信息，并且释放其在家乡网络上预留的资源。外地代理接着重新配置网络，并且告知移动节点信息发送是否成功。该机制对于快速切换支持不够。

为了解决快速切换过程中的资源预留问题，Cheng 等学者提出支持快速切换的区别服务框架[64]。通过将资源正确地分配给特定区域中的特定类型的数据流的方式，该机制使得切换中的数据包丢失率稳定在较低的水平。该机制使用适应性服务机制从而在保证服务质量的同时提高资源的利用率。该机制能够提高服务的公平性，但是需要对于不同服务加以配置，具有一定的服务延迟。

为了降低服务的延迟，Jiang 等学者针对视频的实时传送提出了区分服务的资源分配机制[65]。该机制是对于无线视频传送进行区分服务的跨层协议。其中，应用层向较低的链路层提供视频压缩信息。链路层根据上述信息采用基于动态权重的处理器共享机制（DWGPS）进行资源分配，其在资源紧缺的情况下保障较高优先级的数据流的传送。该动态权重的处理器共享机制适应于负载流量的变化，并且充分利用自动重传请求，从而保障重要数据包的传送，并且尽量达到数据流的公平处理。

综上所述，学术界对于移动 IP 区分服务的研究主要集中于移动 IP 技术与区分服务技术的融合。另外，在区分服务基础上的集成服务具有良好的应用前景，移动 IP 环境下的区分服务与集成服务的结合机制值得进一步研究。

8.5.3 移动 IP 的 MPLS

为了在无线移动互联网上利用标签实现类似面向连接的功能，无线移动互联网需要建立 MPLS 机制。然而，互联网的 MPLS 并不支持移动性管理，因此学术界对于移动 IP 和 MPLS 结合形成的移动 IP 环境下的 MPLS 进行了深入的研究。目前主要的移动 IP 的 MPLS 技术包括基本移动 MPLS 和层次化移动 MPLS。

基本移动 MPLS 的思路在于，当移动节点进入非家乡子网的时候，将注册消息发送给该子网的外地代理，外地代理将该注册消息通过 IP 路由转发的方式发送到移动节点的家乡代理。家乡代理收到注册消息和转交地址后，基于标签分发协议向外地代理发送标签请求消息，外地代理向家乡代理回送标签映射消息。当标签到达家乡代理的时候，家乡代理和外地代理之间的标签交换路径得以建立。如果通信节点需要向移动节点发送数据包，该数据包会被路由到移动节点的家乡网络，然后被移动节点的家乡代理捕获，家乡代理在标签表中查找该数据包的出标签，并将该标签加到数据报上，沿着家乡代理和外地代理之间的路径以标签交换的方式进行数据传送。

层次化移动 MPLS 的思路在于，将无线移动互联网划分为多个 MPLS 域，每个 MPLS 域具有外地域代理。移动节点根据接收到的代理广播消息判断其处于家乡网络还是外地网络。如果移动节点位于外地网络，向外地代理请求转交地址，并向外地代理发送注册请求消息，该外地代理将注册请求消息转发到本 MPLS 域的外地域代理。如果移动节点是第一次移动到该 MPLS 域，外地域代理就向移动节点的家乡代理发送注册消息。家乡代理得到注册消息以及外地域代理的 IP 地址后，向外地域代理发送标签请求消息。外地域代理接收到标签请求消息后，向家乡代理回送标签映射消息，并且向移动节点所在的 MPLS 域内子网的外地代理发送标签请求消息，从而沿着该路径能够实现以标签交换的方式进行的数据传送。

Ren 等学者提出将 MPLS 和 MIP 加以集成的体系结构[66]。在该结构中，外地代理和家乡代理是标签交换路由节点。外地代理和家乡代理属于相同的 MPLS 域的情况如下。当移动节点探测到处于外地网络的时候，向当地的外地代理加以注册，该外地代理使用 IP 协议将该注册转发到家乡代理。家乡代理建立移动节点的绑定，并且向外地代理发布标签分配请求，从而标签交换机制得以建立。当移动节点访问新的外地代理的时候，重复上述过程。但是在无线移动互联网并非完全支持 MPLS 的时候，该机制效率较低。

为了提高 MPLS 的效率，Kim 等学者提出基于移动性的 MPLS[67]。其基本思路在于，在接入网络使用 MPLS，在核心网络使用支持 MPLS 的管理。该机制要求每个域具有网关，基站和网关之间具有静态标签交换和动态标签交换两种标签交换的类型。静态标签交换是由网络管理员使用预定的转发错误码预先设定的标签交换机制。动态标签交换是由移动节点启动并且在移动节点和网关之间加以注册的标签交换机制。如果移动节点位于外地网络，移动节点家乡网络的网关也要进行注册。静态标签交换机制实现了区分服务与 MPLS 的综合体系，而动态标签交换机制用于建立 RSVP 信道。由于静态标签交换机制初始时建立，上述机制降低了切换所产生的代价。动态标签交换机制则使用 RESV 和 PATH 更新消息加以维护。上述动态标签交换机制需要定期发送消息加以维护，加大了网络的通信负担。

为了降低网络的通信负担，Yang 等学者提出层次化移动 MPLS[68]。该机制在每个 MPLS 域设置外地域代理。移动节点通过外地域代理将注册请求发送到家乡代理。家乡代理接着向外地域代理发送标签请求，外地域代理接着响应家乡代理并且向外地代理发送标签请求。家乡代理向外地域代理返回注册回复消息和标签，外地域代理借助外地代理向移动节点发送注册回复消息。在切换过程中，本地注册请求被发送到维护与家乡代理之间的隧道的外地域代理，从而实现 QoS 保证。该机制计算代价较高。

为了降低计算代价，华为公司提出 MPLS 的 QoS 协商的方法[69]，如图 8-16 所示，移动节点用户在同一个标签边缘路由器/区域外地代理 LER/RFA 或标签边缘路由器/网关外地代理 LER/GFA 管辖的区域中移动时，通过该用户的当前 LER/FA 向 NGN 功能实体发送 QoS 资源分配请求，接受分配的 QoS 资源。

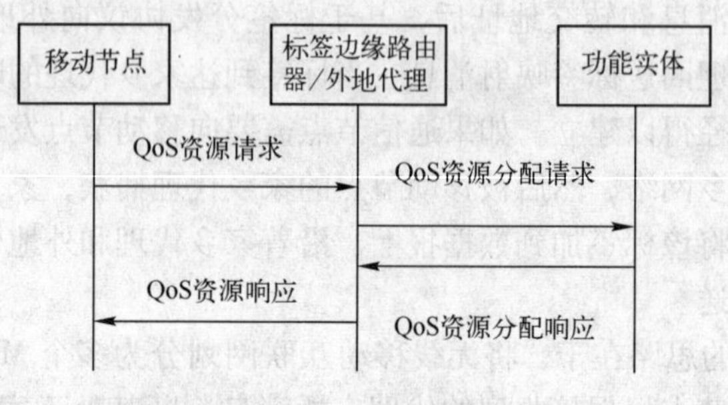

图 8-16　协商方法

综上所述，移动 IP 环境下的 MPLS 机制能够提供区分服务的性能保障机制，具有良好的应用前景。学术界对于移动 IP 环境下的 MPLS 机制的研究主要集中于快速切换技术的实现。也就是说，在无线移动互联网中，移动节点在位置不断变化的过程中如何快速切换到提供服务的其他移动节点上，快速和丢包率是需要重点考虑的因素。

8.6 应用层 QoS 机制

无线移动互联网的应用层 QoS 机制主要包括灵活简便的用户接口、动态变化的 QoS 范围和适应性压缩算法等。

灵活的用户接口有助于简便地获得服务。在无线移动互联网中，用户期望接口能够允许用户指定 QoS 要求，并且高效地输入 QoS 参数。在获得适应性的 QoS 服务方面，模糊理论具有良好的应用前景。为了适应无线移动互联网的动态特性，资源预留机制可以采用动态变化的 QoS 范围，而不是采用精确的 QoS 参数。上述 QoS 范围通过应用层获取，并且可以根据具体应用的需要由用户加以配置。另外，实时音频/视频等服务需要基于压缩算法、适应性错误控制以及带宽平滑技术等。在这些机制方面，无线移动互联网与互联网没有太大差别，只需基于无线移动互联网动态性和能量有限性等特点做一些适应性的改变。

8.7 资源分配机制与调度算法

资源预留协议 RSVP 是一种重要的资源分配机制。在 Mobile IP 的集成服务部分，已经就资源预留协议 RSVP 及其移动性扩展进行了详细介绍。本节重点介绍实现资源分配的其他机制。

Ying 等学者提出跨越 MAC 层与物理层的跨层适应性资源分配机制[70]，以期最大化系统的能量效率，该能量效率用吞吐量与传送能量的比值表示。其中，包调度、能量分配和载波频率分配均在集成框架中得以实现，从而利用 MAC 层与物理层之间的联系实现高效地资源分配。在资源分配算法方面，通过优化资源分配算法参数的方式，时间复杂度较低的能够在多项式时间内完成的资源分配算法得以提出。该机制有效地利用了跨层所带来的高效率，但是对于无线移动互联网中的区分服务支持不够。

为了解决上述机制对区分服务支持不够的问题，Yu 等学者提出基于策略的资源分配机制[71]。其采用资源等级协议（Service Level Agreement，SLA）进行资源分配和 QoS 保证。对于端对端 IP 消息传送而言，每个无线访问域可以独立选择内部的资源管理策略，以保证用户访问资源的等级。网络整体流量由核心网络根据一定策略加以管理，以保证传送域的资源等级。并且，其定义了工程化的资源优先分配机制，每个服务类型的用户访问的资源等级都能够高效利用资源，并且域间传送的资源等级所要求的带宽能够得以满足。但是，该机制对于严格的 QoS 要求支持不够。

为了提高对严格的 QoS 要求的支持程度，Lingjia 等学者提出使用流量模型的资源分配和 QoS 保证机制[72]。为了建立系统资源和 QoS 要求之间的关系，该机制将系统的行为与物理层结构加以联系。通过将物理层自动重传请求 ARQ 机制与通信协议相结合，用以确保错误的数据得以重传。针对向移动节点提供的服务，建立以 Markov 模型调制的流量过程，从而带宽和能量得以保证。该机制能够基于流量模型实现较为有效的资源分配，但是计算的时间复杂度较高，增加了无线移动互联网的计算负担。

为了降低计算负担，Ho 等学者提出低时间复杂度的簇内资源分配算法[73]。该算法考虑了能量分配、载波频率分配和包调度，从而在吞吐量、包丢失率和包延迟方面获得较高的性能。在物理层通过向不同节点分配不同载波频率的方式，并发的数据传送以协作的方式实现，从而提高了系统容量。由于不同频段具有不同的频道衰减特征，因此不同频道条件下的能量分配能够有效地保证服务质量，在 MAC 层采用带宽预留机制和包调度机制，从而实现能量——频率——时间资源的联合分配机制。

对于能量、资源有限的无线移动互联网而言，资源分配机制是实现 QoS 保证的重要条件。尤其是在动态性较高的无线移动互联网中，如何实现时间代价较低的资源分配机制值得深入研究。借助于跨层的方式，根据物理层获得的参数，在一定数学模型的基础上建立资源分配机制，是一条重要的研究思路。

由于无线移动互联网带宽资源有限，需要建立高效的资源管理机制。对于无线移动互联网的数据包传送而言，数据包调度算法作为一种重要的资源管理机制，能够在高数据吞吐量的同时实现灵活的资源分配，因此，调度算法是实现端对端的 QoS 保证的非常重要的方法，在学术界得到了普遍的关注。

Park 等学者提出适于无线移动互联网的基于累积分布函数的数据包调度算法[74]。其将累计分布函数加以扩展，使其对用户的数据传送率离散化处理，然后向用户分配时间片，并且对用户平均吞吐量加以设定，向每个用户提供不同等级的 QoS 保证。该机制计算代价较高，并且对于用户的特定要求支持不够。

为了降低时间复杂度，高通公司提出 Mesh 网络的调度算法[75]。在该算法中，移动节点监测通信信道是否有其他载波需要传送，当其他载波被感测到的时候，接入点选择性地与该载波协同传送。接入点数据传送的调度根据测量到的载波干扰比进行数据调度。该机制对于用户的特定要求支持不够。

为了增强对用户特定要求的支持程度，Zhu 等学者提出使用用户满意度作为参数来衡量不同服务类型的服务质量[76]。用户满意度参数可以用于确定哪个数据包需要优先发送。基于用户满意度参数，不同调度机制得以建立，以实现系统性能与公平性之间的平衡。调度机制根据时间、信道、多用户的多样性提供 QoS 保证，并且提高网络性能。该机制能够为多个用户分别提供不同的 QoS 保证，但是容量有限。

为了进一步提高容量，Shakkottai 提出高容量的 QoS 调度算法[77]。通过采用基于频道的贪婪规则和基于频道的最大队列规则的方式，每个用户在不同的 QoS 限制条件下具有不同的性能。基于频道的贪婪规则的主要机制在于不考虑队列长度，每次选择“最佳”信道；基于频道的最大队列规则的主要机制在于整个信道处于打开状态的时候，选择最长的队列。这两种规则的有效容量不同，需要根据不同需要加以选择。上述算法提高了整体容量，但是信道资源的利用率较低。

为了提高多媒体服务中信道资源的利用率，Jaunty 等学者提出基于队列和频道的跨层数据包调度机制[78]，以在最大化信道资源的利用率的同时提供各种层次的 QoS 保证。该机制在 MAC 层充分考虑多媒体服务的流量突发的特性，提供 QoS 保证；在物理层使用随机调度算法和自适应调制编码机制以获得较好的性能。

综上所述，资源分配机制及调度算法能够在保证高数据吞吐量的同时实现灵活的资源分配，研究热点在于如何实现多用户的、多样性的 QoS 保证，以及在多用户的多样性的 QoS 保证中，如何保障调度的公平性以及资源利用率的最大化。

8.8 本章小结

随着无线移动互联网和多媒体技术的广泛应用，QoS 保证机制的研究如火如荼。本章对无线移动互联网物理层、链路层、网络层、应用层的典型 QoS 保证机制分别加以研究，传输层的 QoS 保证机制、跨层的 QoS 保证机制、异构网络间的 QoS 保证机制在本书第 7 章、第 5 章和第 10 章加以介绍。

物理层 QoS 机制主要在于实现高效的频道性能评估机制和无线信道编码技术。链路层 QoS 保证机制主要在于实现资源高效分配和负载平衡的无线接入标准以及信道接入技术。网络层 QoS 保证机制重点在于实现服务质量感知路由，在快速路由选择的基础上实现 QoS 保证。网络层 QoS 保证机制的重点还包括在移动 IP 环境下实现 QoS 保证，设计在拓扑结构和计算资源动态变化的基础上支持 QoS 保证的机制，主要研究思路包括移动 IP 环境下的集成服务、移动 IP 环境下的区分服务和移动 IP 环境下的 MPLS。应用层 QoS 机制主要包括，灵活简便的用户接口和动态变化的 QoS 范围、适应性压缩算法等。

就物理层 QoS 机制而言，因为无线移动互联网的无线信道的情况随时改变，无线信道的信噪比随时间波动，所以根据当前的信道状态调整参数是获得良好信道性能的重要方式，频道评估是支持无线移动互联网的服务质量的重要技术。另外，无线移动互联网的无线信道的时变特征也使得信道编码具有一定困难，因此，无线信道编码技术需要考虑信道或者路径的时变性。无线信道上的数据流会遇到噪声和冲突，尤其在实时音频或者实时视频应用中，上述问题更为突出。因此，高效的频道评估技术和动态的无线信道编码技术具有较好的研究前景。

就链路层的QoS保证机制而言，研究主要集中在MAC层帧处理机制上，即当无线移动互联网广播通道上的许多节点竞争传送数据的时候，如何决定由广播通道上的哪个节点对该数据加以传送，从而有效地保证服务质量。实验证明，设计高效的帧处理机制能够有效地保证服务质量，尤其是能够实现阻塞控制和防止包丢失。因此，如何以较低的时间代价和空间代价实现支持QoS控制的帧处理机制具有较好的研究前景，尤其是通过设置具有较低的时间代价和空间代价的资源分配机制实现QoS保证控制。

就网络层的QoS保证机制而言，由于现有的无线移动互联网路由协议通常没有考虑QoS保证控制，网络层的QoS保证机制主要采用服务质量感知路由技术加以实现。在无线移动互联网动态性和能量有限性的前提下，服务质量感知路由是实现无线移动互联网中QoS控制的最主要的技术手段。非竞争性的QoS保证控制路由在网络中的各移动节点估计无线链路的可用带宽并且预留可用的带宽资源的前提下，对于服务质量加以保证，时间代价和空间代价较高。竞争性服务质量感知路由根据可用资源或者可用性能对路由状况进行估算，并且使用该估算结果提供QoS保证。因此，如何建立高效的路由预测机制是该领域的研究重点，遗传算法、Markov模型等预测模型是重要的研究思路。

就网络层的QoS保证机制而言，由于互联网的IP协议在设计之初没有考虑到移动性支持和无线通信的特点，所以需要考虑在拓扑结构和计算资源动态变化的基础上，支持QoS保证的Mobile IP扩展机制。移动IP环境下的RSVP协议存在资源预留问题、隧道问题、路径识别问题和移动代理问题3个问题，因此，在高动态的无线移动互联网中，如何实现资源预留、隧道建立和维护、路径的识别以及移动代理机制是该领域的研究热点。在移动IP环境下的区分服务机制中，研究重点在于独立于RSVP协议的信令机制。另外，在区分服务基础上的集成服务具有良好的应用前景。移动IP环境下的MPLS的研究重点在于快速切换技术的实现，其中切换速度和丢包率是需要重点考虑的因素。

就传输层的QoS保证机制而言，由于绝大多数TCP协议的配置是在有线网络的基础上加以设计的，从而在无线连接上运行的TCP协议存在很大缺陷。如何克服这些缺陷，构建适合节点对等，动态变化和能量有限的无线移动互联网的TCP协议具有较大的研究空间和较好的研究前景，尤其是以较低的时间代价和空间代价实现减少路由失败的TCP技术。另外，能够提供QoS保证控制的UDP协议以及流媒体技术也是一个研究方向。这部分内容主要在本书第7章加以介绍。

就应用层的QoS保证机制而言，研究重点包括借助模糊理论获得适应性的QoS服务以及采用动态变化的QoS范围的资源预留机制等。

就跨层的QoS保证机制而言，QoS保证控制效果的进一步提高需要将链路层，网络层和传输层的QoS保证机制加以协调和融合，构建无线移动互联网的QoS控制体系结构。在网络层和链路层相互协调的前提下，服务质量控制体系结构能够提供全面的服务质量控制支持，并且具有较好的时间性能和空间性能。该方面的研究刚刚起步，具有较大的研究空间和较好的研究前景。这部分内容主要在本书第5章加以介绍。

就异构网络间的 QoS 保证机制而言，为了使得相互连接的无线移动互联网和固定结构网络之间具有 QoS 保证控制，对于异构网络间 QoS 保证机制的研究主要集中在无线移动互联网和固定结构网络之间的网关以及与网关相关的技术。该方面的研究能够使得无线移动互联网和固定结构网络之间的通信符合 QoS 保证控制的要求，具有较高的研究价值，并且该方面的研究刚刚起步，具有较大的研究空间。这部分内容主要在本书第 10 章加以介绍。

就无线移动互联网的资源分配机制而言，在动态性较高的无线移动互联网中，如何实现时间代价较低的资源分配机制值得深入研究。借助于跨层的方式，根据物理层获得的参数，在一定数学模型的基础上建立资源分配机制，是一条重要的研究思路。

就无线移动互联网的调度算法而言，如何实现多用户的多样性的 QoS 保证，以及在多用户的多样性的 QoS 保证中，如何保障调度的公平性以及资源利用率的最大化，值得进一步深入研究。

另外，目前所分析的无线移动互联网的 QoS 保证机制均无法提供严格 QoS 保证控制。严格的 QoS 保证控制要求不存在不可预见的信道状态和节点移动，而上述无线移动互联网 QoS 保证机制显然无法满足该要求。非竞争性的服务质量感知路由能够提供相对较为严格的 QoS 保证控制，但是仍然无法达到严格 QoS 保证控制的要求。如何实现无线移动互联网的严格 QoS 保证控制值得研究。

8.9 习题

1. 学术界对于 QoS 保证机制的理解有广义和狭义之分，狭义的 QoS 保证机制采用 4 个基本的参数描述数据流的需求特征。请详细介绍这 4 个基本参数的概念。

2. 学术界对于 QoS 保证机制的理解有广义和狭义之分，广义的 QoS 保证机制主要是指网络资源的调配与利用所涉及的不同层次的 QoS 保证机制，请简要介绍广义的 QoS 保证机制所涉及的参数以及这些参数的具体含义。

3. 计算机网络由交换节点和交换节点之间的链路以及主机组成，在研究当中往往将其抽象为有权图。请结合图 8-2 说明计算机网络的有权图模型。

4. QoS 要求需要通过可测量的 QoS 度量来实现，常用的几种 QoS 度量主要包括可用带宽、端到端延迟、消息丢失率、抖动、开销等，不同的度量具有不同的性质。按照这些性质，QoS 度量可以分为可加性度量、可乘性度量和最小性度量 3 类。请介绍上述不同度量的基本含义以及特点。

5. 为了使得基于 IP 协议的网络能够获得一定级别的服务质量，IETF 提出集成服务体系。请说明集成服务体系所要解决的技术问题，并且结合具体的互联网服务阐述集成服务体系的理解。

6. 集成服务体系主要采用资源预留协议（RSVP）。该协议主要用于完成资源的预留工作，也就是说预先留出一些带宽资源，以便于互联网的特定服务加以使用，从而保证该互联网特定服务的服务质量。请介绍该协议的基本思想。

7. 为了提高 QoS 保证机制的可扩展性，IETF 提出区分服务体系，该体系主要采用基于类别的 QoS 保证算法。请说明区分服务体系的基本原理。

8. 集成服务和区分服务是两种重要的互联网 QoS 机制，存在很大差异。请比较二者的实现机制，并且基于该实现机制探讨二者的优缺点。并请介绍区分服务和集成服务的结合的基本思路。

9. 为了保证服务质量，IETF 借鉴虚电路的基本思想提出多协议标签交换 MPLS，其是一种在开放的通信网络上利用标签引导数据高速、高效传输的新技术，其能够在一个无连接的计算机网络中引入连接模式计算机网络的特性。请介绍 MPLS 的实现机制以及帧结构。

10. IEEE 802.11、IEEE 802.11e、IEEE 802.15.3 以及 IEEE 802.20 是重要的无线接入技术标准，本书第 2 章对于这些标准进行了详细的介绍。请结合第 2 章的相关介绍，从 IEEE 的网站上查找和阅读上述标准的相关资料，并且详细阐述这些标准所规定的 QoS 机制。

11. IEEE 802.11 MAC 协议对分布式协调功能（DCF）和点协调功能（PCF）提供支持。请介绍分布式协调功能和点协调功能的基本原理以及优缺点。

12. 在 IEEE 802.11e MAC 协议对增强分布式协调功能（EDCF）和混合协调功能（HCF）提供支持。请介绍增强分布式协调功能和混合协调功能的适用范围、基本原理以及优缺点。

13. 为了简化 IEEE 802.11 以及 IEEE 802.11e 标准中的流量管理，学术界提出上述标准的优化机制。上述标准的进一步优化具有优化该标准的参数和改变 MAC 协议的部分组件两种思路。请分别阐述上述两种思路，并且分别举出两种具体技术方案加以详细说明。

14. IEEE 802.15.3 使用任一个节点担任网络的调度器，该节点根据预先定义的 QoS 策略以及当前剩余的信道时隙数量完成网络资源的分配。请访问 IEEE 的网站查找该标准的相关资料，并且具体说明该标准的实现机制。并请画出超帧结构。

15. IEEE 802.16 标准对于 QoS 保证具有良好的支持，请访问 IEEE 的网站查找该标准的相关资料，并且具体说明该标准的基本思路。

16. IEEE 802.16 标准的调度机制对于 QoS 保证具有良好的支持，其主要调度机制包括主动提供服务、实时轮询服务、非实时轮询服务和尽力而为服务。请说明上述调度机制的基本原理，并且结合具体实例比较和阐述上述调度机制的适用范围。

17. 无线移动互联网的信道接入技术是实现 QoS 保证的重要机制之一。该技术主要根据物理层获得的参数或者具体应用的要求，对数据包或者数据帧的优先级进行设置，从而保证优先级较高的数据包或者数据帧获得较多的资源。请阐述一两种典型的无线移动互联网的信道接入技术。

18. 无线移动互联网的服务质量感知路由是实现 QoS 保证的重要机制之一。服务质量感知路由是一种基于数据流的 QoS 请求和计算机网络的可用资源进行路由选择的机制，是一种动态路由协议，并且在其路由选择标准里可能包含可用带宽、链路和端到端路径利用率、资源消费量、延迟、跳数以及抖动等 QoS 参数。请阐述无线移动互联网的服务质量感知路由的基本分类，无线移动互联网的服务质量感知路由与传统互联网的服务质量感知路由相比所具有的特殊要求。

19. 非竞争性的服务质量感知路由需要 TDMA 等的非竞争性的 MAC 机制，并且要求各移动节点能够估计无线链路的可用带宽并且预留可用的带宽资源。请介绍 3 种典型的非竞争性的服务质量感知路由，并详细阐述其实现机制。

20. 基于路由反馈的路由模型定期计算带宽，并且基于服务质量感知路由最优因子进行路由选择。请介绍该路由模型的基本机制，并请说明协议交互的基本过程，以及本地计算的基本计算公式，并请进一步介绍上述公式中各个参数的具体含义。

21. 使用代表无线移动互联网的不确定性和紊乱程度的熵值模型，以支持无线移动互联网中的 QoS 保证组播路由优化算法 EQMOA 是一种非竞争性的服务质量感知路由。请介绍该算法的基本机制，并请查找有关遗传算法的资料，提出该算法的优化机制。

22. 竞争性服务质量感知路由建立在竞争性 MAC 协议之上，从而根据可用的资源或者可以获得的性能进行估算，并且使用该估算结果提供服务质量控制。请介绍 3 种典型的竞争性服务质量感知路由，并详细阐述其实现机制。

23. 等级化的 QoS 保证组播路由协议 HQMRP 是一种典型的竞争性服务质量感知路由。请结合图 8-11 探讨该协议的基本机制，并且说明该协议的优缺点。另外，无线移动互联网动态性的特点使得该协议中的组播树计算较为频繁，请从该思路出发研究该协议的优化方案，以解决上述问题。

24. 独立服务质量感知路由不需要 MAC 层的支持，根据传输层提供的信息或者节点获知的信息进行相应的处理，以期保证服务质量。独立服务质量感知路由能够充分考虑流量和带宽的要求。请介绍一种典型的独立服务质量感知路由，并详细阐述其实现机制。然后，对于上述独立服务质量感知路由进行总结，阐述独立服务质量感知路由的基本思路以及优缺点，并在此基础上，对上述独立服务质量感知路由提出改进机制。

25. 竞争性服务质量感知路由根据可用资源或者可用性能对路由状况进行估算，并且使用该估算结果提供 QoS 保证。非竞争性的 QoS 保证控制路由在网络中的各移动节点估计无线链路的可用带宽并且预留可用的带宽资源的前提下，对于服务质量加以保证。而独立服务质量感知路由独立提供 QoS 保证并且不需要 MAC 层的支持。请结合具体实例说明三者之间的主要区别。

26. 在设计移动 IP 机制的时候，需要考虑在拓扑结构和计算资源动态变化的基础上支持 QoS 保证。请介绍移动 IPv4 环境下 QoS 机制的基本思路。

27. 互联网的集成服务主要采用资源预留协议 RSVP，其定期发送 PATH 消息，从而在路由改变的时候沿着新路径保留资源。请介绍移动 IP 环境下的 RSVP 协议的特点，并总结移动 IP 环境下的 RSVP 协议的主要思路。请详细阐述三四种典型的移动 IP 环境下的 RSVP。

28. MRSVP 协议是一种典型的动 IP 环境下的 RSVP 协议，其使用代理识别协议预测移动节点未来到达的位置，获得将要访问的子网的代理，并且在该位置中提前预留资源。请介绍该协议的主要机制。另外，该协议具有较高的计算负担和通信负担，请对此加以优化。

29. 互联网的区分服务体系主要采用基于类别的 QoS 保证算法。也就是说，以类别为单位，为各种类别的服务提供不同层次的服务质量。但是，该体系需要信令并且无法实时控制，以及无法动态配置服务质量参数，因此无法满足移动 IP 环境的要求。请介绍两种移动 IP 环境下的区分服务机制。

30. 互联网的 MPLS 不支持移动性管理，目前主要的移动 IP 的 MPLS 技术包括基本移动 MPLS 和层次化移动 MPLS。请介绍基本移动 MPLS 和层次化移动 MPLS 的基本机制，并比较二者的异同。并请介绍一两种典型的无线移动互联网的 MPLS 机制。

参考文献

[1] Ion Stoica, Hui Zhang. Providing Guaranteed Services without per Flow Management[C]//

ACM Special Interest Group on Data Communication (SIGCOMM'99), 1999:81 - 94.

[2] Abd - Elhamid M Taha, Hossam S Hassanein. Extensions for Internet QoS Paradigms to Mobile IP: A Survey[J]. IEEE Communications Magazine, 2005, 43(5):132 - 139.

[3] E Crawley, R Nair, B Rajagopalan, H Sandick. A Framework for QoS-based Routing in the Internet[S/OL]. IETF RFC 2386, http://www.ietf.org/rfc/rfc2386.txt. 1998.

[4] Telephone Network and ISDN Quality of Service, Network Management and Traffic Engineering[EB/OL]. ITU-T Recommendation E.800, http://www.itu.int/rec/T-REC-E.800/en.

[5] Andrew S Tanenbaum. 计算机网络[M]. 4 版. 潘爱民,译. 北京:清华大学出版社 2004:335.

[6] 刘韵洁,张云勇,张智江. 下一代网络服务质量技术[M]. 北京:电子工业出版社,2005:17.

[7] 崔勇,吴建平,徐恪,徐明伟. 互联网络服务质量路由算法研究综述[J]. 软件学报,2002,13(11):2065 ~ 2075.

[8] S Chen, K Nahrstedt. An Overview of Quality-of-Service Routing for Next-generation High-speed Networks: Problems and Solutions[J]. IEEE Network, 1998, 12(6):64 - 79.

[9] B Wang, J C Hou. Multicast Routing and its QoS Extension: Problems, Algorithms, and Protocols[J]. IEEE Network, 2000, 14(1):22 - 36.

[10] T Korkmaz, M Krunz. Multi-constrained Optimal Path Selection[C]//Proceedings of IEEE Conference on Computer Communications (INFOCOM), 2000(2):824 - 843.

[11] E Rosen, A Viswanathan, R Callon. Multiprotocol Label Switching Architecture[S]. RFC 3031, 2001.

[12] IETF. A Core MPLS IP VON Architecture[S]. RFC 2917, 2000.

[13] IETF. MPLS Support of Differentiated Service[S]. RFC3270, 2002.

[14] Prasant Mohapatra, Jian Li, Chao Gui. QoS in Mobile Ad Hoc Networks[J]. IEEE Wireless Magazine, 2003, 10(3):44 - 52.

[15] Hua Zhu, Ming Li, Imrich Chlamtac, B Prabhakaran. A Survey of Quality of Service in IEEE 802.11 Networks[J]. IEEE Wireless Communications, 2004, 11(4): 6 - 14.

[16] M Lampe, H Rohling, J Eichinger. PER-Prediction for Link Adaption in OFDM Systems [C]//OFDM Wksp., 2002.

[17] D Qiao, S Choi, K G Shin. Goodput Analysis and Link Adaptation for IEEE 802.11a Wireless LANs[J]. IEEE Transactions on Mobile Computation, 2002, 1(4):278 - 292.

[18] J D Pavon, S Choi. Link Adaptation Strategy for IEEE 802.11 WLAN via Received Signal Strength Measurement[C]//IEEE International Conference on Communications(ICC'03), 2003(2):1119 - 1123.

[19] P Chevillat, et al. A Dynamic Link Adaptation Algorithm for IEEE 802.11a Wireless LANs [C]//International Conference on Communications(ICC'03), 2003(2):1141 - 1145.

[20] B E Mullins, N J Davis, S F Midkiff. An Adaptive Wireless Local Area Network Protocol That Improves Throughput via Adaptive Control of Direct Sequence Spectrum Parameters [C]//ACM SIGMOBILE, 1997, 1(3):9 - 20.

[21] IEEE Standards Board. 802. 11-Part 11: Wireless LAN Medium Access Control (MAC) and Physical Layer (PHY) Specifications[S]. The Institute of Electrical and Electronics Engineers Inc., 1997.

[22] IEEE Standards Board. Draft Supplement to IEEE Standard for Telecommunications and Information Exchange between Systems-LANMAN Specific Requirements, Part 11: Wireless LAN Medium Access Control(MAC) and Physical Layer(PHY) Specifications[S]. 2002.

[23] Hwangnam Kim, Jennifer C Hou, Chunyu Hu, Ye Ge. QoS Provisioning in IEEE 802. 11-Compliant Networks: Past, Present, and Future[J]. ACM Computer Networks: The International Journal of Computer and Telecommunications Networking, 2007,51(8): 1922 – 1941.

[24] A Banchs, X Perez. Distributed Fair Scheduling in a Wireless LAN[C]//IEEE International Conference on Communications(ICC'02),2002(5):3121 – 3127.

[25] A Banchs, X Perez. Providing Throughput Guarantees in IEEE 802. 11 Wireless LAN [C]// IEEE Wireless Communications and Networking Conference(WCNC'02),2002(1): 130 – 138.

[26] Y Ge, J Hou. An Analytical Model for Service Differentiation in IEEE 802. 11[C]//IEEE International Conference on Communications(ICC'02), 2002(5):3121 – 3127.

[27] Assi C M, Agarwal A, Liu Y. Enhanced Per-flow Admission Control and QoS Provisioning in IEEE 802. 11e Wireless LANs[J]. IEEE Transactions on Vehicular Technology, 2008, 57(2): 1077 – 1088.

[28] Gozalvez D, Monserrat J F, Calabuig D, Gozalvez J. Policy-based Channel Access Mechanism Selection for QoS Provision in IEEE 802. 11e[J]. IEEE Vehicular Technology Magazine, 2007,2(3): 29 – 34.

[29] Rashid M M, Hossain E, Bhargava V K. Controlled Channel Access Scheduling for Guaranteed QoS in 802. 11e-based WLANs[J]. IEEE Transactions on Wireless Communications, 2008,7(4):87 – 97.

[30] Aniruddha Rangnekar, Krishna M Sivalingam. QoS Aware Multi-channel Scheduling for IEEE 802. 15. 3 Networks[J]. Mobile Networks and Applications, 2006,11(1):47 – 62.

[31] C Eklund, R B Marks, K L Stanwood, S Wang. IEEE Standard 802. 16: A Technical Overview of the Wireless MAN Air Interface for Broadband Wireless Access[J]. IEEE Communication Magazine, 2002, 40(6):98 – 107.

[32] Cicconetti C, Erta A, Lenzini L, Mingozzi E. Performance Evaluation of the IEEE 802. 16 MAC for QoS Support[J]. IEEE Transactions on Mobile Computing, 2007,6(1): 26 – 38.

[33] S Sheu, T Sheu. DBASE: A Distributed Bandwidth Allocation/Sharing/Extension Protocol for Multimedia over IEEE 802. 11 Ad Hoc Wireless LAN[C]//Proceedings of IEEE Conference on Computer Communications (INFOCOM),2001(3):1558 – 1567.

[34] Song Ci, Guizani M, Hsiao-Hwa Chen, Sharif H. Self-Regulating Network Utilization in Mobile Ad Hoc Wireless Networks[J]. IEEE Transactions on Vehicular Technology, 2006,55 (4):1302 – 1310.

[35] Brahma M, Kim K W, Abouaissa A, Lorenz P. A New Approach for Supporting QoS in MAC

Layer over MANETs[C]//Proceedings of IEEE Systems Communications, 2005:7 – 12.

[36] Bo Rong, Kadoch M, Elhakeem A K. An Efficient Load-Balancing Algorithm for Supporting QoS in MANET[C]//10th International Conference on Personal Wireless Communications, 2005:25 – 27.

[37] E Crawley, R Nair, B Rajagopalan, H Sandick. A Framework for QoS-based Routing in the Internet[S]. RFC 2386,1998.

[38] Quality of Service-Glossary of Terms[EB/OL]. http://www.qosforum.com/white-papers/qos-glossary-v4.pdf. 1999.

[39] Lajos Hanzo Ⅱ, Rahim Tafazolli. A Survey of QoS Routing Solutions for Mobile Ad Hoc Networks[J]. IEEE Communications Survey & Tutorials, 2007,9(2):50 – 70.

[40] T W Chen, J T Tsai, M Gerta. QoS Routing Performance in Multihop Multimedia Wireless Networks[C]//Proceedings of the 6th International Conference on Universal Personal Communications, 1997(2):557 – 561.

[41] C R Lin, J S Liu. QoS-aware Routing Based on Bandwidth Estimation for Mobile Ad Hoc Networks[J]. IEEE Journal on Selected Areas in Communications, 2005,23(3):561 – 572.

[42] Ghosh Rahul, Das Aritra, Som Pritam, et al. A Route Feedback Based Routing Model for Enhanced QoS in Real Time Ad-hoc Wireless Networks[C]//TENCON 2006, 2006:1 – 4.

[43] S Chen, K Nahrstedt. Distributed Qulity-of-Service Routing in Ad Hoc Networks[J]. IEEE Journal on Selected Areas in Communications,1999(17):1488 – 1505.

[44] Baolin Sun, Layuan Li, Hua Chen. An Entropy-based Model to Support QoS Multicast Routing Optimization Algorithm for Mobile Ad Hoc Networks[C]//2005 International Conference on Wireless Communications, Proceedings of Networking and Mobile Computing, 2005(2):735 – 738.

[45] R Sivakumar, P Sinha, V Bharghavan. CEDAR: A Core-Extraction Distributed Ad Hoc Routing Algorithm[J]. IEEE Journal on Selected Areas in Communications,1999(17):1454 – 1465.

[46] Cheng-Fu Chou, Hsien-Ping Suen. Topology-control-based QoS Routing (TLQR) in Wireless Ad Hoc Networks[C]//IEEE 17th International Symposium on Personal, Indoor and Mobile Radio Communications, 2006:1 – 4.

[47] Li Layuan, Li Chunlin. A QoS Multicast Routing Protocol for Mobile Ad-hoc Networks[C]//International Conference on Information Technology: Coding and Computing, 2005(2):609 – 614.

[48] Noppon Kaewboonraun,et al. Study on QoS Routing for Pulse Based UWB Ad-hoc Network[C]//International Symposium on Communications and Information Technologies, 2006:227 – 230.

[49] A Abdrabou, W Zhuang. A Position-based QoS Routing Scheme for UWB Mobile Ad Hoc Networks[J]. IEEE Journal on Selected Areas in Communications,2006(24):850 – 856.

[50] M Wang, G S Kuo. An Application-aware QoS Routing Scheme with Improved Stability for Multimedia Applications in Mobile Ad Hoc Networks[C]//Proceedings of IEEE Vehicle

Technology Conference, 2005:1901 – 1905.

[51] Osada T, Kitagata G, Chakraborty D, Suganuma T, Shiratori N. An Effective Application-level QoS Routing Scheme for MANETs[C]//International Symposium on Applications and the Internet, 2007:18.

[52] Lei Chen, Wendi B Heinzelman. A Survey of Routing Protocols That Support QoS in Mobile Ad Hoc Networks[J]. IEEE Network,2007(6):30 – 38.

[53] Taha A-E M, Hassanein H S, Mouftah H T. Extensions for Internet QoS Paradigms to Mobile IP:A Survey[J]. IEEE Communications Magazine, 2005,43(5): 132 – 139.

[54] Moon B, Aghvami H. RSVP Extensions for Real-time Services in Wireless Mobile Networks [J]. IEEE Communications Magazine, 2001,39(12): 52 – 59.

[55] D O Awduche, E Agu. Mobile Extentions to RSVP[C]//Proceedings of 6th International Conference on Computer Communications and Networks,1997:132 – 136.

[56] A K Talukdar, B R Badrination, A Acharya. MRSVP: A Resource Reservation Protocol for an Integrated Services Network with Mobile Hosts[J]. Wireless Networks, 2001, 7(1):5 – 19.

[57] I Mahadevan, Krishna M Sivalingam. An Experimental Architecture for Providing QoS Guarantees in Mobile Networks Using RSVP[C]//Proceeding of 9th IEEE International Sympathesis Indoor Mobile Radio Communications, 1998(1):50 – 54.

[58] C-C Tseng,et al. HMRSVP: A Hierarchical Mobile RSVP Protocol[C]//Proceeding of International Conference on Distributed Computation, 2002: 467 – 472.

[59] Y Min-hua,et al. A Modified HMRSVP Scheme[C]//Proceeding of 57th Semiannual Vehicle Technology Conference, 2003(4):2779 – 2782.

[60] S Paskalis, A Kaloxylos, E E Zevas. An Efficient QoS Scheme for Mobile Hosts[C]//Proceeding of 26th Annual IEEE Conference on Local Computation Networks,2001:630 – 637.

[61] Shing-Jiuan Leu, Ruay-Shiung Chang. Integrated Service Mobile Internet: RSVP over Mobile IPv4&6[J]. IEEE Mobile Networks and Applications, 2003(8):635 – 642.

[62] I Mahadevan, K M Sivalingam. Quality of Service in Wireless Networks Based on Differentiated Service Architecture[C]//Proceeding of 8th International Conference on Computation, Communication and Networks,1999:548 – 53.

[63] T Braun, G Stattenberger. Providing Differentiated Services to Mobile IP Users[C]//Proceeding of 26th Annual IEEE Conference on Local Computing Network, 2001:89 – 90.

[64] Yu Cheng, Weihua Zhuang. DiffServ Resource Allocation for Fast Handoff in Wireless Mobile Internet[J]. IEEE Communications Magazine, 2002, 40(5):130 – 136.

[65] Hai Jiang, Weihua Zhuang. Resource Allocation with Service Differentiation for Wireless Video Transmission[J]. IEEE Transactions on Wireless Communicaions, 2006,5(6):1456 – 1468.

[66] Z Ren et al. Integration of Mobile IP and Multi-protocol Label Switching[C]//IEEE International Conference on Communications(ICC'01),2001(7):2123 – 2127.

[67] H Kim et al. Mobility-aware MPLS in IP-based Wireless Access Networks[C]//IEEE GLO-

BECOM, 2001(6):3444 -3448.

[68] T Yang, D Makrakis. Hierarchical Mobile MPLS: Supporting Delay Sensitive Applications over Wireless Internet[C]//Proceeding of International Conference on Information Technology and Networks, 2001(2): 453 -458.

[69] Huawei. Method and System for Negotiating QoS by the Mobile Node Based on MPLS Network: WO,2007085148[P]. 2007 -8 -2.

[70] Ying Jun Zhang, Letaief K B. Cross-layer Adaptive Resource Management for Wireless Packet Networks with OFDM Signaling[J]. IEEE Transactions on Wireless Communications, 2006,5(11): 3244 -3254.

[71] Yu Cheng, Wei Song, Weihua Zhuang, Alberto Leon-Garcia, Rose Qingyang Hu. Efficient Resource Allocation for Policy-based Wireless/Wireline Interworking[J]. Kluwer Journal of Mobile Networks and Applications,2006,11(5):661 -679.

[72] Liu L, Parag P, Tang J, Chen W-Y, Chamberland J-F. Resource Allocation and Quality of Service Evaluation for Wireless Communication Systems Using Fluid Models[J]. IEEE Transactions on Information Theory, 2007,53(5): 1767 -1777.

[73] Ho Ting Cheng, Weihua Zhuang. Joint Power-frequency-time Resource Allocation in Clustered Wireless Mesh Networks[J]. IEEE Network, 2008,22(1):45 -51.

[74] Park D, Lee B G. QoS Support by Using CDF-based Wireless Packet Scheduling in Fading Channels[J]. IEEE Transactions on Communications, 2006, 54(11):2051 -2061.

[75] QUALCOMM. Method and Apparatus for Increasing Spectrum Use Efficiency in a Mesh Network:US,2007206528A1[P]. 2007 -9 -6.

[76] Han Z, Liu X, Wang J, Liu K J R. Delay Sensitive Scheduling Schemes for Heterogeneous QoS Over Wireless Networks[J]. IEEE Transactions on Wireless Communications, 2007,6(2):423 -428.

[77] Shakkottai S. Effective Capacity and QoS for Wireless Scheduling[J]. IEEE Transactions on Automatic Control, 2008,53(3): 749 -761.

[78] Ho Jaunty T Y. QoS-,Queue-and Channel-aware Packet Scheduling for Multimedia Services in Multiuser SDMA/TDMA Wireless Systems[J]. IEEE Transactions on Mobile Computing, 2008,7(6):751 -763.

[79] IETF. RFC2998: A Framework for Integrated Services Operation over Diffserv Networks [DS/OL]. http://www.ietf.org/rfc/rfc2998.txt. 2000.

第9章　无线移动互联网的安全机制

由于移动自组织网络、无线传感器网络和无线 Mesh 网络等具有无需基础设施支持、动态、移动通信等优点，因此得到广泛的应用。但是为了保证各种应用得以安全实现，无线移动互联网的应用还需要建立适合其特点的安全机制。可以说，无线移动互联网的安全机制与无线移动互联网的服务质量保证机制一样，是无线移动互联网得以广泛应用的必要条件。早期无线移动互联网的研究主要集中在针对无线移动互联网的上述特点所带来的根本性问题的解决方案方面，例如，高效的信道接入技术、快速的路由机制等。随着无线移动互联网的广泛应用，安全问题日益突出，学术界和产业界对于无线移动互联网的安全给予更多的关注，致力于研究保护基本应用的安全机制和安全技术。

本章主要介绍无线移动互联网的安全机制及其相关技术，其中，9.1 节是无线移动互联网的安全概述，主要介绍网络安全的基本概念、安全目标、安全服务和安全机制的基本概念、互联网的常用安全机制、无线移动互联网的常见安全威胁以及无线移动互联网安全关键技术；9.2 节分析入侵检测机制，主要介绍节点级入侵检测机制和系统级入侵检测机制；9.3 节则介绍安全路由机制，主要涉及安全表驱动路由协议、安全按需驱动路由协议和安全混合路由协议等；9.4 节、9.5 节分别介绍无线移动互联网的加密机制以及数字签名机制，该加密机制包括密钥和密码机制；9.6 节分析无线移动互联网安全机制的应用；9.7 节进行总结并对未来研究方向加以展望。

9.1　无线移动互联网的安全技术概述

互联网最初应用于科研领域，因此对于安全性和资源的审计不太重视。现今，互联网广泛应用于商业、军事、金融、交通等领域，成千上万的普通民众使用计算机网络进行网上购物、银行事务处理和网上聊天等活动，这就要求计算机网络提供一个安全、可靠的信息基础设施，这对于互联网技术的发展带来了很大的挑战，互联网的安全问题成为重要的研究领域[1]。

无线移动互联网之所以能够得到广泛的应用，是因为无线移动互联网不像有线互联网那样受到地理位置的限制，无线移动互联网的用户不像有线互联网的用户那样受到通信电缆的限制，可以在移动的环境下进行通信。无线移动互联网的上述优势构建在无线接入技术的基础上，而无线信道具有开放性，其在保障用户通信自由的同时，也给无线移动互联网带来了一些不安全因素，例如，通信内容容易被窃听、通信对方的身份容易被假冒等。可以说，无线连接使得偷窥者很容易就可以免费获得数据，因此安全性对于无线系统比有线系统更加重要[2]。

另外，无线移动互联网广泛应用于金融、工业和军事领域，这些应用需要建立安全机制。因此，无线移动互联网面临更为严峻的安全威胁，并且无线移动互联网的应用具有强烈的安全需求，无线移动互联网的安全问题成为学术界和工业界重点研究的领域之一[3]。

9.1.1 网络安全的基本概念

广义的计算机安全是指主体的行为完全符合系统的期望，系统的期望可表达成安全规则，也就是说主体的行为必须符合安全规则对它的要求[4]。国际标准化组织ISO给出的狭义的系统与数据安全的定义[5]则包括机密性、完整性、可确认性和可用性，其中，机密性是指使信息不泄露给未得以授权的个人、实体或者进程，不为未授权的个人、实体或者进程使用；完整性是指数据不会遭受非授权方式的篡改或者破坏；可确认性是指确保一个实体的行为可以被独一无二地跟踪，能够根据行为确定该行为的实体；可用性是指根据授权实体的请求被访问以及被使用。

计算机网络安全属于计算机安全的一种，是指计算机网络上的信息安全，主要涉及计算机网络上信息的机密性、完整性、可确认性和可用性，并且还涉及网络的可控性。也就是说，计算机网络系统中的硬件、软件中的数据受到保护，不因偶然的或者恶意的原因而遭到破坏、更改或者泄露，计算机网络系统得以持续、稳定、正常地运行。

9.1.2 网络安全的目标、服务与机制

网络安全体系由安全目标、安全服务、安全机制以及安全算法和算法的实现组成。安全目标借助多个安全服务实现，安全服务由多个安全机制组成，不同的安全服务可能具有相同的安全机制，安全机制则需要算法和实现予以完成。

1. 安全目标

网络安全的目标主要包括保密性、完整性、可用性和可确认性。保密性是指，保护信息内容不会被泄露给未授权的实体，网络中的业务数据、网络拓扑、流量都可能有保密性要求，以防止被动攻击。这是学者考虑网络安全时首先想到的内容。完整性是指保证信息不被未授权地修改，或者如果被修改可以检测出来，主要指防止主动攻击，比如篡改、插入、重放；可用性是指保证授权用户能够访问到应得资源或服务，要求路由交换设备具备一定的处理能力，具有适宜的缓冲区和链路带宽，主要需要防止对计算机系统可用性的攻击，如拒绝服务攻击等；可确认性是指保证能够证明消息曾经被传送，能够证明用户对于计算机网络的访问。

2. 安全服务

为了实现上述安全目标，需要具备相应的安全服务，该安全服务主要包括认证服务、保密服务和数据完整性保护。

认证服务是指当进入商务交易或者显示重要信息之前，需要确定自己在跟谁进行通话。其主要包括对等实体认证和数据源发认证两种形式。对等实体认证针对面向连接的应用，确保参与通信的实体的身份是真实的；数据源发认证针对无连接的应用，确保收到的信息的确来自它所宣称的来源。保密服务是指确保信息不会被未授权的用户访问，主要包括连接保密服务与无连接保密服务。数据完整性保护是指确保消息的完整性，确保信息不会受到篡改。

3. 安全机制

上述安全目标有赖于一定的安全机制加以实现，安全机制的实现需要协议栈各层的配合。物理层对于通信频道加密以防止搭线窃听。在数据链路层上，对于点到点线路上的分组

进行加密，也就是链路加密机制。网络层通过安装防火墙等方式区分恶意分组和普通分组，对普通分组加以转发，禁止恶意分组进入。传输层采用从进程到进程的加密方式实现端对端的安全。应用层主要处理用户认证和服务的不可否认性等问题。

9.1.3 互联网的常用安全机制

互联网的常用安全机制包括入侵检测机制、加密机制、数字签名机制、防火墙机制和认证机制等。

1. 入侵检测机制

入侵检测机制主要是在互联网中建立入侵检测系统（Intrusion Detection System，IDS），它是对恶意使用计算机和网络资源的行为进行识别的系统，其目的是监测和发现可能存在的攻击行为，包括来自系统外部的入侵行为和来自系统内部用户的非授权行为，并采取相应的防护手段[6]。入侵检测系统的基本结构[7]如图 9-1 所示。其中，事件发生器用于产生经过协议解析的数据包，事件分析器根据事件数据库中的入侵检测特征的描述、用户历史行为、行为模型等解析事件发生器产生的事件，事件数据库存放攻击类型和检测规则，响应单元对事件分析器的分析结果做出反应。

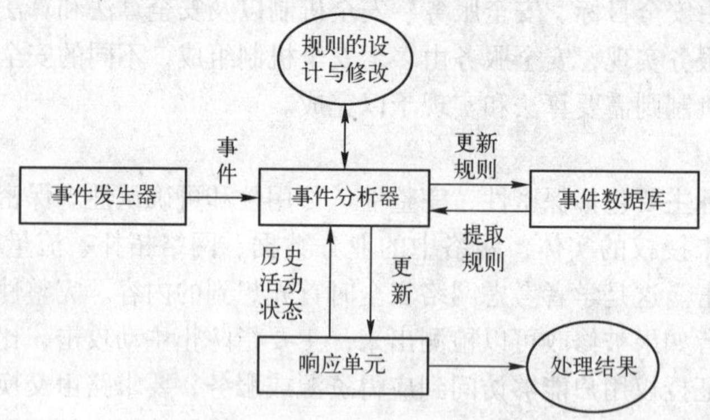

图 9-1 入侵检测系统的基本结构

入侵检测系统根据主机获得的信息、从网络中获得的信息等判断网络访问是否构成非法入侵。入侵检测系统具有多种类型，根据入侵检测的对象，入侵检测系统可以分为基于目标的入侵检测系统和基于应用的入侵检测系统；根据入侵检测的工作方式，入侵检测系统可以分为离线入侵检测系统和在线入侵检测系统。

根据入侵检测系统体系结构不同，入侵检测系统包括主机级入侵检测系统（或者称为节点级入侵检测系统）和网络级入侵检测系统。这一分类是入侵检测系统的常用分类。主机级入侵检测系统主要针对主机的行为进行检测，以防止非法入侵。而网络级入侵检测系统则是对于计算机网络中所有主机的行为进行协同分析和综合检测，对于系统的行为模式进行定义、识别和分类，通过选取恰当的分类算法，将系统行为数据归于预先定义的类别中的某一项，网络级入侵检测系统主要使用神经网络分类器或者贝叶斯分类器识别非法入侵。显然，网络级入侵检测系统的准确性较高，但是代价也较高。

2. 加密机制

互联网的常见加密机制为密钥，密钥由一段相对比较短的字符串构成，基本原则是

“让密码分析者知道加解密算法，并且把所有的秘密信息全部放在密钥中”，该原则被称为 Kerckhoff 原则[8]。其主要思路如图 9-2 所示，待加密的消息被称为明文，加密后的输出结果被称为密文，使用加密方法 E 将需要传送的明文加密成为密文，然后将该密文加以传送，接着在接收节点使用解密方法 D 将密文转换为明文，然后加以使用。其中，加密方法 E 和解密方法 D 均为以密钥为参数的函数。在这种情况下，即使入侵者接收到完整的密文，在没有密钥的情况下也无法获得明文中包含的信息。

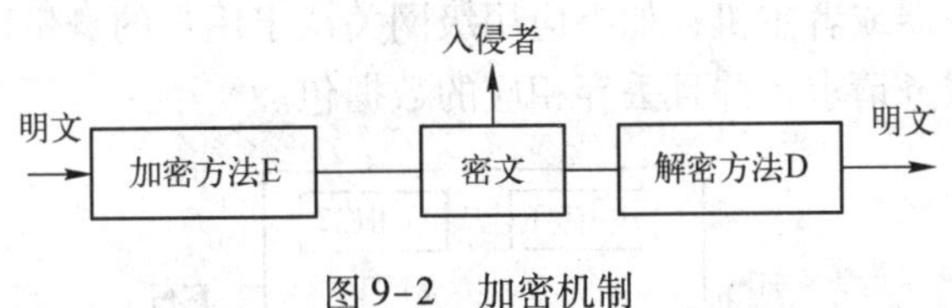

图 9-2　加密机制

互联网常见的加密机制包括对称密钥算法、DES－数据加密标准、国际数据加密算法(IDEA)、RC5 算法、RC6 算法和 AES 算法[9]等。

3. 数字签名机制

数字签名机制的基本原则是，由通信双方都信任并且能够和通信双方传送分组的中心权威机构采用密钥的方式对通信双方的消息进行验证，防止用户否认消息的传送。如图 9-3 所示，源节点 S 向验证中心 a 发送验证消息，假设 D 是目的节点，t 是时间戳，P 是私钥，那么 Ks（D，Ks，t，P）是用其密钥 Ks 加密之后的消息。验证中心接收到该消息之后，加以验证并且发送给目的节点 D，目的节点 D 接收该消息并加以解析，从而实现源节点 S 和目的节点 D 之间的安全通信。

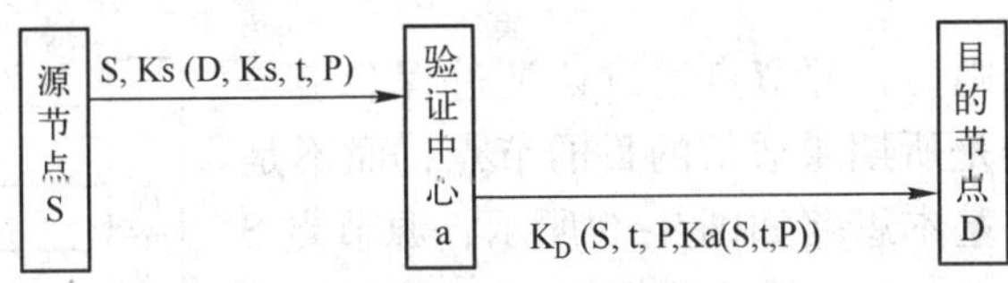

图 9-3　数字签名机制

互联网常见的数字签名机制包括对称密钥签名、MD5 函数、SHA-1 函数等。

4. 防火墙机制

互联网的防火墙机制通过检查流入或者流出内部计算机网络的数据包，检查该数据包的合法性以及该数据包是否构成对网络安全的威胁，如图 9-4 所示。该防火墙机制主要采用数据包过滤路由器和应用级网关的方式实现。

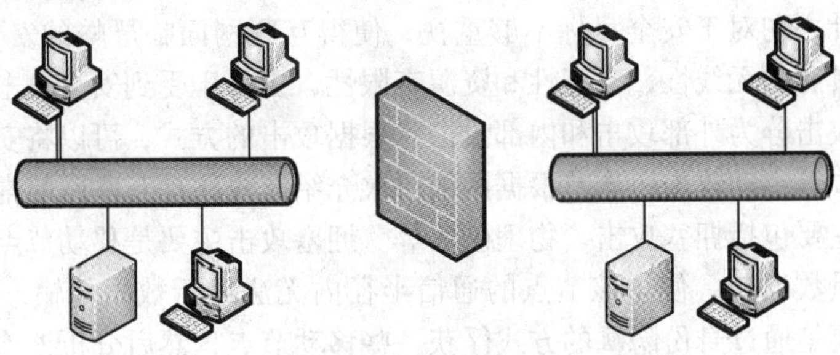

图 9-4　防火墙的基本机制

数据包过滤路由器按照计算机网络内部设置的数据分组的过滤规则，检查每个数据分组的源 IP 地址、目的 IP 地址、IP 选项、源 TCP 端口号、目的 TCP 端口号以及 TCP ACK 标志等，决定该数据分组是否应该转发。该机制结构简单，便于管理，但是配置过滤规则比较困难。

应用级网关的主要机制在于，在应用层上过滤流进、流出计算机网络的数据流，如图 9-5 所示。如果应用级网关认定用户的身份以及用户的服务请求合法，那么将服务请求与响应转发给相应的服务器或者主机；如果应用级网关认定用户的身份以及用户的服务请求非法，那么拒绝用户的服务请求，并且丢弃相应的数据包。

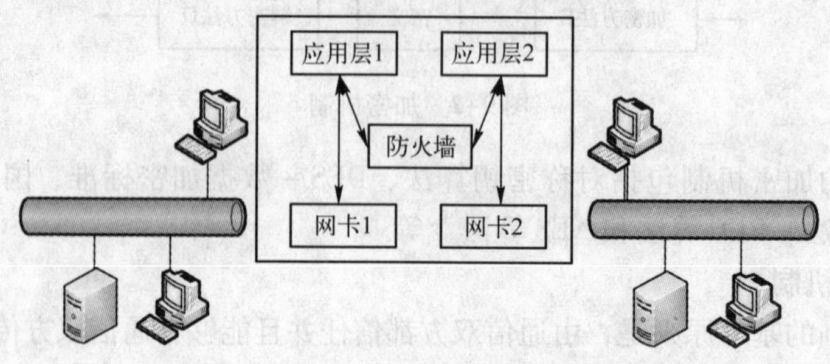

图 9-5　应用级网关

防火墙的主要功能在于防止对于所保护的计算机网络的非法访问。防火墙通过限制或者更改数据包的方式，限制外部非法用户访问计算机网络。但是防火墙对于内部的防护能力较弱，并且难以对不同的用户提供不同的安全控制策略。

5. 认证机制

认证机制的基本原则是，源节点通过认证过程验证与其进行通信的节点是否是所期望通信的目的节点，而不是假冒节点。认证机制的基本思路如图 9-6 所示，源节点 S 将标志发送给目的节点 D，此时目的节点 D 无法判断该消息来自源节点 S 还是来自假冒节点，其将随机数 R_B 传送给源节点 S，源节点 S 使用共享密钥加密该消息，并将密文 $K(R_D)$ 以及随机数 R_S 传送给目的节点 D。基于此，目的节点可以认定该消息来自源节点 S。

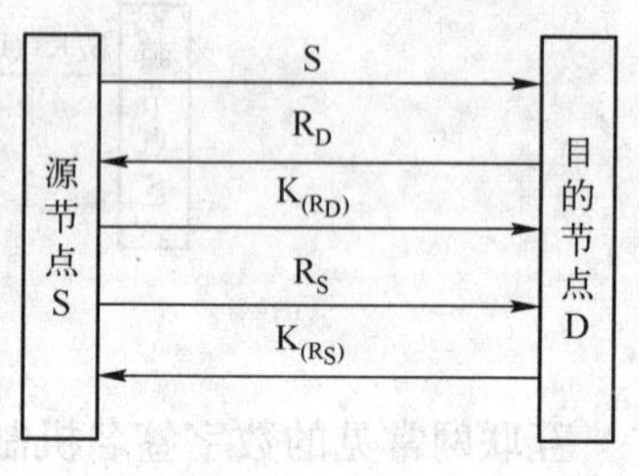

图 9-6　认证机制

9.1.4　无线移动互联网的常见安全威胁

互联网在设计之初对于安全目标不够重视，使得互联网面临严峻的安全挑战[10]。由于无线移动互联网具有的无线性、动态性和资源有限性，更易于受到安全攻击。根据攻击的来源，可以将安全攻击分为外部攻击和内部攻击；根据攻击的方式，可以将安全攻击分为窃听等被动攻击和篡改等主动攻击。本节根据网络层次介绍无线移动互联网的常见安全威胁[11]。

物理层攻击主要包括拥塞攻击、物理破坏等。拥塞攻击主要是移动节点向无线移动互联网不断地传送大量数据包，使得该节点的通信半径内无法进行数据传输，从而导致拒绝服务；物理破坏主要是通过身份隐藏的方式俘获一些移动节点，然后分析该移动节点存储的信息以及上层协议机制。

链路层攻击主要包括冲突攻击、耗尽攻击等。冲突攻击主要是攻击节点通过争用共享的无线通信信道的方式，制造大量信道上的碰撞和冲突，使得无线移动互联网无法正常工作；耗尽攻击主要是当出现冲突的时候，攻击节点通过持续通信的方式多次重复发送数据包，使得节点能量耗尽。

由于无线移动互联网的路由协议通常没有考虑安全的需求，因此网络层攻击主要是对路由的攻击，包括内部攻击和外部攻击。外部攻击是攻击节点作为无线移动互联网的外部节点对网络的路由进行攻击；内部攻击是攻击节点使用其他节点作为代理，冒充无线移动互联网中的成员节点，向其他节点发送虚假的路由消息，该机制如图 9-7 所示[12]。由于无线移动互联网拓扑结构动态变化，成员节点难以判断是拓扑结构发生变化还是发生内部攻击，因此，内部攻击具有较强的欺骗性[13]。

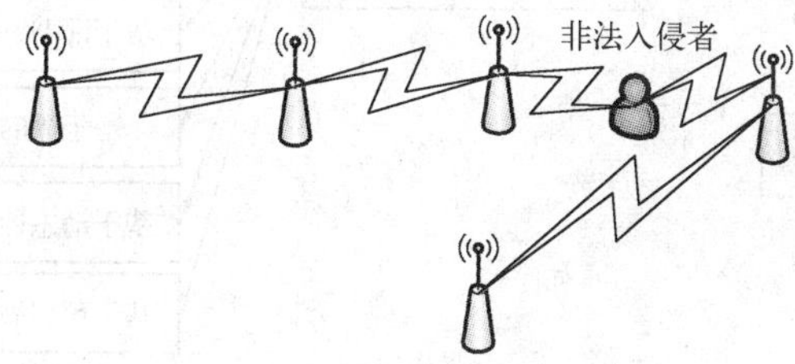

图 9-7　冒充方式的内部攻击

传输层攻击主要是在无线移动互联网的数据传输过程中，攻击节点以中断、拦截、篡改和伪造消息的方式，破坏或者窃取其他节点的状态信息、密钥、传送的数据等信息，或者攻击节点破坏或者窃取被传送的路由信息，从而造成网络的拒绝服务或者敏感数据丢失。传输层攻击方式如图 9-8 所示。在该图中，非法侵入者通过中断消息的方式造成无线移动互联网的服务中断。

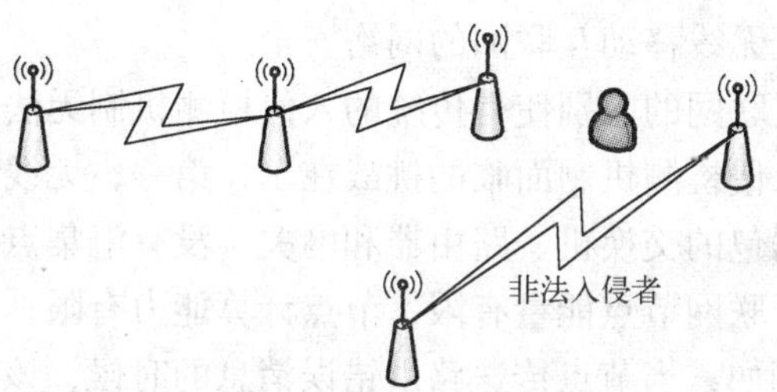

图 9-8　拒绝服务方式的传输层攻击

9.1.5　无线移动互联网安全关键技术研究

基于上述挑战，传统的互联网安全机制通常无法在无线移动互联网上直接应用[14]，并且在无线移动互联网上提供安全保证更为困难。因此，无线移动互联网上的安全机制是一个很大的挑战，存在很多问题需要研究。无线移动互联网的防火墙机制以及认证机制与互联网的上述机制的基本原理相同，只是需要进一步降低时间复杂度和空间复杂度。而无线移动互联网的入侵检测机制、加密机制、数字签名机制与互联网的上述机制存在较大区别，并且由于无线移动互联网所具有的节点移动性和拓扑结构的动态性，使得安全路由机制成为无线移动互联网的重要安全机制。

综上所述，无线移动互联网的安全机制的关键技术主要包括入侵检测机制、安全路由机制、加密机制、数字签名机制以及上述机制的综合应用等5方面的内容。图9-9给出了关键技术的主要研究内容。

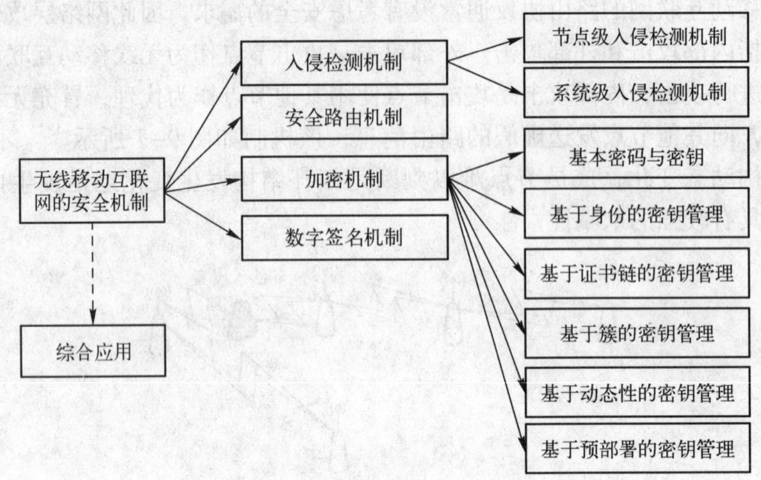

图9-9　无线移动互联网安全的关键技术

9.2　入侵检测机制

入侵检测机制主要基于无线移动互联网的特点，在一定数学模型的基础上，对移动节点的行为进行分析和检测，针对任何意图破坏无线移动互联网的保密性、完整性和可用性的非法入侵加以防范，以保证无线移动互联网的网络安全。

无线移动互联网与互联网的区别使得传统的入侵检测机制无法直接应用于无线移动互联网。无线移动互联网的入侵检测机制面临的挑战在于，第一，无线移动互联网没有固定拓扑结构，没有能够监测数据包的交换机、路由器和网关，没有汇集点集中处理整个网络的检测信息；第二，无线移动互联网节点能量有限，节点计算能力有限；第三，无线移动互联网中难以区分正常和异常，例如，当节点传送路由错误消息的时候，该消息可能是节点移动造成的正常消息，也可能是非法侵入造成的异常消息。

无线移动互联网的入侵检测机制的关键在于，基于无线移动互联网的节点移动性和网络拓扑结构动态性的特点，建立用于检测非法入侵的特定数学模型，在较低的时间复杂度、空间复杂度以及能量代价的前提下实现非法入侵的检测。

目前，无线移动互联网入侵监测机制的主要思路有两种，第一种入侵检测机制主要针对各个移动节点的行为进行检测，防止该移动节点受到非法入侵；第二种入侵检测机制则主要针对由移动节点所构成的整体系统的行为进行检测，防止整个无线移动互联网受到非法入侵。因此，无线移动互联网入侵监测机制主要包括节点级的入侵检测机制和系统级的入侵检测机制两种类型。显然，系统级的入侵检测机制的实现较为困难。另外，无线移动互联网入侵检测机制具有节点行为和系统行为可以观察两个前提，并且正常的数据通信与非法侵入行为存在差异。

9.2.1　节点级入侵检测机制

该类方法主要基于节点行为的分析，判断节点是否为恶意节点，从而保障无线移动互联网的网络安全。该方法的关键在于基于适宜的数学模型对于节点行为进行分析[15]。学者提出了非法侵入探测代理机制、基于纳什平衡等式的博弈分析技术、基于隐式马尔可夫模型的侵入探测技术以及基于图论的关键节点探测技术等。

1. 非法侵入探测代理机制

Zhang等学者提出一种节点级入侵检测机制[16]，每个节点具有单独的非法侵入探测代理器，该非法侵入探测代理器用于负责在本地独立地探测非法侵入，并且邻居节点可以共享非法侵入探测的信息。非法侵入探测代理器监测节点的本地行为，从本地的跟踪信息和回复信息中判断非法侵入，如果在本地信息中探测到异常但是无法确定的时候，邻居节点的非法侵入探测代理器提供有关的消息，以便于节点做出正确的判断。但是，该机制准确度较低。

2. 博弈分析技术

为了准确地防止无线移动互联网中具有合法标志符的攻击者侵入，Wei等学者采用博弈分析技术，基于纳什平衡等式识别攻击者[17]。纳什平衡（Nash Equilibrium）等式表明，节点对相对节点提供的帮助不应当多于相对节点对该节点提供的帮助，这样的节点被称为自私性节点（Selfish Node），该节点被认定为合法节点。

Wei等学者将节点之间的相互作用定义为安全路由和包转发的博弈，并使用一些变量进行描述，其中参与者是指网络中的移动节点，其数量定义为N；类型是指每个节点$i \in N$均具有类型$\theta i \in \Theta$，其中$\Theta = \{$自私性，攻击性$\}$，N_s代表自私性节点的集合，并且$N_m = N - N_s$代表内部攻击者的集合；对于每个节点$i \in N$而言，传送包需要花费成本C_i；对于每个节点$i \in Ns$而言，如果从该节点发送的包能够成功传送到目的地，其获得收益g_i；对于每个节点$i \in N$而言，$S_i(t_f)$代表节点i在时间t内成功传送的包的数量，$F_i(j,t_f)$代表节点i在时间t内转发给节点j的包的数量，并且存在等式：$F_i(t_f) = \Sigma_{j \in N} F_i(j,t_f)$。

另外，$T_i(t_f)$代表节点i在时间t_f内需要传送的包的数量，$W_j(i,t_f)$代表节点i在时间t_f内引发的向节点j的无用包的数量，基于纳什平衡机制，对于任何自私性节点$i \in N_s$而言，其目标在于使得$U_i^s(t_f)$取最大值，见式（9-1）。

$$U_i^s(t_f) = \frac{S_i(t_f)g_i - F_i(t_f)c_i}{T_i(t_f)} \tag{9-1}$$

对于攻击者而言，其目标在于使得$U_j^m(t_f)$取最大值，见式（9-2）。

$$U_j^m(t_f) = \frac{1}{t_f}\sum_{i \in N_s}(W_j(i,t_f) + Fi(j,t_f))c_i - F_j(t_f)c_j \tag{9-2}$$

式（9-1）中，分子代表自私性节点获得的纯利益，分母代表节点i需要发送的包的总数。式（9-2）代表节点j对于其他节点造成的纯损害（浪费自私性节点的时间或者能量等）。该机制模拟自私性节点间的协作，适用于防范内部攻击者（即具有合法标志符的攻击者）的侵入。该技术可以高效地防止攻击，但是运算的时间复杂度较高，会耗费较高的能量。

3. 隐式马尔可夫模型的应用

为了降低运算的时间复杂度，Rahul 等学者提出了基于其他数学模型的节点级入侵检测与防范技术，即基于隐式马尔可夫模型的侵入探测技术[18]。其使用隐式马尔可夫模型(HMM) 基于相关数据的观察（系统参数的变化，错误频率等）预测潜在的攻击。节点的行为用统计量和统计模型描述，统计量是代表一定时期内积聚的定量测量的变量，使用统计模型从审计数据记录中获得的观察资料来分析偏离标准状态的情况并且触发侵入状态标志。

隐式马尔可夫模型使用原始数据和连续性的配置信息进行训练，主要包括下述步骤。首先，测量从侵入标志分析得出或者逻辑推导得出的观察状态，该侵入标志是分布在整个系统中的测试点；然后，根据隐式状态，使用多元高斯模型或者其他模型估算瞬时观察的可能性矩阵；接着，通过将一个或者多个组件的同时行为聚簇在一起，估算隐式状态；最后，使用获得的知识或随机数据，估算隐式状态变换可能性矩阵。在隐式马尔可夫模型得到训练之后，对每个有效的观察结果进行检查和分类，首先输入生命周期状态；接着，该模型确定将该观察结果加入到配置文件中，或者丢弃该观察结果，或者将该观察结果标记为未分类，未分类的观察结果将在未来被检测加以分类。

也就是说，该技术针对 CPU 行为、系统呼叫行为、系统处理行为、网络行为和会话行为设定了配置训练器。所有这些配置与特定用户的行为紧密相关，根据这些数据可以对非法侵入进行探测。综上所述，该技术基于隐式马尔可夫模型进行侵入检测，可以高效地防止攻击，但是会耗费较高的能量。

9.2.2 系统级入侵检测机制

该类方法主要基于对无线移动互联网的整体系统行为的分析，进行系统的安全管理，从而保障无线移动互联网的网络安全。该方法的关键在于建立系统化的安全管理机制。学者提出了基于政策的安全管理机制、基于贝叶斯方法的非法侵入探测系统，以及终端到终端的蠕虫攻击探测方法等。

1. 贝叶斯方法的应用

为了在系统级上防止非法侵入，Rezaul 等学者提出了基于贝叶斯方法的非法侵入探测系统[19]。在该分布式协作的非法侵入探测系统中，周围的一些节点共享本地非法侵入探测信息，并且与邻居合作探测周围的不正常行为。

该系统包括处理模块、本地探测模块、管理模块和全局处理模块 4 个组成部分。在处理模块中，审计数据得以收集和处理；在本地探测模块中，使用朴素贝叶斯分类器对记录和探测的情况进行分类；管理模块负责生成警告信息并且与其他节点通信。

每个节点的非法侵入探测系统定期监测数据包，并且收集源地址、目的地址、源端口号、目的端口号、包大小、MAC 包类型、路由控制包流向等信息。基于这些信息，产生接收到的包被丢弃的概率、接收到的包（在数量上）被传送的概率、接收到的包（在包的大小上）被传送的概率、目的地址改变的概率、目的端口改变的概率、节点位置改变的概率、节点发出路径请求的概率、节点发出路径回复的概率、标准的路由负载和包转送丢失的概念等特征向量。

基于这些特征向量，采用朴素贝叶斯方法（Naive Bayes）对记录进行分类。根据特征向量判断节点现在所遭受的攻击类型。基于使用朴素贝叶斯方法的分类器采集的信息，如果节点感测到其邻居节点是恶意节点，该节点发出全局警告信息，告知所有节点。该技术基于贝叶斯方法进行非法侵入探测，可以高效地防止攻击，但是运算的时间复杂度较高，并且需要占用较大的存储空间。

2. 基于政策的安全管理机制

上述技术时间复杂度较高，同样为了在系统级上防止非法侵入，Harold 等学者提出了一种时间复杂度较低的系统级入侵检测与防范技术，即基于政策的安全管理机制[20]。在该机制下，每个节点装备有攻击检测代理，该代理持续监测移动节点的行为，并对特定行为定义其级别，如果该级别超过正常行为要求的特定阈值，代理将向邻居节点发送警告信息。

邻居节点主要利用响应/预先防范策略和连锁反应安全政策启动机制应对警告信息。响应策略是针对正在遭受攻击的网络节点启动新的安全政策；预先防范策略是针对尚未遭受攻击的节点启动的安全政策，该节点更新安全级别并且将警告信息发送到邻居节点，当邻居节点接收到警告信息时，每个节点更新自己的安全级别并且将警告信息传送给警告范围内自己的邻居，如图 9-10 所示。

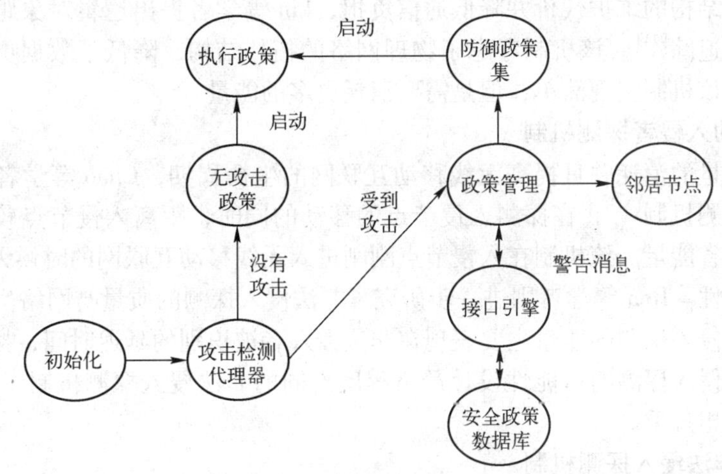

图 9-10　基于政策的安全管理机制

该机制集成了多种安全技术，并且能够适应多种无线移动互联网，从而可以高效地防止非法侵入，并且运算的时间复杂度较低，但是其对无线移动互联网的动态性支持不够，并且占用较大的存储空间。

3. 蠕虫攻击探测方法

除了上述两种技术外，有学者专门针对蠕虫攻击提出了终端到终端的蠕虫攻击探测方法[21]。蠕虫攻击通过无线移动互联网中生成较短的路由干扰正确的网络路由，当路由协议选择网络中的最短路径的时候，蠕虫将导致网络的拥塞。

在该方法中，一旦路由请求数据包到达目的地，其返回路由回复数据包，该包具有中间节点的位置信息。发送节点从路由回复数据包中获得接收节点的位置并且估计接收节点和发送节点之间的最小跳数。如果接收到的包比估计的最短路径还要短，那么说明产生了节点的伪装或者信息的篡改，该路由被丢弃，否则发送节点选择最短路径。

一旦发送节点识别到蠕虫，发送节点启动与蠕虫节点之间的路径并且向接收节点发送跟踪数据包。该跟踪数据包被路由中的每个中间节点转送。当路由中的节点接收到跟踪数据包，其向源节点回复当前位置和到目的地的跳数。接着发送节点可以使用接收到的位置估计每个节点上跳数的增加。如果一个节点与前一跳相比跳数的增加不是1，那么该节点和它的前一跳被认为是蠕虫。

借助该方法，无线移动互联网可以有效地探测蠕虫节点并防止蠕虫节点的攻击，并且运算的时间复杂度较低。但是，该技术仅仅针对蠕虫攻击，适用范围较为狭窄，而且对于无线移动互联网的动态性支持不够。

4. 树结构的应用

上述机制均未能建立根据网络参数分析非法侵入可能性的数学模型，因此准确度不高。针对该问题，Kung等学者提出使用层次化的树结构追踪非法侵入者[22]。该树除了包含所连接的节点外，还包含移动节点的属性值以帮助识别非法侵入，该属性值可以是移动节点在一定区域内的移动速度。基于该树结构，能够有效地记录侵入者的移动信息，从而实现非法侵入的快速追踪。但是，该树结构的维护代价非常高，需要进行大量的消息通信，增加无线移动互联网的通信负担。

为了降低树结构的维护代价并降低通信负担，Lin等学者提出逻辑对象跟踪树以实现对于非法侵入者的追踪[23]。该机制考虑了物理网络的拓扑结构，降低了数据更新和查询过程中的通信负担。该机制实现简单，但是需要消耗更多的能量。

5. 节能移动入侵者探测机制

为了降低能量的消耗并且提高无线移动互联网的生命周期，Chao等学者提出节省能量的移动入侵者探测机制[24]，在探测入侵节点的移动的同时，距离入侵节点较远的节点启动睡眠机制，以节省能量。该机制在入侵节点刚刚进入无线移动互联网的时候无法识别，因此具有一定的滞后性。Ren等学者则进一步研究了非法侵入探测的质量与网络生命周期之间的关系，其中非法侵入探测的质量主要表现在非法侵入者被识别的延迟时间，接着根据特定应用所需要的非法侵入探测的可能性设计严格程度不同的非法侵入探测机制[25]。该机制使得部分节点运算负担过重。

6. 分布式非法侵入探测机制

为了降低部分节点的运算负担，使得节点平均承担运算代价，IBM公司提出分布式非法侵入探测机制。该机制中每个节点装配sniffer工具，以分析网络的流量以及网络的行为，从中分析非正常行为，从而阻止非法侵入[26]。该机制与上述两种机制同样存在非法侵入探测的准确度不高的缺陷。

7. 区分的非法侵入探测机制

为了提高非法侵入探测的准确度，Yun等学者分别针对相同节点组成的无线移动互联网和不同节点组成的无线移动互联网提出非法侵入探测机制[27]。该机制根据不同的网络参数判断非法侵入探测的可能性，这些参数包括节点的密度、节点感测的范围和信号传送的范围。然后，针对节点运算能力和通信能力相同的无线移动互联网提出非法侵入探测机制，针对节点运算能力和通信能力不同的无线移动互联网提出其他非法侵入探测机制。

在节点单独进行非法侵入探测的时候，假定ε是特定应用所允许的非法侵入可以存在的最大距离，D表示允许非法侵入的距离，λ表示移动节点的密度，那么经过证明，该非法侵入者得以发现的概率$p_1(D\leqslant\varepsilon)$见式（9-3）。

$$p_1(D\leqslant\varepsilon)=1-e^{-\lambda\left(2\varepsilon r_s+\frac{\pi r_s^2}{2}\right)} \tag{9-3}$$

图9-11显示了非法侵入者知道和不知道目的节点时的非法侵入的情况。图9-11a表示非法侵入者知道目的节点时的非法侵入的情况。非法侵入者沿着从进入无线移动互联网的位置到目的节点的直线路径直接到达目的节点，非法侵入的距离是 D_1，可以探测到非法侵入的区域是 S_1，该区域的传感器节点感测范围是 r_s，也就是说，处于感测范围 r_s 内的传感器节点都能够获知非法侵入信息。

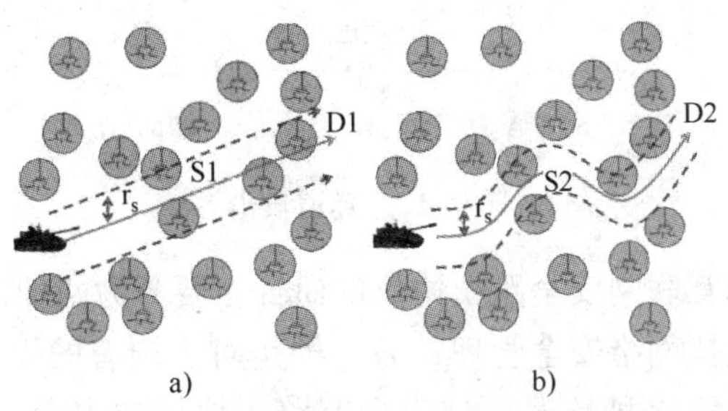

图9-11　非法侵入者知道和不知道目的节点时的非法侵入

a) 知道目的节点　b) 不知道目的节点

图9-11b表示非法侵入者不知道目的节点时的非法侵入的情况。在非法侵入者不知道目的节点的时候，其以随机的方式移动，在图中使用曲线 D_2 表示，此时可以探测到非法侵入的区域是 S_2，该区域的传感器节点感测范围是 r_s。

在k个节点共同进行系统级入侵检测的时候，经过证明，该非法侵入者得以发现的概率 $p_k(D \leqslant \varepsilon)$ 的计算见式（9-4）、式（9-5）。

$$p_k(D \leqslant \varepsilon) = 1 - \sum_{i=0}^{k-1} \frac{(S_\varepsilon \lambda)^i}{i!} e^{-s_i \lambda} \tag{9-4}$$

其中，

$$S_\varepsilon = 2\varepsilon r_s + \frac{\pi r_s^2}{2} \tag{9-5}$$

并且，针对节点运算能力和通信能力不同的无线移动互联网，该机制使得运算能力和通信能力较强的节点承担运算的概率提高。该机制能够较为准确地进行非法侵入的检测，但是节点的运算负担较重。

9.3　安全路由机制

由于传统的互联网路由协议无法适应无线移动互联网动态性的要求，因此对于无线移动互联网的基本路由协议的研究如火如荼。但是，常见的无线移动互联网路由协议（如AODV、OLSR、MPR、DSR等）在设计时没有考虑到网络安全问题，因此带来了无线移动互联网的安全风险。在无线移动互联网中，常见的安全攻击有改变路由的方向、改变路由的源节点、建立虚假的隧道等。

改变路由的方向通常通过改变跳数的方式或者改变路由序列号的方式实现。改变路由的源节点则是通过篡改消息的方式改变源节点。建立虚假的隧道如图9-12所示，图中两个恶意节点将路由（M1，A，B，C，M2）作为隧道，当节点M1接收到来自源节点S路由请求消息的时候，节点 M1 使用隧道将其传送到节点 M2，节点 M2 接着向节点 M1 返回消息，从而较短的冒充路径（S，M1，M2，D）成为优选路径。

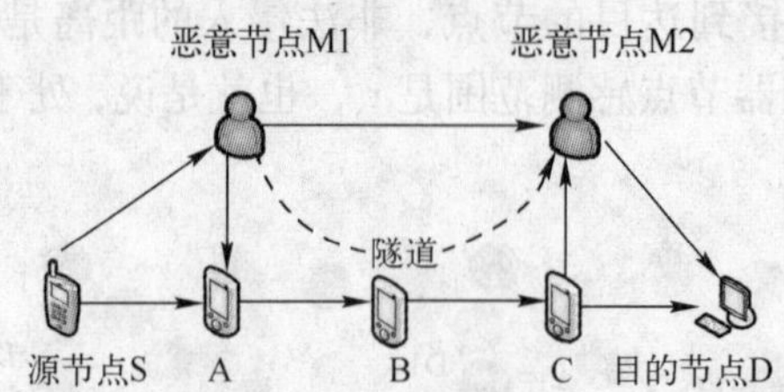

图 9-12　隧道攻击

目前，对于无线移动互联网安全路由协议的研究主要分为两种，一种是提出一种全新的安全路由协议，该协议支持网络安全管理；另一种是对于现有的无线移动互联网进行优化，使之支持网络安全管理。第二种情况可称为现有路由协议的安全化扩展，该部分内容在第 3～5 章的相关部分加以介绍，本节重点研究全新的安全路由协议以及相应的路由算法。安全路由协议的关键是同时实现快速路由和安全管理。学术界提出了适应性模糊逻辑路由协议、安全邻居路由协议、基于信誉度的安全路由协议以及信任识别路由协议等。

1. 基本安全路由协议

Marti 等学者提出了一种安全路由协议，其具有看门狗机制和选路人机制两种机制[28]。在看门狗机制中，发送节点在将数据包发出去之后监视下一跳节点；选路人机制用于评定每一条路的信任等级，使数据包尽量避免经过那些可能存在恶意节点的路径。该安全路由技术能够有效地评定安全路由，并且计算负担较低，但是其无法保证所有数据安全传送。

为了保证所有数据的安全传送，Garcoa 进一步提出多路由技术[29]，除了在基本路径传送数据之外，在另一个路径上传送验证信息用于对上述数据进行错误探测和验证。如果两个节点之间存在 n 条路径，那么采用 n－r 条路径进行数据传送，采用另外 r 条路径传送安全控制信息。该安全路由技术能够实现数据的安全传送，但是安全性能不高。

上述技术的特点是源节点适应性地选择可用路由，而不是一个接一个测试在路由表中存储的路由，主动 TCP 会话不是固定不变的，而是随时间动态改变的；目的节点定期传送检测包以确保该路径仍然有效，当发现在数据安全方面更好的路径的时候，源节点适应性地选择该路径代替原路径，如图 9-13 所示。该协议提供较好的安全性能，但是目的节点需要定期传送检测包，增加了网络负担。

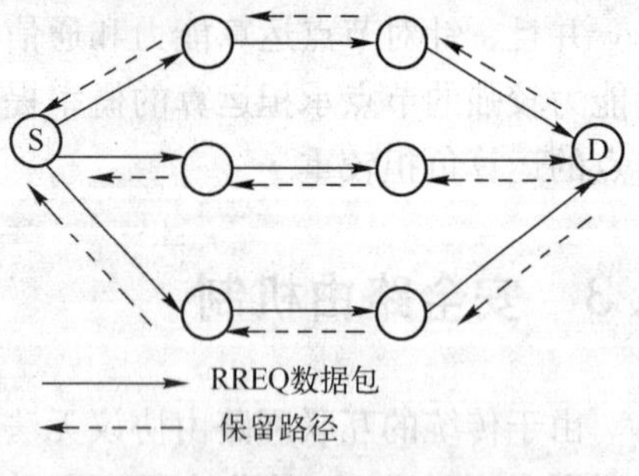

S
D
RREQ数据包
保留路径

图 9-13　多路径 TCP 安全路由

2. 安全邻居路由协议

上述协议网络负担较高，Ajay 等学者提出网络负担较低的安全路由协议，安全邻居路由协议（Secure Neighborhood Routing Protocol，SNRP）[30]。其主要包括两个阶段，首先端对端进行安全路由识别，其次在邻居节点之间建立本地信任。在新加入的节点与其邻居相互信任之后，公钥证书被用于将新加入的节点介绍给它的新邻居。一旦节点和其邻居建立一定级别的信任，路由协议可以简单地将加密信息验证码 HMAC 加以应用，以对路由控制包进行端对端的加密。

该加密路由协议使用可信任的第三方发行的加密证书，所有节点必须在进入网络之前获得该证书，该证书将IP地址，MAC地址和公钥绑定，期望进行通信的节点对必须共享对称密钥。其中，对称密钥与非对称密钥相对，是发送和接收数据的双方必须使用相同的密钥对明文进行加密和解密运算的一种密钥机制。邻居识别验证是一个本地实现的全网范围的验证过程，当节点进入另一个节点的邻居范围内的时候，节点间相互进行验证，并且该验证定期重复，以确保仅有该节点的当前邻居节点获得访问验证。该节点通过广播其存在于该区域的消息，从而获得网络访问。在一跳邻居节点之间建立对称会话密钥，从而实现相互的验证。

该协议的路由识别过程与AODV协议类似，另外对RREQ和RREP包增加了标签和消息散列鉴别码，以确保端对端的安全。该协议使用由IP地址、MAC地址和公钥确定的证书，有效地实现了安全邻居路由的确定，但是上述协议节点存储负担较高。

3. 基于信誉度的安全路由协议

为了降低节点的存储负担，Fei等提出的基于信誉度的安全路由协议（Cooperative On-Demand Secure Route Protocol，COSR），该协议包括信誉度模型和路由协议两部分[31]。COSR协议使用信誉度模型测量节点的贡献以探测恶意节点，其定义了节点信誉度和路由信誉度两种类型的信誉度。节点信誉度（NR）是特定节点的贡献和转发能力的量度。节点信誉度不仅仅包含信誉度请求者的观察，还包含邻居的调查和推举，其计算公式见式（9-6）。

$$NR_{ij} = C(i,j)\alpha + cof(j)\beta + rec(j)\gamma \tag{9-6}$$

其中，NR_{ij}代表由N_i计算的节点N_j的信誉度值；$C(i,j)$用于描述节点N_j的贡献，也就是说由节点N_j转发的节点N_i及其邻居的路由包和数据包的数量；$cof(j)$标明特定节点的转发能力，该转发能力使用能量和带宽资源加以描述；$rec(j)$代表根据节点的行为以及合作性等的其他客观标准；α、β以及γ是影响NR信誉度的各种因素的权重，并且$\alpha, \beta, \gamma \in [0, 1]$，$\alpha + \beta + \gamma = 1$。对于新节点而言，COSR给其一个默认的信誉度直到其完成足够的行为。COSR协议使用信誉度模型探测恶意节点，并使得所有节点更好地协同工作，但是其计算的时间复杂度较高，并且信誉度具有一定程度上的滞后性。

4. 信任识别路由协议

为了降低节点的计算负担，Abusalah等学者提出的信任识别路由协议（Trust-Aware Routing Protocol，TARP），该协议基于最短路径和节点的安全特性选择路由[32]。只有满足发送者要求的节点才能够转发数据包。在该协议中，计算节点的信任级别的安全参数包括软件配置、硬件配置、电源电能、信用历史、有无防护和组织结构。每个节点基于上述参数计算邻居的信任级别，并且将其使用在下一跳节点的判断中。总而言之，上述协议基于信任级别识别安全路由，但是上述信任级别计算的时间复杂度较高。

5. 适应性模糊逻辑路由协议

为了进一步降低网络的计算负担，Lu等学者提出的基于安全级别的适应性模糊逻辑路由（Adaptive Fuzzy Logic Based Security Level，FLSL）协议[33]。首先，确定MANET的各个移动节点的安全级别；然后，确定最佳安全级别的路由路径。确定移动节点安全级别s的计算见式（9-7）。

$$S \propto l \times f \times \frac{1}{n} \tag{9-7}$$

式中，l 代表密钥长度，f 代表密钥改变频率，n 代表活动邻居节点的数量。

在此基础上，基于模糊逻辑运算进行比较，确定最佳安全级别的路由。该协议将模糊逻辑引入路由协议中，准确地实现了最佳安全级别的路由路径的确定，但是消耗移动节点的能量较高。

6. 两级安全路由协议

为了降低移动节点的能量消耗，Du 等学者针对分簇的无线移动互联网提出两级安全路由（Two Tier Secure Routing，TTSR）协议[34]，该协议使用能量比较高的节点实现安全机制。基本思路在于，让移动节点将数据首先传送给簇头，簇头对多个移动节点传送来的数据进行聚合处理，删除冗余的数据，接着借助由簇头组成骨干网传送压缩数据。骨干网上的数据传送与移动节点的数据传送具有不同的频率。

安全的簇内路由采用密钥机制和两次握手机制以避免路由攻击。在密钥机制中，每个移动节点与邻居节点之间具有共享的密钥。当 ID 值为 u 和 v 的两个移动节点（假设 $u<v$）进行数据通信的时候，两个移动节点之间需要进行两次握手。第一次，具有较小 ID 值 u 的移动节点向 ID 值为 v 的移动节点传送数据，见式（9-8）。

$$\{u,N_0\}K_s+MAC(K_s,*) \tag{9-8}$$

式中，N_0是 ID 值为 u 的移动节点产生的随机值，$MAC(K_s,*)$是使用密钥 K_s生成的消息验证码 MAC（Message Authentication Code）。第二次，ID 值为 v 的移动节点向 ID 值为 u 的移动节点回复数据，见式（9-9）。

$$\{v,K_{u,v},K_v^b,N_0+1\}K_s+MAC(K_{u,v},*) \tag{9-9}$$

式中，$K_{u,v}$和 K_v^b 是 ID 值为 v 的移动节点生成的密钥，$K_{u,v}$是用于在 ID 值为 v 的移动节点和 ID 值为 u 的移动节点之间进行通信的新的密钥对，K_v^b 是 ID 值为 v 的移动节点的广播密钥。

安全的簇间路由采用每个簇头与邻居簇头交换位置信息的机制。在路由发现过程中，基于源节点和目的节点的位置信息，源节点所在簇的簇头在源节点和目的节点之间画出直线，该线所涉及的簇被称为延迟单元，数据消息在延迟单元的簇头之间传送。该机制适用于分簇的无线移动互联网，移动节点的能量消耗较少。

9.4 加密机制

采用密码、密钥的加密机制是传统的网络安全技术，该机制能够保证路由信息的可用性、有效性和秘密性，并且能够降低无线通信、信道访问和邻居节点的识别过程中出现的安全攻击[35]，但是需要结合无线移动互联网的特点，对于现有的密钥技术进行改造。

无线移动互联网的加密机制可以分为部分分布式证书验证机制、完全分布式证书验证机制、基于身份的密钥管理机制、基于证书链的密钥管理机制、基于簇的密钥管理机制、基于预部署的密钥管理机制、基于动态性的密钥管理机制、并行密钥管理机制和其他密钥管理机制[36]。

9.4.1 部分分布式证书验证机制

该机制的主要思路在于，部分移动节点构成的节点子集负责数字证书的验证和分配，从而符合无线移动互联网的节点对等性。由于集中验证机制中验证的功能由少数节点负责，一旦该节点遭受安全攻击，整个网络的安全无法保障，所以部分分布式证书验证机制能够避免集中验证带来的脆弱性。

1. 基本部分分布式证书验证机制

Zhou 和 Haas 首先提出了无线移动互联网的部分分布式证书验证机制，通过使用共享系统密钥的方式，在一系列节点中建立信任关系[37]。如图 9-14 所示，分布式证书验证中心 DCA 由 n 个服务节点构成，整体上具有公钥/密钥对 K/k，所有移动节点都知道公钥 K，而私钥 k 则由每个服务节点按照长度划分为 n 等分。

分布式验证中心通过产生超过阈值的节点群签名的方式签署电子证书，如图 9-15 所示。每个服务节点使用私钥产生部分签名，并且将该部分签名提交给结合器 C，结合器需要至少 t+1 个共享密钥才能签署电子证书，从而实现了分布式的验证。

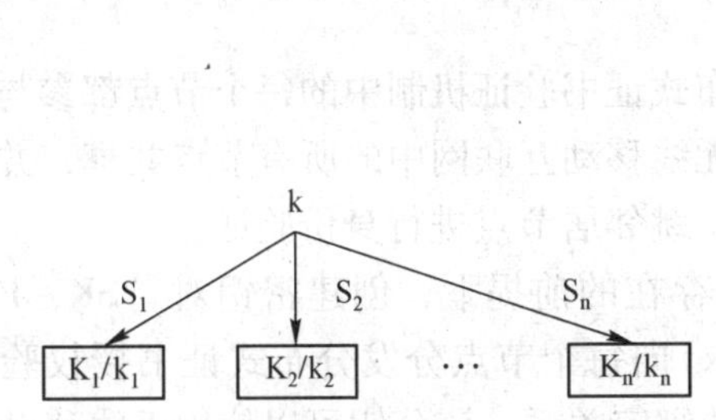

图 9-14 基于公钥/密钥对的密钥管理服务

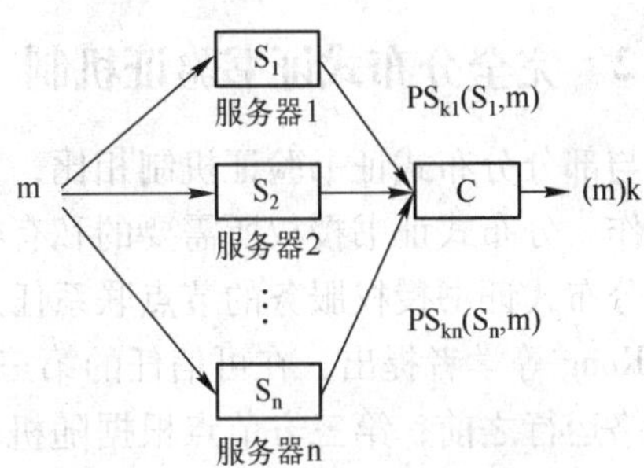

图 9-15 K/k 生成的阈值签名

2. 移动证书验证机制

Yi 等学者对上述方案进行了优化，采用移动证书验证机制（Mobile Certificate Authority, MOCA）[38]。需要证书服务的节点广播证书请求包 CREQ，任何接收到上述包的 MOCA 节点将包含证书签名的数据包回复给上述节点，如果在一定时间内节点成功收到预定数量的回复包，则重建证书。如果证书验证正确，则证书请求成功。如果一定时间内获得的证书回复包数量不足，则该证书请求失败。在 CREQ 数据包返回请求证书服务的节点的时候，该路径得以建立。另外，按需路由协议可以与 MOCA 机制结合，相互共享路由信息。但是，该机制节点的通信负担较大。

3. Ariadne 协议

为了降低节点的通信负担，Hu 等学者提出了 Ariadne 协议[39]。该按需路由协议基于高效的对称密钥技术加以设计。在该协议中，具有以下 3 个特征：该协议使得目标节点能够验证路由请求；能够验证路由请求和路由回复中的数据；采用高效的逐跳哈希技术确保所有节点记录在路由请求的节点表中。

对于目标节点对路由请求的验证而言，初始程序在路由请求中增加消息验证码，该消息验证码是由基于特定数据（如时间戳）的密钥计算得出的，目标节点可以使用公钥验证该路由请求。对于路由数据的验证而言，具有 3 种可以采用的技术，即 TESLA 协议、数字签名和标准消息验证码。

TESLA 协议将单独的消息验证码增加到用于广播验证的消息中，用于验证路由消息。当 Ariadne 协议和 TESLA 协议一起使用的时候，每跳都验证请求中的新信息，直到中间节点释放相应的 TESLA 密钥的时候，目标节点才发送回复。当 Ariadne 协议和数字签名一起使用的时候，使用路由请求中的签名列表计算签名。使用消息验证码的 Ariadne 协议是 3 种技术中最为高效的验证机制，但是其需要所有节点之间具有成对的共享密钥。使用目标节点和当前节点之间共享的密钥计算路由请求中的消息验证码列表。对于逐跳哈希技术而言，使用单行道哈希技术确保所有的跳都没有被忽略。

因此，攻击者为了改变或者移除前一跳，必须监听没有列出的节点的路由请求，或者能够插入单行道哈希函数。对于不能将包转送到下一跳的发送者而言，沿安全路由将包转发到下一跳的节点向包的发送者发出路由错误消息。为了防止未授权的节点发送路由错误消息，该错误消息必须得到发送者的验证。返回源节点的路径上的每个节点都转发该错误消息。基于此，每个节点能够验证错误消息。综上所述，Ariadne 协议基于对称密钥操作对于攻击者进行防范，但是对于无线移动互联网的动态性支持不够。

9.4.2 完全分布式证书验证机制

与部分分布式证书验证机制相比，完全分布式证书验证机制中的每个节点都参与证书验证操作。分布式证书授权所需要的私有密钥被无线移动互联网中的所有节点共享，并且使得需要分布式证书授权服务的节点联系任意 k 个一跳邻居节点进行身份验证。

Kong 等学者提出，在可信任的第三方节点存在的前提下，创建密钥对 {SK，PK}[40]。在网络运行之前，第三方节点根据随机函数 f(x) 向每个节点分发分布式证书授权验证的私钥 SK，该证书具有节点特定的 ID 与公钥之间的绑定关系，该公钥可以使用无线移动互联网的公钥 PK 加以验证。请求接入无线移动互联网的节点需要具有绑定 ID 和公钥的证书，并且根据该证书对私钥验证成功后，才能接入无线移动互联网。

9.4.3 基于身份的密钥管理机制

该机制的基本思路在于，每个移动节点具有唯一的身份标志，每个移动节点将密钥和身份标志加以绑定，基于该密钥和身份标志的结合进行验证。

Boneh 等学者提出，根据输入的安全参数，生成主公钥/主私钥对 K_M/k_M，其中仅仅可信任的第三方或者密钥生成中心知道主私钥[41]。在进行加密的时候，以主公钥 K_M、接收节点的 ID 和消息 m 作为输入参数，返回相对应的密文，其中接收节点的 ID 作为密文的公钥。在进行解密的时候，以主公钥、密文和与主私钥不同的私钥作为输入参数，返回解密后的明文。也就是说，节点的私钥使用私钥生成器的主私钥进行加密，基于身份的密钥可以看做对称的密钥证书。该机制主密钥加密的计算代价较高。

为了降低主密钥计算的时间代价，Khalili 等学者提出结合阈加密的基于身份的密钥管理机制[42]。当移动节点向密钥生成中心请求个人密钥的时候，其采用 MAC 地址或者网络层地址作为节点的标志符，该移动节点需要联系至少 t 个密钥生成中心，每个密钥生成中心返回所请求的移动节点的密钥的一部分。在接收到所有 t 个部分的情况下，该移动节点能够计算私钥。上述加密过程采用阈加密，也就是说，密钥的长度不能超过一定阈值。

9.4.4 基于证书链的密钥管理机制

基于无线移动互联网节点关系对等的特点，基于证书链的密钥管理机制不设置证书中心，各个证书以自组织的方式存储和分布在各个节点中。

Capkun 等学者提出基于证书链的密钥管理机制，其不需要信任的第三方担任证书中心，每个节点向其他节点发送自己的证书并且保存由其邻居发送的证书构成的“证书库”[43]。如图 9-16 所示，当节点 u 意图验证另一个节点 v 的证书的时候，两个节点将其证书库结合，并且节点 u 识别两个节点之间的有效证书链。如果节点 u 存在与密钥绑定的证书，那么图结构中存在两个密钥之间的边。因此，公钥 K_u 与另一个公钥 K_v 之间的证书链使用能够连接二者的若干条边加以代表。

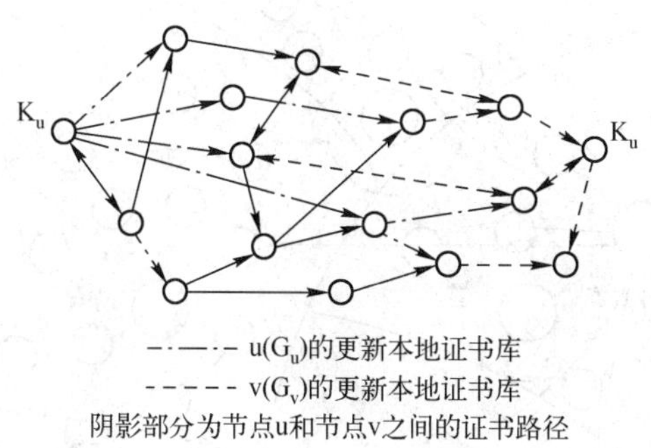

图 9-16　节点 u 和 v 之间的证书路径

该机制主要包括以下步骤。第一，节点在本地创建自己的私钥和相应的公钥，接着节点在一定期限内发送各个公钥证书，节点与邻居节点共享证书库中的证书，如图 9-17 所示；第二，节点通过发现能够与其通信的其他节点的方式或者通过与邻居节点交换证书信息的方式进行证书的更新，图 9-18 中显示了节点向邻居节点交换证书信息的操作。

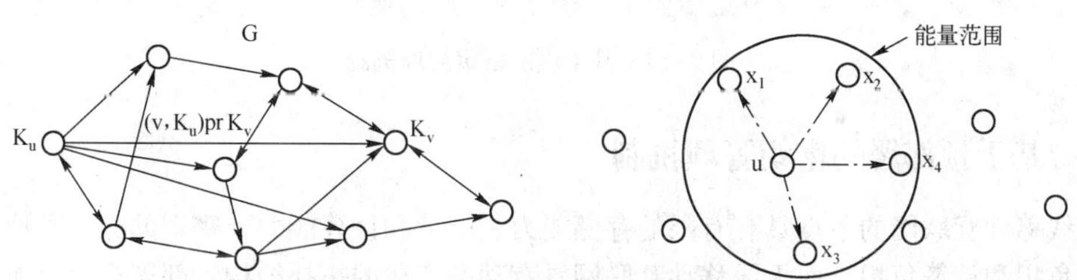

图 9-17　基于证书链的密钥管理机制的步骤 1

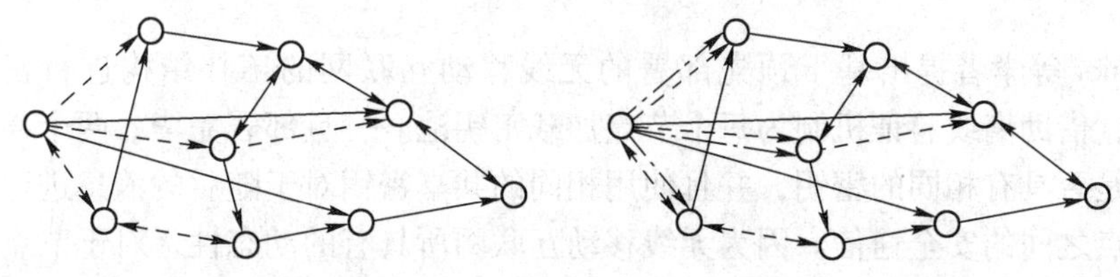

图 9-18　基于证书链的密钥管理机制的步骤 2

9.4.5　基于簇的密钥管理机制

基于簇的密钥管理机制建立在基于证书链的密钥管理机制之上，其使用分布式算法将无线移动互联网划分为多个簇，在每个簇内使用基于证书链的密钥管理机制。

Ngai 等学者提出使用适当的区域划分算法构建基于簇的网络模型[45]。该区域划分算法用以将无线移动互联网的移动节点聚簇到不同的子集中，从而发现簇内最小生成树，然后在簇内实现基于证书链的密钥管理机制。该信任模型如图 9-19 所示，节点之间的信任关系通过簇头之间的信任关系得以建立。

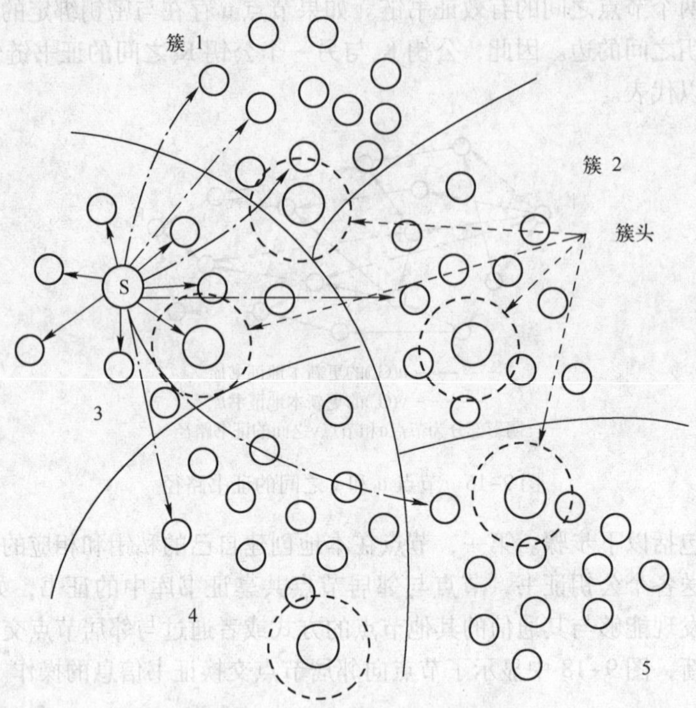

图 9-19　基于簇的密钥管理机制

9.4.6　基于预部署的密钥管理机制

无线移动互联网的节点具有有限的存储能力、能量和计算能力，密钥的分发和计算会增加通信负担和计算负担。而无线移动互联网具有动态变化的拓扑结构，部署之后可能添加或者去除移动节点，为了适应大规模无线移动互联网的需要，基于预部署的密钥管理机制得以提出。

Eschenauer 等学者提出基于预先部署的无线移动互联网的拓扑结构进行密钥管理[46]。在部署之前，借助离线验证机制为每个节点加载密钥池。一旦部署完毕，两个移动节点识别其密钥池中是否具有相同的密钥，并且使用相同的共享密钥对于随后的消息进行加密，从而实现两个节点之间的安全通信。因为无线移动互联网所具有的动态性，对于节点较少的无线移动互联网而言预部署的代价过高，所以基于预部署的密钥管理仅仅适用于移动节点较多的大规模无线移动互联网中。

9.4.7　基于动态性的密钥管理机制

基于动态性的密钥管理机制的主要思路在于，节点在不依赖固定的安全路由的情况下相互交换密钥，从而打破了移动节点在进行安全验证的时候相互依赖造成的循环，对于无线移动互联网的动态性和节点对等性有较好的支持。

Capkun 等学者提出基于动态性的密钥管理机制，其描述了 3 种主要的密钥分配机制，如图 9-20 所示[47]。机制（a）使得移动节点能够通过在安全信道上交换密钥的方式直接建立安全联系；机制（b）则使用共同的节点 f 产生并且分配新的证书，由于节点 f 与移动节点 u 和移动节点 v 分别共享密钥，移动节点 u 和移动节点 v 能够验证节点 f，从而实现移动节点 u 和移动节点 v 之间的相互验证；机制（c1）使得移动节点 u 借助移动节点 f 实现对于移动节点 v 的单方面安全验证，该机制是机制（a）和机制（b）的综合；机制（c2）应用于移动节点 u 和移动节点 v 不具有两个节点均可以信任的第三方节点的情况下，移动节点 u 的信任节点 f 以及移动节点 v 的信任节点 g 使用两条独立的路径以便于分别和移动节点 u、v 交换密钥，从而实现验证。

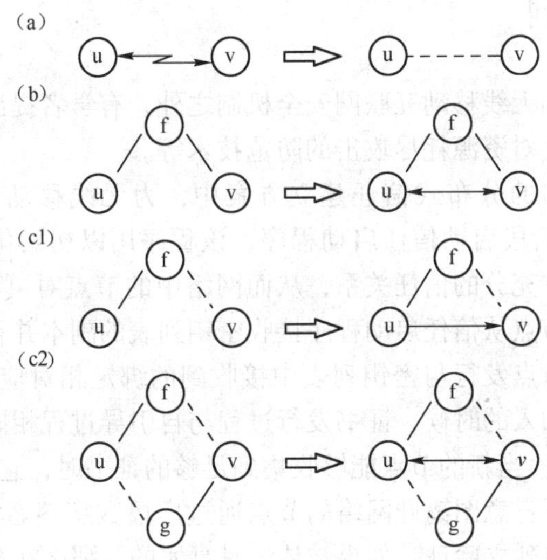

图 9-20　基于动态性的密钥管理机制

9.4.8　并行密钥管理机制

并行密钥管理机制是分布式证书验证机制和基于证书链的密钥管理机制的结合，就是并行地进行分布式验证和证书链验证，从而结合两种验证方式的优势，以较短的时间代价实现密钥验证。

Yi 等学者提出结合使用分布式证书验证和证书链的并行密钥管理机制[48]，移动节点通过无线移动互联网中能够信任的其他移动节点发行证书的方式形成证书链。从而，证书图中节点之间的信任关系得以获得，在该证书图中，边代表数字证书并且与证书发行方提供的保密值相关联，给发行的证书指定安全级别。经过测试，该机制的安全级别较高。

9.4.9　其他密钥管理机制

为了进一步保障无线移动互联网的网络安全，有学者提出将密钥技术与无线移动互联网拓扑结构的设计相结合[49]。在 Kiho 等学者提出的验证方案中，委任一些安全性高的节点，由它们共享密钥管理的责任。也就是说，由一些安全性高的节点共同构成认证中心（CA），进行密钥管理。从而避免了一个节点侵入导致网络安全瘫痪的情况，并且降低了将私钥暴露于外部的风险。

还有，为了有效地利用密钥，有学者将其应用于特定的数据结构中。Jan 等学者提出安全通信树以及基于安全通信树的密钥技术以提高移动 Ad Hoc 网络的安全[50]。在该方案下，在预处理阶段，基站确定系统参数和每个节点的保密数据；在初始化阶段，节点确定相互之间以及与基站之间通信用的密钥对；在第三个阶段，用户使用密钥执行网络组织并且建立路由路径。

综上所述，密钥技术采用密钥进行网络安全验证，高效地保障了网络安全，并且具有较低的空间复杂度，但是其对无线移动互联网的动态性支持不够，并且有些方案需要进行预先配置。

9.5 其他安全机制

除了上述几种常见的无线移动互联网安全机制之外，有学者提出了其他几种网络安全机制；如信任启动程序和针对资源耗尽攻击的防范技术等。

在 Frank 等学者提出的分布式信任建立方案中，为无线移动互联网设置信任启动程序[51]。在系统的自引导阶段启动信任启动程序，该程序用以初始化信任建立的过程。该信任启动程序在网络中建立充分的信任关系，从而网络中的节点对可以借助信任链相互验证。在自引导的第一阶段，节点从信任启动程序接收密钥列表的副本并且将其存储在本地；在自引导的第二阶段，成员节点发行与密钥列表中接收到的绑定相对应的 m 个证书；从而信任关系得以建立。当节点加入的时候，证书发行过程与自引导过程相同，成员节点发行绑定目标节点 ID 和公钥的证书，当新的节点能够收集到足够的证书时，它才能成为网络成员。

节点删除的过程如下：意图离开网络的节点通过广播数字签名消息的方式表达该意图，该广播的消息被每个节点独立验证，如果被认为是真实的，那么在合理的延迟之后发行给该节点的证书被撤销。该方案可以作为无线移动互联网高层安全技术的底层模块，并且它适应于无线移动互联网的动态性，但是它要求在自引导阶段对于信任启动程序完全信任，存在一定的安全隐患。

Masao 等学者提出的针对资源耗尽攻击的 3 种方法，包括时隙方法、令牌方法以及密钥方法[52]。在时隙方法中，无线移动互联网的每个节点在预定的时隙发送包。所有节点知道针对所有节点的所有时隙。攻击节点没有自己的时隙，因此合法节点能够识别并且丢弃来自攻击节点的非法包。在令牌方法中，仅仅当无线移动互联网的节点接收到令牌的时候，它才能发送包。因为攻击节点没有令牌，因此它不能发送包。在密钥方法中，无线移动互联网中的每个节点所传送的包具有密钥，节点加入到无线移动互联网的时候获得该密钥。攻击节点不属于无线移动互联网，无法得到密钥，因此它传送的包会被其他节点丢弃。3 种方法实现简便，但是仅适用于防止资源耗尽的攻击。

9.6 安全机制的应用

上面探讨了无线移动互联网的一些常用安全机制。为了实现安全目标，学术界和产业界提出综合应用上述安全机制，以实现适合无线移动互联网特点的网络安全。上述安全机制的综合应用包括分布式计算虚拟安全区域模型、自修复组模型和移动安全架构等等。下面逐一介绍。

为了提高无线移动互联网的安全性，Mo 等学者提出的分布式验证和密钥管理协议是基于可信赖的分布式计算虚拟安全区域（TC - DVSZ）模型的协议[53]。在可信赖的分布式计算虚拟安全区域模型中，根据节点的位置，形成一些虚拟区域。在各个虚拟区域中分别选出分布式验证中心 DA，DA 与传统协议中的 CA 相同，从而具有 DA 的每个区域成为安全自治区，各区域内的通信由 DA 路由。其中，DA 的选择标准是具有较强能力和最高信誉度的节点。能力的度量采用生物统计学分数的形式加以计算。基于不同安全级别的密钥管理方案 ECC，DA 进行区域的密钥管理。可信赖的分布式计算虚拟安全区域模型降低了网络带宽代价，计算代价和存储空间，并且基于等级化的结构模型建立安全体系，但是它具有较高的时间复杂度。

为了降低安全应用的时间复杂度，Kong 等学者提出一种时间复杂度较低的模型，即自修复组模型，然后建立基于组的安全 CBS 并且设定基于组的安全路由协议[54]。“自修复组”的概念就是由多个移动节点共同组成的节点组，该组内只要有一个移动节点能够传送数据，那么该组与非该组内的其他节点都可以进行通信。自修复组中只要有至少一个节点是“好节点”，那么这个组就可以正常工作。该模型将一些节点组织成为一个节点，尽量保持了无线移动互联网的节点对等性，但是自修复组模型能耗较高。

由于各种综合安全机制均存在优缺点，因此 Frank 等学者提出一种综合多种安全机制的方案，即移动安全架构（Security Architecture for Mobile Ad Hoc Networks，SAM）[55]。该移动安全架构通过为每个节点提供唯一标志符的方式实现节点授权，并且针对每个节点结合使用多个假名以防止位置跟踪，并且根据移动节点的行为探测自私性节点并在网络中排除。

9.7　本章小结

随着无线移动互联网的广泛应用，无线移动互联网的安全机制的研究如火如荼。本文对无线移动互联网的入侵检测机制、安全路由机制、加密机制以及其他安全机制分别进行了介绍和分析。其中入侵检测与防范包括节点级的入侵检测与防范和系统级的入侵检测与防范，加密机制包括部分分布式证书验证机制、完全分布式证书验证机制、基于身份的密钥管理机制、基于证书链的密钥管理机制、基于簇的密钥管理机制、基于预部署的密钥管理机制、基于动态性的密钥管理机制、并行密钥管理机制和其他密钥管理机制。

大多数安全机制都将节点动态性作为安全技术设计考虑的首要因素。节点动态性是无线移动互联网的主要特点之一，因此大多数网络安全机制将其作为重要指标加以考虑。入侵检测机制根据节点的动态性针对节点行为或者系统行为进行分析，以防范非法入侵；安全路由机制在节点动态性的基础上，同时实现快速路由和安全路由；大多数加密机制基于网络的动态性设立或者对网络的动态性加以支持。安全机制的应用则对于网络的动态性加以考虑，并且在网络拓扑结构或者体系结构的设计上加以支持。

大多数安全机制保障了无线移动互联网的节点对等性。节点对等性是无线移动互联网的主要特点之一，因此大多数网络安全技术对于节点对等性加以支持。入侵检测机制在节点对等性的基础上建立检测模型，对节点行为或者系统行为进行分析；安全路由机制所涉及或者改造的路由协议对于节点的对等性加以支持；加密机制多数建立在节点对等性的基础上，没有对无线移动互联网的基础结构加以改变。但是，为了提高无线移动互联网的安全性，有些加密机制对于无线移动互联网的拓扑结构或者体系结构加以修改，使得节点之间不完全对等。

在上述安全机制中，安全路由机制基于无线移动互联网自身特有的网络特点建立，使得无线移动互联网的快速路由与安全路由得以实现，对于无线移动互联网节点的离散性以及能量有限性支持较好。在安全和性能加以平衡，使得路由协议高效安全，可以有效地促进无线移动互联网的广泛应用。因此，如何实现高效的安全路由机制具有较好的研究前景。至今，学术界和产业界尚未提出有效评估无线移动互联网的路由协议的模型。还有，入侵检测机制和加密机制多数是对现有网络安全技术的改造，使之适应无线移动互联网的网络特点。然而，该类方法是否能够完全支持无线移动互联网无稳定拓扑结构、节点离散、无线通信、能量有限的特点以及如何更好地支持上述特点值得研究。

9.8 习题

1. 由于移动自组织网络、无线传感器网络和无线 Mesh 网络等无线移动互联网具有无需基础设施支持、动态、移动通信等优点，因此得到广泛的应用。请结合具体应用探讨无线移动互联网的安全机制的必要性。

2. 计算机网络安全属于计算机安全的一种，其是指计算机网络上的信息安全，主要涉及计算机网络上信息的机密性、完整性、可确认性、可用性以及可控性，请介绍网络安全的基本概念，并介绍安全目标、安全服务和安全机制的概念以及三者的相互关系。

3. 网络安全的目标主要包括保密性、完整性和可用性。请介绍保密性、完整性和可用性的基本含义，并分别举出一到两个例子说明破坏计算机网络的保密性、完整性和可用性的攻击示例。

4. 网络安全的服务主要包括认证服务、保密服务、数据完整性保护、可用性保护和抗抵赖服务，请介绍认证服务、保密服务、数据完整性保护、可用性保护和抗抵赖服务的基本含义，并分别举出一到两个例子加以说明。

5. 由于互联网在设计之初对于安全目标考虑较少，因此面临着比较严峻的安全威胁，学术界对于互联网的安全机制进行了深入研究。请介绍互联网常见安全机制的基本思路。

6. 相对于互联网而言，无线移动互联网更易于受到安全攻击。请介绍无线移动互联网的常见安全威胁，并分别举例予以说明。请进一步介绍无线移动互联网安全机制所遇到的挑战，也就是说无线移动互联网的哪些特点使得安全机制的实现具有相当的难度。

7. 入侵检测机制主要基于无线移动互联网的特点，在一定数学模型的基础上，对移动节点的行为进行分析和检测，针对任何意图破坏无线移动互联网的保密性、完整性和可用性的非法进入加以防范，以保证无线移动互联网的网络安全。请结合本书第 1 章所介绍的无线移动互联网的特点，探讨无线移动互联网的入侵检测机制面临的挑战。

8. 节点级入侵检测机制主要基于节点行为的分析，判断节点是否为恶意节点，从而保障无线移动互联网的网络安全，该机制要求每个节点具有单独的非法侵入探测代理器，该非法侵入探测代理器用于负责在本地独立地探测非法侵入，并且邻居节点可以共享非法侵入探测的信息。请介绍基于纳什平衡等式的博弈分析技术、基于图论的关键节点探测技术以及基于隐式马尔可夫模型的侵入探测技术的基本思路。

9. 系统级入侵检测机制主要基于无线移动互联网的整体系统行为的分析，进行系统的安全管理，从而保障无线移动互联网的网络安全，该方法的关键在于建立系统化的安全管理机制。请介绍基于政策的安全管理机制、基于贝叶斯方法的非法侵入探测系统以及终端到终端的蠕虫攻击探测方法的基本思路。

10. 常见的无线移动互联网路由协议在设计时没有考虑到网络安全问题，因此带来了无线移动互联网的安全风险，常见的路由安全攻击，例如，通过改变路由序列号的方式改变路由的方向、通过改变跳数的方式改变路由的方向、改变路由的源节点、建立虚假的隧道等。为了克服上述路由安全攻击，学术界和产业界提出了多种安全路由协议。请介绍多路径 TCP 安全路由协议、适应性模糊逻辑路由协议、安全邻居路由协议、基于信誉度的安全路由协议、Ariadne 协议以及信任识别路由协议的基本思路。

11. 采用密码、密钥的加密机制是传统的网络安全技术，该机制能够保证路由信息的可用性、有效性和秘密性，并且能够降低无线通信、信道访问和邻居节点的识别过程中出现的安全攻击。基于无线移动互联网的特点，对于现有密钥技术进行改造，是保障无线移动互联网安全的重要技术。请介绍无线移动互联网主要加密机制的思路。

12. 在部分分布式证书验证机制中，无线移动互联网中的部分移动节点构成的节点子集负责数字证书的验证和分配，从而符合无线移动互联网的节点对等性，并且避免由于集中验证带来的脆弱性。请介绍部分分布式证书验证机制的实现方案。

13. 在完全分布式证书验证机制中，每个节点都参与证书验证操作。分布式证书授权所需要的私有密钥被无线移动互联网中的所有节点共享，并且使得需要分布式证书授权服务的节点联系任意 k 个一跳邻居节点进行身份验证。请介绍完全分布式证书验证机制的实现方案。

14. 在基于身份的密钥管理机制中，每个移动节点具有唯一的身份标志，绑定每个移动节点的密钥和身份标志，基于该密钥和身份标志进行验证。请介绍基于身份的密钥管理机制的实现方案。

15. 在基于证书链的密钥管理机制中，基于节点关系对等的无线移动互联网的特点，不设置证书中心，各个证书以自组织的方式存储和分布在各个节点中。请介绍基于证书链的密钥管理机制的实现方案。

16. 在基于簇的密钥管理机制中，使用分布式算法将无线移动互联网划分为多个簇，在每个簇内使用基于证书链的密钥管理机制。请介绍基于簇的密钥管理机制的实现方案。

17. 无线移动互联网具有动态变化的拓扑结构，部署之后可能添加移动节点或者去除移动节点，为了适应大规模无线移动互联网的需要，基于预部署的密钥管理机制得以提出。请介绍基于预部署的密钥管理机制的实现方案。

18. 在基于动态性的密钥管理机制中，移动节点在不依赖固定的安全路由的情况下，相互交换密钥，从而打破了移动节点在进行安全验证的时候相互依赖造成的循环，对于无线移动互联网的动态性和节点对等性有较好的支持。请介绍基于动态性的密钥管理机制的实现方案。

19. 并行密钥管理机制是分布式证书验证机制和基于证书链的密钥管理机制的结合，就是并行地进行分布式验证和证书链验证，从而结合两种验证方式的优势，以较短的时间代价实现密钥验证。请介绍并行密钥管理机制的实现方案。

20. 为了实现安全目标，学术界和产业界提出综合应用各种无线移动互联网的安全机制，以实现适合无线移动互联网特点的网络安全。上述安全机制的综合应用包括分布式计算虚拟安全区域模型、自修复组模型和移动安全架构等，请介绍上述3种综合应用的基本思路。

参考文献

[1] David D Clark. The Design Philosophy of the DARPA Internet Protocols[C]//ACM SIGCOMM, 1988:1-10.

[2] Andrew S Tanenbaum. 计算机网络[M].4版．潘爱民，译．北京：清华大学出版社，2004：668.

[3] Thomas Woo, Yacov Yacobi. Topics in Wireless Security[J]. IEEE Wireless Communications, 2004:6-7.

[4] Simson G, Spafford G. Practical Unix Security[M]. O'Reilly and Associates, Inc., 1991.

[5] 复旦大学．GB/T 9387.2—1995 信息处理系统 开放系统互连 基本参考模型 第2部分:安全体系结构[S]．北京:中国标准出版社，1995.

[6] 杨义先，等．入侵检测理论与技术[M]．北京：高等教育出版社，2006.

[7] Domthy Denning. An Intrusion Detection Model[J]. 1987, 13(2): 222-232.

[8] Andrew S Tanenbaum. 计算机网络[M].4版．潘爱民，译．北京：清华大学出版社，2004：621.

[9] Man Young Rhee. 网络安全加密原理、算法与协议[M]．金名、张长富，等译．北京：清华大学出版社，2007：45-98.

[10] David D Clark. The Design Philosophy of the DARPA Internet Protocols[C]//Proceeding of ACM SIGCOMM'88 Computer Communication Review, 1988,18(4):1-10.

[11] Hiren Kumar Deva Sarma, Avijit Kar. Security Threats in Wireless Sensor Networks 40th Annual IEEE International Carnahan Conferences Security Technology, 2006:243-251.

[12] Ben Salem N, Hubaux J-P. Securing Wireless Mesh Networks[J]. IEEE Wireless Communications, 2006,13(2):50-55.

[13] 吴功宜．计算机网络高级教程[W]．北京：清华大学出版社，2007：466.

[14] Donald Graft, Mohnish Pabrai, Uday Pabrai. Methodology for Network Security Design[J]. IEEE Communications Magazine,1990,28(11):52-58.

[15] Djamel Djenouri, Lyes Khelladi. A Survey of Security Issues in Mobile Ad Hoc and Sensor Networks[J]. IEEE Communications Survey & Tutorials, 2005,7(4):2-28.

[16] Y Zhang, W Lee. A Coorperative Intrusion Detection System for Ad Hoc Networks[J]. ACM Wireless Networks, 2003,9(5):545-546.

[17] Wei Yu, K J Ray Liu. Game Theoretic Analysis of Cooperation Stimulation and Security in Autonomous Mobile Ad Hoc Networks[J]. IEEE Transactions on Mobile Computing, 2007,

6(5):459-473.

[18] Rahul Khanna, Huaping Liu. System Approach to Intrusion Detection Using Hidden Markov Model[C]//Proceeding of the 2006 International Conference on Communications and Mobile Computing(IWCMC '06), 2006:349-354.

[19] AHM Rezaul Karim, RMAP Rajatheva, Kazi M Ahmed. An Efficient Collaborative Intrusion Detection System for MANET Using Bayesian Approach[C]//Proceedings of the 9th ACM International Symposium on Modeling Analysis and Simulation of Wireless and Mobile Systems(MSWiM '06),2006:187-190.

[20] Harold Zheng, Sherry Wang, Robert A Nichols. Policy-based Security Management for Ad Hoc Wireless Systems[C]//Military Communications Conference,2005(4): 2531-2537.

[21] Xia Wang. Intrusion Detection Techniques in Wireless Ad Hoc Networks[C]//Computer Software and Applications Conference, 2006(COMPSAC '06),2006:347-349.

[22] H Kung, D Vlah. Efficient Location Tracking Using Sensor Networks[C]//Proceedings of IEEE Wireless Communications and Networking Conference, 2003(3): 1954-1961.

[23] C-Y Lin, W-C Peng, Y-C Tseng. Efficient In-network Moving Object Tracking in Wireless Sensor Networks[J]. IEEE Transactions on Mobile Computing, 2006,5(8):1044-1056.

[24] Chao Gui, P Mohapatra. Power Conservation and Quality of Surveillance in Target Tracking Sensor Networks[C]//Proceedings of 10th Annual International Conference on Mobile Computing and Networking (MobiCom '04), 2004: 129-143.

[25] S Ren, Q Li, H Wang, X Chen, X Zhang. Design and Analysis of Sensing Scheduling Algorithms under Partial Coverage for Object Detection in Sensor Networks[J]. IEEE Transactions on Parallel and Distributed Systems, 2007,18(3):334-350.

[26] IBM Corp.. Distributed Network Protection: WO, 2007073971A1[P]. 2007-7-5.

[27] Wang Yun, Wang Xiaodong, Xie Bin, Wang Demin, Agrawal Dharma P. Intrusion Detection in Homogeneous and Heterogeneous Wireless Sensor Networks[J]. IEEE Transactions on Mobile Computing, 2008,7(6):698-711.

[28] S Marti, T Giuli, K Lai, M Baker. Mitigating Routing Misbehavior in Mobile Ad Hoc Networks[C]//Proceeding of the Sixth Annual International Conference on Mobile Computing and Networking(MobiCom), 2000:255-265.

[29] J J Garcia-Luna-Aceves, M Mosko. Multipath Routing in Wireless Mesh Networks[C]// First IEEE Workshop on Wireless Mesh Networks(WiMesh 2005), 2005.

[30] Ajay Jadhav, Eric E Johnson. Secure Neighborhood Routing Protocol[C]//IEEE Military Communications Conference, 2006(MILCOM 2006), 2006(10): 1-7.

[31] Fei Wang, Yijun Mo, Benxiong Huang. COSR: Cooperative On-Demand Secure Route Protocol in MANET[C]//International Symposium on Communications and Information Technologies, 2006(ISCIT '06),2006:890-893.

[32] L Abusalah, A Khokhar, G BenBrahim, W ElHajj. TARP: Trust-Aware Routing Protocol [C]//Proceeding of the 2006 International Conference on Communications and Mobile Computing,2006:135-140.

[33] Lu Jin, Zhongwei Zhang, Lai D, Hong Zhou. Implementing and Evaluating an Adaptive Secure Routing Protocol for Mobile Ad Hoc Network[C]//IEEE Wireless Telecommunications Symposium, 2006(WTS '06), 2006:1-10.

[34] Xiaojiang Du, Mohsen Guizani, Yang Xiao, Hsiao-Hwa Chen. Two Tier Secure Routing Protocol for Heterogeneous Sensor Networks[J]. IEEE Transactions on Wireless Communications, 2007, 9(6): 3395-3401.

[35] Hubaux J-P, Buttyan L, Capkun. The Quest for Security in Mobile Ad Hoc Networks[C]// Proceedings of MobiHoc'01, 2001.

[36] Johann Van Der Merwe, Dawoud Dawoud, Stephen Mcdonald. A Survey on Peer-to-Peer Key Management for Mobile Ad Hoc Networks[J]. ACM Computing Surveys, 2007, 39(1): 1-45.

[37] Zhou R, Haas Z J. Securing Ad Hoc Networks[J]. IEEE Networks(Special Issue on Network Security), 1999, 13(6):24-30.

[38] Yi S, Kravets R. MOCA: Mobile Certificate Authority for Wireless Ad Hoc Networks[C]// Proceedings of the 2nd Annual PKI Research Workshop(PKI 2003), 2003.

[39] Yih-Chun Hu, Adrian Perrig, David B Johnson. Ariadne: A Secure On-demand Routing Protocol for Ad Hoc Networks[J]. IEEE Wireless Networks, 2005, 11(1-2):21-38.

[40] Kong J, Zerfos P, Luo H, Lu S, Zhang L. Providing Robust and Ubiquitous Security Support for Mobile Ad-hoc Networks[C]//Proceedings of the Ninth International Conference on Network Protocols(ICNP'01), 2001.

[41] Boneh D, Franklin M. Identity-based Encryption from Weil Pairing[C]//Proceedings of the Conference on Advances in Cryptology (CRYPTO'01), 2001.

[42] Khalili A, Katz J, Arabauhi W A. Towards Secure Key Distribution in Truly Ad-hoc Networks[C]//Proceedings of the IEEE Workshop on Security and Assurance in Ad-Hoc Networks, 2003.

[43] Capkun S, Buttyan L, Hubaux JP. Self-organized Public-key Management for Mobile Ad Hoc Networks[J]. IEEE Transactions on Mobile Computing, 2003, 2(1):52-64.

[44] Ngai ECH., Lyu MR, Chin, RT. An Authentication Service against Dishonest Users in Mobile Ad Hoc Networks[C]//Proceedings of the IEEE Aerospace Conference, 2004.

[45] Eschenauer L, Gligor VD. A Key-management Scheme for Distributed Sensor Networks [C]//Proceedings of the 9th ACM Conference on Computer and Communication Security, 2002(CCS'02), 2002

[46] Capkun S, Hubaux J, Buttyan L. Mobility Helps Peer-to-Peer Security[J]. IEEE Transactions on Mobile Computing, 2006(1):43-51.

[47] Yi S, Kravets R. Composite Key Management for Ad Hoc Networks[C]//Proceedings of the First Annual International Conference on Mobile and Ubiquitous Systems: Network and Services(MobiQuitous'04), 2004.

[48] Kiho Shin, Yoonho Kim, Yanggon Kim. An Effective Authentication Scheme in Mobile Ad Hoc Network[C]//Proceedings of the Seventh ACIS International Conference on Software

Engineering, Artificial Intelligence, Networking, and Parallel/Distributed Computing (SNPD'06),2006:249-252.

[49] Jan Nikodem, Maciej Nikodem. Secure Communication Trees in Ad Hoc Networks[C]// Proceedings of the 14th Annual IEEE International Conference and Workshops on Engineering of Computer-Based Systems 2007(ECBS'07), 2007.

[50] Frank Kargl, Stefan Schlott, Andreas Klenk, Alfred Geiss, Michael Weber. Securing Ad Hoc Routing Protocols[C]//Proceedings of the 30th EUROMICRO Conference(EUROMICRO'04), 2004:514-519.

[51] Masao Tanabe, Masaki Aida. Preventing Resource Exhaustion Attacks in Ad Hoc Networks [C]//Eighth International Symposium on Autonomous Decentralized Systems (ISADS'07), 2007:543-548.

[52] Yijun Mo, Fei Wang, Benxiong Huang, Shuhua Xu. Distributed Authentication and Key Agreement Protocol for Ad hoc network[C]//ICACT 2007, 2007: 2047-2050.

[53] Jiejun Kong, Xiaoyang Hong, Yunjung Yi, Joon-Sang Park, Jun Liu, Mario Gerla. A Secure Ad-hoc Routing Approach Using Localized Self-healing Communities[C]//Proceedings of the 6th ACM International Symposium on Mobile Ad Hoc Networking and Computing (MobiHoc'05), 2005:254-265.

[54] Frank Kargl, Stefan Schlott, Andreas Klenk, Alfred Geiss, Michael Weber. Securing Ad Hoc Routing Protocols[C]//Proceedings of the 30th EUROMICRO Conference(EUROMICRO'04), 2004:514-519.

第 10 章　异构网络互联的设备与技术

计算机网络中有着非常丰富的资源，要想共享这些资源就需将计算机互联起来，由此产生了局域网的概念，但局域网只能在一个单位或部门内部实现资源共享，仍无法满足人们对其他网络中资源的需求。越来越多的人开始意识到，如果没有网络互联技术的支持，用于信息传输的计算机网络会形成一个个“信息孤岛”。在此需求推动下，网络之间的互联技术得到了迅速的发展，是计算机网络发展到一定阶段的必然结果。网络互联可分为同构网络互联和异构网络互联两大类。同构网络互联比较简单，已发展得比较成熟，这里不再详述，本章主要关注异构网络互联。

本章内容安排如下。10.1 节介绍异构网络互联的基本概念，包括各种网络互联设备、网络互联问题和互联的关键技术；10.2 节从媒介角度介绍有线网和无线网的互联；10.3 节从移动性的角度介绍固定网和移动网的互联；10.4 节详细介绍无线网络互联的方法；最后对本章加以总结。

10.1　异构网络互联概述

随着网络技术的迅速发展和网络应用的迅速普及，小型局域网已不能胜任网络应用的需要，由此，网络互联技术需要更进一步的发展。在网络互联领域，类型相同（一般指网络拓扑结构或执行的协议相同）的网络称为同构网络，类型不同的网络称为异构网络，参与互联的网络一般统称为子网。网络互联应当包括同构网络互联、异构网络互联。随着技术的发展，各种各样的网络已经基本建立起来，人们开始需要在不同的网络中进行漫游和切换，以享受到更加便捷和优质的服务，所以异构网络互联显得更加重要，成为学术界和产业界的研究热点。

10.1.1　网络互联设备

在不同的网络层次上，有着不同的网络互联设备。图 10-1 显示了工作在不同网络层次上的设备。物理层传输的比特（bit）流，也称数字信号，即 0 或 1 的二进制数，物理层互联设备需要做的是保持信号的传输，必要时对其进行强化，以减少由于长距离传输导致的信号衰减的影响。物理层没有节点地址的概念，所以信号的传递只能采用在传播介质上广播的方法。数据链路层在同一链路上的两个节点间传输帧（Frame），帧头中会指定目的节点的 MAC 地址，数据链路层设备需要能识别 MAC 地址并将帧转发出去。在异构网络中，帧格式可能是不同的，所以数据链路层的互联设备可能还需要完成转化帧格式的任务。网络层在两个节点间传输分组（Packet），分组中会指定目的节点的 IP 地址，分组按照路由协议确定的路径，经过若干跳传输到目的节点，网络层互联设备需要能识别 IP 地址并将分组转发出去。在异构网络中，支持的分组的最大长度可能是不同的，所以网络层互联设备可能还需要处理分组的分割与重组的任务。网关是能够连接不同网络的软件和硬件的结合产品，特别地，它们可以使用不同的格式、通信协议或结构将两个系统连接起来，网关一般工作在应用层。

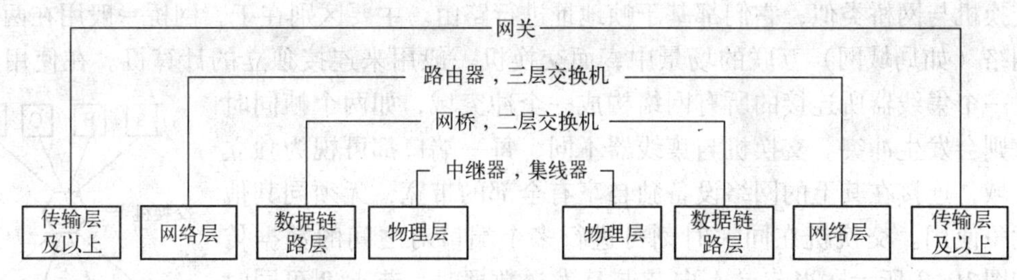

图 10-1　网络互联设备

1. 中继器

中继器（Repeater）是物理层联网设备，其功能是实现透明的二进制比特复制，以补偿信号衰减，扩大 LAN 的连接范围。当需要安装局域网而物理距离又超过了允许的范围时（由于传输线路的噪声的影响，承载信息的数字信号或模拟信号只能被传输有限的距离），就可以用中继器将该局域网的范围进行延伸。中继器接收到一个网络段发来的信号并重新放大后发送到另一个网段中，从而起到扩展网络联网距离的作用。

中继器使用与高层协议无关。中继器只起信号的放大和整形作用，没有逻辑判断和处理能力。虽然中继器可以将通信距离延长，但考虑到传输速率和信道使用机制，该通信距离会受到一定限制。很多网络都限制了一对工作站之间加入中继器的数目，例如，在以太网中最多使用 4 个中继器，即最多由 5 个网络段组成。

2. 集线器

集线器（Hub）属于数据通信系统中的基础设备，也工作在物理层。集线器内部采用了电器互联，能够提供更多的端口服务，其作用相当于多端口的中继器。集线器内部结构如图 10-2 所示，端口 0 向上接入到网络，其他端口可连接多个用户，类似总线结构。集线器所有端口处于一个冲突域中，所以在上行信道上，用户同时发信息会发生冲突；而对于下行信道，因为只有端口 0 在使用它，所以不会发生冲突。另外，由于集线器属于物理层设备，没有目的地址的概念，所以其发送数据时，不是直接把数据发送到目的节点，而是把数据包发送到与集线器相连的所有节点。

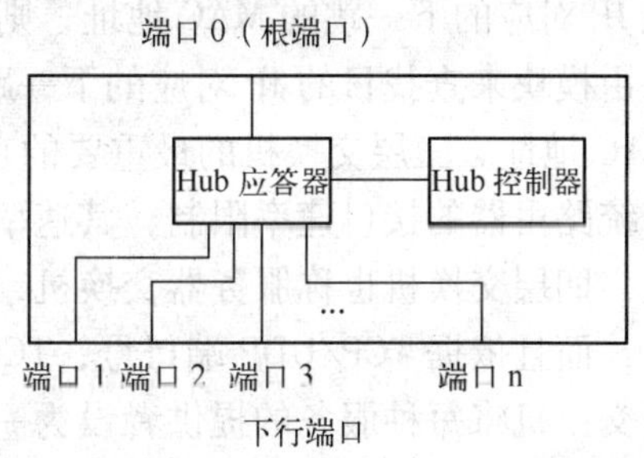

图 10-2　集线器内部结构

3. 网桥

网桥（Bridge）工作在数据链路层，将多个同构或者异构的局域网（LAN）连起来。网间通信通过网桥传送，而网络内部的通信被网桥隔离。网桥检查帧的源地址和目的地址，如果目的地址和源地址不在同一个网络段上，就把帧转发到另一个网络段上；若两个地址在同一个网络上，则不转发，所以网桥能起到过滤帧的作用。

网桥通常有透明网桥和源路由选择网桥两大类。透明网桥不需要改动硬件和软件，无须设置地址开关，无需装入路由表或参数。源路由选择网桥的核心思想是假定每个帧的发送者都知道接收者是否在同一局域网（LAN）上。当发送一帧到另外的网段时，源机器将目的地址的高位设置成 1 作为标记。另外，它还在帧头加进此帧应走的实际路径。

4. 交换机

交换机与网桥类似，它们都基于帧地址进行路由。主要区别在于，网桥一般用在两个或多个网络（如局域网）互联的场景中，而交换机一般用来连接独立的计算机。在使用集线器时，一个集线器所连接的所有网络构成一个冲突域，如两个帧同时到达，则会发生冲突。交换机与集线器不同，每一端口都可视为独立的冲突域，连接在其上的网络设备独自享有全部的带宽，无须同其他设备竞争使用。交换机在同一时刻可进行多个端口对之间的数据传输。如图 10-3 所示，当节点 A 向节点 D 发送数据时，节点 B 可同时向节点 C 发送数据，而且这两个传输都享有网络的全部带宽，都有自己的虚拟连接。

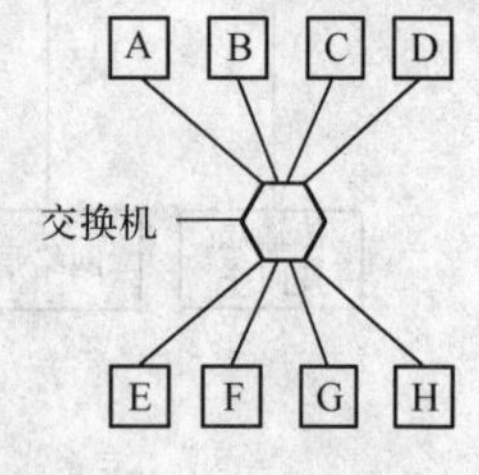

图 10-3　交换机

当交换机收到数据包以后，会查找地址对照表以确定具有目的地址的网卡挂接在哪个端口上，通过内部交换矩阵迅速将数据包传送到目的端口。若目的地址不存在，则广播到所有的端口，接收端口回应后交换机会“学习”新的地址，并把它添加入内部地址表中。

随着技术的发展，交换机也有了较大的改进，其地址表中表项也不再是单一的 MAC 地址，根据参照转发地址的不同，交换机可分为二层交换机、三层交换机和四层交换机。

二层交换机属数据链路层设备，可以识别数据包中的 MAC 地址信息，根据 MAC 地址进行转发，并将这些 MAC 地址与对应的端口记录在自己内部的一个地址表中。

三层交换机在二层交换机基础上加入了路由功能，其地址表中表项包括设备的 MAC 地址和 IP 地址。当收到一个数据包后，交换机查询其目的 IP 地址，如果能从地址表项中找到该 IP 对应的下一跳的 MAC 地址，则依据该 MAC 地址直接从二层进行转发，否则需要通过路由模块来查找目的 IP 对应的下一跳的 IP 地址，再由 ARP 协议获得下一跳 IP 地址对应的 MAC 地址。三层交换机的最重要的功能是加快大型局域网络内部数据的快速转发，突破了传统路由器的接口速率限制，其速率可达几十 Gbit/s。

四层交换机也称服务器交换机，其选择目标地址不仅仅依据 MAC 地址或源/目标 IP 地址，而且依据 TCP/UDP 端口号，TCP 或 UDP 端口地址用来区分应用层的不同协议。在第四层交换机将每种服务的提供者设为一个服务器组，为每个服务器组设立一个虚 IP 地址 VIP（Virtual IP）。例如，在域名服务器 DNS 中存储的服务器地址是 VIP，而不是真实的服务器地址。当某用户申请应用时，一个带有目标服务器组 VIP 的连接请求（如一个 TCP SYN 包）被发给服务器交换机。服务器交换机在服务器组中选取最好的服务器，将目的地址中的 VIP 用实际服务器的 IP 取代，并将连接请求传给服务器。这样，同一区间所有的包将由服务器交换机进行映射，之后就可以在用户和真实服务器间进行传输了。

5. 路由器

路由器（Router）工作在网络层，在不同的网络间存储并转发分组，根据信息包的地址将信息包发送到目的地，必要时进行网络层上的协议转换。路由器是互联网络中必不可少的网络设备之一。

路由器所实现的功能可以分为数据通道功能和控制功能两类。数据通道功能包括转发决定、背板转发以及输出链路调度等，在中高端路由器中一般由特定的硬件来完成；控制功能包括与相邻路由器之间的信息交换、系统配置、系统管理等功能，一般用软件来实现。

路由器是一种负责寻径的网络设备，它在网络中为端到端通信选择一条最佳路径。为了完成“路由”的工作，在路由器中通过路由表（Routing Table）保存着各种传输路径的相关数据，路由表中保存着子网的标志信息、网上路由器的个数和下一个路由器的名字等内容。路由表有静态路由表和动态路由表。两类：静态（Static）路由表是由系统管理员根据网络的配置情况预先设定好的，它不会随未来网络结构的改变而改变。动态（Dynamic）路由表是路由器根据路由选择协议（Routing Protocol）在需要时自动计算出来的最佳路径，会随着网络系统的运行情况而自动调整。

路由器具有处理能力强、高度智能化的优点，对各种路由协议、网络协议和网络接口提供很好支持，其特有的安全性和访问控制等功能是网桥和交换机等其他互联设备所不具备的。在现实生活中，路由器是应用最为广泛的一种网络互联设备，是不同网络之间互相连接的枢纽，构成了整个互联网的骨架。

6. 网关

这里讲到网关不是在网络连接中配置的默认网关，而是一种网络互联设备。网关（Gateway）又称网间连接器、协议转换器。网关在传输层上以实现网络互连，是最复杂的网络互联设备，仅用于两个高层协议不同的网络互连。网关既可以用于广域网互连，也可以用于局域网互联。在使用不同的通信协议、数据格式或语言，甚至体系结构完全不同的两种系统之间，网关是一个翻译器。与网桥只是简单地传达信息不同，网关要对收到的信息进行处理并重新打包，以适应目的系统的需求。同时，网关也可以提供过滤和安全功能。

网关可以设在服务器、微机或大型机上。由于网关具有强大的功能并且大多数时候都和应用有关，通常我们也将其称为应用层网关。网关有多种类型，下面仅列举一些加以说明。

- 电子邮件网关，通过这种网关可以从一种类型的系统向另一种类型的系统发送数据。例如，电子邮件网关可以允许使用 Eudora 电子邮件的人与使用 Group Wise 电子邮件的人相互通信。
- 互联网网关，这种网关允许并管理局域网和互联网间的接入，可以限制某些局域网用户访问互联网，反之亦然。
- 局域网网关，通过这种网关，运行不同协议或运行于 OSI 模型不同层上的局域网网段间可以相互通信。路由器甚至只用一台服务器都可以充当局域网网关。局域网网关也包括远程访问服务器，它允许远程用户通过拨号方式接入局域网。

由于网关的传输更复杂，它们传输数据的速度要比网桥或路由器低一些。正是由于网关较慢，它们有可能造成网络堵塞。然而，在某些场合，也只有网关能胜任工作。

10.1.2　异构网络互联的概念与类型

异构网络（Heterogeneous Network）是指由不同架构的计算机和系统组成的网络，这些计算机系统运行不同的操作系统和通信协议。异构网络互联是指通过使用网络互联设备，将这些不能直接通信的网络连接起来，实现它们之间的信息交互。

异构网络互联有多种分类方式，根据支持移动性不同，异构网络互联包括固定网络、移动网络之间的互联；根据接入类型来分，异构网络互联包括有线网络、无线网络之间的互联；根据无线移动互联网的类型来分，异构网络互联包括 3G 与 WLAN 的互联、Wi-Fi 与 WiMax 的互联等。

10.1.3 异构网络互联的基本问题

在异构网络中，网络类型大不相同，网络中的通信协议和传输性质有着很大差异。为了保证网络互联可以顺利地进行，实施网络互联时通常应当遵循以下两条原则[1]。

1）设计连接两个网络的互联设备时，不要轻易修改其中一个网络的网络结构、协议、硬件和软件。不同的子网在诸多方面存在差异，具体表现在寻址、信息传送、访问控制、连接方式等方面。网络互联为了提供不同子网之间的网络通信，必须采取措施以屏蔽或者容纳这些差异。

2）不能为提高网络之间的传输性能而影响各个子网内部的传输性能。一般来说，从应用的角度看，用户需要访问的资源主要还是集中在本子网内部，因此网络之间的信息传输量远小于网络内部的信息传输量。

网络互联主要应当考虑和解决以下问题[1]。

1）互联的层次问题：在 OSI 模型的哪一层提供网络互联是首先要考虑的问题，它涉及网络互联的各个方面的问题。

2）寻址问题：不同的子网具有不同的命名方式、地址结构，网络互联应当可以提供全网寻址的能力。

3）信息传送问题：网络互联可以在 OSI 模型的不同层进行，各层传送信息的格式不同。例如，物理层传送的是比特流，数据链路层传送的是数据帧，网络层传送的是数据分组等等。实行网络互联时，对应不同的子网，传送的信息是不同的。例如，在网络层实现网络互联，对应不同的子网，分组的称呼、长度、格式和对各种分组的处理时序会有所不同，网络的互联应当具有解决这种分组长度不兼容的能力。

4）访问控制问题：不同的子网采用了不同的访问控制方法，例如，以太网采用 CSMA/CD，令牌总线和令牌环采用令牌控制等，因此，如何使这些采用不同访问控制的网络可以彼此协调，共存于同一个“大”的网络中，是网络互联必须解决的又一个问题。

5）协议转换问题：不同的网络采用的协议是大不相同的，在每层都存在不同类型的协议。例如，在不同的网络中，MAC 帧格式相差很大。不同协议如何共存是网络互联中要解决的重要问题。

6）连接方式问题：不同的网络可能采用不同的连接方式，例如，X.25 网络通常采用面向连接的信息传输，而大多数局域网又提供面向无连接的服务，因此互联网络提供的服务应当屏蔽这样的差异。

其他应当考虑的因素还包括不同子网的差错恢复机制对全网的影响，不同子网用户的接入限制、记账服务、通过互联设备的路由选择和网络流量控制等。

10.1.4 异构网络互联的关键技术

异构网互联的关键就是要使原来不互通的多种网络能够互相联系并进行通信，其本质就是网络协议的互联。常见的网络互联基本方法有直接集成法、协议枚举法和中间件集成法等[2]。

1. 直接集成法

这是一种最为常见的方法，其工作原理如图 10-4 所示。由于建立某个特定网络时只会遇到几种特定的网络协议，要使得这几种网络协议间能互相通信的需求是明确的。使用现有的网络互联设备，如网桥（Bridge）、网关（Gateway），可直接将两种网络连接起来，达到集成的目的。现在众多的集成产品采用这种方法。直接集成法的缺点是通用性差。

2. 协议枚举法

这种方法将多种协议同时保存在一台机器上，其工作原理如图 10-5 所示，在特定情况下运行特定的协议，用手工方式实现运行协议的转变。这种方法的优点是实现非常方便，只需要提供协议的驱动模块，协议之间不存在转换，但要增加协议执行的全局控制。这种方法可以在同一时间只使用一种协议，适合于计算机资源不足或者协议使用有阶段性的情况。

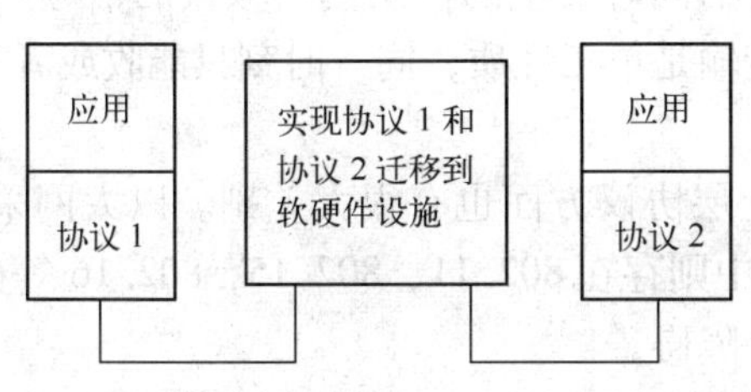

图 10-4　直接集成法的工作原理　　图 10-5　协议枚举法工作原理

这种集成方法的缺点在于由于将协议作为一个不可分割的整体对待，因此处理数据的层次较高，影响系统效率；此外，这种集成方法要求系统管理员或用户能够正确选择恰当的通信协议和处理软件。

3. 中间件集成法

这种集成方法可以看做是协议枚举法的扩展。它把协议看做是有层次差别的，在合适的层次上利用中间件来完成集成功能。其工作原理如图 10-6 所示。中间件集成方法的主要优点是比较灵活，当协议发生改变时，只要更新驱动模块即可。但它的缺点是中间件构造比较困难。从集成软件的执行效率来看，中间件集成法的效率一般要比直接集成法低。

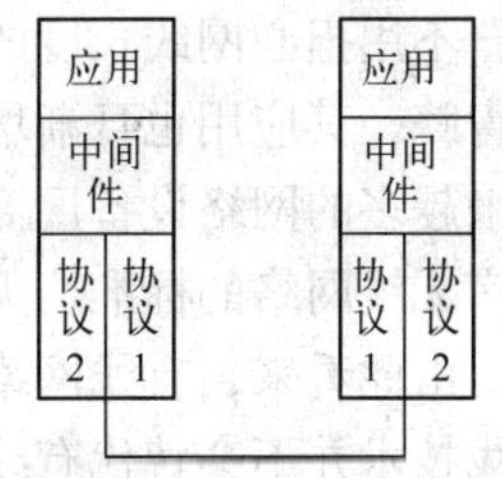

图 10-6　中间件集成法工作原理

10.2　有线网与无线网的互联

对于大多数企业来说，企业中的有线局域网早已建成，而且应用也日趋成熟。伴随着无线技术的飞速发展，许多企业打算采用无线网络技术来扩展自己原有的有线网络，然而，在企业进行无线网络扩展后，经常遇到无线网络如何与有线网络并用的问题，有线网络与无线网络的冲突时有发生，那么，在有线网络的环境下如何更好地扩展无线网络，如何使无线网络和有线网络相得益彰，互相配合，将是本节讨论的主要问题。

10.2.1　有线网与无线网的差别

有线网和无线网差别的根源在于其物理层，由于物理层性质不同导致了上层协议随之而来的巨大差异。有线网中物理连接一般采用双绞线、同轴电缆或光纤；无线网中物理连接一般使用无线电或光波传输。

在带宽方面，有线网可实现 10 Mbit/s，100 Mbit/s，1000 Mbit/s 的带宽，光纤甚至能达到 10 Gbit/s 以上的带宽。相比之下无线网络带宽很小，3 G 只能达到 2 Mbit/s 的带宽，802.11b 支持 11 Mbit/s 的速率，802.11a 和 802.11g 采用先进的物理层编码机制也只能达到 54 Mbit/s 的速率。

在稳定性方面，有线网比无线网具有更大的优势。有的光纤能达到 10E－12 甚至是零误码率通信。而无线网误码率很高，在传输过程中会引起大量的丢包和重传。

除传输速率外，无线传输还面临着更为严重的干扰问题。无线传输使用无线电信号，在整个空间中传输，具有广播的性质，会对邻近的同时发生的使用同一频段的信号产生干扰，导致双方的传输都以失败告终。而且，无线传输是单工性质，同一时刻只能收或者发，不能及时地发现和避免干扰。

由于物理层的不同，有线网和无线网在上层协议方面也有很大差别。以太网采用 IEEE 802.3 标准，令牌环网采用 802.5 标准，无线中则存在 802.11，802.15，802.16 等标准。协议的共存和互操作也是有线与无线融合的一个障碍。

虽然从技术上来讲无线网有一些缺陷，但在应用过程中，无线网却有着很大的优势。无线网络使用方便、投入低廉，无需破坏原有的建筑布局。通过无线，人们可实现随时随地上网，不用担心网线长度的问题和错综复杂的网线连接问题。无线网便捷应用越来越受到人们的青睐，其应用也日渐增加。在学校、家庭、企业……无线网络扮演者越来越重要的角色。越来越多的网络设备厂商也已开始投入到无线网络行业，国际标准组织 IEEE 等也开始大力推广无线网络的标准。无线网络的前景无疑是非常巨大的。

由此看来，有线网络和无线网络之间相互结合、互为补充，才能使企业网络更合理化，无线技术并不会替代有线技术，相反，利用两者的优点，组建更完善合理的企业网络，才是发展的最好途径。

在实际的企业网络布设中，有线和无线的融合还面临以下一些问题[3]。

(1) 有线和无线网络地址分配冲突

对于一般的有线局域网来说，内部都会设置一台 DHCP 服务器，当客户端接入企业局域网时，将会自动接受到来自 DHCP 服务分配的 IP 地址。然而，一般的无线路由产品都在其内部整合了 DHCP 服务，所以当这些无线产品接入网络时，它分配的 IP 地址就有可能和有线网络中的 IP 地址产生冲突。

(2) 无线设备间的冲突

不同企业生产的网络设备是不尽相同的，对于无线产品也是如此。当企业使用不同品牌的无线产品时，可能发生互相影响，进而导致无线通信效果不理想的情况。

(3) 出现有线和无线的盲区

在网络规划过程中，如果没有详细了解企业的网络情况，没有充分考虑无线和有线各自的特点，可能导致在企业网络的某处，出现有线网络没有架设到。无线信号也无法覆盖的情况。

(4) 难于管理

无线网络本身所具有的灵活性、移动性的特点为企业带来了网络接入方面的便利的同时，也给企业整个网络的管理增加了很大的难度。如安全问题，非法接入问题等。

10.2.2　有线网和无线网互联的方法

从上面的比较可以看出，无线网在接入方面比较灵活，但在大数据量传输方面性能较差。为利用彼此的优势，一般使用无线网作为“最后一公里”的解决方案。在用户密集的地区布设无线接入点，形成“热点”，用户通过无线方式连接到接入点，再由接入点将信息传出去。有线可用来作为骨干网，提供稳定高速的数据传输通道。无线接入点可利用有线作为回程连接到 Internet 中。

对于以上提到的企业网中的有线无线互联问题，可通过以下方案进行解决。

上述问题（1）相对来说比较简单，只要在设置无线路由产品的 DHCP 的地址池时注意不要与有线网络的地址池相重合就可以了。对于问题（2），在选购无线产品时尽量选购同一品牌的产品，尽量选择符合国际标准的无线产品或者比较著名厂商的产品。对于问题（3），就要在网络规划初期，对网络状况进行详细的调研，充分了解企业网络的结构，在此基础上再部署无线产品，避免网络盲区的产生。对于问题（4），就要加强对无线客户端的登记注册制度，同时，采用无线有线一体化的网络管理软件，如思科的 CiscoWorks WLSE 2.0，来协助网络管理员管理有线和无线融合的网络。

10.3　固定网和移动网的互联

在传统网络中，固定网和移动网是分别发展的。固定网，如传统以太网，其目的是为用户提供高速的网络接入和各种业务。移动网，如蜂窝网，其最初的目的是为用户提供随时随地的接入服务和支持用户的移动性，主要业务流为语音数据。其他无线网络，也为用户移动提供了一定的支持，WLAN 支持用户在小范围内的移动，802.11 还成立了专门研究节点快速切换工作组 802.11r。WiMAX 覆盖范围较大，可为用户提供较大范围的移动性支持。为了使无线网络更好的支持移动性，IEEE 成立了 802.20 工作组 NBWA，可支持高达 250km/h 的高速移动节点的接入。

10.3.1　固定和移动网融合的需求

随着网络技术的发展，用户对固定网和移动网的融合提出了更迫切的要求[4]。从用户角度来说，首先，固定网和移动网融合可将两种网络中的服务融合起来，大大扩充服务类型。其次，用户访问服务将更加便捷。目前，大多数用户同时拥有多种类型的通信工具，如固定电话、移动手机、PDA、PC 等。通过固定网和移动网的融合，用户可以通过同一终端获得各种固定、移动业务，获得更多的便利。第三，固定网和移动网融合可以给用户带来更好的业务体验。用户通过各种接入手段获得业务，从而获得无处不在的业务体验。当多种接入方式并存时，用户还可以根据业务需求选择资费更低、QoS 更好的接入方式。

对运营商来说，首先，固网和移动网融合可以提升用户的业务体验，增加用户对网络的忠诚度，吸引和留住用户。其次，融合将有助于运营商降低网络建设、业务开发、运营维护以及营销服务成本。融合使得运营商可以在网络建设阶段统筹规划，充分利用现有资源，降低投资成本；在网络运营中，充分发挥融合网络的层次化、模块化、简单化和集中化的优势，大大降低网络的业务开发难度和运营维护成本。第三，融合将有助于实现固定和移动在网络和业务方面的优势互补，发挥综合优势，进而扩大总体用户规模和业务量。第四，融合将有助于运营商扩大业务的广度和深度，更加快速、方便地提供多样化、综合化和差异化的业务。

10.3.2 固定网和移动网互联的方法

固定网和移动网的互联又称 FMC（Fixed-Mobile Convergence），FMC 是指网络的业务提供与接入技术和终端设备相独立。FMC 的目的是使用户通过不同的方式接入网络，享受相同的服务，获得相同的业务。例如，在办公室或家里使用固定网络进行通信，而在户外，则通过无线/移动网络进行通信。同时，FMC 也可保证用户在固定网络和移动网络之间能够进行无缝漫游。

FMC 融合技术涵盖了终端、接入、承载、控制、业务和运营支撑在内的网络各个层面。通过网络不同层面的融合，可以满足不同角度的特定融合业务需求；对某一类融合业务，也可能同时存在多种融合技术[4-6]。

1. 业务的融合

从网络的角度看，业务层面是与具体网络相独立的一个层面。业务的融合是移动和固定网络融合的最终目的。业务的融合指为固定接入方式和移动接入方式提供统一的接入服务，使用户可以通过不同的接入手段体会到相同的业务。

业务层融合不仅可以实现业务的跨网使用，给用户带来更丰富的业务，同时也改变了业务的运营和管理模式。从长远看，这种融合有利于运营商降低业务开发和部署的成本，加快业务提供速度，提高网络运行效率。

2. 控制层融合

控制层提供呼叫的控制功能，包括呼叫建立、路由选择和资源管理等功能。随着网络的不断演进，软交换技术先后被引入到固网和移动网络，实现了控制、承载和业务的分离。移动和固定软交换在本质上是一样的，其控制层的功能都主要由软交换服务器完成。控制层面的融合是移动网络和固定网络 NGN 融合的核心内容，也是最大的难点，但只有实现了控制层的融合，固定网络和移动网络才称得上是真正的融合。

移动网和固定网基于 IP 传输层的融合，使得其上层控制层的融合成为可能。在移动网络中，控制层功能实体包括电路域的 MSC Server，IMS 中的各种 CSCF，MRFC 等。在固定软交换网络中，控制层功能实体包括 Call Server 和 SIP Server 等。

3. 传输层融合

传输层是指为上层业务提供公共承载的网络层面。移动网和固定网在传输层的融合，是控制层、业务层融合的前提和基础。幸运的是，对于传输层来说，移动网和固定网的网络需求基本上是一致的，都采用了以 IP 协议为基础的网络，因此，传输层的融合主要体现为 IP 承载网的统一，而这个层面的融合已取得了一些成果。

不论是固定网络还是移动网络，不论是数据业务还是语音和信令业务，都可以基于 IP 承载。目前，几乎所有的运营商在考虑网络演进时，都是朝着全 IP 方向进行的。

4. 接入层融合

接入层是指为用户提供接入的网络层面，接入层网络分为两种类型，即固定接入和移动接入。固定接入方式主要包括固定有线接入和固定无线接入，固定有线接入包括 XDSL（如 ADSL，SDSL 等）、光纤（如 BPON，EPON，GEPON）、以太网等；固定无线接入包括 WLAN，WiMax 等。移动接入方式主要包括蜂窝接入方式（包括 GSM、CDMA、WCDMA、TD-SCDMA 等）和卫星接入方式。

总体来看，在接入层面多种接入方式将长期共存，满足用户的不同需求。接入层的融合应能够体现固定接入方式和移动接入方式的互补，发挥各自的优势。共同为用户提供“无处不在”的业务体验，向用户提供高质量、低价格的服务。

实现接入层融合的主要设备是网关，但是移动媒体网关和固定媒体网关实现的功能需求差别比较大。为此，对于媒体网关的融合可以分为两步走，第一步实现同种媒体网关之间的互通；第二步实现媒体网关的融合。

5. 终端的融合

终端是用户获取业务的设备，与用户的业务体验密切相关，融合终端的业务能力与具体的方案密切相关，甚至需要运营商参与业务定制，这是融合终端的一个难点。融合终端的便利性、多功能、个性化和专业化也是考虑的重要因素。

融合终端的实现主要体现为双模终端和多模终端，使用此终端用户可以根据需要接入固定网络或移动网络享受融合的业务，而且网络本身也能智能地为用户的接入方式做出最佳选择。

6. 支撑系统融合

运营支撑系统包含业务支撑系统 BSS、运营支撑系统 OSS、管理支撑系统 MSS 3 大部分。MSS 系统是从企业管理的层面出发，对 MSS 来说移动业务与固定业务并没有本质的差异，因此固定网络和移动网络在 MSS 上的融合是理所当然的。BSS 系统主要包括了客户关系管理系统 CRM、计费账务结算系统、网络管理系统和资源管理系统等。为了支撑融合业务的开展，BSS/OSS 也必将向融合方向发展。

总之，融合的支撑系统不仅能给用户带来更多的方便，也能给用户提供更多的实惠，增加用户的忠诚度。它是全业务运营商的重要优势，也是全业务运营商应该首先向用户提供的服务。

10.4　异构无线网间的互联

无线网络类型多种多样，这些服务有着不同的时延、带宽、和误码率的要求。现在已有的无线网络包括蓝牙、无线局域网 WLAN、无线城域网 WMAN、通用移动通信系统（Universal Mobile Telecommunication Systcm，UMTS）和卫星网络等。这些网络是针对不同需求设计的，有着不同的带宽、时延、覆盖范围、开销和 QoS 保证。各种无线技术比较见表 10-1。卫星网络能提供全球覆盖范围，但是开销很大，延时很大。3G 能提供大的覆盖范围，开销较低，但速率只有 2 Mbit/s。WLAN 能达到 54 Mbit/s 甚至更高的速率，但只能覆盖较小的范围和支持较少的移动性。

表 10-1 各种无线技术的比较

名 称	速 率	标 准	覆盖范围	优 点	缺 点
WPAN	100 kbit/s	IEEE 802.15	10 m	能耗低，廉价	带宽小
WLAN	11 Mbit/s，54 Mbit/s，100 Mbit/s（11n）	IEEE 802.11	<250 m	高速、廉价	覆盖范围小
WMAN	10 ~ 100 Mbit/s	IEEE 802.16	<50 km	高速、覆盖范围大	费用高
3G	2 Mbit/s	WCDMA，CDMA2000，TD-SCDMA	km 级	覆盖范围大、移动性支持好	速率低、布设时间长，费用高
卫星网络	10 kbit/s		10^5 km	覆盖范围大	速率低、布设时间长，费用高

无线通信技术种类繁多，在给用户带来方便的同时也引入了一些新的问题，用户需要在不同的网络间进行切换，以获得更加便宜更加高速的网络服务。这需要同时携带多个不同的无线通信终端，运营商需要建立不同的网络，导致网络效用的降低。而且没有一种无线系统能同时提供低延时、高带宽、大的覆盖范围和低的开销。为此，学术界和产业界都对异构网络互联投入了许多精力，并制定了相关标准，也提出了许多新的技术。

10.4.1 异构无线网络互联的相关标准和技术

在异构无线网络互联的标准方面，IEEE 成立了一个专门处理网络切换的工作组 IEEE 802.21，目的是让用户在使用网络时，能跨越多种异构网络实现无间断的连接，在 Wi-Fi、WiMAX 及 3 G 网络之间能进行无缝切换。此外，还有许多与此标准具有类似功能的技术，如 UMA 和 WiOptiMo 等。

1. IEEE 802.21 简介

IEEE 802.21 工作组始于 2004 年 3 月，目前已有 30 多个公司加入了该工作组，它支持同构网络和异构网络间的无缝切换，也被称作媒介独立切换 MIH（Media Independent Handover）服务[7]。该标准可采用不同的机制在 3G、IEEE 802.11、802.16 和蓝牙等接入技术间的切换。

在 IEEE 802.21 标准中，假设移动节点（Mobile Node，MN）为多模节点，可以支持以下多个网络接口标准。

- 基于有线类型，如以太网的 802.3 标准。
- IEEE 802.xx 家族，包括 802.11、802.15、802.16、802.20。
- 其他的蜂窝通信的空中无线接口：3GPP、3GPP2。

在 802 标准家族中的切换有 802.3、802.11、802.16 异构网络之间的切换以及 802.11 网络之间通过（Extend Service Set，ESS）的切换。该标准也提供 802 标准和非 802 蜂窝网络（如 3GPP 和 3GPP2）之间的快速切换方法，主要有 802.3/802.11/802.16 与蜂窝网络之间的切换。

IEEE 802.21 标准的主要功能如图 10-7 所示，其工作在 2.5 层，位于各标准的 MAC 上，并将各种不同的 MAC 层向上统一为一个接口，可从二层获得触发事件或者信息来完成不同的切换进程。IEEE 802.21 对物理层、MAC 层以及上层实体，如 Mobile IP，都分别定义了业务接入点（Service Access Point，SAP）。IEEE 802.21 主要包括智能促发、切换消息和信息服务 3 个功能模块。智能促发的目的是为了减少链路切换时连接中断的时间；切换消息用来发送切换的命令，在 802.21 中，切换决定是由客户和网络合作做出的；信息服务将发现的网络信息提供给上层，以帮助其做出切换决定。

2. 其他类似技术

无授权移动接入技术（Unlicensed Mobile Access，UMA）由诺基亚等公司于 2004 年 1 月提出，其主要目的是开发一个新的技术标准，将 GSM 语音和 GPRS 数据服务延伸到蓝牙和 Wi-Fi 等无授权频谱。从 2005 年 6 月 19 日起，UMA 被并入 GAN 工作组下的 ETSI 3GPP 标准进程中[8]。

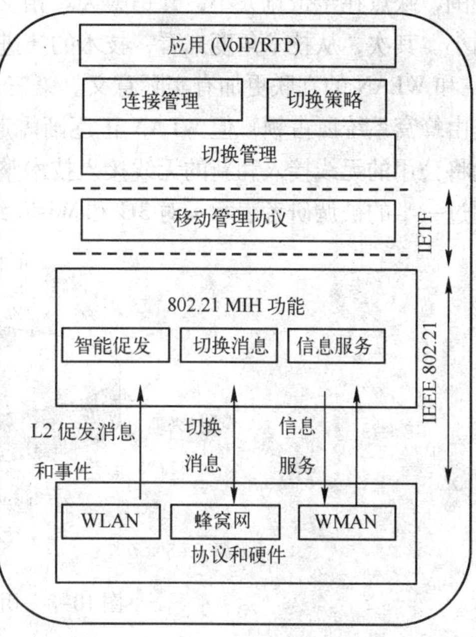

图 10-7　IEEE 802.21 的功能模块

UMA 是利用 ISM 频段的无线接入技术。对于移动运营商来说，UMA 可以提供经济的室内覆盖，通过将室内的移动话务从 GSM 无线网络旁路到低成本的 Wi-Fi 网络上，可以节省在 GSM 频谱上的投资和蜂窝网络的运营成本，从而可以将授权频谱和资金运用到更需要扩充容量的区域。同时，借助 Wi-Fi 网络，UMA 增大了数据业务的带宽，可以提供更多的流媒体、视频和互动游戏等增值数据服务。对固网运营商来说，UMA 更是救命稻草，采用无需申请的免费 IMS 频段，成功地在移动网络中分得一杯羹[9]。IEEE 802.21 和 UMA 的比较见表 10-2。

表 10-2　IEEE 802.21 与 UMA 的比较

	IEEE 802.21	UMA
提出时间	2004 年 3 月	2004 年 1 月
支持者	英特尔	诺基亚
面向网络	Wi-Fi，WiMAX，3G 等	WLAN，GPS/GPRS 等
技术特点	独立于介质	利用 ISM 频段
标准复杂度	复杂度高	简单
所需层次或协议支持	PHY，MAC 层无修改， 无需上层新的移动协议支持	定义了新的网络元素和网络接口
安全性	安全性映射方案	定义了安全网关
目标及成本	目标长远，成本较高	目标较实际，成本低
进展	2007 年下半年定案，商用日期不明	英国电信，诺基亚已初步试验成功

WiOptiMo（Wireless Optimizer of Mobility）是一种为移动用户提供网络接入的技术[10]。可使用户能从可用的网络中选择一种最好的有线/无线接入方式，在某一信号比较弱或者没有的时候仍能保证应用的持续性，并能提供用户在不同接入技术间的无缝切换[8]。

10.4.2　3G 与 WLAN 的互联

3G 和 WLAN 的互联有多方面的推动因素。首先在于其互补性，3G 的优点在于其大的覆盖范围，缺点在于带宽太小，开销太大。相反，WLAN 能以小的开销提供高的带宽，但是覆盖范围小。其次，从技术角度来看，技术的演进使得可以在移动设备上配置多种无线技术。这使得 3G 和 WLAN 的互联更加有实际意义。第三，从市场角度来看，目前大部分公用无线接入市场是由蜂窝系统所占领，但 WLAN 正逐渐崛起成为一种新的无线接入方式，市场的需求也在推动将公用的无线接入和新的无线接入技术整合起来。2007 年 In-Stat 调研的 709 名手机用户中，超过一半的被调研者表示了对 3G 和 Wi-Fi 结合的手机感兴趣，如图 10-8 所示。

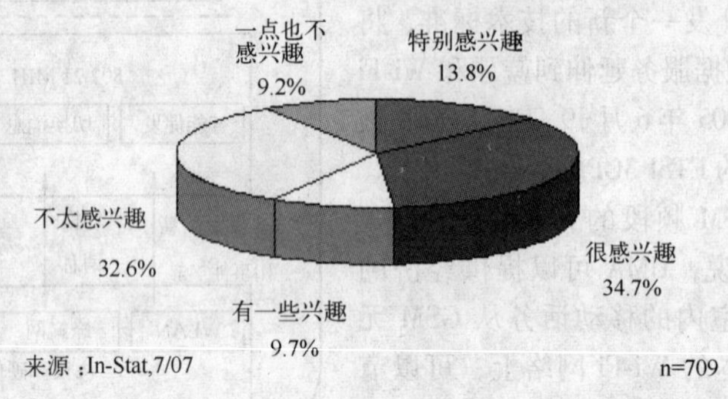

图 10-8　用户对多模手机的态度

1. 基本机制

为将 3G 与 WLAN 整合起来，3GPP 提出了两种主要的将 3G 和 WLAN 整合起来的机制[11]，松耦合和紧耦合。紧耦合机制中，对 3G 核心网来说，WLAN 是一种 3G 接入网技术。移动节点必须同时配置 3G 和 WLAN 的网卡，节点上必须同时支持 3G 和 WLAN 的协议栈。其优点在于对 QoS 和时间敏感的应用支持得更好。缺点在于开销更大，复杂度更高。需要 3G 和 WLAN 属于同一无线运营商，需要修改客户端。由于 WLAN 比 3G 带宽大，大量的 WLAN 数据流会给 3G 核心网造成问题。

在松耦合机制中，不同网络独立布设，数据流在不同网络中独立传输。松耦合具有开销小，复杂度低的优点。不同技术的数据流和网络相互独立，对网络和移动设备修改较小。但切换延时大，丢包率高。

紧耦合和松耦合各有优缺点，且有互补性，将两者进行融合也是 3G 和 WLAN 互联的一种解决方案。

2. 普适移动通信架构 AMC

I. F. Akyildiz 等人提出了将 3G 和 WLAN 进行互联的普适移动通信架构（Architecture for Ubiquitous Mobile Communications，AMC）[12]，如图 10-9 所示。AMC 使用了第三方实体 NIA（Network Inter-operating Agent）来将各种网络整合起来，减少了直接从层间交互（Service Level Agreements，SLA），使用 IP 实现异质系统间的透明性。在 AMC 中定义了网络互操作代理（Network Interoperating Agent，NIA）和互操作网关（Interworking Gateway，IG）两种实体。NIA 作为第三方实体，位于 Internet 中；IG 作为是一个特殊的网络和 NIA 相连的网关，位于该网络内。每个网络无需和其他所有网络互联，只需和 NIA 相连即可。具有很好的可扩展性。

NIA 组成部分如下。

- 认证单元。用来为在不同系统间移动的用户进行认证。

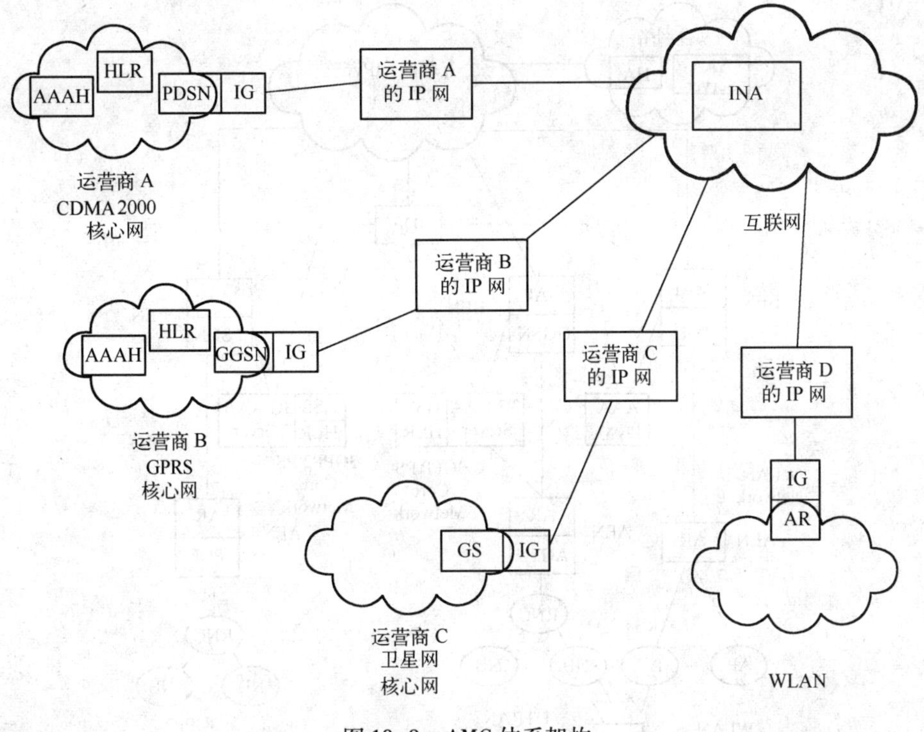

图 10-9 AMC 体系架构

- 计费单元。处理不同系统间计费问题。
- 切换管理单元。用来决定是否可以进行系统间切换 ISHO（Intersystem Handover）以及决定最好的可用网络。

IG 组成部分如下。

- 移动管理单元。完成类似于 MIP 中 FA 的功能。其中还有无缝漫游模块能处理系统间的无缝切换。
- 流量管理单元。用来检测流量，对不同的服务提供商该单元可能不同。
- 认证单元和计费单元。完成漫游用户的认证和计费功能。

但是，AMC 中没考虑 QoS 保证机制，且需要在网络中额外布设 NIA 和 IG，增加了开销。

3. 整合的系统间体系结构 IISA

已有的网络互联仍有一些缺陷，最大的问题是缺乏 QoS 保证和不支持无缝漫游。Christian Makaya 等人提出了一种新的体系结构 IISA（Integrated Intersystem Architecture），该架构基于 3GPP/3GPP2，能将不同网络进行整合和互联并隐藏它们之间的异质性[13]。

IISA 体系结构如图 10-10 所示，基于自适应松耦合模型。其中，不同接入网络被认为是对等（Peer）网络。IISA 使用层次结构，基于 IPv6，使用了移动 IPv6 和层次化移动 IPv6 的功能。在不同网络间引入了一种新的实体 IDE（Interworking Decision Engine）。IDE 用来处理不同网络间的信息交互和处理切换过程。网络运营商只需和 IDE 建立服务连接 SLA 即可，IDE 服务可看做运营商为客户漫游提供的增值业务。如有必要，IDE 可以和其他 IDE 进行协商。

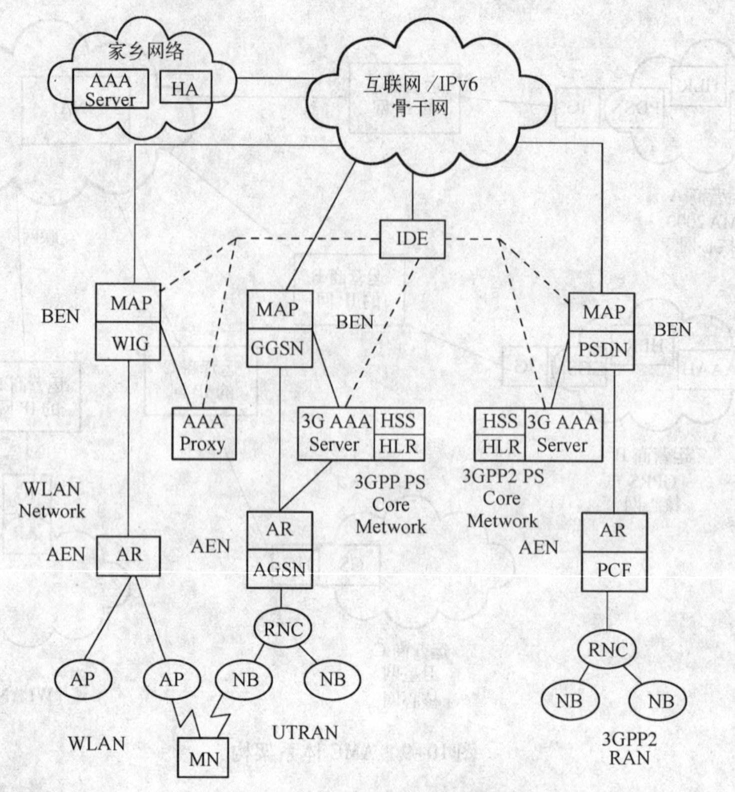

图 10-10　IISA 体系结构

为了能提供基于 IPv6 的移动性管理，3G 中的一些实体功能需要增强。SGSN 需要增加接入路由器 AR 的功能，称为 AEN（Access Edge Node）；GGSN/PSDN 需扩展移动锚点 MAP（Mobility Anchor Point）和网络互操作功能，称为 BEN（Border Edge Node）。BEN 包含所有 AR 的信息，如 IP 地址，网络前缀等。WLAN 互联网关 WIG 负责路由策略抉择和消息格式的转换。

在认证方面，需要在 3G 中本地注册 HLR 或家乡客户服务器 HSS 与 WLAN 中 AAA 服务器间进行映射。在 IISA 中，认证是通过将 AAA 协议和内容转换或基于 Token 的机制结合起来实现。

为了减少 IDE 负载，IDE 只处理系统间交互的信息，只处理控制信号，数据包不通过 IDE。数据流通过 BEN 来处理。因此，IISA 可提供好的可扩展性，能简化网络间交互。

10.4.3　Wi-Fi 与 WiMAX 的互联

Wi-Fi 采用 IEEE 802.11 为标准，主要用于 WLAN，目的是为了提供短距离内高速的无线接入。Wi-Fi 最早出现于 20 世纪 90 年代晚期，发展历史较长，产生了一系列的相关标准，各项技术发展得比较成熟。

WiMAX 是无线城域网技术，主要标准为 IEEE 802.16，是针对微波和毫米波频段提出的一种新的空中接口标准[14]。其目的是解决无线宽带“最后一公里”的接入方案而设计的。WiMAX 发展较晚，802.16a 规范于 2003 年才被 IEEE 批准，2004 年公布了 802.16 -

2004 标准，2006 年支持移动性的 802.16e 获得了批准，推动 WiMAX 技术得到了进一步的发展。

1. Wi-Fi 与 WiMAX 的比较

从市场角度来看，Wi-Fi 具有更大的优势，目前基本所有的笔记本电脑都支持 802.11。在此基础上，Wi-Fi 也逐渐向其他数码产品扩散，市场研究机构 IDC 预测，2004 年仅 1% 的消费电子产品拥有 WLAN 功能，到 2008 年，13% 的消费电子产品将带有 WLAN 功能，市场中将有 8100 万个具备 WLAN 功能的产品，占所有 WLAN 半导体出货量的 21% 左右。其中，2008 年 WLAN 在游戏机领域中的出货量由 2004 年的 200 万个增长到 5500 万个；DVD 领域由 100 万个增长到 900 万个；数字电视领域使用了 900 万个 WLAN 模块。WiMAX 产品仍然很有限，其芯片供应不足仍是一个重大的问题，WiMAX 的市场前景仍有待验证。

在布设价格方面，Wi-Fi 更加廉价。Wi-Fi 覆盖范围较小，一般的 AP 只能覆盖 100 m，实际使用体验大部分是 30 m 之内，所以功率比较低，AP 价格低，一般家庭用几百元就可以，就是单位和较大场所使用的增强型 AP 不过几千元。但 WiMAX 要实现较大范围的覆盖，必然需要建设更多的基站，而建设成本也会居高不下。

但是 WiMAX 在覆盖范围，传输距离方面有着自己的优势。从覆盖范围来看，Wi-Fi 只能覆盖百米以内的距离。WiMAX 覆盖范围可达千米量级。根据使用频带高低的不同，802.16 系统可分为应用于视距和非视距两种，其中使用 2 ~ 11 GHz 频带的系统可以应用于非视距（NLOS）范围，而使用 10 ~ 66 GHz 频带的系统应用于视距（LOS）范围。NLOS 的覆盖范围最远可达 50 km。

在移动性支持方面，WiMAX 论坛给出 WiMAX 技术的 5 种应用场景定义，即固定、游牧、便携、简单移动和全移动。在全移动应用场景下，用户可以在移动速度为 120 km/h 甚至更高的情况下无中断地使用宽带无线接入业务。

2. Wi-Fi 与 WiMAX 互联的方案

从前面比较可看出，WiMAX 的优势在于大范围网络接入和对移动性的支持。Wi-Fi 的优势在于其技术的成熟性和终端节点的广泛使用。两者具有很好的互补性。在互联方面，WiMAX 可以为 Wi-Fi “热点” 提供回程，有利于 Wi-Fi “热点” 的广泛部署；WiMAX 技术能够提供足够的带宽，可实现无缝移动和三合一服务，包括高速数据、长话质量语音和多媒体内容。

802.16 和 802.11 有共同工作的频段，在物理层支持相似的基于 OFDM 的传输机制。在 MAC 层二者的区别较大，802.16 支持基于帧的、中心控制的协议，802.11 支持基于竞争和非竞争的媒体接入。Berlemann. L 等人提出了一种将 802.16 和 802.11e 互联的方案[15]。802.11e 增强了 802.11 的 MAC 层，增加了对 QoS 的支持。文中将 802.16 中使用的基站 BS 和 802.11 中的混合调度器（Hybrid Coordinator，HC）整合在一个实体中，称为 BSHC。BSHC 可同时工作在 802.16 和 11 两种模式。网络的互联是通过将 802.11 传输整合到 802.16MAC 帧中，在两个 802.16MAC 帧之间会有一段优化的基于竞争的传输时间。

超帧包括两大部分，一部分是非竞争传输；另一部分是可选的基于竞争的传输，图 10-11 显示了非竞争传输部分的格式。非竞争传输以 Beacon 为开始，以 CF-END 为终止，分为上下行两部分。Beacon 中包括非竞争期待开始时间、802.11 传输时间限制和 EDCA 参数。类似的，前缀（Preamble）和 FCH 用来控制 802.16 的传输。在上下行中，802.11 传输是加在 16 传输（DL/UL Burst）中进行，如图中，DL/UL Burst2 被 11 传输代替。上行中，

802.11 传输部分有 BSHC 进行轮询。竞争传输期主要是为 802.11 设计的，期间为保证 802.16 传输不被中断，BSHC 必须保证某一段时间没有 802.11 信息需要传递，这在 802.11e 中可以实现，但在 802.11 中无法实现。

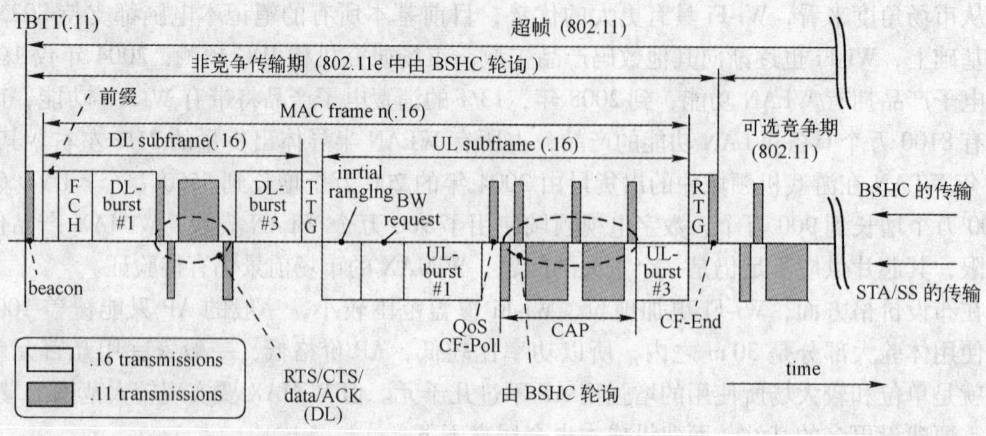

图 10-11　非竞争传输部分的格式

除此之外，还有学者对其他无线网络的互联做了研究。F. D. Priscoli 等人提出了将卫星网络和陆地网络整合起来的方法[16]。在 AMART 项目中，使用了一种新的体系结构将异质无线网结合起来[17]。其中用到了基本接入网和常用核心网两种网络，分别用来传输信号和数据。具有很好的可扩展性。

10.5　本章小结

用户需求的发展是促使网络互联的最重要因素。对于用户来说，并不关心自己是通过何种方式接入到网络中，对他们来说最重要的是能享受到网络中丰富多样的服务，而这些服务可能存在于不同的网络中。网络运营商最好能为用户提供一种无感知的接入到任何网络的可能性，这就促进了异构网络的互联。

但是，异构网络的基础设施是大相径庭的，它们的传输速率、稳定性、覆盖范围等有巨大的区别，协议栈也不相互兼容。给异构网络互联带来很大障碍。目前在异构网络互联方面已取得了一些成就，国际标准组织也推出了一些新的规范来帮助异构网进行互联。但是，异构网互联技术还不成熟，在实际应用中样例还很少，异构网互联技术仍需进一步地研究。

在异构网互联方面，还有一个重要的问题就是在异构网间的切换。异构网切换又称垂直切换，是相对于同构网络切换提出的。当用户从一种网络漫游到另一种网络后，为保证上层服务部终端，必须做到无缝切换。异构网间切换大致可分为网络发现、切换抉择和切换。网络发现是指移动节点通过在多个无线接口上进行检测，发现可用的网络。切换抉择是切换最关键的环节 3 步，根据网络发现的信息和自身需求决定是否要切换到另一更好的网络，其中要避免不停地在各个网络间切换的“乒乓”效应，这部分是切换研究的热点内容。如发现有更好的网络可用，则促发切换过程并切换过去。在切换中，会出现切换延时大和丢包现象，这些都是有待研究的问题。

下一代无线网络（Next Generation Wireless Network，NGWN）需要各种无线网络有效地

进行互联，世界各国已投入许多精力在这方面进行研究开发。NGWS 的目的是使用户在任何时刻都使用最佳的通信方式来进行通信。NGWS 可以保持各种无线网络的优势，如卫星网络的全球覆盖、3G 良好的移动性支持和 WLAN 的高速低开销的传输，同时能减少各种网络的缺点，当 3G 和 WLAN 都可用时，可选择使用 WLAN 来传输；当用户移出 WLAN 时，可通过 3G 来处理移动性；当没有 3G 也没有 WLAN 时，可使用卫星网络来进行通信。

总的看来，异构网络互联是网络发展的必然趋势，具有很高的研究价值和广阔的应用前景。

10.6　习题

1. 网络互联是网络发展的必然趋势，根据互联子网性质不同可分为同构网络互联和异构网络互联，请举例说明实际生活中哪些网络是同构互联网，哪些是异构互联网。

2. 在不同的网络层次上，有着不同的网络互联设备。请问集线器、网桥、二层交换机、三层交换机、路由器和网关各工作在网络的哪一层上，它们各有什么作用？

3. 假设有 3 台电脑 A，B，C，其操作系统为 Linux，A，B 上各有一块网卡，C 上有两块网卡，A 的地址为 192.168.6.6，B 的地址为 192.168.8.8。在没有外部网络的条件下，如何利用 C 将 A 和 B 连接起来。请给出你的设计和解释，此时 C 相当于哪种网络互联设备？

4. 异构网络互联需要将不同性质的网络连起来，在此过程中会碰到哪些问题？有哪些解决方法？

5. 协议枚举法和中间件继承法是异构网络互联的两种关键技术，都支持底层有多种协议的情况。请问这两类技术有什么区别和联系，各有什么优缺点？

6. 在一个企业中，既有与互联网相连的局域网，也有无线局域网。现在要你设计一种方案将这两种网络连接起来，你认为在此过程中可能会碰到什么问题？为解决这些问题，你需要哪些设备和软件？

7. 网络可分为固定网和移动网，固定网节点位置从逻辑上来说是不动的；移动网中节点位置从逻辑上来说会发生变化，并会导致网络拓扑的变化。请问这两类网各有什么特点？

8. 普适移动通信架构 AMC 是一种将 3G 和 WLAN 进行互联的框架结构，其中包含 NIA 和 IG 两种重要的实体。这两类实体各有什么作用？在实际应用中，需要将它们布设在哪些实体上？

9. 本章中介绍了两种典型的 3G 和 WLAN 互联的网络架构，即 AMC 互联架构和 IISA 互联架构，请仔细比较两种架构，并说明其中哪些实体的功能是一致的，哪些实体的功能是某种架构所特有的？

10. Wi-Fi 和 WiMAX 是两种典型的无线接入技术，两者的应用具有很强的竞争性和互补性，请说明它们各适应于什么环境？如果要将使用这两种技术的网络连接起来，需要考虑什么问题，有哪些解决方法？

参考文献

[1]　滁州学院网上教室．第五章 网络互联技术[EB/OL]．http://learn.chzu.edu.cn/wskc/

2005jingpin/xxzx/jpkc/wskj/ja/051. htm.
[2] 汪芸,顾冠群,谢俊清. 异构网络集成方法研究[J]. 计算机研究与发展,1997,34(3).
[3] 《网管员世界》编辑部. 有线和无线的融合[J]. 网管员世界,2006(4):39.
[4] 固定网和移动网融合分析[EB/OL]. http://www. chinatelecom. com. cn/tech/08/02/03/t20060419_9416. html. 2006.
[5] 固定和移动网一步步走向融合[EB/OL]. http://www. ctiforum. com/forum/2005/12/forum05_1206. htm. 2005.
[6] 固定和移动网络的融合趋势[J]. 北京电子,2005,(10):22-23.
[7] IEEE 802. 21. http://www. ieee802. org/21/.
[8] IEEE 802. 21[EB/OL]. http://en. wikipedia. org/wiki/IEEE_802. 21.
[9] 网络无缝融合技术:802. 21 标准和 UMA[EB/OL]. http://hi. baidu. com/techson/blog/item/19bae3d3b9e82e37960a16fb. html.
[10] Wioptimo. http://www. wioptimo. com/wioptimo/index. jsp.
[11] 3GPP TS. 3GPP System to WLAN Interworking; System Description (Release 6)[S]. 3GPP TS 23. 234 v6. 3. 0, 2004.
[12] I F Akyildiz, S Mohanty, J Xie. A Ubiquitous Mobile Communication Architecture for Next-Generation Heterogeneous Wireless Systems[J]. IEEE Commun. Mag., 2005, 43(6):S29-S36.
[13] Christian Makaya, P Samuel Pierre. An Interworking Architecture for Heterogeneous IP Wireless Networks[C]//Proceedings of the Third International Conference on Wireless and Mobile Communications, 2007(ICWMC'07),2007.
[14] WiMAX 技术标准及其应用前景[EB/OL]. http://www. pinsou. com/news/2007-3-16/20073161720361409. htm.
[15] Berlemann L, Hoymann C, Hiertz G R, et al. Coexistence and Interworking of IEEE 802. 16 and IEEE 802. 11(e)[C]// IEEE 63rd Vehicular Technology Conference, 2006 (VTC 2006),2006:27-31.
[16] F D Priscoli. Interworking of a Satellite System for Mobile Multimedia Applications with the Terrestrial Networks[J]. IEEE JSAC,1999,17(2):385-394.
[17] P J Havinga, et al. The SMART Project: Exploiting the Heterogeneous Mobile World[C]// Proc. 2nd Int'l. Conf. Internet Comp., 2001:346-352.
[18] Andrew S Tanenbaum. 计算机网络[M]. 4 版. 潘爱民,译. 北京:清华大学出版社,2004.

第 11 章　无线移动互联网的应用

近些年来，在综合运用无线移动互联网的基本原理和关键技术的基础上，结合具体的工程设计、实现与组网，无线移动互联网在很多领域的应用都取得了成功。前面探讨了无线移动互联网的接入方式、组网方式、移动 IP 机制、无线 TCP 传输机制、QoS 机制、安全机制以及互联机制，本章重点探讨无线移动互联网的应用与实现。

本章 11.1 节是无线移动互联网应用的概述；11.2 节则是介绍无线移动互联网的主要应用场景；11.3 节阐述无线移动互联网的组网工程，主要介绍在工程实施时存在的问题，以及相应的解决方案；11.4 节介绍无线移动互联网应用的一个典型案例，中电华通通信有限公司开发的无线北京项目，该部分对该系统的设计与实施进行详细介绍；11.5 节进行总结并对未来研究方向加以展望。

11.1　引言

无线移动互联网是指，使用微波、光波、红外线等电磁波作为传输介质，通信设备的相对位置关系随时改变并且网络的拓扑结构随时改变的互联网。常见的无线移动互联网的组网方式包括移动自组织网络、无线传感器网络和无线 Mesh 网络。

目前，我国互联网用户有 2 亿 1 千万，移动电话用户有 5 亿 4 千 7 百万，随着人们对信息的需求不断增长，人们要求随时随地获得所需要的信息，互联网技术和移动通信技术的发展所产生的无线移动互联网使得这种需求成为现实，无线移动互联网将成为未来具有广阔市场的信息产业，从而备受产业界和科研界的关注。目前，基于无线应用协议（Wireless Application Protocol，WAP）提供无线移动互联网服务的网站已超过 8 万个，这些网站提供的服务包括网站的浏览、移动搜索、移动电子邮箱、移动娱乐、移动视频、移动导航等[1]。其用户也已达到了 5 千万，基于无线移动互联网的电信增值业务的收入已经接近电信总收入的 30%。可以预见，无线移动互联网未来将获得广阔的应用，未来的世界是一个无线移动互联网的世界。

无线移动互联网的运营模式包括无线移动互联网运营商（Wireless Internet Provider，WISP）的有偿服务模式、无线移动互联网运营商的广告模式、政府独营模式和合作社模式 4 种。在有偿服务模式下，运营商在公共场所架设基站，用户可以选择包月或者包年的套餐服务，也可以选择按时间或流量计费的服务，用户可以使用移动终端（如 PDA、智能手机或者笔记本电脑等）在无线信号覆盖的区域内获得无线移动互联网的接入服务；在广告模式下，运营商免费提供无线移动互联网的接入服务，同时通过发布赞助商广告的方式盈利；在政府独营模式下，政府将无线移动互联网的部分容量免费提供给市民，另外部分则出租给运营商以收回成本和维护网络运营；在合作社模式下，拥有接入点设备的所有人开放部分资源，共同形成“无线社区”从而共享无线资源。

11.2 无线移动互联网的应用场景

爱立信负责商业战略的副总裁 David Almstrom 曾提出一个著名的观点：无线移动互联网将从 4 个领域——传媒和娱乐业、零售业、旅游和运输业、银行和金融业改变人们的生活[2]。目前，无线移动互联网的实际应用越来越广泛，主要表现在手机娱乐应用、校园科研应用、城市交通应用、公共安全与军事应用、无线城市应用等方面，下面分别加以介绍。

11.2.1 手机娱乐应用

随着移动终端设备的发展，以手机为代表的移动终端设备越来越多地支持多媒体服务。人们不仅需要传统手机具有的语音服务，还需要手机提供移动电视、移动搜索、移动位置服务和移动电子商务等服务，而这些服务的实现有赖于无线移动互联网技术的发展。

1. 手机电视

手机电视就是使用手机观看电视节目，如图 11-1 所示。手机电视具有便携性，虽然画面质量和音响效果与普通电视有一定的差距，但是用户可以在工作间隙、上下班途中享受短暂而精彩的多媒体服务，因此具有较好的市场前景。从 2004 年手机电视的概念提出至今，手机电视市场发展迅速，目前我国的手机电视产业尚处于市场导入期，有着巨大的发展潜力。手机电视技术主要包括广播式手机电视和点播式手机电视两种。就广播式手机电视而言，电视节目由基站统一进行广播，手机用户完全被动地接收信息，与现在的电视收看方式相同，其实现机制简单，对网络要求较低，但是用户的自主性较低；点播式手机电视可以基于 IP 地址通过无线移动互联网实现手机电视的传输，用户可以随时选择自己喜欢的节目观看。

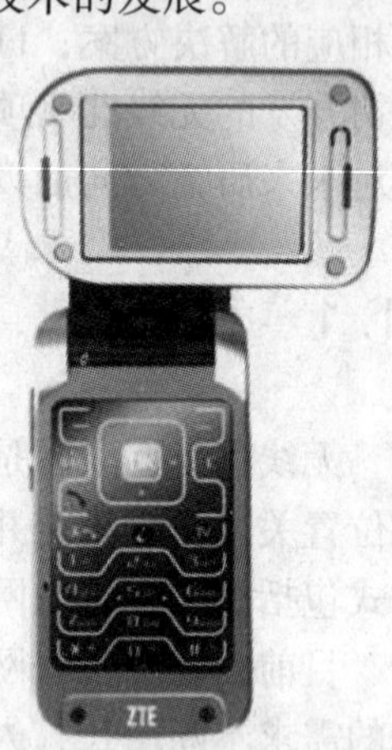

图 11-1 手机电视

下面介绍 4 种主流的手机电视技术。第一种典型的手机电视技术是欧洲广泛试验的手持数字视频广播（Digital Video Broadcasting Handheld，DVB-H）[3-5]。该标准是 2004 年 11 月由欧洲电信标准协会（European Telecommunications Standards Institute，ETSI）制定的。DVB-H 在欧洲数字电视标准传输系统的基础上，通过增加一定的附加功能可以支持手持终端接收，其采用码正交频分复用（Coded Orthogonal Frequency Division Multiplexing，COFDM）机制，使用频带上等间隔的多个子载波进行调制。该技术使用 IP 数据组播在无线链路上传输数据，并且通过无线移动互联网实现移动终端与基站的交互，获得视频点播、电视投票、电视浏览、交互式游戏等服务，从而实现电视网与无线移动互联网的融合。

第二种典型的手机电视技术是美国高通公司研发的 Media FLO 技术[6]。该技术采用了正交频分复用（Orthogonal Frequency Division Multiplexing，OFDM）机制，并且使用无线移动互联网作为终端与网络操作中心交互的方式。

第三种典型的手机电视技术是 T-DMB 技术[7,8]。该技术由数字音频广播的欧洲标准“Eureka147”发展而来，可运行于地面数字电视网络上，不支持无线移动互联网。

第四种典型的手机电视技术是多媒体广播组播服务（Multimedia Broadcast Multicast Service，MBMS）技术[9]，该技术基于 WCDMA 或者 TD-SCDMA，不仅可以开展面向所有用户的广播业务，也可以开展面向特定用户群的组播业务。MBMS 根据业务数而不是用户数分配负载的流量，节约了系统资源。其业务流程如图 11-2 所示。WCDMA 或者 TD-CSDMA 的运营商不需要专门为开展手机电视业务而大规模投资，完全可以依靠自己的网络来完成手机电视业务，具有较强的独立性；MBMS 技术在用户发现机制、区域业务定制、特定用户业务、多种业务形式、优先业务机制、动态业务速率等方面具有优势；并且使用 MBMS 可以最大程度地重用 WCDMA 或者 TD-SCDMA 的移动终端，降低移动终端设计和实现的难度。

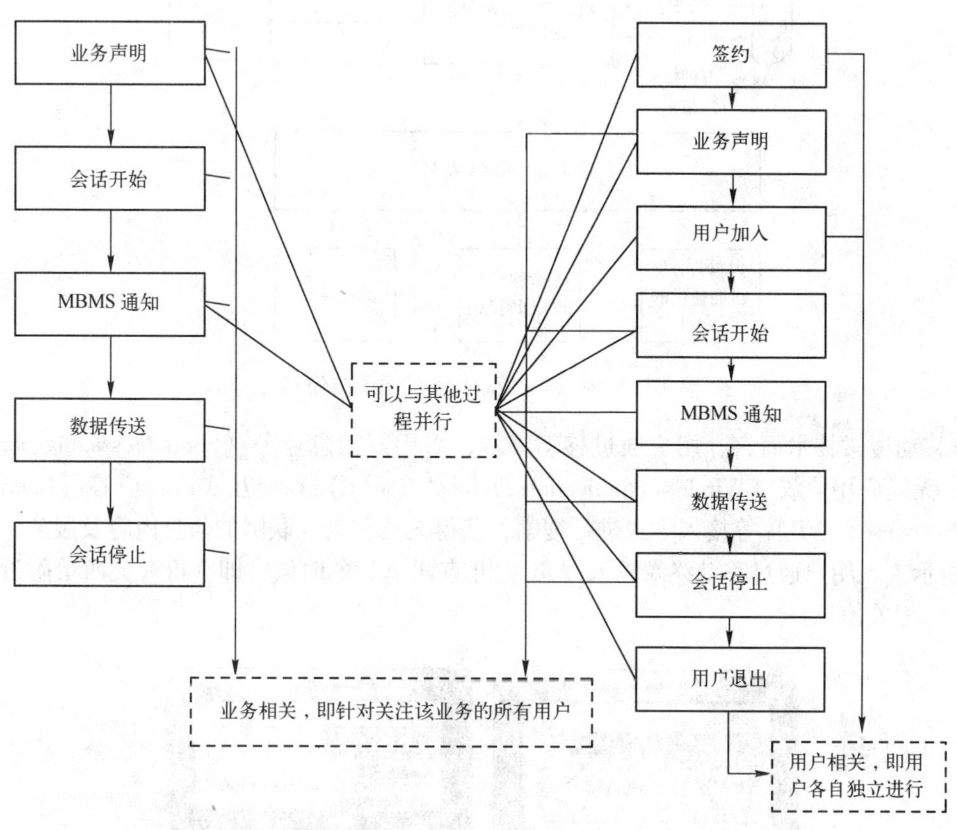

图 11-2 手机电视业务流程

手机电视的研究重点在于移动流媒体技术。移动流媒体技术使得用户可以借助无线移动互联网获得视频服务，并且在下载流媒体数据的同时进行播放，不需要客户端存储流媒体文件，降低了对移动终端存储空间的要求，并且简化了流媒体文件的知识产权保护措施。移动流媒体技术融合了音视频技术与移动计算技术，主要涉及流媒体数据的采集、压缩、传输、终端设备的设计、无线移动互联网组网方式的选择等。

手机电视开创了无线移动互联网与视频融合的新时代。随着无线移动互联网技术的发展、全面部署以及流媒体技术的进一步发展，手机电视必将在世界范围内迅速发展，成为未来无线移动互联网的重要应用之一。

2. 移动搜索

移动搜索作为互联网搜索技术的延伸，依托于无线移动互联网，具有传统的互联网搜索技术所不具有的优势，能够为用户提供随时随地的信息服务。用户对移动搜索的需求越来越强烈，相对于互联网用户而言，无线移动互联网用户通常在更短的时间内使用更长的查询条件并且点击更多的结果[10]，移动搜索技术具有广阔的市场前景。

移动搜索技术的系统结构如图 11-3 所示，移动终端通过短信、WAP、IVR、Java/Brew 方式向移动搜索引擎系统发出搜索请求，移动搜索引擎系统从无线移动互联网内部获得资源，或者移动终端直接从互联网等获得资源。

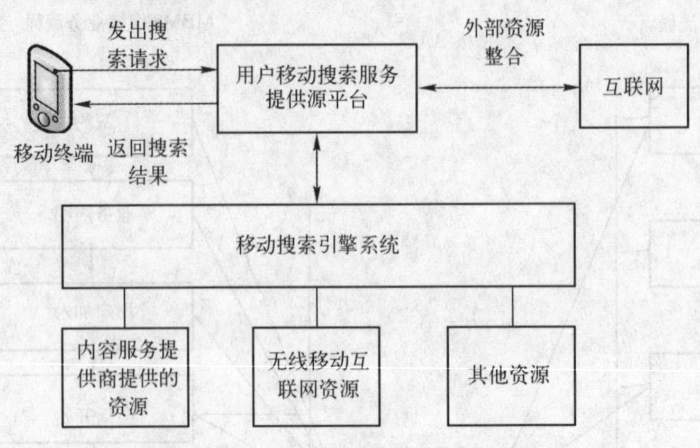

图 11-3　移动搜索技术的系统结构

就移动搜索技术而言，用户通过移动终端，采用短消息业务（Short Messaging Service，SMS）、无线应用协议（Wireless Application Protocol，WAP）和交互式语音应答（Interactive Voice Response，IVR）等接入方式进行搜索，获得无线移动互联网的信息内容及服务。如图 11-4 所示，当用户通过移动终端输入“川菜 北京西单”的时候，即获得有关西单附近的川菜餐厅的相关信息。

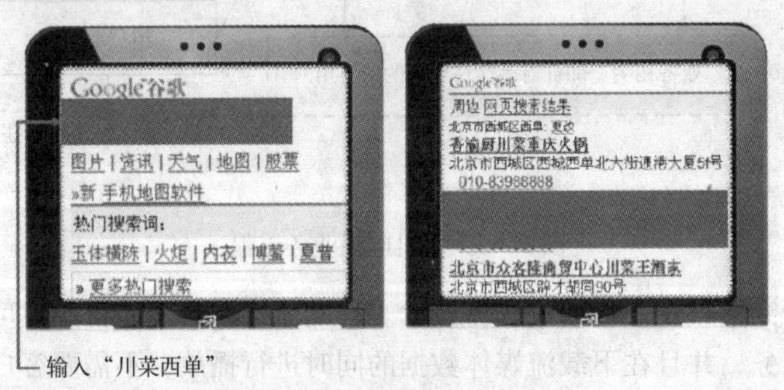

图 11-4　移动搜索示例

目前，移动搜索业务比较单一，多以搜索和下载铃声、图片为主，但是，人们对于移动搜索技术的需求日益增加，能够满足用户需求的移动搜索具有广阔的市场前景。

3. 移动位置服务

移动位置服务又被称为移动定位服务，是无线移动互联网的另外一项手机应用。在该应用技术中，移动终端用户通过移动运营商的网络（如 GSM 网络、CDMA 网络）等获得自己的实际位置信息（经纬度坐标数据），并在电子地图上加以显示，从而为用户提供与位置和方向相关的增值服务。如图 11-4 所示，左侧图显示的是移动用户借助 Google 公司提供的移动位置服务获得当前所在的位置信息，中间图显示的是移动用户获得周边地点的信息，右侧图显示的是周边道路的实时交通流量。

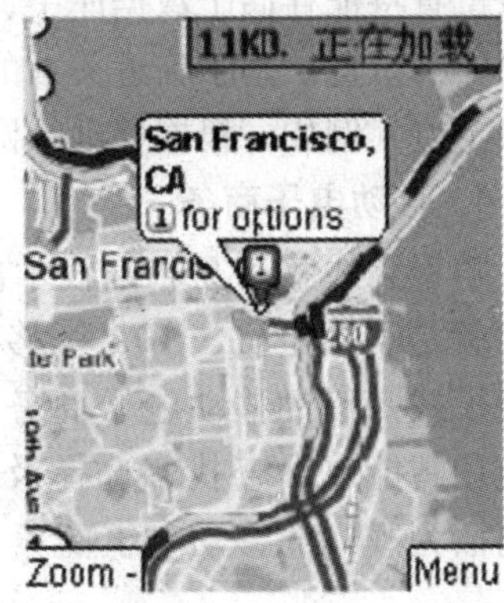

图 11-5　手机地图、周边搜索和实时信息

移动位置服务与移动搜索使用相同的移动终端访问机制，即 SMS、WAP 和 IVR。移动位置服务的实现需要地理信息管理机制和节点位置的确定机制两个条件。地理信息管理机制[11]将复杂的地理信息按照实际应用行业及专业分类，有效地组织在一个空间数据库中。由于城市中设施密集，需要按照一定的分类标准将资源设施对象划分为层次状的专题分类，然后，每一个图层上的空间对象归属于某个专题类，形成专题图层。

在节点位置的确定机制中，移动节点向多个已知坐标位置的基站发送定位信号，根据定位信号获得测量参数之后，利用一定的处理方法获得位置信息。该测量参数包括无线电波的传输时间、到达角、相位等。该技术可以分为基于三角关系和运算的定位技术、基于场景分析的定位技术和基于临近关系的定位技术[12]。

基于三角关系和运算的定位技术包括基于距离测量的定位技术和基于角度测量的定位技术两种。基于距离测量的定位技术如图 11-6 所示，根据移动节点与 3 个已知位置的基站 A、B、C 之间的距离，利用三角关系计算移动节点的位置。

基于角度测量的定位技术如图 11-7 所示，如果需要计算移动节点的平面位置，那么需要测量该移动节点与两个基站之间的角度，并且需要得知两个基站之间的距离。根据两个角度和一个距离，就可以使用三角知识确定移动节点的位置。如果需要计算移动节点的立体位

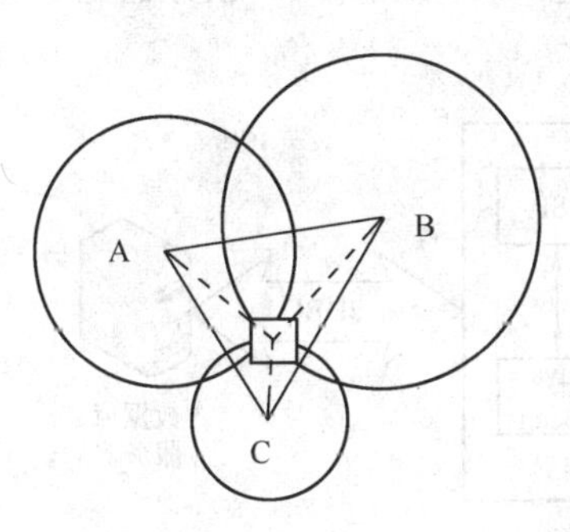

图 11-6　基于距离测量的定位技术

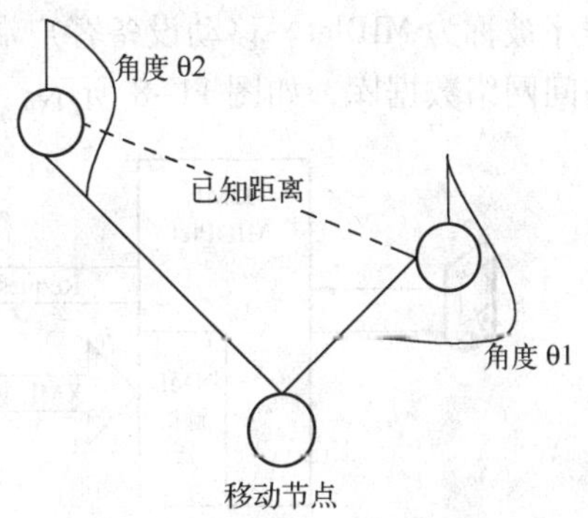

图 11-7　基于角度测量的定位技术

置，那么需要测量3个角度和1个距离。该技术通常需要使用智能天线阵列等方向性天线。

基于场景分析的定位技术则使用具体的、量化的参数描述定位环境中的各个位置，然后将该位置特征存储于数据库中，在应用时采用模式识别的方法，根据特定的特征匹配规则确定物体的位置。基于临近关系的定位技术则根据移动节点与一个或者多个已知位置的临近关系来定位，例如，根据移动蜂窝系统的临近单元ID进行定位。

4. 移动电子商务

随着无线移动互联网技术的发展，移动电子商务逐渐进入人们的生活[13]。移动电子商务就是利用手机、PDA等移动终端通过无线移动互联网开展各种商业经营活动的电子商务模式。借助移动电子商务，用户可以随时随地获得所需要的商品和服务。例如，可以使用智能电话查找、选择及购买商品，然后直接使用电话银行转账。可以看出，以移动电话为载体的移动电子商务无论在用户规模上，还是在方便程度上都优于传统的电子商务。

移动电子商务的关键技术是具有平台无关性的J2ME（Java 2 Platform Micro Edition）。基于Java的电子商务平台包括J2EE（Java 2 Platform Enterprise Edition）、J2SE（Java 2 Platform Standard Edition）和J2ME三种[14]。其中，J2EE用于复杂的应用服务器和企业级计算机，是一种企业级的、可扩展的电子商务环境；J2ME用于桌面计算机和低端的应用服务器；J2ME主要用于消费类电子产品和嵌入式设备[15]。

J2ME的体系结构包括配置（Configurations）、描述（Profile）[16]、Java虚拟机（Java Virtual Machine）和主机操作系统（Host Operating System）。配置和描述提供各种类的应用程序接口，配置定义了一系列设备的Java平台，也就是定义了这些设备的Java虚拟机的核心类库。目前的J2ME规范中定义了连接设备配置（Connected Device Configuration，CDC）和有限连接设备配置（Connected Limited Device Configuration，CLDC）两种配置。连接设备配置用于具有较高内存的设备，例如，机顶盒、IP电话等。有限连接设备配置用于处理器能力和能量有限、存储空间很小并且网速较慢的设备，例如，手机、PDA等。

描述是在特定的配置基础上的进一步划分，定义了特定类型设备上开发的类库。描述层为每一个设备定义用户界面、输入机制和数据存储方法。移动信息设备描述（Mobile Information Device Profile，MIDP）是目前最为成熟的描述形式[17]，其提供应用程序语义和控件、用户界面、存储器设置、网络设置，可以用于移动电话等无线电移动设备。在MIDP上开发的应用程序被称为MIDlet。移动设备客户端程序通过MIDlet与WEB服务器上SERVlet的交互完成访问网络数据库，如图11-8所示。

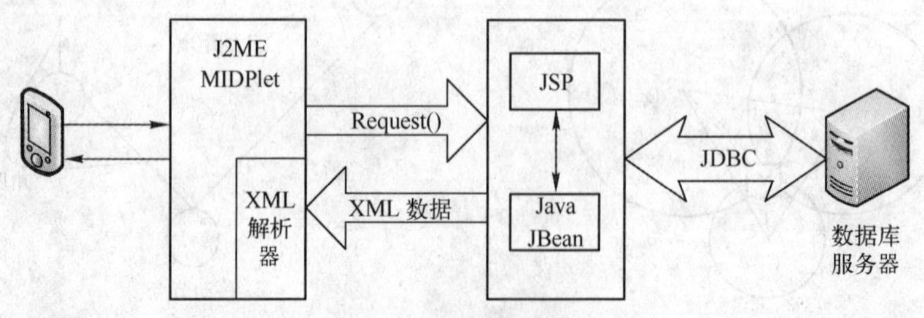

图11-8　移动电子商务架构

11.2.2　校园科研应用

为了教学和科研的需要，目前绝大多数高校已经架设了有线互联网。但是有线互联网只能提供固定而有限的网络信息接入点，无法满足高校师生随时随地获取网络资源的需要。2004 年 9 月 27 日，中国教育和科研计算机网（CERNET）网络中心主任吴建平与英特尔公司总裁兼首席运营官保罗·欧德宁宣布在中国推出英特尔-CERNET“中国无线大学计划”[18]。无线移动互联网顺应了教育信息化建设的前进步伐，在校园中逐步得以广泛应用。无线移动互联网最大的特点是具有高度的空间自由性和灵活性；可以减少大规模铺设网线和固定设备投入，有效地削减了网络建设费用，极大地缩短了建设周期。下面对 3 个典型的无线移动互联网的校园应用加以介绍。

中国海洋大学采用北电网络（中国）公司设计的基于无线 Mesh 网络的融合通信方案，如图 11-9 所示[19]。老师和学生可以在校园的任何地方使用移动终端（例如，带有无线网卡的笔记本、PDA 等）上网查找资料、进行语音交流和视频交流、观看网上直播等，使得师生无论何时何地，都能够有效、高速地访问互联网，建立端到端的“交谈”环境。并且在演出、国际会议，临时活动、迎接新生的时候，只要把无线接入点挂在场地周围，就可以迅速部署好网络。基于无线 Mesh 网络建立的新校园网络，使得中国海洋大学提高了教学质量和效率，并且有效地促进师生之间的沟通。

图 11-9　中国海洋大学的无线 Mesh 网络

考虑到中国海洋大学由 3 个校区组成，并且教师和学生拥有的移动终端数量较大，该无线 Mesh 网络主要针对中国海洋大学新建校区——崂山校区的公共区域进行无缝覆盖，包括图书馆、行政办公楼、国家海洋科技中心、室外体育场和体育馆等。该无线 Mesh 网络所使用的 MCS 5100 多媒体通信系统实现与已建立的有线网络之间的融合，可以使得位于中国海洋大学3个不同校区的教师之间实现了更加便利的沟通。在路由技术方面，该无线 Mesh 网络采用 OSPF 协议，同时该网络支持移动漫游，包括跨接入点和跨子网的漫游。

在该无线 Mesh 网络的组网过程中，网络主要由无线接入点、无线网关以及网络运行支持系统（Network Operation Support System，NOSS）3个网络单元组成。该无线 Mesh 网络的最大特点在于采用多频段、多信道方式，将移动用户终端的接入部分和无线接入点之间的中继部分从空间和频率上进行了划分，避免了两者间的射频干扰。同时，考虑到802.11a的传输特性，无线接入点间可以通过增加外置高增益定向天线来提高无线中继距离。

如图11-10所示，厦门大学海韵校区采用阿德利亚公司提供的无线 Mesh 方案实现校区内主要教学、试验和办公场所室内的无线覆盖，以及室外所有活动区域的无线信号覆盖[20]。

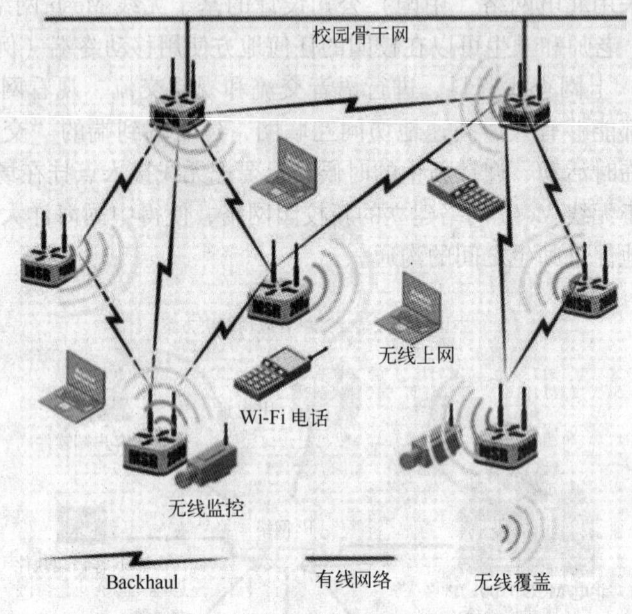

图 11-10　厦门大学的无线 Mesh 网络

在该无线 Mesh 网络的设计过程中，主要考虑网络的可靠性、网络性能、可扩展性、服务质量保证、安全性等方面的要求。其中，两个有线接入点接入校园原有的有线网络，移动终端通过无线链路连接到接入点，构成典型的无线 Mesh 网络。

在该无线 Mesh 网络的组网过程中，采用了 Azalea 金梭 MSR2000 无线路由器，Backhaul 部分采用工作在5.8G频段的定向天线，避免相互之间的干扰。接入点采用2.4G频段，为了减小各个接入点之间的相互干扰，所有站点均采用定向扇区天线覆盖。

该无线 Mesh 网络链路带宽很高而且稳定，可以顺利连接互联网并且上网速度较快，支持移动通话和热点覆盖等。经过抽样测试可以看出，办公教学区域及其室外空间信号覆盖良好。该无线 Mesh 网络能够为厦门大学海韵校区的师生提供无线上网、无线视频监控、无线网络教学、Wi-Fi 语音等多种业务，师生可以随时随地通过笔记本电脑、PDA 等各种无线终端连入校园网及互联网，可以更为方便、高效地共享信息资源。

11.2.3　城市交通应用

随着城市内车辆的增多，交通拥塞成为许多城市遇到的重要难题。单纯依靠修建新的道路、扩大路网规模的方式，难以满足日益增长的交通需求。智能交通系统旨在对上述问题提出一些根本性的解决方案，该系统的核心思想在于，将先进的数据通信、定位、传感、电子控制以及其他与信息相关的技术综合应用于道路交通运输[21]，从而使得道路交通"货畅其流，人便其行"，增加道路容量，降低交通拥塞和污染，提高交通安全性，加强道路管理，降低车辆运行成本，并且使得人们可以预测道路运行的时间。智能交通系统如图 11-11 所示。目前典型的智能交通系统包括日本智能道路项目委员会（Smart Project Advisory committee）提出的智能道路系统[22]，日本庆应大学提出的汽车网络系统（InternetCAR Project）[23]，欧盟提出的协作式汽车架构系统 CVIS（Cooperative Vehicle - Infrastructure Systems）[24]和车辆间交互系统（Car 2 Car）[25]等。

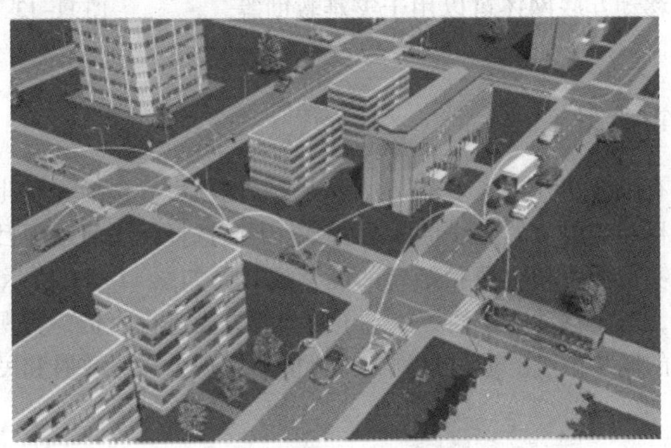

图 11-11　智能交通系统

该类系统中，车辆上装有传感器，各个车辆的传感器构成移动自组织网络。从而，各个车辆之间能够动态地共享道路状况、交通流量和天气条件等信息。以这些信息作为选路标准能够将智能导航问题转化成为路由问题，实现最优路径的选择。另外，在有特殊要求的路段安装静态节点，该节点的位置固定不变，可以通过该移动自组织网络向临近节点发送有关道路要求的信息。如图 11-12 所示，装载在限高处的静态节点将道路限高的相关信息发送给移动自组织网络中的其他节点，从而便于车辆提前做出准备。

图 11-12　智能交通系统的静态节点示例

基于移动自组织网络的智能交通系统能够动态地获得道路上各个车辆的信息，实现交通流量的动态控制，从而有效地减少堵车的情况以及交通事故，具有良好的应用前景。

11.2.4 公共安全与军事应用

公共安全与军事应用推动了无线移动互联网的发展。无线传感器网络已经成为美军C4ISRT（Command，Control，Communication，Computing，Intelligence，Surveillance，Reconnaissance and Targeting）系统不可或缺的一部分，C4ISRT 系统是集命令、控制、通信、计算、智能、监视、侦察和定位与一体的战场指挥系统。无线传感器网络具有自组织性和较高的容错能力，非常适合应用于恶劣的战场环境中[26]。

通过铺设无线传感器网络的方式，可以用于监控我方兵力、装备和物资，监视冲突区。通过向敌方布撒无线传感器网络的节点的方式，可以侦察敌方地形和布防。使用无线传感器网络的军事系统如图 11-13 所示。另外，无线移动互联网还可以用于灾难救助等公共安全领域。

图 11-13 战场应用

11.2.5 无线城市应用

中电华通通信有限公司开发了多个无线移动互联网项目，包括无线北京项目、上海嘉定项目、无线宣武项目和某单位的无线指挥系统等。下面选择无线北京项目加以介绍。

无线北京项目实行免费和收费相结合的经营模式，如图 11-14 所示。免费提供城市基础信息等基础服务，对于移动电子商务、电子政务等方面进行收费，实现无线接入、政府行业应用和增值服务的同步推进。通过这种方式，能够实现公司、政府和民众对于无线移动互联网的共建。

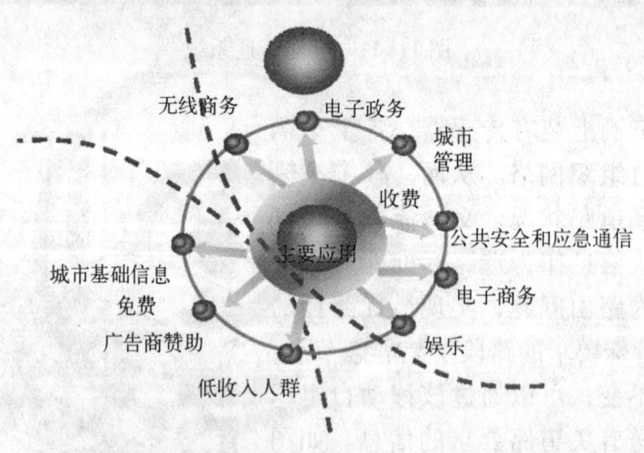

图 11-14 经营模式

为了使得用户能够在二环路和三环路上获得无线移动互联网服务，中电华通在燕莎商圈、中关村、金融街、望京、CBD 商圈、奥运场馆、王府井和西单等主要商业区的主干道上布设了无线移动互联网的接入点，从而建构了无线 Mesh 网络，如图 11-15 所示。

用户只要拥有 PDA、笔记本等移动终端，就可以随时随地获得“无线北京”提供的互联网接入服务。该项目实现了认证计费的鉴权功能以及呼叫中心服务，能够提供国际、国内不同运营商之间的漫游服务，并且能满足交通监控、交通指挥和城管等行业的应用。

图 11-15 AP 布放位置的规划（金融街附近）

11.3 无线移动互联网的规划与设计

无线移动互联网的组网是一项复杂的工程，在工程实践方面面临的主要问题包括各个无线接入点之间的干扰、无线信号的衰减以及无线信道上的竞争冲突。

为了解决上述问题，无线移动互联网的组网工程主要包括规划设计、配置安装两个阶段，规划设计阶段主要包括现场勘测和部署规划，配置安装阶段主要包括综合布线、网络调试和工程验收等阶段，并且在这些阶段都需要创建相应的工程文档[27]。工程文档主要包括网络拓扑图、工程说明、工程开工报告、工程设计变更表、建设安装工程量总表、随工初验及隐蔽工程检查签证记录、网络测试表等文档。其中，网络测试表主要包括覆盖地区空中接口传输速率、丢包率、用户可以使用的带宽等。

11.3.1 需要考虑的因素

无线移动互联网的组网工程中，需要考虑频段设计的问题、容量以及覆盖范围、现有网络的问题等。

在射频设计方面，无线移动互联网主要工作在 2.4 GHz 的工业、科学与医疗（IMS）频段。该频段会受到一些因素的影响，如竞争设备、距离、金属物体、固定物体等。在容量以及覆盖范围方面，需要确保网络容量几乎总是能够为每个节点提供足够的覆盖范围。典型的无线接入点的射频 RF 的范围是 100 m，为了最大化接入点的覆盖范围，需要将该接入点置于近似中心位置。然后，根据接入点在给定时间内能够支持的数据业务量规划无线移动互联网的容量。在此基础上，对于无线移动互联网的拓扑结构加以设计。常见的组网方式包括移动自组织网络、无线传感器网络和无线 Mesh 网络。最后，根据异构网络互联技术规划无线移动互联网与现有网络之间的关系。

11.3.2 现场勘测与规划

现场勘测与规划目的是在满足无线移动互联网的用户最小接入带宽要求的前提下，确定以下因素：室外或者室内接入点的位置、天线的类型及位置、各个接入点所覆盖的范围、干扰源或障碍物的位置及干扰程度、接入点的供电方式等。

现场勘测的基本步骤如下。

1）根据用户所提出的需求，预定无线移动互联网由哪些站址覆盖。

2）测量并且确定所覆盖的面积。

3）根据所覆盖用户数及用户最小接入带宽1M需求，确定出接入点数。

4）使用无线测试仪分析覆盖范围内是否有干扰源。

5）使用某些测试方法确定天线类型及发射功率，该测试方法是在某点安装测试接入点及测试天线，用线缆连接，然后在最远端用测试终端测试信噪比SNR，并用笔记本测试接入带宽。如果测试结果满足无线移动互联网服务的要求，则结束测试；如果不满足获得无线移动互联网服务的要求，则进一步加大天线增益并且再次测试。

6）与用户协商确定该点的电源来源及走向，并画出路径图。

7）确定交换机、路由器等之间的互联方式、线缆走向及线缆类型。

8）调查该点的雷、雨、温度等天气情况。

为了实现用户在任意位置对无线移动互联网的访问，接入点室内最大距离35～100m，室外最大距离100～300m。对于信号强度较弱的接入点，可以通过增加定向天线的方式扩大信号覆盖范围和信号的强度。为了能够保证用户带宽的要求和数据通信质量，建议每个接入点下连接20～30个用户为益，在用户量多的“热点地区”建议增加接入点的数量，以保证用户接入数和带宽等需求，以防止接入点超负载工作而带来的低带宽和低速率。

现场勘测的主要工具包括接入点、天线、网络适配器、电池箱、网络或者协议分析器、现场勘测软件、频谱分析仪等。其中，现场勘测软件能够利用无线电波覆盖范围内的各个点的固定和移动设备建立一个双向数据网络，从而提供关于无线移动互联网覆盖范围和容量的统计信息。常见的现场勘测软件例如思科公司、Symbol公司和AirMagnet公司等生产的勘测软件。

1. 接入点布放位置与覆盖范围的规划

接入点布放位置的设计，宜参考以下几个原则。

- 室外与室内空旷区域总体宜以蜂窝状布局，包括水平方向与垂直方向，将信号均匀分布，控制每个接入点天线覆盖区域的重叠区域。
- 接入点天线应布放在高处，以增大网卡接收面积，减少人员走动等环境变化对信号传播的影响，改善接入点的接收性能。
- 调整接入点的天线方向，安装时应确保天线主波束方向正对覆盖目标区域，保证良好的覆盖效果。
- 接入点天线的安装位置应使信号在目标覆盖区内尽可能少穿透隔断、穿透时与隔断垂直，以减少信号衰减。
- 接入点天线安装位置时需远离电子设备或者必要时对干扰源加以屏蔽，如微波炉、监视器、电机等。
- 在选择接入点布放位置时，应注意潜在的可能影响无线射频信号传播的障碍物，如金属架、金属屏风等物体。

需要注意，墙壁、天花板和其他物品数量等将限制信号传输的范围，教室和办公区的材料类型和射频噪声背景等也会限制信号传输的范围。因此，对于接入点的设置、信号强度以及信号的接收范围需要进行实地试验。

接入点的室外覆盖范围受应用环境内建筑物、树木、地形等障碍物的密度以及高度、墙壁厚度、材料等因素影响很大。因而对某个具体的区域，很难保证该区域内 100% 的良好覆盖，因此需要考虑尽量为主要的区域提供良好覆盖。接入点覆盖规划需要综合考虑无线传播环境、接入点设备性能、天线位置、网络建设要求等各方面因素。典型的接入点室外覆盖规划如图 11-16 所示。

图 11-16　接入点的室外覆盖规划

在进行接入点布放位置与覆盖范围规划的时候，需要画出布放位置与平面覆盖结构图，以便于进一步组织和实施项目。

2. 接入点天线的选择

接入点天线的选择应根据现场环境考虑增益、水平波束宽度、垂直波束宽度、极化方式、视觉效果（尺寸、外形、重量）等因素。

增益是表示天线辐射集中程度的参数，是定向天线和无方向天线在预定方向产生的电场强度平方之比。当无线移动互联网的规划覆盖范围较小并且接入点安装的位置距重点覆盖区域也很近的时候，天线增益可以低一些。当接入点天线被置于楼顶并且目标为覆盖周围地区较大面积的时候，选择增益较大的天线更为适合。

水平波束宽度的考虑与天线的安装位置及其覆盖目标有关。可以选择水平波束宽度 60° ~ 150°的定向天线，或者全向天线、双向天线（即 8 字形天线）。当接入点天线安装在墙壁上的时候，天线的挂高应当低于周围建筑物高度，这样既能充分覆盖低层室内部分，又能兼顾楼层较高部分的室内覆盖。根据楼层高度不同，可以选择垂直波束宽度范围 35° ~80°的定向天线。

当接入点天线安装在楼顶或灯杆高处的时候，也可选择水平波束宽度较大的定向天线或者全向天线。选择定向天线，建筑物的信号反射使得信号覆盖不均匀；而选择全向天线时，信号覆盖将比较均匀。具体方案应从现场覆盖需求，楼身宽度和楼群分布情况角度出发来确定。当楼房建筑较窄并且楼层较多时，一般将选择定向天线。

3. 无线信道的规划

无线移动互联网的收发信机通常采用 ISM 频段。接入点采用直接序列扩频方式，接入点发射频率的间隔也决定了数据传输的最高速率。一般情况下，推荐使用1、6、11（欧洲标准为13）频点进行复用。规划接入点频点时，需尽量将两个相邻接入点设定在相隔频道上，从而减少接入点之间的信号干扰。接入点无线信道的规划可以采用图11-17所示的方式。

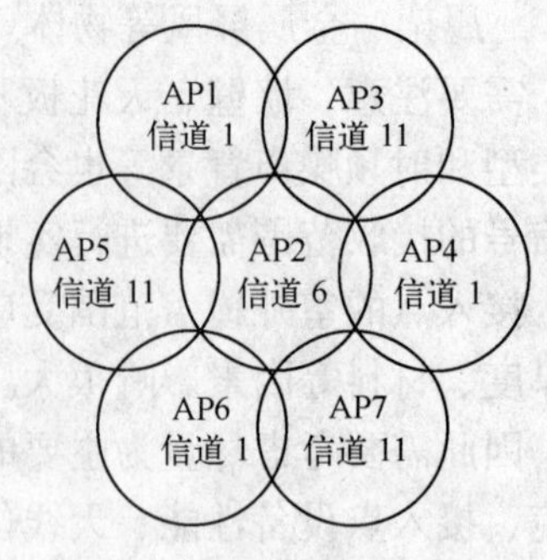

图11-17　接入点无线信道规划的示例

4. 接入点的最大传播距离与穿透损耗

表11-1给出了各类数据速率下接入点的灵敏度和理论覆盖距离。只有在非常理想的传播环境下，才可能达到上述的覆盖距离。在实际部署规划的过程中，需要考虑地形、地貌各方面情况，大致估计信号可覆盖范围。尽量将站址选择在重点覆盖目标区域。

表11-1　各类数据速率下的灵敏度与理论覆盖距离

速率/Mbit/s	灵敏度/dBm	理论覆盖距离/m
11	-83	420
5.5	-87	528
2	-89	593
1	-93	746

2.4 GHz电磁波对于各种建筑材质的穿透损耗的经验值如下。

- 隔墙的阻挡（砖墙厚度100～300 mm）约为20～40 dB。
- 楼层的阻挡约为30 dB以上。
- 木制家具、门和其他木板隔墙阻挡约为2～15 dB。
- 厚玻璃（12 mm）的阻挡约为10 dB（2450 MHz）。

另外，在衡量墙壁等对接入点信号的穿透损耗时，需考虑接入点信号入射角度。一面0.5 m厚的墙壁，当接入点信号和覆盖区域之间直线连接呈45°角入射时，相当于1 m厚的墙壁；在2°角时相当于超过14 m厚的墙壁。所以要获取更好的接受效果应尽量使接入点信号能够垂直地穿过（90°角）墙壁或天花板。

11.4　无线移动互联网的安装与配置

无线移动互联网的规划与设计完成之后，进入安装与配置阶段。该阶段需要配备项目经理、现场工程师、工长以及现场施工人员等人力资源，并且需要制定详细的施工进度计划、劳动力计划和机械组织计划。

11.4.1　综合布线

在综合布线的过程中，需要首先了解原有的有线网络的布线，并且了解原有的有线网络和无线网络的IP范围、网关的配置情况以及可用的端口数量，并且了解原有有线网络的走线方式。实际布设线路时，室外天线需要使用特殊的防水网线，并且根据天线形式制作固定铁架，实现防水、防雷和防盗，如图11-18所示。

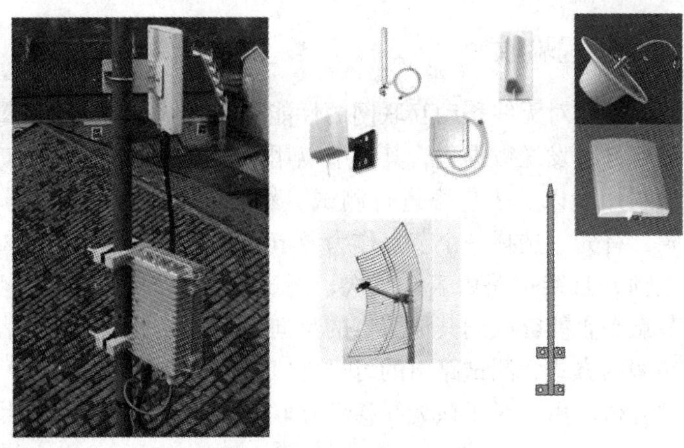

图 11-18 天线以及节点的布设

11.4.2 无线设备的配置

在综合布线之后，需要对无线设备加以配置，主要包括接入点的配置、无线网卡与适配器的配置、无线中继器的配置、无线网桥的配置、无线路由器的配置等。

接入点的配置包括无线连接状态的配置、管理配置和联网配置。无线连接状态的配置主要是配置接入点的默认 IP 地址。管理配置主要包括认证机制的配置、数据传输速率的配置、RF 信道的配置、发射功率的配置等。联网配置主要是动态主机配置协议 DHCP 客户端的配置。无线网卡与适配器的配置主要是在操作系统上配置无线网络的参数，图 11-19 所示显示了 Windows XP 操作系统下无线网卡的配置界面。无线网卡与适配器的配置还包括认证和安全的配置等。

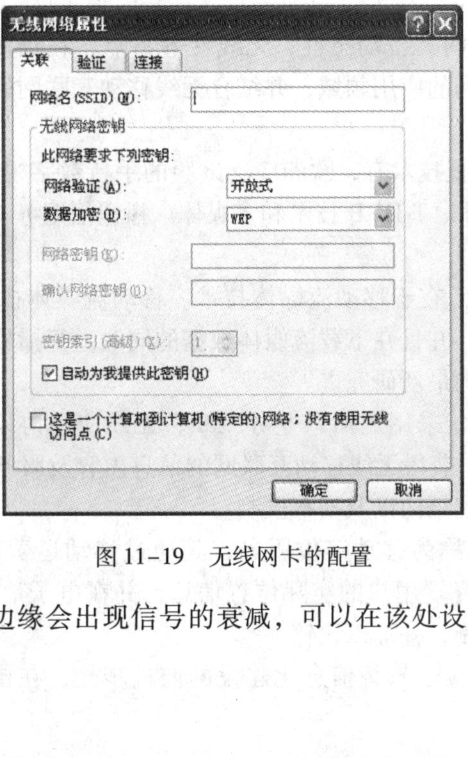

图 11-19 无线网卡的配置

网络有效覆盖范围的边缘会出现信号的衰减，可以在该处设置无线中继器或者信号放大器。

11.4.3 网络调试与工程验收

在综合布线之后，需要对无线移动互联网的性能进行测试。为了测试每条链路上的基本参数，可以让一个节点循环发送数据包，其他节点用于接收数据包，然后对于链路的稳定性数据传输速率、信道利用率以及丢包率进行测试。然后，需要对其路由算法的性能进行测试。测试分 3 个步骤，首先，选择一个节点作为源节点，其发送全局路由查询帧之后，测试其他节点能否收到该帧并且维护路由表；其次，测试收到查询帧的节点能否发送反向确认帧；还有，测试源节点是否能够收到其他节点的反向确认帧并且维护路由表。然后，通过调低部分节点的射频功率的方式，测试路由的可靠性以及数据转发的性能。

在各项指标测试合格之后，对于该无线移动互联网的组网工程加以验收。

11.5 本章小结

本章主要讨论了无线移动互联网的应用，主要包括无线移动互联网的应用场景、组网工程和一些典型的项目。由于无线移动互联网具备动态性、无线性等特点，在手机、无线校园、城市交通和公共安全与军事等领域获得了广泛的应用，在手机上的应用主要体现为手机电视、移动搜索、移动位置服务和移动电子商务。无线移动互联网的组网是一项复杂的工程，面临的主要问题包括各个无线接入点之间的干扰、无线信号的衰减以及无线信道上的竞争冲突。为了解决这些问题，本章对组网工程的现场勘测、部署规划、综合布线和网络调试与工程验收等步骤分别进行了介绍。

11.6 习题

1. 由于无线移动互联网具备动态性、无线性等特点，在很多领域获得了广泛的应用，请阐述一下无线移动互联网的应用领域，并结合无线移动互联网的特点探讨其在该领域的应用优势。

2. 目前主流的手机电视技术有，欧洲广泛试验的手持数字视频广播 DVB-H、美国高通公司研发的 Media FLO 技术、T-DMB 技术和多媒体广播组播服务 4 种，请分别介绍这 4 种技术的特点，并加以比较。

3. 手机电视的研究重点在于移动流媒体技术。移动流媒体技术使得用户可以借助无线移动互联网获得视频服务，并且在下载流媒体数据的同时进行播放。请查找相关的综述性论文，总结移动流媒体技术的最新研究进展。

4. 用户通过移动终端，采用短消息业务 SMS、无线应用协议 WAP 和交互式语音应答 IVR 等接入方式进行搜索，获得无线移动互联网的信息内容及服务，这种业务被称为移动搜索。请介绍移动搜索的系统结构以及基本机制。

5. 移动位置服务又被称为移动定位服务，其通过移动运营商的网络（如 GSM 网络、CDMA 网络）等获得移动终端用户的实际位置信息，并在电子地图上加以显示。请介绍确定用户所在位置的主要机制，并加以比较。

6. 无线移动互联网顺应了教育信息化建设的前进步伐，在校园中逐步得以广泛应用。

无线移动互联网最大的特点是具有的高度的空间自由性和灵活性；可以避免大规模铺设网线和固定设备投入，有效地削减了网络建设费用，极大地缩短了建设周期。请介绍一个典型的无线移动互联网的校园应用。

7. 智能交通系统能够动态地获得道路上各个车辆的信息，并且实现交通流量的动态控制，从而有效地减少堵车的情况以及交通事故。请结合无线移动互联网的特点，谈谈你对智能交通的理解。

8. 无线移动互联网的组网工程主要包括现场勘测、部署规划、综合布线、网络调试和工程验收等阶段，并且在这些阶段都需要创建相应的工程文档。请根据组网工程的上述步骤，回顾一下组网工程中可能出现哪些工程文档。

9. 在部署规划阶段，需要对于接入点天线加以选择。接入点天线的选择应根据现场环境考虑：增益、水平波束宽度、垂直波束宽度、视觉效果（尺寸、外形、重量）等因素。请介绍这些因素的基本含义。

10. 除了接入点布放位置的规划、接入点天线的选择外，部署规划阶段还包括无线信道的规划、接入点的最大传播距离与穿透损耗的规划、接入点覆盖规划等，请介绍这些操作的基本含义以及注意事项。

参考文献

[1] 胡桃．无线营销的商业模式分析[J]．北京邮电大学学报，2006，8(4)：9-13.

[2] 周武旸，姚顺铨，文莉．无线 Internet 技术[M]．北京：人民邮电出版社，2006：261.

[3] DVB Mobile TV. http://www.dvb-h.org/.

[4] Xiaodong Yang, Vare J, Owens T J. A Survey of Handover Algorithms in DVB-H[J]. IEEE Communications Surveys & Tutorials, 2006, 8(4): 16-29.

[5] Faria G, Henriksson J A, Stare E, Talmola P. DVB-H: Digital Broadcast Services to Handheld Devices[J]. Proceedings of the IEEE, 2006, 94(1): 194-209.

[6] FLO Technology Overview. http://www.floforum.org/technology/technology.html.

[7] Byungjun Bae, Joungil Yun, Yong-Tae Lee, Jong-Soo Lim. Development of T-DMB Receiver Linking with CDMA Network for Interactive Data Broadcasting Services[J]. IEEE Transactions on Consumer Electronics, 2007, 53(3): 926-932.

[8] Sammo Cho, GwangSoon Lee, Byungjun Bae, KyuTae Yang, Chung-Hyun Ahn, Soo-In Lee, Chiteuk Ahn. System and Services of Terrestrial Digital Multimedia Broadcasting (T-DMB)[J]. IEEE Transactions on Broadcasting, 2007, 53(1): 171-178.

[9] Correia A M C, Silva J C M, Souto N M B, Silva L A C, Boal A B, Soares A B. Multi-resolution Broadcast/Multicast Systems for MBMS[J]. IEEE Transactions on Broadcasting, 2007, 53(1): 224-234.

[10] Kamvar M, Baluja S. Deciphering Trends in Mobile Search[J]. IEEE Computer, 2007, 40(8): 58-62.

[11] Jae-Kwan Yun, Dong-Oh Kim, Dong-Suk Hong, Moon Hae Kim, Ki-Joon Han. A Real-time Mobile GIS Based on the HBR-tree for Location Based Services[J]. Computers and In-

dustrial Engineering, 2006,51(1):58-71.
[12] 金辉．位置服务与移动定位技术[D]．北京：中南大学,2006.
[13] Wang J J, Song Z, Lei P, Sheriff R E. Design and Evaluation of M-commerce Applications [C]//2005 Asia-Pacific Conference on Communications, 2005:745-749.
[14] 胡虚怀,等．J2ME 移动设备程序设计[M]．北京：清华大学出版社,2005.
[15] Tad Stephens, Angela Yochem, David Carlson. J2EE 应用与 BEA WebLogic Server[M]．2 版．谢俊,译．北京：电子工业出版社,2005.
[16] Introduction to the Java ME Platform. http://java. sun. com/javame/technology/index. jsp.
[17] 黄聪明．Java 移动通信程序设计[M]．北京：清华大学出版社,2002.
[18] 胡文矛．赛尔网络无线校园解决方案[EB/OL]. http://www. edu. cn/wu_xian_wang_luo_5176/20060714/t20060714_188364. shtml.
[19] 武文．中国海洋大学无线融合应用解决方案[EB/OL]．http://network. 51cto. com/art/200607/29103. htm.
[20] 冰枫."无线网状网"校园——厦门大学案例分析[EB/OL]. http://www. media. edu. cn/ 2008-05-30.
[21] 智能交通系统的综合解决方案[EB/OL]．http://www. itsc. com. cn/ViewNews. asp? ID =7960.
[22] Smart Project Advisory committee[EB/OL]. http://www. its. go. jp/ITS/topindex/topindex_smartway. html.
[23] InternetCAR Project-Internet Connected Automobile Researches[EB/OL]. http://www. sfc. wide. ad. jp/InternetCAR/.
[24] Cooperative Vehicle-Infrastructure Systems. http://www. cvisproject. org/.
[25] CAR 2 CAR Communication Consortium. http://www. car-to-car. org/.
[26] 任丰原,黄海宁,林闯．无线传感器网络[J]．软件学报,2003,14(7):1282-1290.
[27] Ron Price. 无线网络的原理与应用[M]．冉晓旻,王彬,王锋,译．北京：清华大学出版社, 2008.
[28] 邵素宏．中国移动联合 Google 共推移动搜索[M]．北京：人民邮电出版社,2007.